U0237395

Ancient architectural detail CAD construction atlas

古建细部 CAD 施工图集 3

宋苗苗 林 园◎主编

桥 塔体 隔断 民居

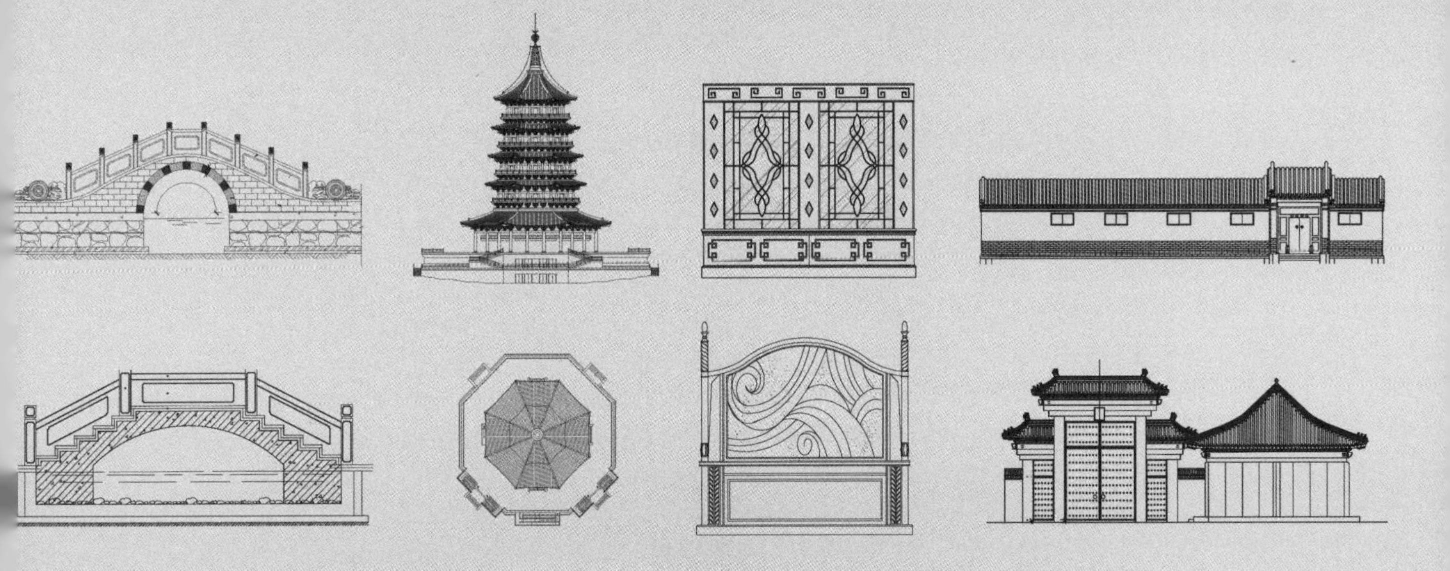

中国林业出版社

图书在版编目（C I P）数据

古建细部CAD施工图集．Ⅲ / 宋苗苗，林园主编．-- 北京：中国林业出版社，2016.5（2020.9重印）
ISBN 978-7-5038-8492-4

Ⅰ．①古… Ⅱ．①宋… ②林… Ⅲ．①古建筑－细部设计－计算机辅助设计－AutoCAD软件－图集 Ⅳ．① TU201.4-39

中国版本图书馆CIP数据核字(2016)第083261号

本书编委会

主　　编： 宋苗苗　林　园
副 主 编： 郭　超　杨仁钰　廖　炜
编委人员： 郭　金　王　亮　文　侠　王秋红　苏秋艳　孙小勇　王月中　周艳晶
黄　希　朱想玲　谢自新　谭冬容　邱　婷　欧纯云　郑兰萍　林仪平
杜明珠　陈美金　韩　君　李伟华　欧建国　潘　毅

支持单位： 北京筑邦园林景观工程有限公司
北京久道景观设计有限责任公司
原朴建筑园林设计工程有限公司
《世界园林》杂志
《新楼盘》杂志

中国林业出版社·建筑家居出版分社
责任编辑：李　顺　唐　杨
出版咨询：（010）83143569

出 版：中国林业出版社（100009 北京西城区德内大街刘海胡同7号）
网 站：https://www.forestry.gov.cn/lycb.html
印 刷：河北京平诚乾印刷有限公司
发 行：中国林业出版社
电 话：（010）83143500
版 次：2016年6月第1版
印 次：2020年9月第2次
开 本：889mm×1194mm 1 / 16
印 张：17.75
字 数：200千字
定 价：128.00元

源文件下载链接：https://pan.baidu.com/s/1stjPoL-aeUjUZL41ORPVGg
提取码：zas0

目录 Contents

绪论 RODUCTION

中国悠久的历史创造了灿烂的古代文化，而古建筑便是其重要组成部分。中国古代涌现出许多建筑大师和建筑杰作，营造了许多传世的宫殿、陵墓、庙宇、园林、民宅。中国古代建筑不仅是我国现代建筑设计的借鉴，而且早已产生了世界性的影响，成为举世瞩目的文化遗产。从建筑类别上说，中国古建筑包括皇家宫殿、寺庙殿堂、宅居厅室、陵寝墓葬及园林建筑等。其中宫殿、寺庙、陵墓等都采用相近的建筑形式与总体布局方式即对称齐整，主次分明。以一条中轴线将个个封闭四合院落贯束起来，表现出封闭严谨含蓄的民族气质或可以说是地道的儒家风范。

一、中国古建筑结构及样式

中国古建筑从总体上说是以木结构为主，以砖、瓦、石为辅发展起来的。从建筑外观上看，每个建筑都由上、中、下三部分组成。上为屋顶，下为基座，中间为柱子、门窗和墙面。在柱子之上屋檐之下还有一种由木块纵横穿插，层层叠叠组合成的构件——斗拱，斗拱是东方建筑所特有的构件，它既可承托屋檐和屋内的梁与天花板，也具有较强的装饰效果（图 1）。

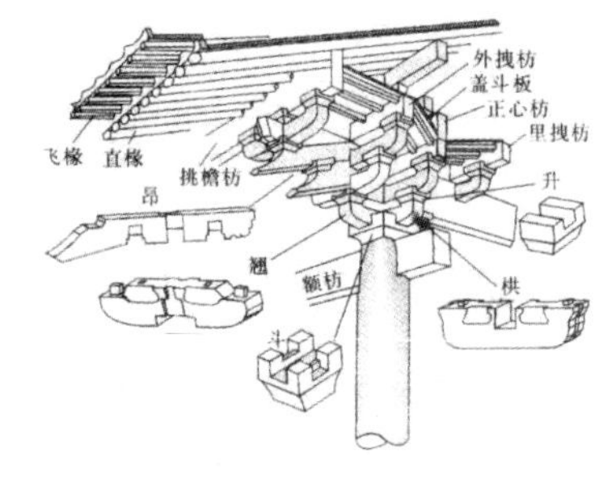

图 1 斗拱基本构造

中国古建筑的屋顶样式可有多种。分别代表着一定的等级；等级最高的是庑殿顶，特点是前后左右共四个坡面，交出五个脊，又称五脊殿或吴殿（图 2）。这种屋顶只有帝王宫殿或赐建寺庙等方能使用；等级次于庑殿顶的是歇山顶，系前后左右四个坡面，在左右坡面上各有一个垂直面，故而交出九个脊，又称九脊殿，这种屋顶多用在建筑性质较为重要，体量较大的建筑上（图 3）；等级再次的屋顶主要有悬山顶（只有前后两个坡面且左右两端挑出山墙之外）。硬山顶（亦是前后两个坡面但左右两端并不挑出山墙之外）。还有攒尖顶（所有坡面交出的脊均攒于一点）等。所有屋顶皆具有优美舒缓的屋面曲线。

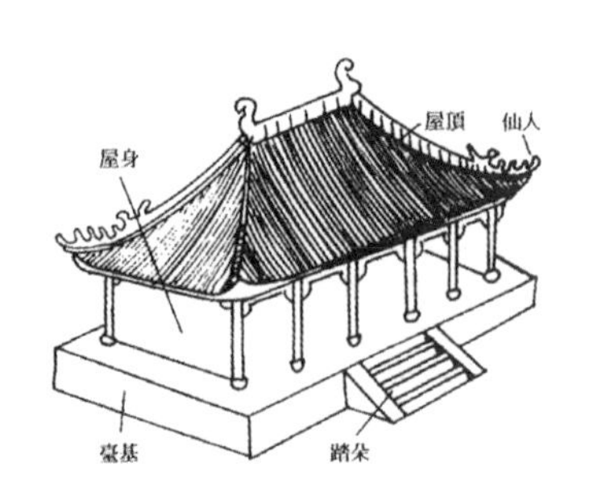

图 2 庑殿顶基本构造

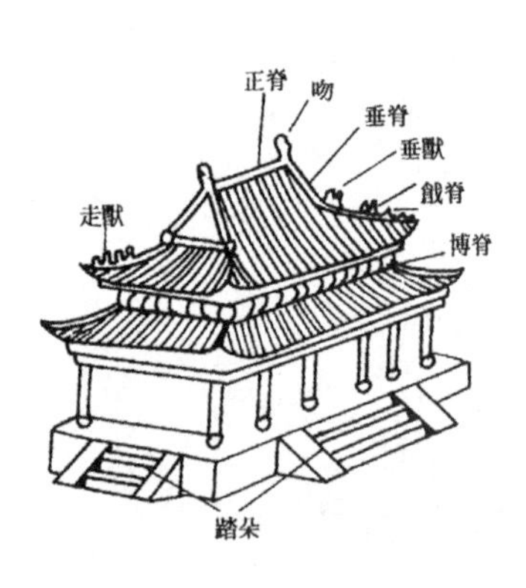

图 3 歇山顶基本构造

二、中国古建筑木构架的类别

中国古建筑以木构架结构为主，此结构方式，由立柱、横梁及顺檩等主要构件组成。各构件之间的结点用榫卯相结合，构成了富有弹性的框架。中国古代木结构主要有二种形式：一是“穿斗式”，是用穿枋、柱子相穿通接斗而成，便于施工，最能抗震，但较难建成大形殿阁楼台，所以我国南方民居和较小的殿堂楼阁多采用这种形式；二是“抬梁式”（也称为叠梁式），即在柱上抬梁，梁上安柱（短柱），柱上又抬梁的结构方式。这种结构方式的特点是可以使建筑物的面阔和进深加大，以满足扩大室内空间的要求，成了大型宫殿、坛庙、寺观、王府、宅第等豪华壮丽建筑物所采取的主要结构形式。有些建筑物还采用了抬梁与穿斗相结合的形式，更为灵活多样。

“墙倒屋不塌”这一句中国民间俗语，充分表达了中国古建筑梁柱式结构体系的特点。由于这种结构主要以柱梁承重，墙壁只作间隔之用，并不承受上部屋顶的重量，因此墙壁的位置可以按所需室内空间的大小而安设，并可以随时按需要而改动。正因为墙壁不承重，墙壁上的门窗也可以按需要而开设，可大可小，可高可低，甚至可以开成空窗、敞厅或凉亭。

三、中国古建筑的特点

中国古代建筑以它优美柔和的轮廓和变化多样的形式而引人注意，令人赞赏。但是这样的外形不是任意造成的，而是适应内部结构的性能和实际用途的需要而产生的。如像那些亭亭如盖、飞檐翘角的大屋顶，即是为了排除雨水、遮阴纳阳的需要，适应内部结构的条件而形成的。在建筑物的主要部分柱子的处理上，一般是把排列的柱子上端做成柱头内倾，让柱脚外侧的“侧脚”呈现上小下大的形式，还把柱子的高度从中间向外逐渐加高，使之呈现出柱头外高内低的曲线形式。这些做法既解决了建筑物的稳定功能，又增加了建筑物外形的优美曲线，把实用与美观恰当地结合起来，可以说是适用与美观的统一佳例。

中国古建筑的平面、立面和屋顶的形式丰富多彩，有方形的、长方形的、三角形的、六角形的、八角形的、十二角形的、圆形的、半圆形的、日形的、月形的、桃形的、扇形的、梅花形，圆形、菱形相套的等等。屋顶的形式有平顶、坡顶、圆拱顶、尖顶等。坡顶中又分庑殿、歇山、悬山、硬山、攒尖、十字交叉等种类。还有的把几种不同的屋顶形式组合成复杂曲折、变化多端的新样式。

四、中国古代建筑的色彩

中国古代建筑的色彩非常丰富。有的色调鲜明，对比强烈，有的色调和谐，纯朴淡雅。建筑师根据不同需要和风俗习尚而选择施用。大凡宫殿、坛庙、寺观等建筑物多使用对比强烈，色调鲜明的色彩：红墙黄瓦（或其他颜色的瓦）衬托着绿树蓝天，再加上檐下的金碧彩画，使整个古建筑显得分外绚丽。在表现中国古建筑艺术的特征中，琉璃瓦和彩画是很重要的两个方面。

五、中国古建筑丰富的雕塑装饰

中国古建筑有着丰富的雕塑装饰。古建筑的雕塑一般分作两类，一类是在建筑物身上的，或雕刻在柱子、梁枋之上，或塑制在屋顶、梁头、柱子之上的。题材有人物、神佛故事、飞禽、走兽、花鸟、鱼虫等等，龙凤题材更被广泛采用。雕塑的材料根据建筑物本身的用材而定，有木有石，有砖有瓦，有金有银，有铜有铁。另一类是在建筑物里面或两旁或前后的雕塑，它们大多是脱离建筑物而存在的，是建筑的保藏物或附属物。建筑物内的雕塑多为佛、道寺院内的佛、道教内容。

六、中国古建筑与环境的配合

中国古建筑在建筑与环境的配合和协调方面有着很高的成就，有许多精辟的理论与成功的经验。古人不仅考虑建筑物内部环境主次之间、相互之间的配合与协调，而且也注意到它们与周围大自然环境的协调。中国古代建筑中有一种讲究阴阳五行的“堪舆”之学，也就是看风水之学，其中虽然夹杂了不少封建迷信的东西，但其中讲地形、风向、水文、地质等部分，还是很有参考价值的。特别是中国古代建筑设计师和工匠们，在进行规划设计和施工的时候，都十分注意周围的环境，对周围的山川形势、地理特点、气候条件、林木植被等，都要认真进行调查研究，务使建筑的布局、形式、色调、体量等与周围的环境相适应。

古建筑是社会发展的记忆，是历史的见证者，它承载着文化积淀。一旦损毁，文物本体及其承载的历史文化都将不复存在、总之，只有把古建筑保护好，维修好，让它们以其原有的面貌长久地保存下去，才能发挥“实物的史书”、“历史的年鉴”、“文化的载体”等作用。保护古建筑，让古建筑流芳千古，古为今用，为后人服务，这是我们每一个人应付的社会责任。

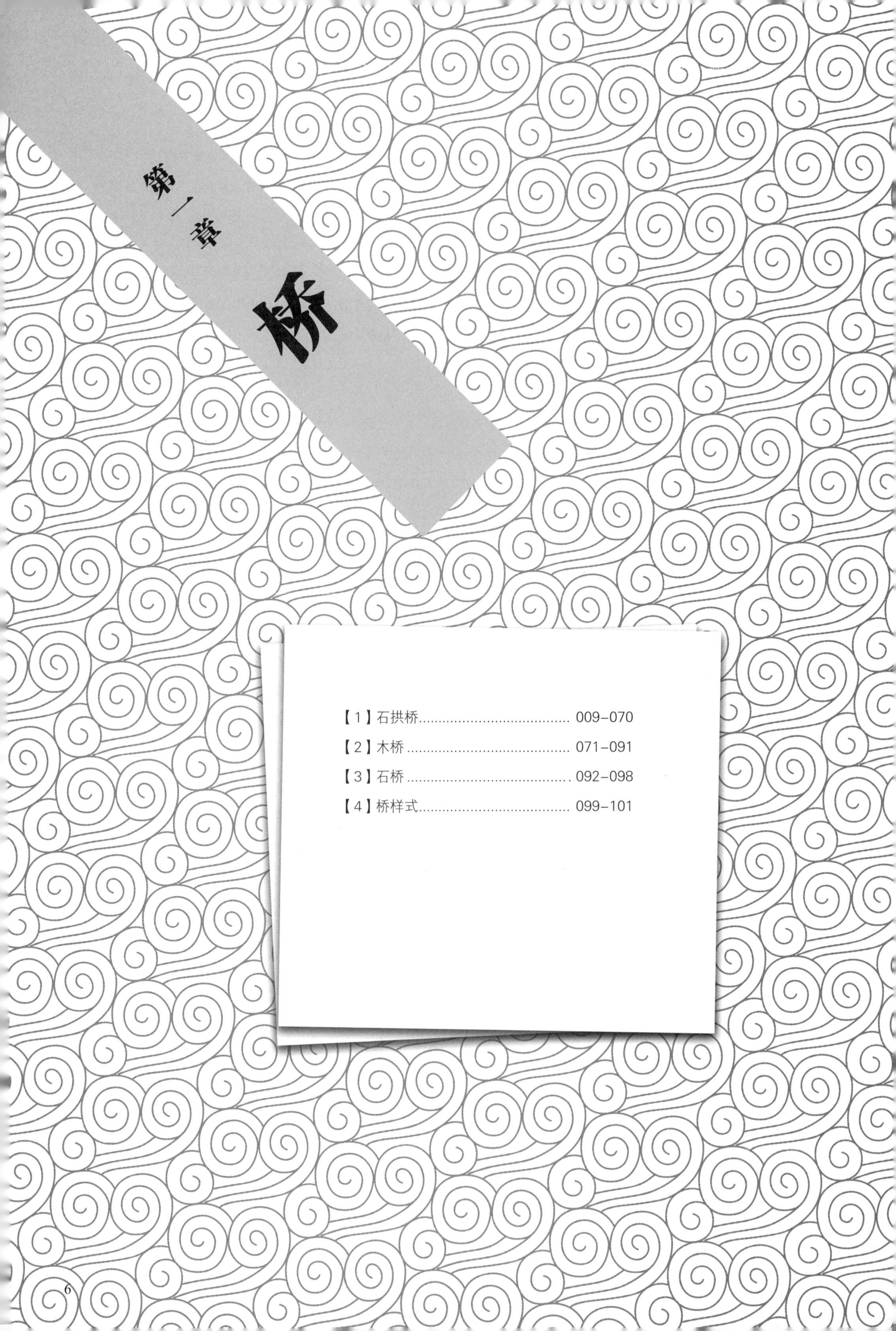

第一章 桥

中国古代建筑——桥梁

桥者，水梁也。中国古代辉煌的桥梁成就在东西方桥梁史中占有崇高地位，为世人所公认。中国桥梁建设始于殷商到西周，发展于战国到秦汉，鼎盛在南北朝到宋朝。中国桥梁主要包括浮桥、梁桥、索桥、拱桥等四大类型，其中拱桥以材料划分又可分为石拱桥与木拱桥，中国古代辉煌的桥梁成就在东西方桥梁史中占有崇高地位，为世人所公认。从距今 1400 多年的河北的赵州桥到距今 400 多年的颐和园的玉带桥，从名扬中外的《清明上河图》中的虹桥到扬州瘦西湖的五亭桥无不渗透出中国古人智慧的结晶……

一、赵州桥

河北的赵州桥（如图 1），被美国土木工程师学会选定为“国际历史土木工程里程碑”。自重为 2800 吨的赵州桥，根基只是有五层石条砌成高 1.55 米的桥台，直接建在自然砂石上。古人称赞其“制造奇特，人不知其所为”。早在七十多年前，梁思成先生经过实地勘察和计算后惊讶地说：“赵州桥结构所取的方式，对于工程力学方面竟有非常了解——表现出一种极近代化的进步的工程精神。”它是一座单孔弧形敞肩拱石桥，全长 64.4 米，拱顶宽 9.6 米，跨径 37.02 米，弧矢（拱顶到两拱脚的连线）高度是 7.23 米。直到 1958 年，它一直是我国跨度最大的石拱桥，且至今仍是世界上现存最早、保存最完善的古代敞肩石拱桥。拱肩加拱这一“敞肩拱”法的运用，是世界桥梁之首创及赵州桥最独特之处。真正的敞肩圆拱，在西方迟至十九世纪才出现。在欧洲，直到 1883 年，法国在亚哥河上修建的安顿尼特铁路石拱桥和卢森堡建造的大石桥，才揭开欧洲建造大跨度敞肩拱桥的序幕，比赵州桥晚了近 1300 年。知道赵州桥的西方桥梁专家也都认为，赵州桥敞肩拱建筑，堪称现代许多钢筋混凝土桥梁的祖先，开了一代桥风。

赵州桥的建筑特点：（1）伏拱敞肩：大拱两端上方各有两个小拱——称伏拱。挖去部分填肩材料，称敞肩。伏拱敞肩有几大益处：第一，减轻了桥身自重，大约节省了一百八十立方米石料，使桥的重量减轻了大约 500 吨，也减轻了桥身对桥台的垂直压力和水平推力。使桥身变轻巧，下部结构变简单。第二，敞肩的四个小拱在洪灾时能起到很好的泄洪作用，据桥梁专家推算，大约可增加过水面积 16.5%。当河流涨水时，一部分水可以从小券流过，既可以使水流畅通，又减少了洪水对桥的冲击，保证了桥的安全。第三，通过敞肩调整荷载分布，是恒载压力线和大拱的轴线极为接近，拱的构造经济合理。（2）坦拱：赵州桥采用了现代桥梁学上的所谓坦拱，桥跨度大而弧形平，既可以增大排水功能，又使桥面坡度平缓，便于车马往来，还可以节省工料。（3）采用天然地基上浅基础：按常理推断，赵州桥的坦拱形式，对桥台和低级的要求较高。许多人猜测赵州桥的桥台肯定会采用长后座型式的基础，还可能有桩基。然而，桥梁专家们在对赵州桥进行人工坑探后发现，赵州桥的桥台是厚度仅 1.549 米的既浅又小的普通矩形，桥台直接安放在轻亚粘土与亚粘土组成的第四纪冲积层上，这种天然地基土质均匀稳定，完全能承受大桥的荷载。这充分体现了以李春为代表的中国古代匠师的全局设计思想。

赵州桥对我国各地桥梁的建造影响很大。在中外桥梁史上，赵州桥占有突出地位，赵州桥建成 700 多年后，欧洲才出现类似的石拱桥，如 14 世纪法国的赛雷桥，但在一百八十年前早已毁坏。赵州桥至今已经历了一千三百多年，是现存世界上最古老的石拱桥，历经强烈地震，任凭风吹雨打，仍屹立于洨河上。

图 1 赵州桥

二、虹桥

在宋代张择端的工笔界画长卷《清明上河图》中，最精彩的一幕莫过于汴河上繁华热闹的过桥盛况。宛若长虹的桥梁飞架在汴河上方，桥上交通繁忙，轿子、牛车、人力车络绎不绝。栏杆内两边搭建了摊贩桥市，小贩们争相招揽路人，十分热闹。许多人正在凭栏观看桥下一条逆水而上的木船，那艘大船更体现出当时高超的造船技术，作者对它的描绘也更加不遗余力：船只正要穿桥而过，但不知什么原因，桅杆还没有放下，眼看船头就要撞上虹桥了，这一下，船工们大为紧张，有的死死撑住船舷，不让船只撞上桥梁，有的用竹竿抵住桥洞，以免湍急的河水冲偏了航道，一些身手矫健的则立刻去降下桅杆，以便船只能顺利通过桥洞。桥上、邻船上的人也都探出身指指点点，甚至有一个人站在停泊在汴水旁边的船上手舞足蹈，像是在热心地大声吆喝什么，指导船上的人应该怎么做。这一切，都栩栩如生，几百年前的景象历历在目……

这幅市井人情味极浓的北宋风俗画固然重在表现人们的日常生活场景，但是汴河上那座别致的桥梁也吸引了众多观赏者的目光。这座桥构造特别，它没有一根支柱，全部以木条架空造成，这座木桥没有柱脚的支撑，居然单拱跨越过了宽达 16.5 米（据《宋会要》记载）的汴河水面，而且它同时还承受了桥面巨大的载重。像夏天雨过初晴的彩虹，横卧在汴河两岸。它真如彩虹凌空横卧汴河，给都城增添了无穷的魅力。那么，建造这座拱桥时是运用了什么力学原理，使它不至于坍塌呢？而它轻灵飞动的巧妙造型，在拱桥中更是独特少见。

虹桥的构造原理是五长两短的七根拱木构成两组拱骨系统，搭成立体的结构，再用横木联系起来形成拱架。其承重结构实际由两套多铰木拱各若干片相间排列，配以横木，以篾索扎成。其中一套多铰木拱拱骨包括长木 3 根，作梯形布置；另套木拱拱骨包括长木 2 根，短木 2 根，作尖拱状布置。各木以端头彼此抵紧，形成铰接；一套拱骨的铰，恰好是在另一套拱骨长木中点之上；用篾索将两套木拱夹着横木扎紧，于是，两套木拱就形成了稳定的超静定结构（图3）。根据画面，估计此桥实际跨度大约 18.5 米，桥上大车荷载约 3 吨。由于拱木在桥梁中同时起到梁和拱的作用，所以唐寰澄先生将这种结构称为叠梁拱。从结构力学上看，虹桥的构建是十分科学而巧妙的。然而，不期然地，这种结构也使虹桥获得了美丽的造型。宋代孟元老曾在《东京梦华录》中记载虹桥："其桥无柱，皆以巨木虚架，饰以丹雘。宛如长虹。"虹桥在当时也被称为"飞桥"，整座桥因为结构简洁，又没有柱脚或桥墩，显得十分轻盈，宛若一道飞虹凌驾在汴水上方。虹桥独特的叠梁拱构架不仅逻辑清晰，结构严密，而且质感朴素、自然而优雅，没有石拱桥的那种沉重感，而渗融着轻盈、欢愉的情调。

图 2 清明上河图之汴河虹桥

这种木虹桥的建筑，是我国古代劳动人民的智慧创造，也是世界桥梁史上绝无仅有的首创，正可谓"繁华梦断虹桥空，惟有悠悠汴水东。"往事越千年，今天的桥梁专家仍为这座古虹桥赞叹自豪。然而，《清明上河图》中虹桥的实物早已毁坏，仅在画卷中留下美丽的身影；借助张择端的写实描绘，它重要的文化价值和历史价值在现代才得以惊鸿一瞥。对于现在来说，虹桥的遥远是双重的——时间上的久远和空间上的触不可及。但上个世纪八十年代以后，甘肃、浙江和福建等地类似虹桥结构的桥梁陆续被发现。这说明，如此有创造力的发明是不会轻易失传的。这些桥就是历史本身。

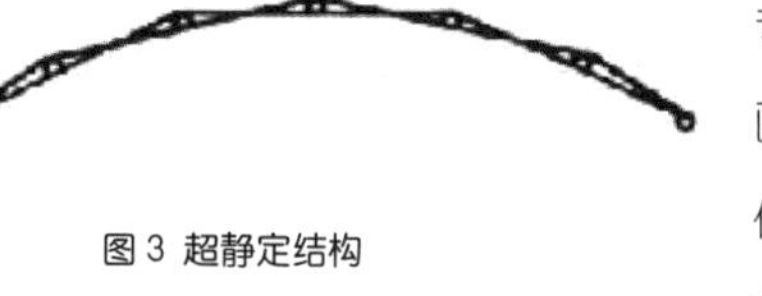
图 3 超静定结构

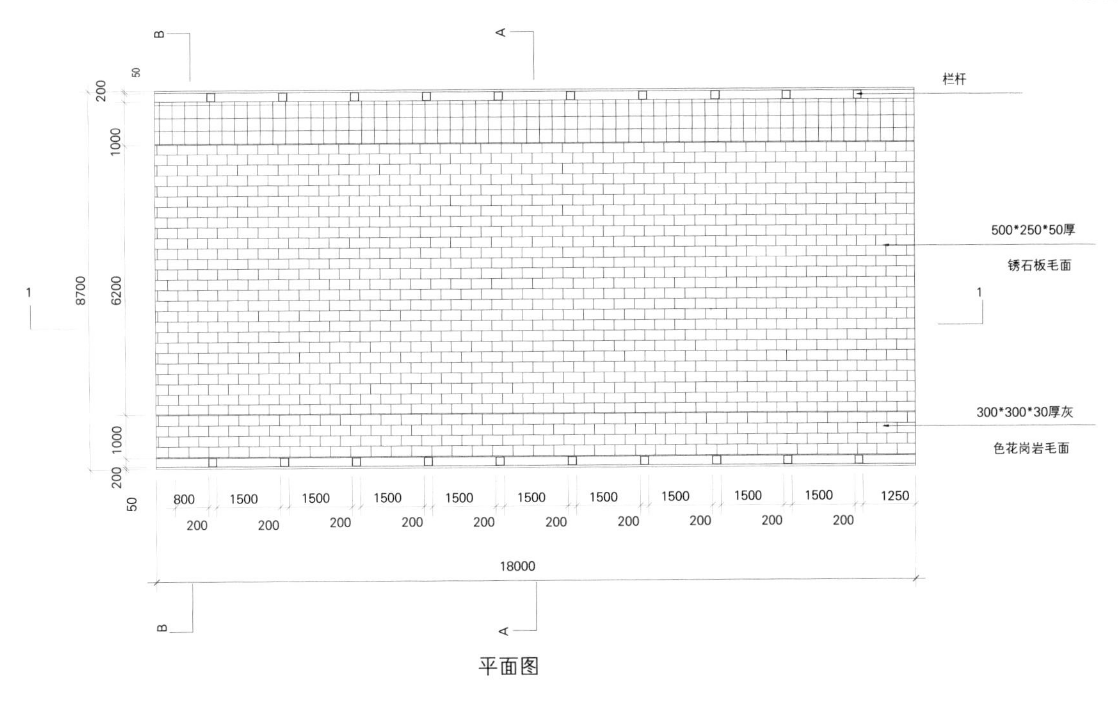

平面图

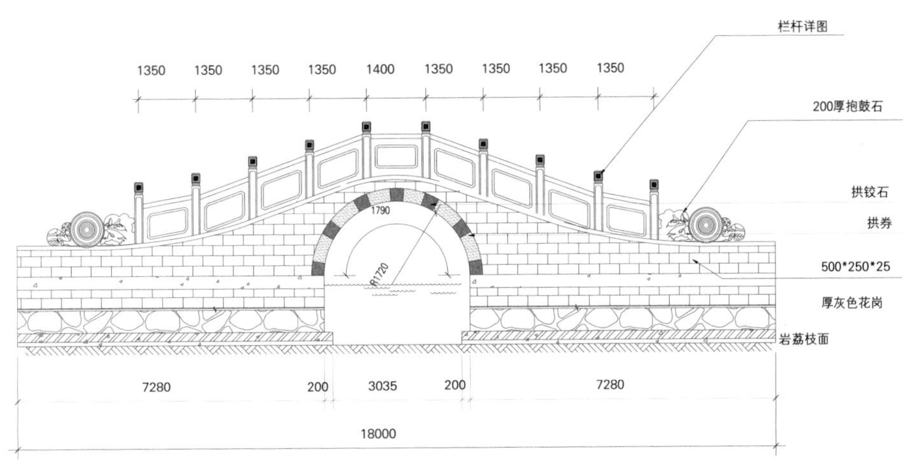

立面图

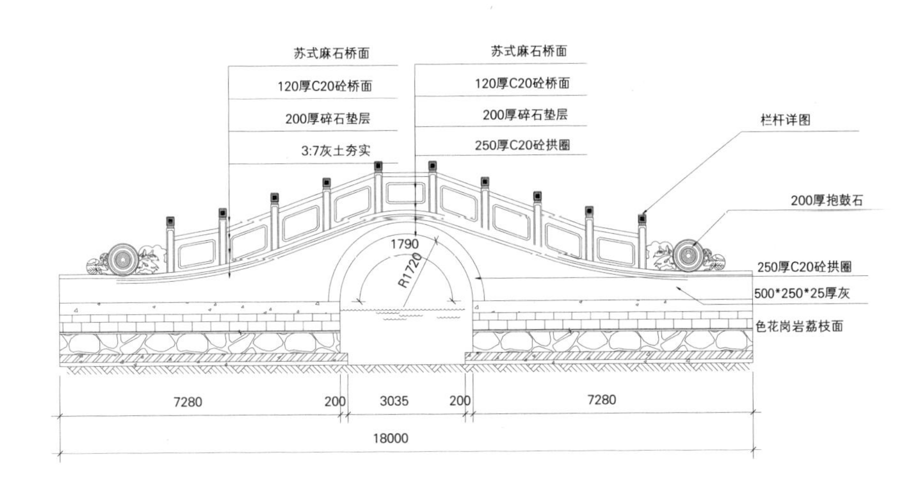

1-1剖面图

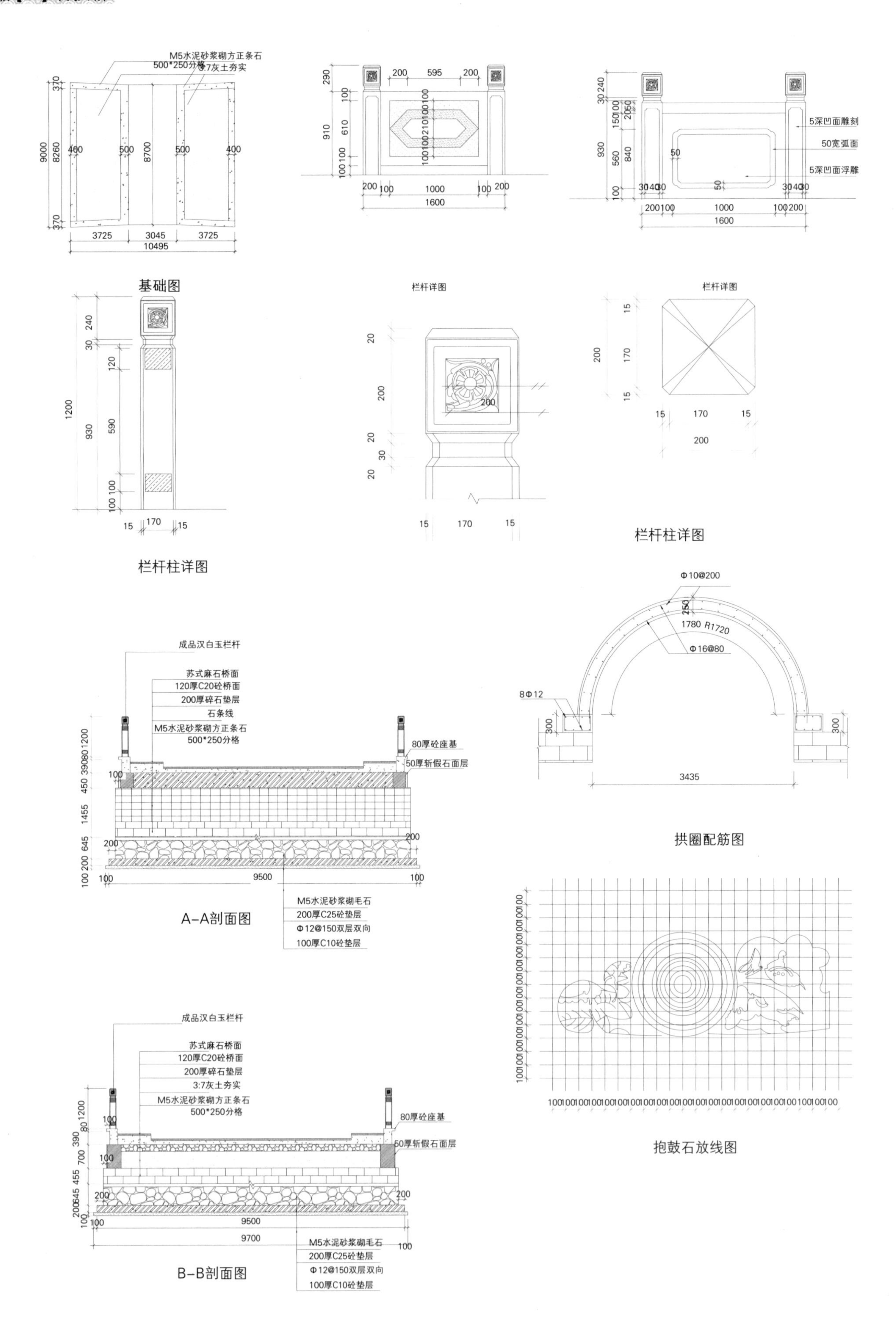
M5水泥砂浆砌方正条石
500*250分格
3:7灰土夯实
基础图
栏杆详图
5深凹面雕刻
50宽弧面
5深凹面浮雕
栏杆柱详图
成品汉白玉栏杆
苏式麻石桥面
120厚C20砼桥面
200厚碎石垫层
石条线
80厚砼座基
50厚斩假石面层
M5水泥砂浆砌毛石
200厚C25砼垫层
Φ12@150双层双向
100厚C10砼垫层
A-A剖面图
3:7灰土夯实
B-B剖面图
Φ10@200
R1720
Φ16@80
8Φ12
拱圈配筋图
抱鼓石放线图

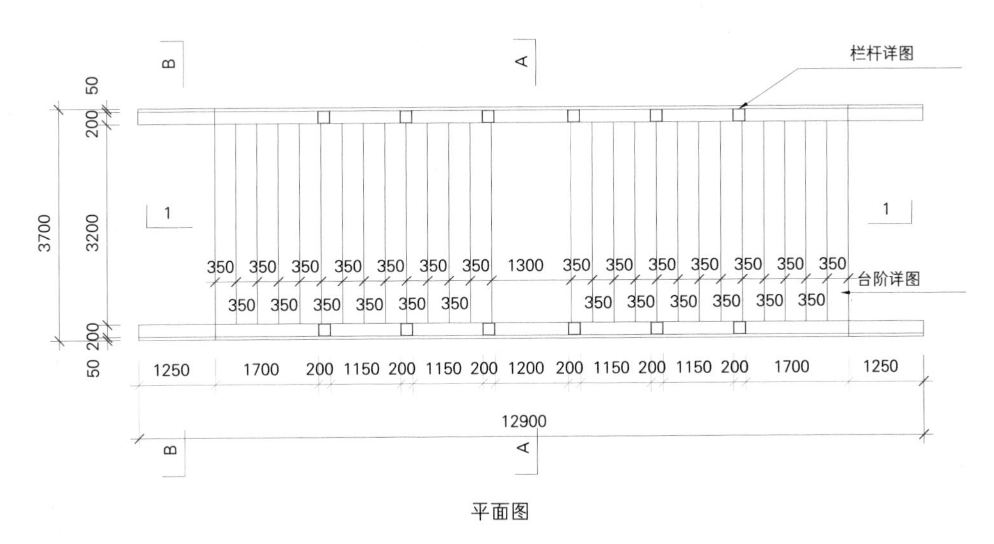
栏杆详图
台阶详图
B
A
1
3700
3200
50
200
350
1300
1250
1700
1150
1200
12900

平面图

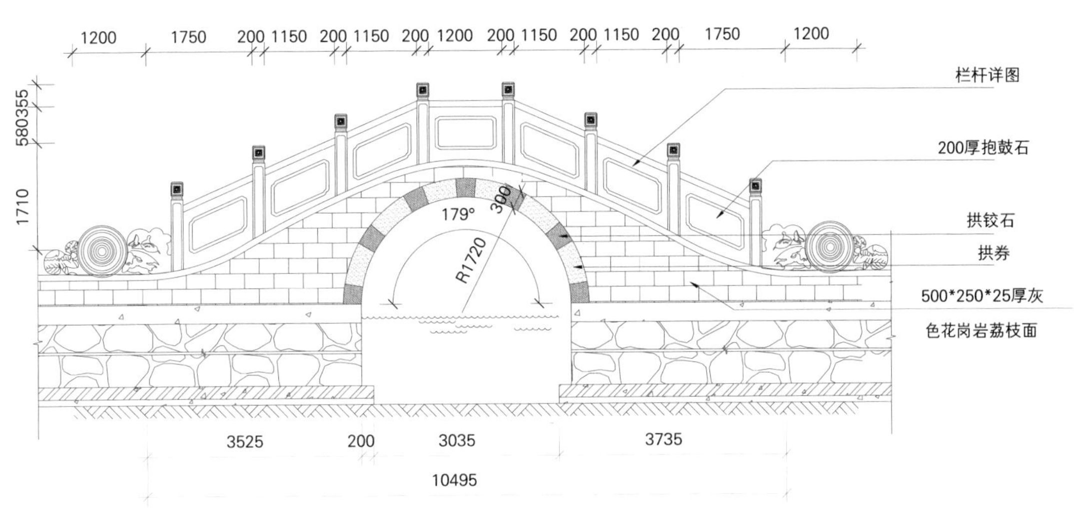
1200
1750
200
1150
1200
580355
1710
179°
300
R1720
栏杆详图
200厚抱鼓石
拱铰石
拱券
500*250*25厚灰
色花岗岩荔枝面
3525
200
3035
3735
10495

立面图

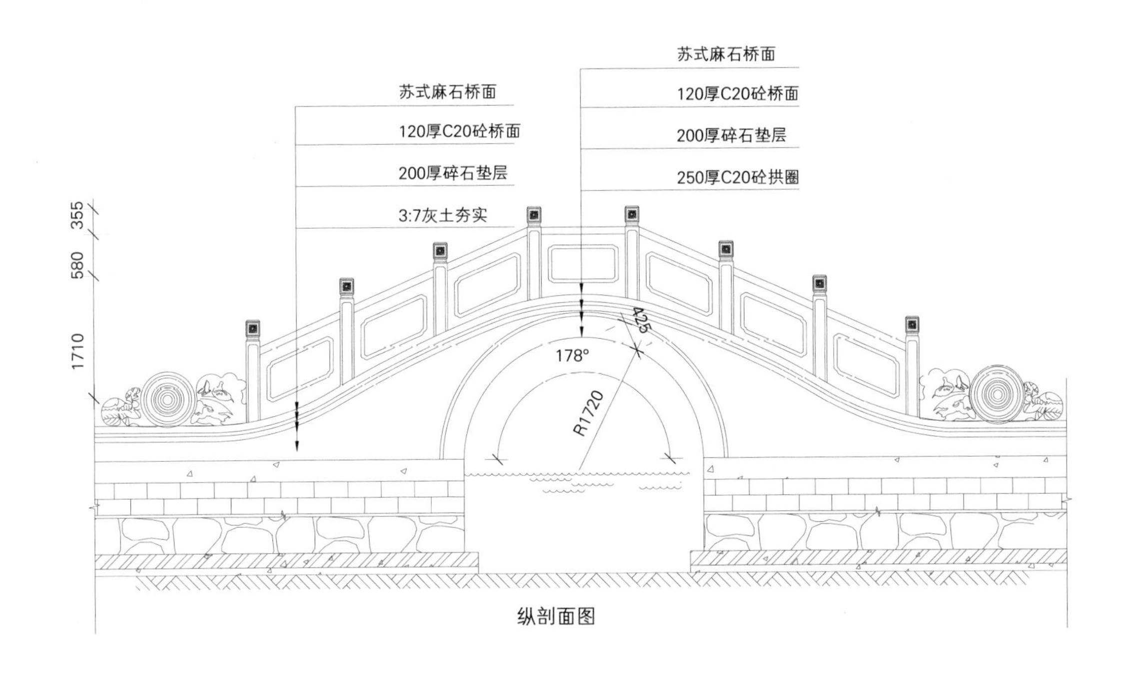
苏式麻石桥面
120厚C20砼桥面
200厚碎石垫层
3:7灰土夯实
苏式麻石桥面
120厚C20砼桥面
200厚碎石垫层
250厚C20砼拱圈
355
580
1710
178°
425
R1720

纵剖面图

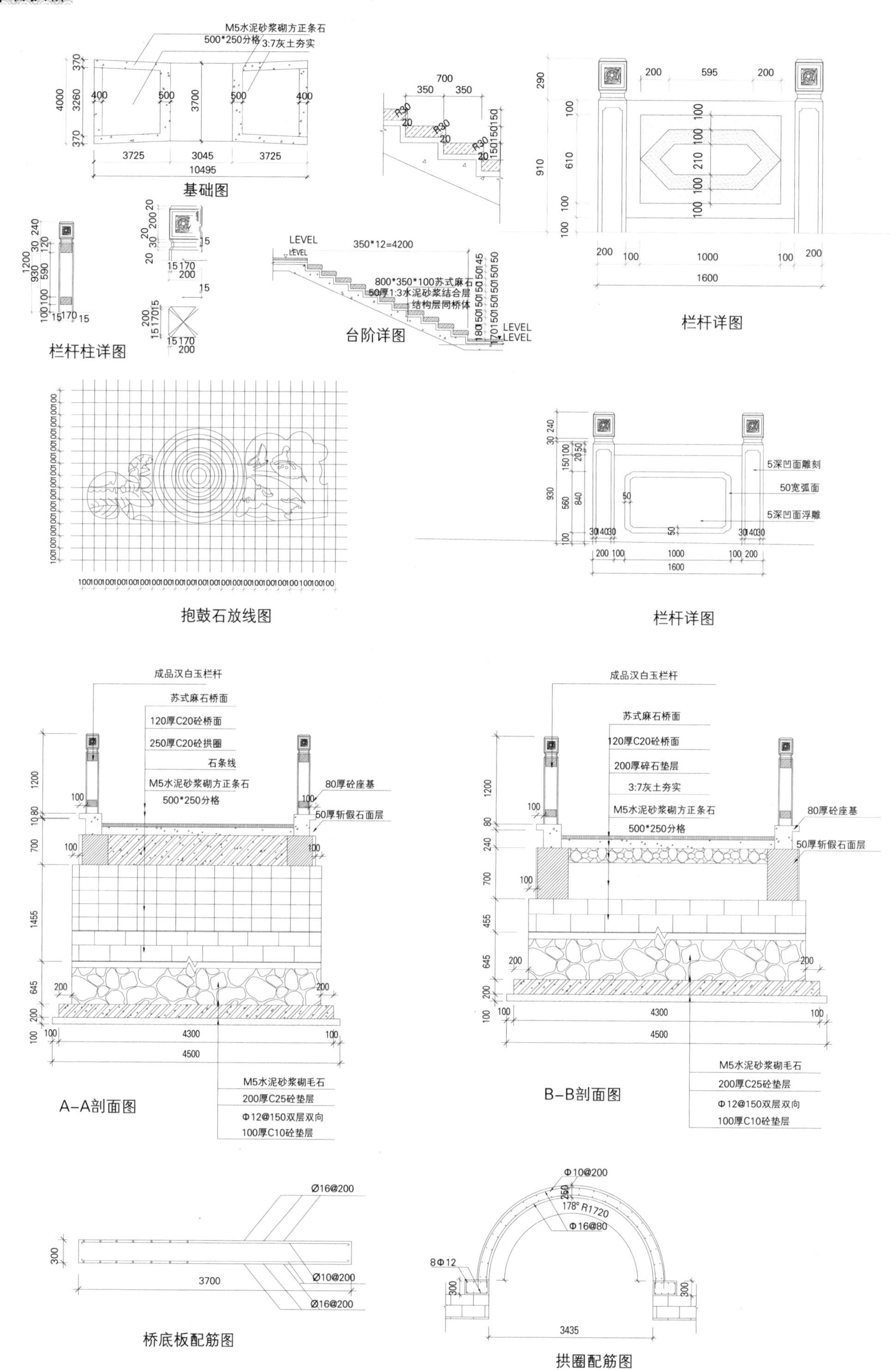

M5水泥砂浆砌方正条石
500*250分格
3:7灰土夯实
基础图
栏杆柱详图
台阶详图
LEVEL
350*12=4200
800*350*100苏式麻石
50厚1:3水泥砂浆结合层
结构层同桥体
栏杆详图
抱鼓石放线图
5深凹面雕刻
50宽弧面
5深凹面浮雕
栏杆详图
成品汉白玉栏杆
苏式麻石桥面
120厚C20砼桥面
250厚C20砼拱圈
石条线
M5水泥砂浆砌方正条石
500*250分格
80厚砼座基
50厚斩假石面层
M5水泥砂浆砌毛石
200厚C25砼垫层
Φ12@150双层双向
100厚C10砼垫层
A-A剖面图
成品汉白玉栏杆
苏式麻石桥面
120厚C20砼桥面
200厚碎石垫层
3:7灰土夯实
M5水泥砂浆砌方正条石
500*250分格
80厚砼座基
50厚斩假石面层
M5水泥砂浆砌毛石
200厚C25砼垫层
Φ12@150双层双向
100厚C10砼垫层
B-B剖面图
Ø16@200
Ø10@200
Ø16@200
桥底板配筋图
Φ10@200
178° R1720
Φ16@80
8Φ12
拱圈配筋图

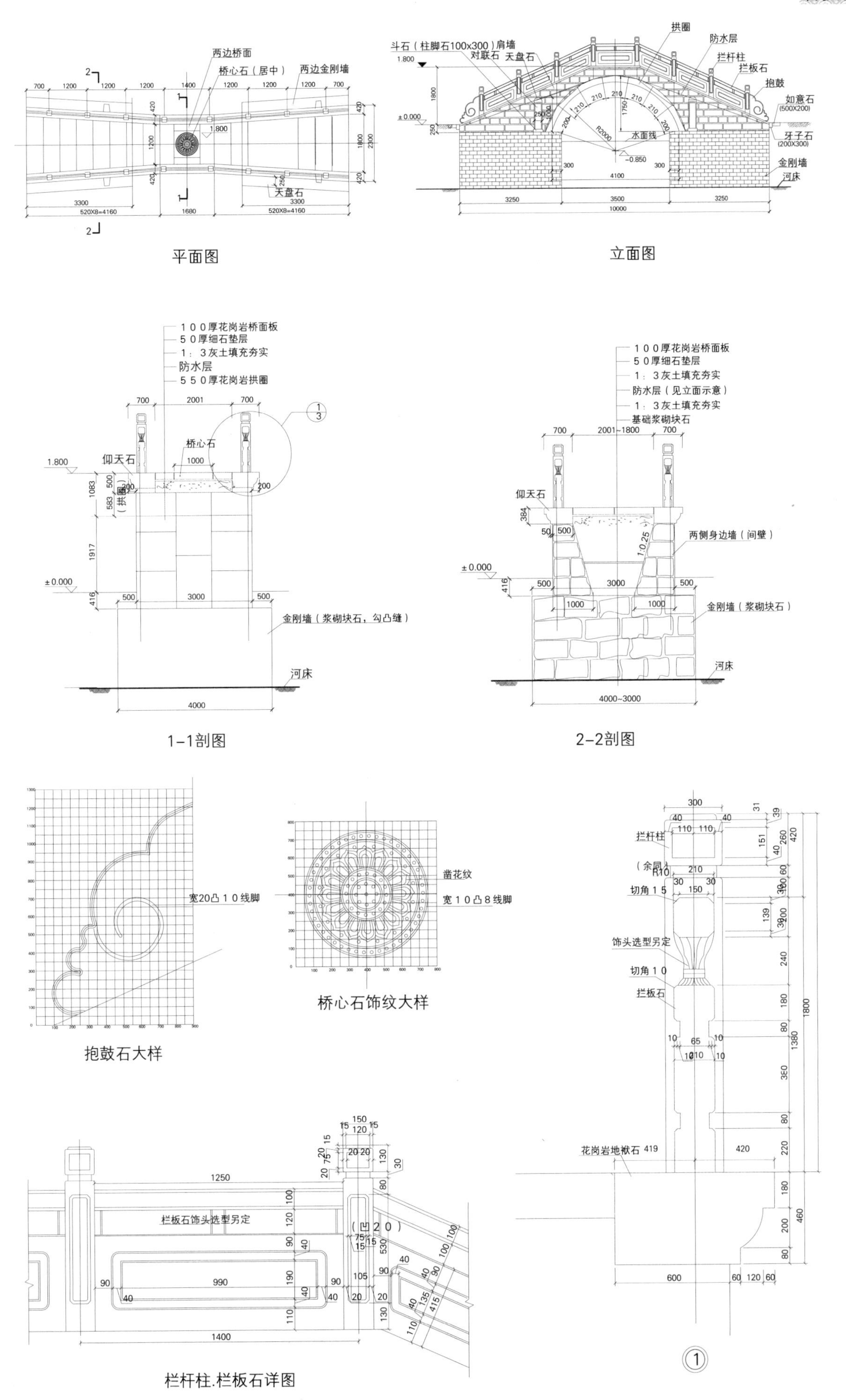
两边桥面
桥心石（居中）
两边金刚墙
天盘石
平面图
斗石（柱脚石100x300）肩墙
对联石
天盘石
拱圈
防水层
拦杆柱
拦板石
抱鼓
如意石
牙子石
金刚墙
河床
水面线
立面图
100厚花岗岩桥面板
50厚细石垫层
1：3灰土填充夯实
防水层
550厚花岗岩拱圈
桥心石
仰天石
金刚墙（浆砌块石，勾凸缝）
河床
1-1剖图
防水层（见立面示意）
基础浆砌块石
两侧身边墙（间壁）
金刚墙（浆砌块石）
2-2剖图
宽20凸10线脚
抱鼓石大样
凿花纹
宽10凸8线脚
桥心石饰纹大样
拦杆柱
切角15
饰头造型另定
切角10
拦板石
花岗岩地袱石
栏板石饰头造型另定
栏杆柱.栏板石详图

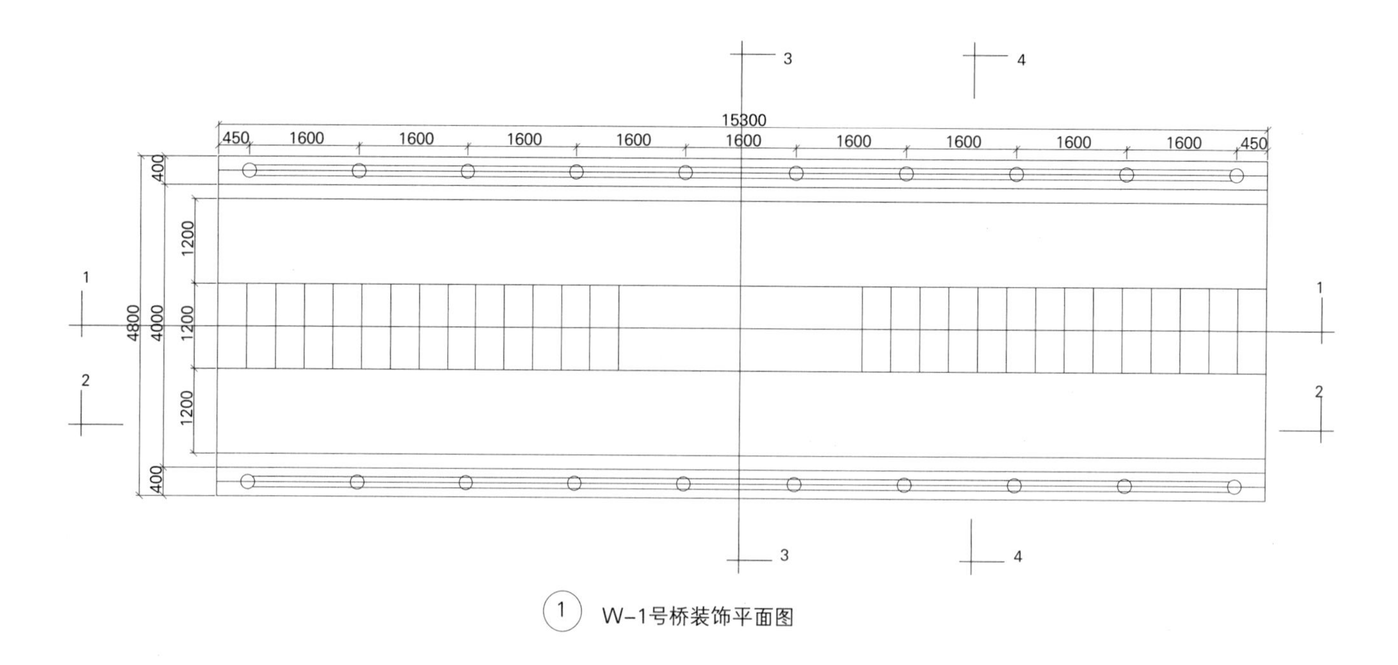

① W-1号桥装饰平面图

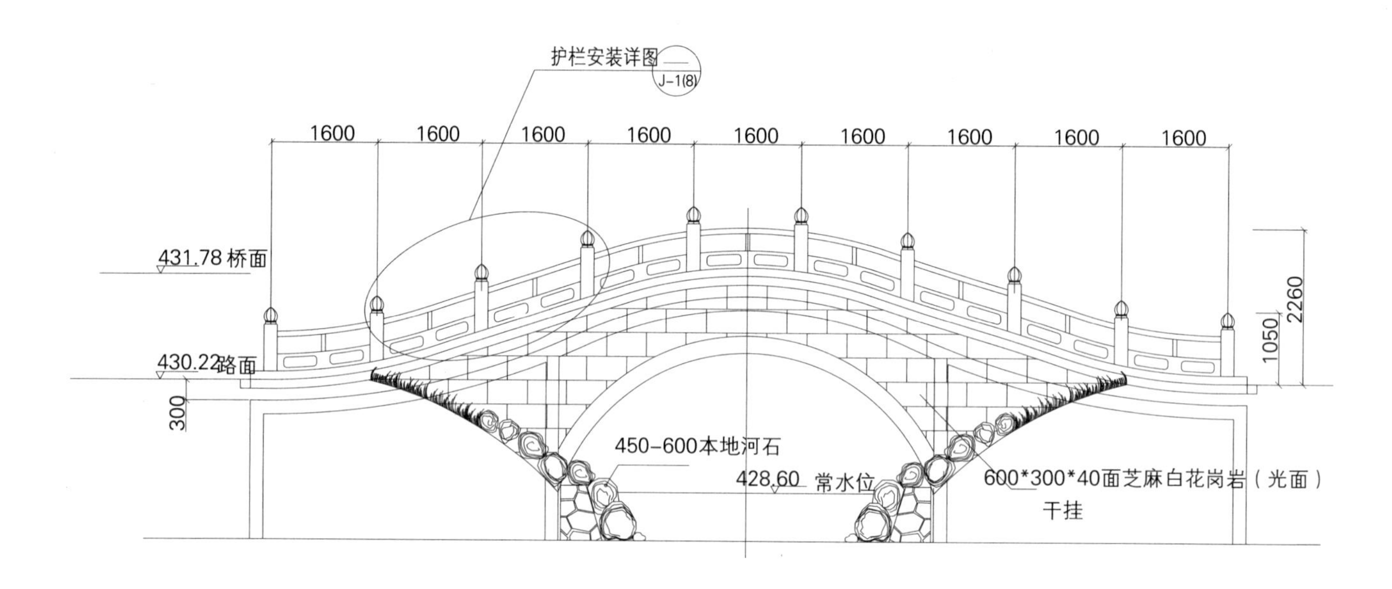

② W-1号桥装饰2-2剖面图

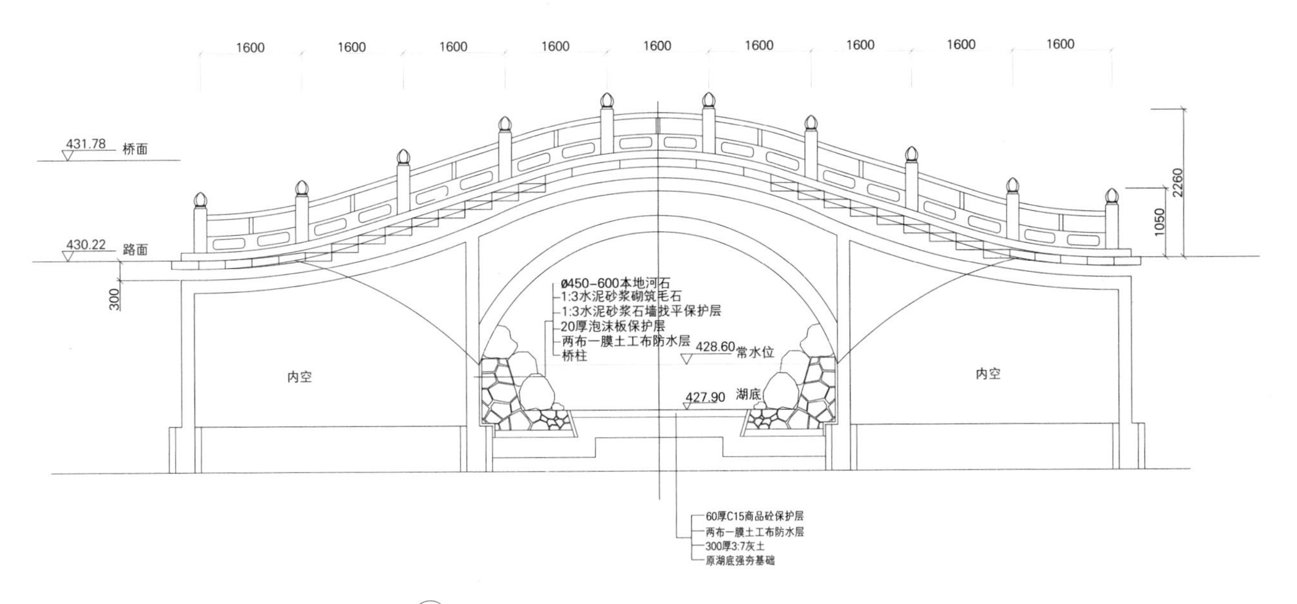

1 W-1号桥装饰1-1剖面图

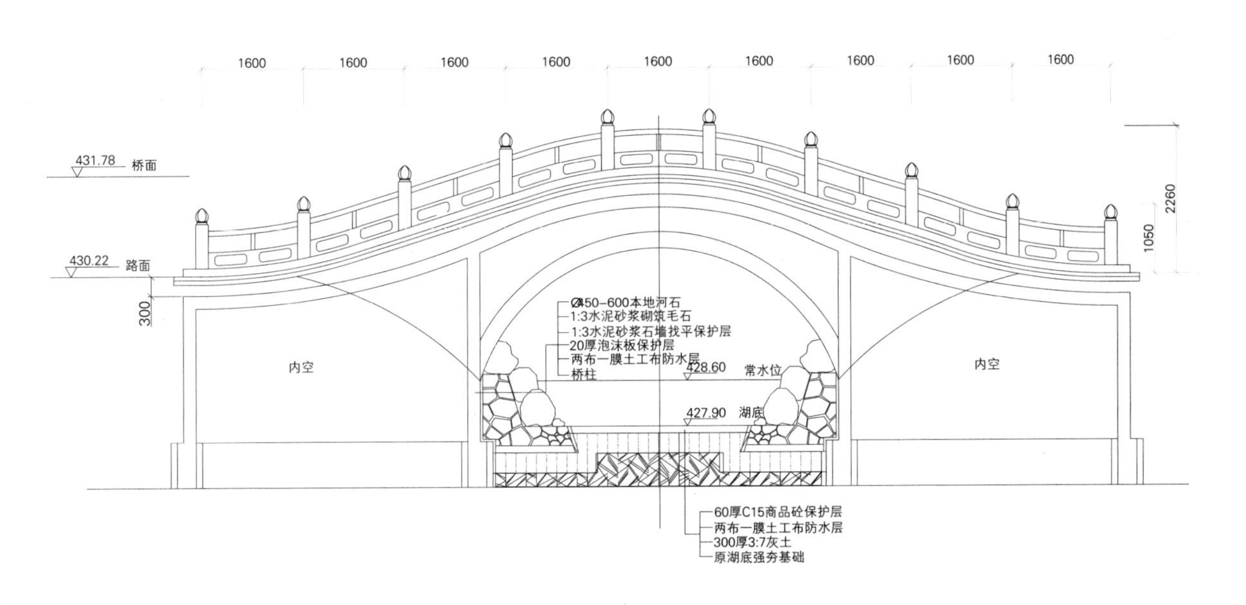

1 W-1号桥装饰2-2剖面图

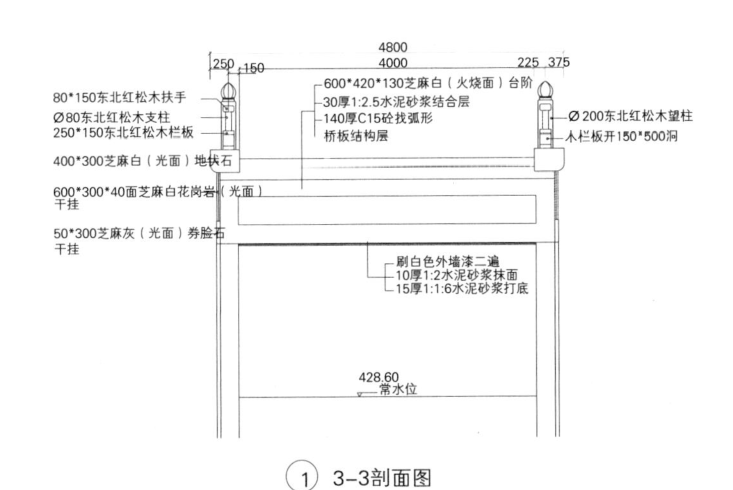

1 3-3剖面图

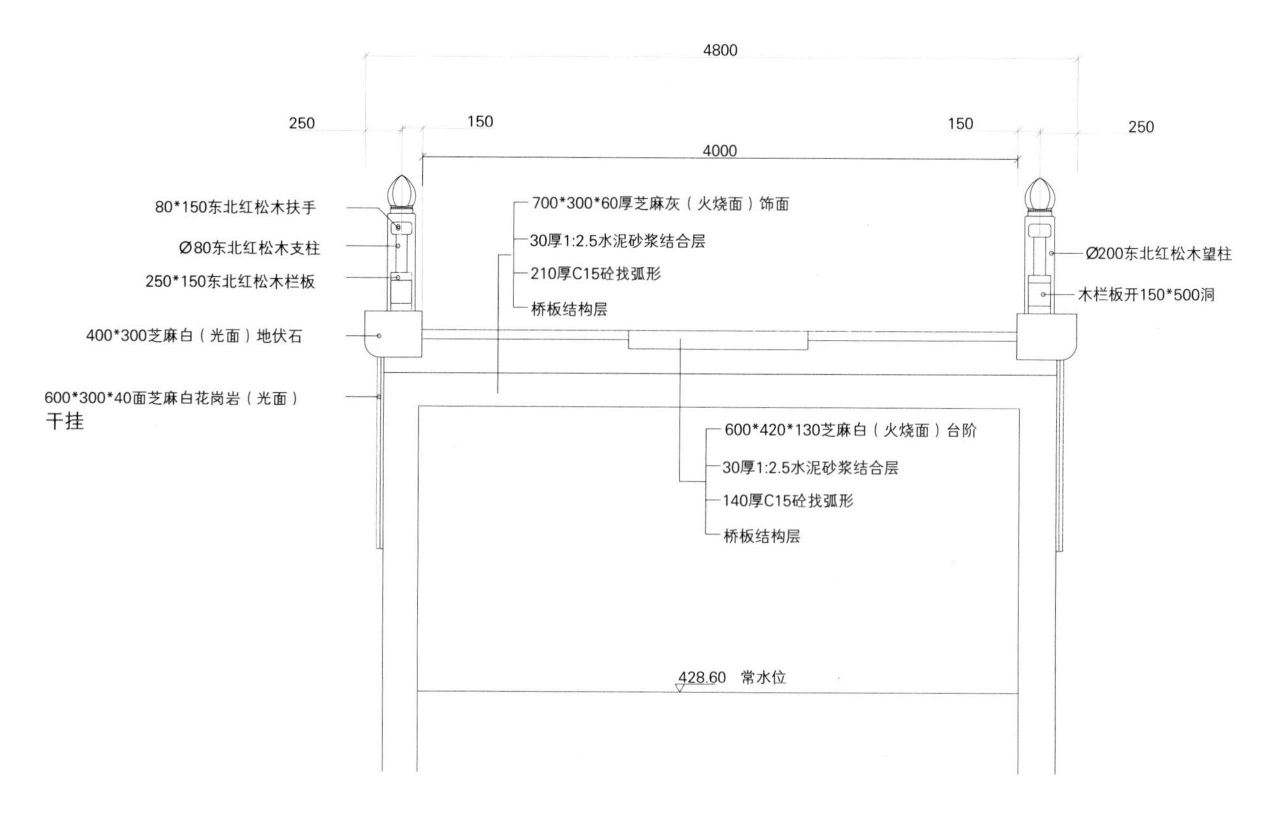

4-4剖面图

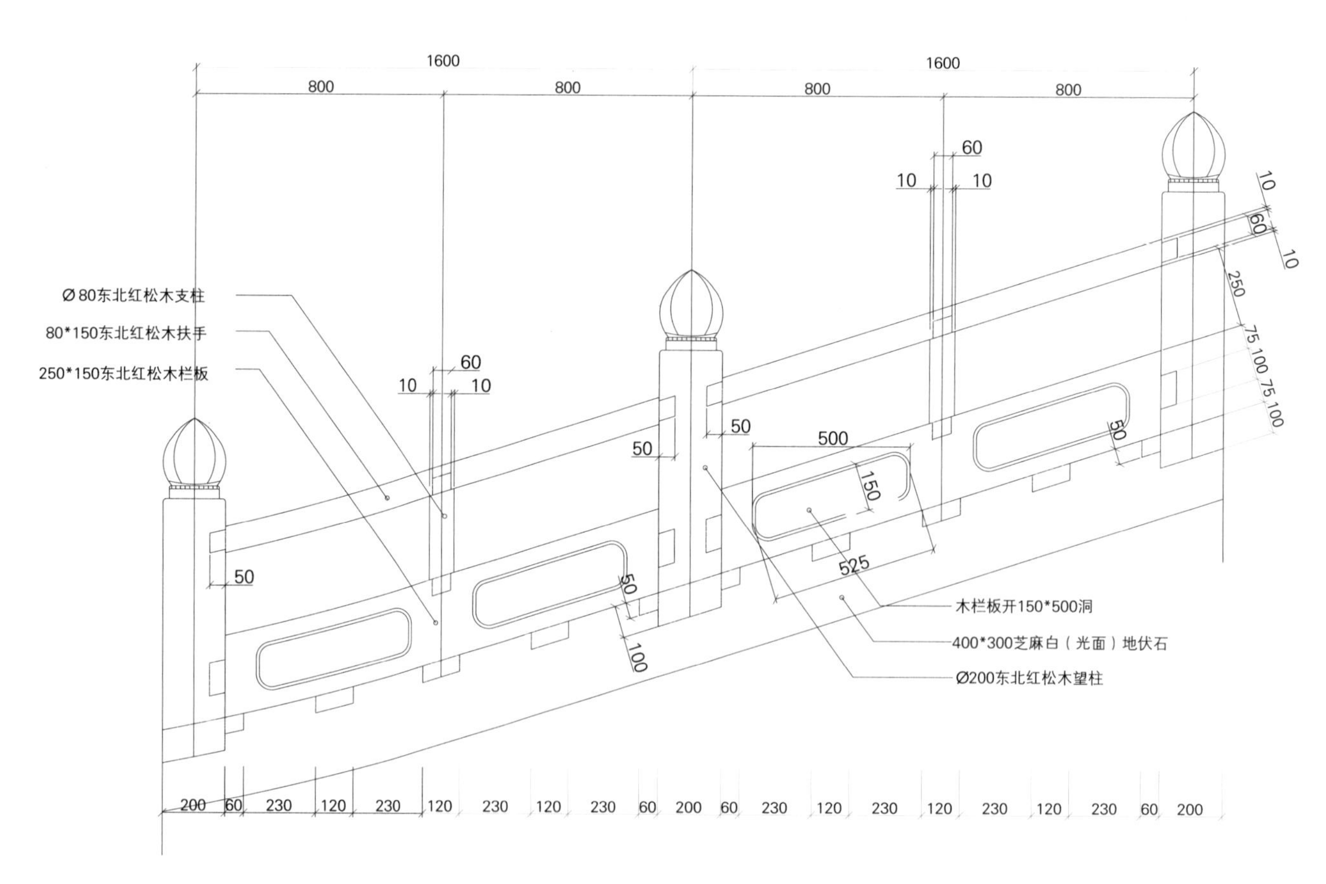

W-1号桥护栏安装详图

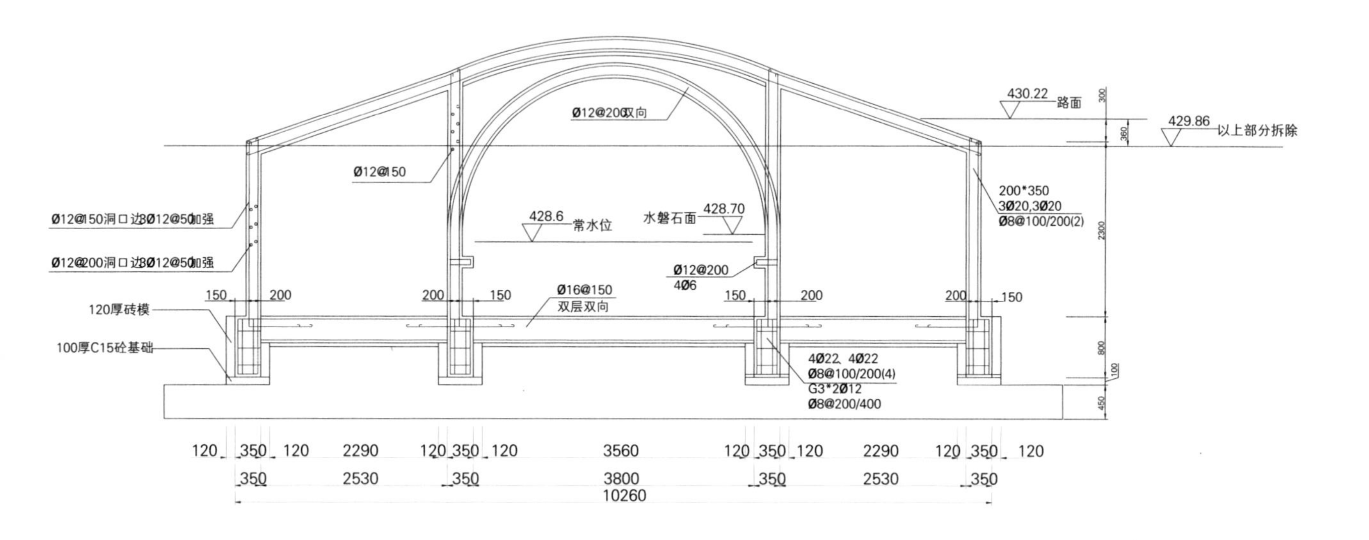

W–2号桥现状剖面图

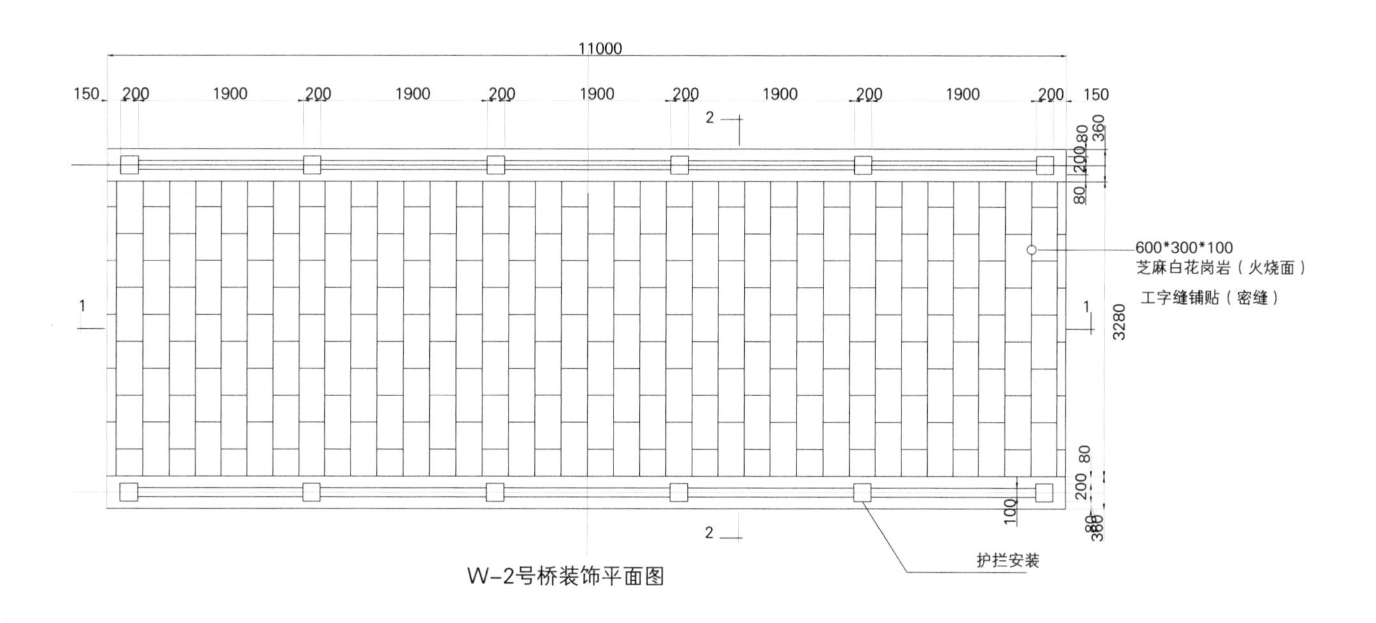

W–2号桥装饰平面图

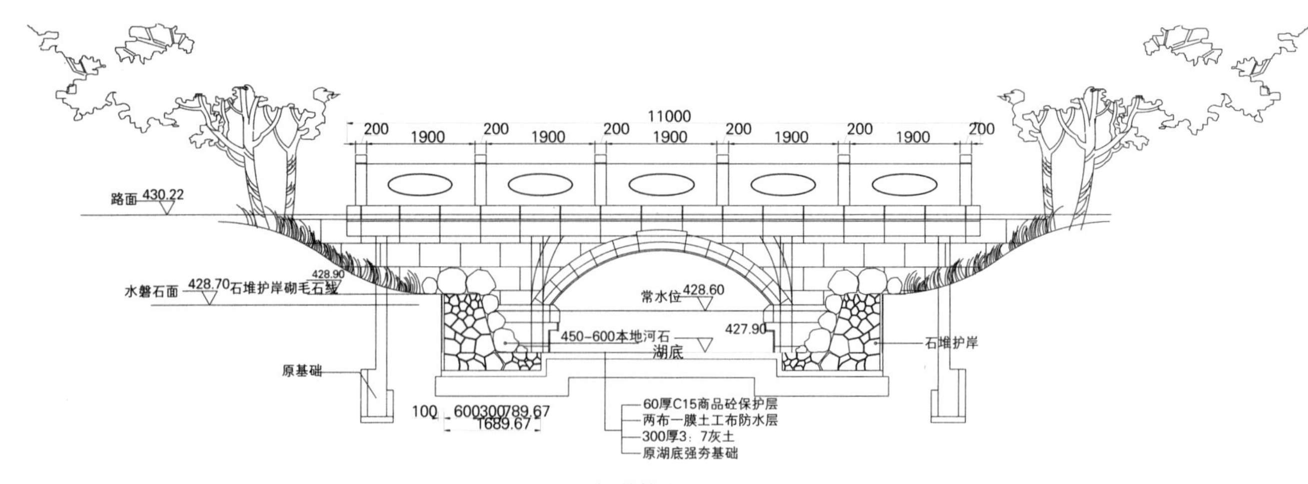

W-2号桥装饰立面图

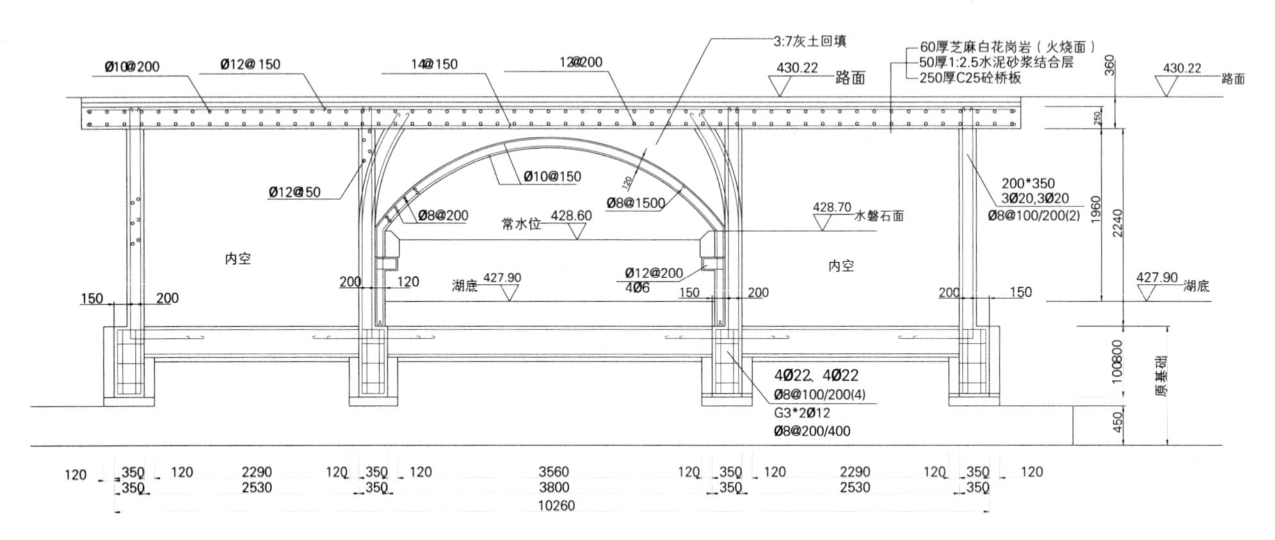

W-2号桥装饰1-1剖面图

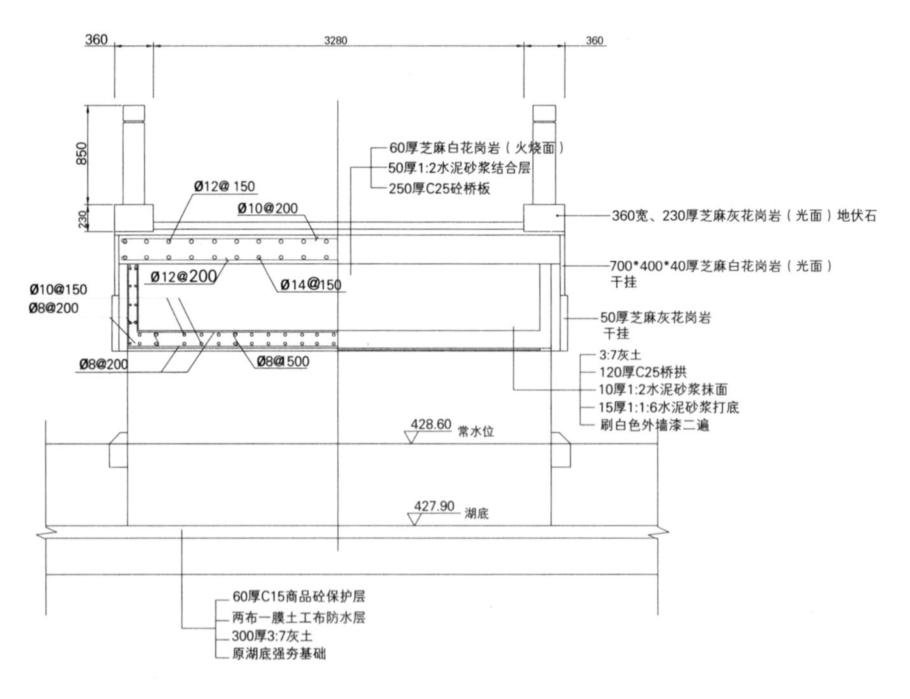

W-2号桥装饰2-2剖面图

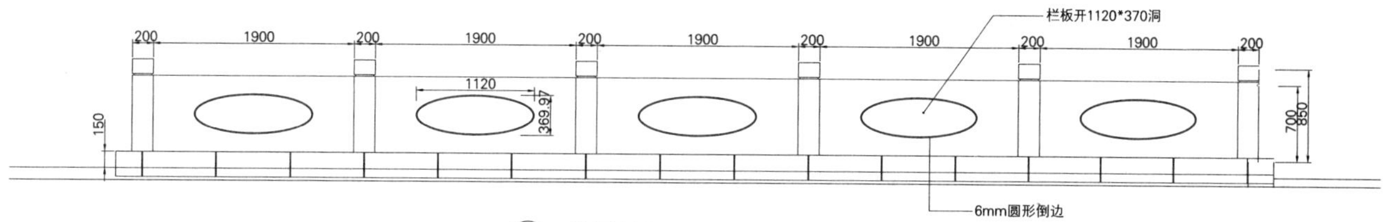

① 护栏侧立面图

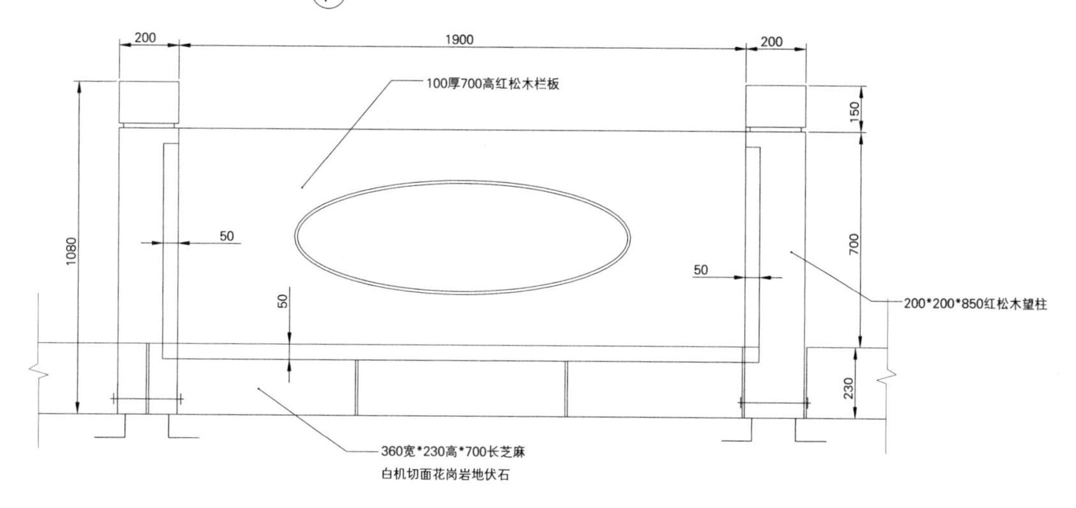

护栏安装侧面示意图

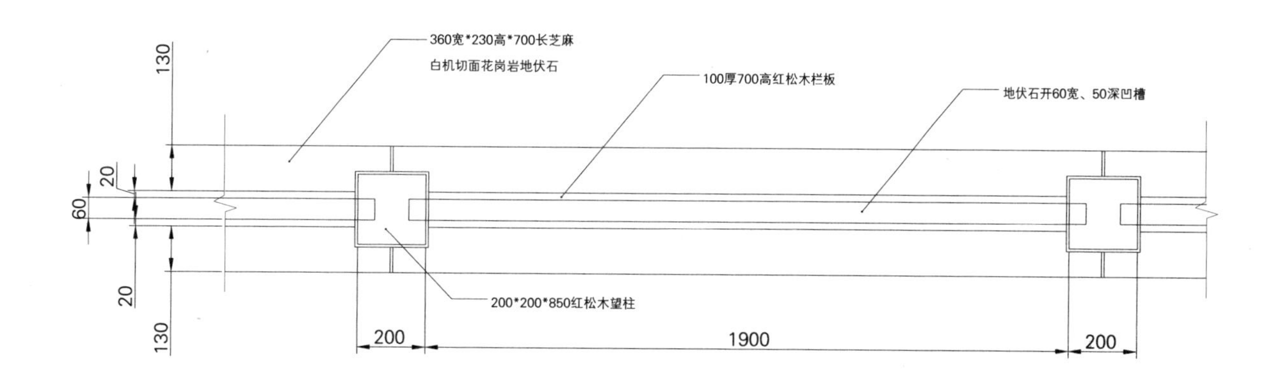

护栏平面示意图

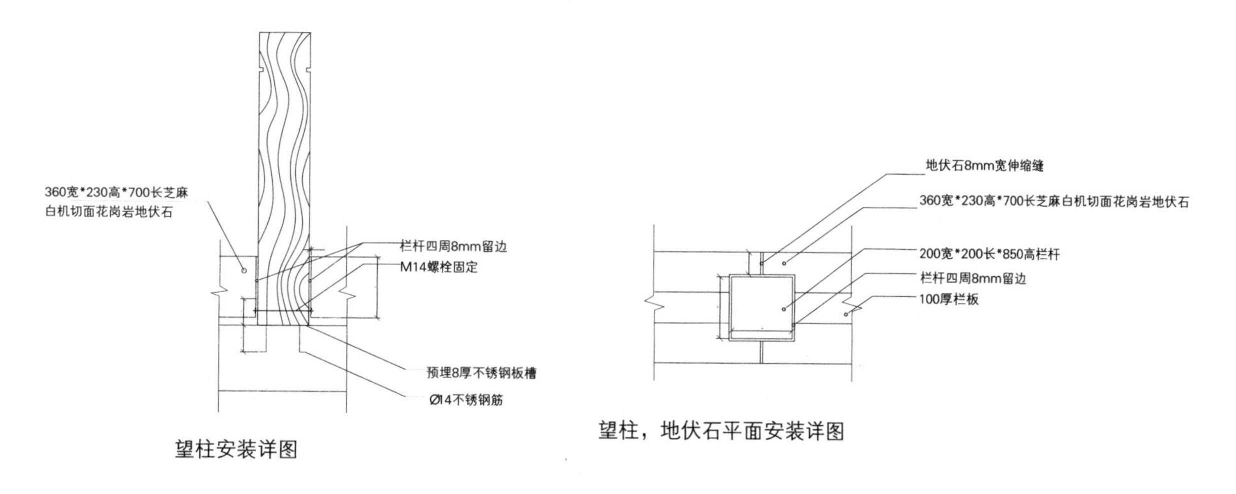

望柱安装详图

望柱，地伏石平面安装详图

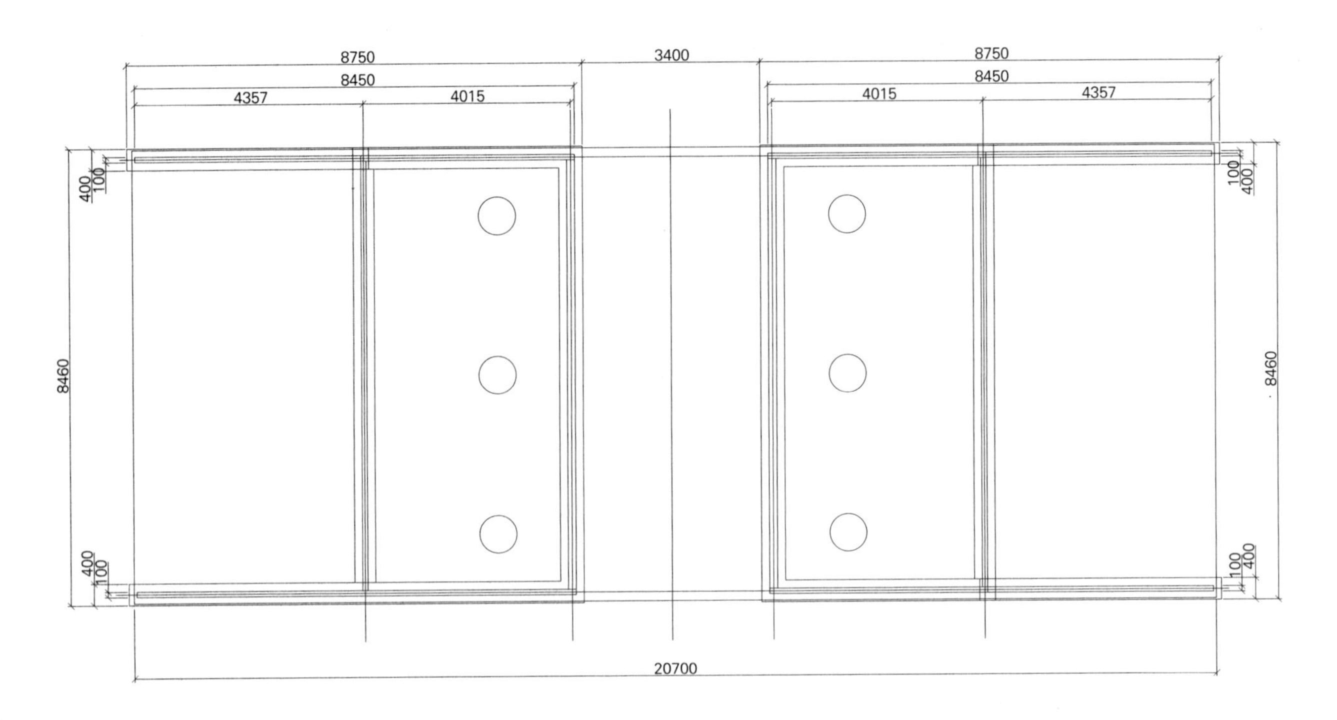

W-3号桥装饰基础平面图

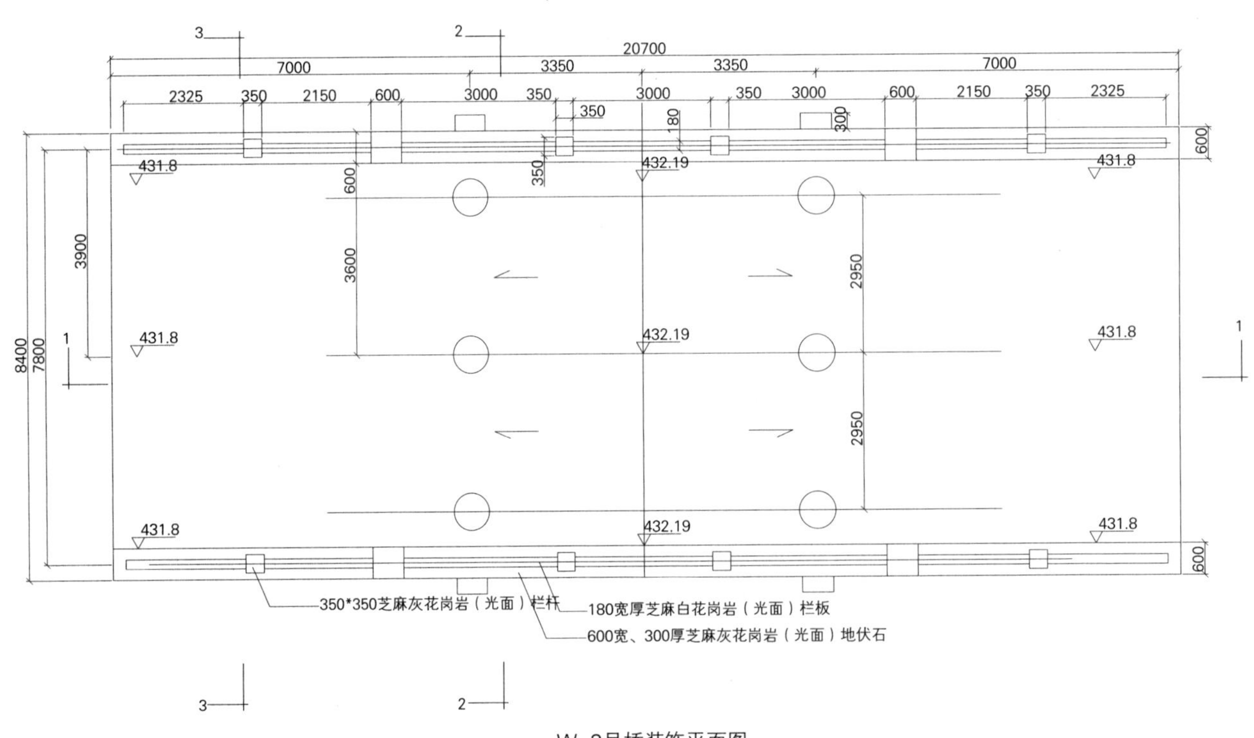

W-3号桥装饰平面图

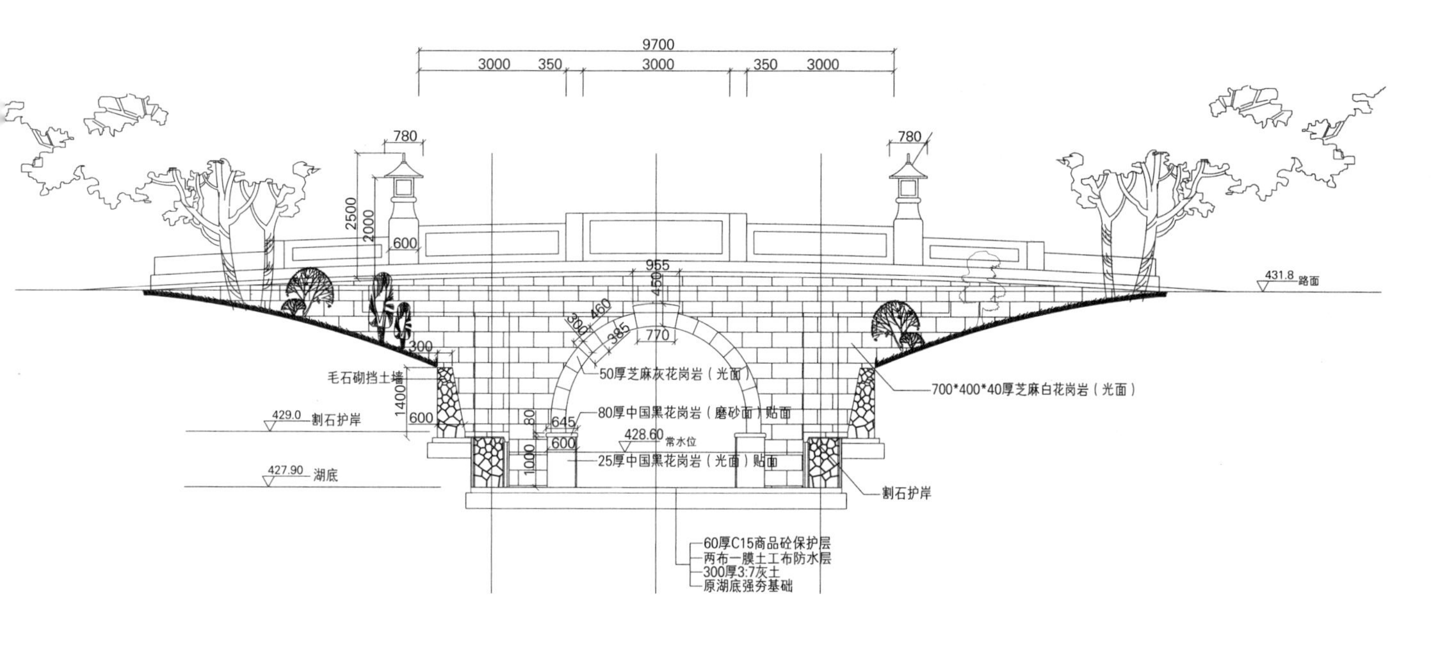

W–3号桥装饰立面图

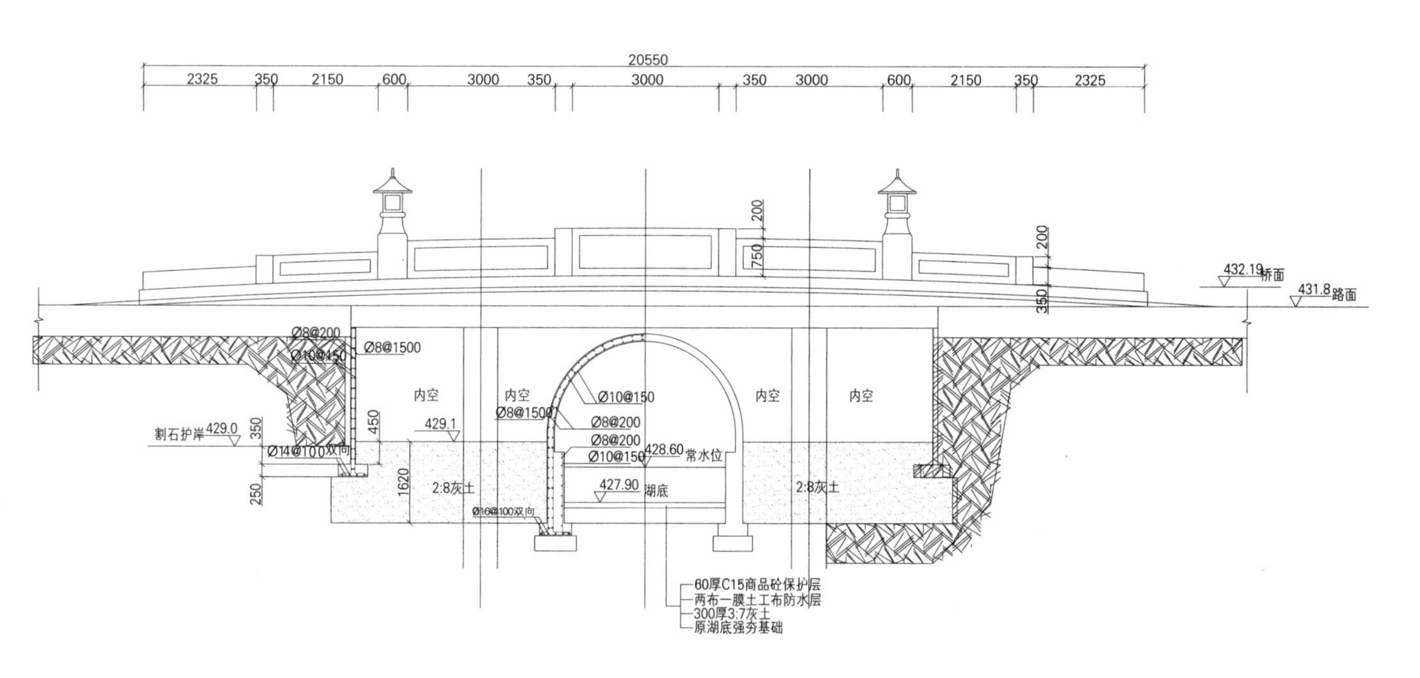

W–3号桥装饰1–1剖面图

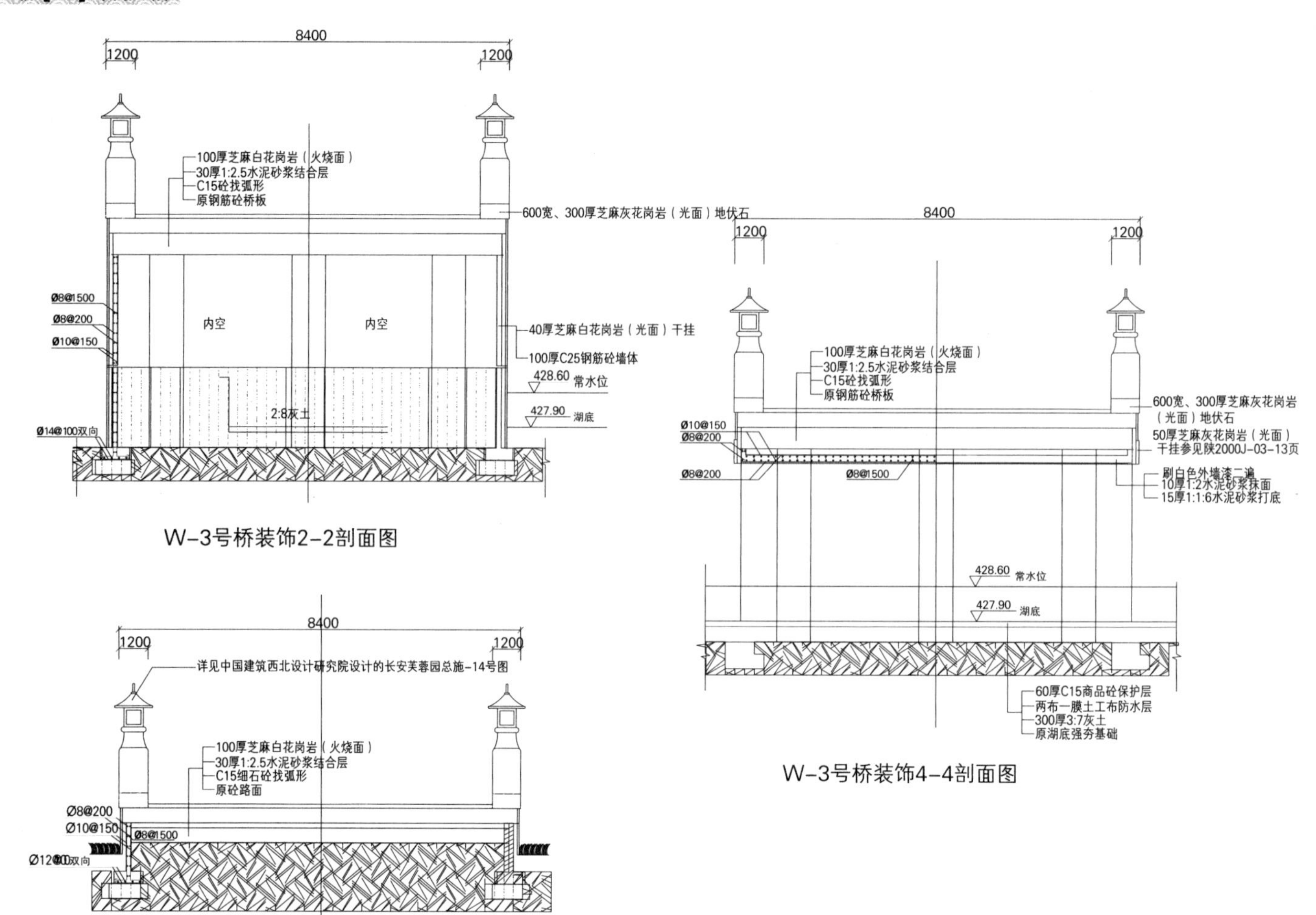

W-3号桥装饰2-2剖面图

W-3号桥装饰4-4剖面图

W-3号桥装饰3-3剖面图

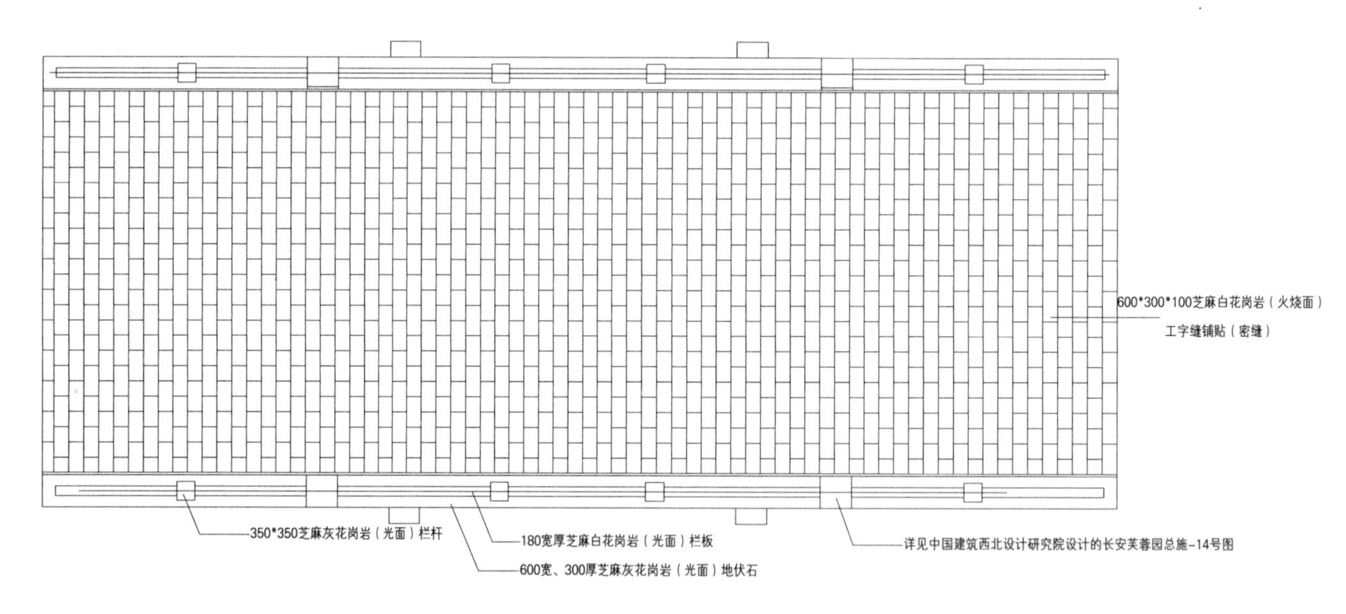

W-3号桥装饰铺装平面大样图

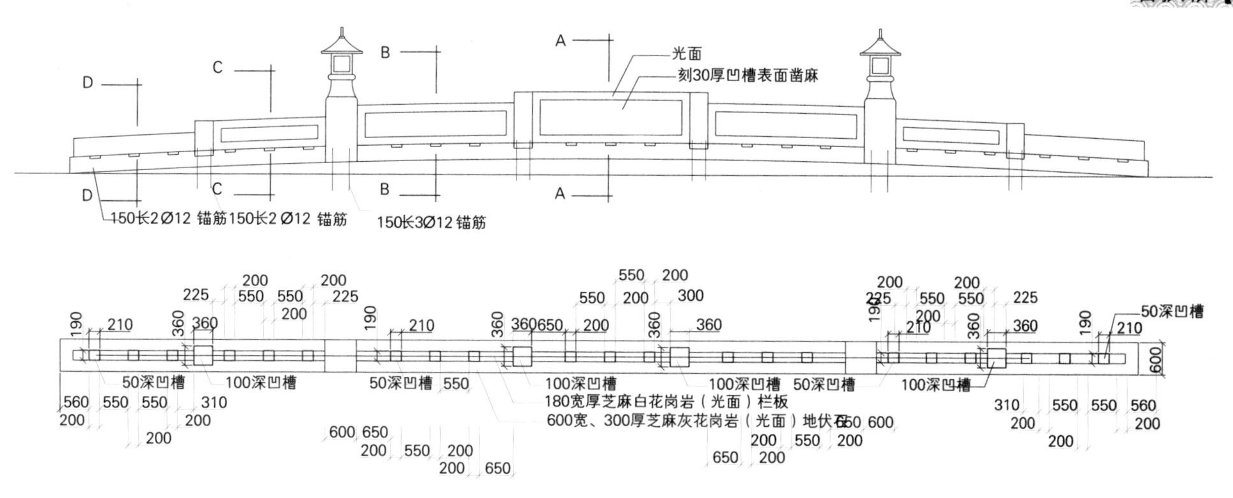

W-3号桥护栏安装详图

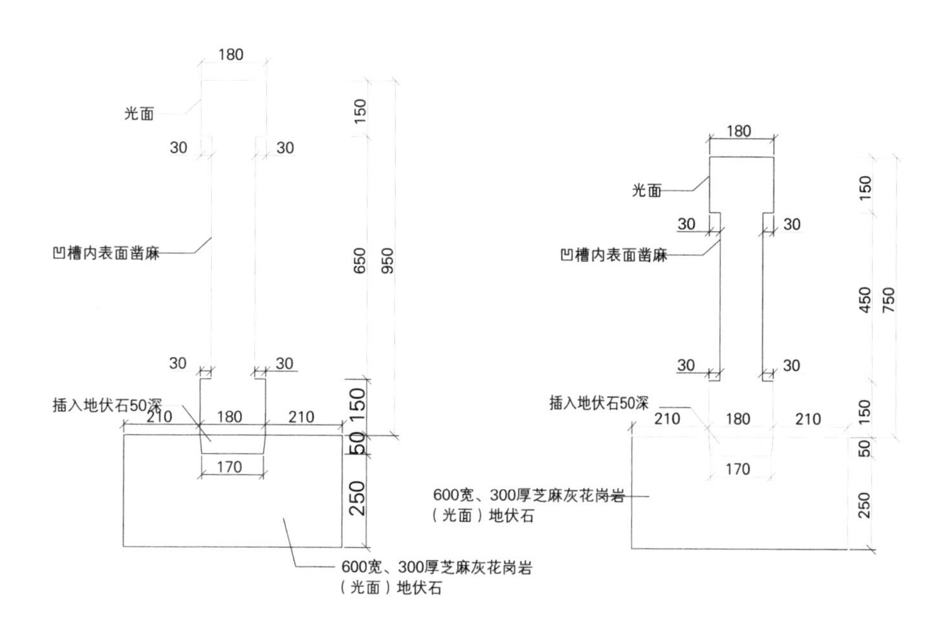

A-A剖面图

B-B剖面图

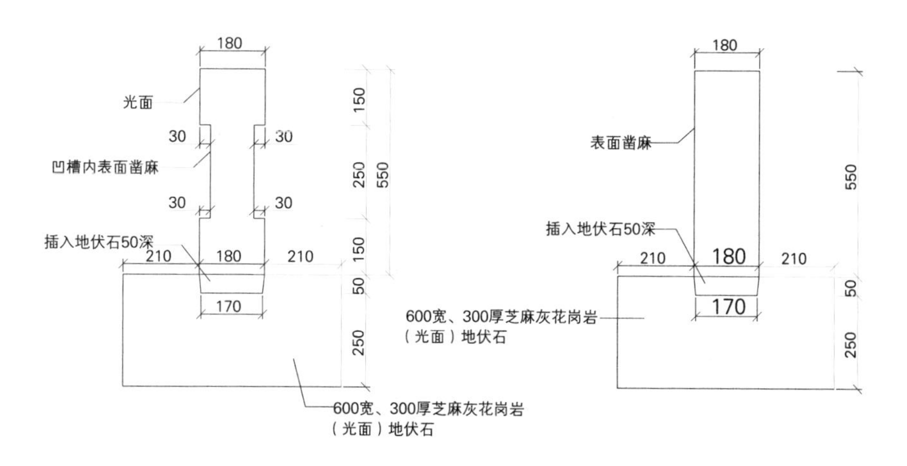

C-C剖面图

D-D剖面图

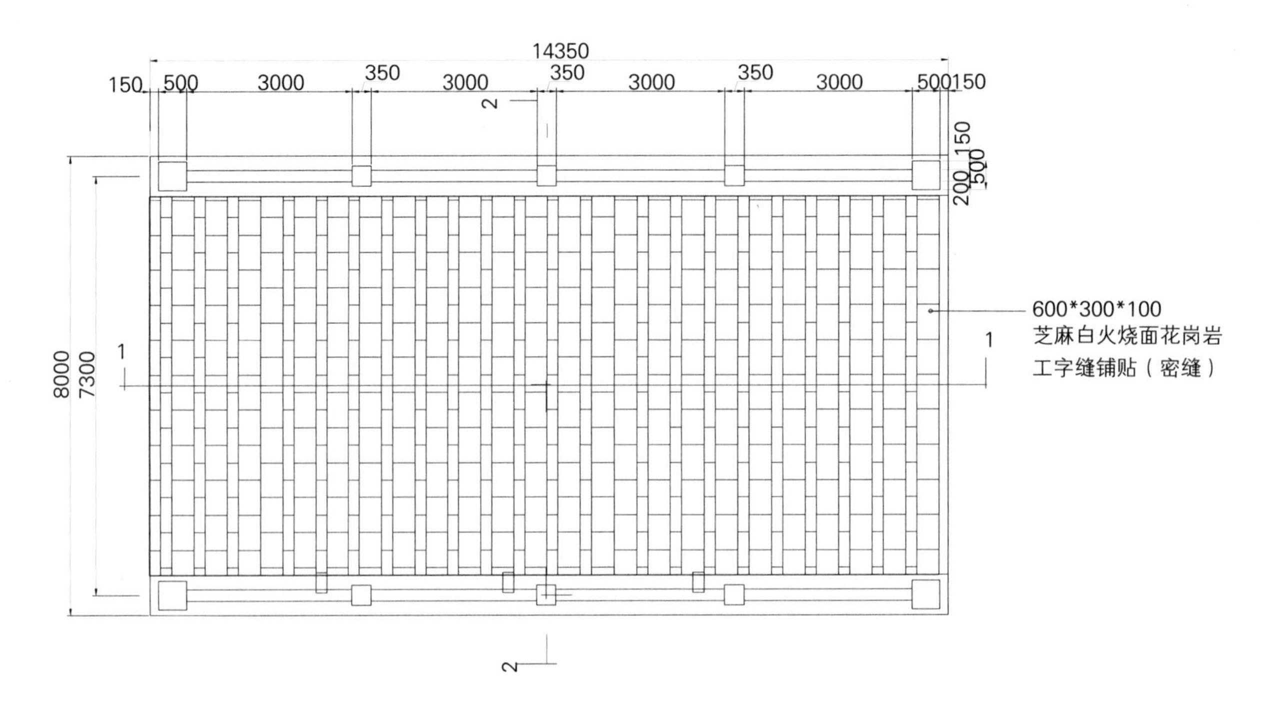

W-4桥平面大样图

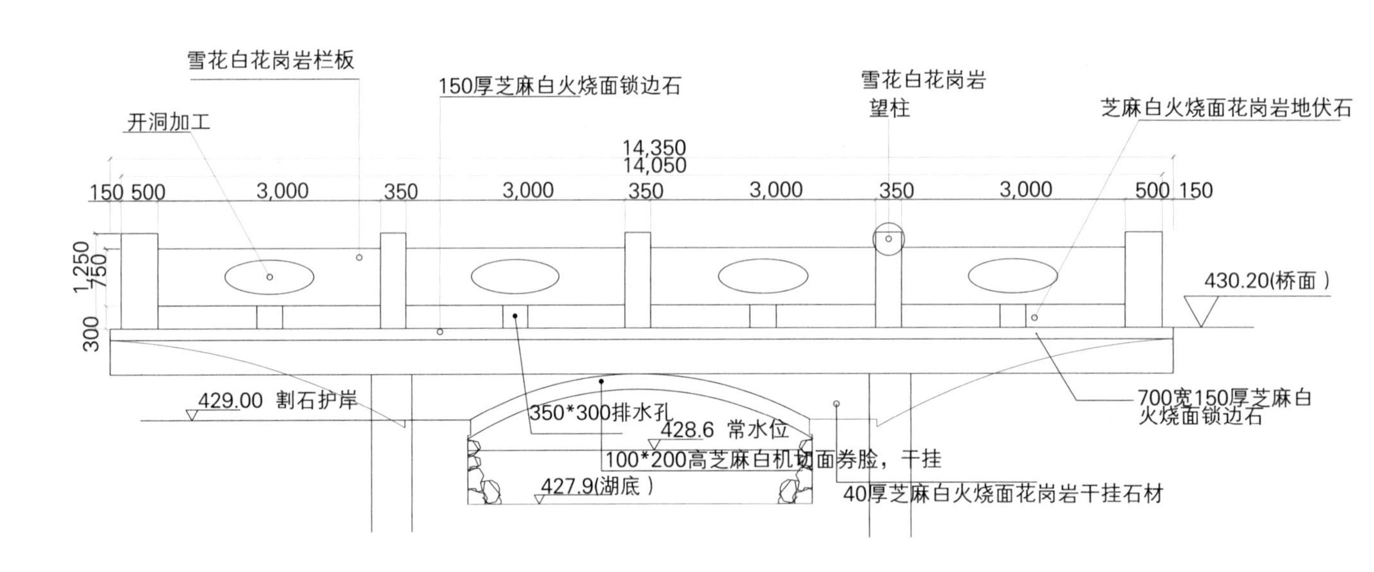

W-4桥立面大样图

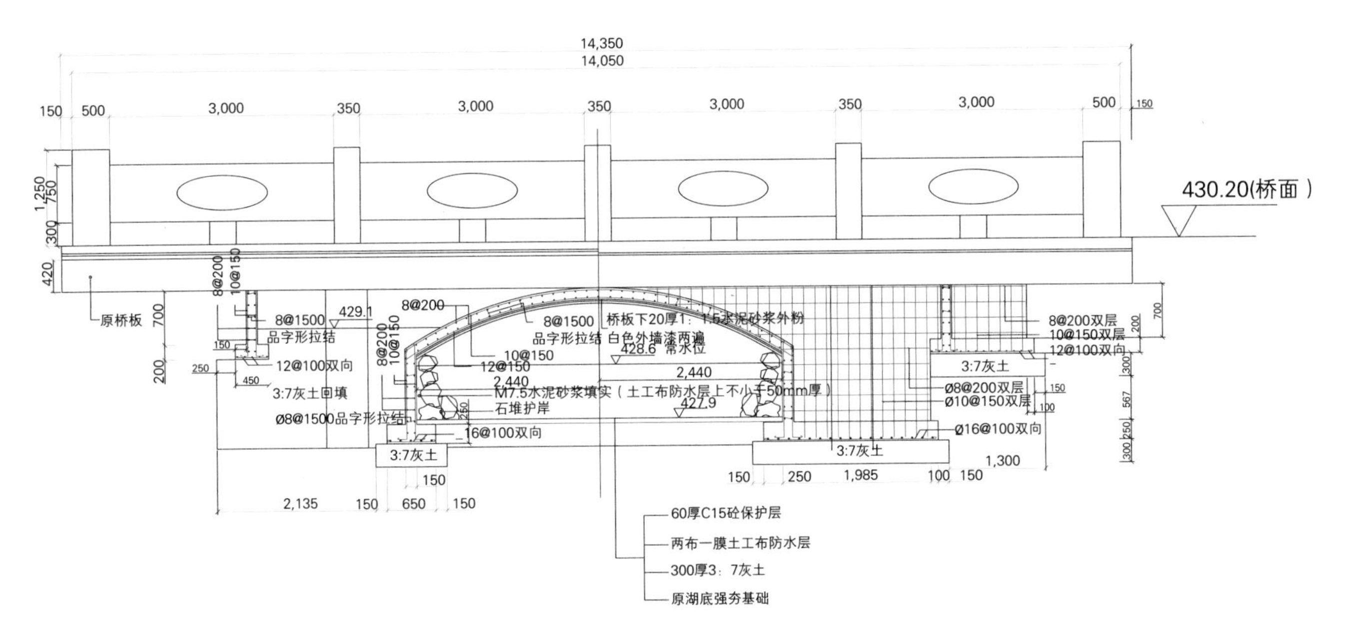

W-4桥1-1剖面大样图

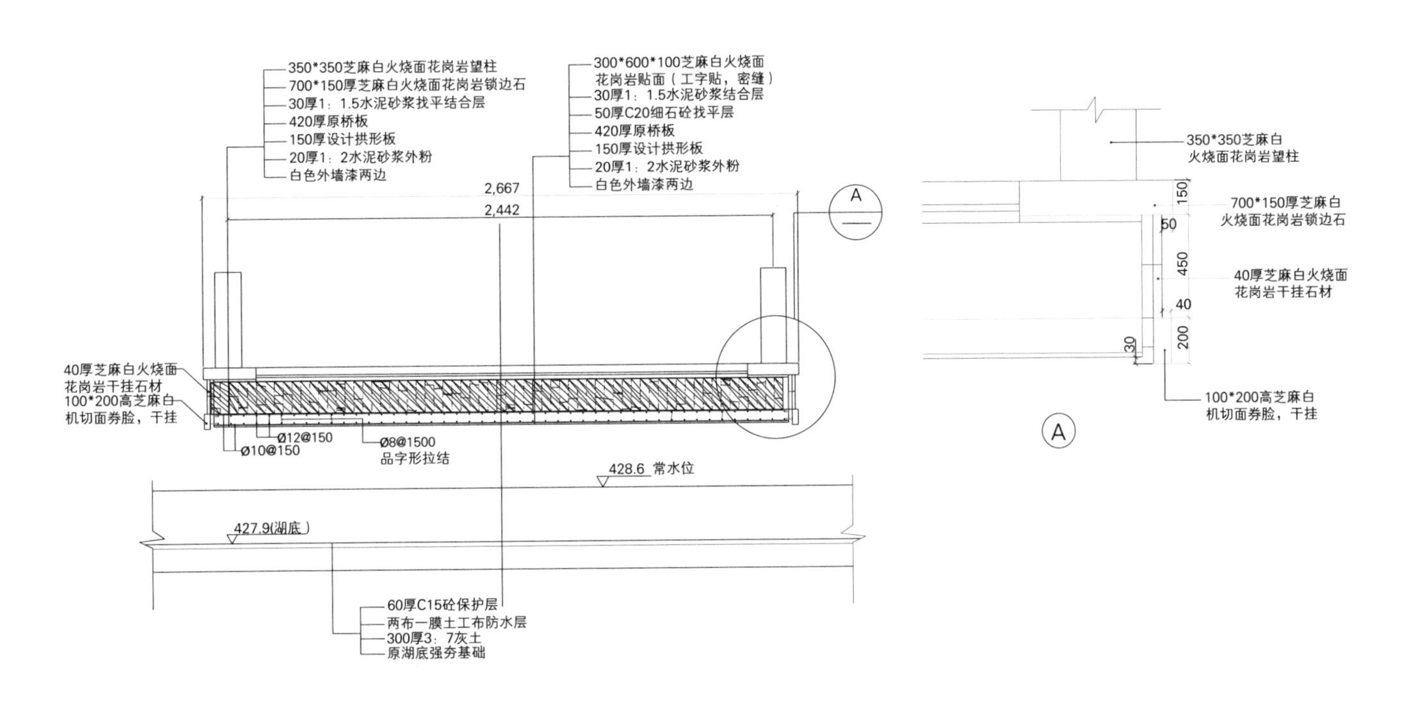

W-4桥2-2剖面大样图

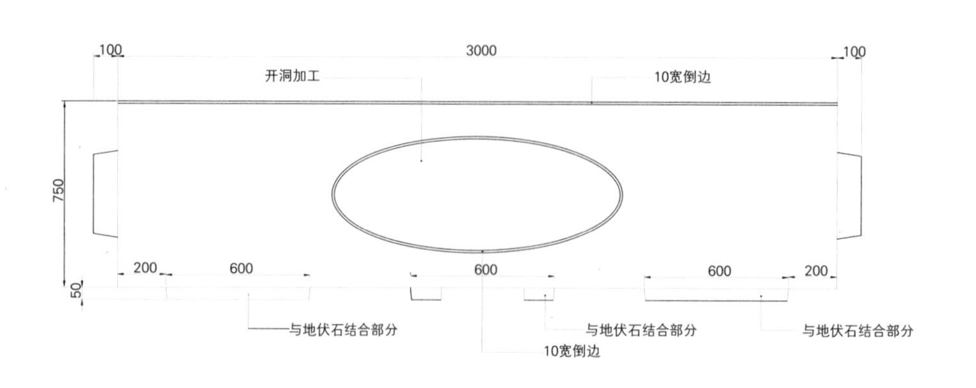

栏板正立面大样图

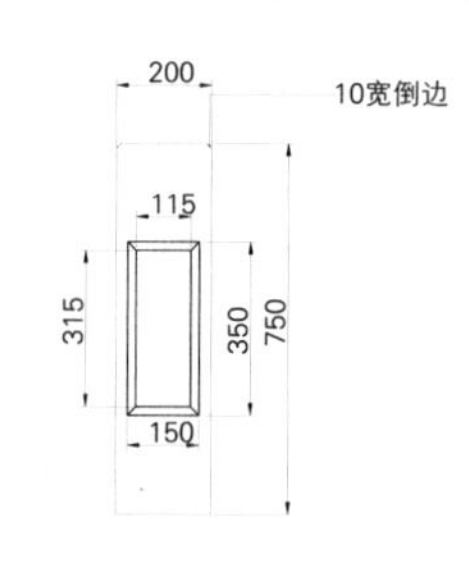

栏板侧立面大样图

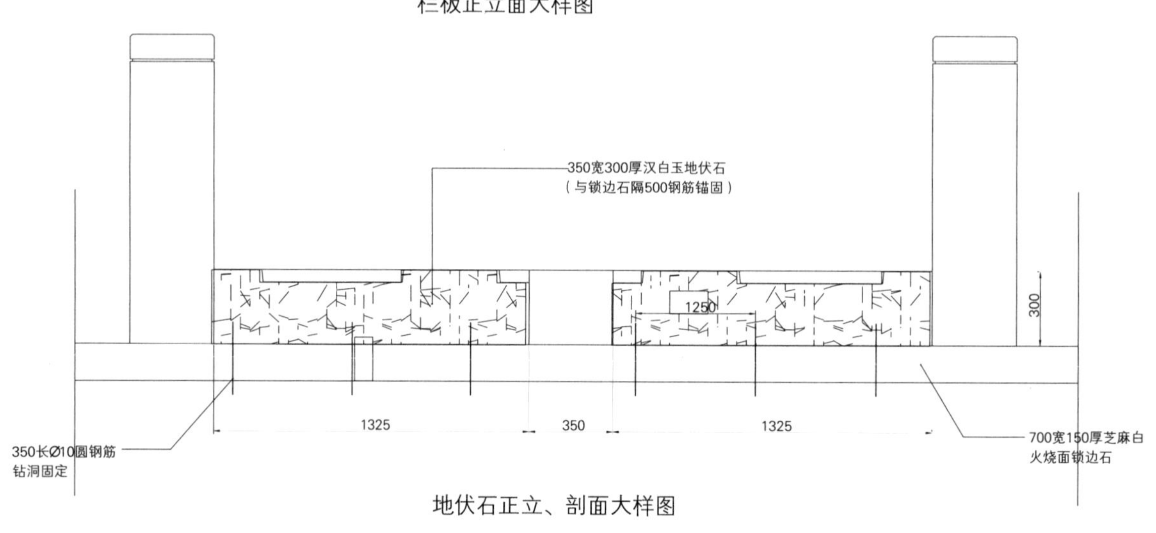

地伏石正立、剖面大样图

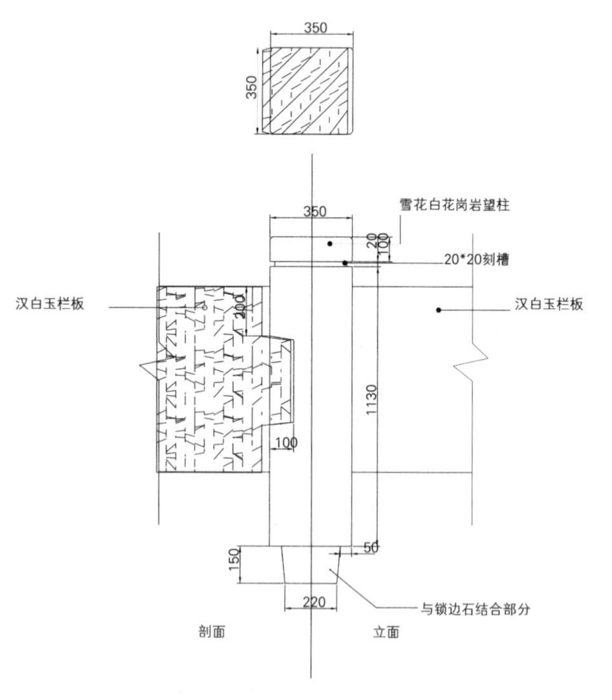

汉白玉望柱正立、剖面大样图

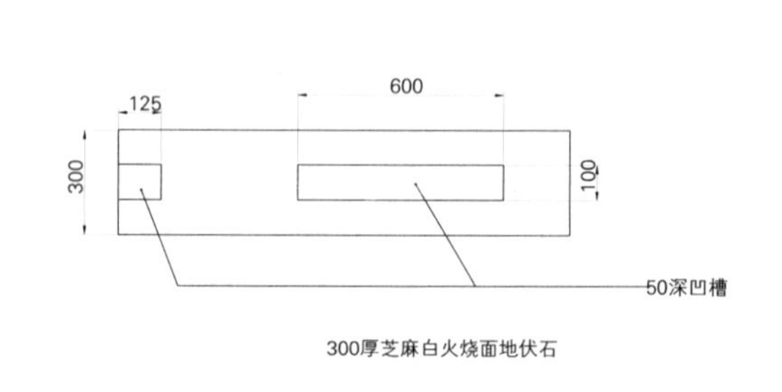

平面大样图

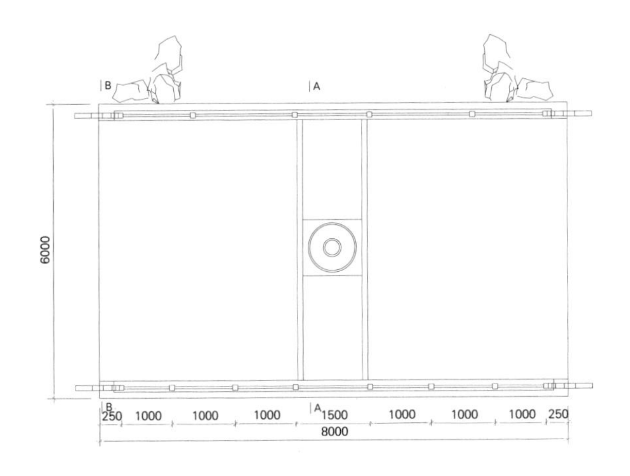

单拱桥（汉白玉栏杆）平面图

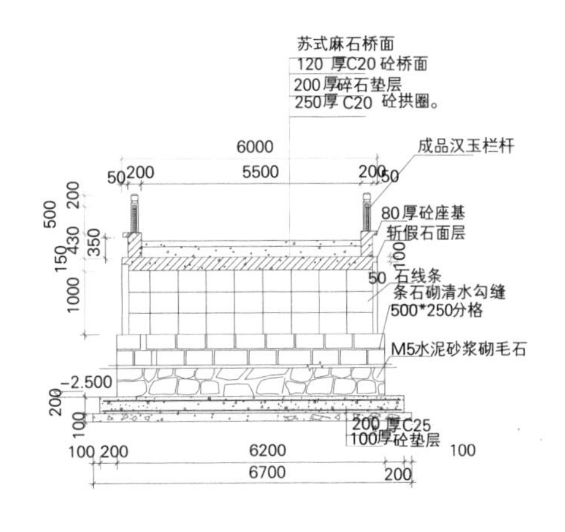

A-A 剖面

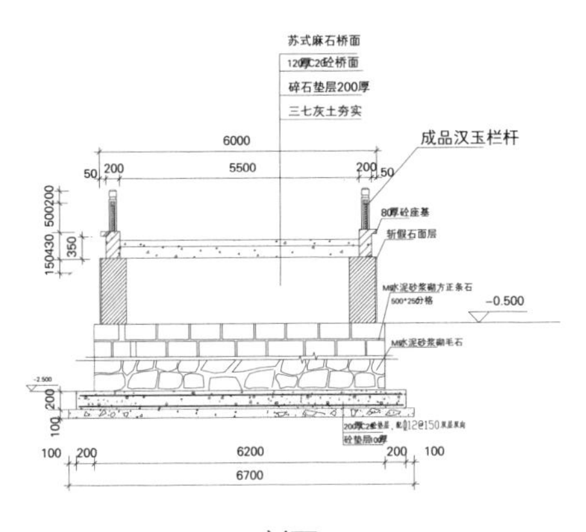

B-B 剖面

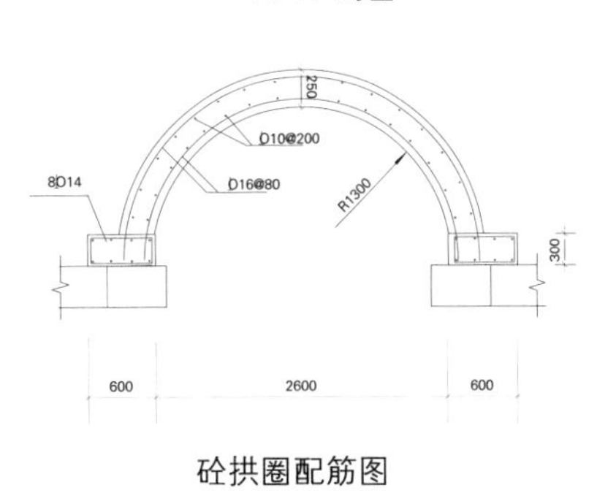

砼拱圈配筋图

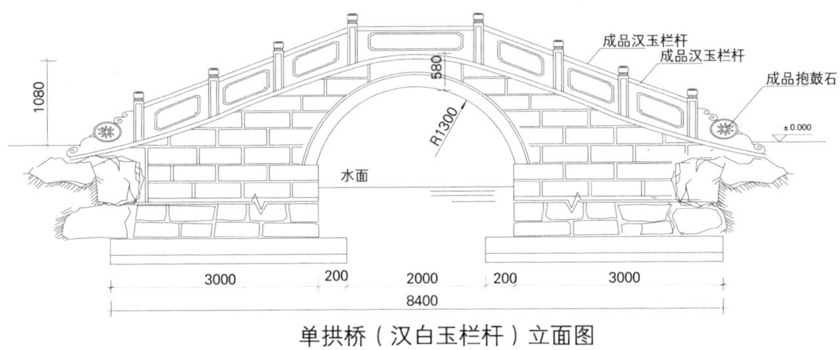

单拱桥（汉白玉栏杆）立面图

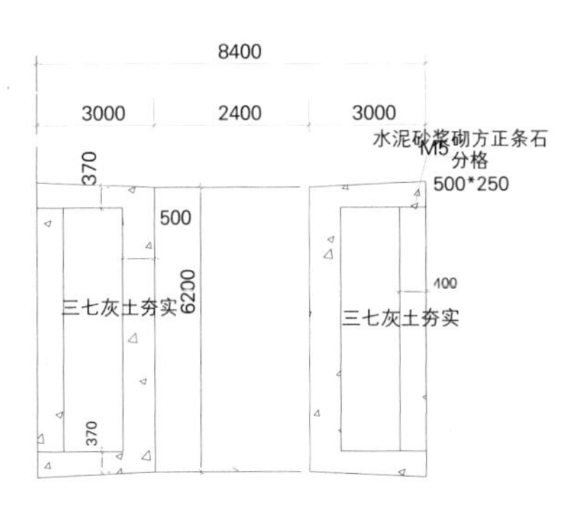

单拱桥（汉白玉栏杆）基础平面图

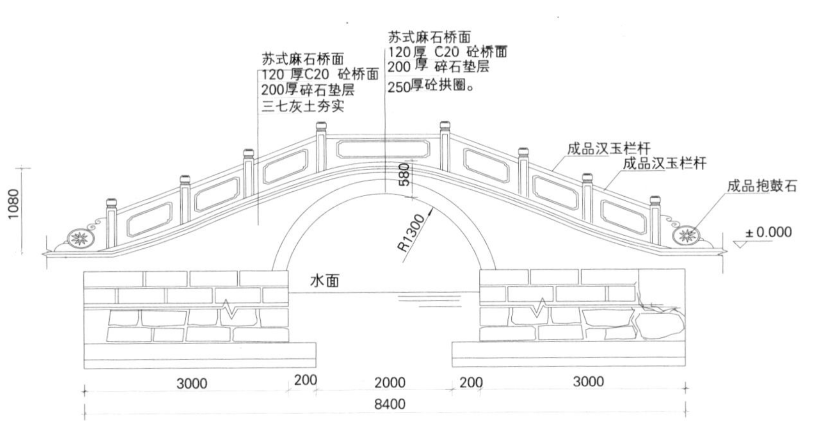

单拱桥（汉白玉栏杆）纵剖面图

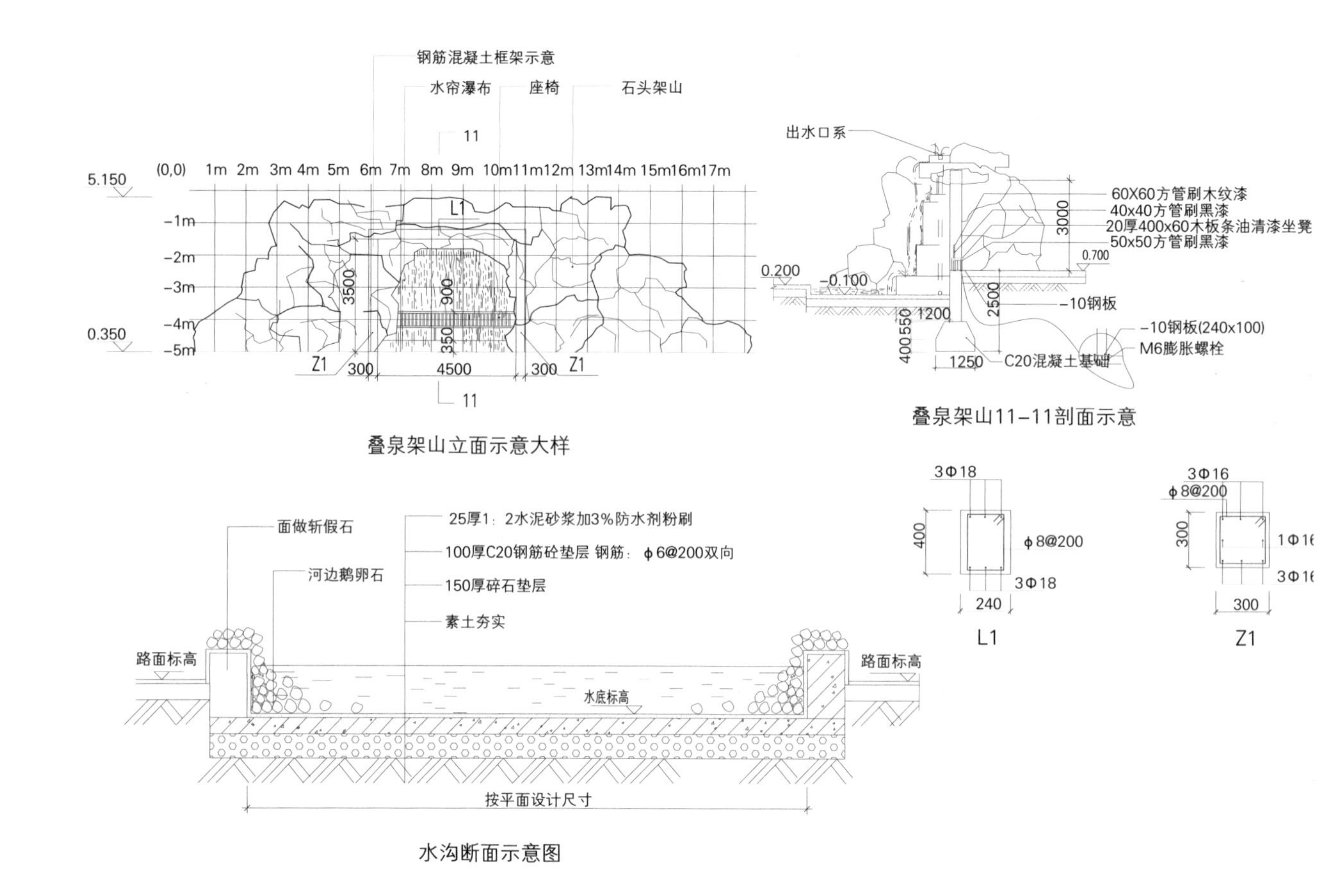

叠泉架山立面示意大样

叠泉架山11-11剖面示意

水沟断面示意图

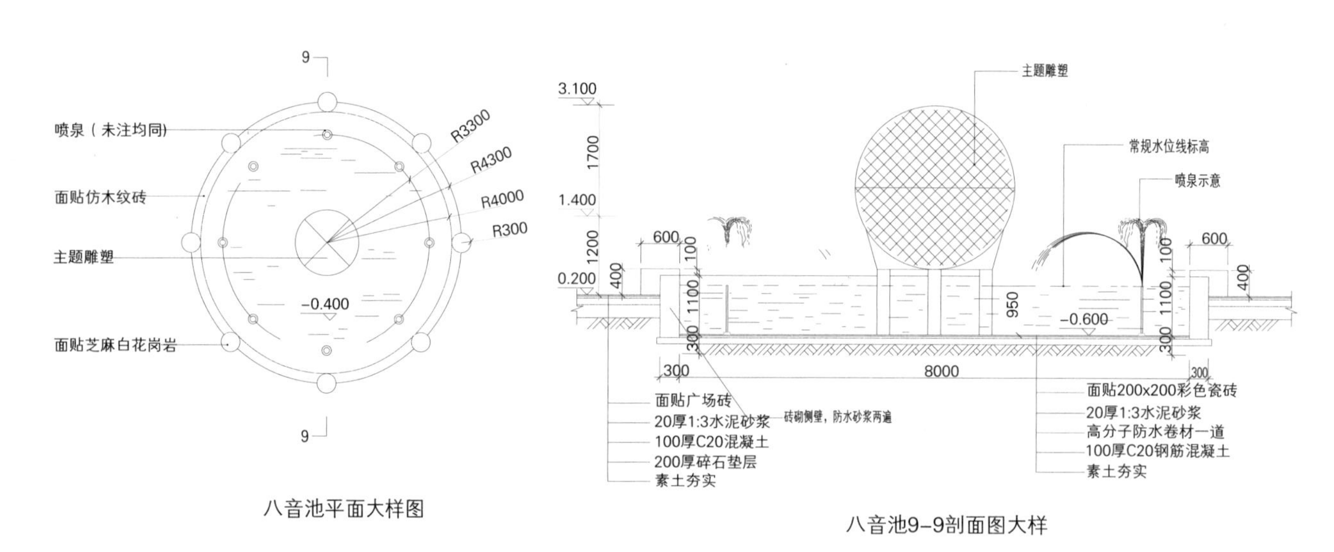

八音池平面大样图

八音池9-9剖面图大样

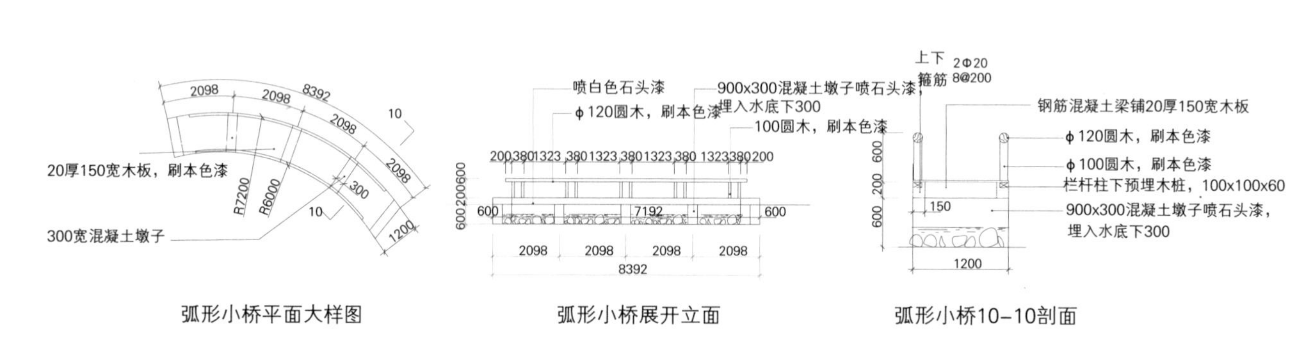

弧形小桥平面大样图

弧形小桥展开立面

弧形小桥10-10剖面

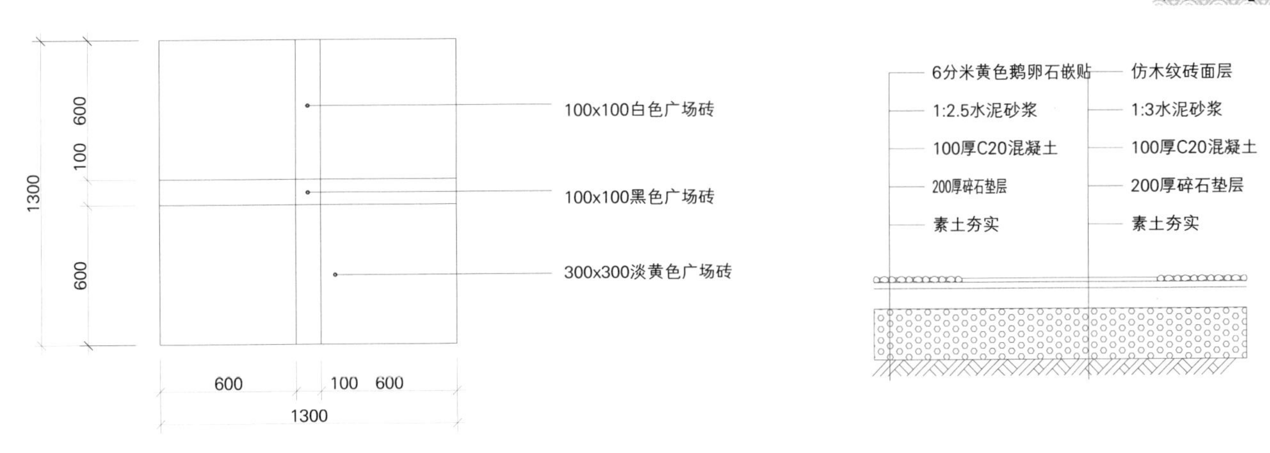

1300x1300组合广场砖平面大样

廊架地面做法大样

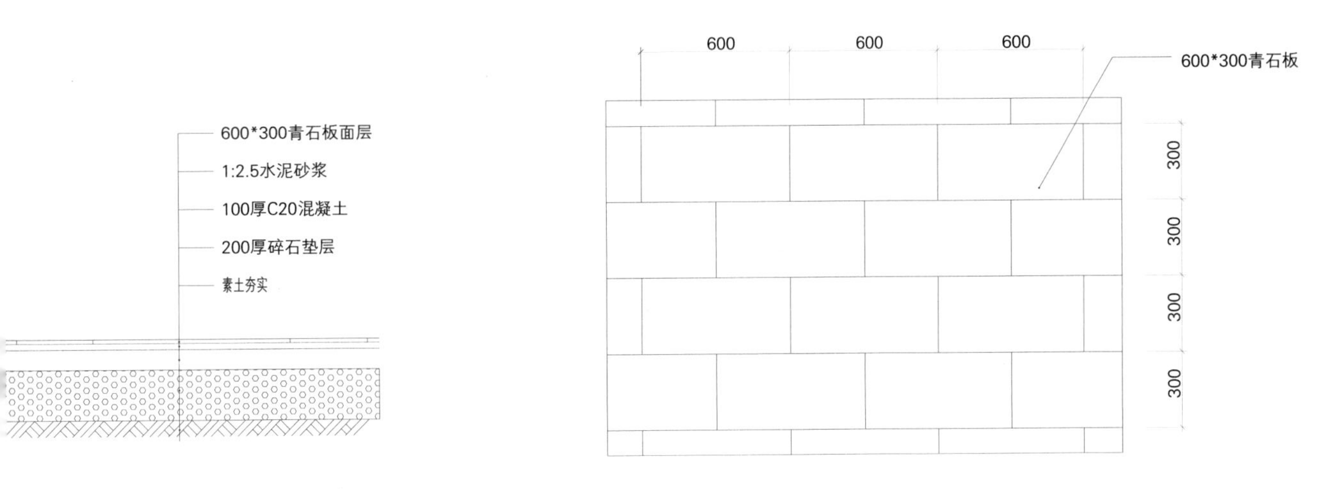

青石板地面做法剖面大样

青石板铺贴平面大样

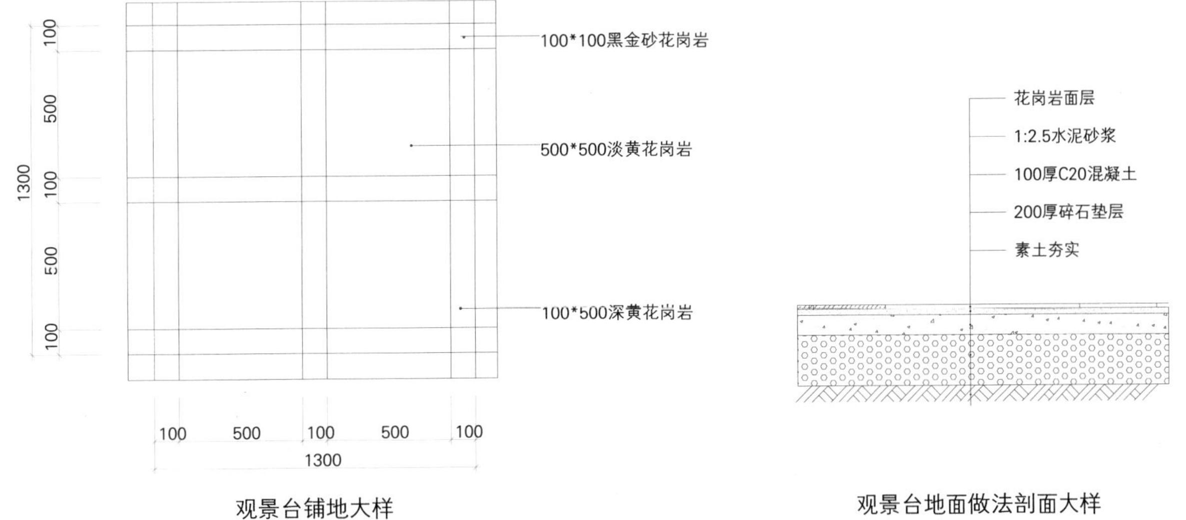

观景台铺地大样

观景台地面做法剖面大样

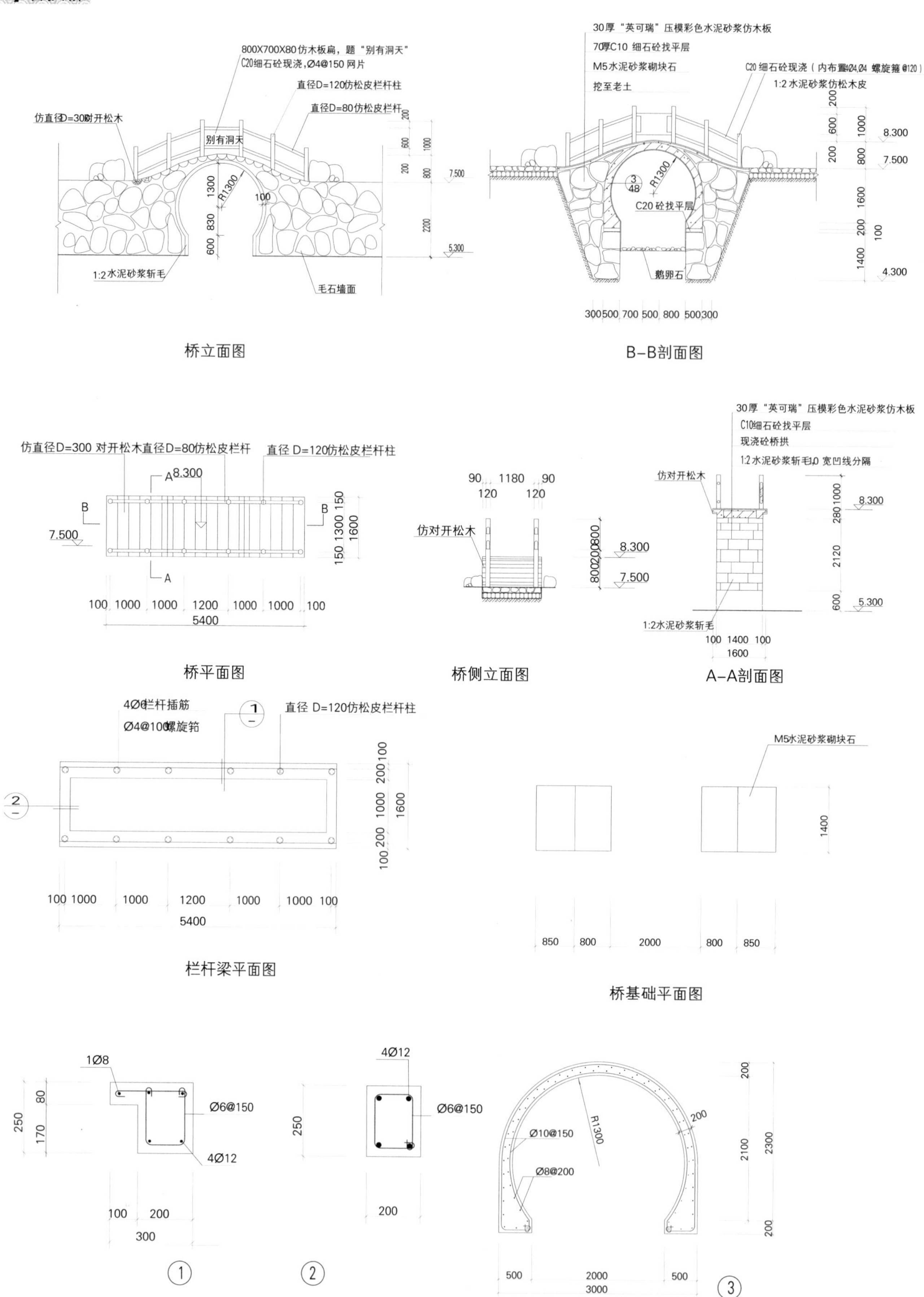

桥立面图

B-B剖面图

桥平面图

桥侧立面图

A-A剖面图

栏杆梁平面图

桥基础平面图

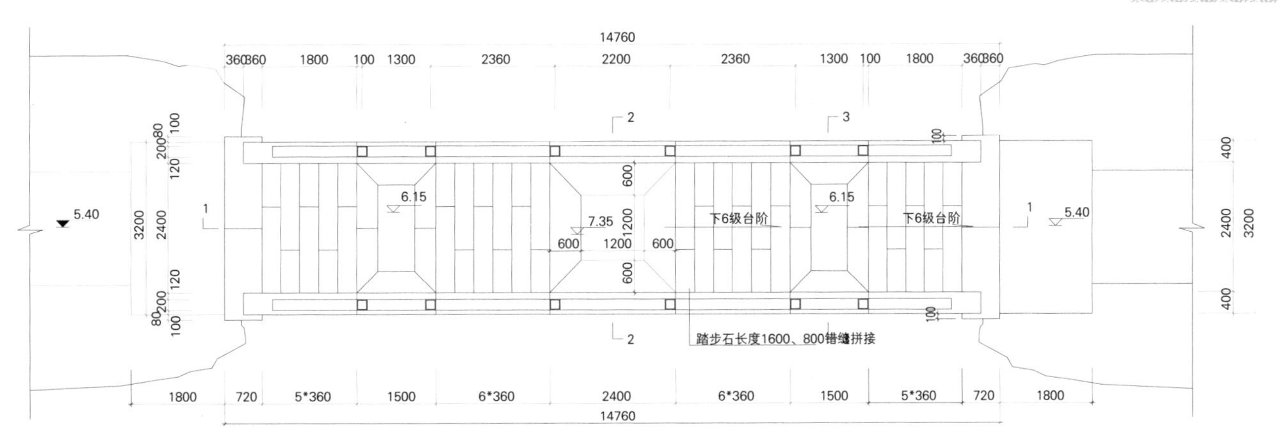

1#湛露桥平面

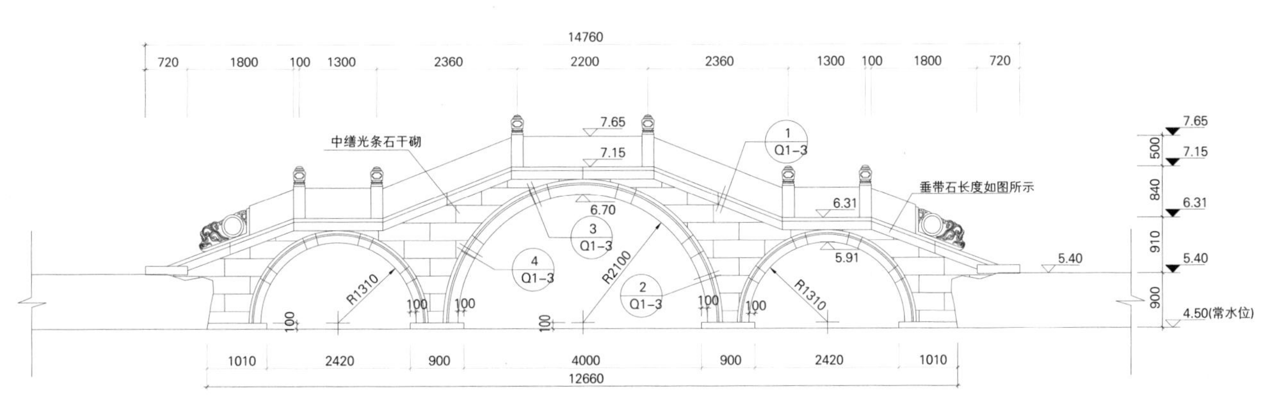

1#湛露桥立面

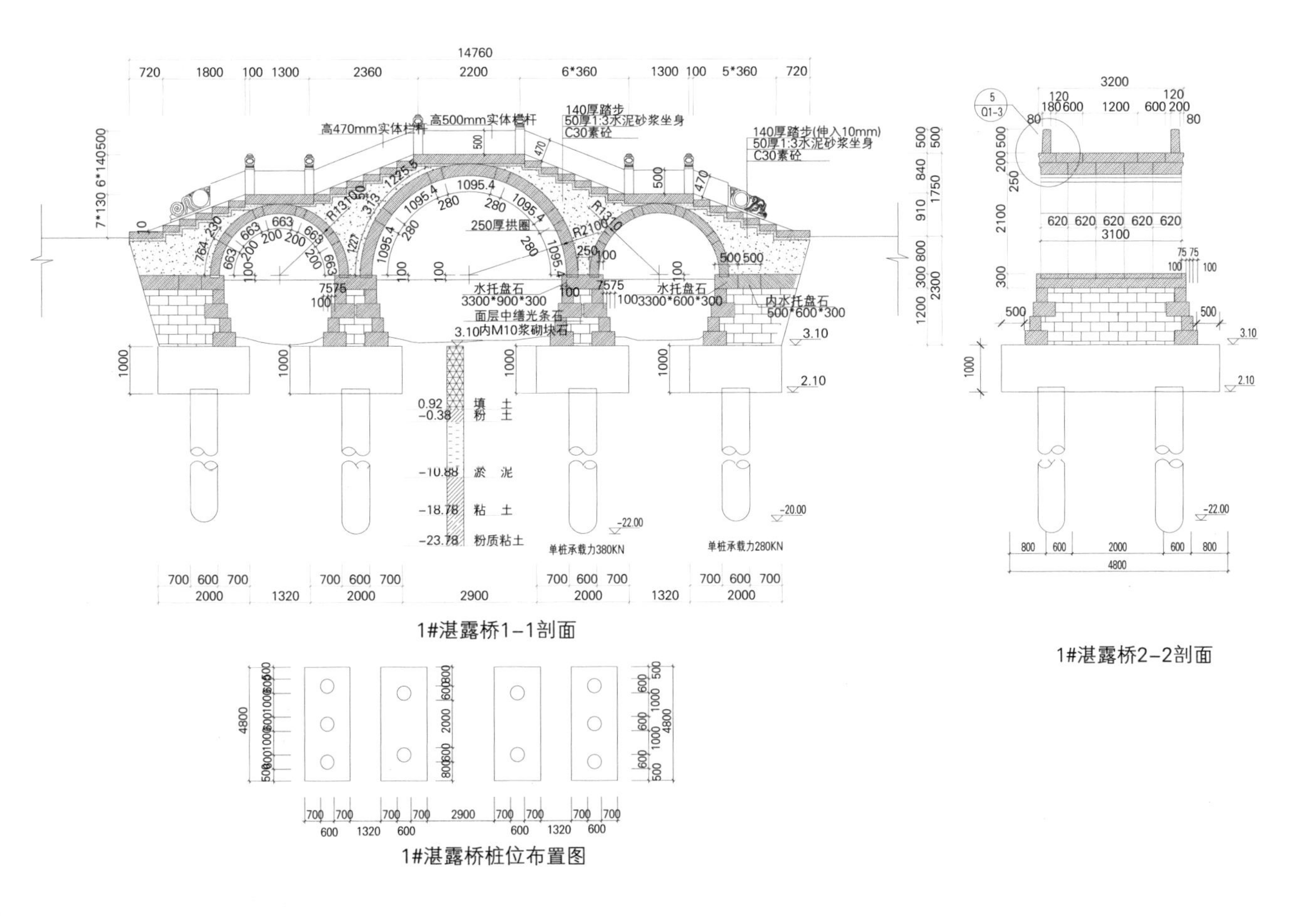

1#湛露桥1-1剖面

1#湛露桥2-2剖面

1#湛露桥桩位布置图

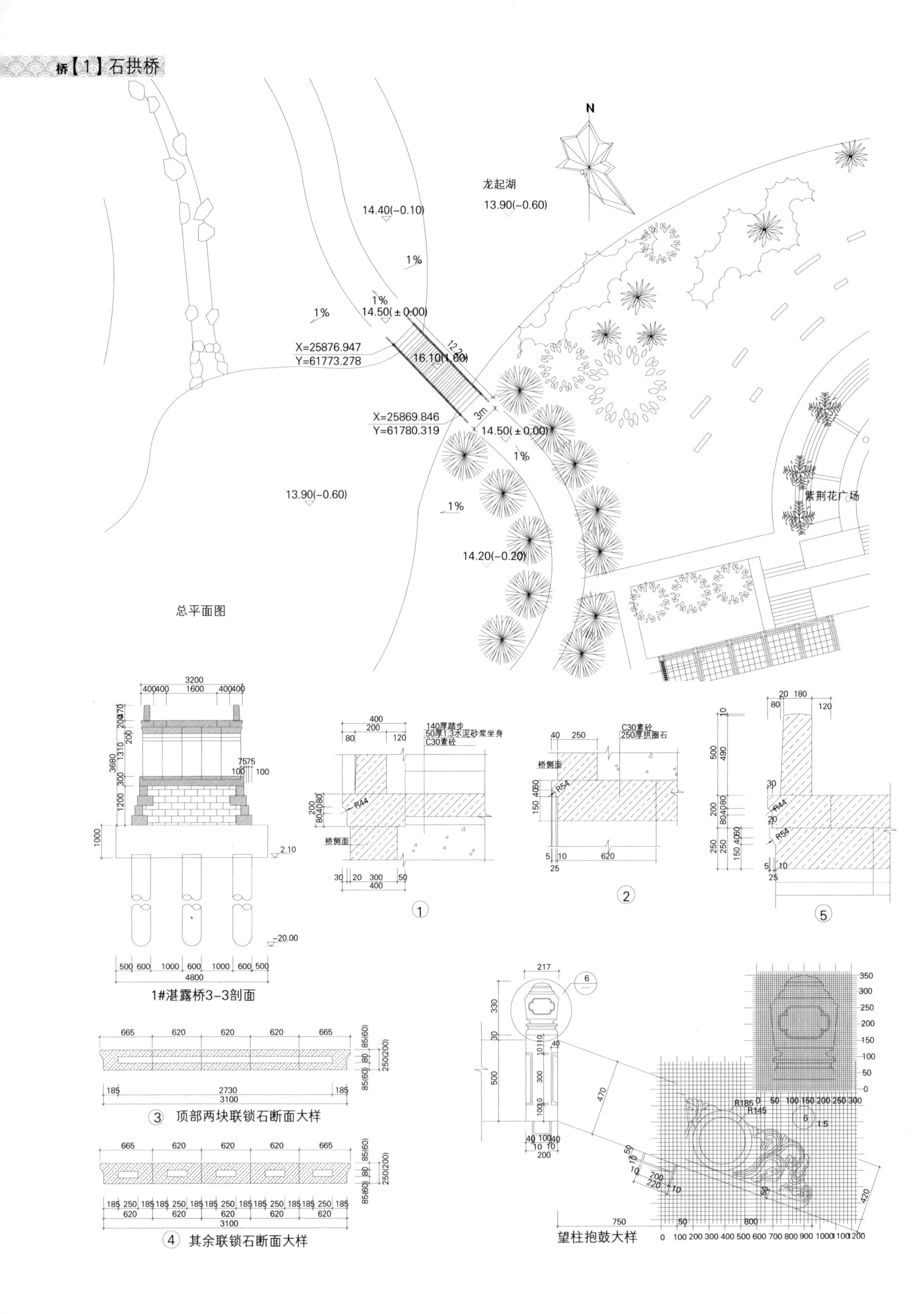
龙起湖
14.40(-0.10)
13.90(-0.60)
1%
14.50(±0.00)
X=25876.947
Y=61773.278
16.10(1.60)
12.20
3m
X=25869.846
Y=61780.319
14.50(±0.00)
13.90(-0.60)
14.20(-0.20)
紫荆花广场
总平面图
1#湛露桥3-3剖面
140厚踏步
50厚1:3水泥砂浆坐身
C30素砼
C30素砼
250厚拱圈石
桥侧面
③ 顶部两块联锁石断面大样
④ 其余联锁石断面大样
望柱抱鼓大样

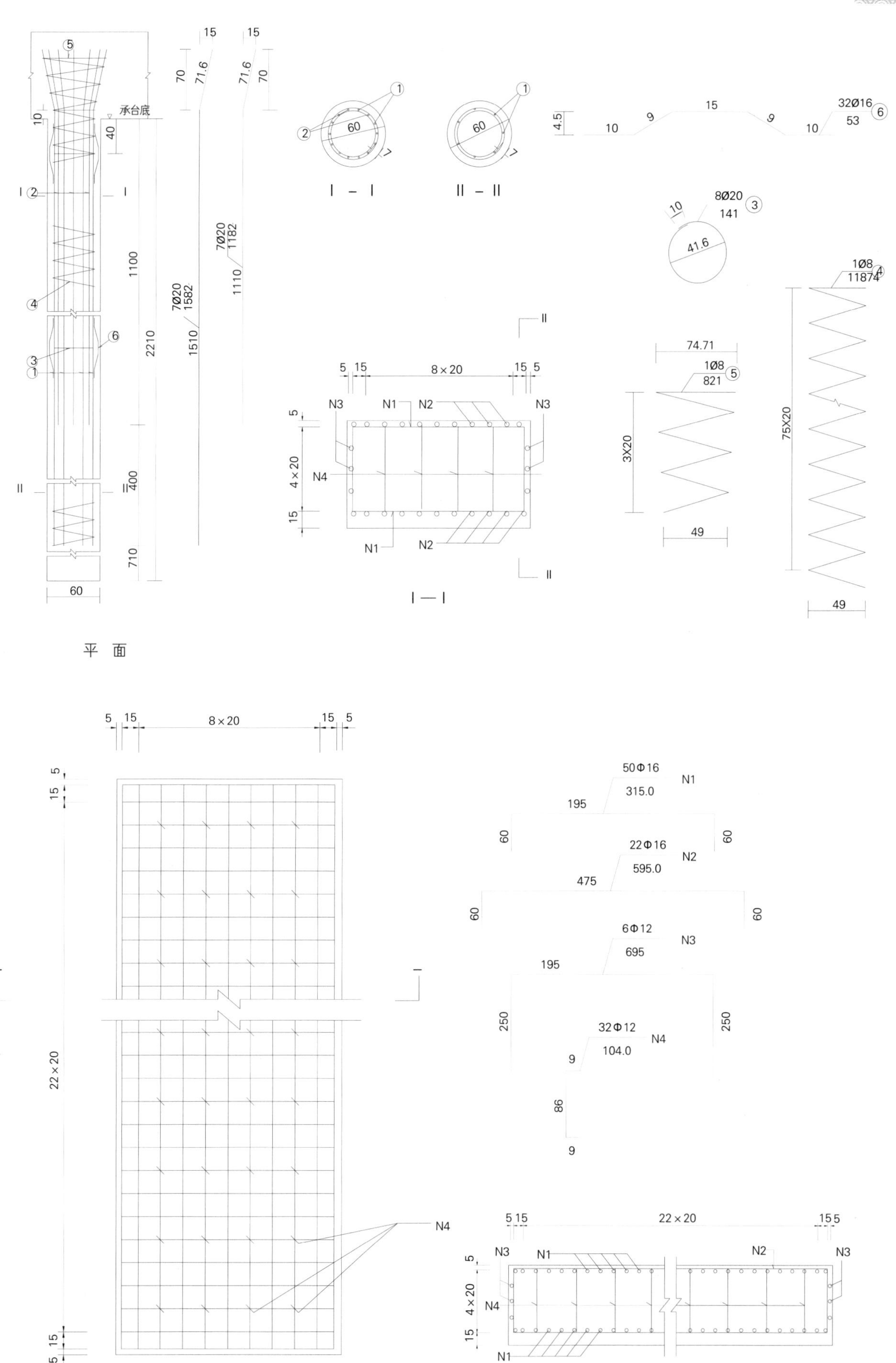
承台底
平 面
I — I
II — II
N1
N2
N3
N4
50Φ16
315.0
22Φ16
595.0
6Φ12
695
32Φ12
104.0
32Ø16
8Ø20
141
1Ø8
11874
821
7Ø20
1582
1182
8×20
22×20
4×20
3X20
75X20
74.71
41.6
2210
1100
1510
1110
710
400

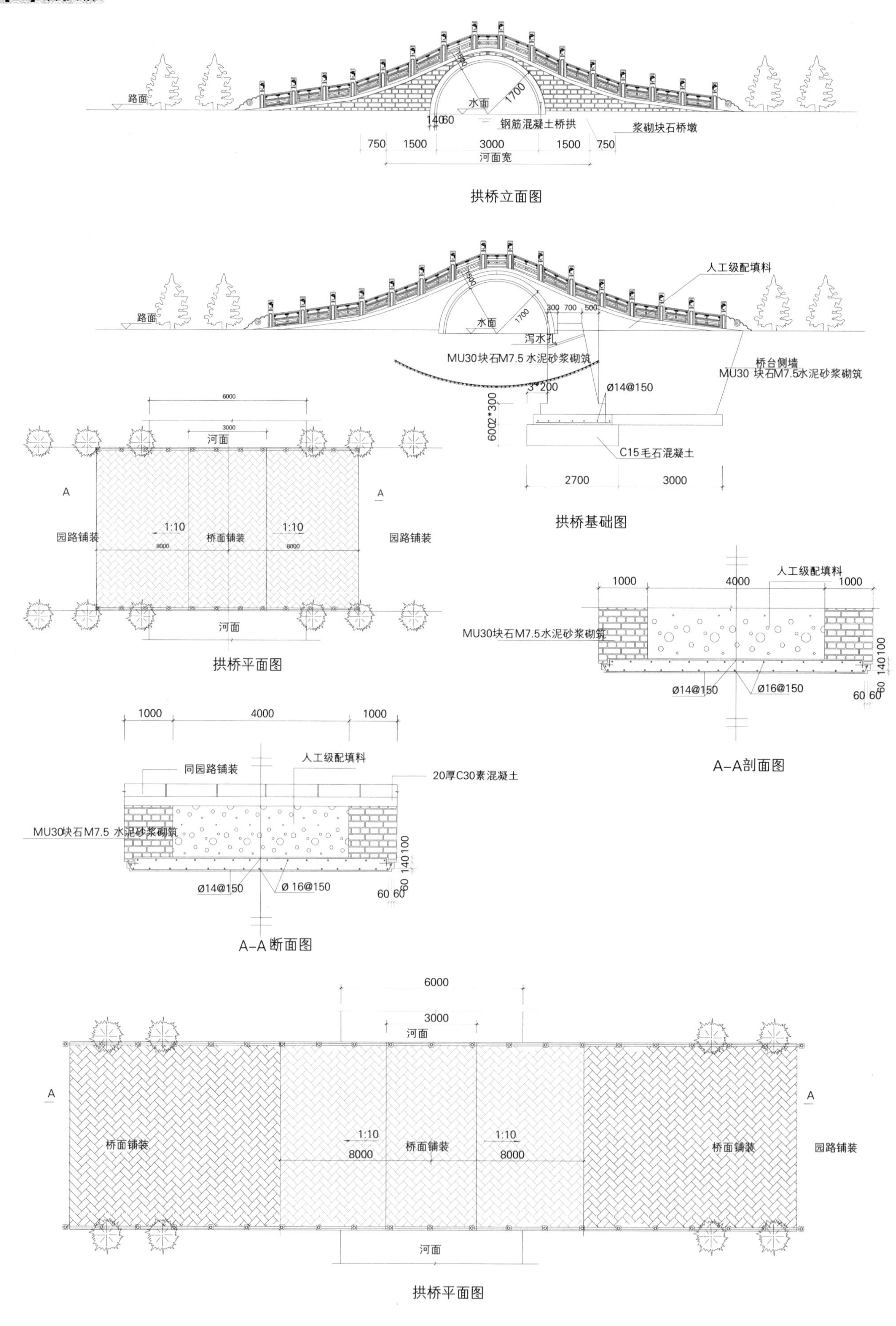
路面
水面
1700
1400
60
钢筋混凝土桥拱
浆砌块石桥墩
750
1500
3000
1500
750
河面宽
拱桥立面图
人工级配填料
泻水孔
MU30块石M7.5水泥砂浆砌筑
桥台侧墙
MU30 块石M7.5水泥砂浆砌筑
3*200
Ø14@150
6002*300
C15毛石混凝土
2700
3000
拱桥基础图
6000
3000
河面
A
园路铺装
1:10
桥面铺装
8000
拱桥平面图
1000
4000
1000
MU30块石M7.5水泥砂浆砌筑
Ø14@150
Ø16@150
60 60
A-A剖面图
同园路铺装
20厚C30素混凝土
MU30块石M7.5 水泥砂浆砌筑
Ø 16@150
A-A 断面图
桥面铺装
园路铺装
拱桥平面图

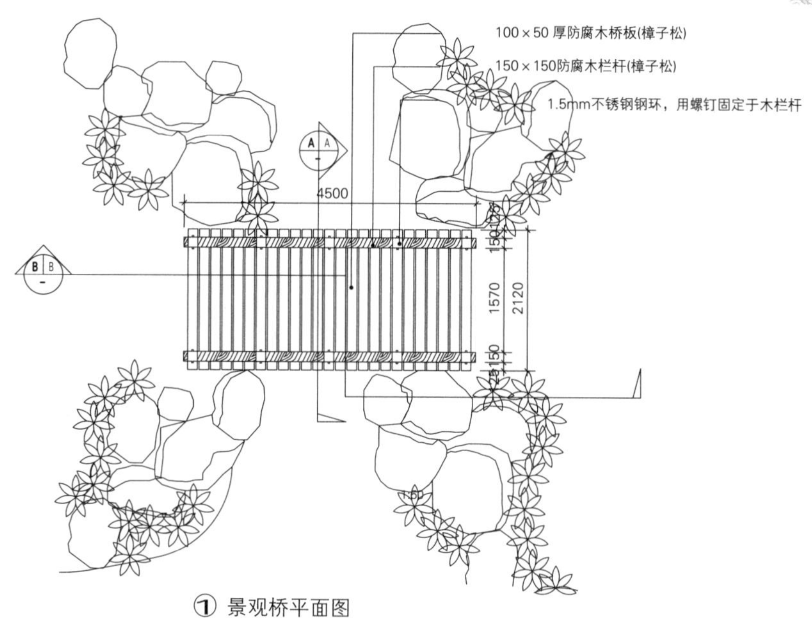

① 景观桥平面图

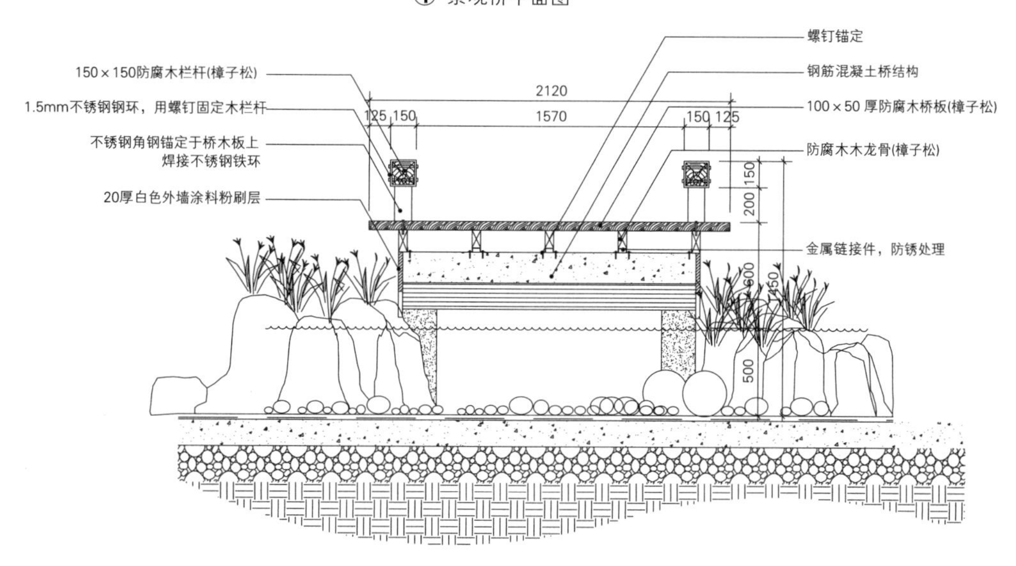

② A–A剖面

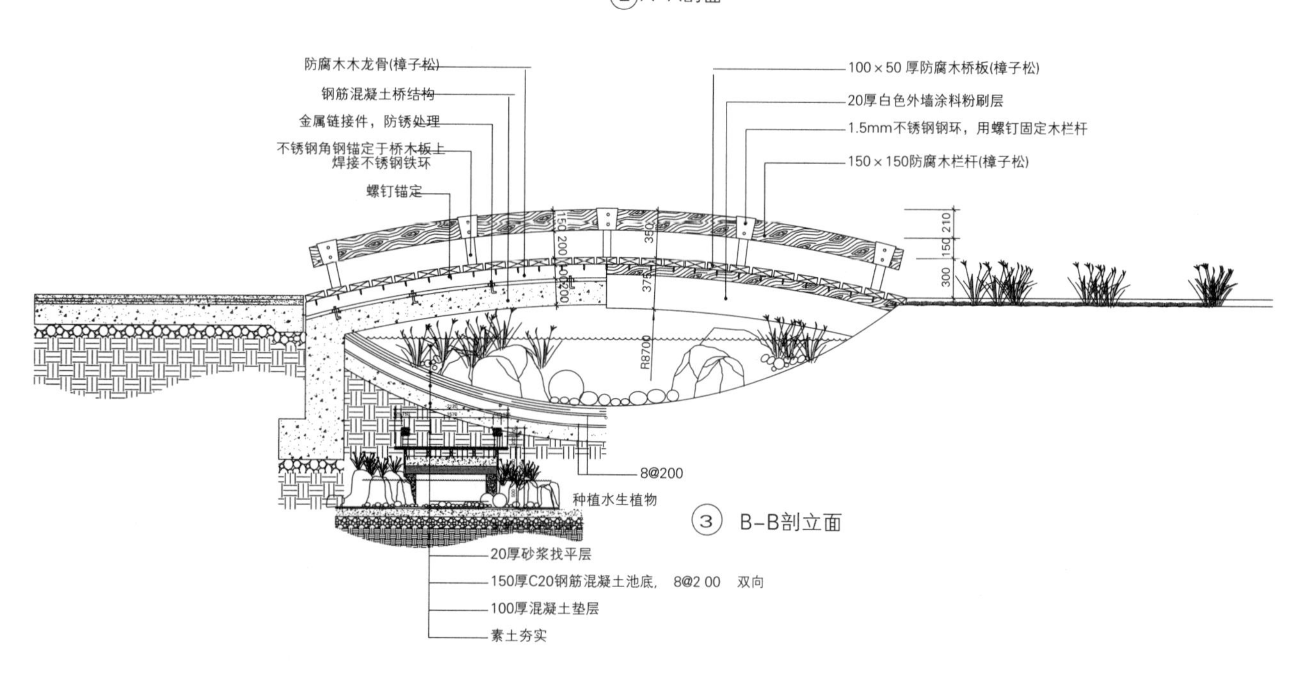

③ B–B剖立面

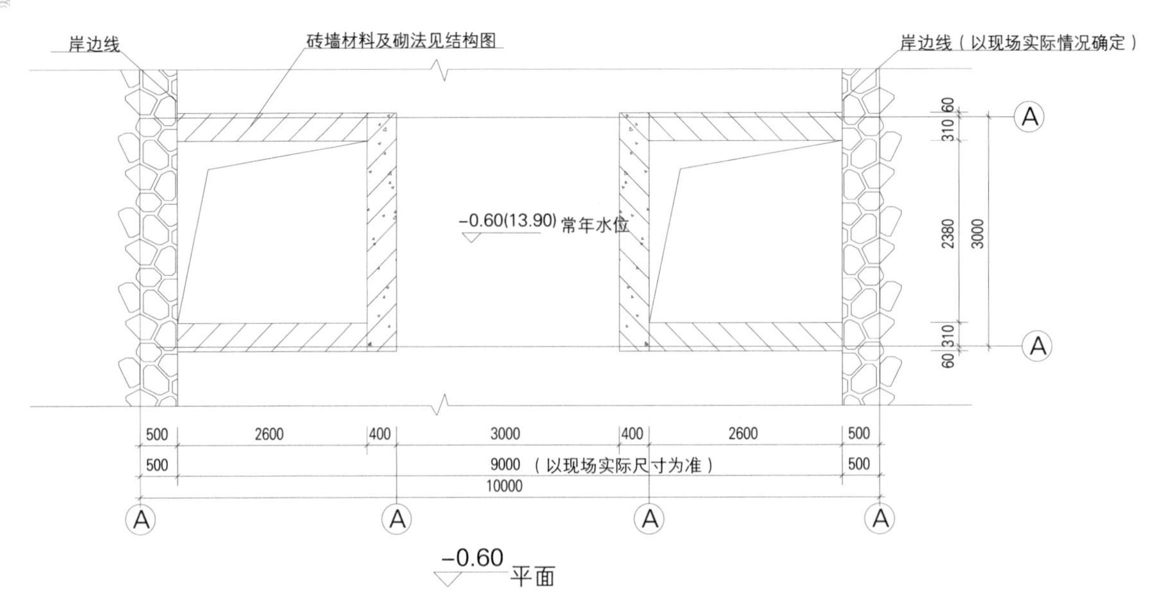

岸边线
砖墙材料及砌法见结构图
岸边线（以现场实际情况确定）
-0.60(13.90) 常年水位
500
2600
400
3000
400
2600
500
9000（以现场实际尺寸为准）
10000
60
310
2380
3000
310
60
A

-0.60 平面

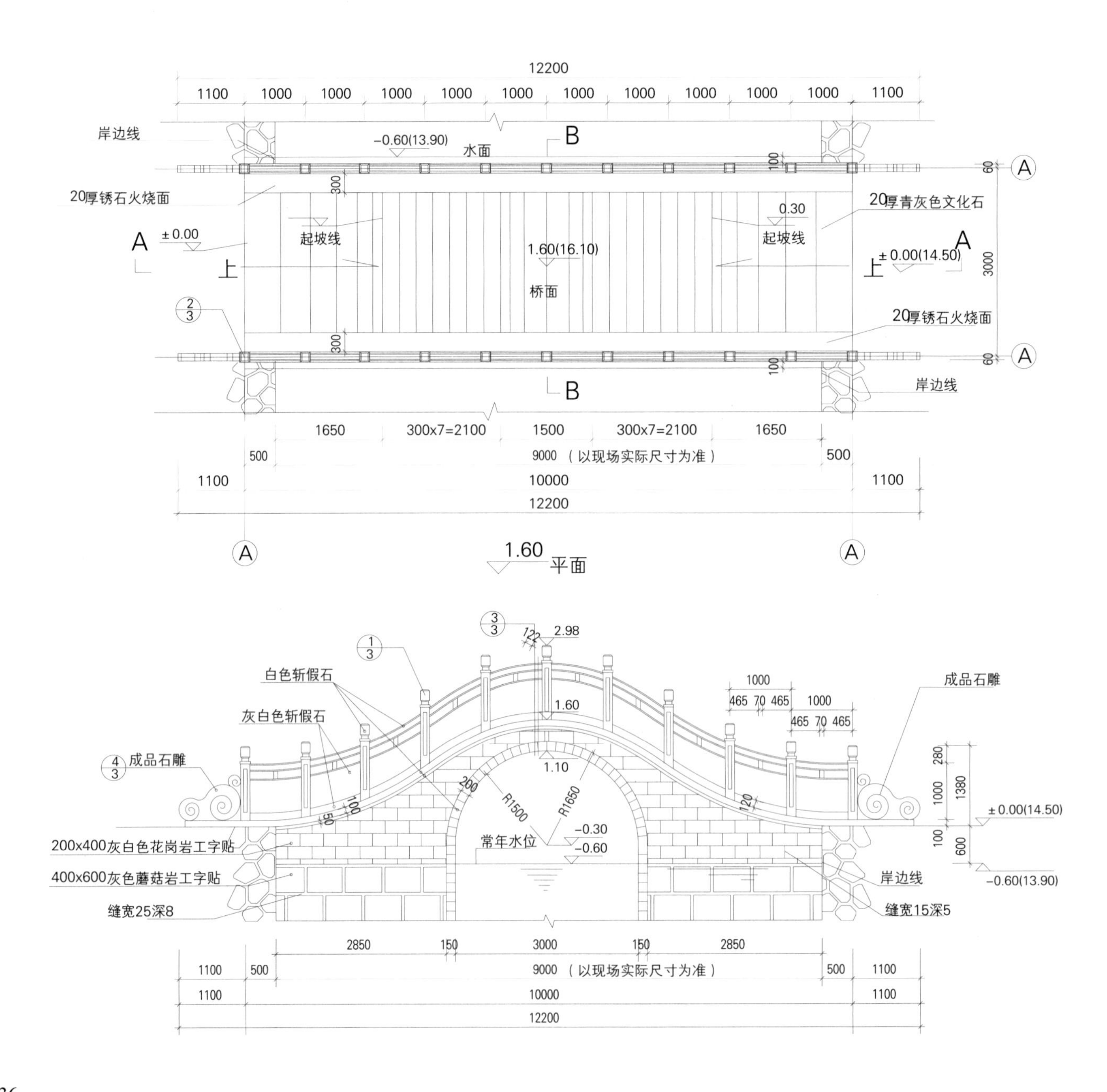

12200
1100
1000
岸边线
-0.60(13.90)
水面
B
20厚锈石火烧面
±0.00
起坡线
1.60(16.10)
桥面
上
0.30
20厚青灰色文化石
±0.00(14.50)
20厚锈石火烧面
1650
300x7=2100
1500
9000（以现场实际尺寸为准）
10000
1.60 平面
白色斩假石
灰白色斩假石
成品石雕
2.98
1.60
1.10
R1500
R1650
常年水位
-0.30
-0.60
200x400灰白色花岗岩工字贴
400x600灰色蘑菇岩工字贴
缝宽25深8
岸边线
缝宽15深5
±0.00(14.50)
-0.60(13.90)
2850
150
3000

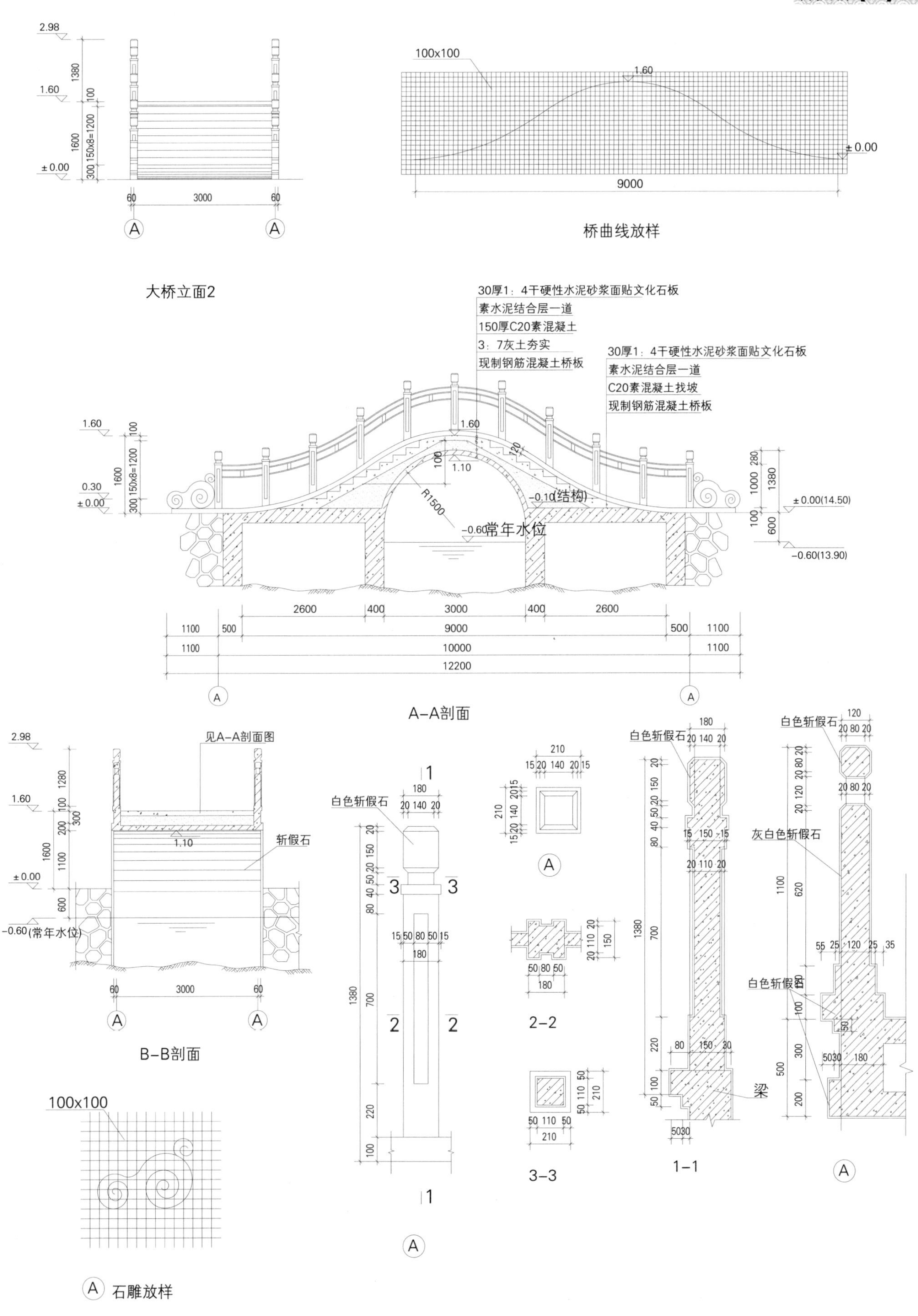

大桥立面2
桥曲线放样
100x100
9000
30厚1：4干硬性水泥砂浆面贴文化石板
素水泥结合层一道
150厚C20素混凝土
3：7灰土夯实
现制钢筋混凝土桥板
C20素混凝土找坡
-0.10(结构)
-0.60常年水位
R1500
±0.00(14.50)
-0.60(13.90)
A-A剖面
见A-A剖面图
斩假石
-0.60(常年水位)
B-B剖面
白色斩假石
灰白色斩假石
梁
2-2
3-3
1-1
石雕放样

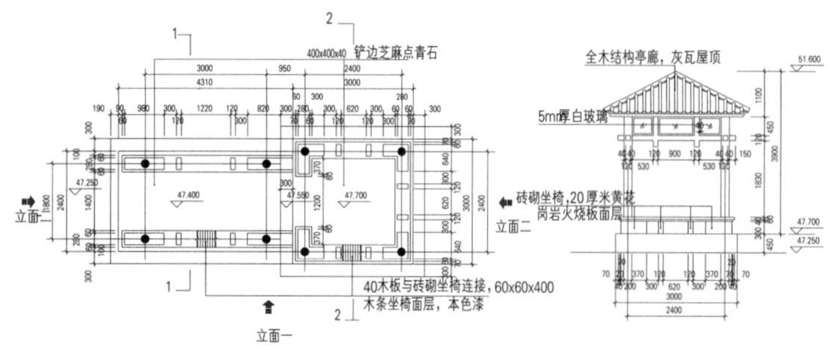

船舫休息亭廊平面图　　船舫休息亭廊立面图二

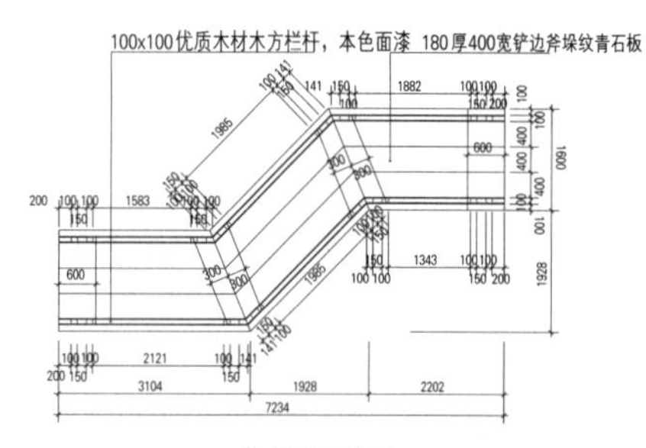

曲桥平面图

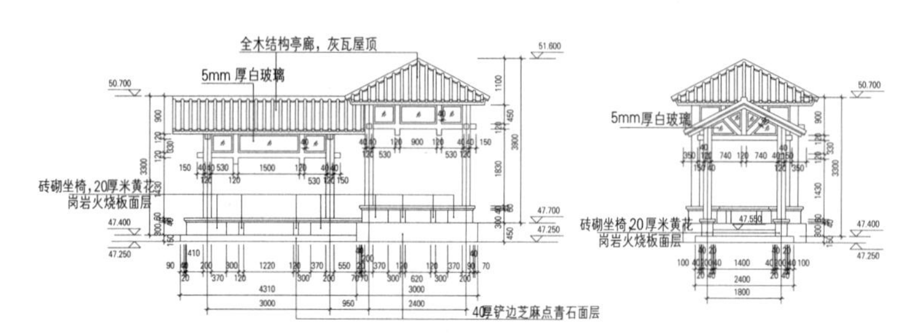

船舫休息亭廊立面图一　　船舫休息亭廊立面图三

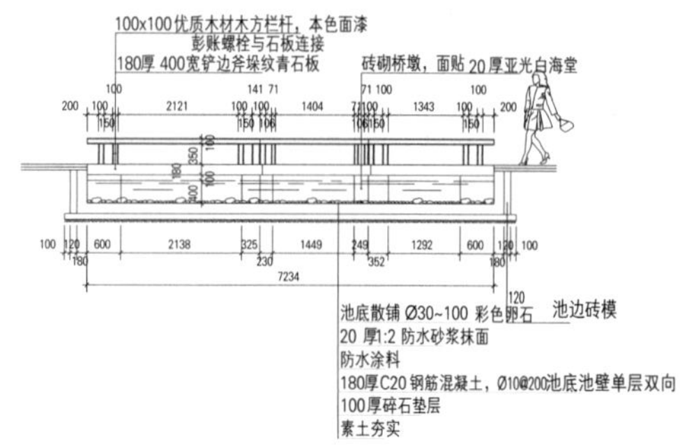

曲桥立面图

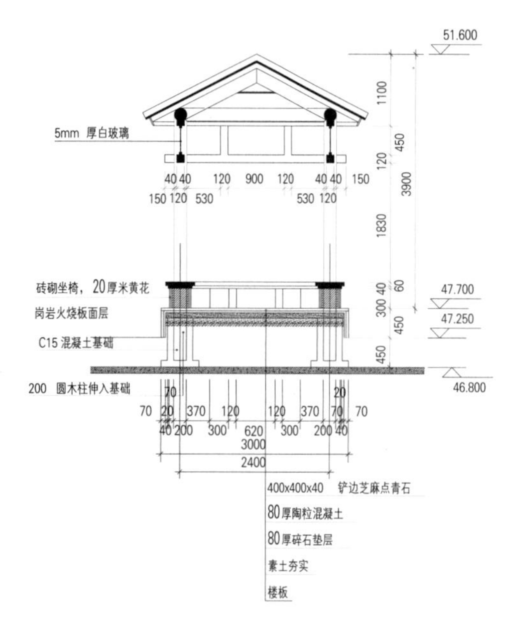

船舫休息亭廊2-2 剖面图

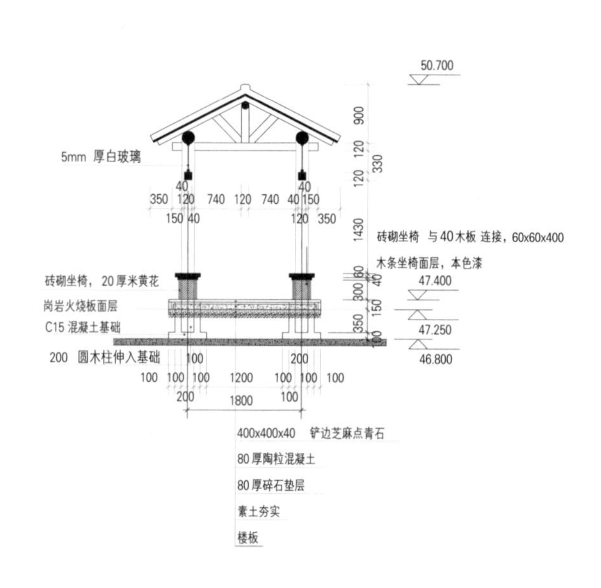

船舫休息亭廊1-1剖面图

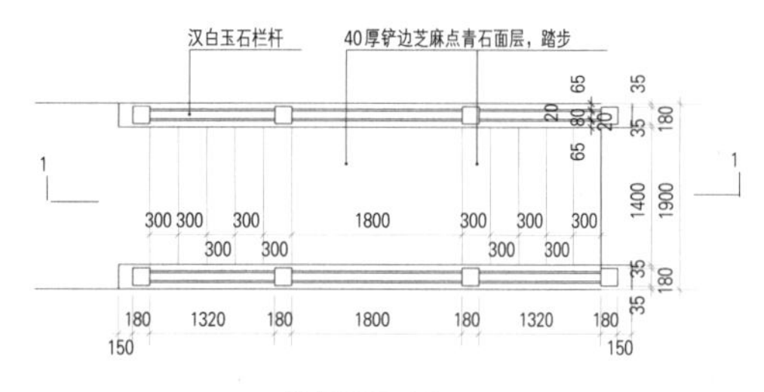

拱桥平面图

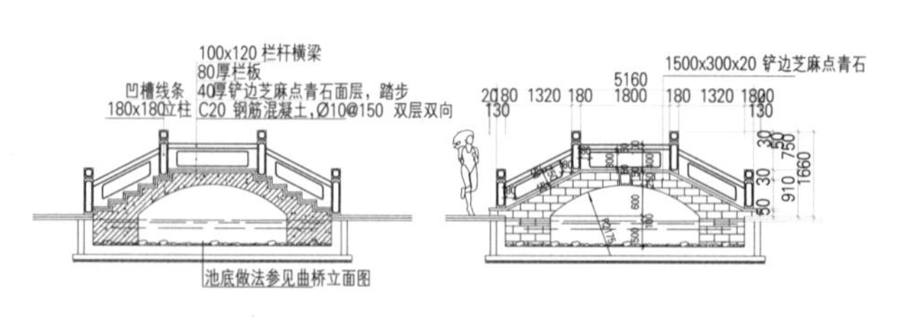

拱桥剖面图　　拱桥立面图

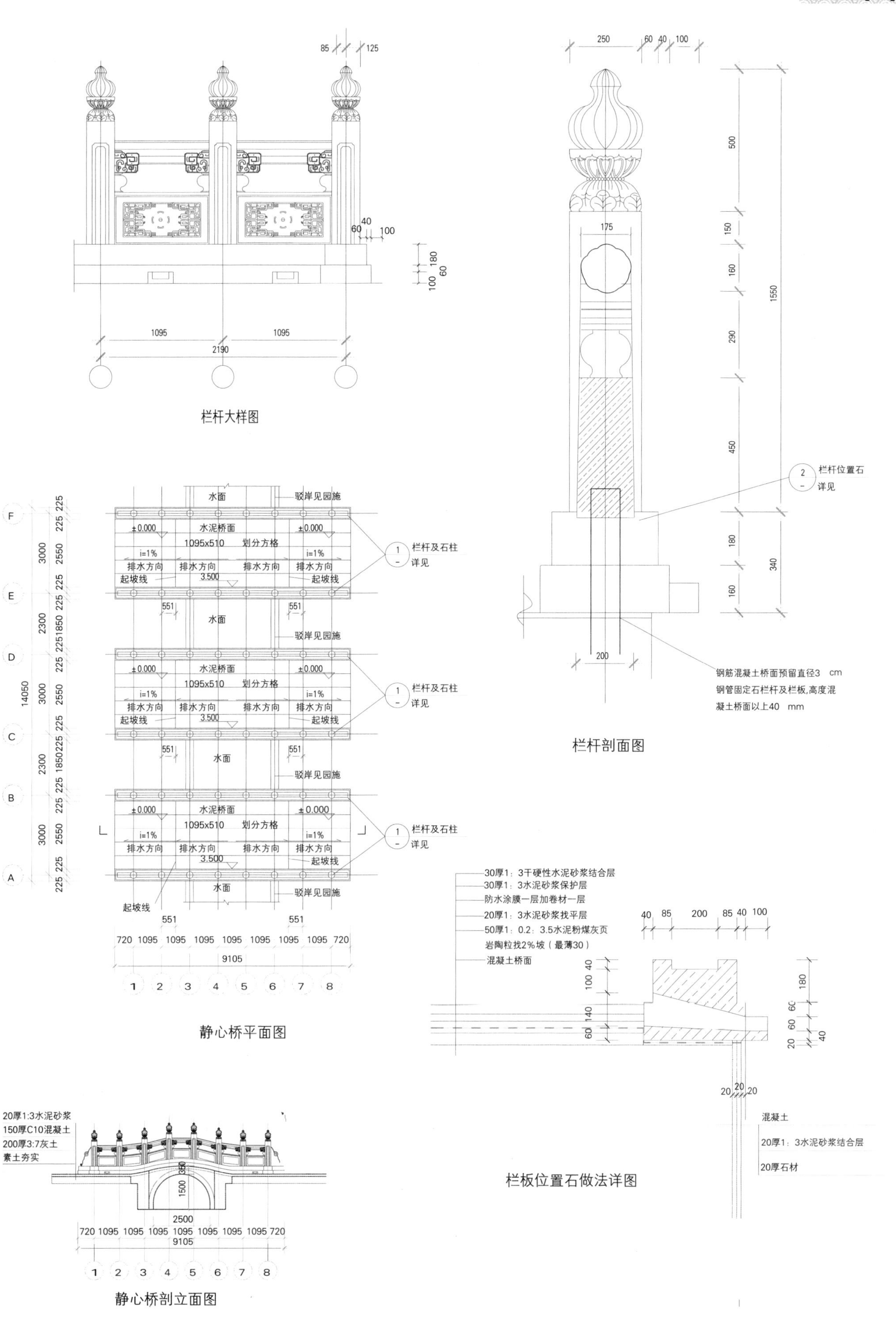

栏杆大样图

栏杆剖面图

静心桥平面图

栏板位置石做法详图

静心桥剖立面图

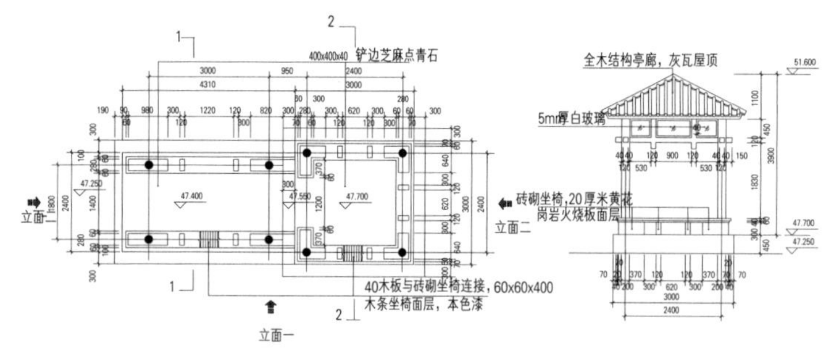
船舫休息亭廊平面图

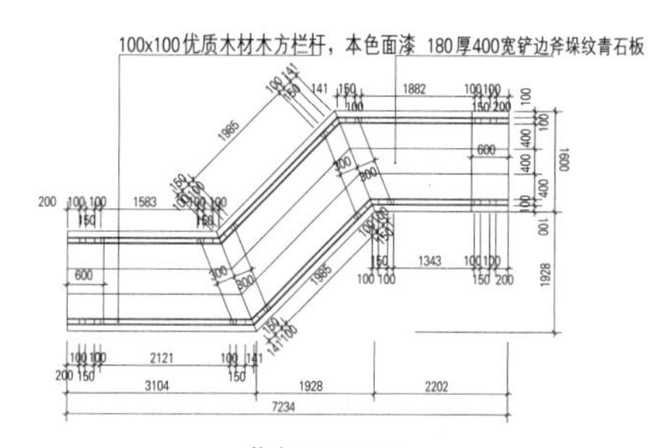
曲桥平面图

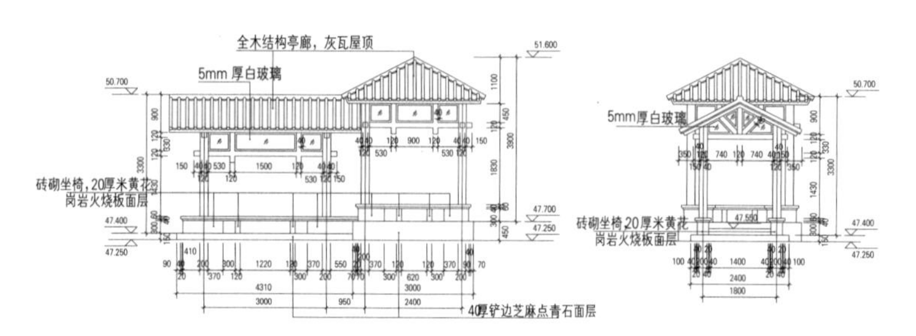
船舫休息亭廊立面图一

船舫休息亭廊立面图二

船舫休息亭廊立面图三

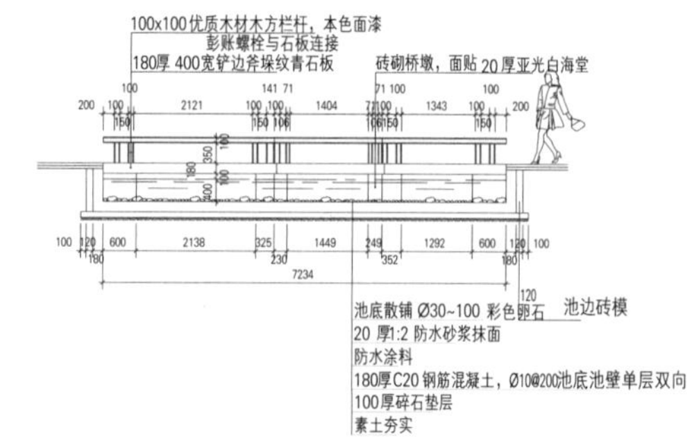
曲桥立面图

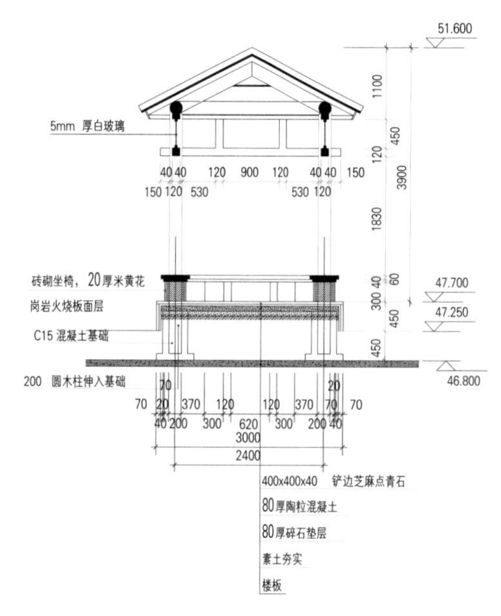

船舫休息亭廊2-2 剖面图

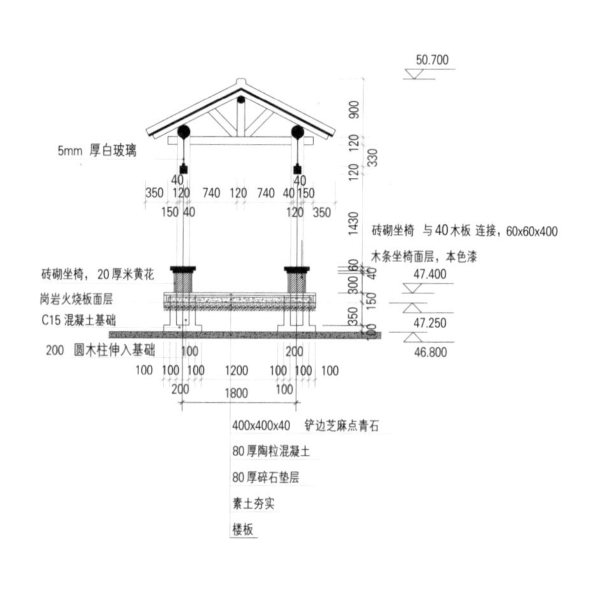

船舫休息亭廊1-剖面图

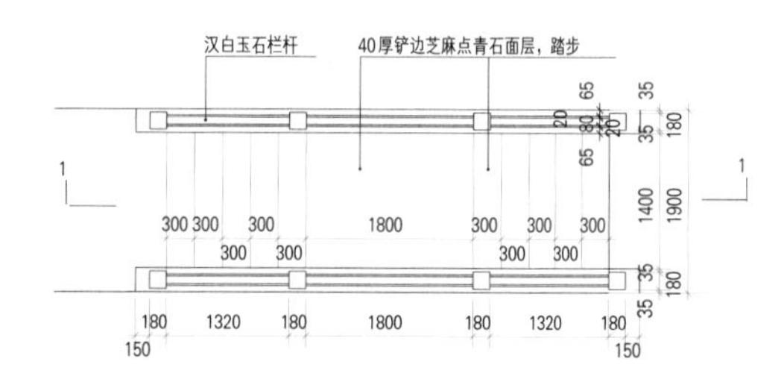

拱桥平面图

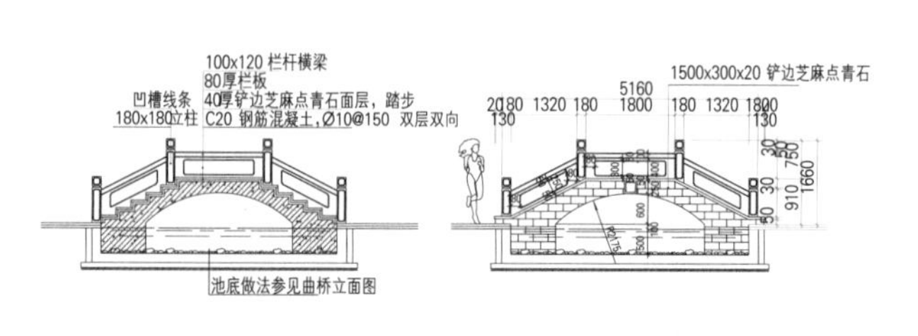

拱桥剖面图

拱桥立面图

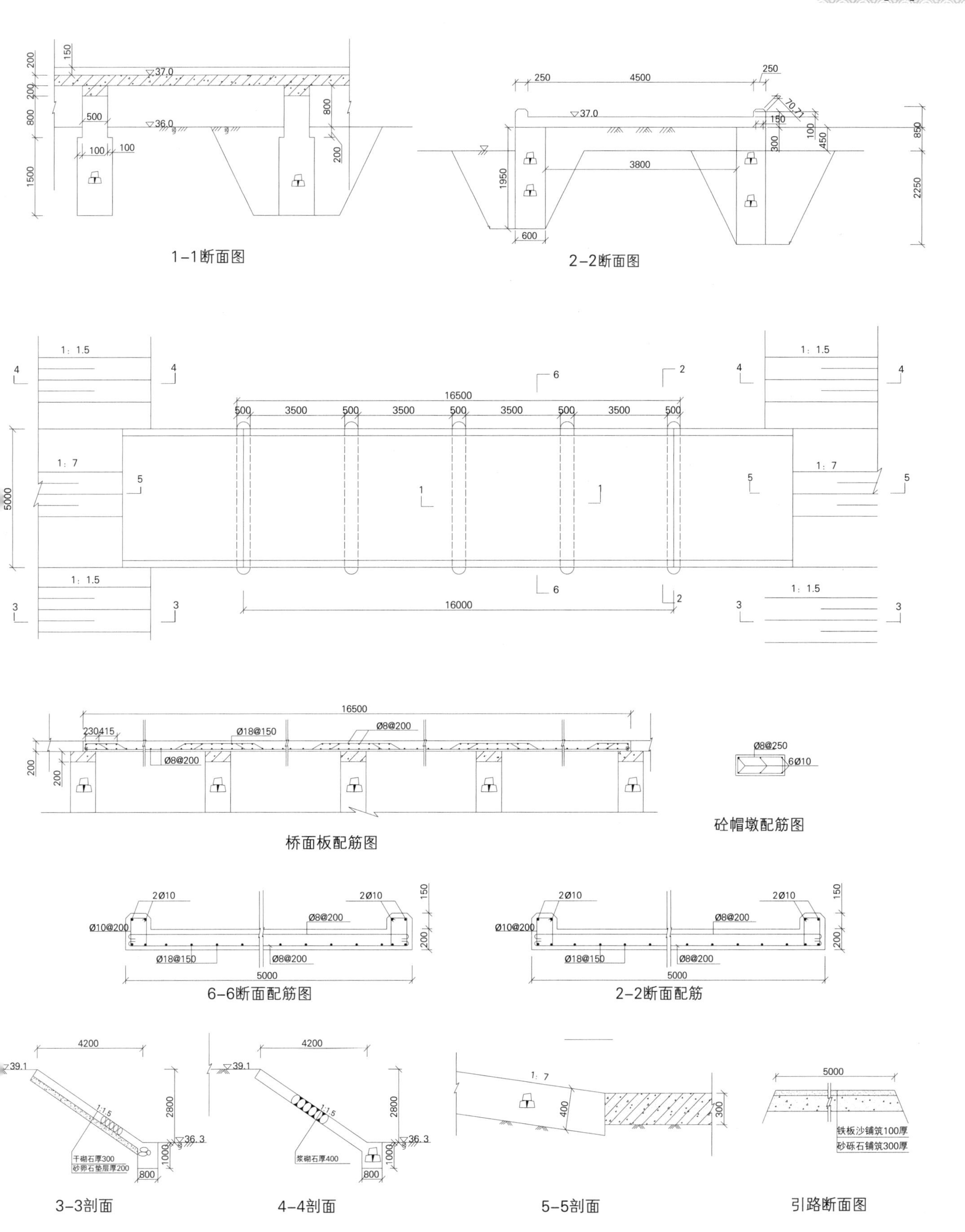

1-1断面图
2-2断面图
桥面板配筋图
砼帽墩配筋图
6-6断面配筋图
2-2断面配筋
3-3剖面
4-4剖面
5-5剖面
引路断面图
干砌石厚300
砂卵石垫层厚200
浆砌石厚400
铁板沙铺筑100厚
砂砾石铺筑300厚

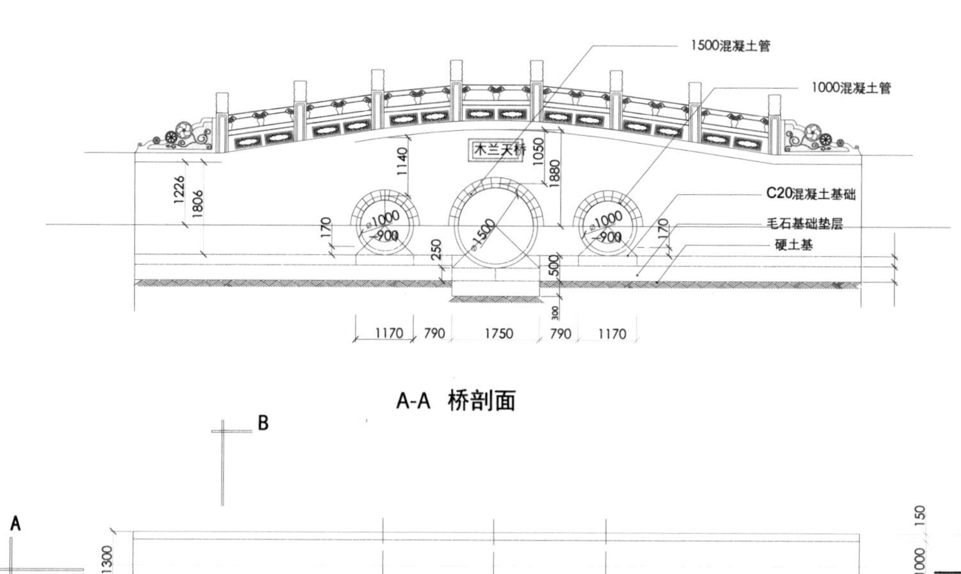

A-A 桥剖面

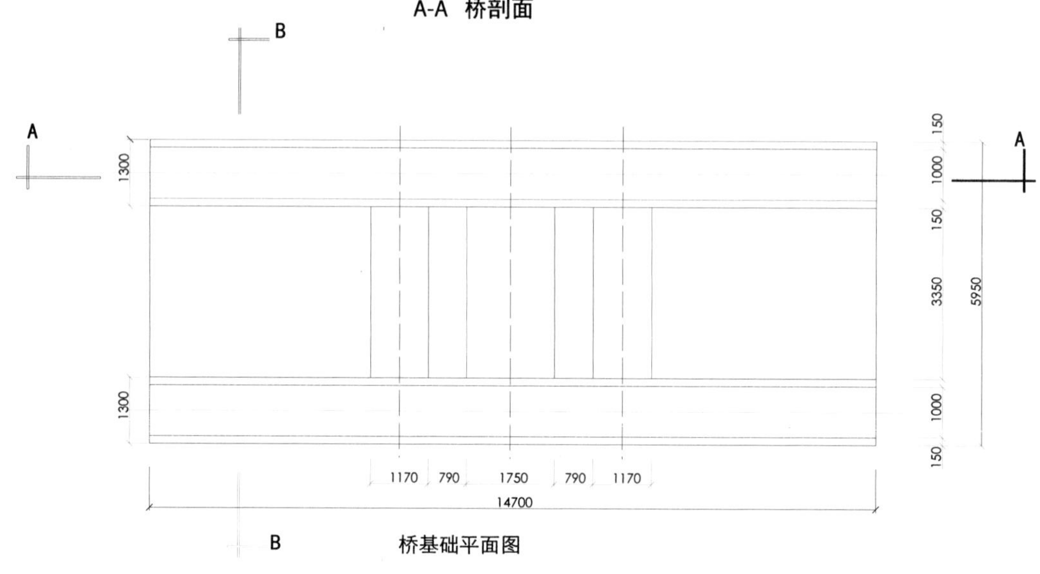

桥基础平面图

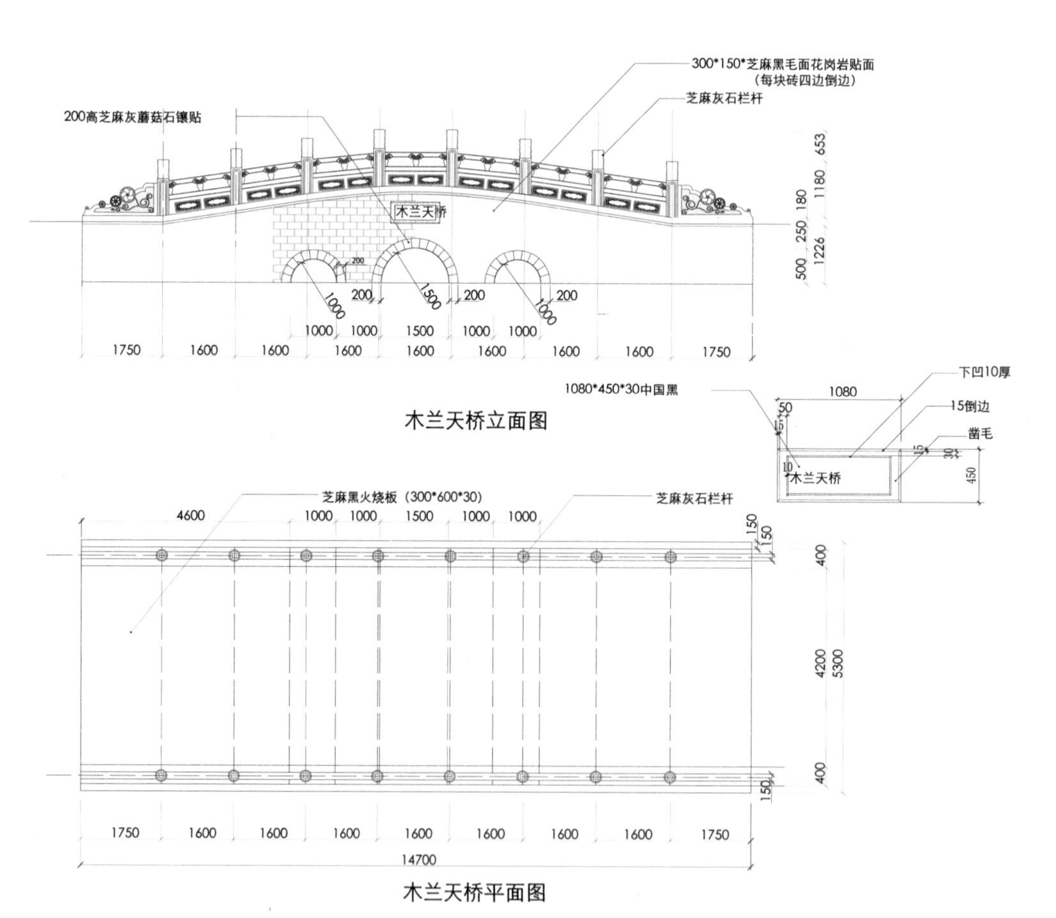

木兰天桥立面图

木兰天桥平面图

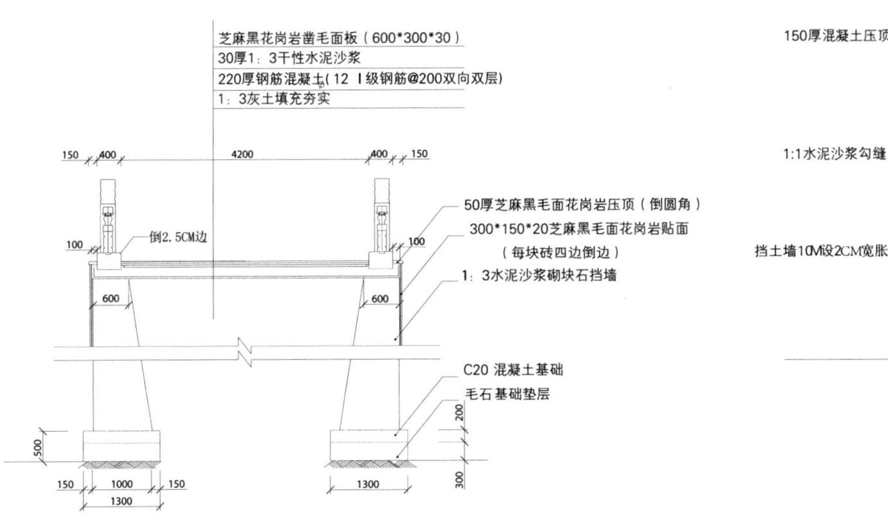

B-B 桥剖面

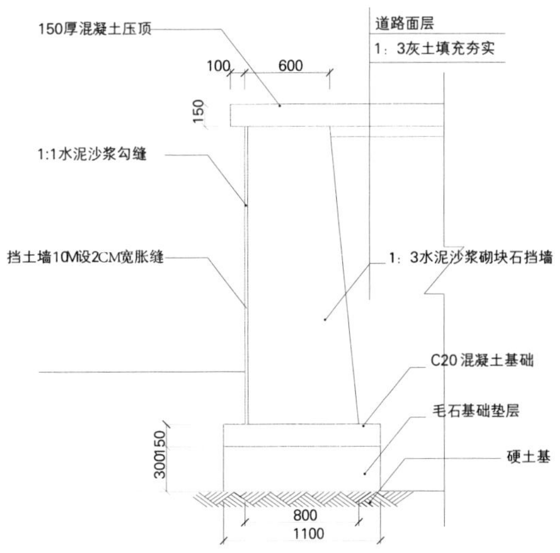

桥两侧挡土墙大样

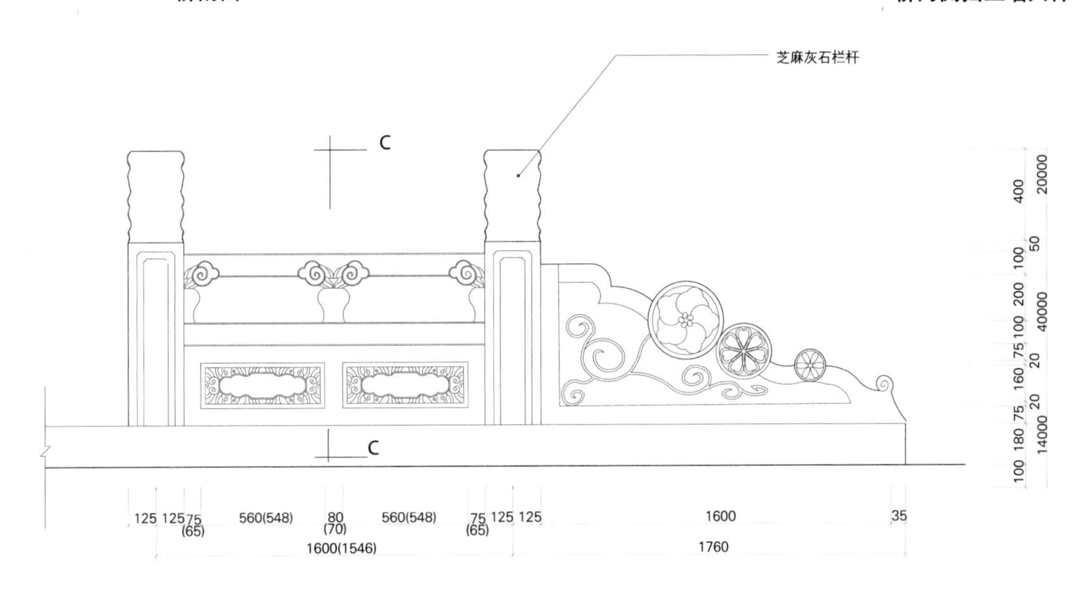

栏杆立面图

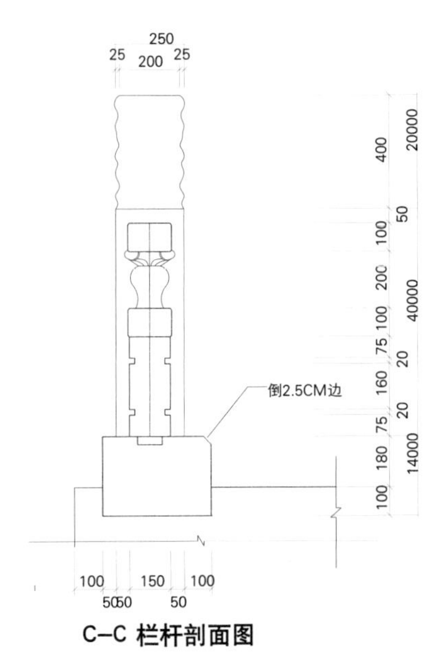

C–C 栏杆剖面图

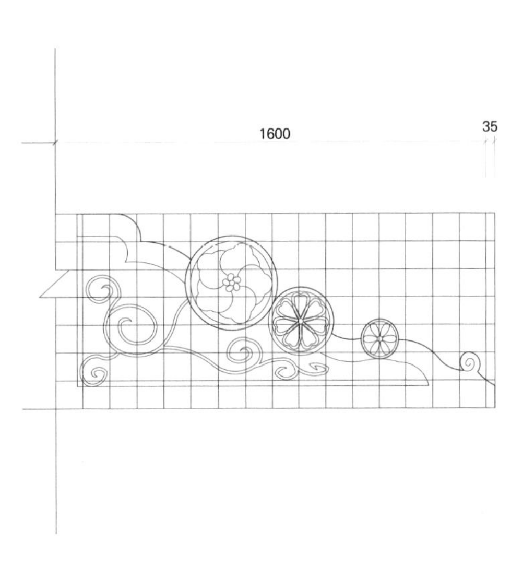

抱鼓石大样

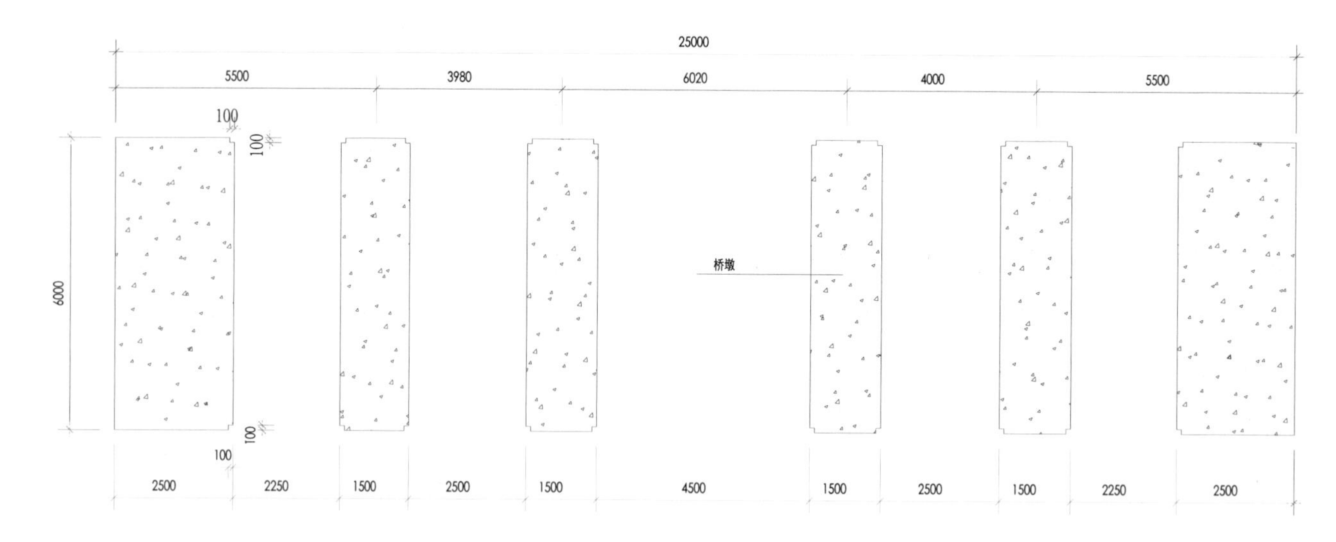
25000
5500
3980
6020
4000
5500
100
100
6000
桥墩
100
100
2500
2250
1500
2500
1500
4500
1500
2500
1500
2250
2500

A-A剖面

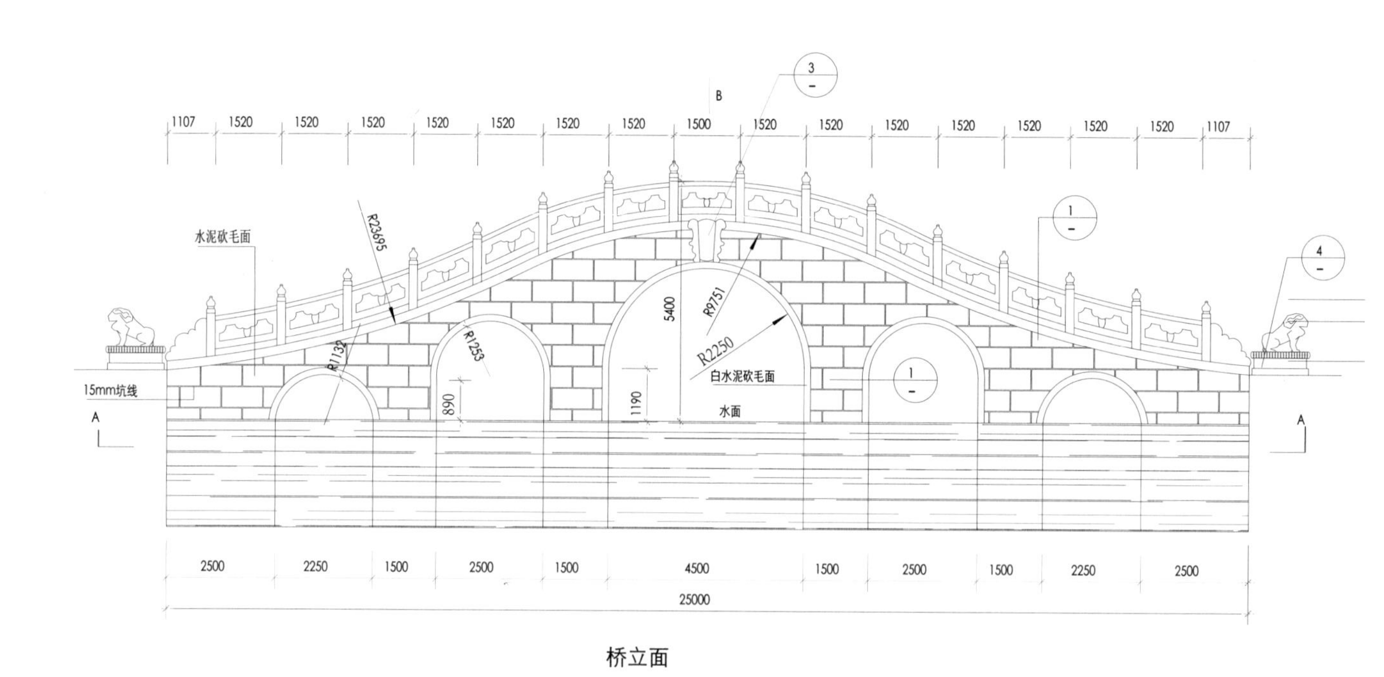
3
B
1107
1520
1500
1107
R22695
水泥砍毛面
1
4
R9751
5400
R2250
R1253
R1132
15mm坑线
白水泥砍毛面
890
1190
水面
A
A
2500
2250
1500
2500
1500
4500
1500
2500
1500
2250
2500
25000

桥立面

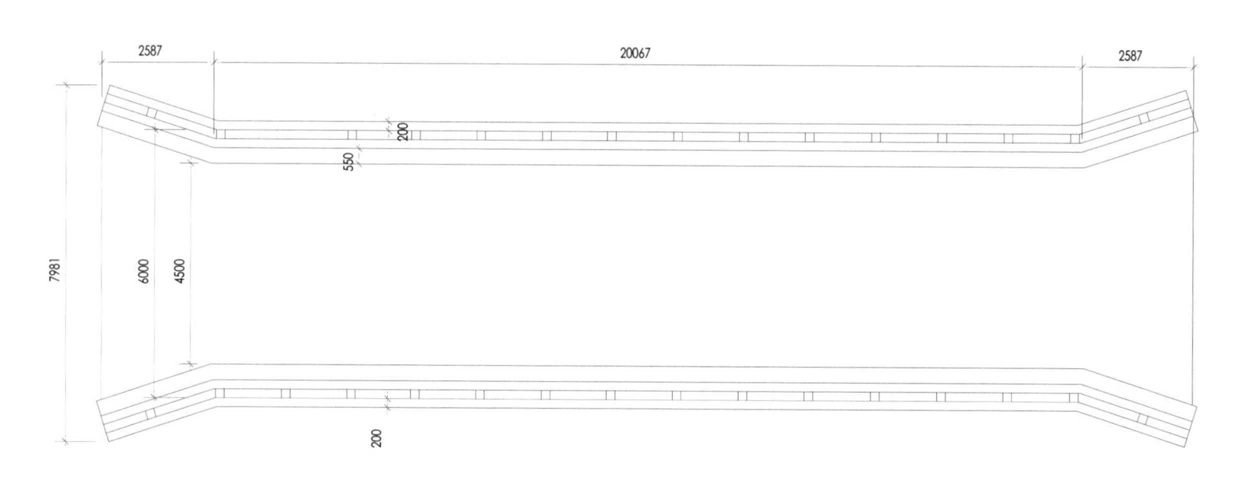
2587
20067
2587
200
550
7981
6000
4500
200

桥平面

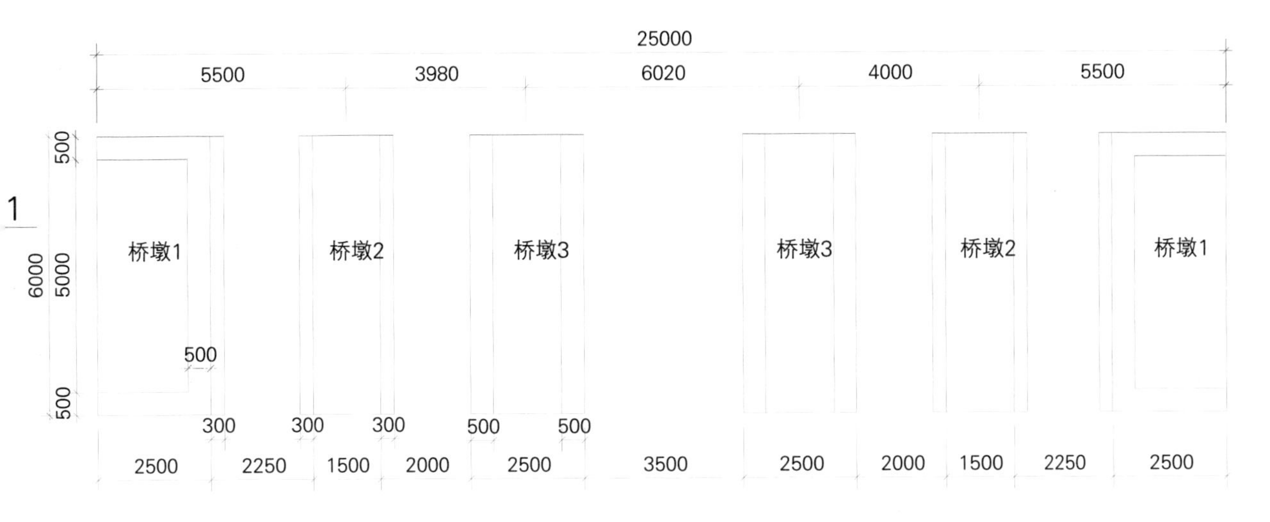

桥墩基础平面

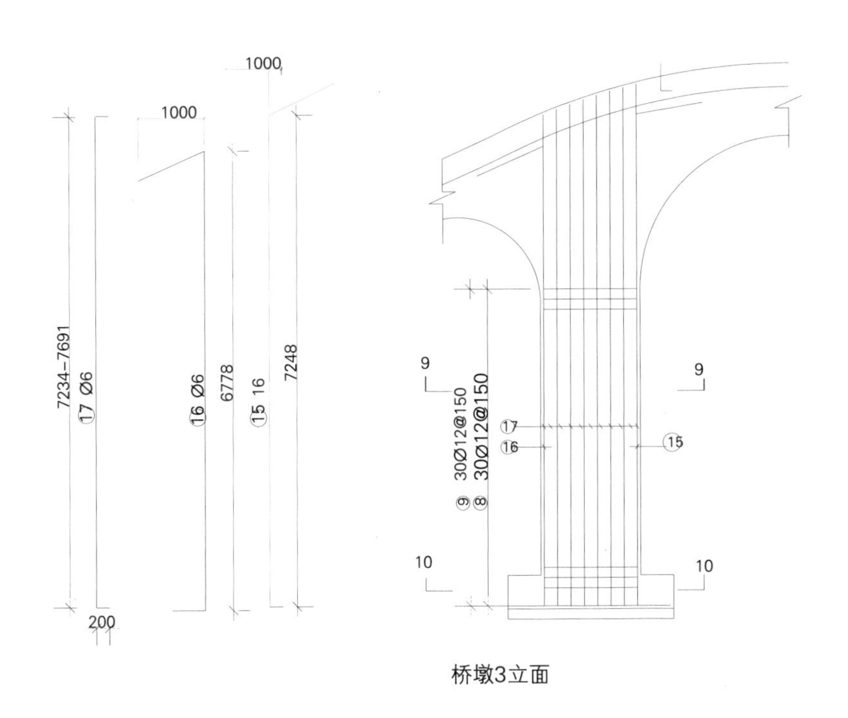

桥墩3立面

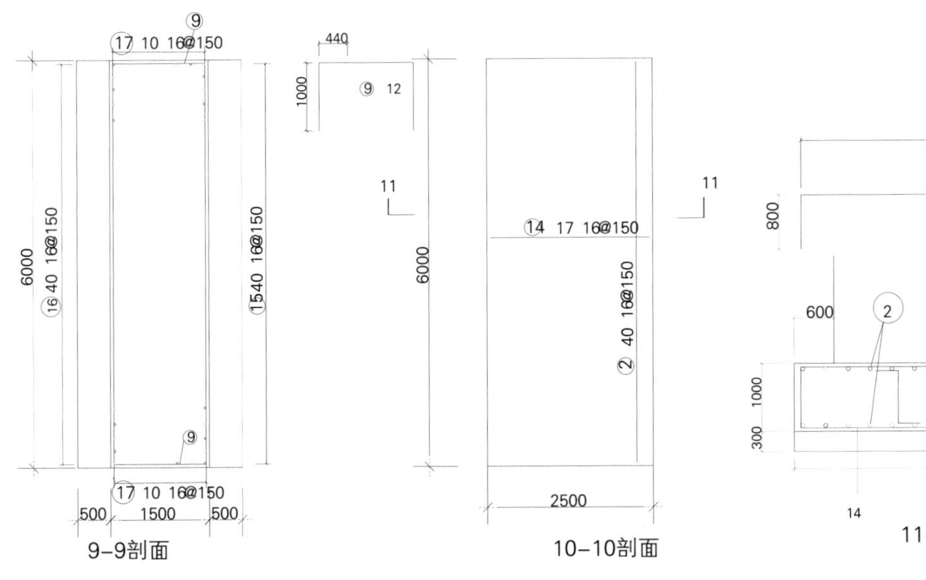

9-9剖面

10-10剖面

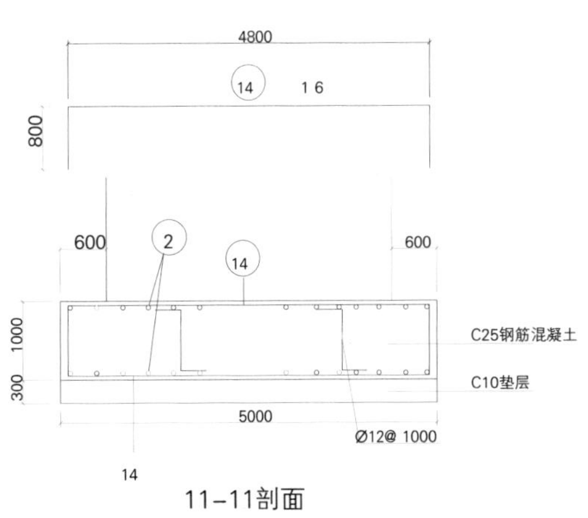

11-11剖面

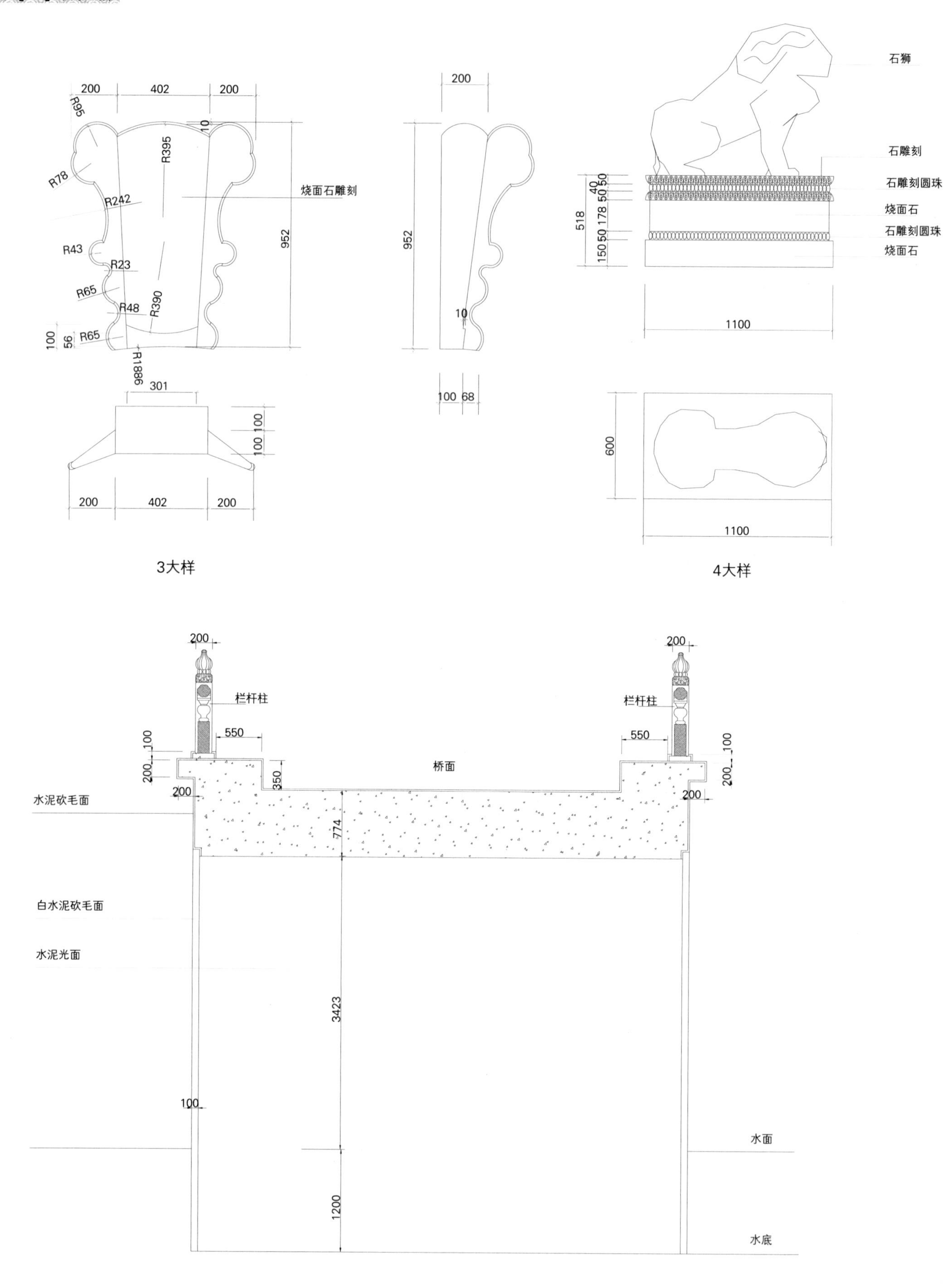
200
402
200
R95
10
R395
R78
R242
烧面石雕刻
952
R43
R23
R65
R390
R48
100
56
R65
R1886
301
100
100
200
402
200
200
952
10
100 68
石狮
石雕刻
石雕刻圆珠
烧面石
石雕刻圆珠
烧面石
40
50
50
178
50
50
150
518
1100
600
1100
200
栏杆柱
550
100
200
350
200
桥面
水泥砍毛面
774
白水泥砍毛面
水泥光面
3423
100
水面
1200
水底

3大样

4大样

B-B剖面

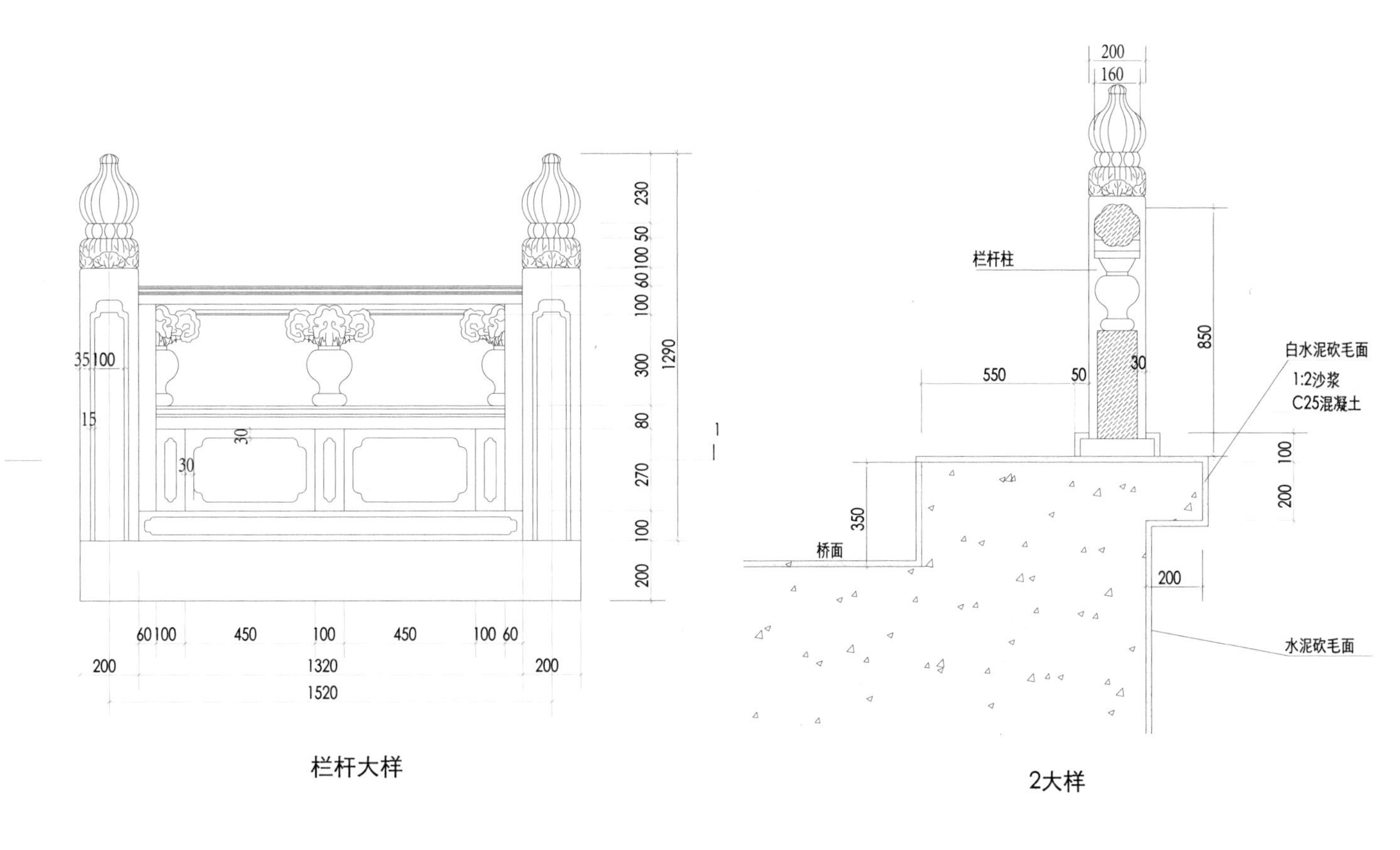

栏杆大样

2大样

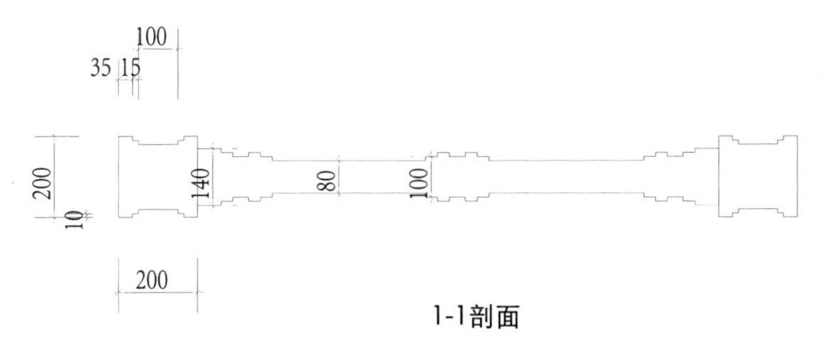

1-1剖面

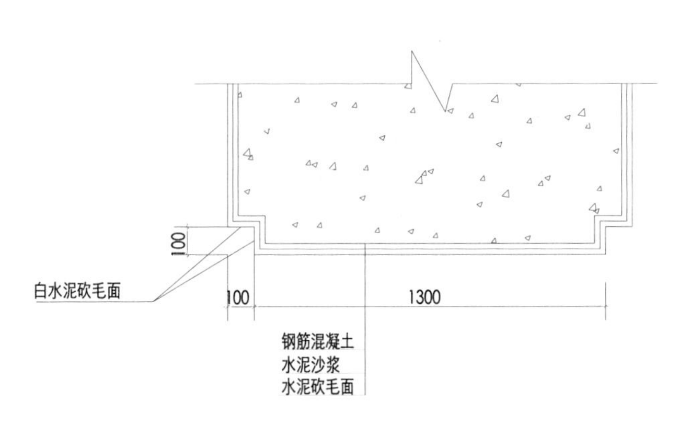

1大样

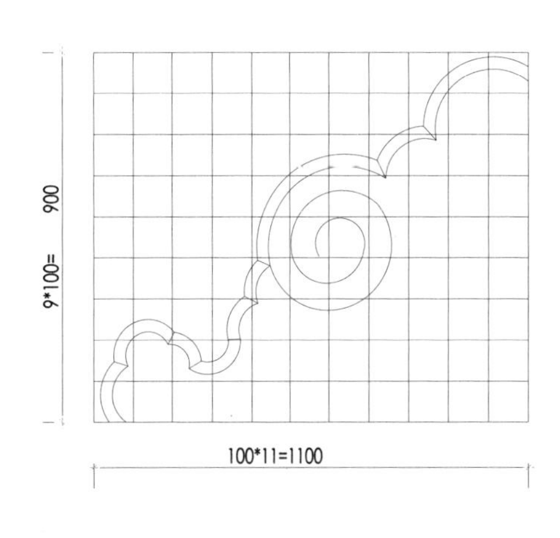

抱鼓石大样

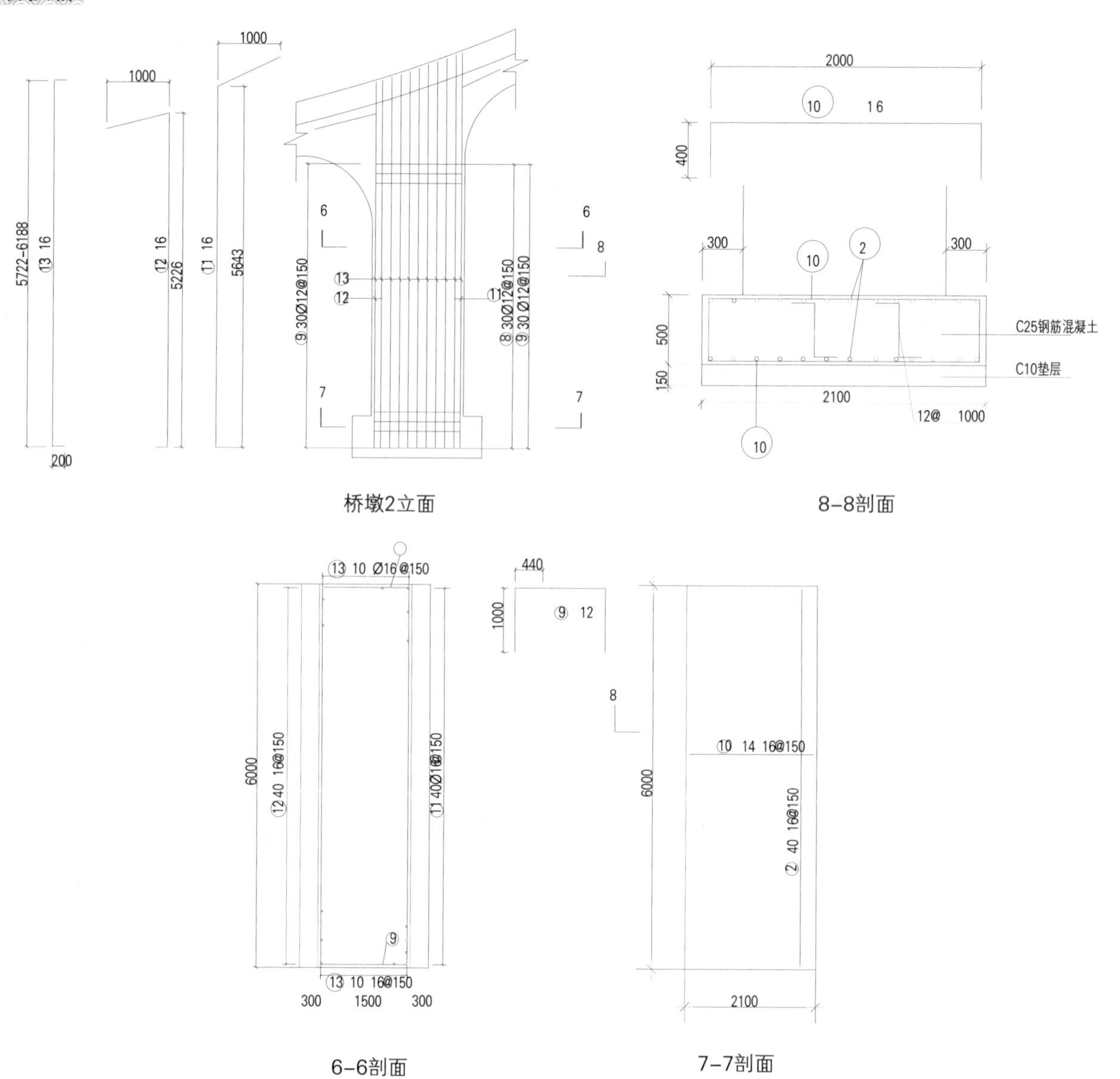

桥墩2立面

8–8剖面

6–6剖面

7–7剖面

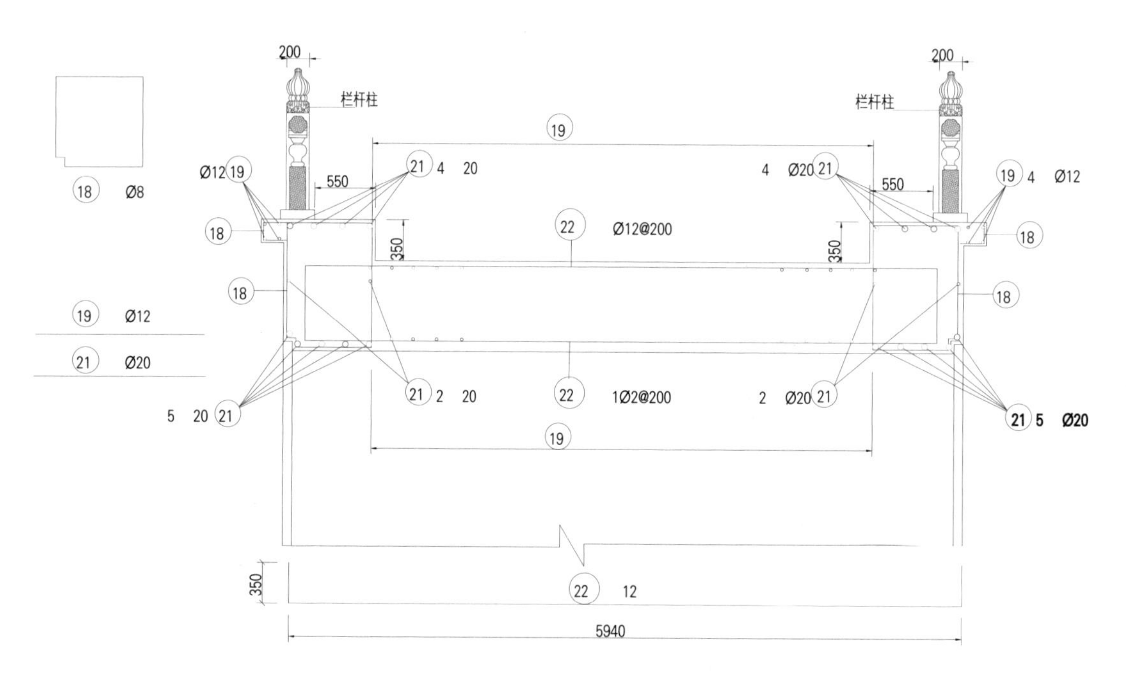

2–2剖面配筋图

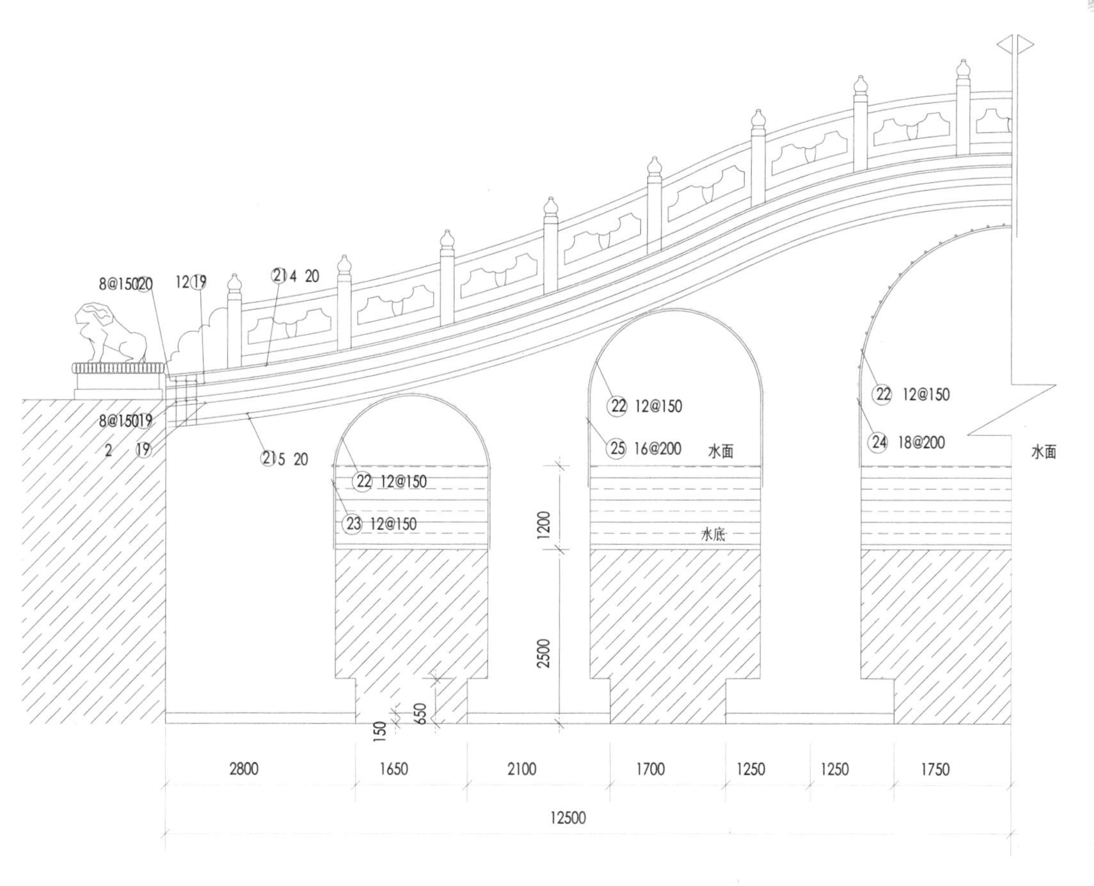

1-1剖面配筋图

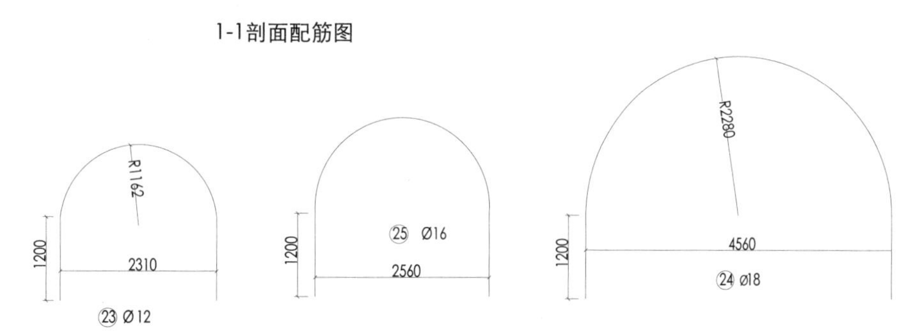

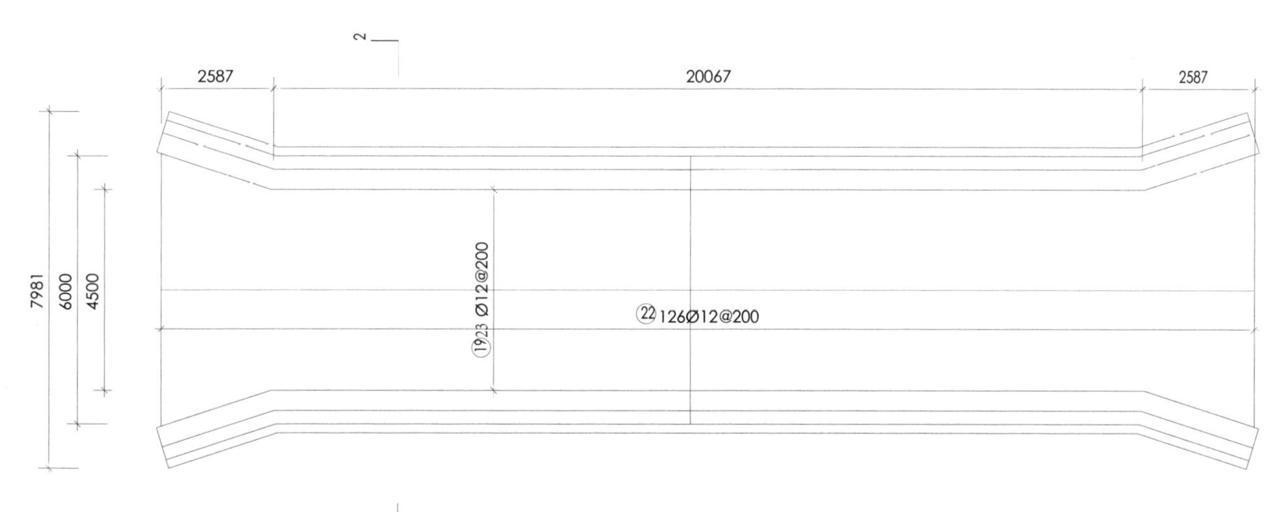

桥面配筋图

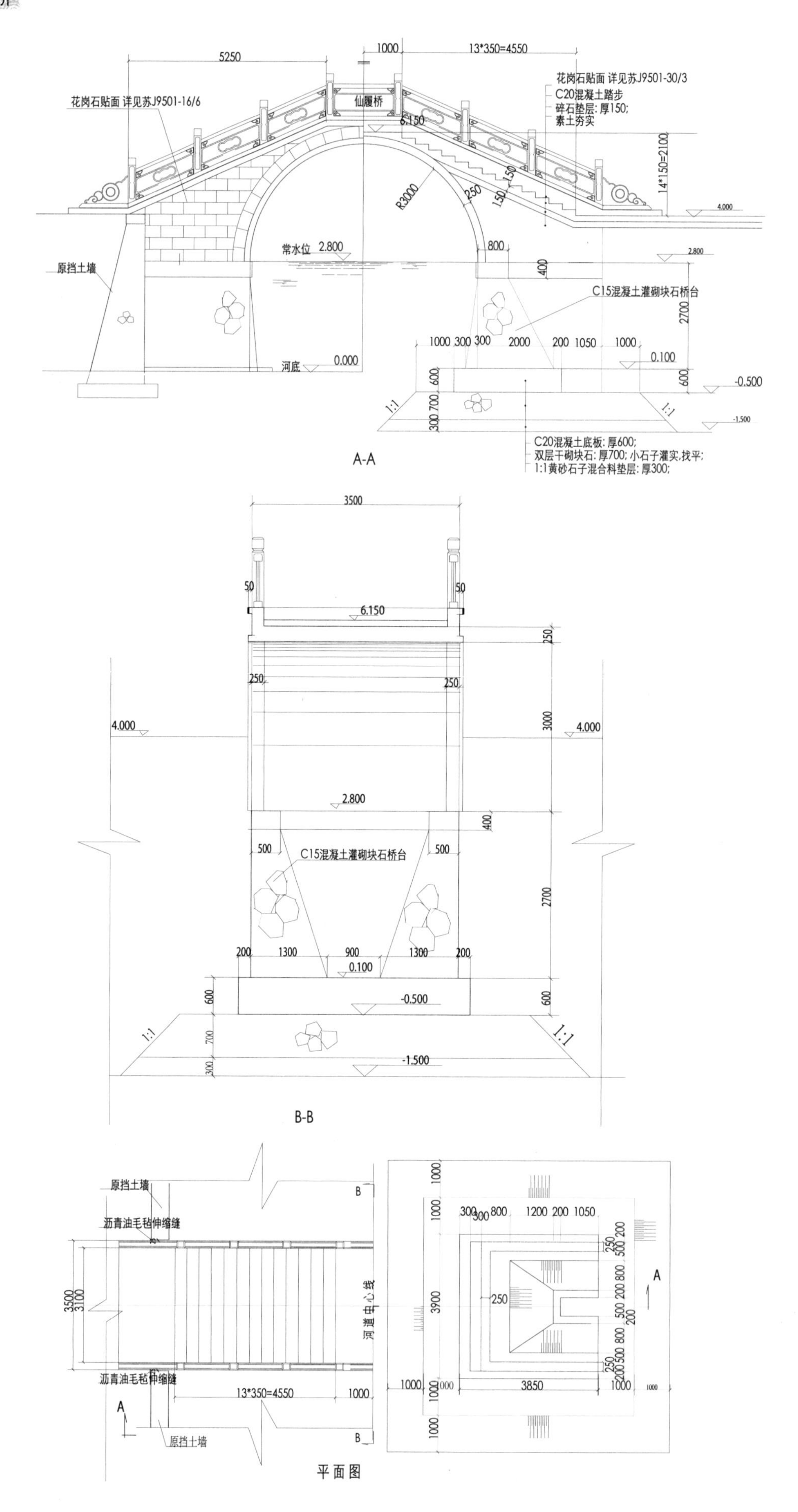

花岗石贴面 详见苏J9501-16/6
花岗石贴面 详见苏J9501-30/3
C20混凝土踏步
碎石垫层：厚150;
素土夯实
仙履桥
6.150
R3000
常水位 2.800
原挡土墙
C15混凝土灌砌块石桥台
河底 0.000
C20混凝土底板：厚600;
双层干砌块石：厚700；小石子灌实，找平;
1:1黄砂石子混合料垫层：厚300;
A-A
B-B
沥青油毛毡伸缩缝
河道中心线
平面图

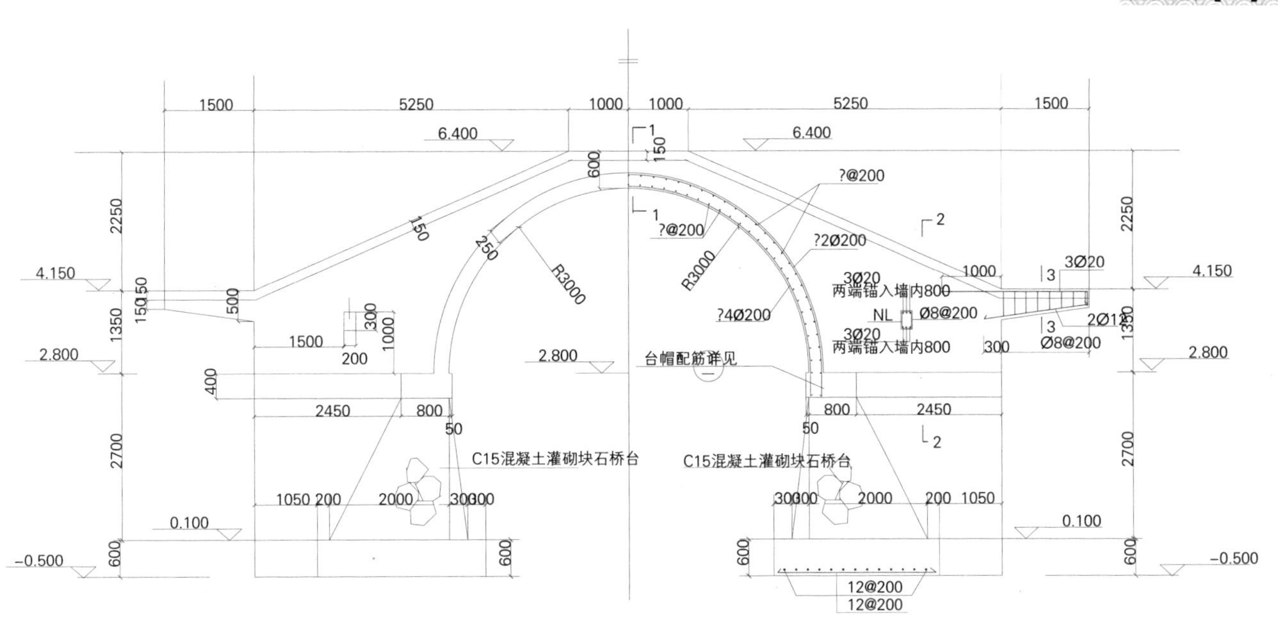
1500
5250
1000
1000
5250
1500
6.400
6.400
4.150
4.150
2.800
2.800
0.100
0.100
-0.500
-0.500
R3000
R3000
两端锚入墙内800
台帽配筋详见
C15混凝土灌砌块石桥台
C15混凝土灌砌块石桥台
12@200

拱桥结构横剖面

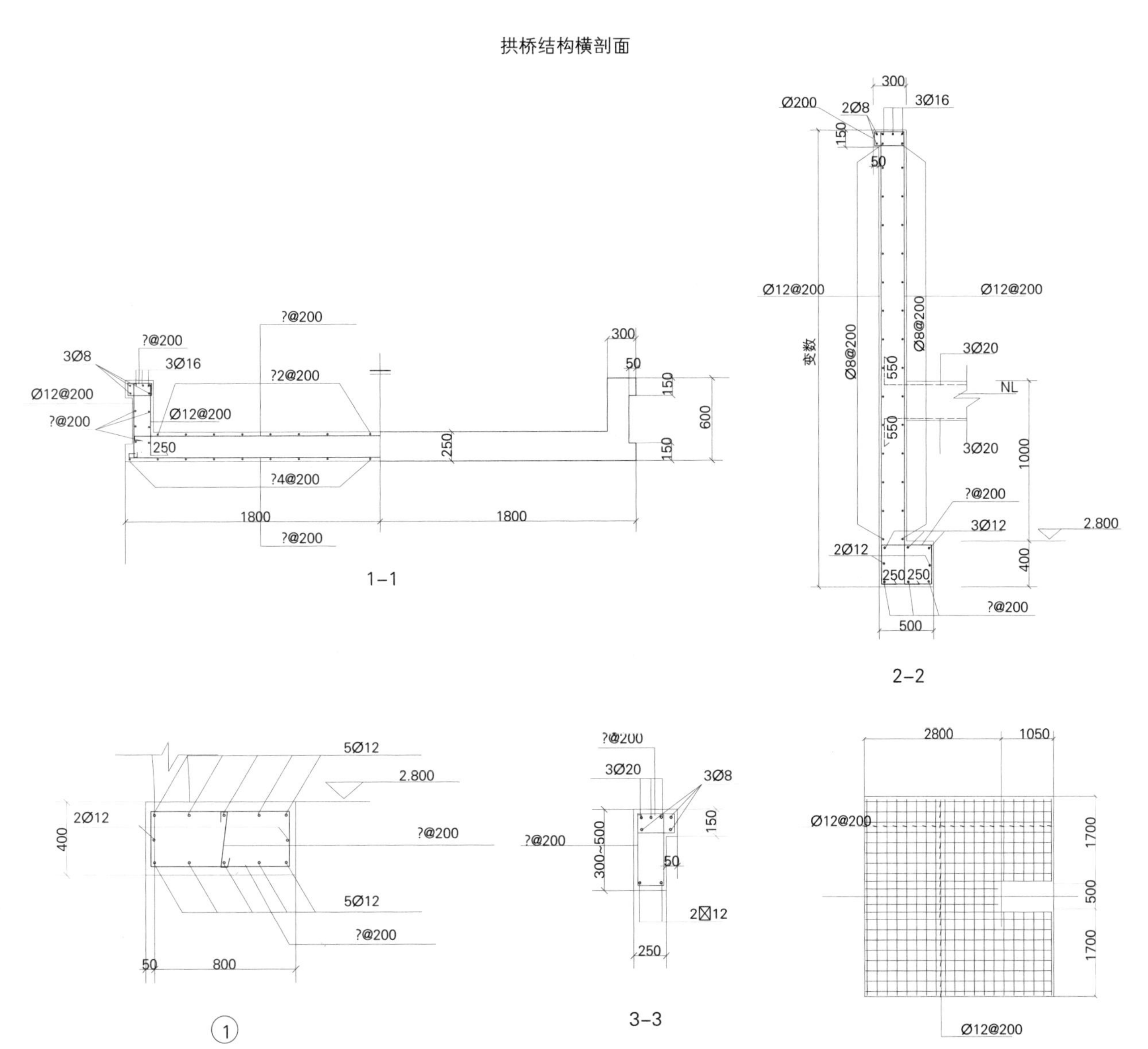
1-1
2-2
3-3
变数
桥台底板底部配筋平面

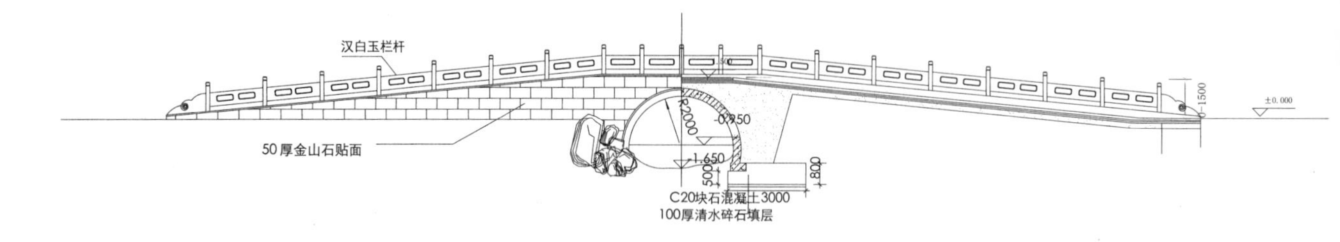

石拱桥立剖面图

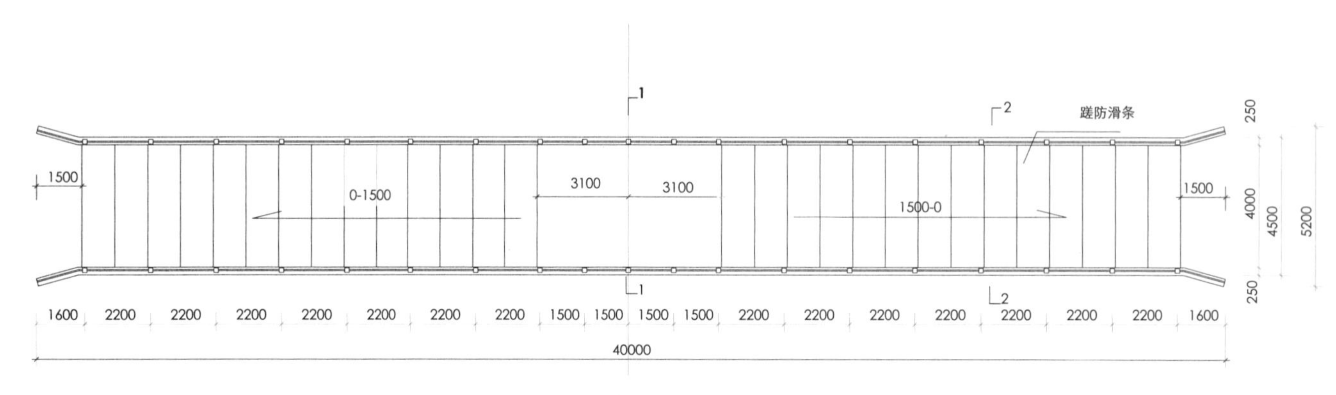

石拱桥平面图

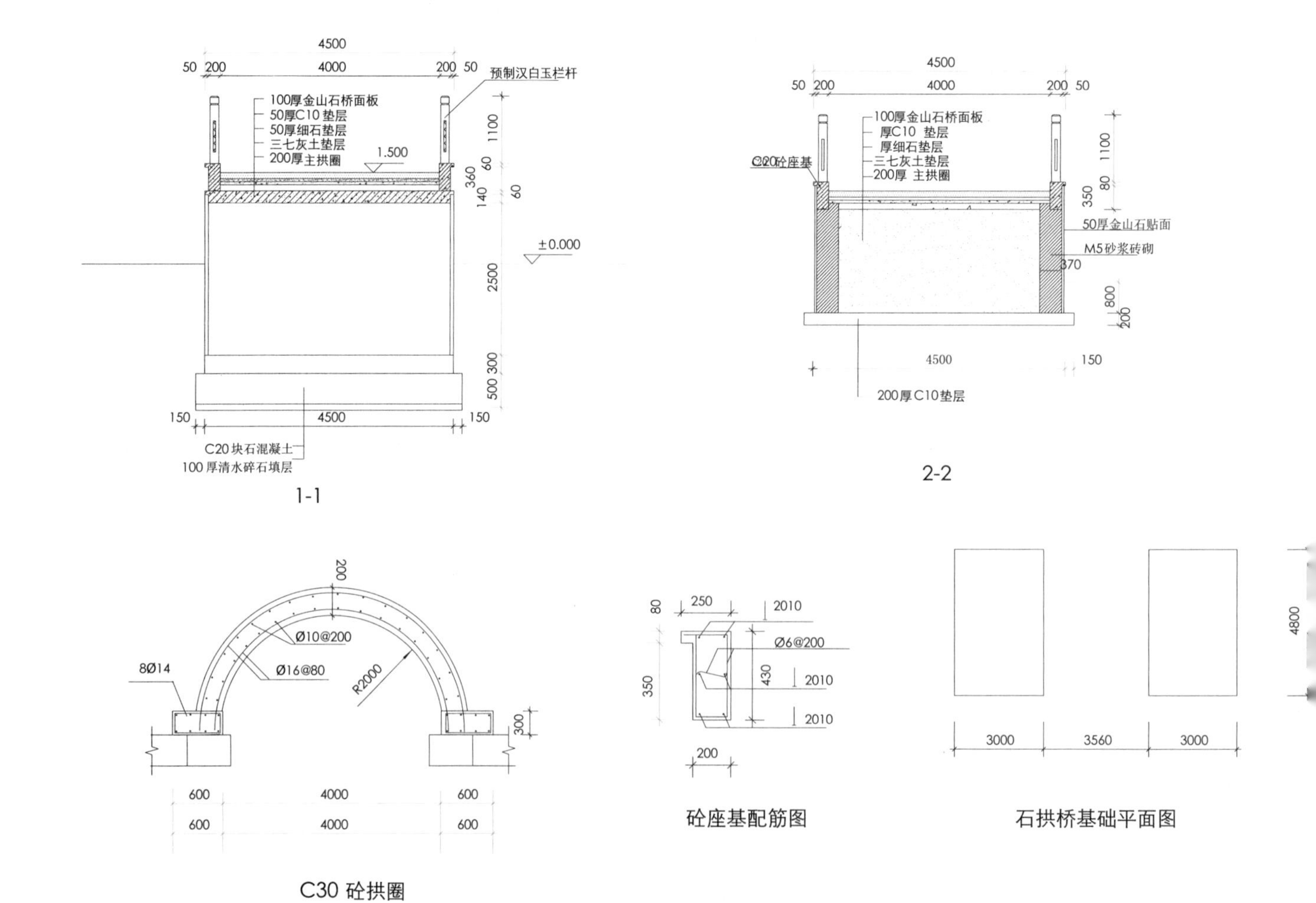

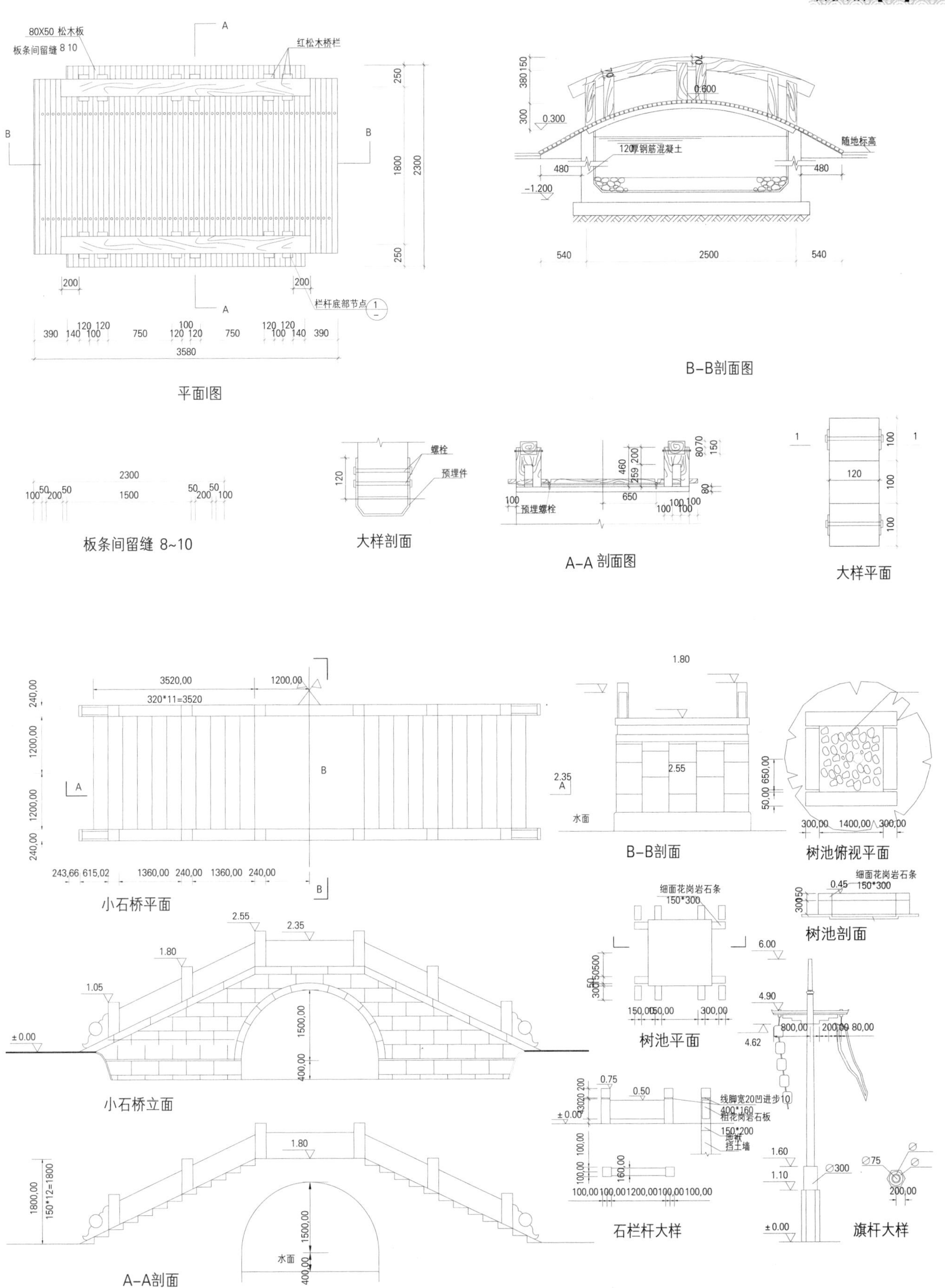

80X50 松木板
板条间留缝 8 10
红松木桥栏
栏杆底部节点
3580
平面I图
120厚钢筋混凝土
随地标高
B–B剖面图
板条间留缝 8~10
螺栓
预埋件
大样剖面
预埋螺栓
A–A 剖面图
大样平面
320*11=3520
小石桥平面
B–B剖面
水面
树池俯视平面
细面花岗岩石条
150*300
树池剖面
树池平面
小石桥立面
线脚宽20凹进步10
400*160
粗花岗岩石板
150*200
地袱
挡土墙
石栏杆大样
旗杆大样
A–A剖面

拱圈尺寸图

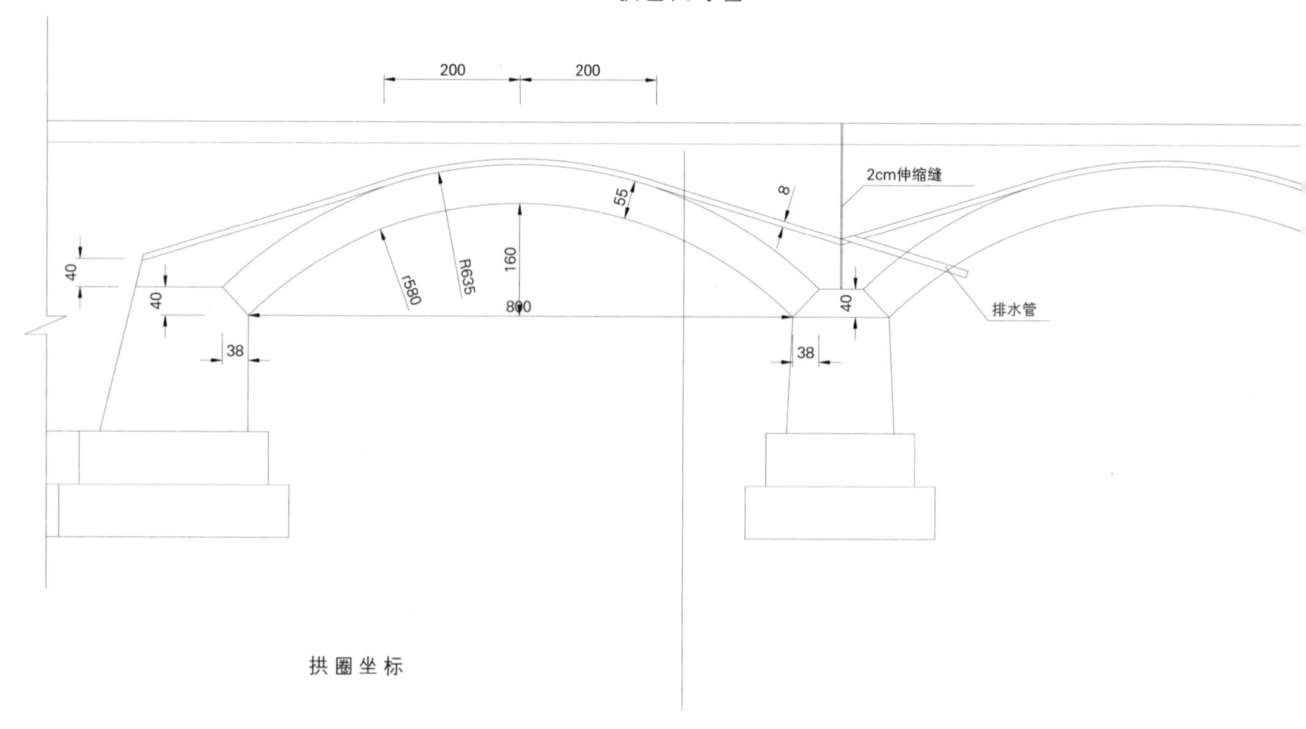
200
200
2cm伸缩缝
55
8
160
r580
R635
800
40
40
40
38
38
排水管

拱圈坐标

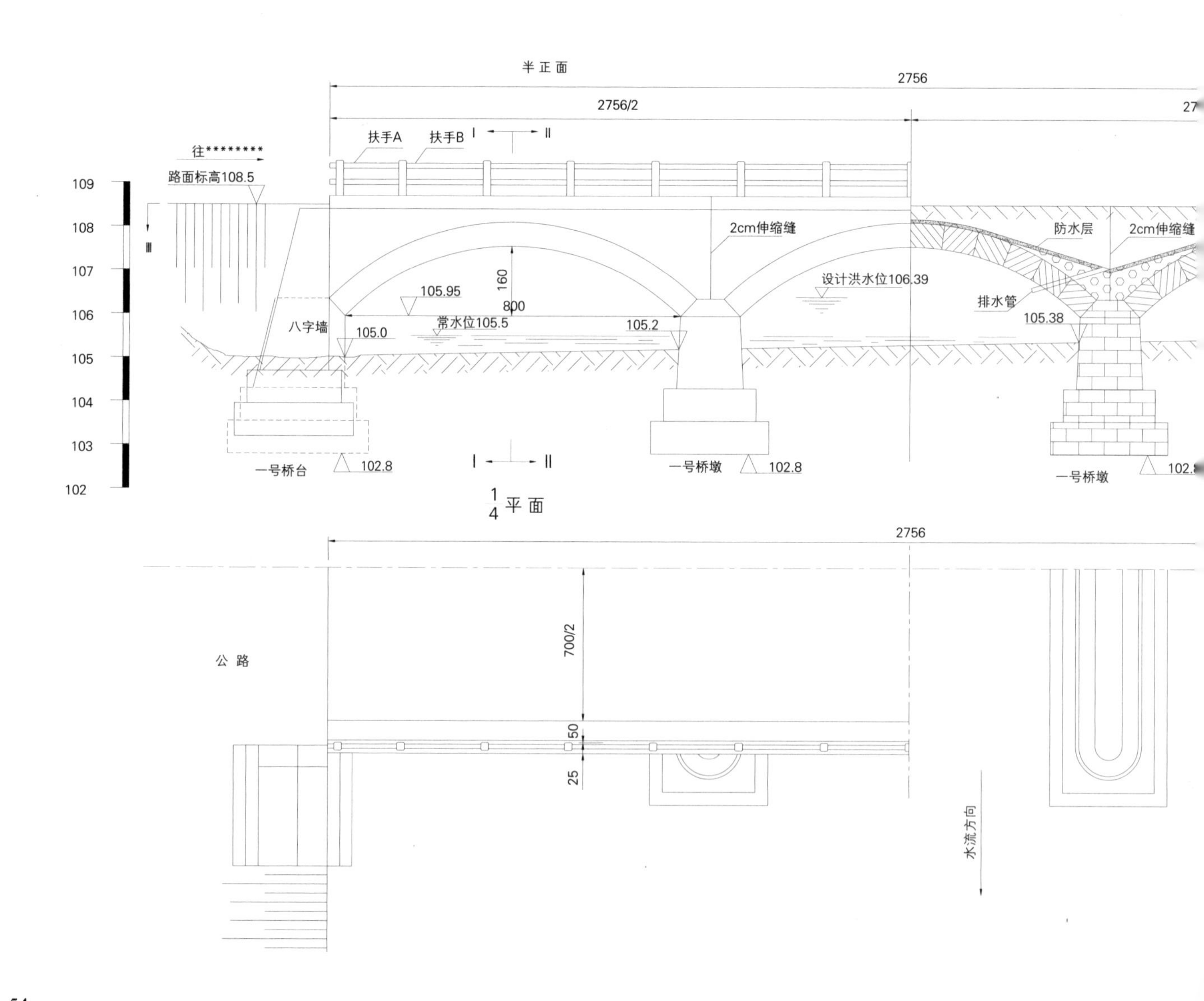
半正面
2756
2756/2
扶手A
扶手B
往*********
路面标高108.5
109
108
107
106
105
104
103
102
2cm伸缩缝
160
800
105.95
八字墙
常水位105.5
105.0
105.2
设计洪水位106.39
防水层
2cm伸缩缝
排水管
105.38
一号桥台
102.8
一号桥墩
102.8
一号桥墩
1/4 平面
2756
700/2
公 路
50
25
水流方向

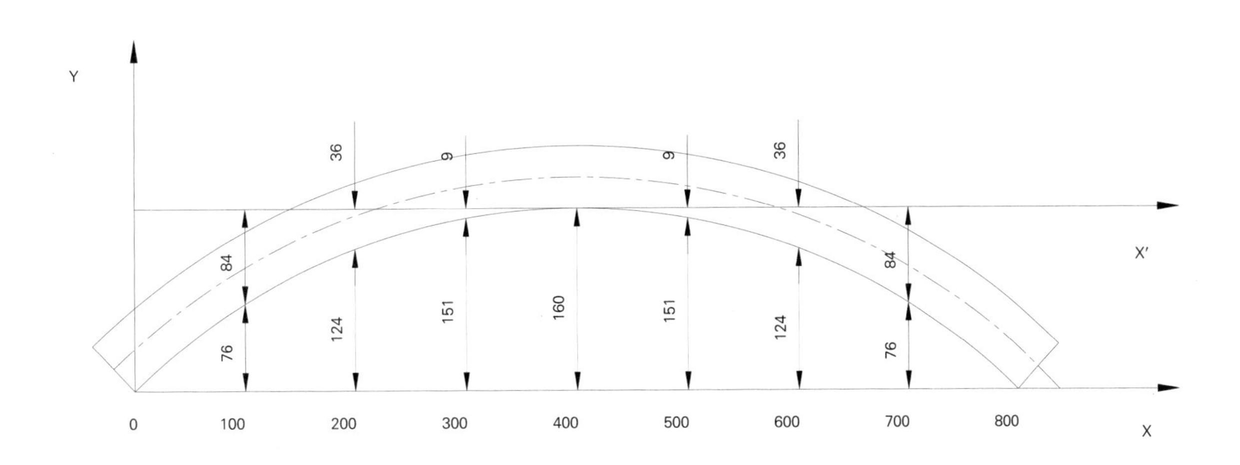
Y
36
9
9
36
84
84
X'
76
124
151
160
151
124
76
0
100
200
300
400
500
600
700
800
X

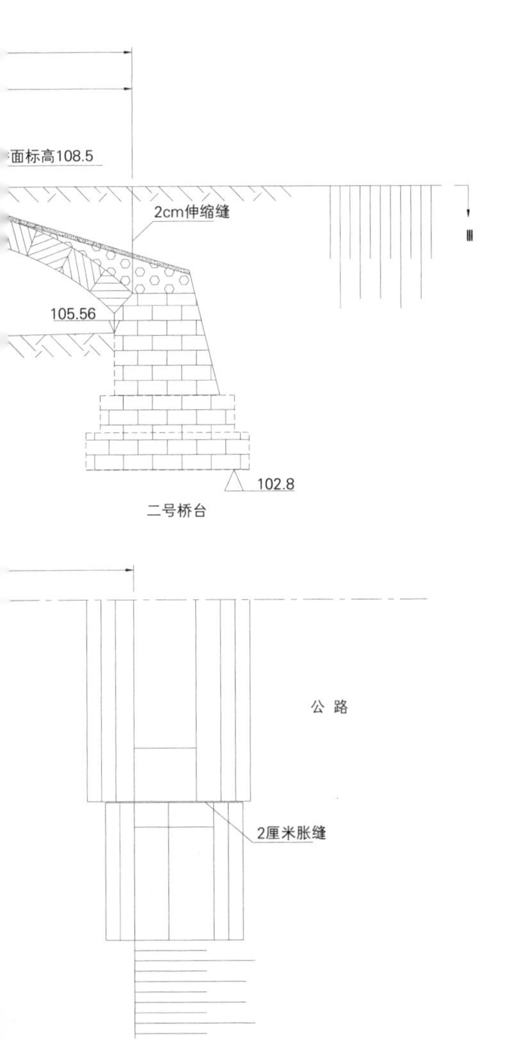
面标高108.5
2cm伸缩缝
105.56
102.8
二号桥台
公 路
2厘米胀缝

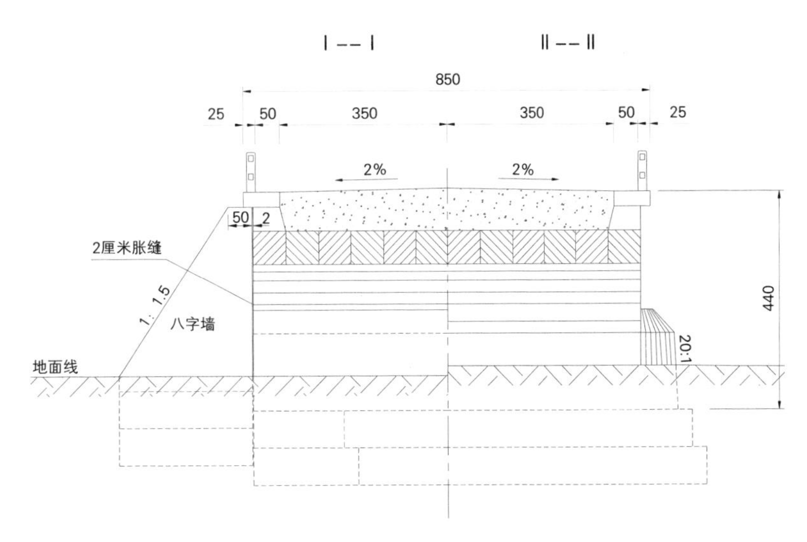
Ⅰ -- Ⅰ
Ⅱ -- Ⅱ
850
25
50
350
350
50
25
2%
2%
50
2
2厘米胀缝
1：1.5
八字墙
地面线
440
20:1

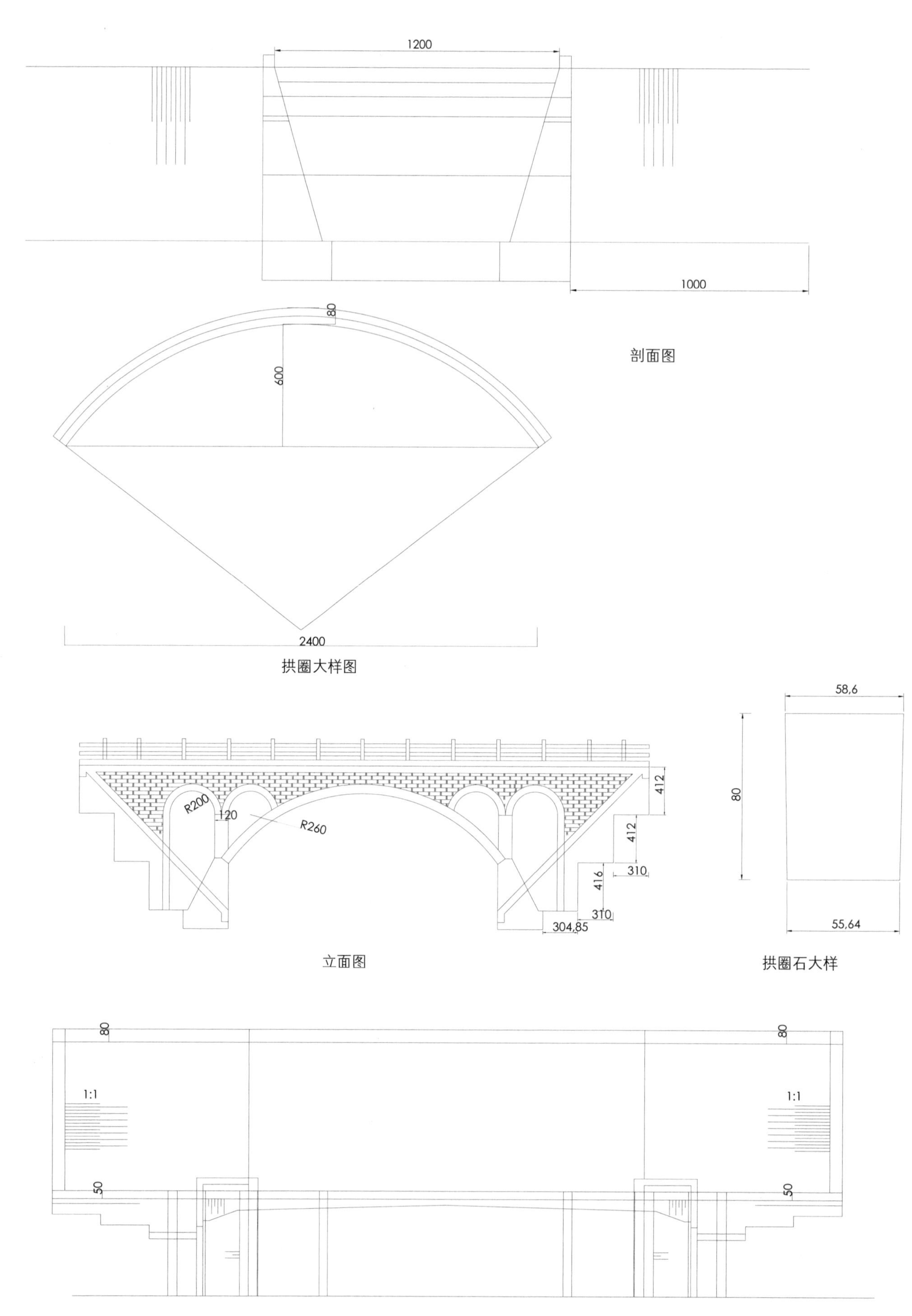
1200
1000
剖面图
80
600
2400
拱圈大样图
R200
120
R260
412
412
310
416
310
304,85
立面图
58,6
80
55,64
拱圈石大样
80
80
1:1
1:1
50
50
拱桥平面图

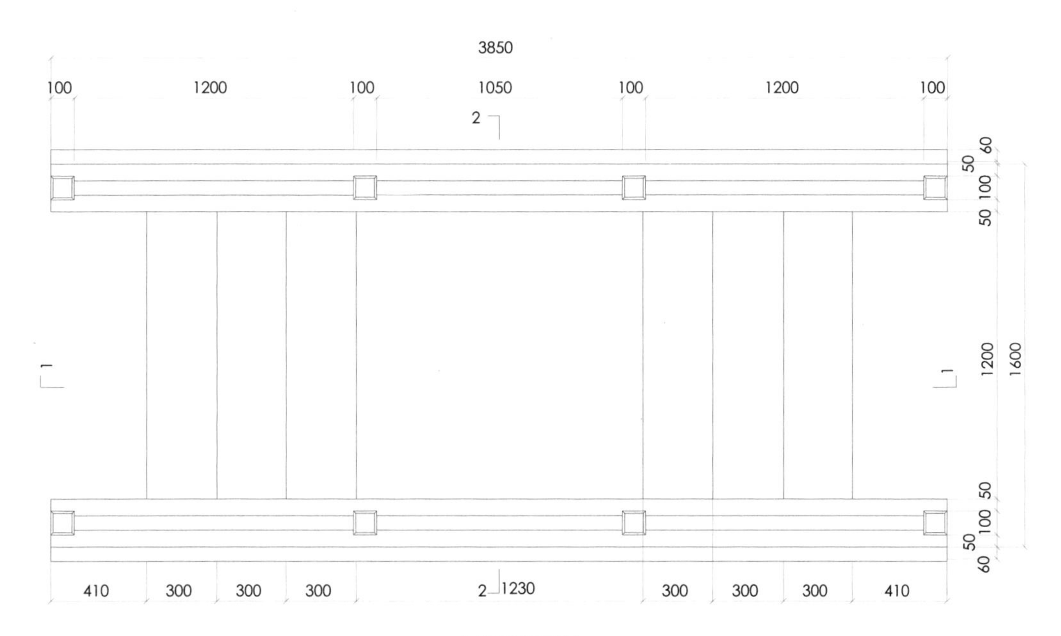
3850
100 1200 100 1050 100 1200 100
2
60 50 100 50
1200 1600
1 1
50 100 50 60
410 300 300 300 2 1230 300 300 300 410

小拱桥平面图

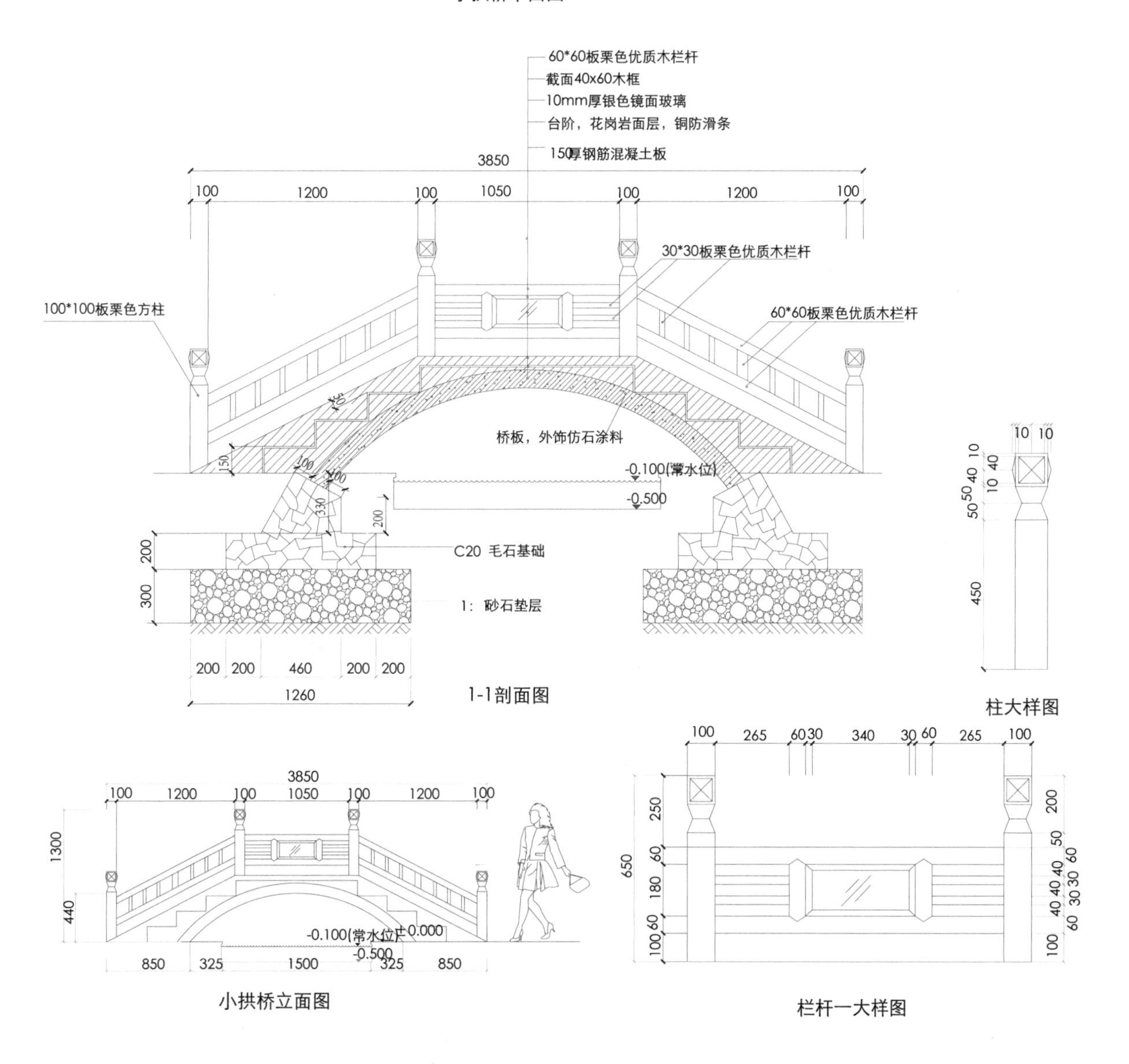
60*60板栗色优质木栏杆
截面40x60木框
10mm厚银色镜面玻璃
台阶，花岗岩面层，铜防滑条
150厚钢筋混凝土板
3850
100 1200 100 1050 100 1200 100
30*30板栗色优质木栏杆
100*100板栗色方柱
60*60板栗色优质木栏杆
桥板，外饰仿石涂料
-0.100(常水位)
-0.500
C20 毛石基础
1：砂石垫层
200 300
200 200 460 200 200
1260
1-1剖面图
10 10
10 40 10 40 10 50 50 450
柱大样图
3850
100 1200 100 1050 100 1200 100
1300 440
-0.100(常水位)
±0.000
-0.500
850 325 1500 325 850
小拱桥立面图
100 265 60 30 340 30 60 265 100
250 650 60 180 60 100
200 50 60 40 40 30 30 40 60 60 100
栏杆一大样图

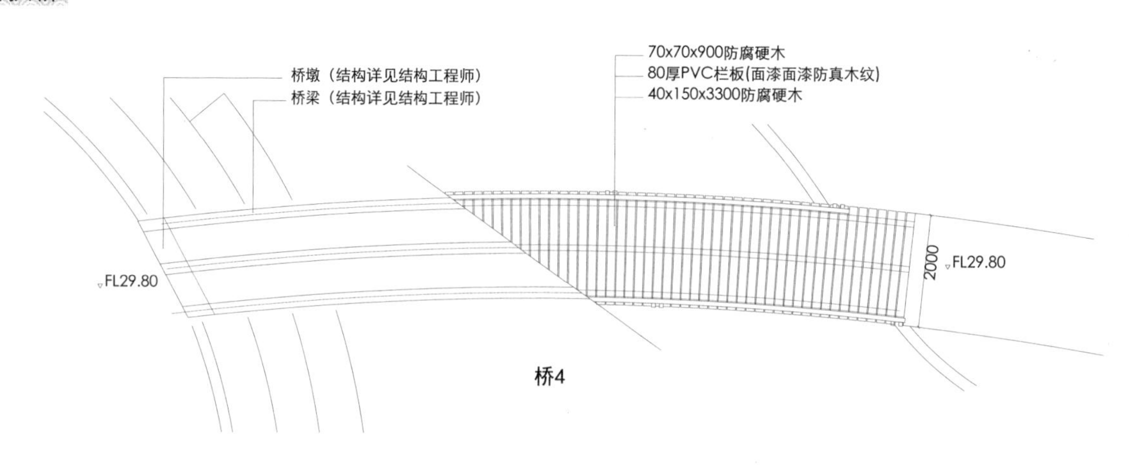
桥墩（结构详见结构工程师）
桥梁（结构详见结构工程师）
70x70x900防腐硬木
80厚PVC栏板(面漆面漆防真木纹)
40x150x3300防腐硬木
FL29.80
2000
FL29.80
桥4

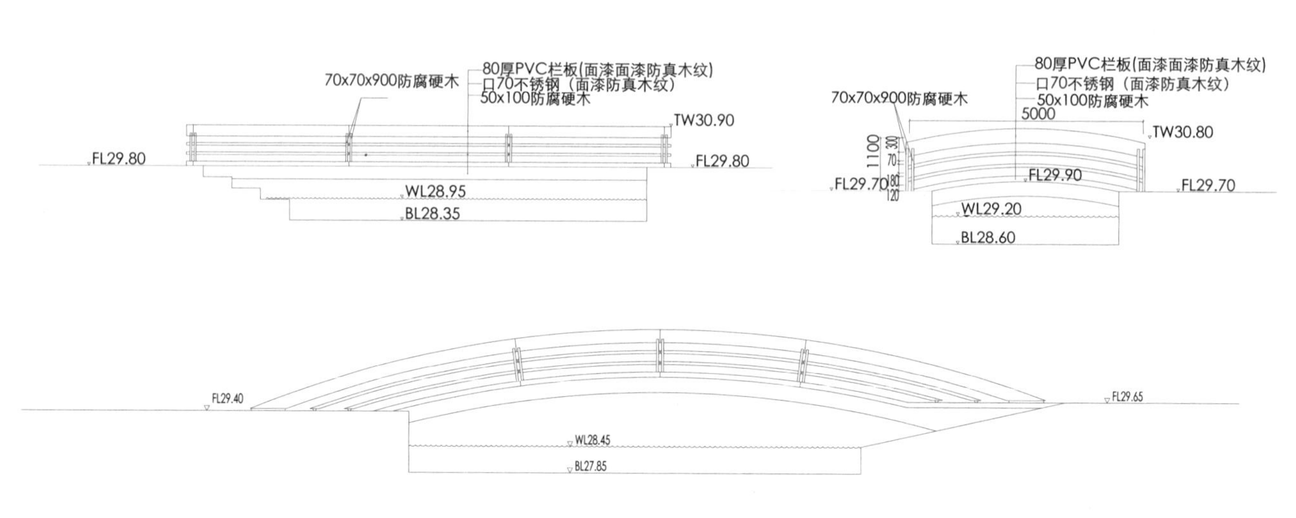
70x70x900防腐硬木
80厚PVC栏板(面漆面漆防真木纹)
口70不锈钢（面漆防真木纹）
50x100防腐硬木
TW30.90
FL29.80
FL29.80
WL28.95
BL28.35
80厚PVC栏板(面漆面漆防真木纹)
口70不锈钢（面漆防真木纹）
50x100防腐硬木
70x70x900防腐硬木
5000
TW30.80
1100
FL29.70
FL29.90
FL29.70
WL29.20
BL28.60
FL29.40
FL29.65
WL28.45
BL27.85

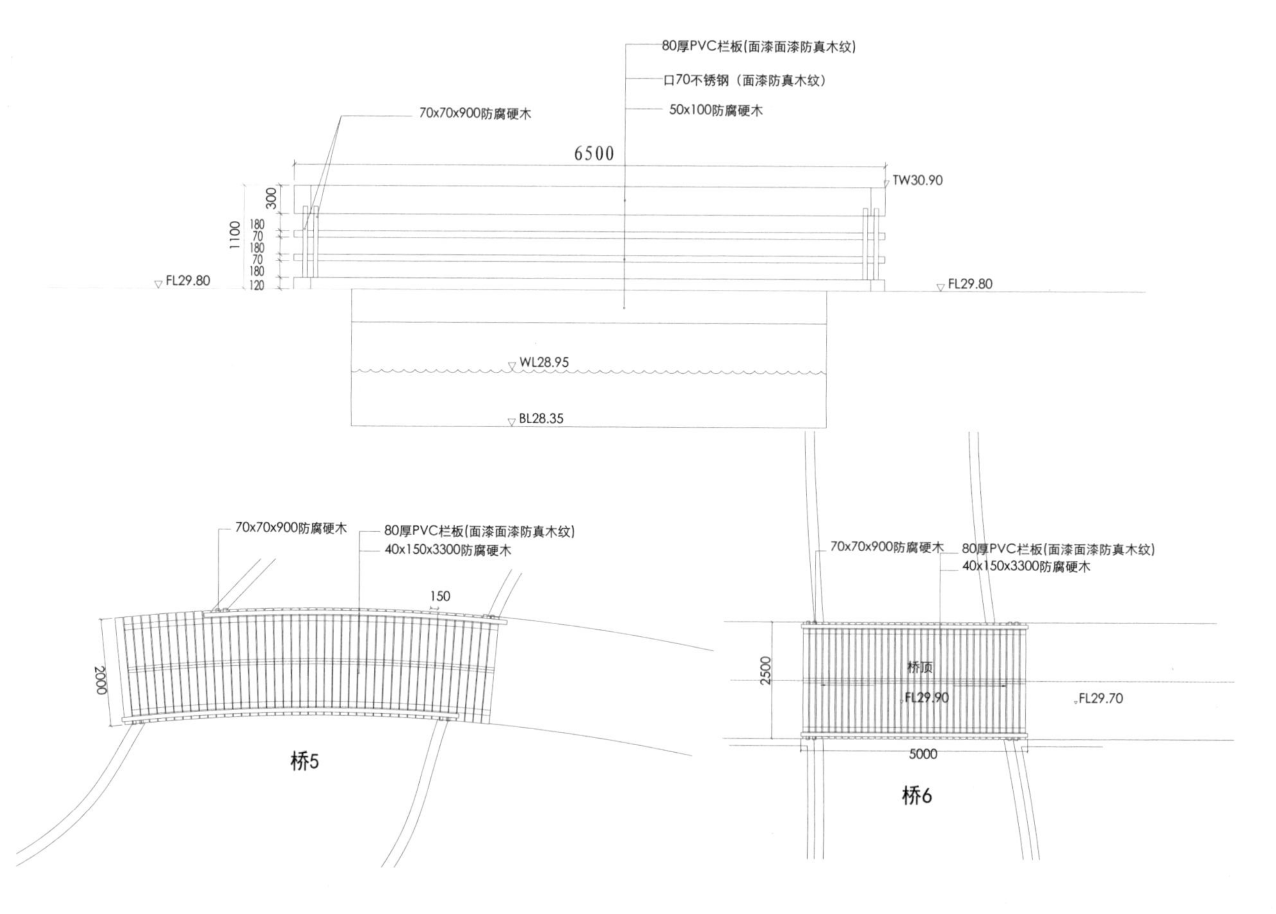
80厚PVC栏板(面漆面漆防真木纹)
口70不锈钢（面漆防真木纹）
50x100防腐硬木
70x70x900防腐硬木
6500
TW30.90
300
1100
180
70
180
70
180
120
FL29.80
FL29.80
WL28.95
BL28.35
70x70x900防腐硬木
80厚PVC栏板(面漆面漆防真木纹)
40x150x3300防腐硬木
150
2000
桥5
70x70x900防腐硬木
80厚PVC栏板(面漆面漆防真木纹)
40x150x3300防腐硬木
2500
桥顶
FL29.90
FL29.70
5000
桥6

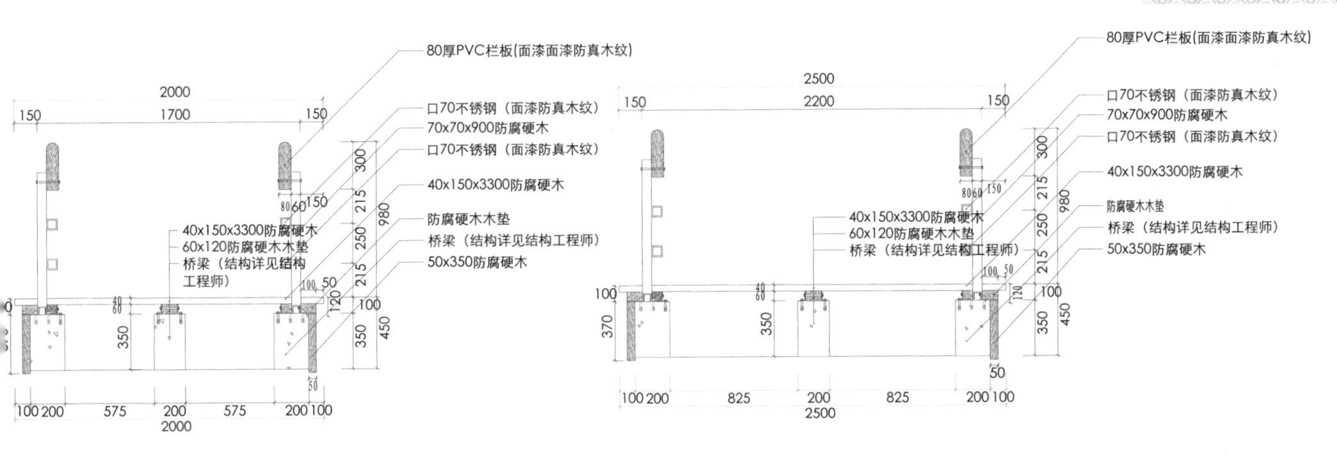
80厚PVC栏板(面漆面漆防真木纹)
口70不锈钢（面漆防真木纹）
70x70x900防腐硬木
口70不锈钢（面漆防真木纹）
40x150x3300防腐硬木
防腐硬木木垫
桥梁（结构详见结构工程师）
50x350防腐硬木
40x150x3300防腐硬木
60x120防腐硬木木垫
桥梁（结构详见结构工程师）
2000
1700
2500
2200

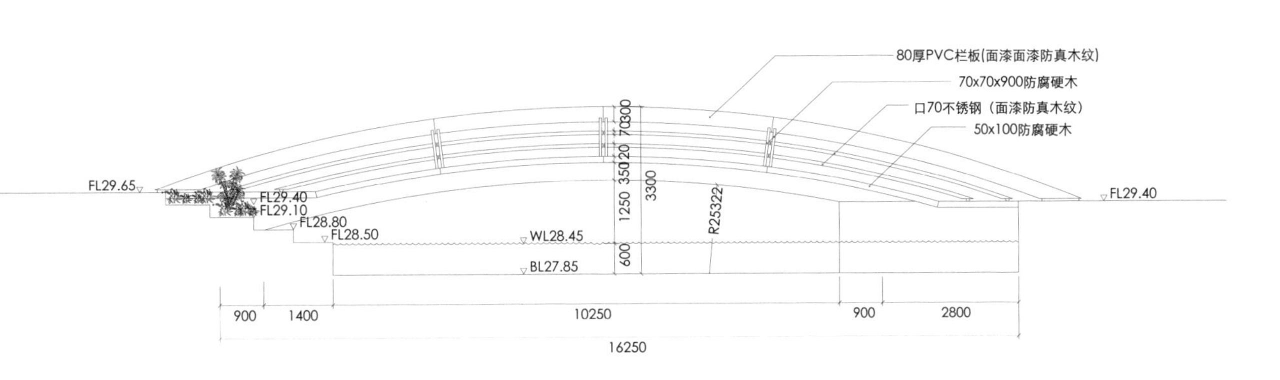
80厚PVC栏板(面漆面漆防真木纹)
70x70x900防腐硬木
口70不锈钢（面漆防真木纹）
50x100防腐硬木
FL29.65
FL29.40
FL29.10
FL28.80
FL28.50
WL28.45
BL27.85
R25322
16250

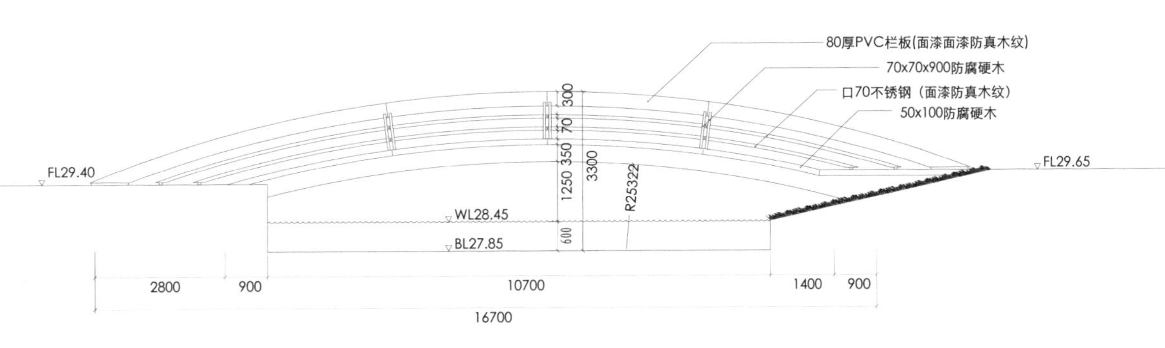
80厚PVC栏板(面漆面漆防真木纹)
70x70x900防腐硬木
口70不锈钢（面漆防真木纹）
50x100防腐硬木
FL29.40
FL29.65
WL28.45
BL27.85
R25322
16700

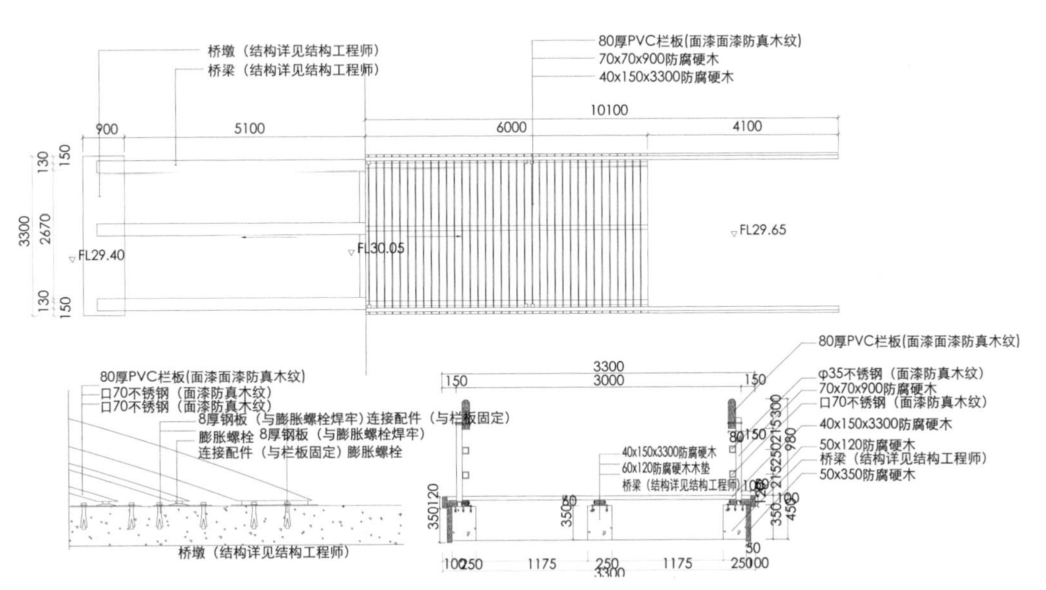
桥墩（结构详见结构工程师）
桥梁（结构详见结构工程师）
80厚PVC栏板(面漆面漆防真木纹)
70x70x900防腐硬木
40x150x3300防腐硬木
FL29.40
FL30.05
FL29.65
80厚PVC栏板(面漆面漆防真木纹)
口70不锈钢（面漆防真木纹）
口70不锈钢（面漆防真木纹）
8厚钢板（与膨胀螺栓焊牢）连接配件（与栏板固定）
膨胀螺栓
连接配件（与栏板固定）膨胀螺栓
桥墩（结构详见结构工程师）
φ35不锈钢（面漆防真木纹）
70x70x900防腐硬木
口70不锈钢（面漆防真木纹）
40x150x3300防腐硬木
50x120防腐硬木
桥梁（结构详见结构工程师）
50x350防腐硬木

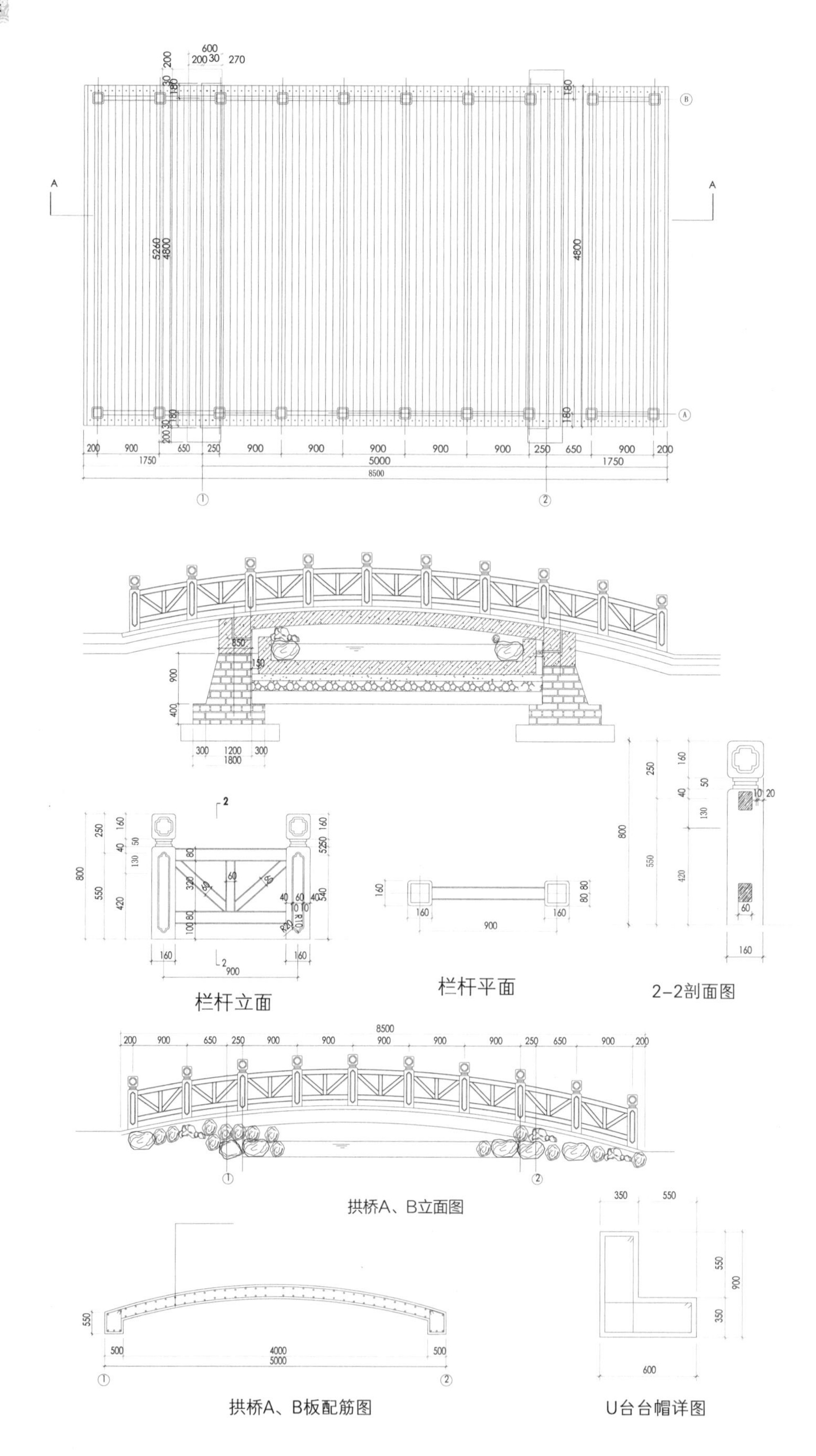
A
A
200
900
650
250
1750
5000
8500
5260
4800
180
600
30
270
1200
1800
300
400
800
550
420
160
栏杆立面
栏杆平面
2-2剖面图
拱桥A、B立面图
U台台帽详图

拱桥A、B板配筋图

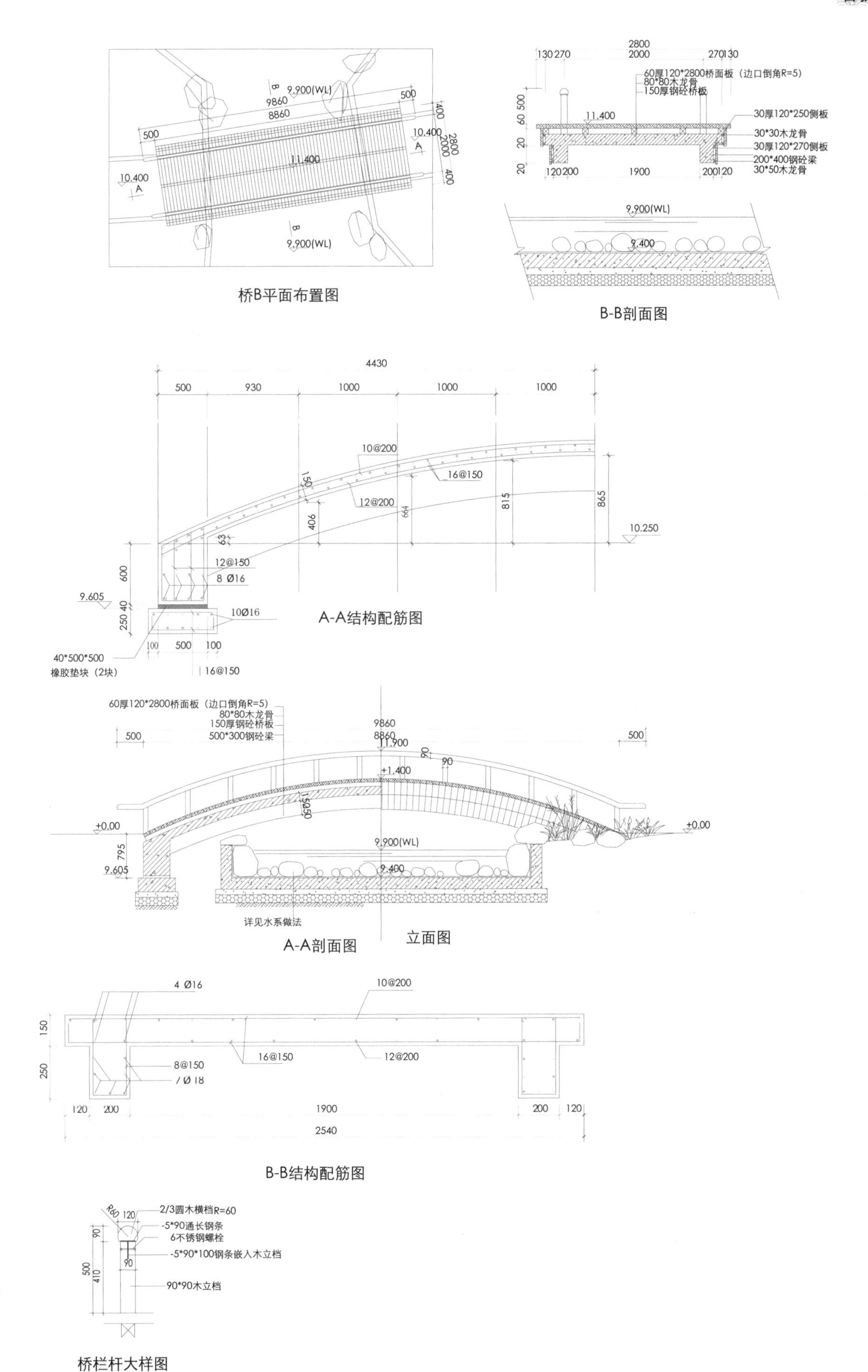

9.900(WL)
9860
8860
500
400
10.400
2800
2000
11.400
10.400
9.900(WL)
桥B平面布置图
2800
130 270
2000
270 130
60厚120*2800桥面板（边口倒角R=5）
80*80木龙骨
150厚钢砼桥板
11.400
30厚120*250侧板
30*30木龙骨
30厚120*270侧板
200*400钢砼梁
30*50木龙骨
120 200
1900
200 120
9.900(WL)
9.400
B-B剖面图
4430
500
930
1000
1000
1000
10@200
16@150
12@200
150
406
815
865
10.250
63
12@150
8 Ø16
600
9.605
250 40
10Ø16
100
500
100
40*500*500
橡胶垫块（2块）
16@150
A-A结构配筋图
60厚120*2800桥面板（边口倒角R=5）
80*80木龙骨
150厚钢砼桥板
500*300钢砼梁
500
9860
8860
11.900
90
+1.400
500
+0.00
795
9.605
9.900(WL)
9.400
+0.00
详见水系做法
A-A剖面图
立面图
4 Ø16
10@200
150
250
16@150
12@200
8@150
7 Ø 18
120
200
1900
200
120
2540
B-B结构配筋图
R60
120
2/3圆木横档R=60
-5*90通长钢条
6不锈钢螺栓
-5*90*100钢条嵌入木立档
90
500
410
90*90木立档
桥栏杆大样图

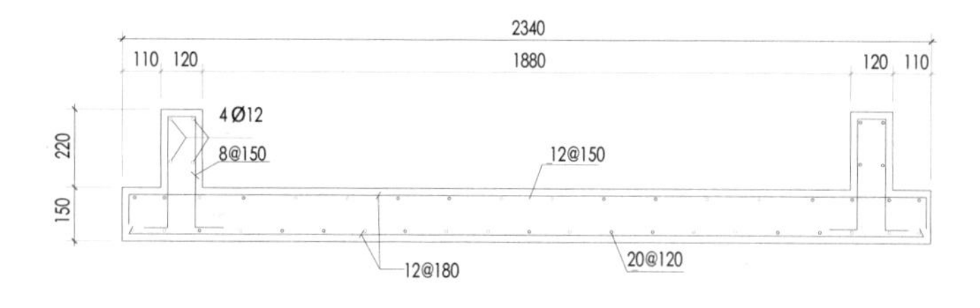

B-B结构配筋图

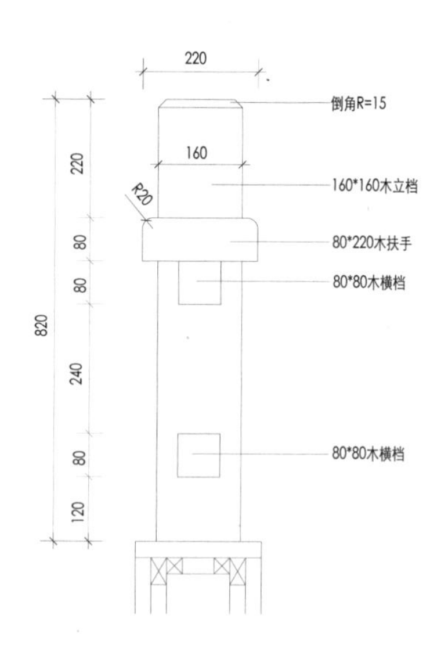

桥栏杆大样图

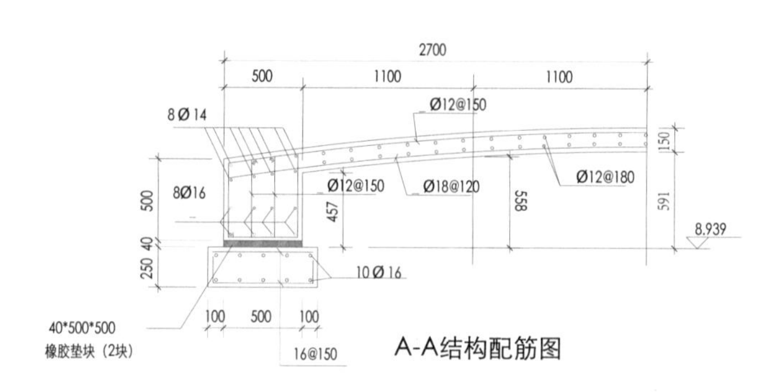

A-A结构配筋图

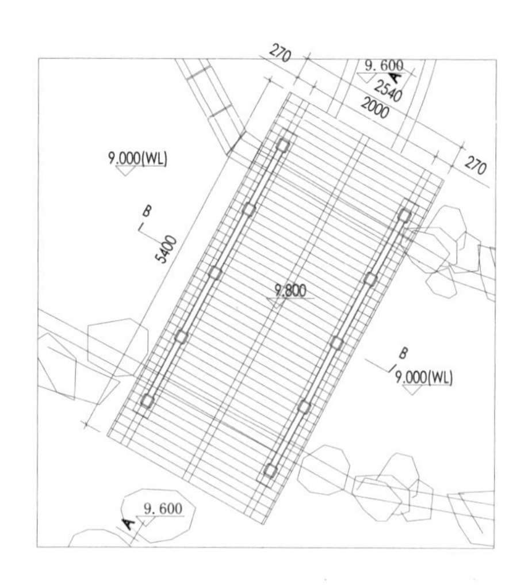

景观桥3平面布置图

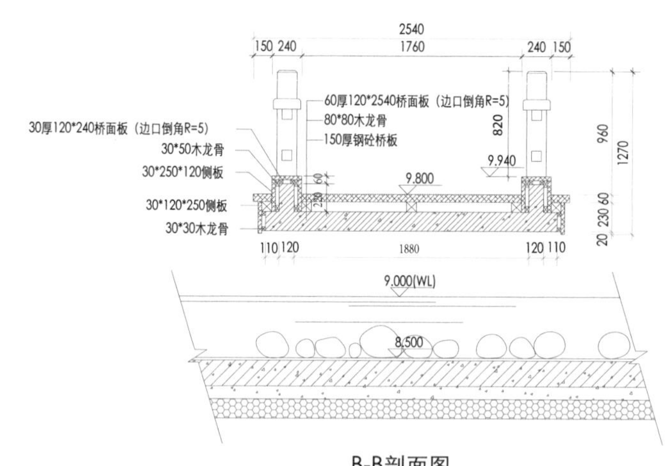

B-B剖面图

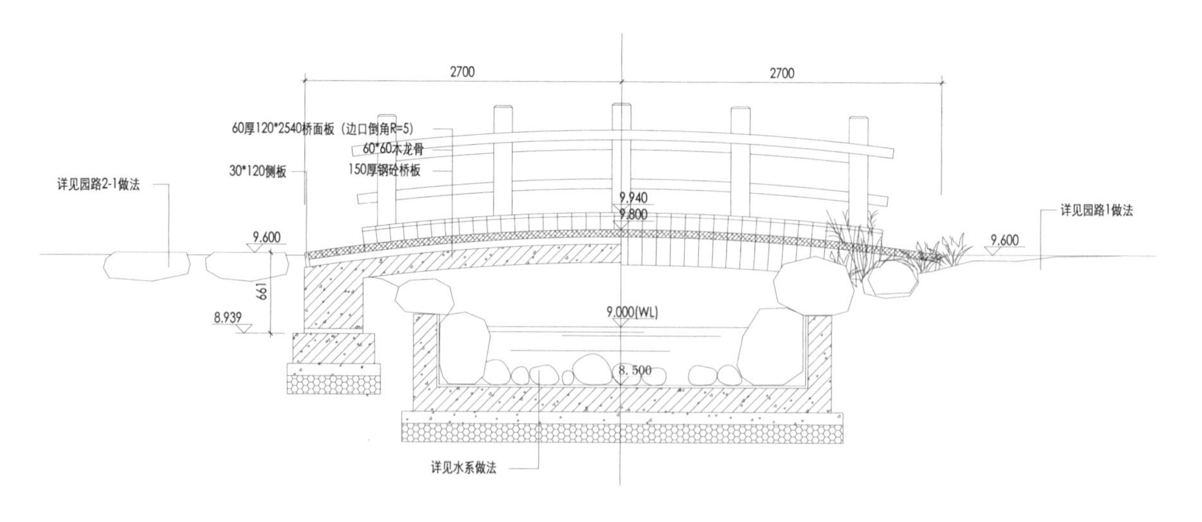

A-A剖面图

立面图

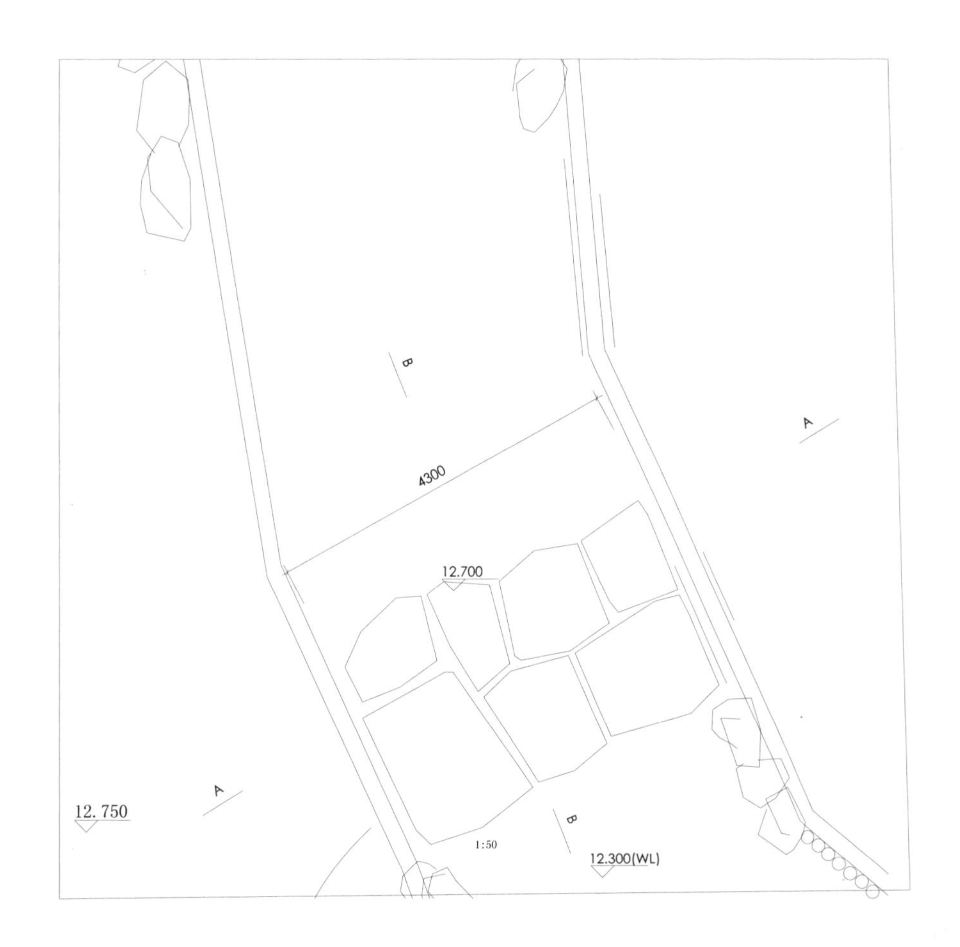

景观桥4平面布置图

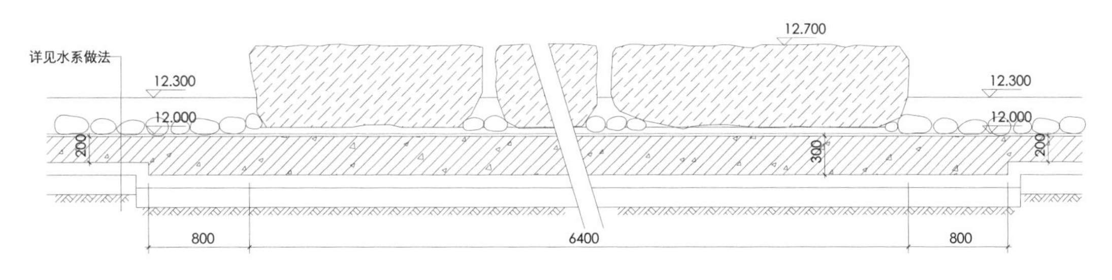

B-B

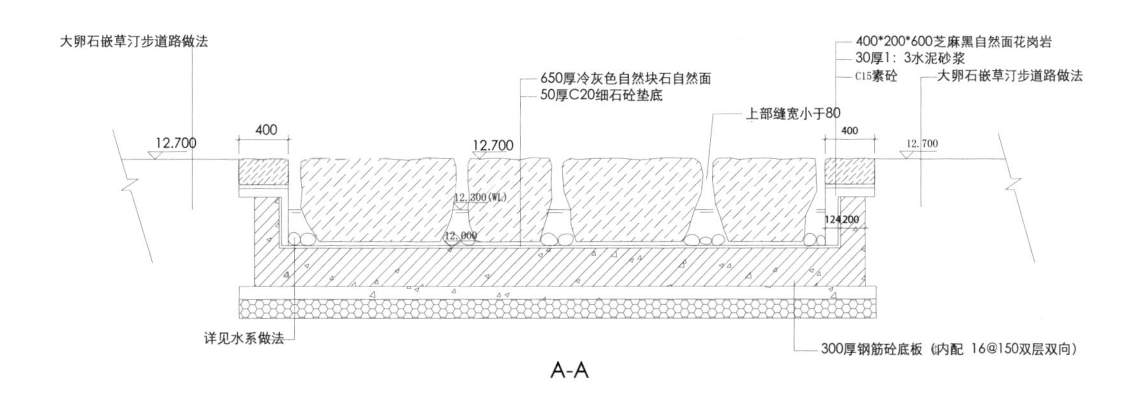

A-A

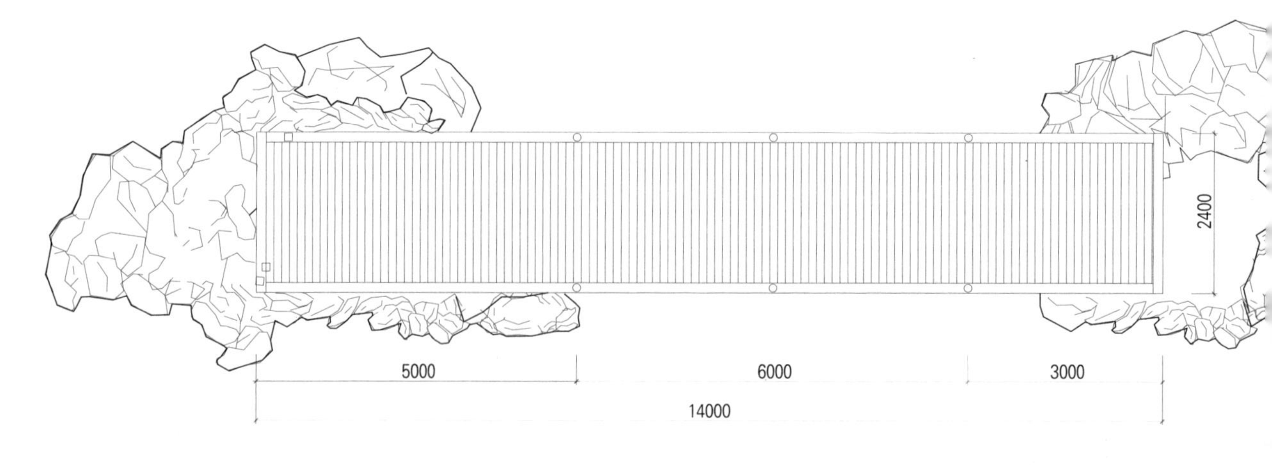

三桐吊桥平面图

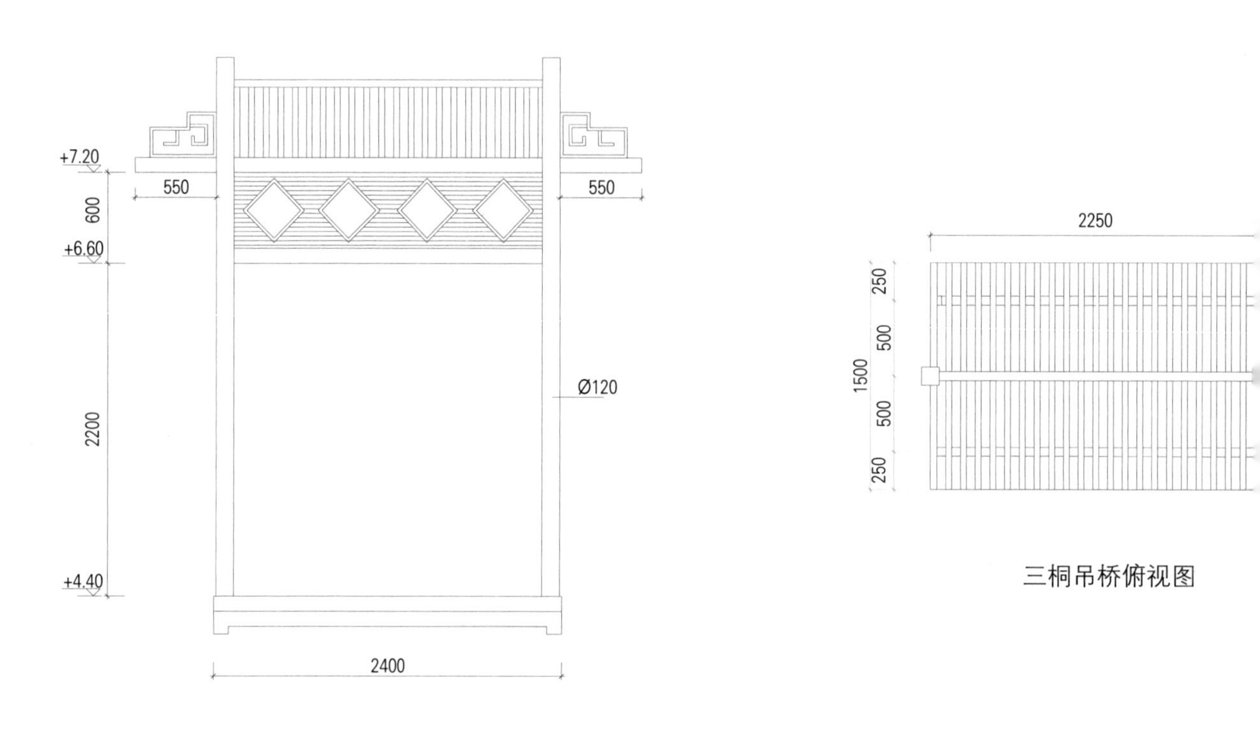

三桐吊桥俯视图

三桐吊桥立面图

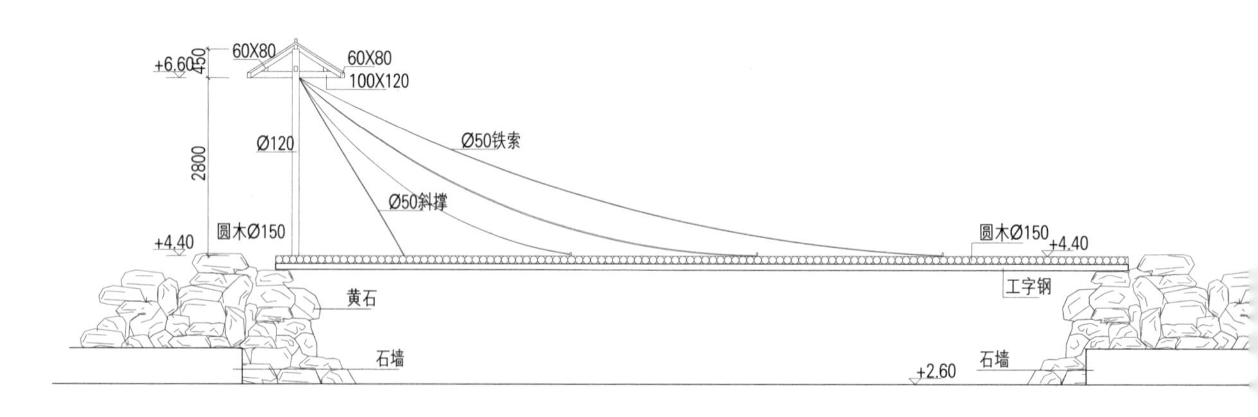

三桐吊桥侧面图

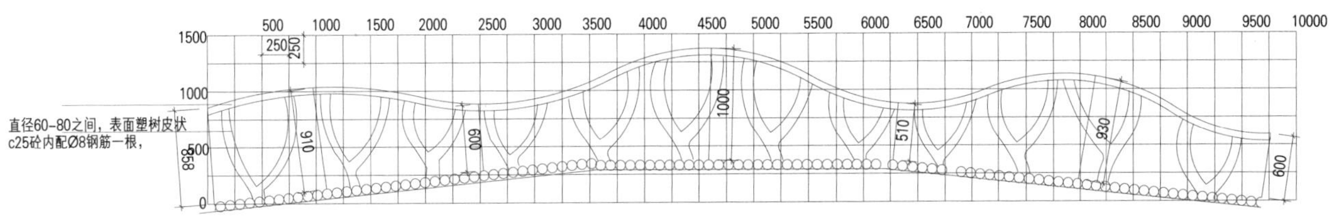

仿藤桥扶手放线图

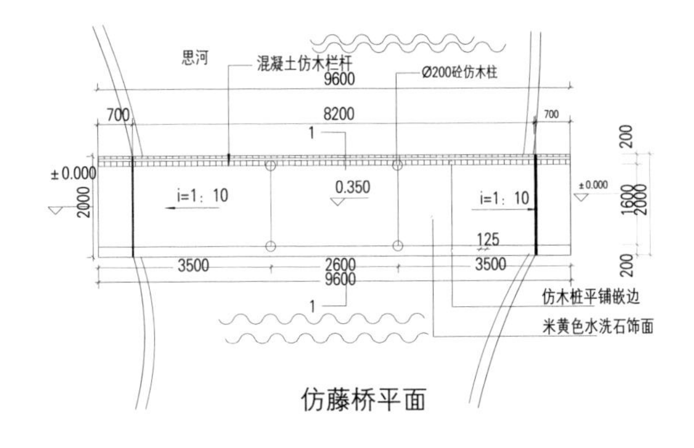

仿藤桥平面

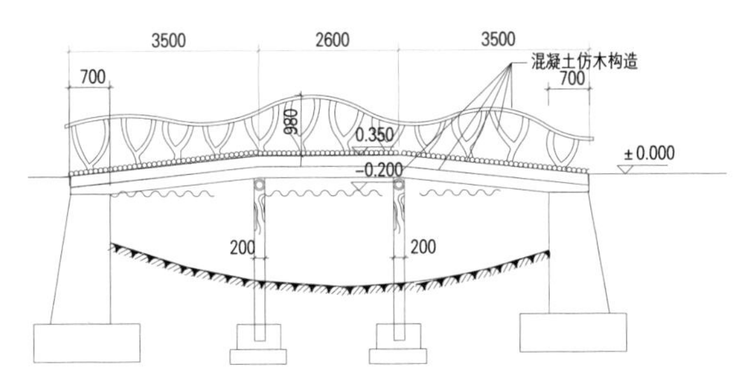

仿藤桥立面

40厚 水泥砂浆塑Ø120仿树皮桩

钢筋混凝土桥板

40厚1：2米黄色水泥砂

浆嵌砌 Ø10-12MM石子

仿藤栏杆

钢筋混凝土桥板

0.350

白色涂料饰面

±0.000

-0.200（常水位）

100 100

100 100

1-1剖面

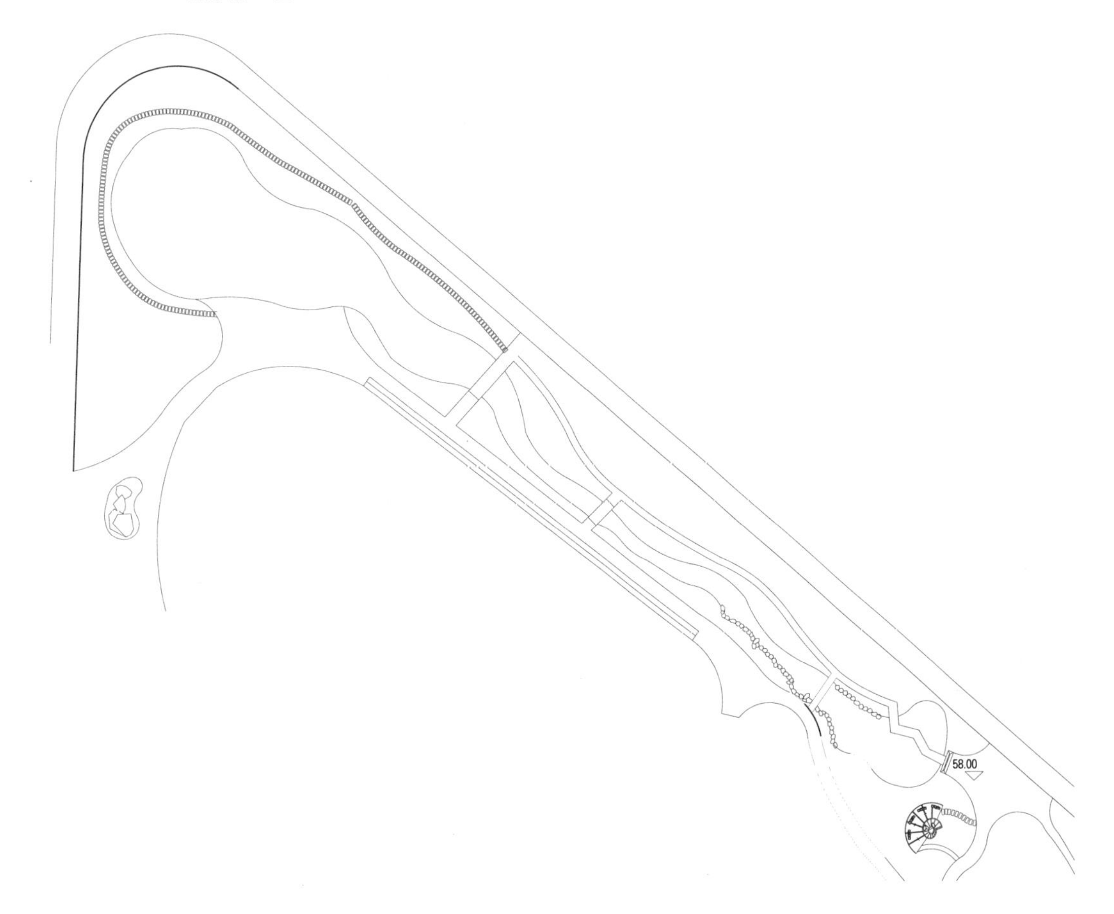

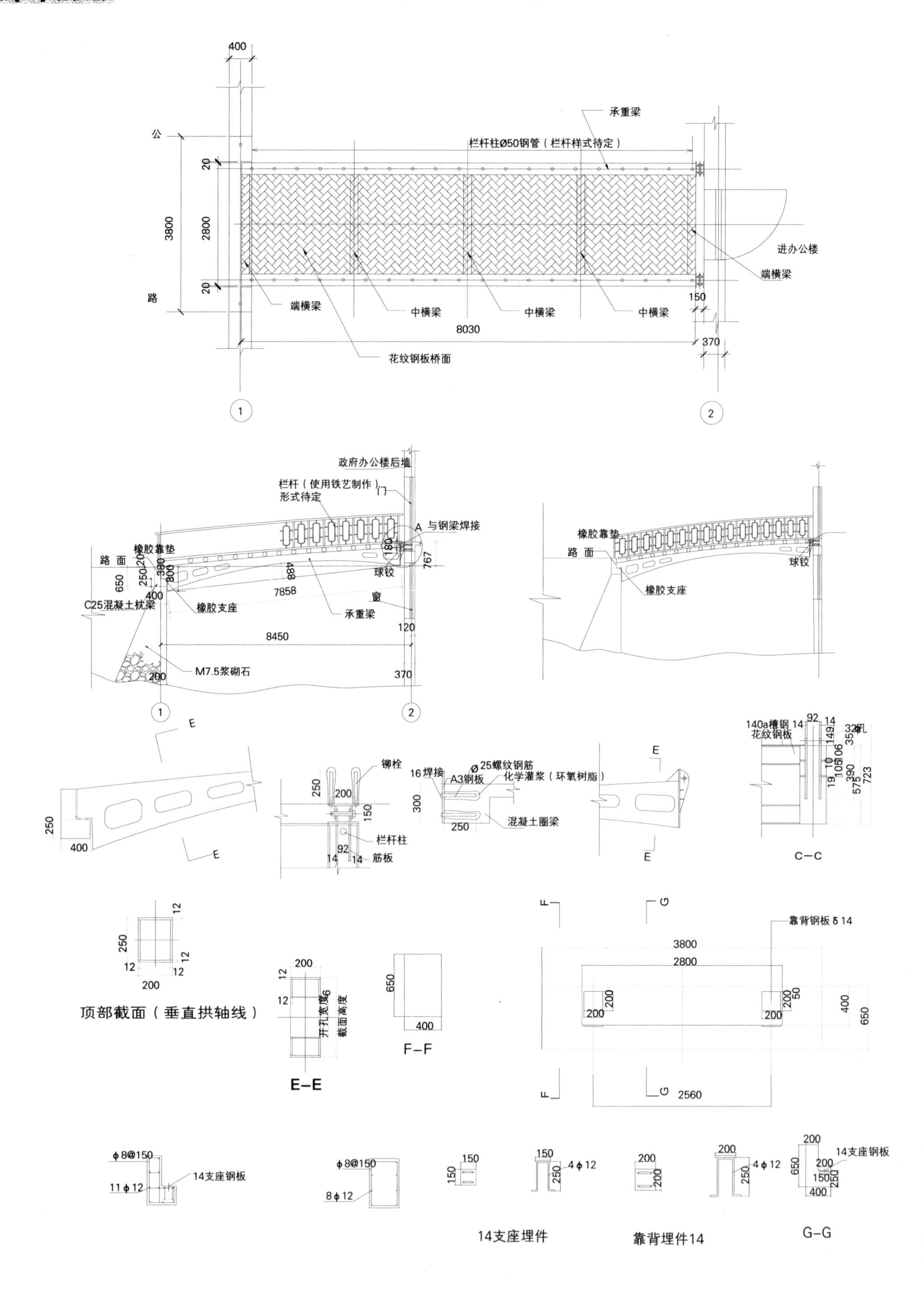
400
承重梁
栏杆柱Ø50钢管（栏杆样式待定）
公
路
3800
2800
20
20
进办公楼
端横梁
端横梁
中横梁
中横梁
中横梁
150
8030
370
花纹钢板桥面
政府办公楼后墙
栏杆（使用铁艺制作）
形式待定
门
A 与钢梁焊接
橡胶靠垫
路 面
球铰
7858
窗
承重梁
橡胶支座
C25混凝土抗梁
8450
M7.5浆砌石
120
370
767
488
铆栓
16焊接
Ø 25螺纹钢筋
A3钢板
化学灌浆（环氧树脂）
混凝土圈梁
栏杆柱
筋板
140a槽钢
花纹钢板
C—C
顶部截面（垂直拱轴线）
开孔宽度
截面高度
E—E
F—F
靠背钢板 δ 14
2560
φ 8@150
11 φ 12
14支座钢板
8 φ 12
4 φ 12
14支座埋件
靠背埋件14
G—G

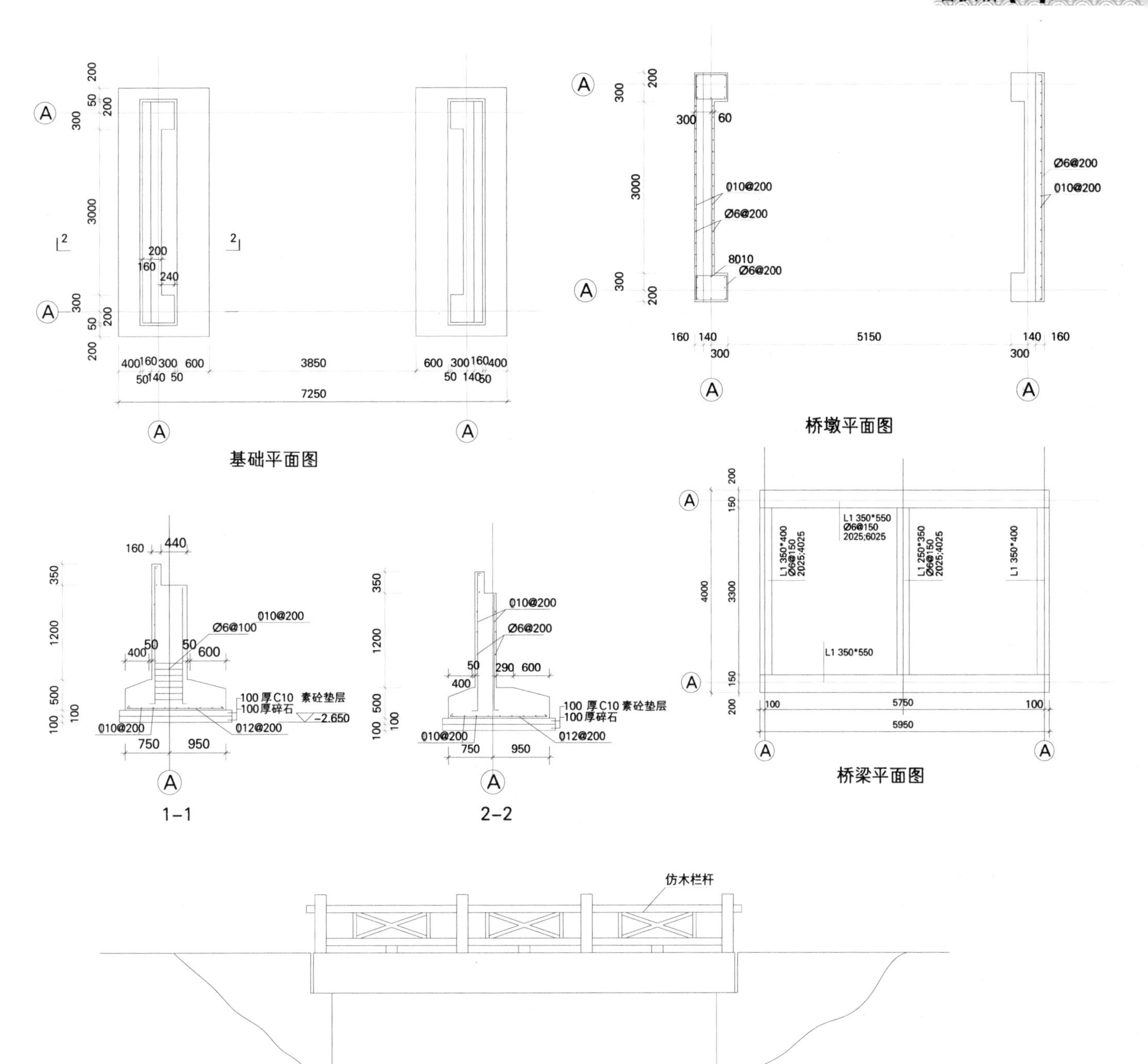
基础平面图
桥墩平面图
桥梁平面图
1-1
2-2
100 厚C10 素砼垫层
100厚碎石
仿木栏杆
常水位

平桥（仿木栏杆）立面图

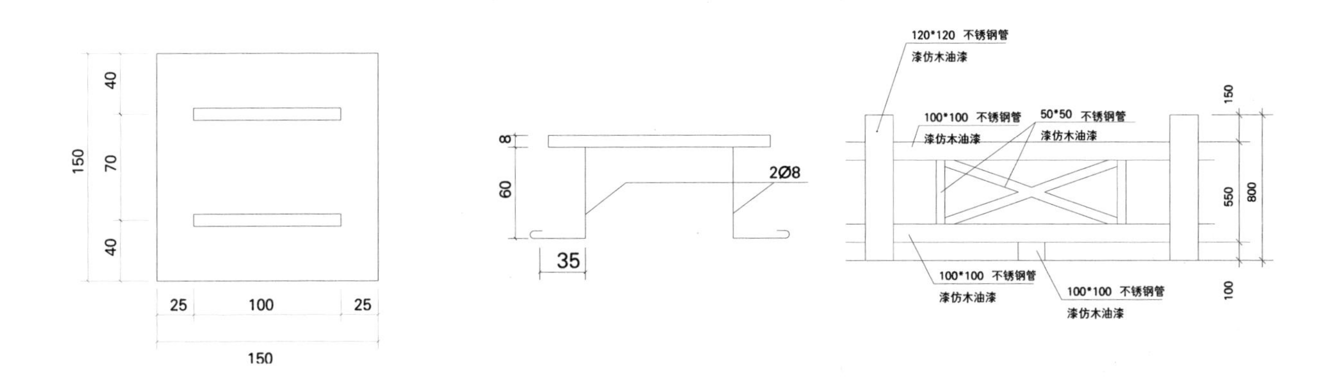
120*120 不锈钢管
漆仿木油漆
100*100 不锈钢管
漆仿木油漆
50*50 不锈钢管
漆仿木油漆

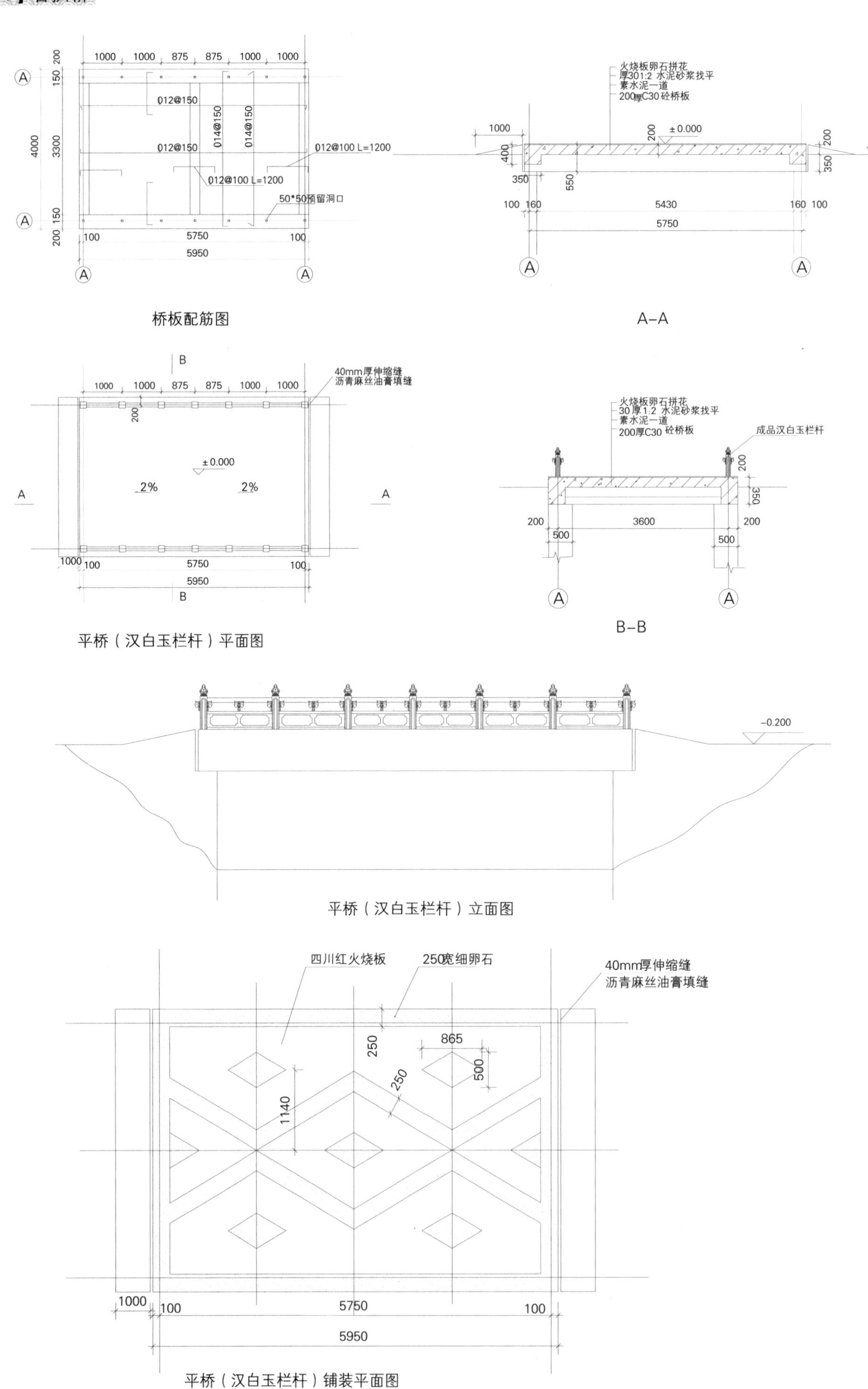

桥板配筋图

A–A

平桥（汉白玉栏杆）平面图

B–B

平桥（汉白玉栏杆）立面图

平桥（汉白玉栏杆）铺装平面图

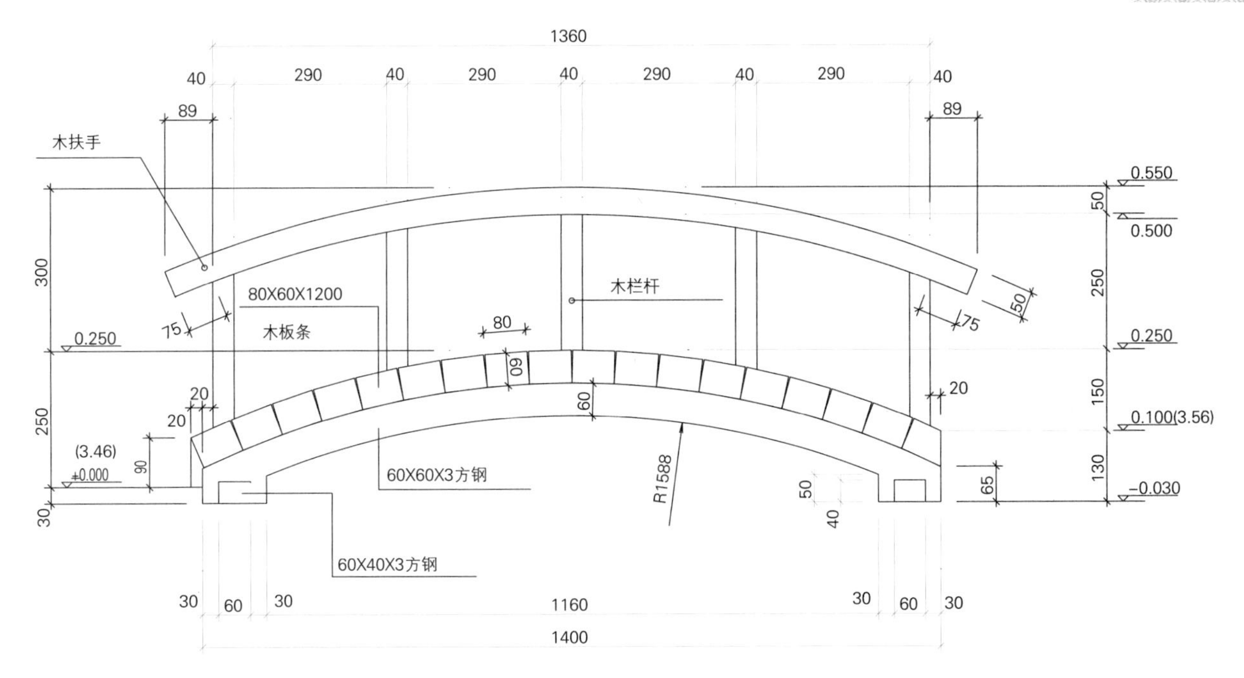
1360
40
290
89
木扶手
300
0.250
250
(3.46)
±0.000
90
30
75
20
80X60X1200
木板条
80
60
木栏杆
60X60X3方钢
60X40X3方钢
R1588
50
65
0.550
0.500
250
0.250
150
0.100(3.56)
130
-0.030
30
60
1160
1400

桥立面图

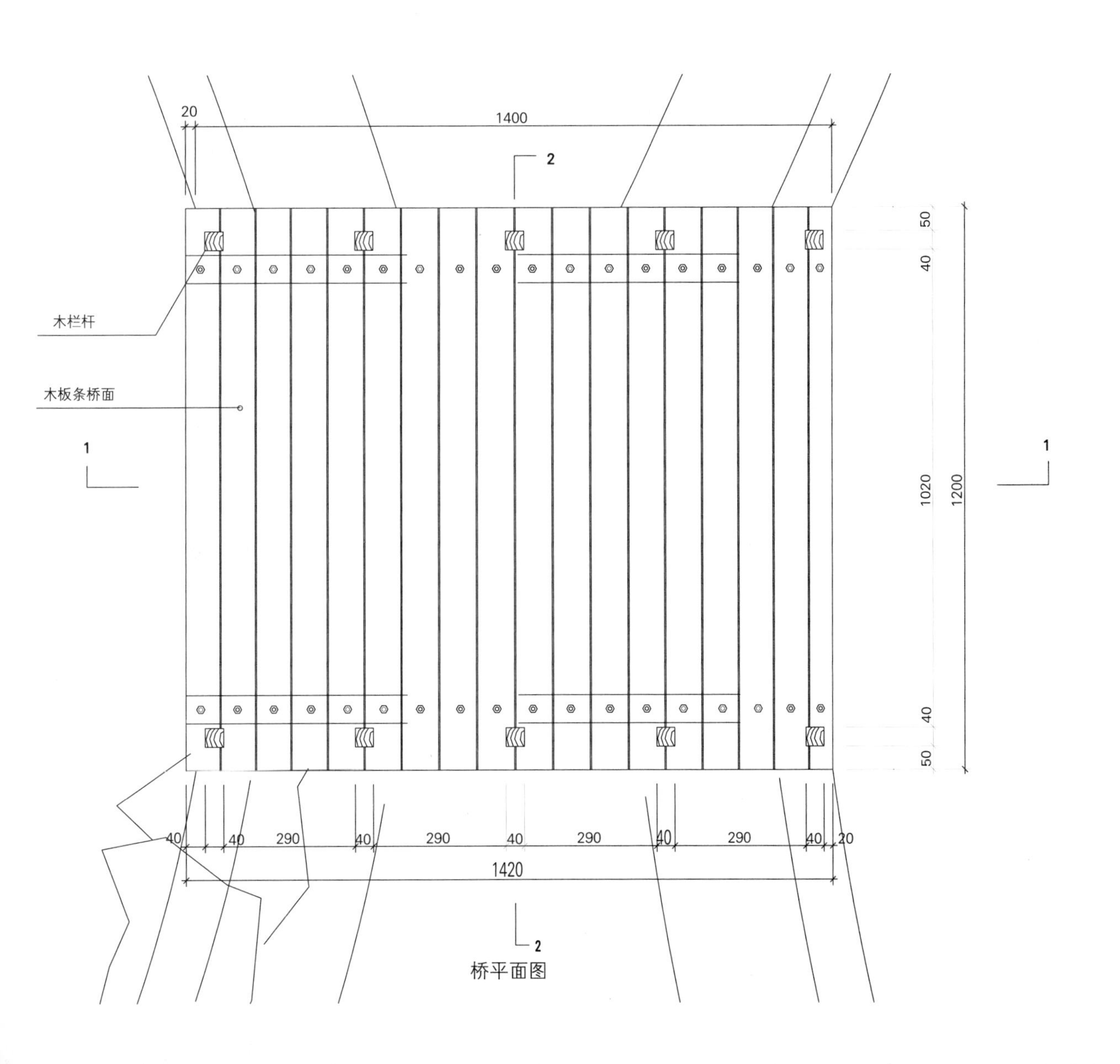
20
1400
2
木栏杆
木板条桥面
1
50
40
1020
1200
290
40
1420

桥平面图

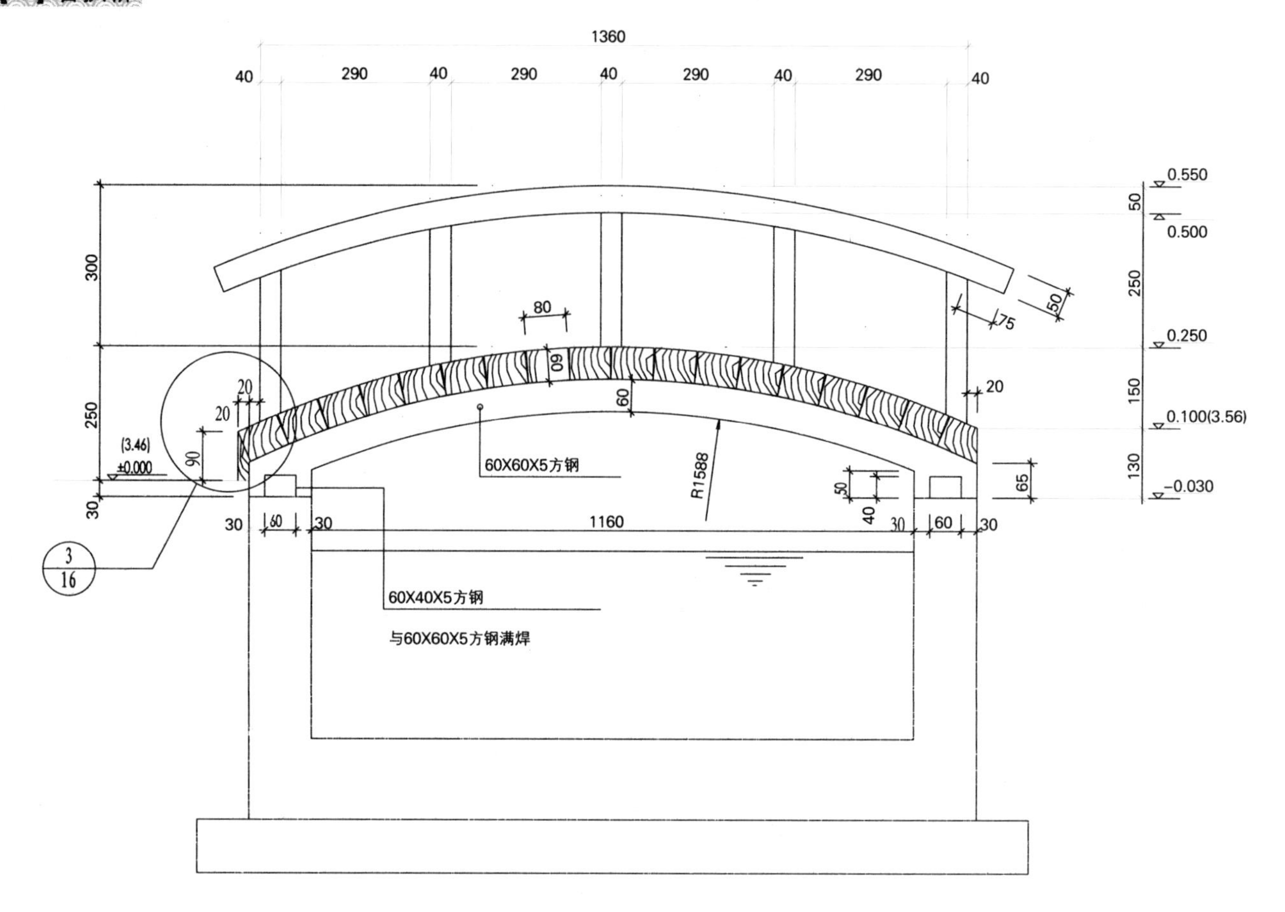
1360
40
290
40
290
40
290
40
290
40
300
250
30
80
60
60
20
20
20
90
(3.46)
±0.000
60X60X5方钢
R1588
50
40
65
30
60
30
1160
30
60
30
60X40X5方钢
与60X60X5方钢满焊
50
75
0.550
0.500
0.250
0.100(3.56)
-0.030
50
250
150
130
3
16

1-1剖面图

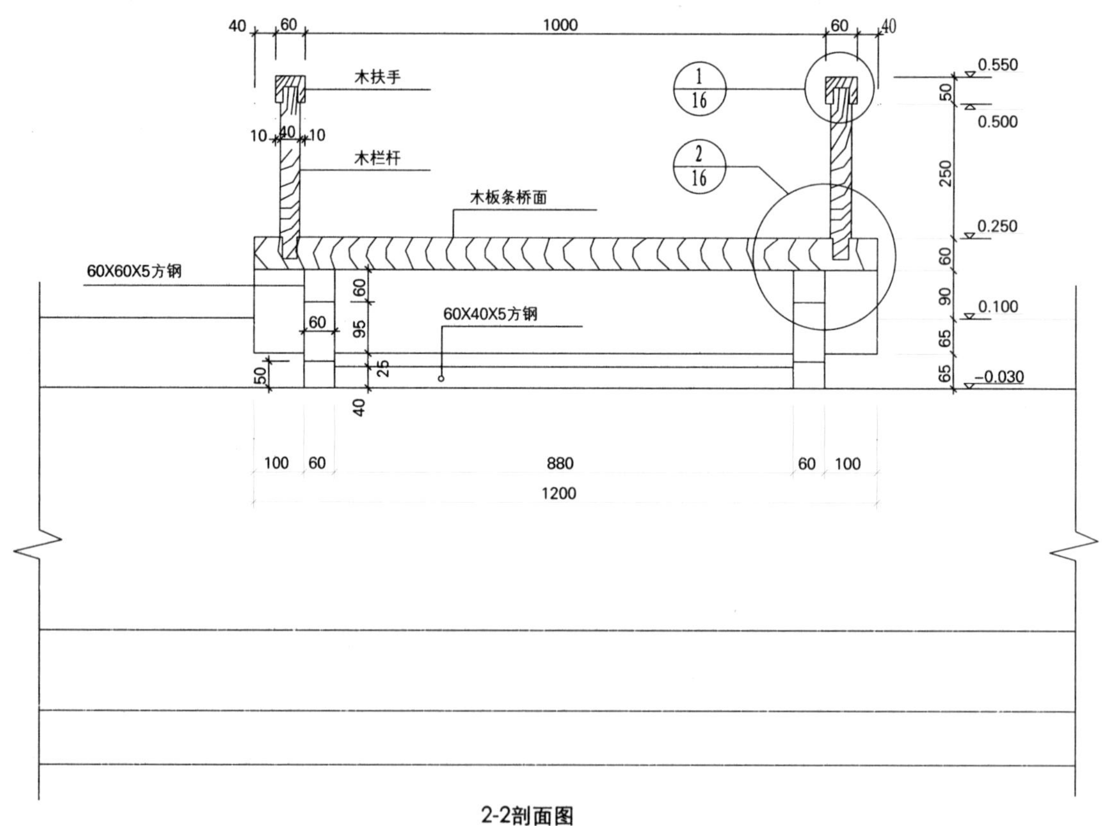
40
60
1000
60
40
木扶手
1
16
10
40
10
木栏杆
2
16
木板条桥面
60X60X5方钢
60X40X5方钢
60
60
95
25
50
40
100
60
880
60
100
1200
0.550
0.500
0.250
0.100
-0.030
50
250
60
90
65
65

2-2剖面图

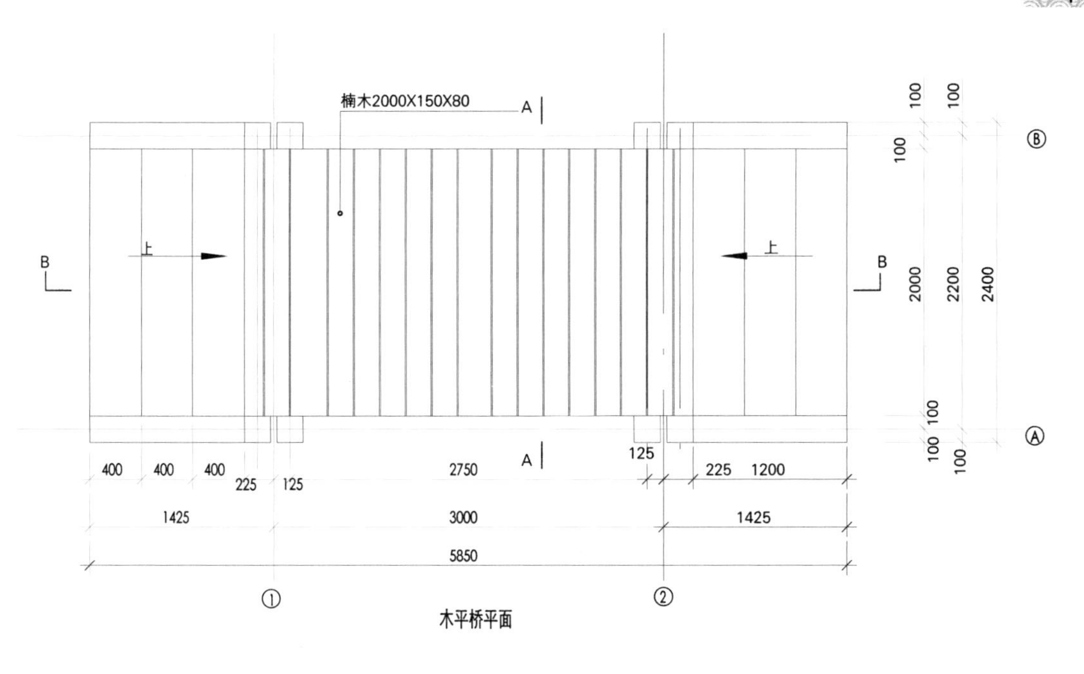

木平桥平面

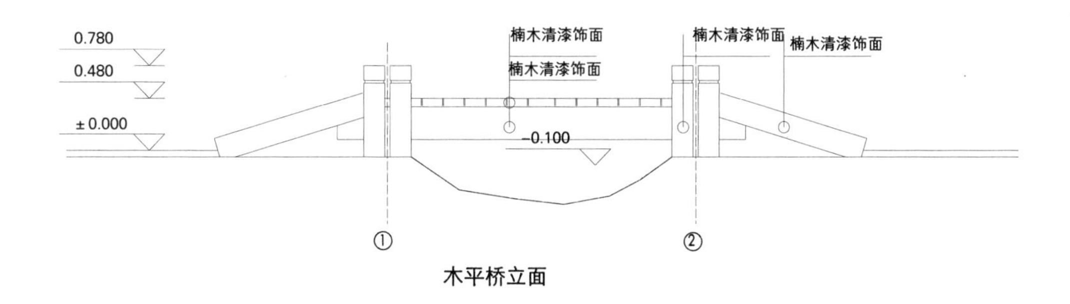

木平桥立面

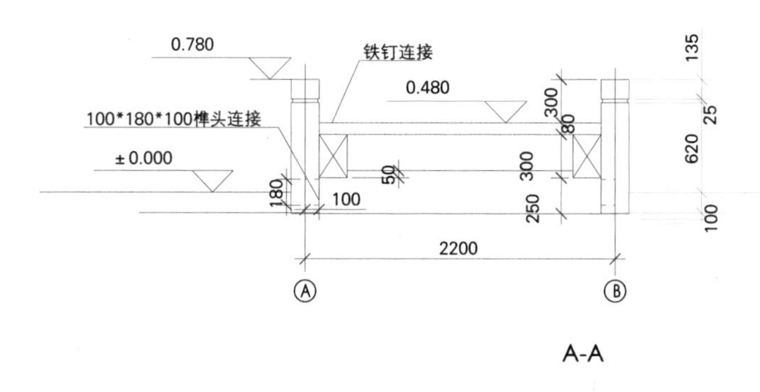

A-A

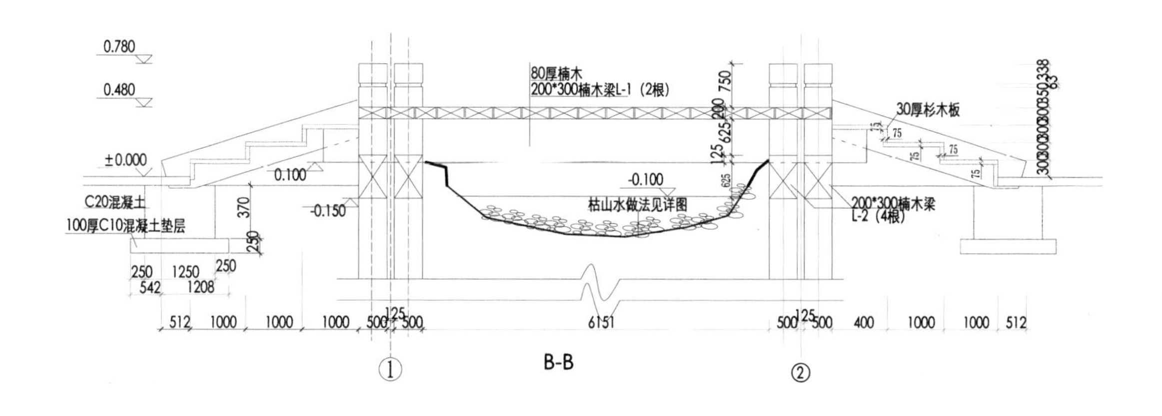

B-B

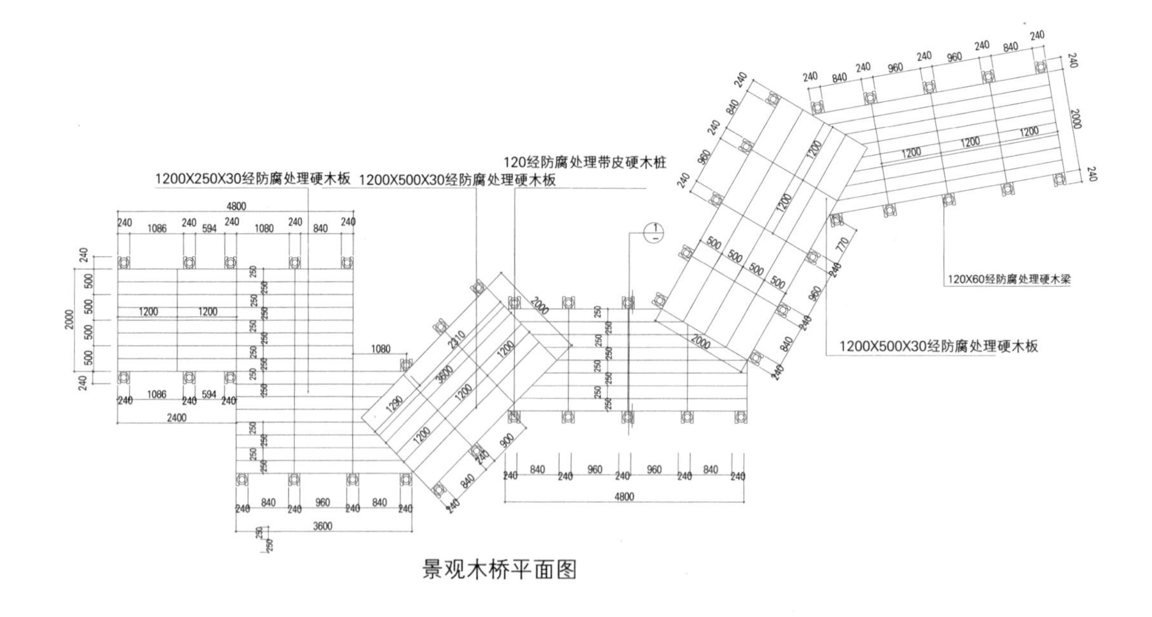

景观木桥平面图

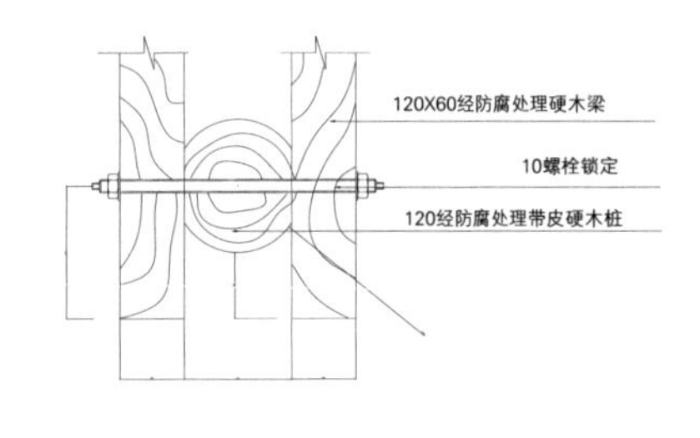

③ 剖面图

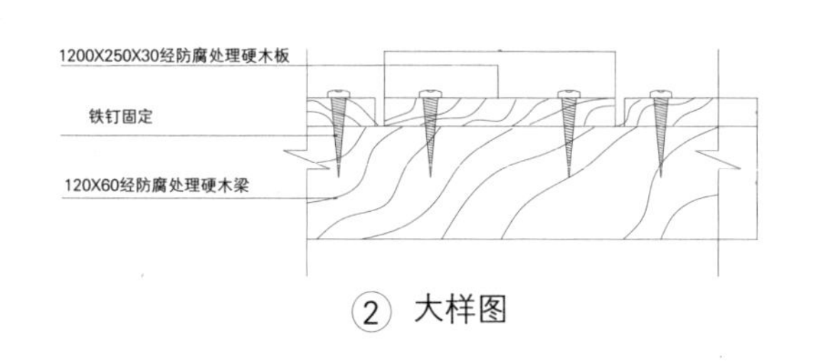

② 大样图

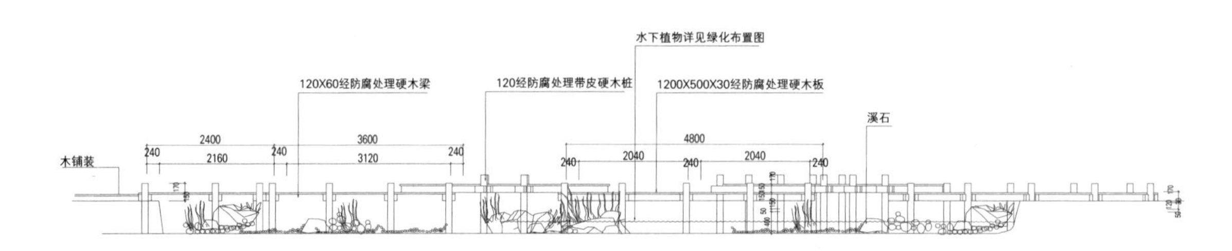

景观木桥立面图

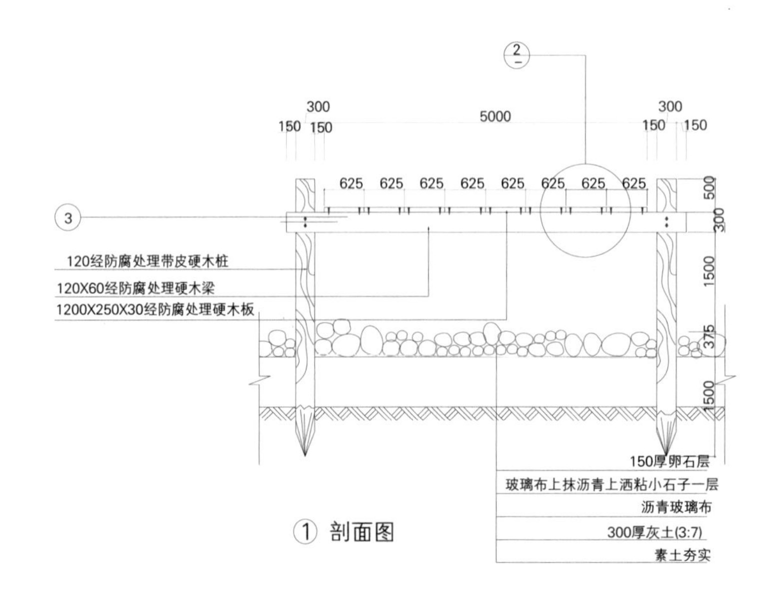

① 剖面图

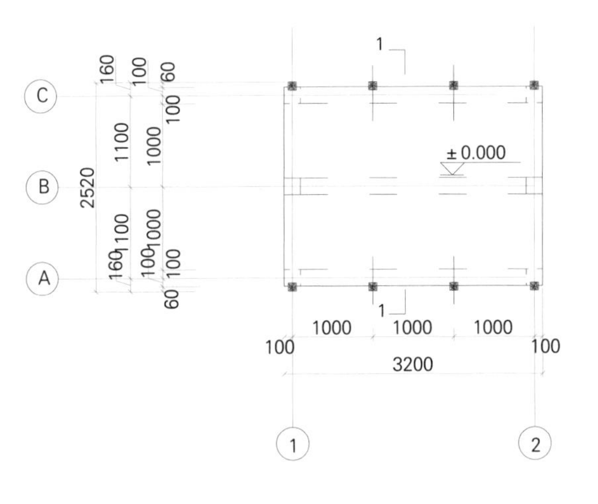

景观桥5平面图

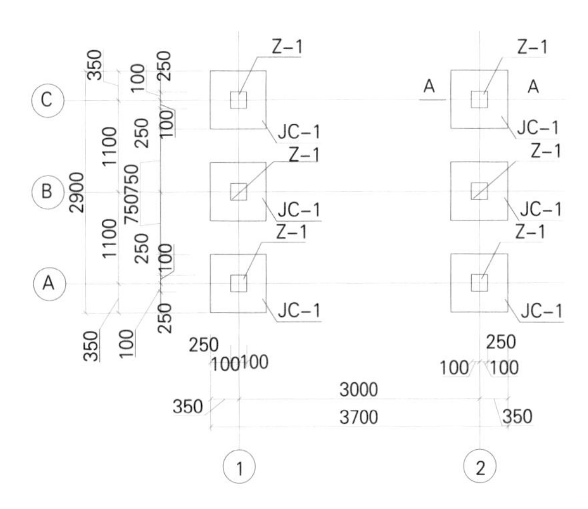

景观桥5基础平面图

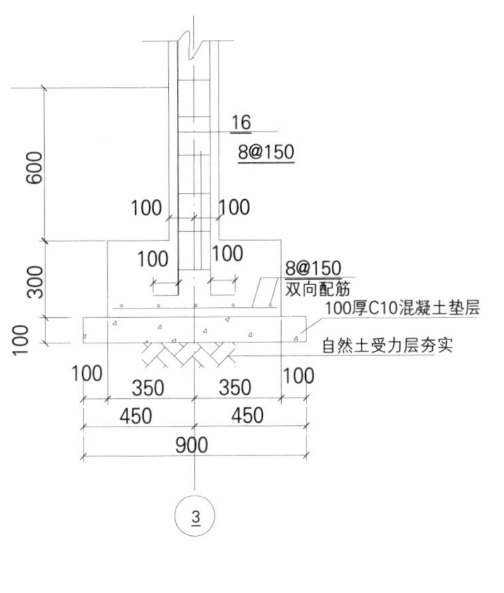

A-A

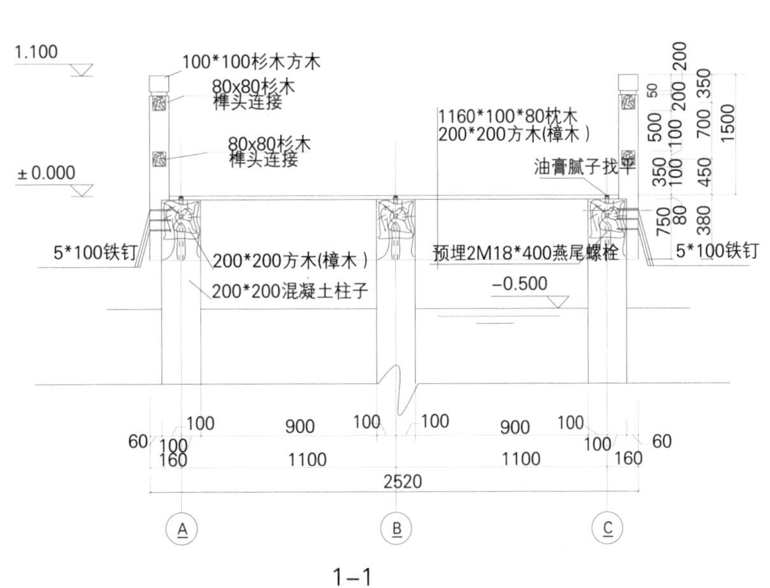

1-1

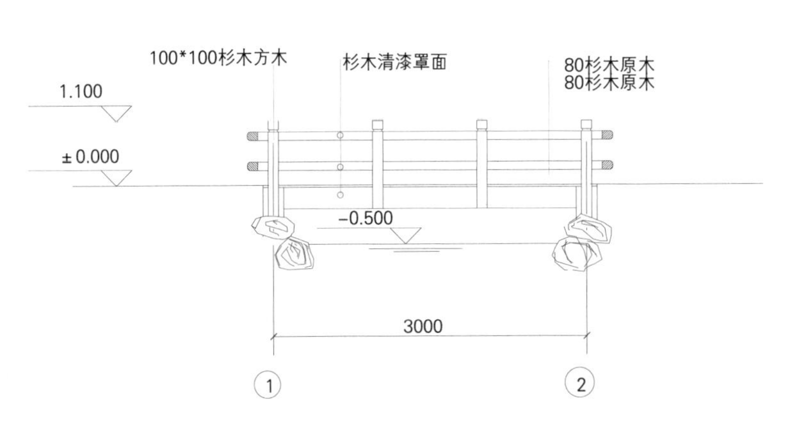

景观桥5立面图

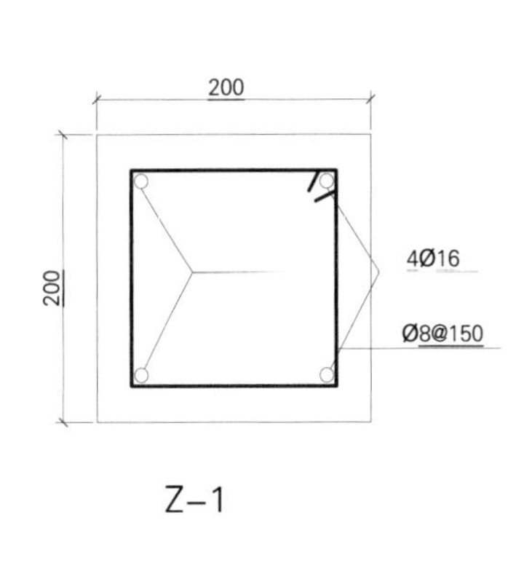

Z-1

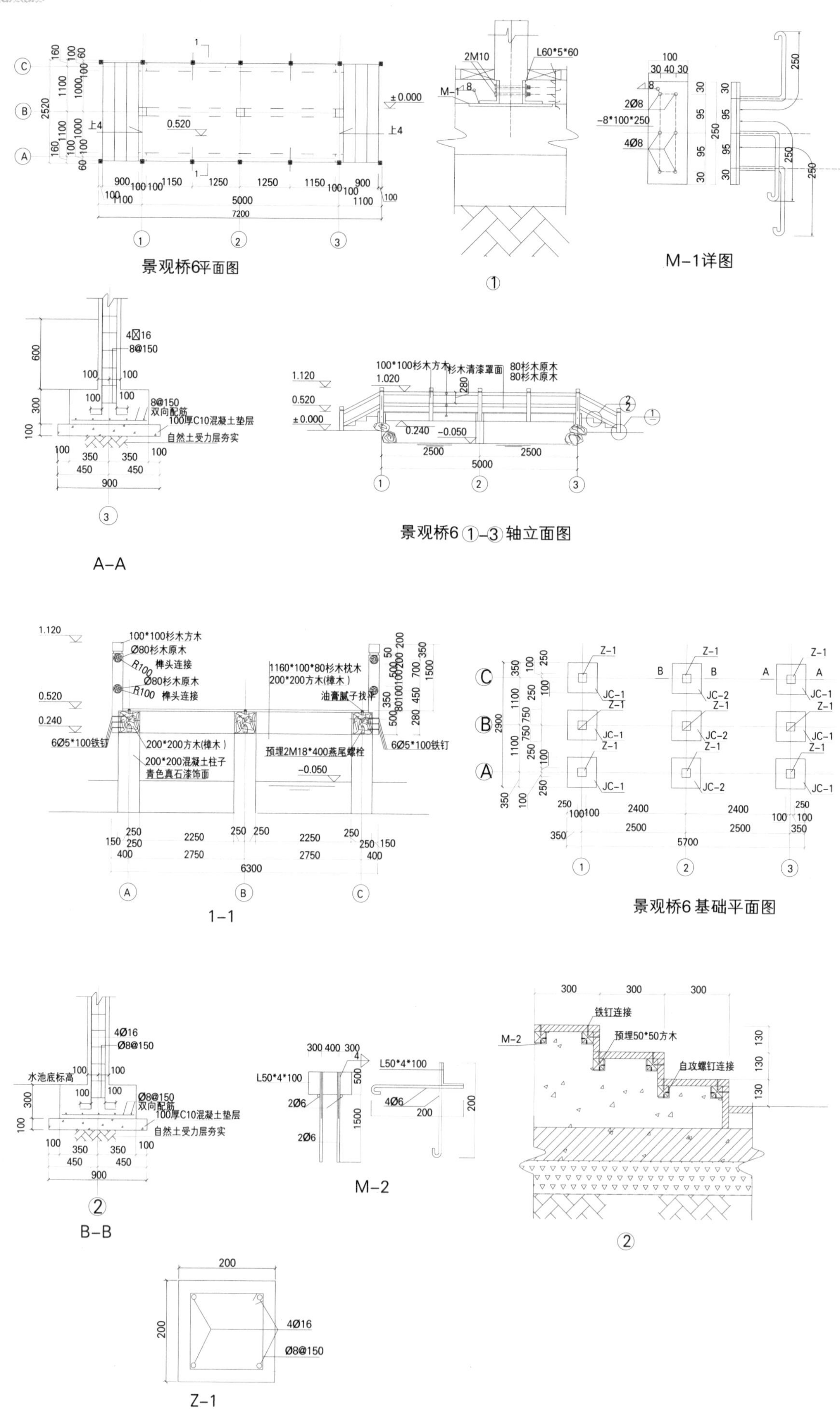
景观桥6平面图
M-1详图
A-A
景观桥6 ①-③ 轴立面图
1-1
景观桥6 基础平面图
B-B
M-2
Z-1
100*100杉木方木
杉木清漆罩面
80杉木原木
Ø80杉木原木
榫头连接
1160*100*80杉木枕木
200*200方木(樟木)
油膏腻子找平
6Ø5*100铁钉
200*200混凝土柱子
青色真石漆饰面
预埋2M18*400燕尾螺栓
100厚C10混凝土垫层
自然土受力层夯实
双向配筋
水池底标高
铁钉连接
预埋50*50方木
自攻螺钉连接

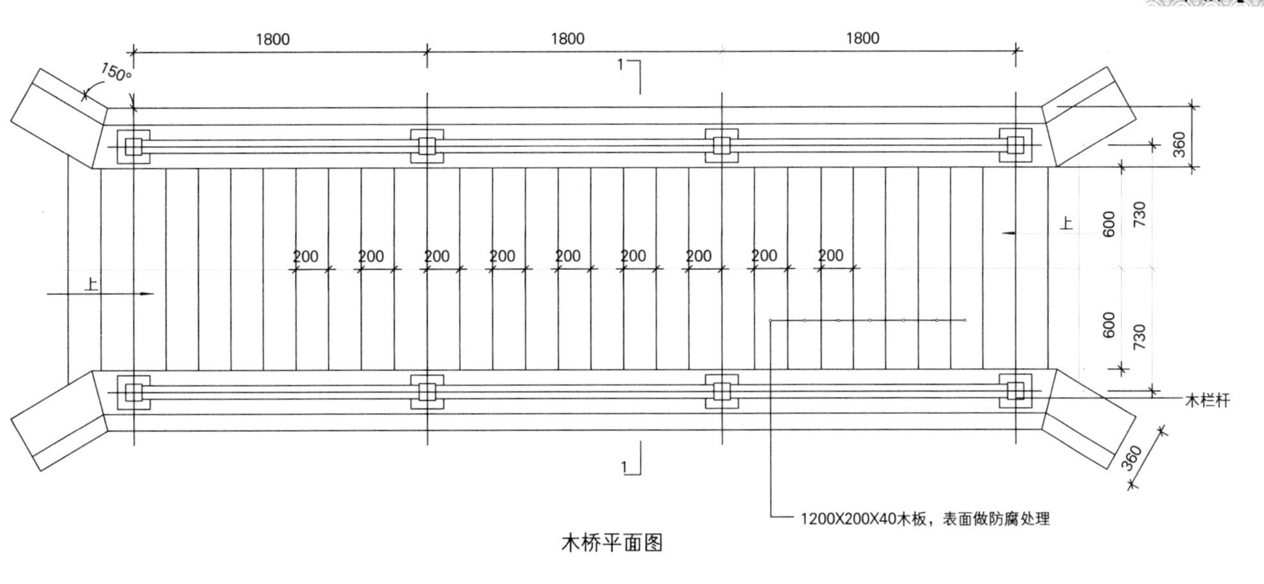

木桥平面图

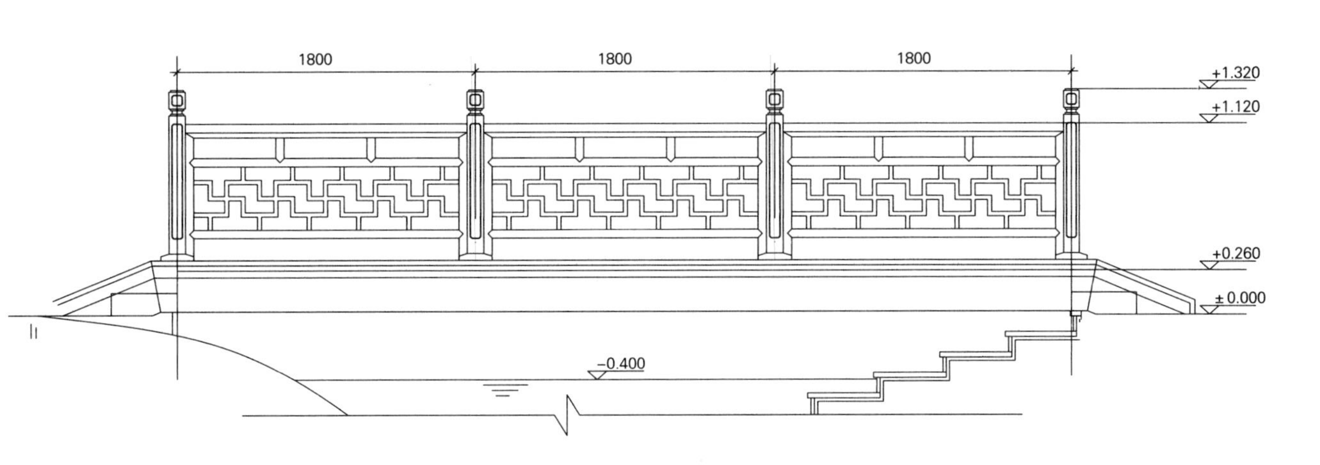

木桥立面图

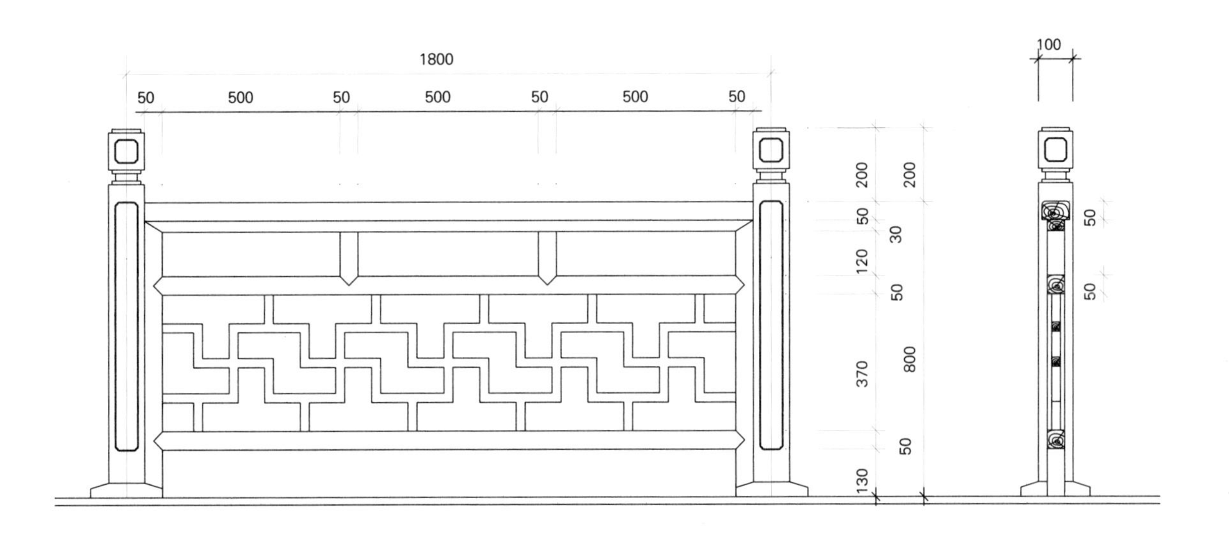

栏杆大样图

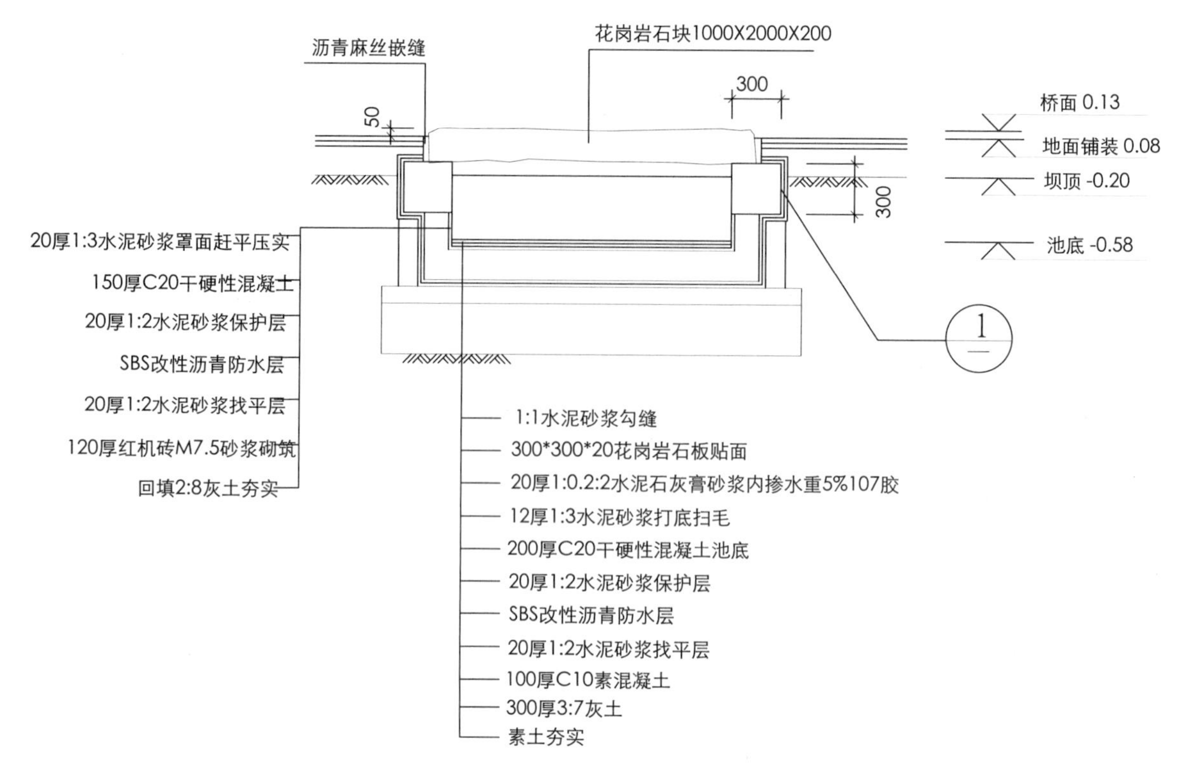

1-1剖面图

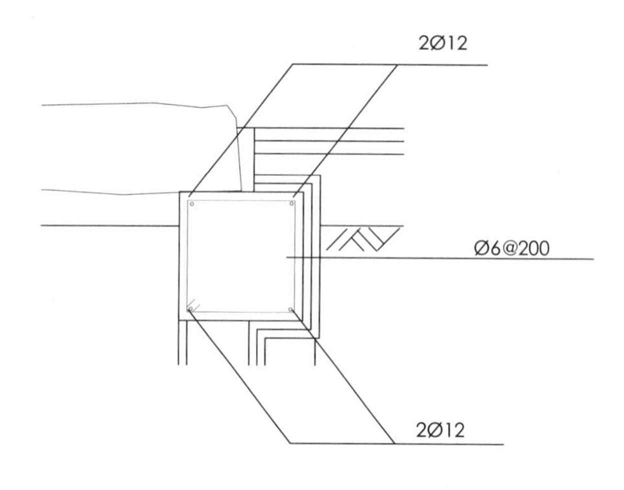

做法详图

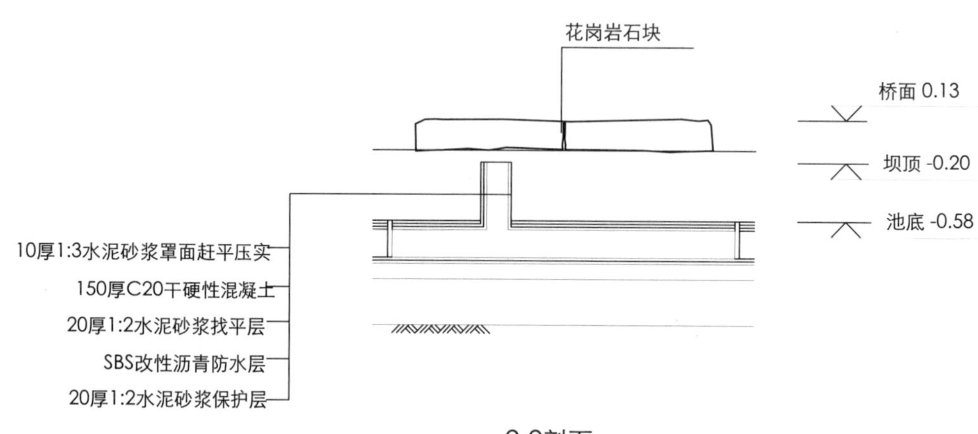

2-2剖面

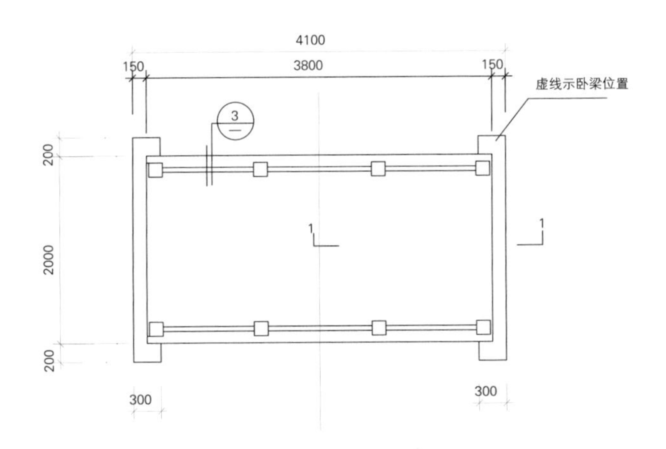

拱桥平面

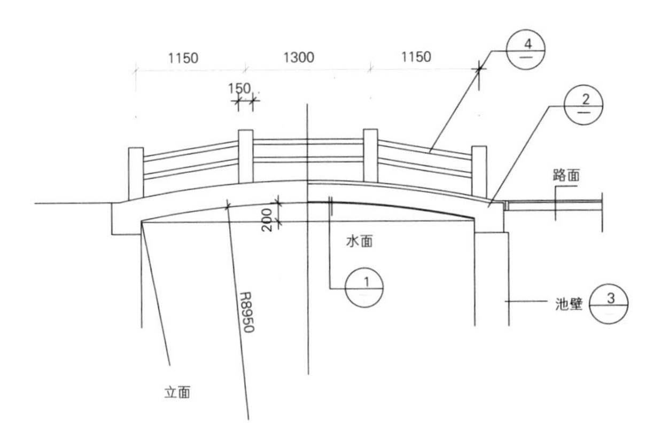

拱桥立 剖面 1-1

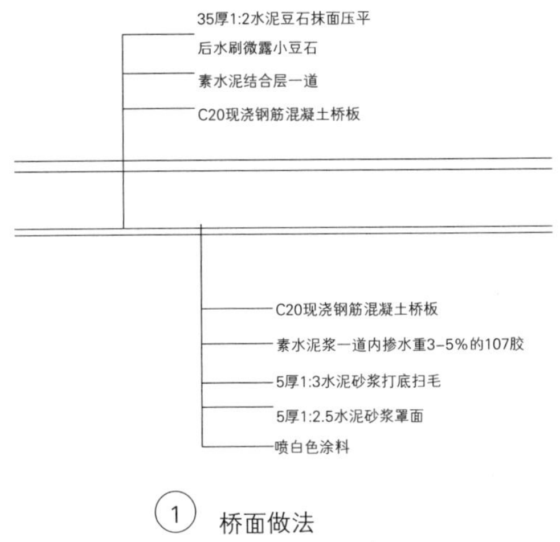

① 桥面做法

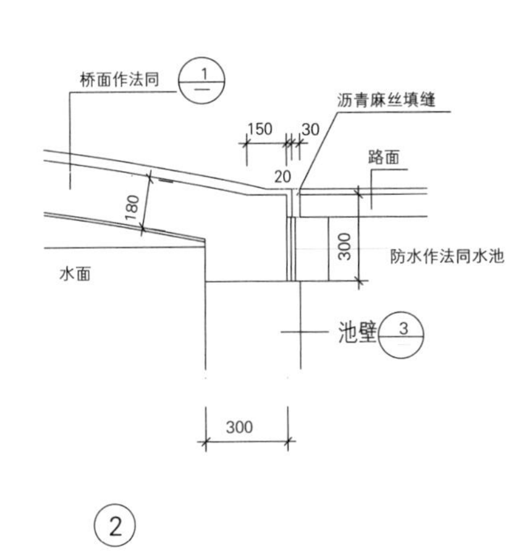

②

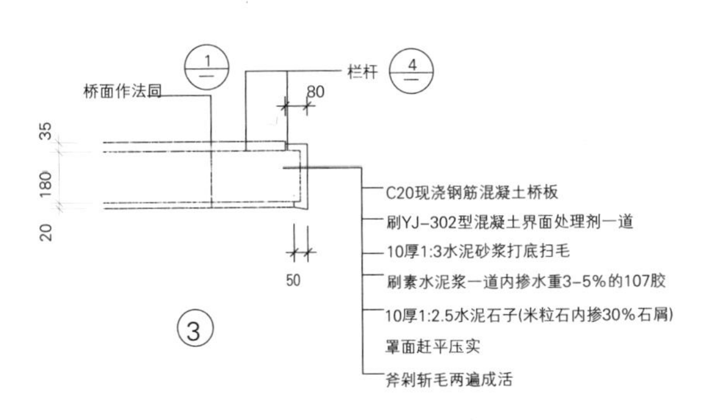

③

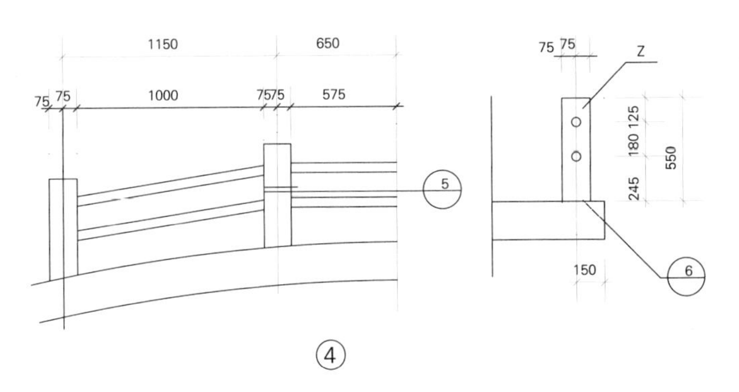

④

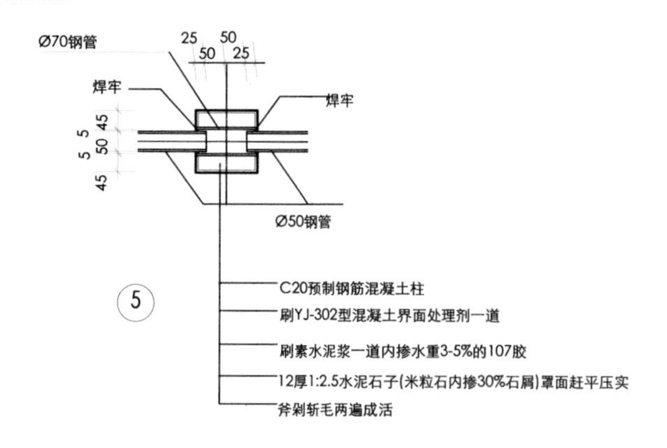

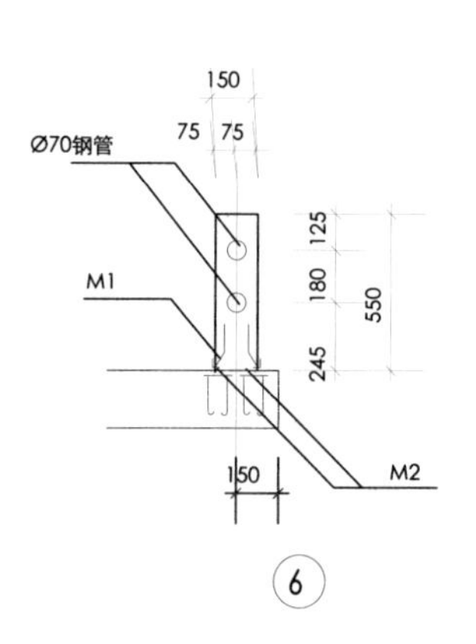

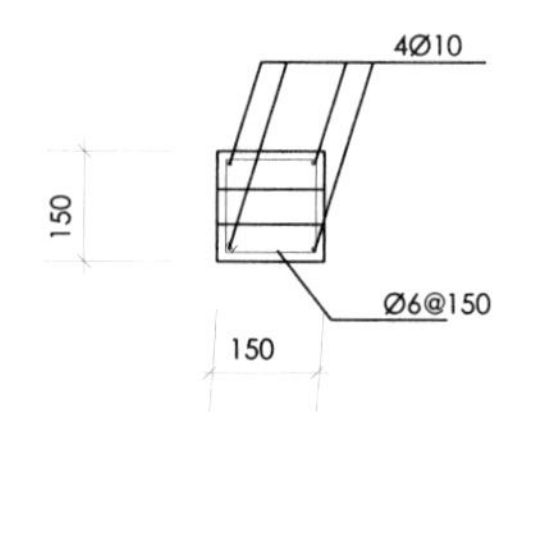

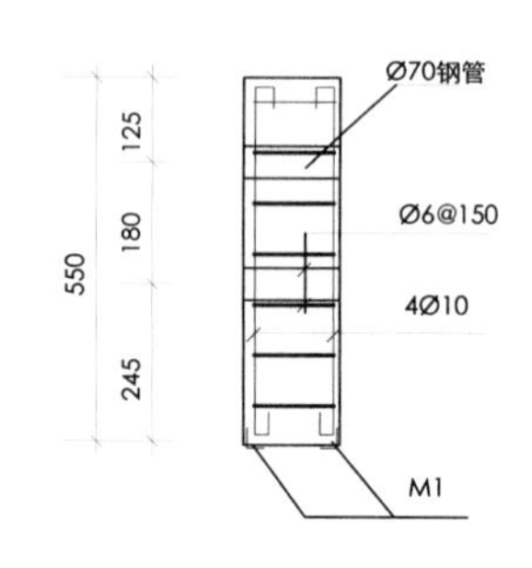

Z

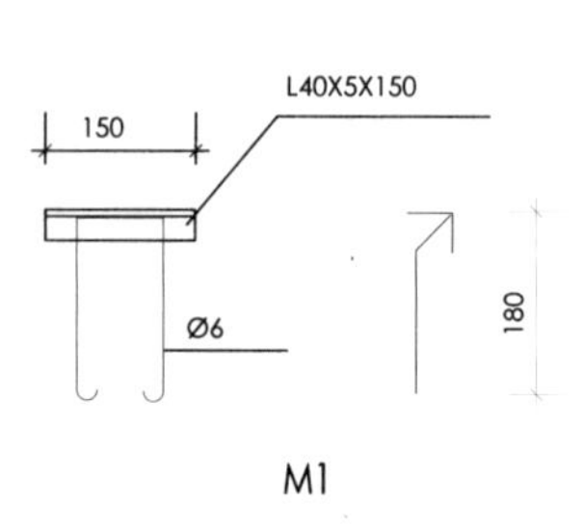

M1

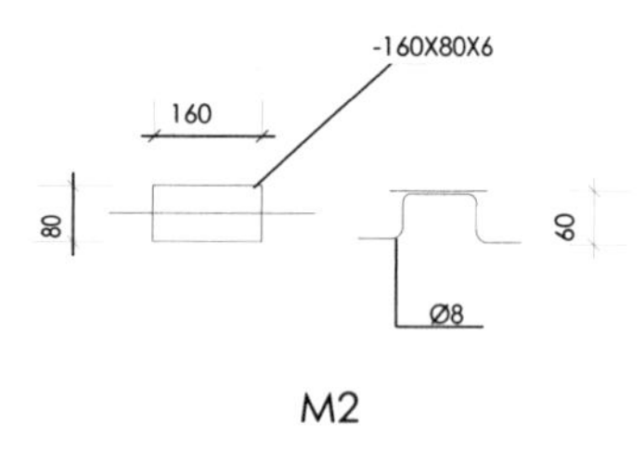

M2

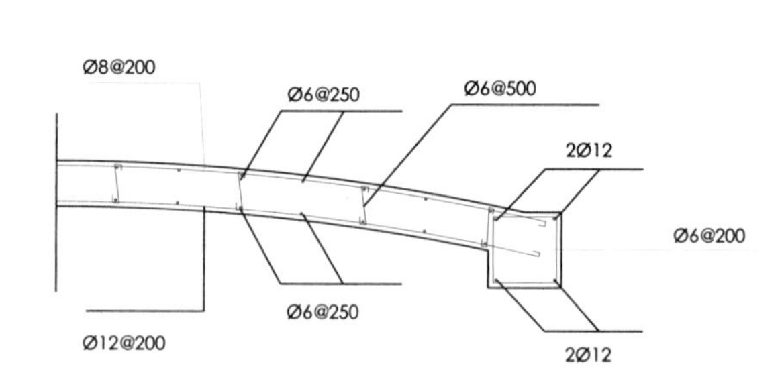

2-2剖面图

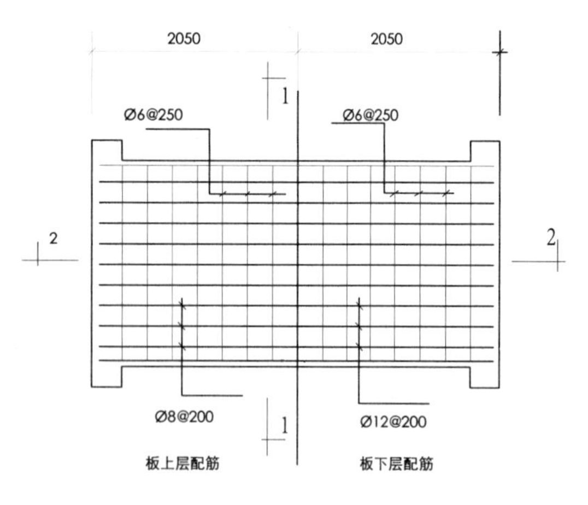

桥面配筋图

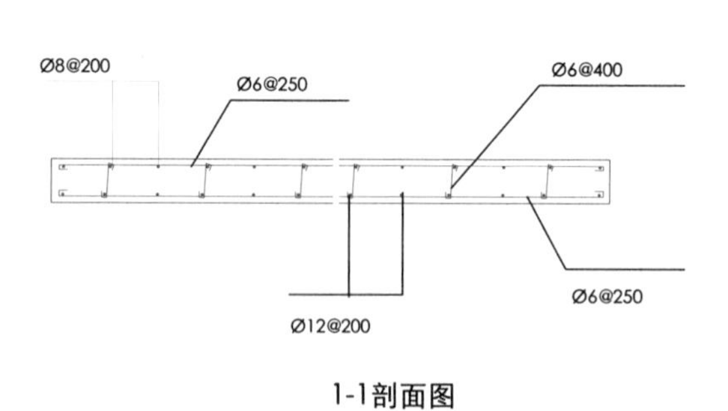

1-1剖面图

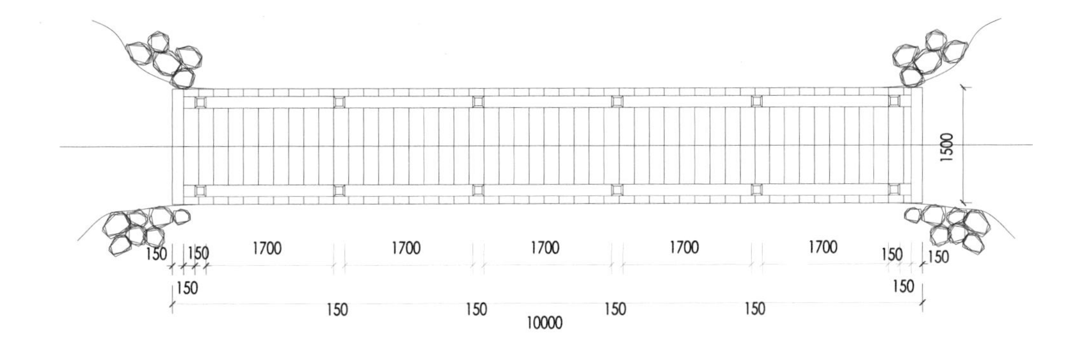

Ⓐ 仿木桥平面

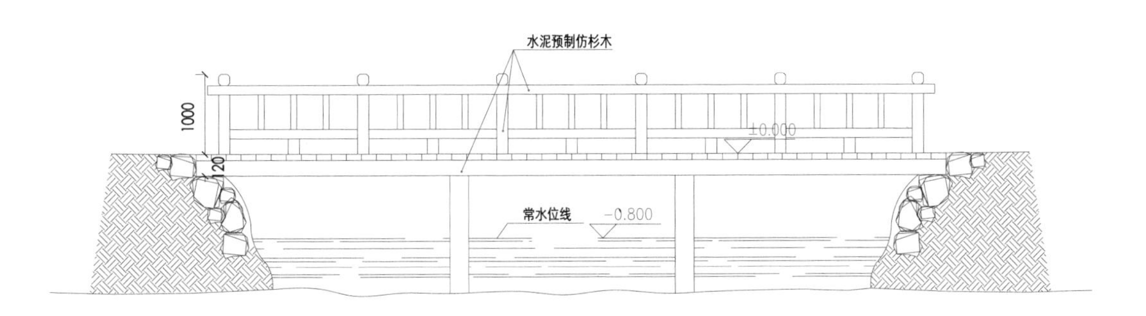

仿木桥立面示意

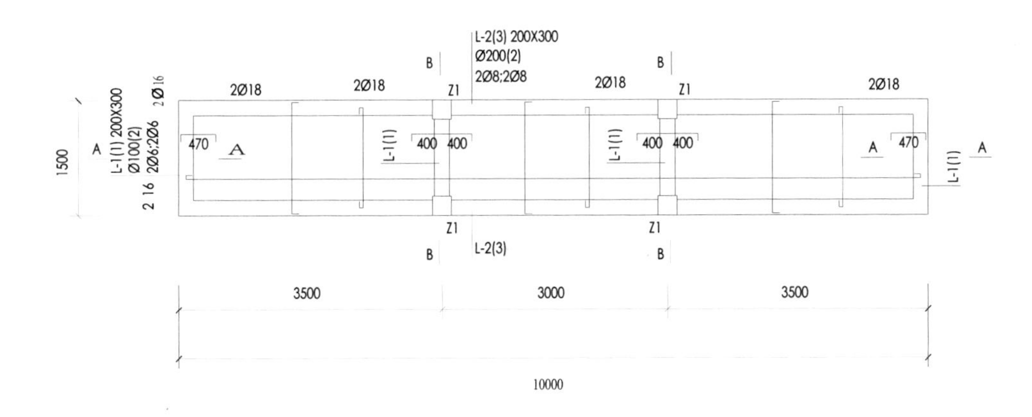

仿木桥基础及配筋图

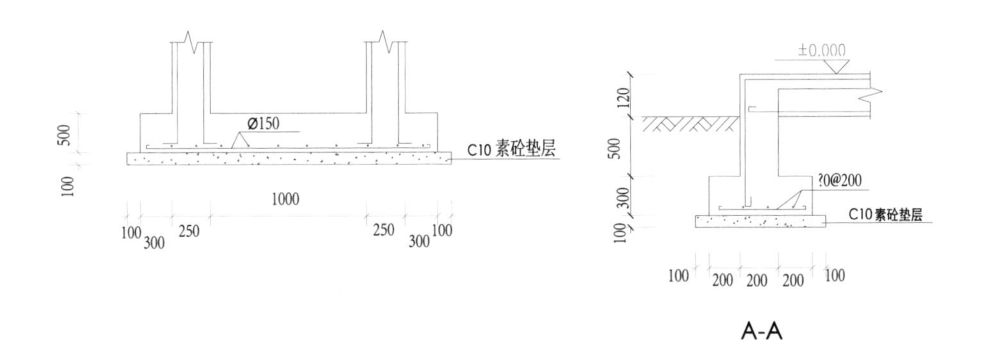

A-A

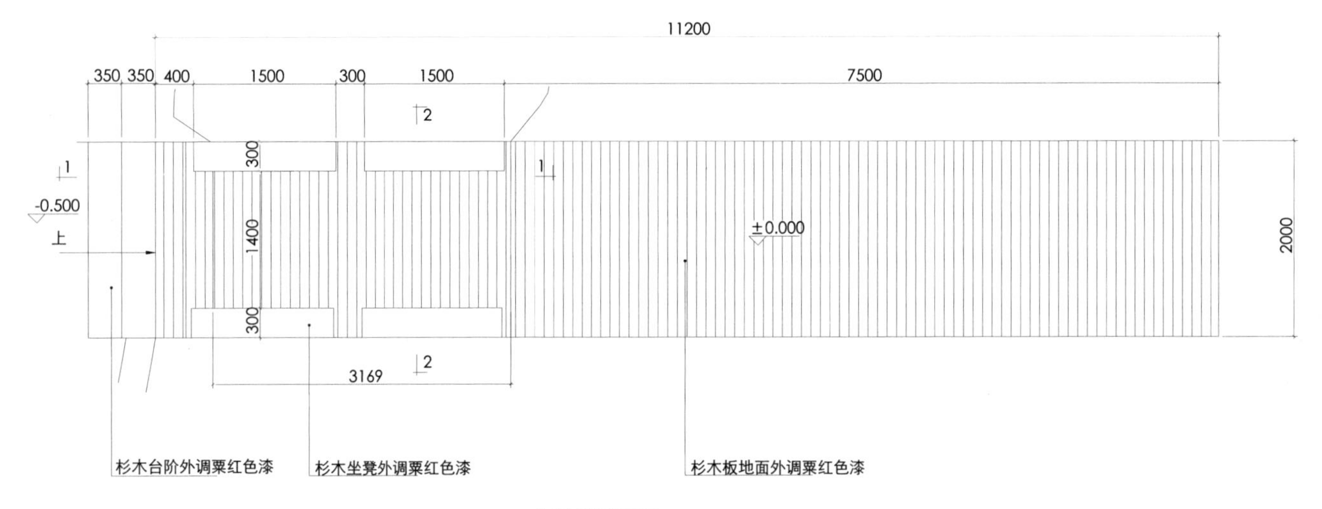

木板桥平面图

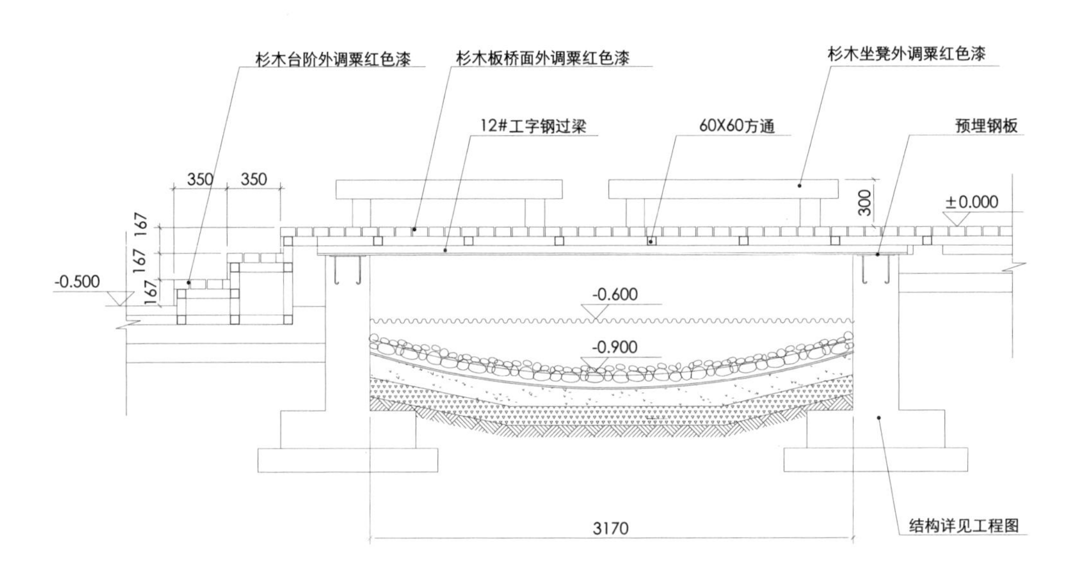

木板桥1-1剖面图

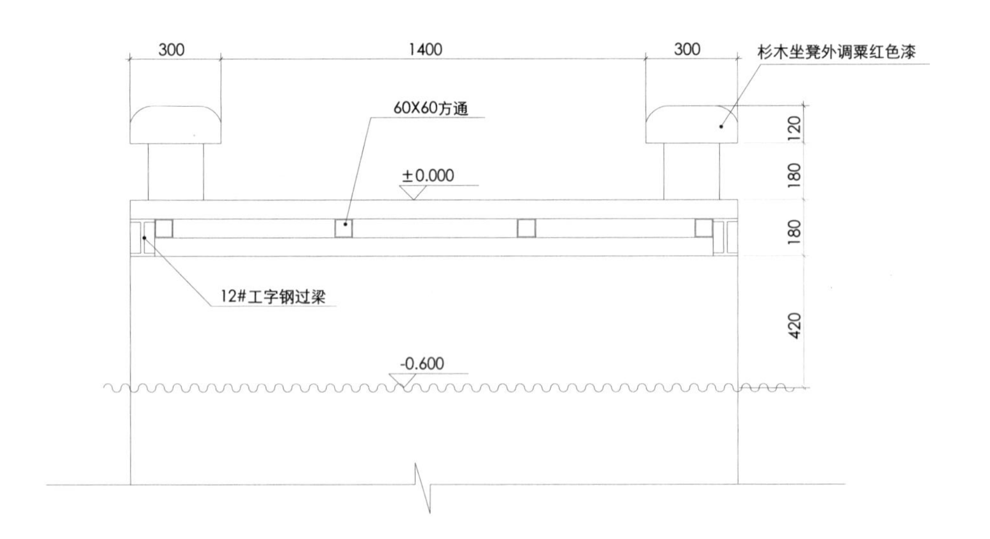

木板桥2-2剖面图

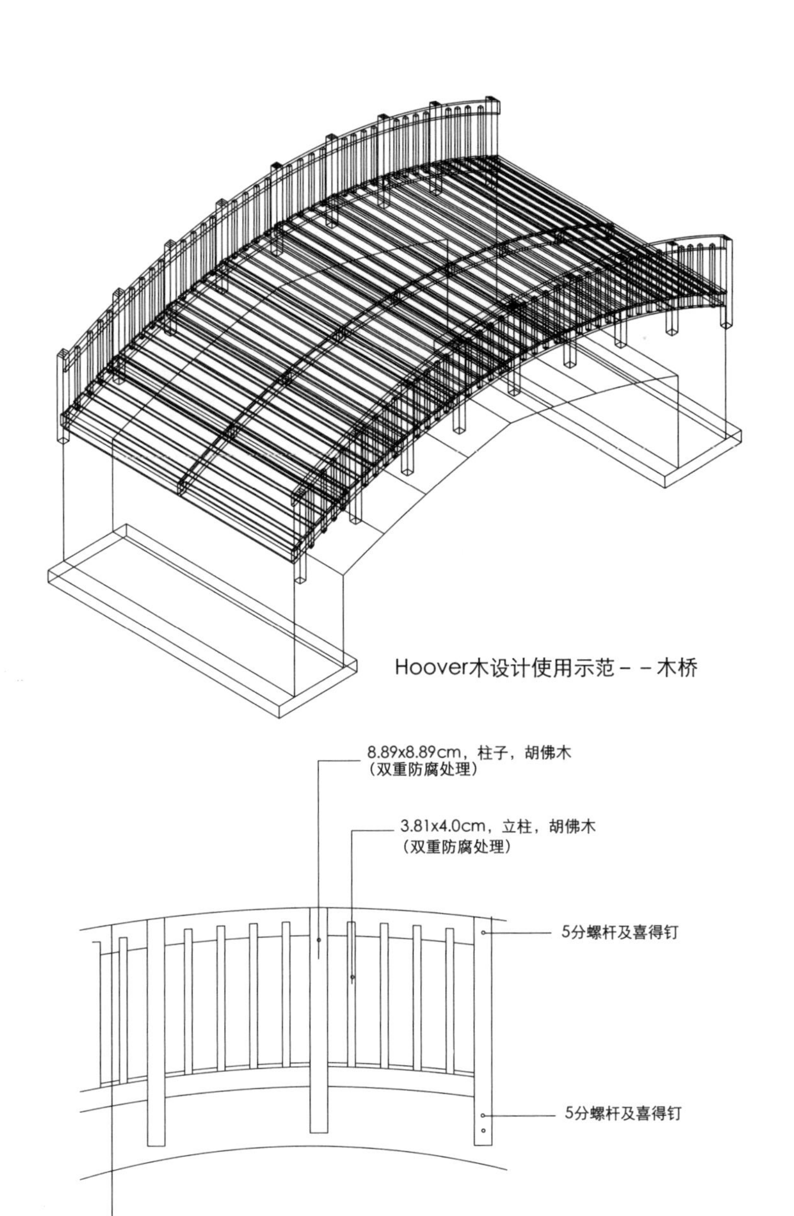

Hoover木设计使用示范－－木桥

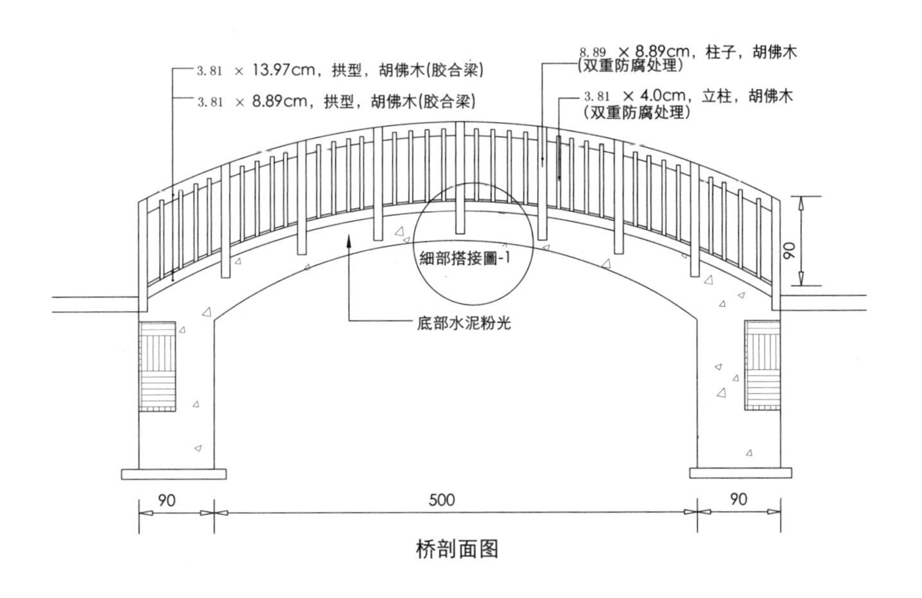

桥剖面图

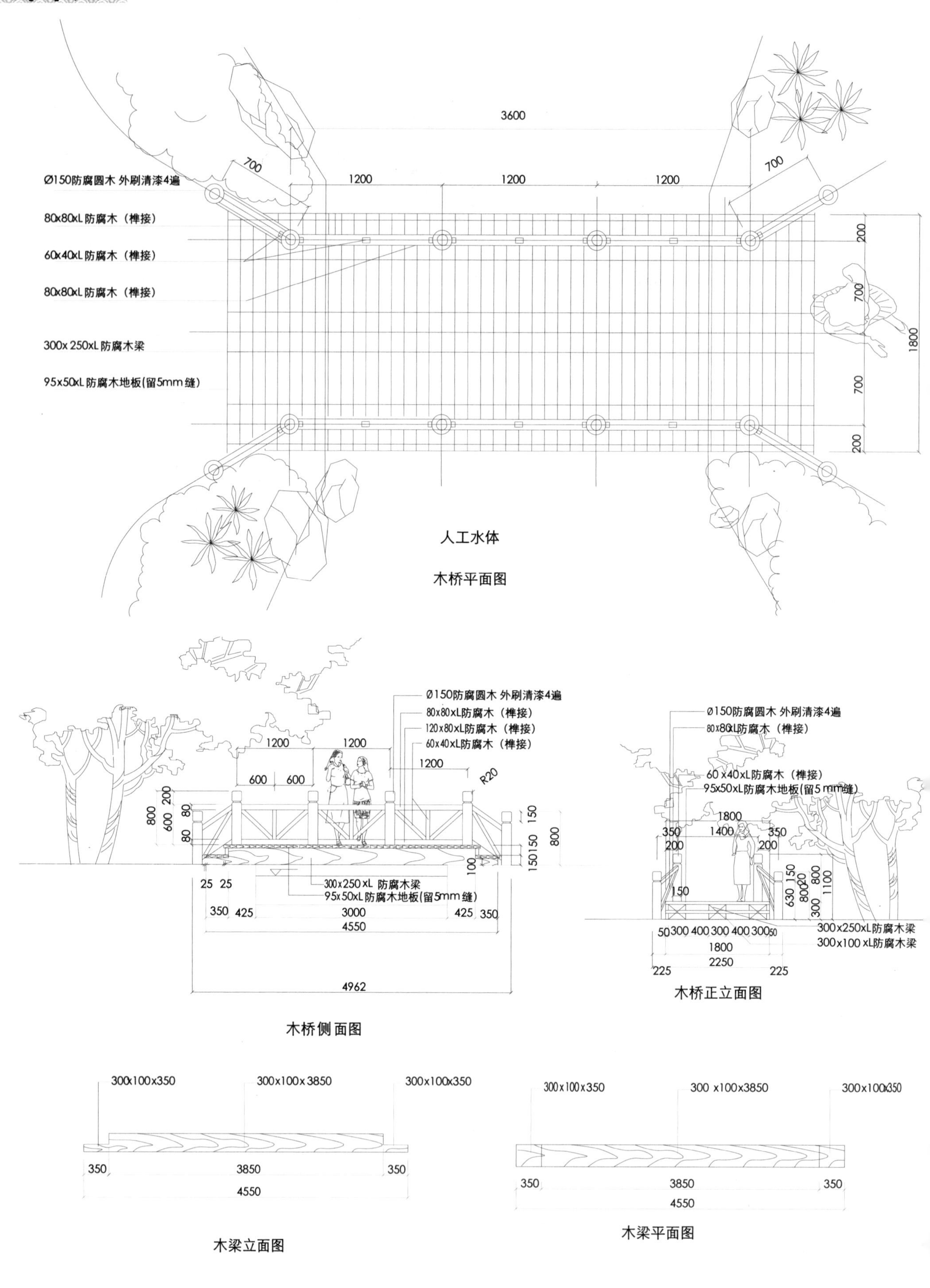

木桥平面图

木桥侧面图

木桥正立面图

木梁立面图

木梁平面图

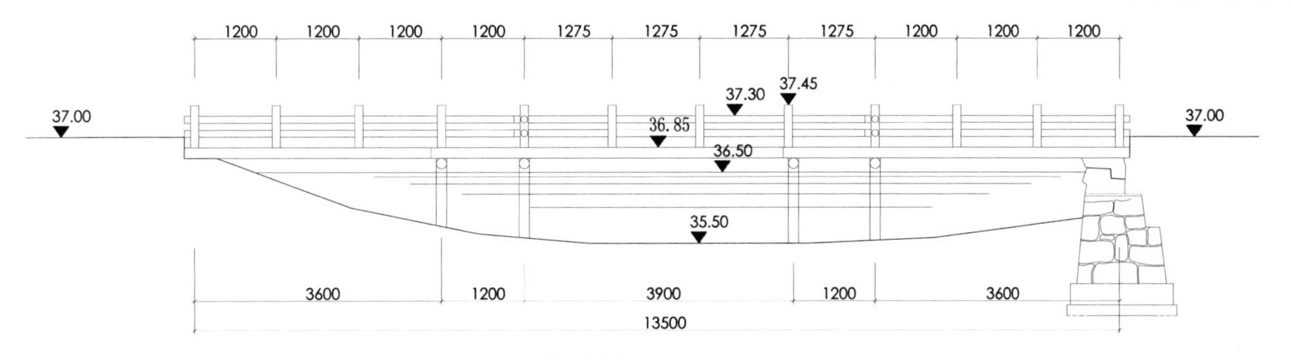

撷华桥立面图

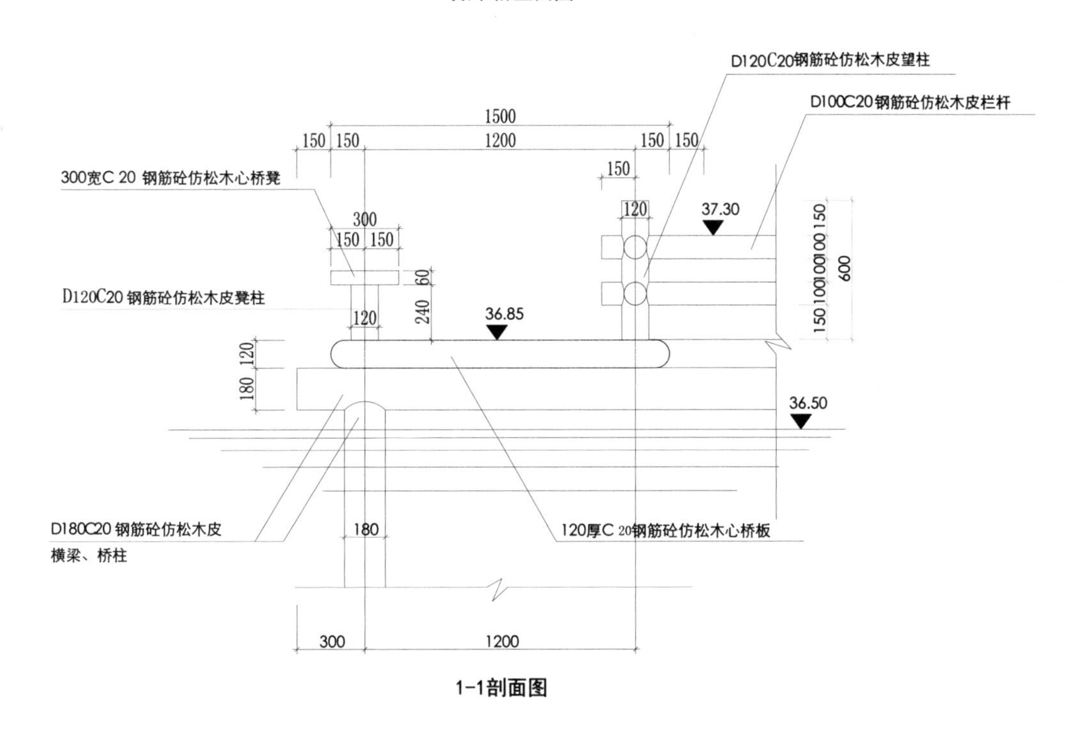

1-1剖面图

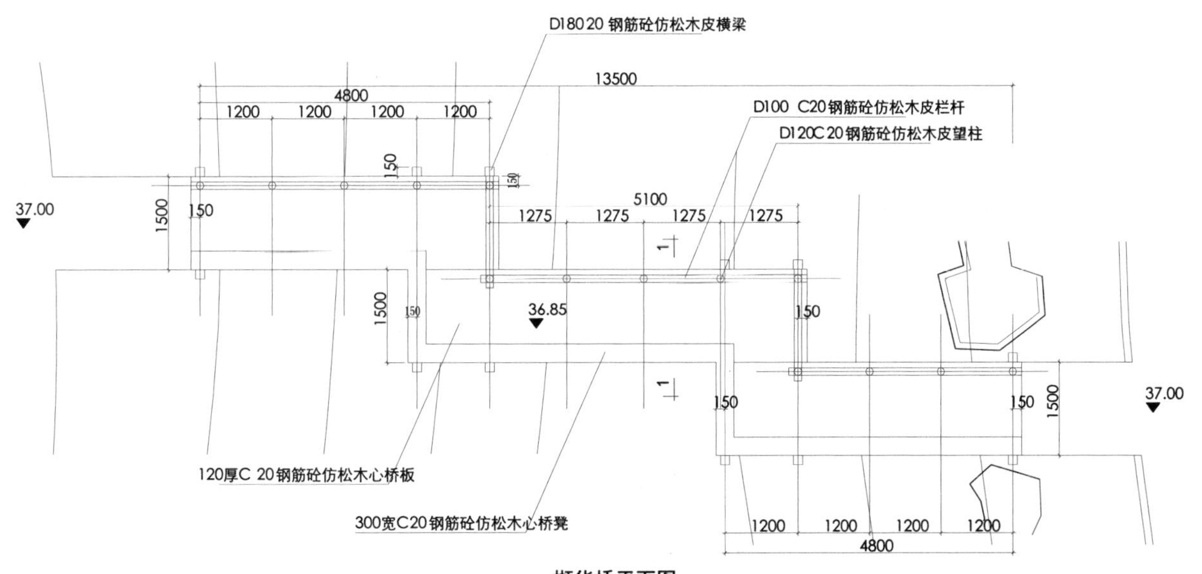

撷华桥平面图

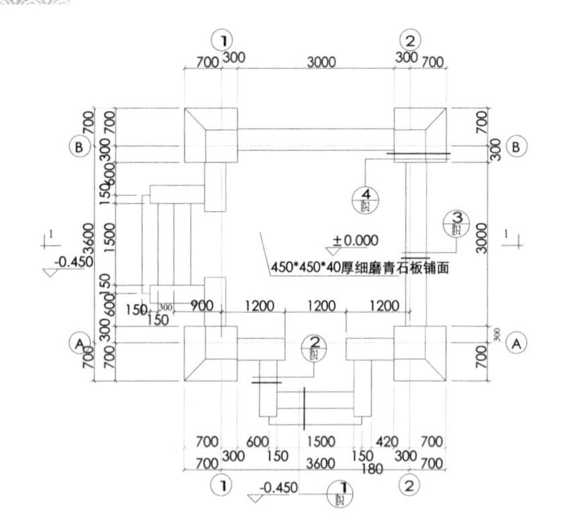

平面图

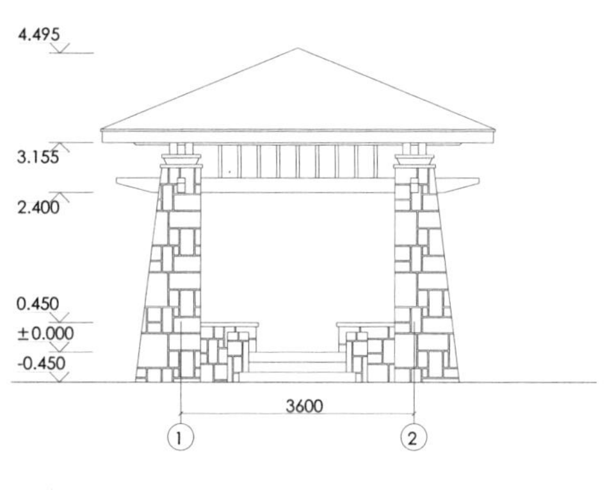

撷华亭立面图

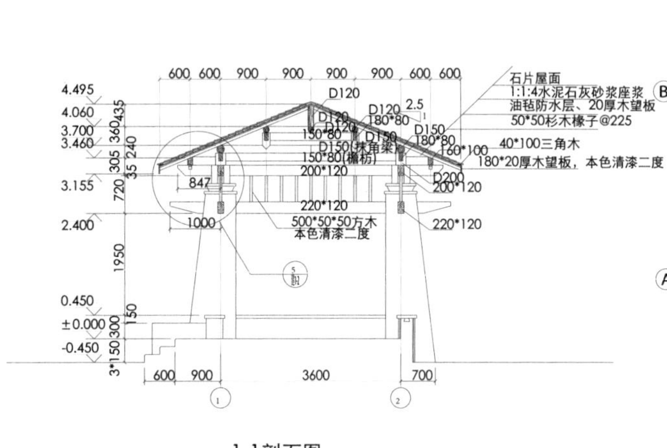

1-1剖面图

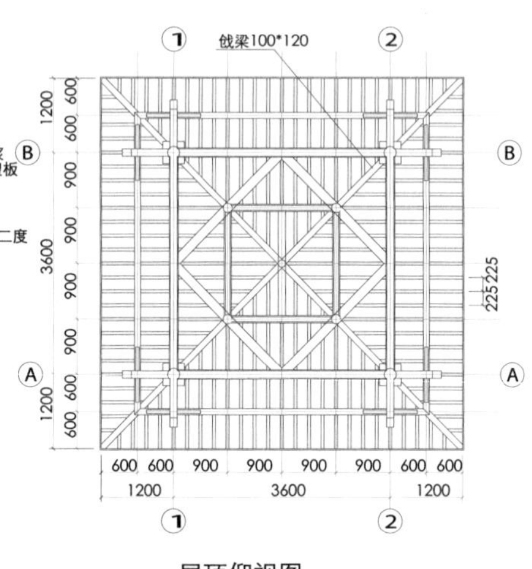

屋顶仰视图

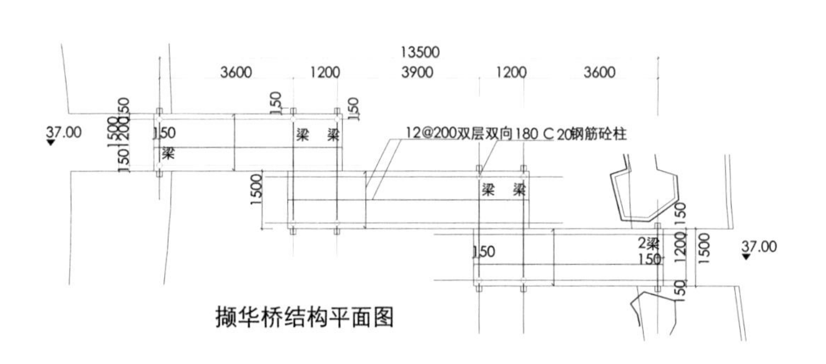

撷华桥结构平面图

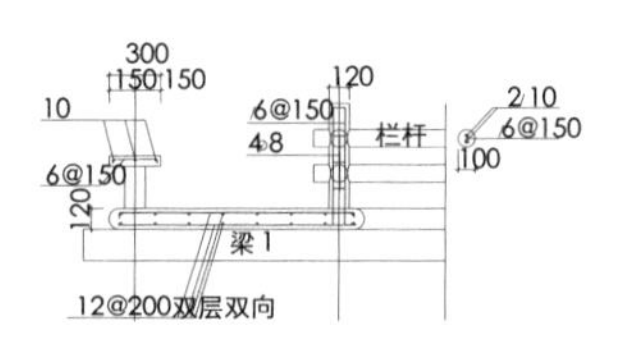

桥面板、栏杆配筋图

梁1、梁2配筋图

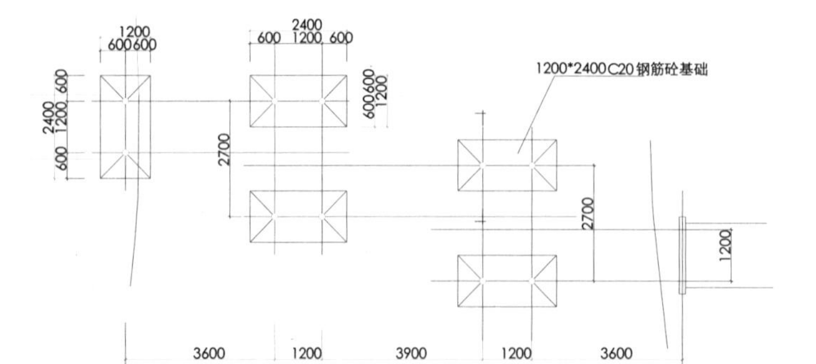

撷华桥基础平面图

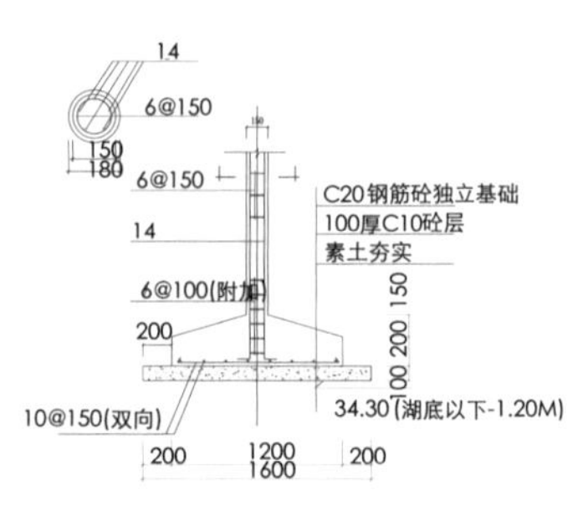

基础剖面图

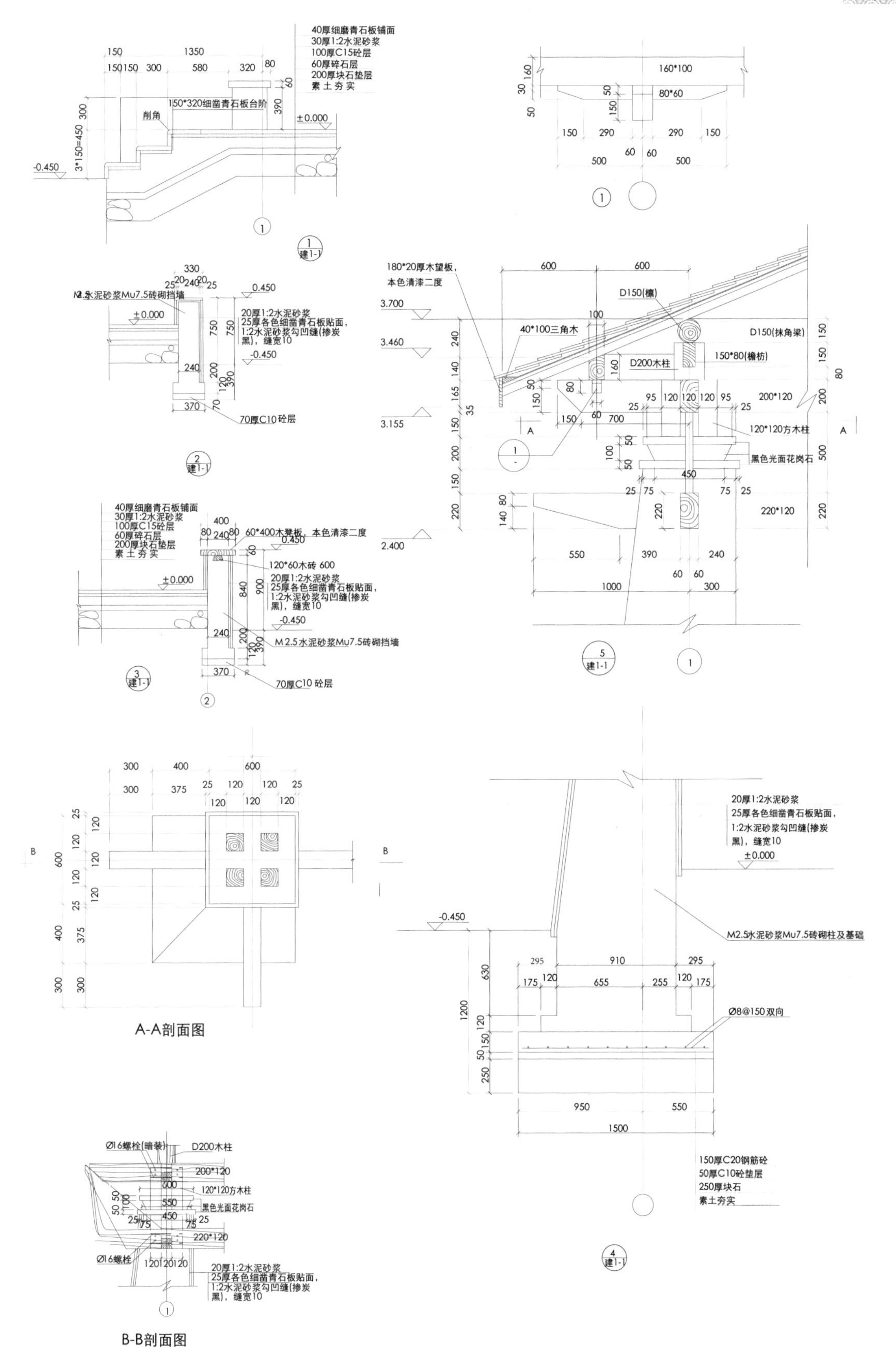

40厚细磨青石板铺面
30厚1:2水泥砂浆
100厚C15砼层
60厚碎石层
200厚块石垫层
素土夯实
150*320细凿青石板台阶
削角
±0.000
-0.450
M2.5水泥砂浆Mu7.5砖砌挡墙
20厚1:2水泥砂浆
25厚各色细凿青石板贴面，
1:2水泥砂浆勾凹缝(掺炭黑)，缝宽10
70厚C10砼层
60*400木凳板，本色清漆二度
120*60木砖 600
160*100
80*60
180*20厚木望板，
本色清漆二度
D150(檩)
40*100三角木
D150(抹角梁)
D200木柱
150*80(檐枋)
200*120
120*120方木柱
黑色光面花岗石
220*120
3.700
3.460
3.155
2.400
M2.5水泥砂浆Mu7.5砖砌柱及基础
Ø8@150双向
150厚C20钢筋砼
50厚C10砼垫层
250厚块石
素土夯实
Ø16螺栓(暗装)
Ø16螺栓

A-A剖面图

B-B剖面图

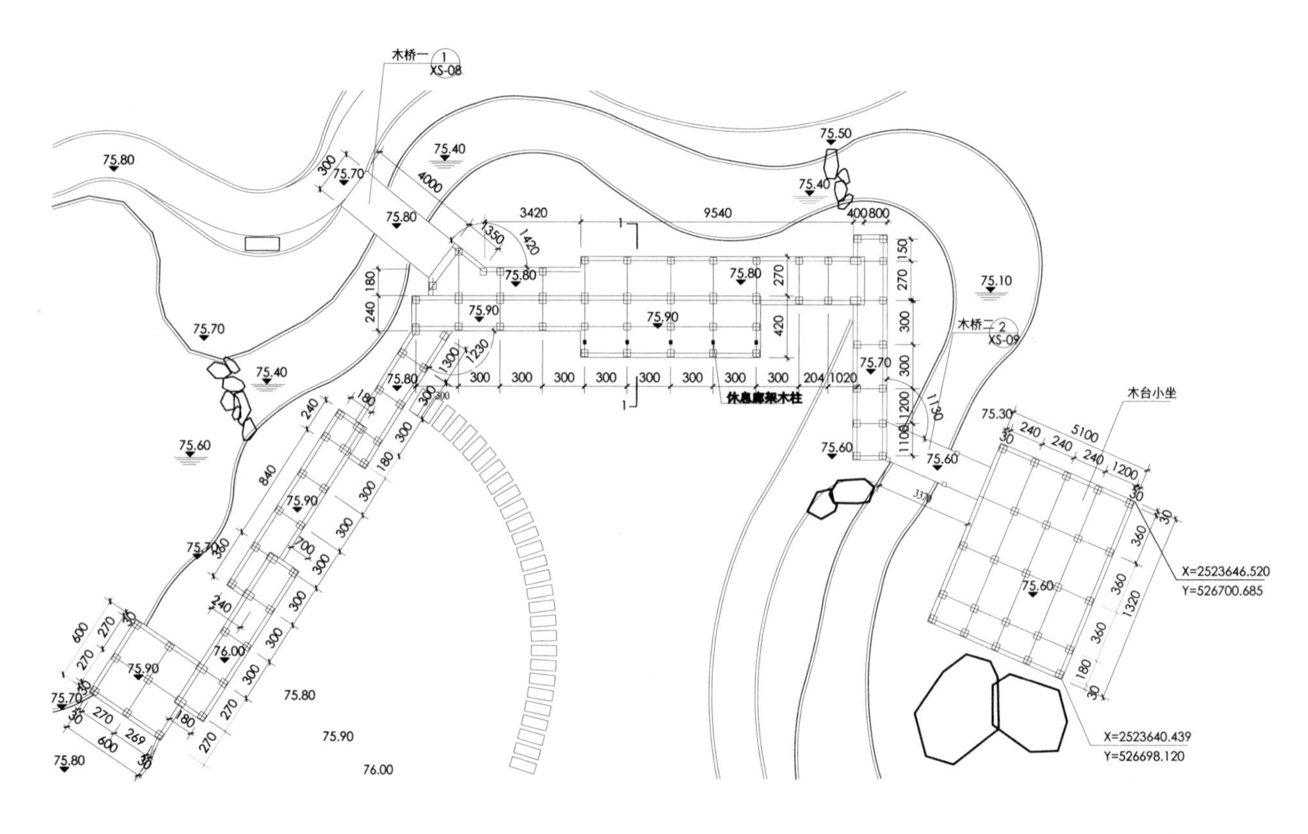

平面图

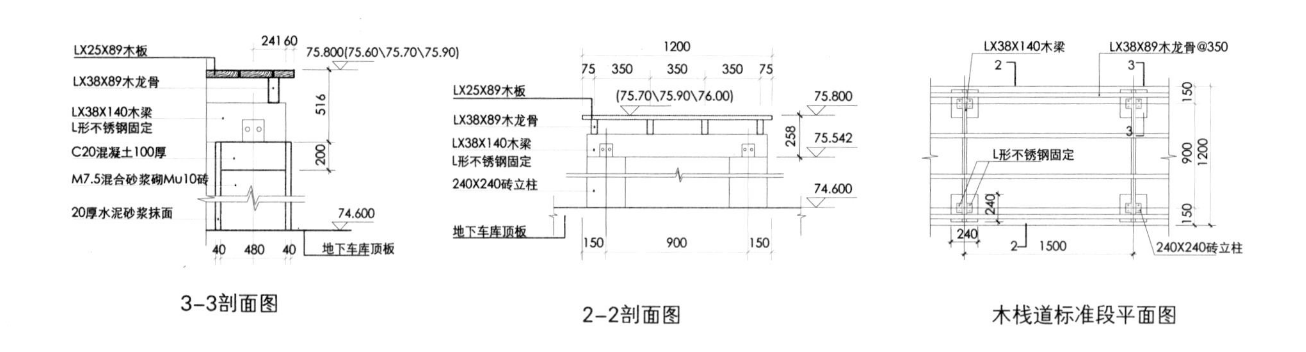

3-3剖面图

2-2剖面图

木栈道标准段平面图

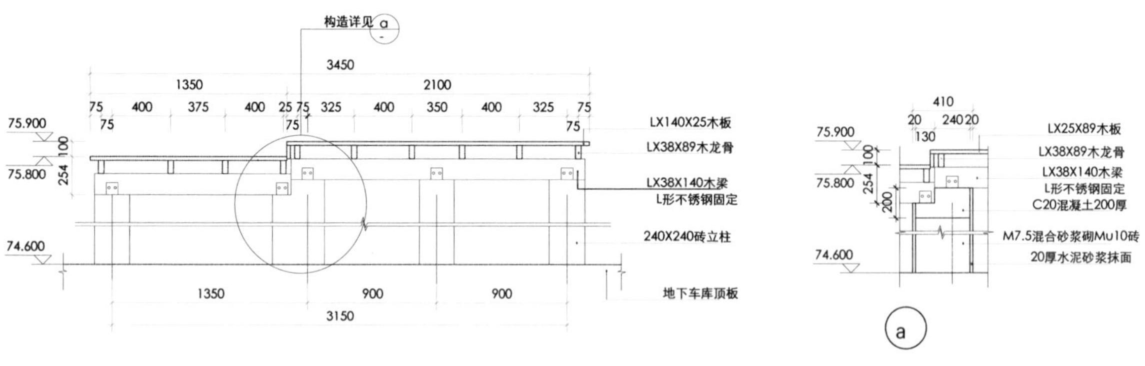

1-1剖面图

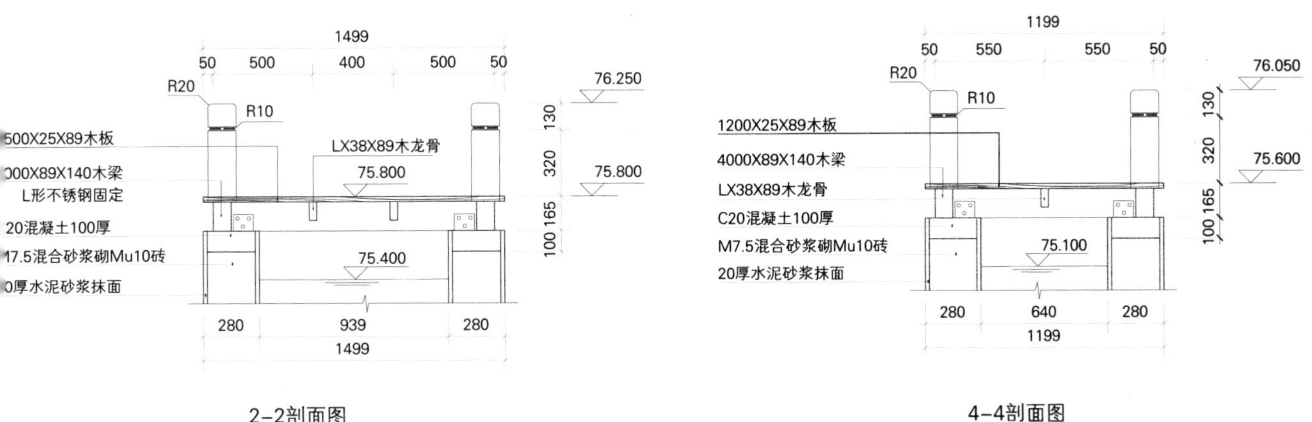

2-2剖面图

4-4剖面图

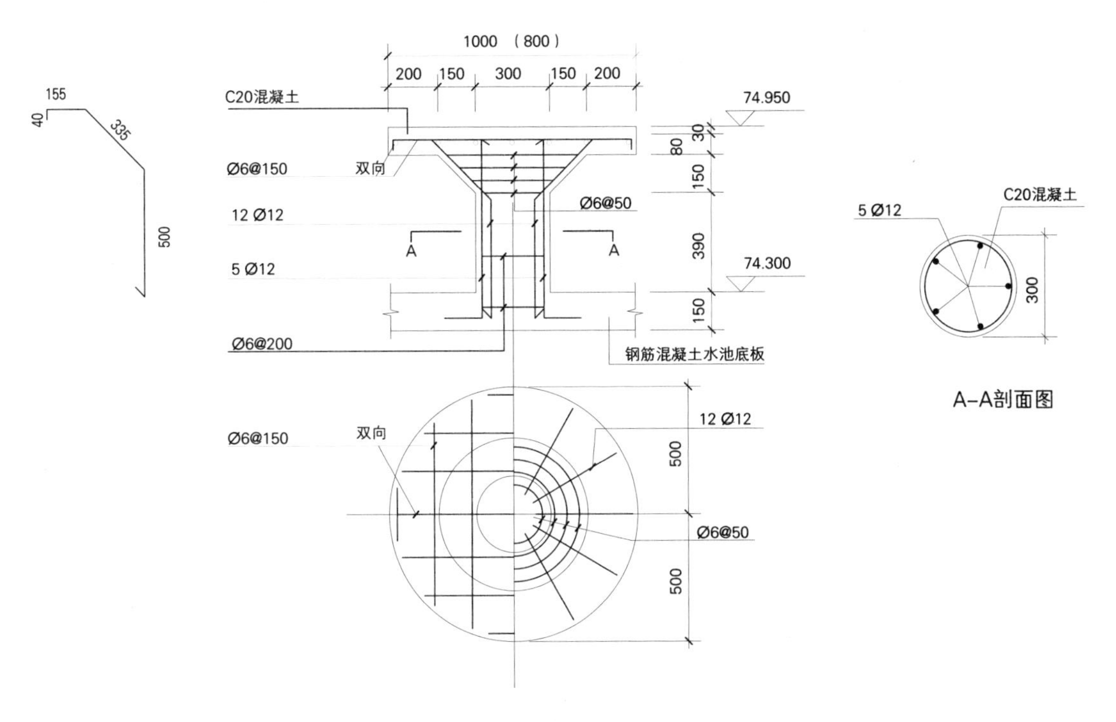

A-A剖面图

临波跳石配筋图

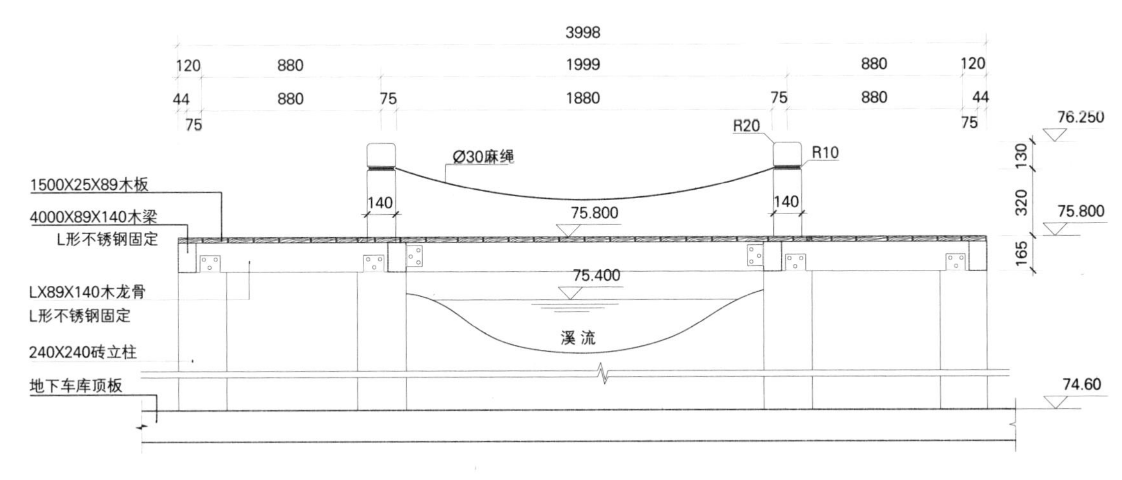

1-1剖面图

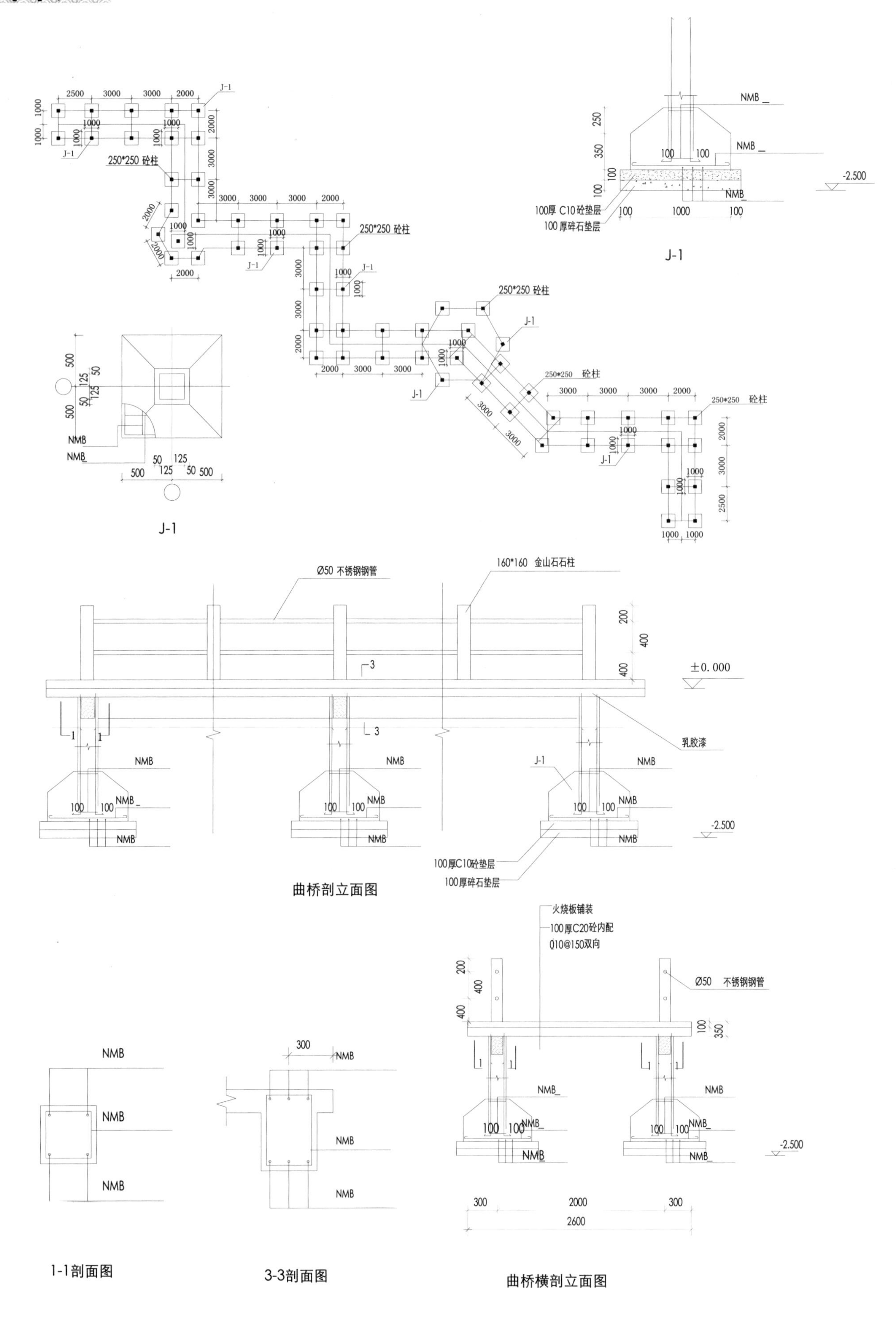

J-1

曲桥剖立面图

1-1剖面图

3-3剖面图

曲桥横剖立面图

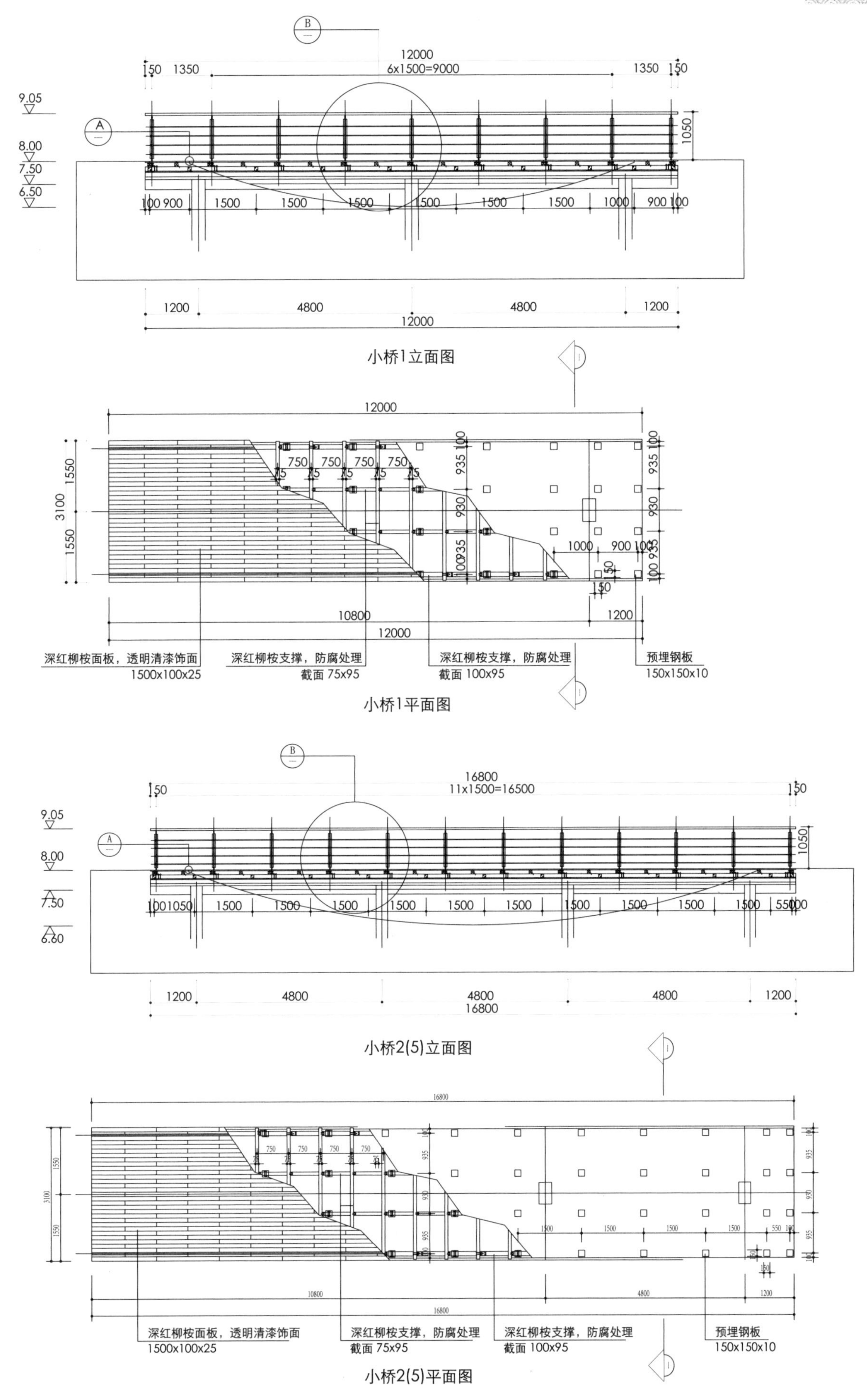

12000
6x1500=9000
150
1350
1350
150
9.05
8.00
7.50
6.50
1050
100 900
1500
1000
900 100
1200
4800
4800
1200
12000
小桥1立面图
12000
750
75
1550
3100
1550
935
930
100
1000
900 100
150
10800
1200
12000
深红柳桉面板，透明清漆饰面
1500x100x25
深红柳桉支撑，防腐处理
截面 75x95
深红柳桉支撑，防腐处理
截面 100x95
预埋钢板
150x150x10
小桥1平面图
16800
11x1500=16500
150
9.05
8.00
7.50
6.60
1050
1500
1200
4800
4800
4800
1200
16800
小桥2(5)立面图
16800
10800
4800
1200
深红柳桉面板，透明清漆饰面
1500x100x25
深红柳桉支撑，防腐处理
截面 75x95
深红柳桉支撑，防腐处理
截面 100x95
预埋钢板
150x150x10
小桥2(5)平面图

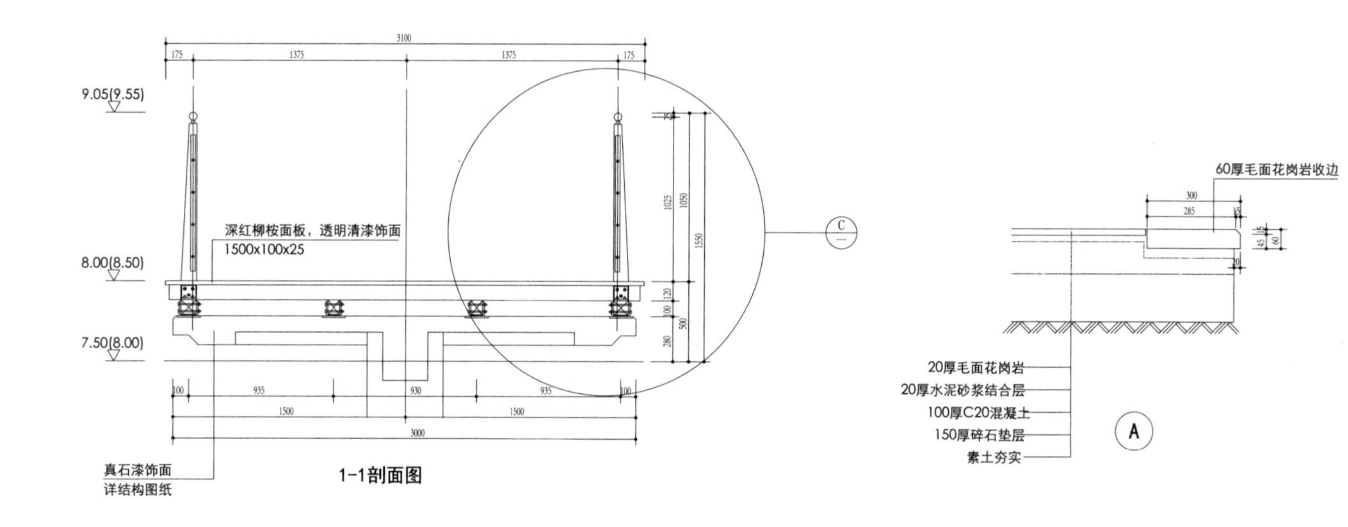

3100
175
1375
1375
175
9.05(9.55)
深红柳桉面板，透明清漆饰面
1500x100x25
8.00(8.50)
7.50(8.00)
1025
1050
1550
120
100
500
280
100
935
930
935
100
1500
1500
3000
真石漆饰面
详结构图纸
1-1剖面图
60厚毛面花岗岩收边
300
285
20厚毛面花岗岩
20厚水泥砂浆结合层
100厚C20混凝土
150厚碎石垫层
素土夯实
A
C

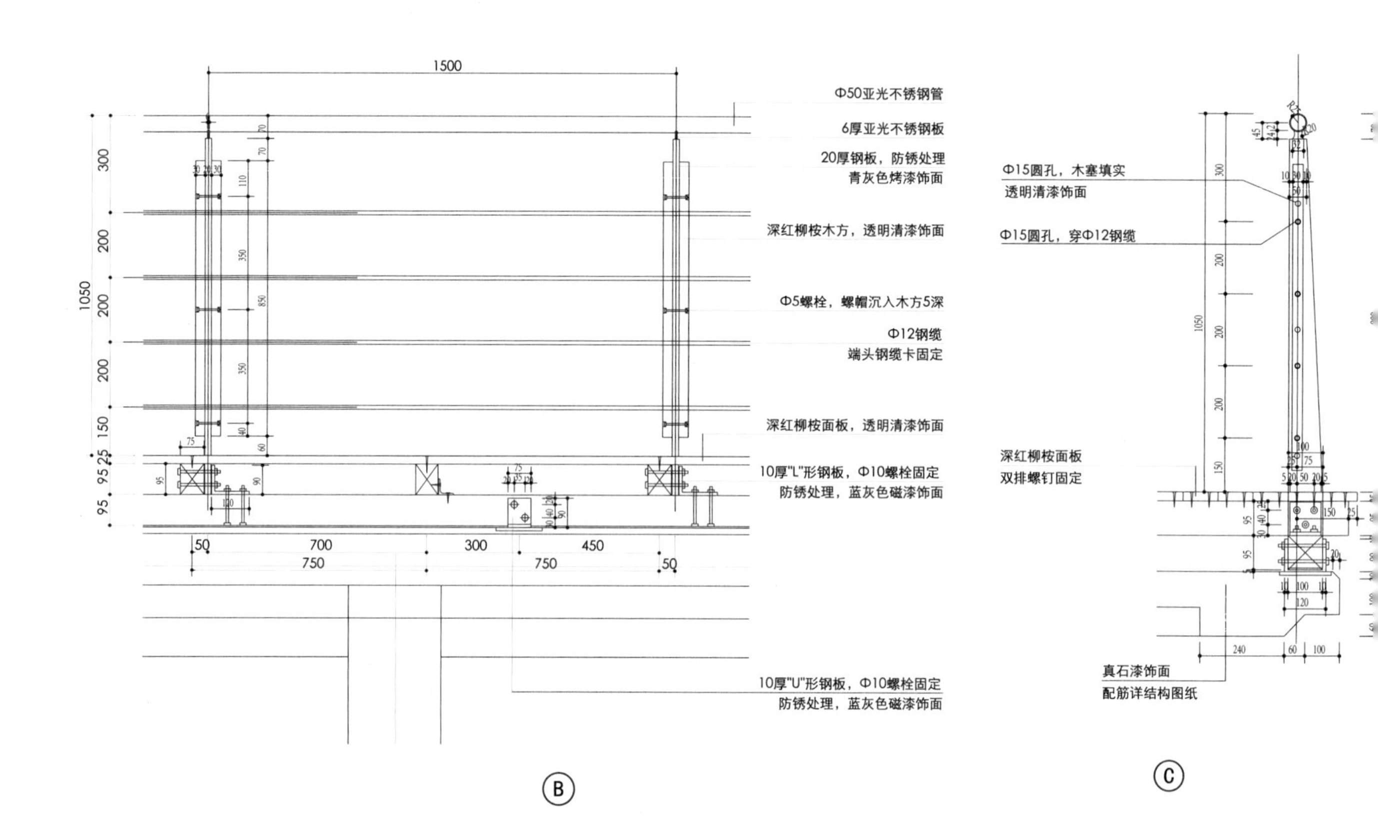

1500
Φ50亚光不锈钢管
6厚亚光不锈钢板
20厚钢板，防锈处理
青灰色烤漆饰面
深红柳桉木方，透明清漆饰面
Φ5螺栓，螺帽沉入木方5深
Φ12钢缆
端头钢缆卡固定
深红柳桉面板，透明清漆饰面
10厚"L"形钢板，Φ10螺栓固定
防锈处理，蓝灰色磁漆饰面
10厚"U"形钢板，Φ10螺栓固定
防锈处理，蓝灰色磁漆饰面
300
200
200
200
150
25
95
95
1050
350
850
350
50
700
300
450
750
750
50
B
Φ15圆孔，木塞填实
透明清漆饰面
Φ15圆孔，穿Φ12钢缆
深红柳桉面板
双排螺钉固定
真石漆饰面
配筋详结构图纸
240
60
100
C

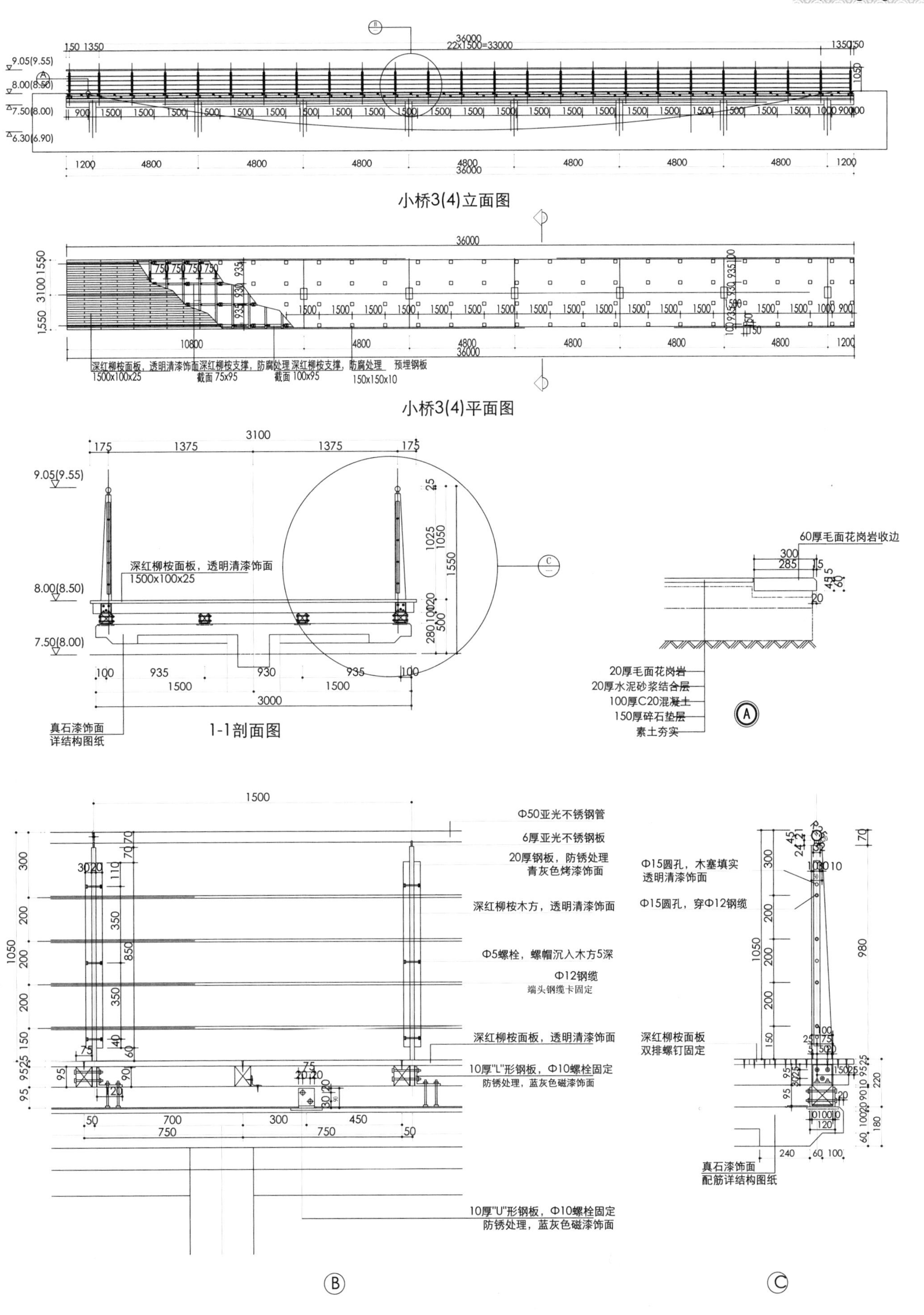

小桥3(4)立面图

小桥3(4)平面图

1-1剖面图

Ⓐ

Ⓑ

Ⓒ

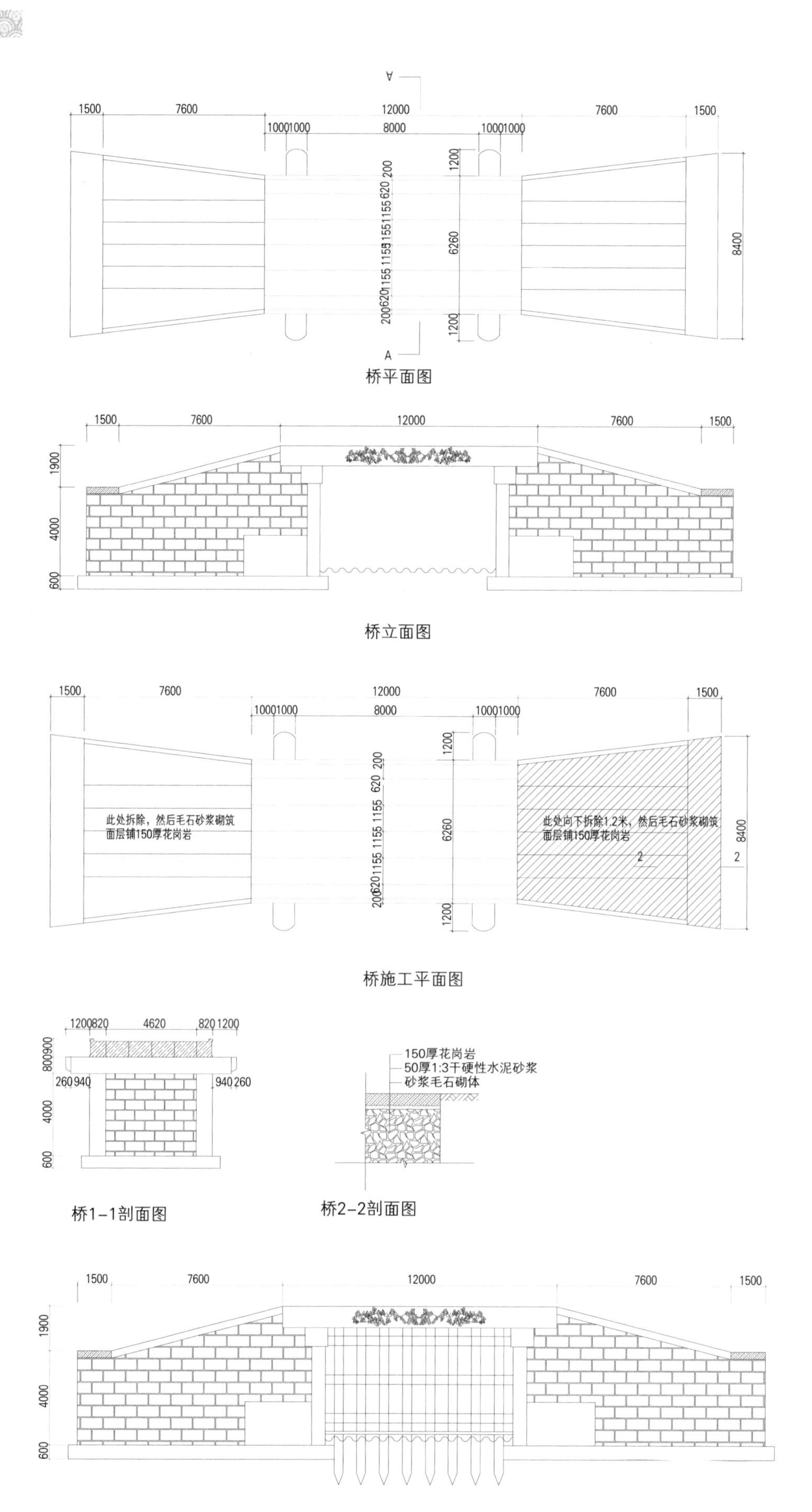

桥平面图

桥立面图

桥施工平面图

桥1-1剖面图

桥2-2剖面图

桥施工支撑图

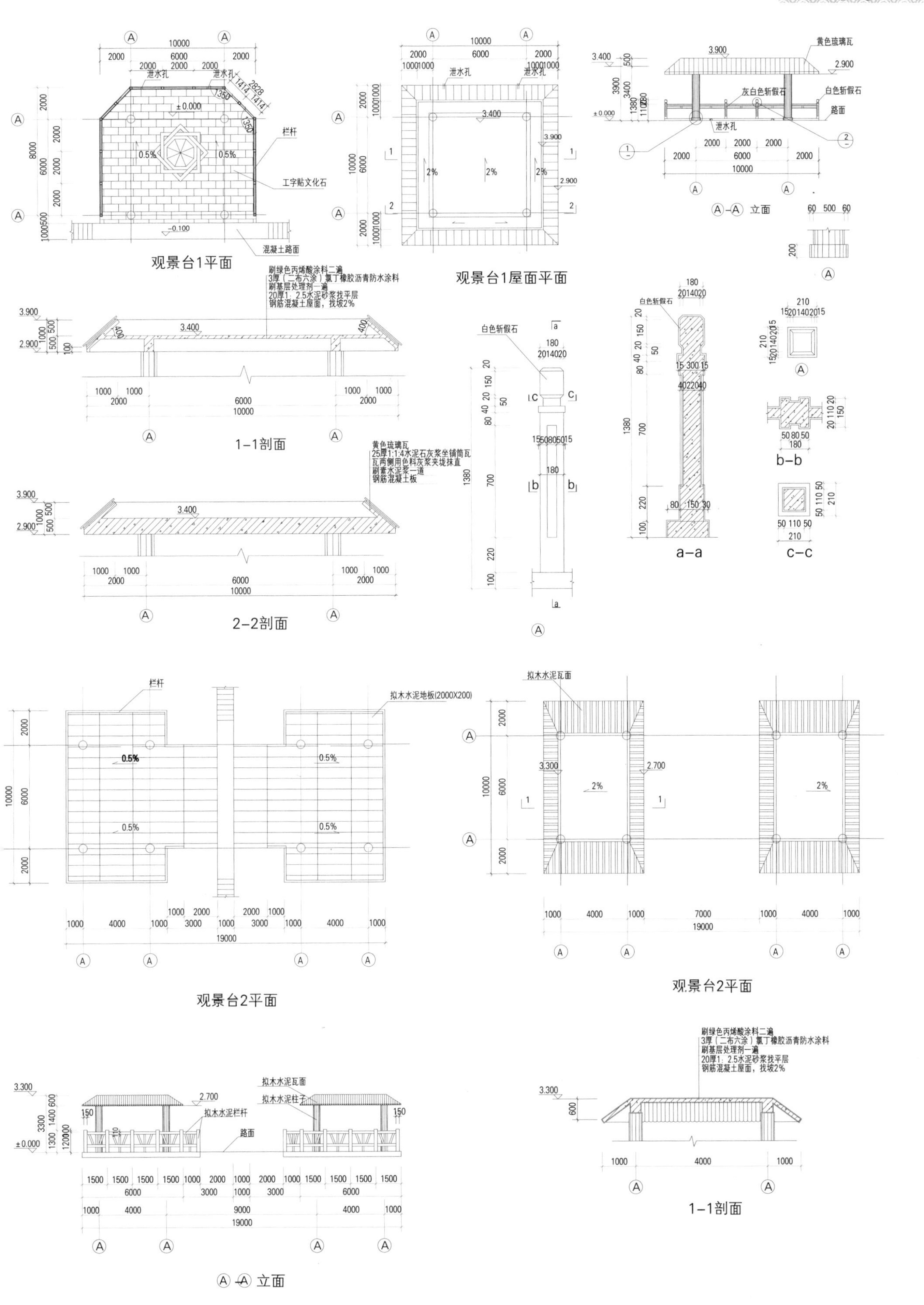
观景台1平面
观景台1屋面平面
Ⓐ–Ⓐ 立面
1–1剖面
2–2剖面
a–a
b–b
c–c
观景台2平面
观景台2平面
Ⓐ–Ⓐ 立面
1–1剖面
泄水孔
栏杆
工字贴文化石
混凝土路面
黄色琉璃瓦
灰白色斩假石
白色斩假石
路面
刷绿色丙烯酸涂料二遍
3厚（二布六涂）氯丁橡胶沥青防水涂料
刷基层处理剂一遍
20厚1：2.5水泥砂浆找平层
钢筋混凝土屋面，找坡2%
25厚1:1:4水泥石灰浆坐铺筒瓦
瓦两侧用色料灰浆夹垅抹直
刷素水泥浆一遍
钢筋混凝土板
拟木水泥地板(2000X200)
拟木水泥瓦面
拟木水泥柱子
拟木水泥栏杆

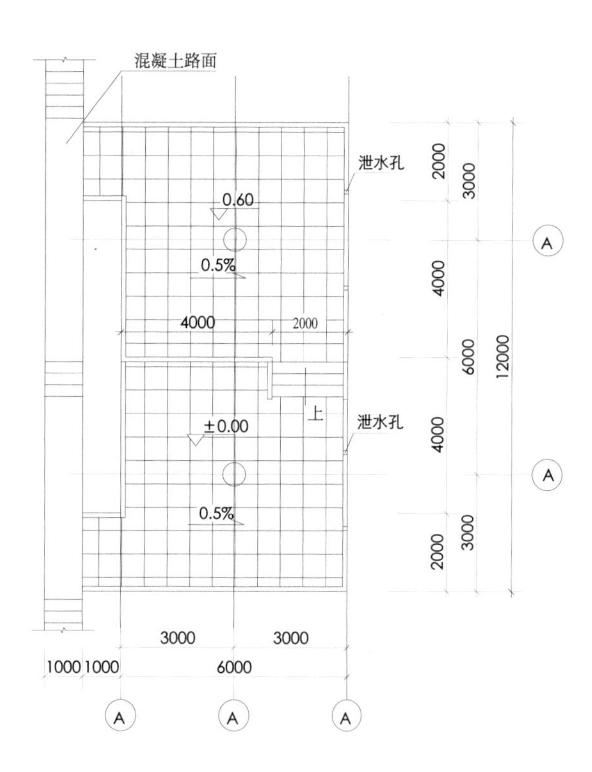

观景台3平面

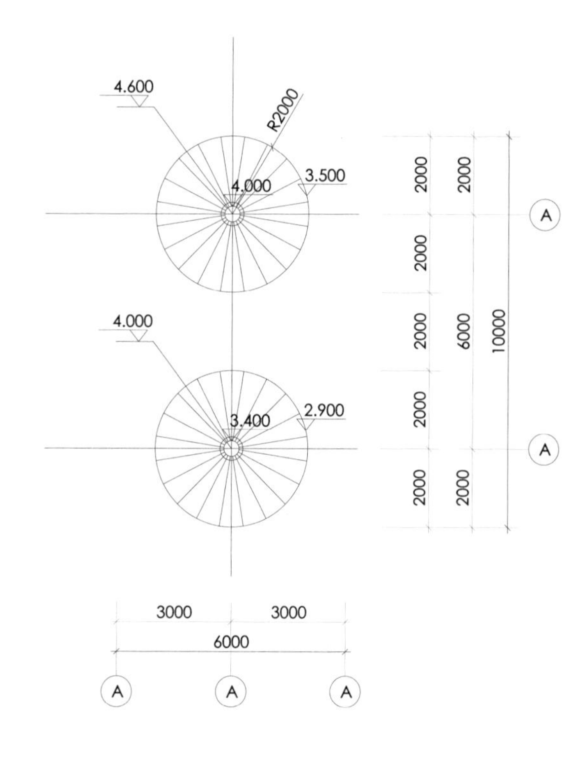

观景台4屋面平面

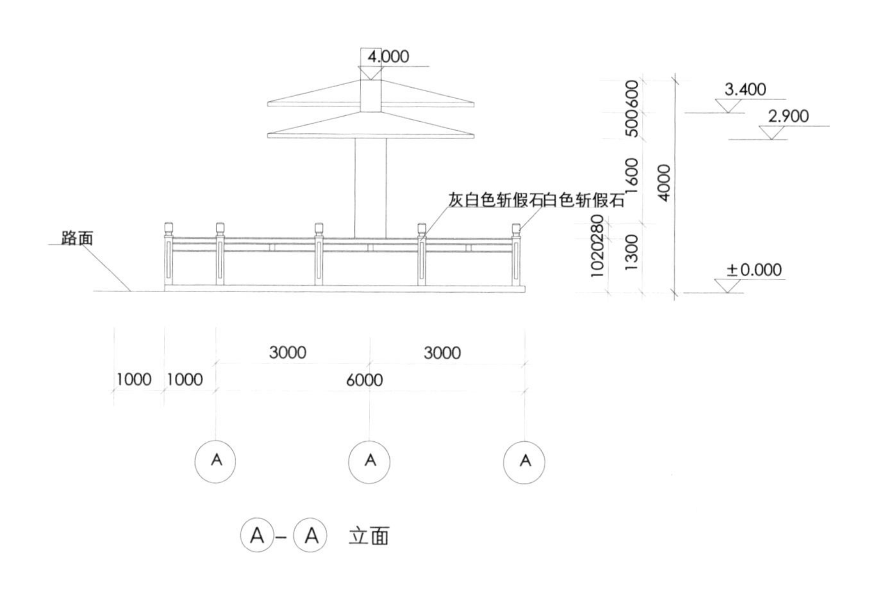

A－A 立面

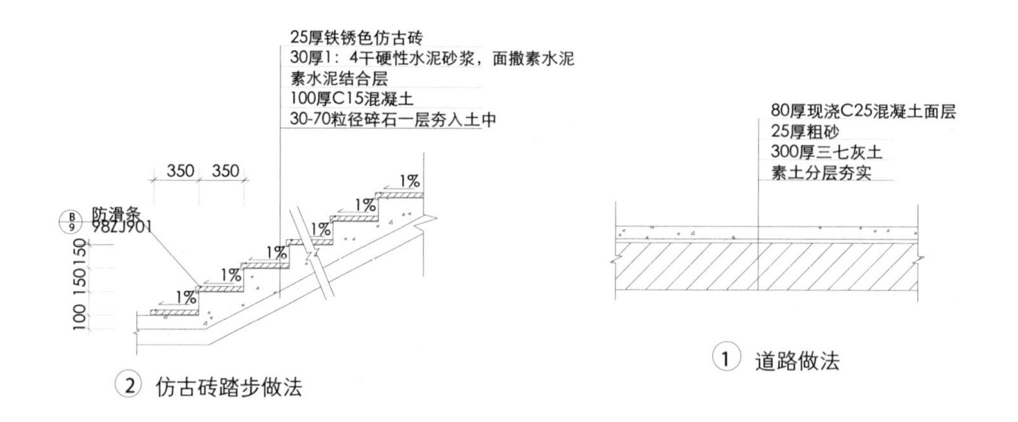

② 仿古砖踏步做法

① 道路做法

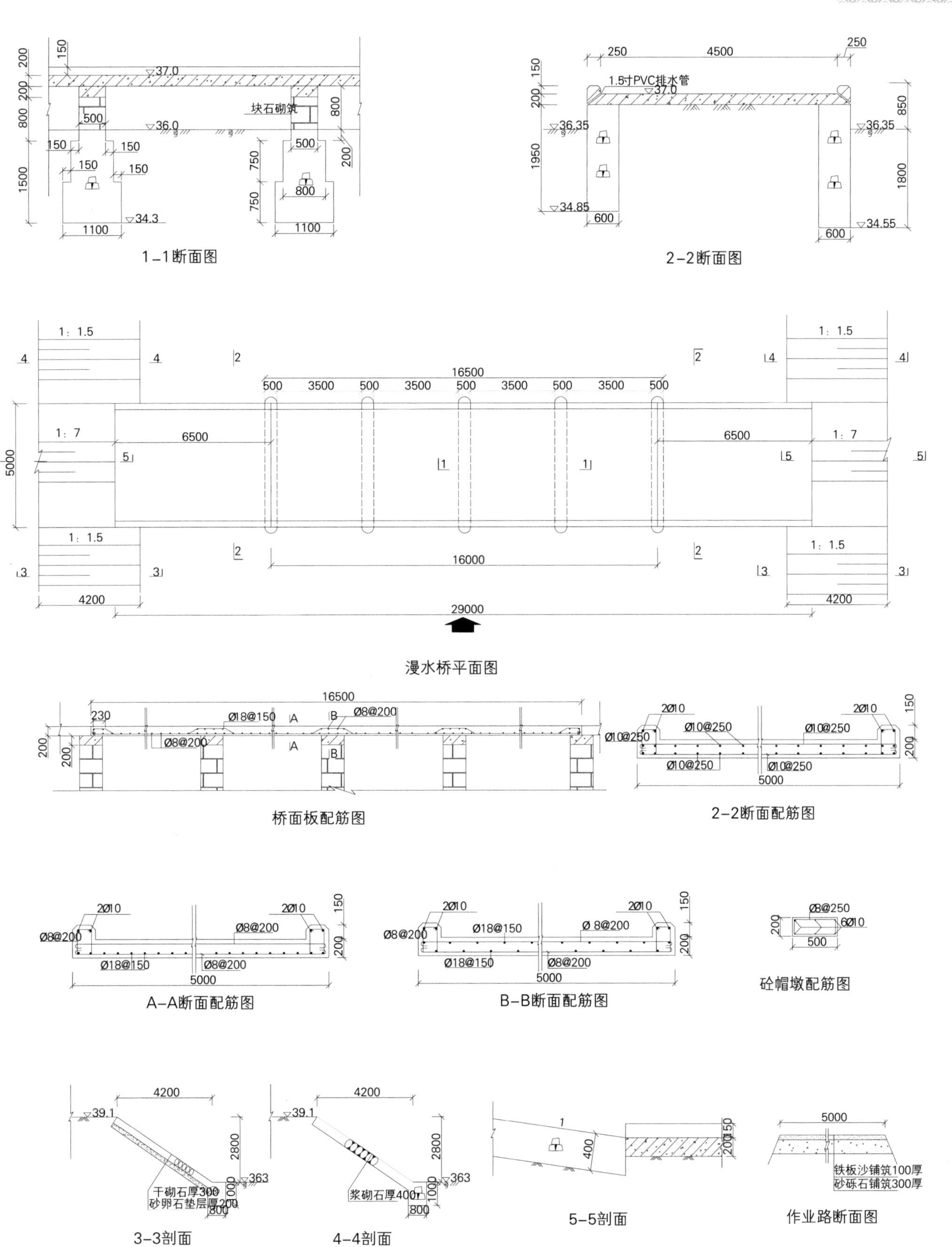
1-1断面图
块石砌筑
37.0
36.0
34.3
2-2断面图
1.5寸PVC排水管
37.0
36.35
34.85
34.55
漫水桥平面图
16500
16000
29000
6500
1：1.5
1：7
4200
5000
桥面板配筋图
Ø18@150
Ø8@200
2-2断面配筋图
2Ø10
Ø10@250
A-A断面配筋图
Ø8@200
Ø18@150
B-B断面配筋图
砼帽墩配筋图
Ø8@250
6Ø10
3-3剖面
干砌石厚300
砂卵石垫层厚200
4-4剖面
浆砌石厚400
5-5剖面
作业路断面图
铁板沙铺筑100厚
砂砾石铺筑300厚

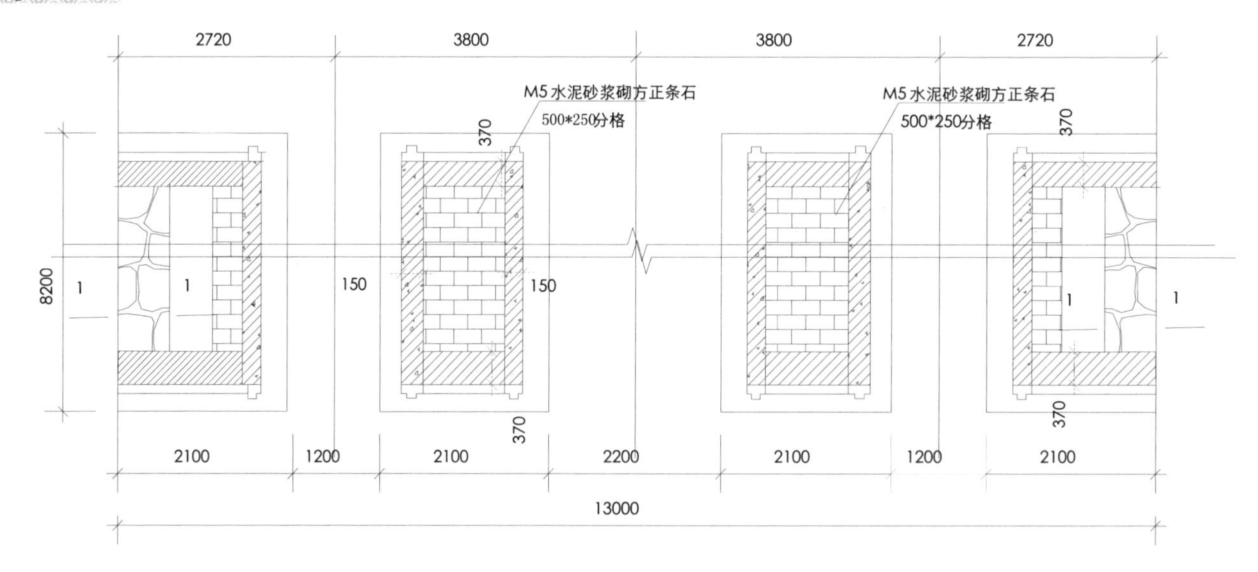

三孔拱桥基础平面图

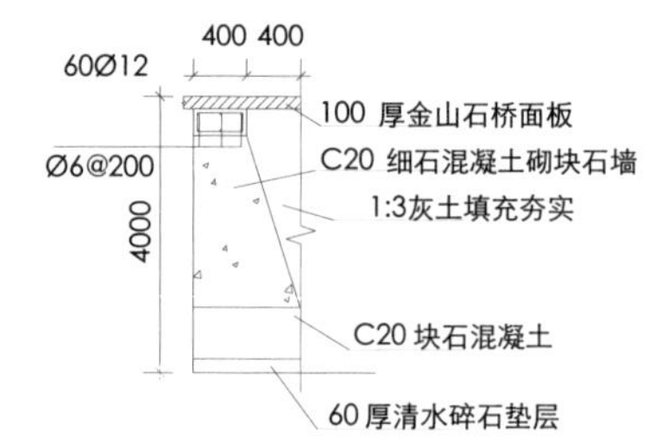

1-1

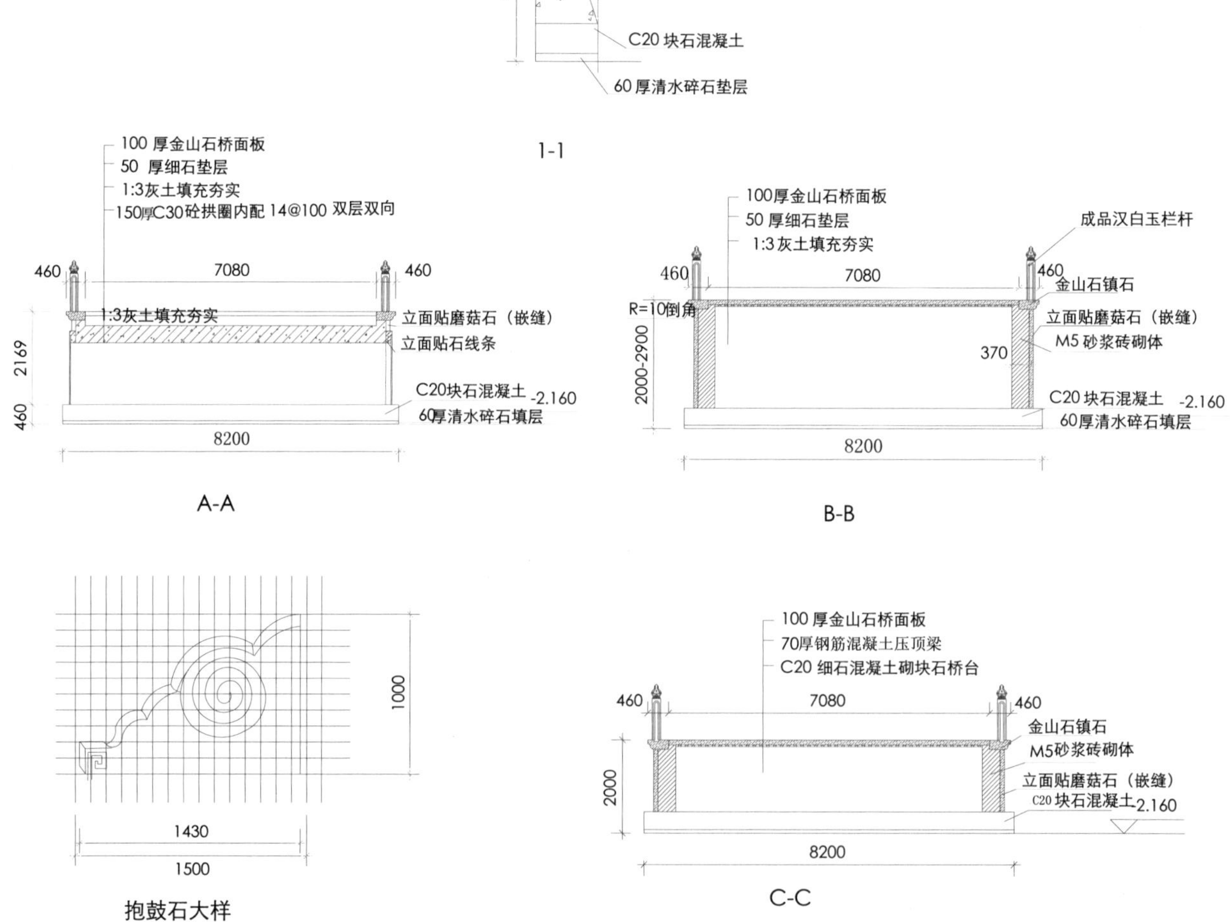

A-A

B-B

抱鼓石大样

C-C

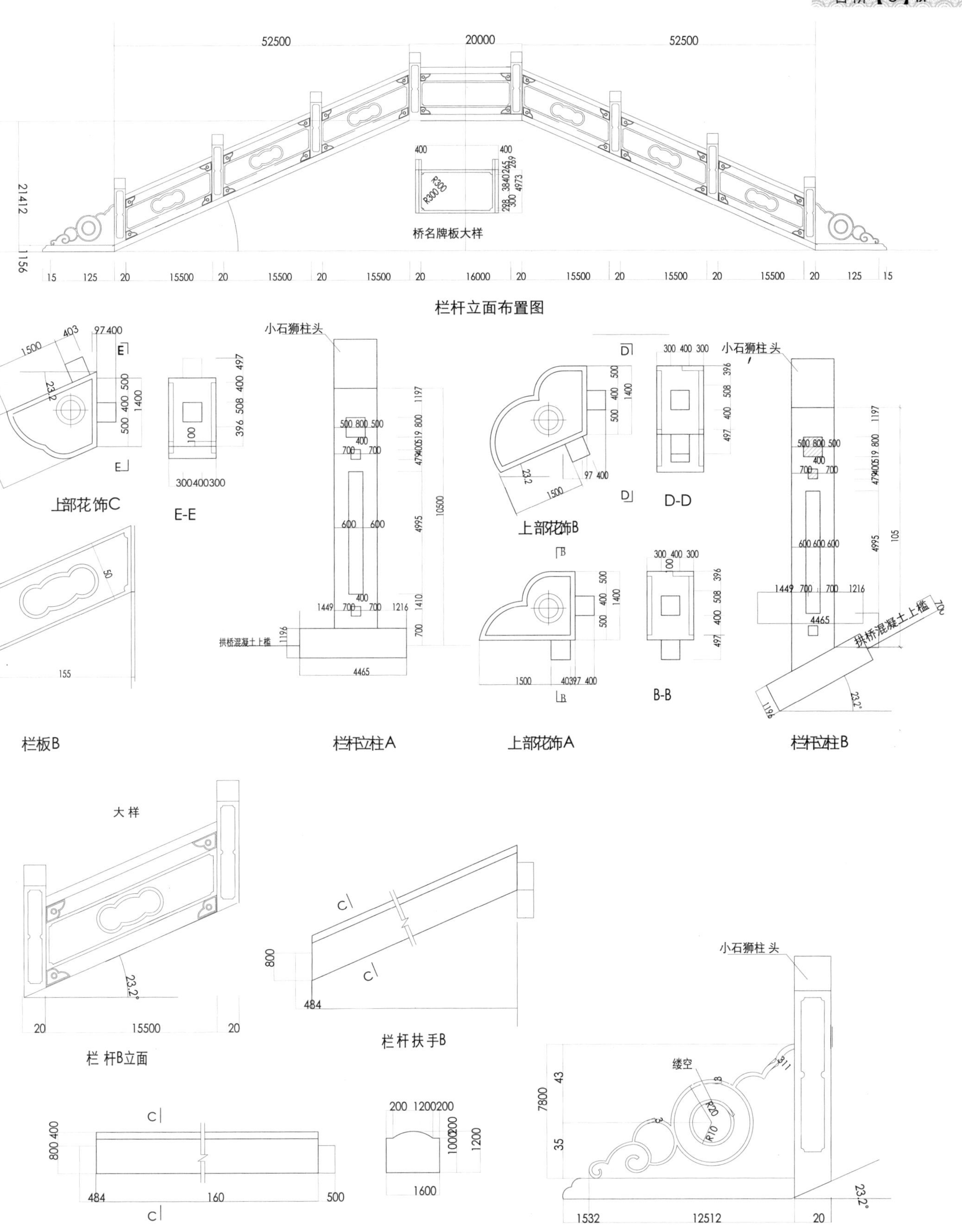

52500
20000
52500
400
400
R300
R300
桥名牌板大样
21412
1156
15500
16000
栏杆立面布置图
小石狮柱头
上部花饰C
E-E
上部花饰B
D-D
拱桥混凝土上槛
栏板B
栏杆立柱A
上部花饰A
B-B
栏杆立柱B
大 样
23.2°
栏 杆B立面
栏杆扶手B
缕空
栏杆扶手A
C-C
端头栏杆立面

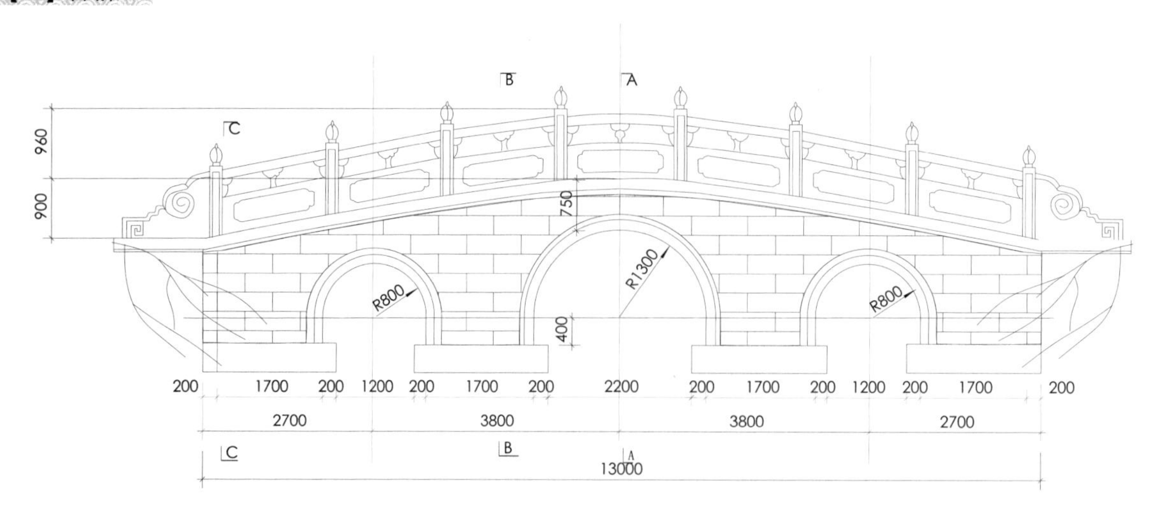

三孔拱桥立面图

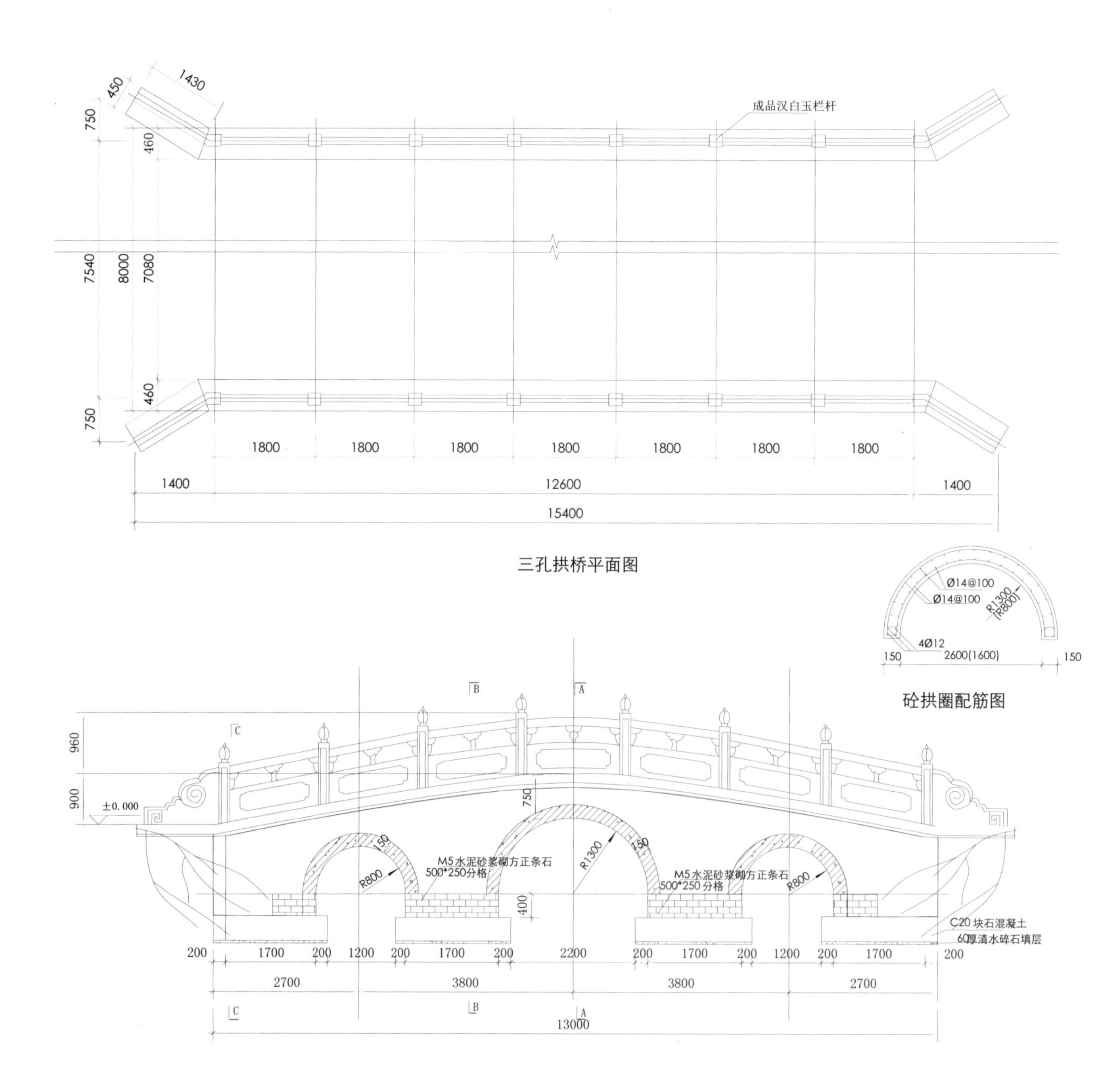

三孔拱桥平面图

砼拱圈配筋图

三孔拱桥纵剖面图

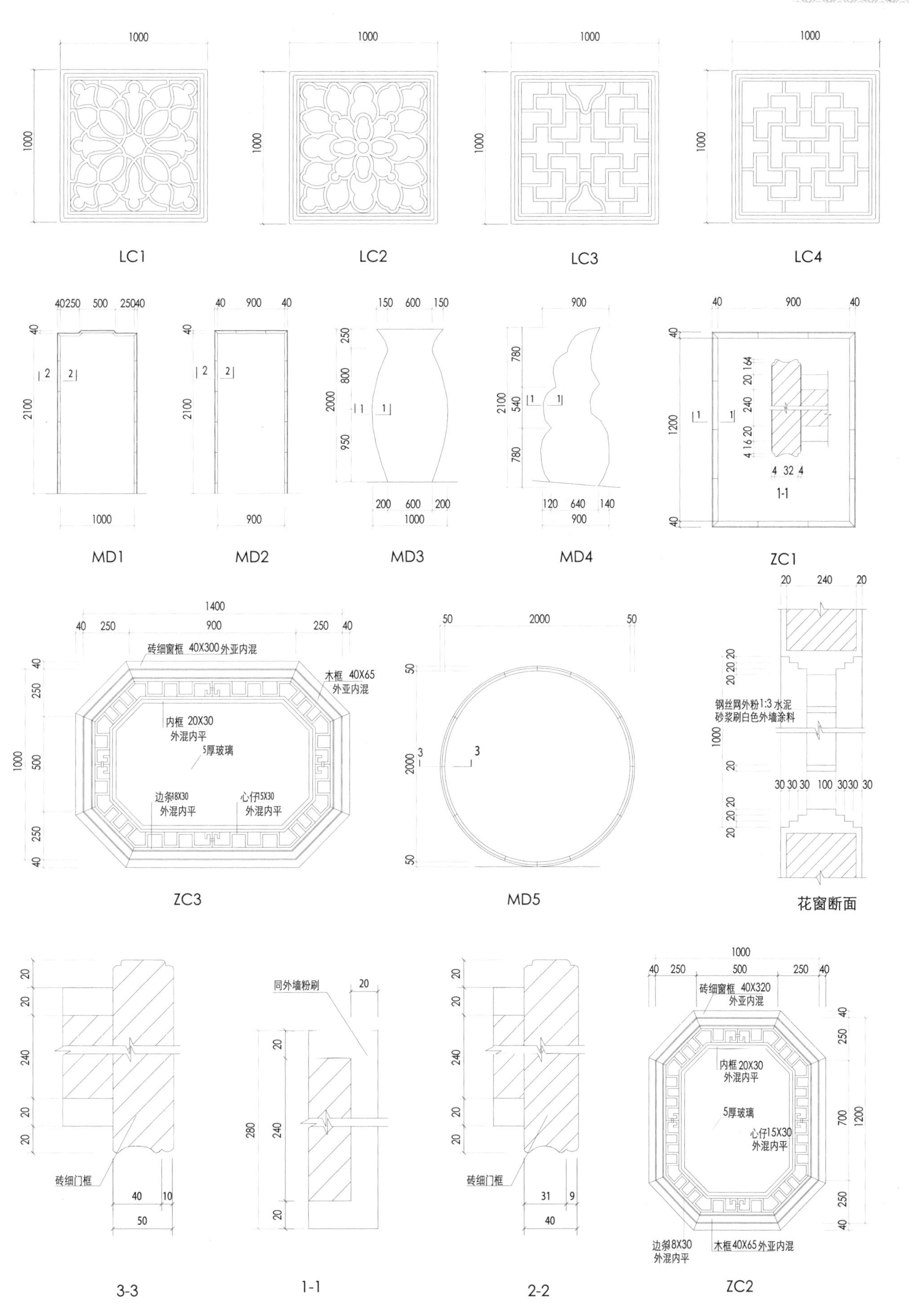
1000
LC1
LC2
LC3
LC4
MD1
MD2
MD3
MD4
ZC1
1-1
砖细窗框 40X300 外亚内混
木框 40X65 外亚内混
内框 20X30 外混内平
5厚玻璃
边条8X30 外混内平
心仔15X30 外混内平
ZC3
MD5
钢丝网外粉1:3水泥砂浆刷白色外墙涂料
花窗断面
砖细门框
3-3
同外墙粉刷
1-1
2-2
砖细窗框 40X320 外亚内混
内框 20X30 外混内平
5厚玻璃
心仔15X30 外混内平
边条8X30 外混内平
木框40X65外亚内混
ZC2

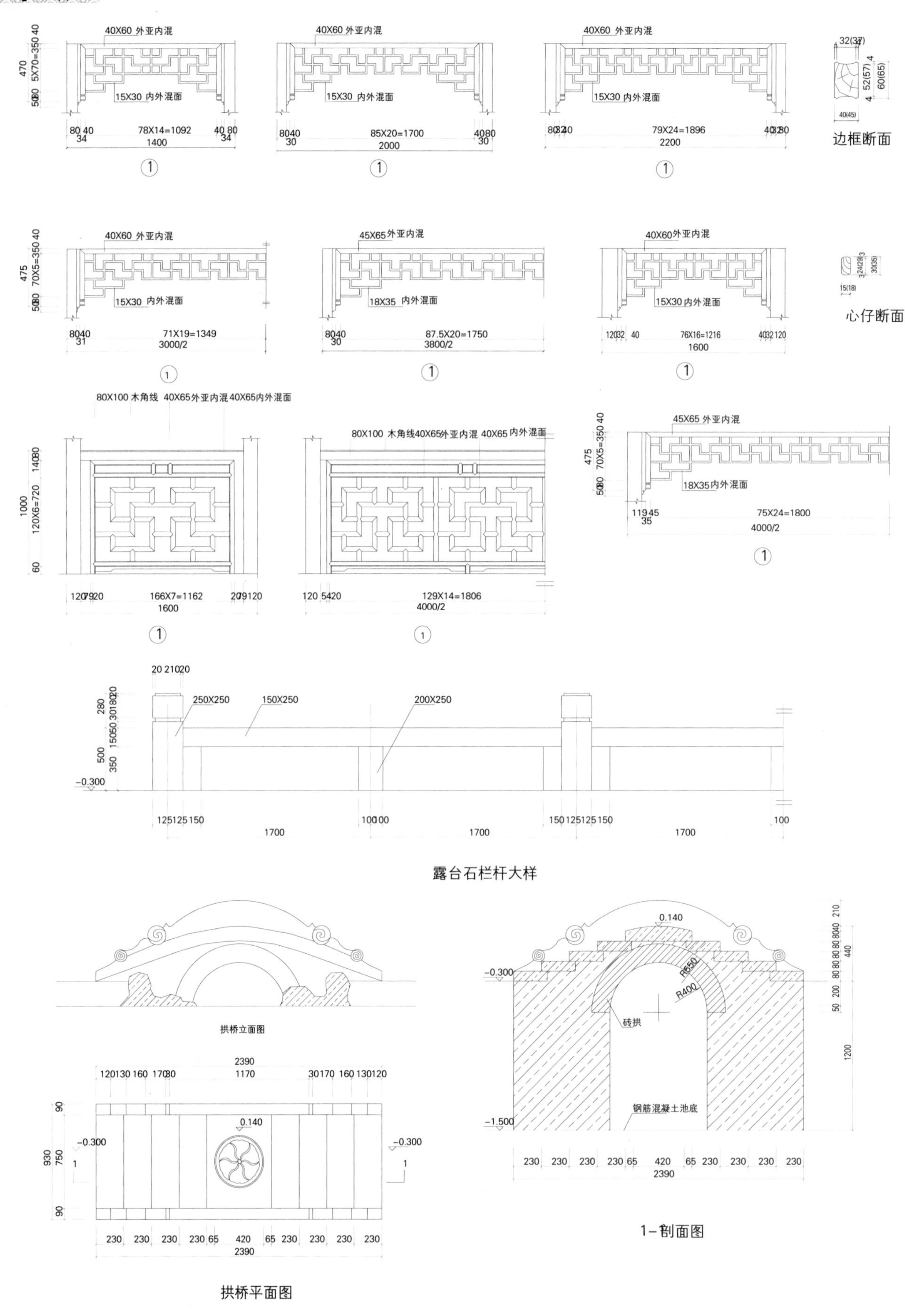

露台石栏杆大样

拱桥立面图

拱桥平面图

1-剖面图

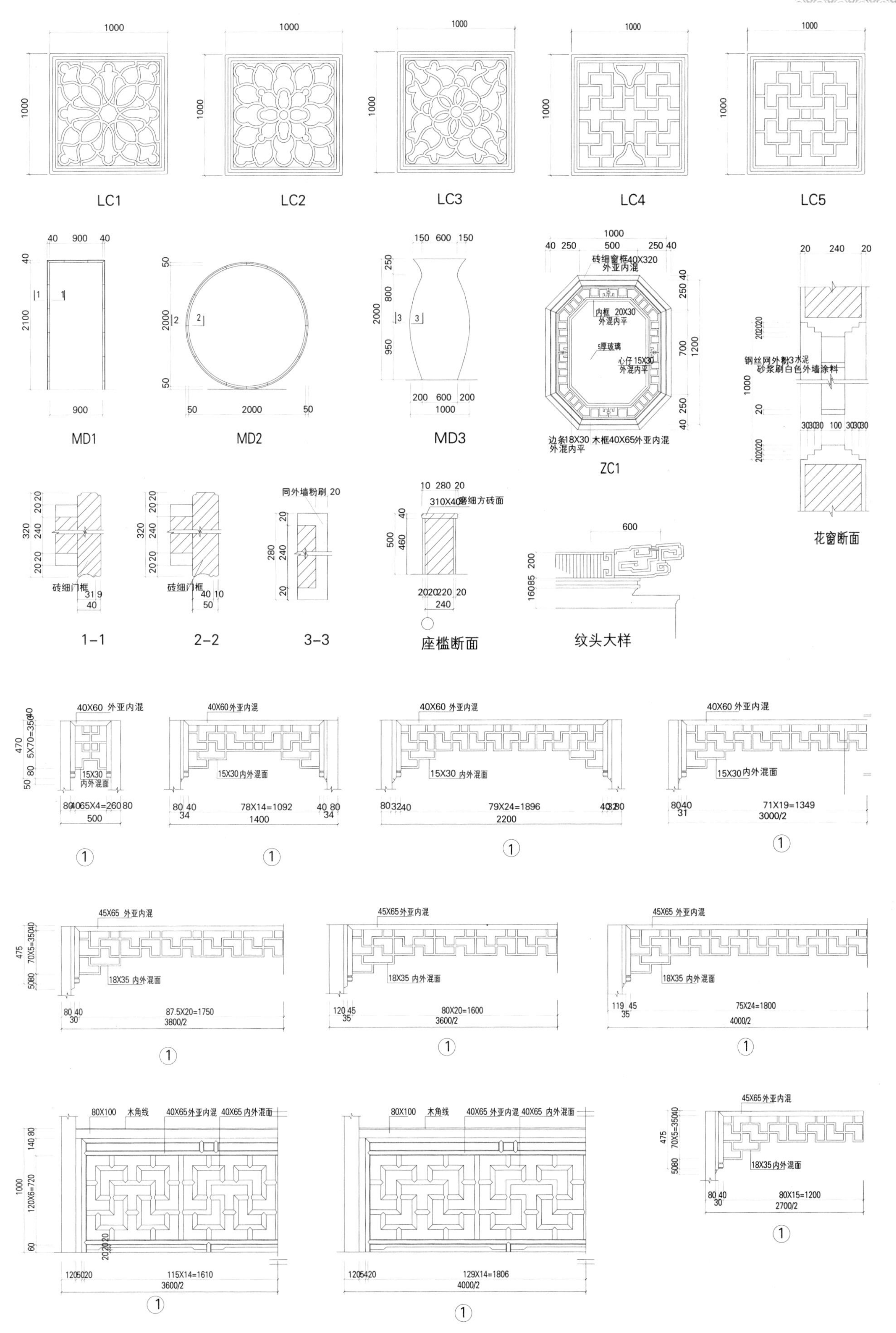
LC1
LC2
LC3
LC4
LC5
MD1
MD2
MD3
ZC1
砖细窗框40X320 外亚内混
内框 20X30 外混内平
5厚玻璃
心仔 15X30 外混内平
边条18X30 外混内平
木框40X65外亚内混
钢丝网外粉3水泥砂浆刷白色外墙涂料
花窗断面
砖细门框
同外墙粉刷 20
310X40磨细方砖面
1-1
2-2
3-3
座槛断面
纹头大样
40X60 外亚内混
15X30 内外混面
45X65 外亚内混
18X35 内外混面
80X100
木角线
40X65 外亚内混
40X65 内外混面

第二章 塔体

中国古代建筑——塔

一、塔的起源

在中国辽阔美丽的大地上，随处都可以看到古塔的踪影。这些千姿百态的古塔，其造型之美，结构之巧，雕刻、装饰之华丽，均堪与我国其他种类的古代建筑相比。然而，在我国早期的古代建筑物中有楼有阁，有台有榭，有廊有庑，有民居有桥梁有陵墓，唯独没有塔。原来塔这种建筑并不是我国的固有类型，而是外国的一种建筑。在传入我国以后，塔又和我国原有的建筑形式相结合，形成了一种具有中国民族传统特色的新的建筑类型。

塔原本产生于印度，是佛教的一种建筑物。公元前五、六世纪时，古印度的释迦牟尼创立了佛教，塔就是保存或埋葬佛教创始人释迦牟尼的"舍利"用的建筑物。舍利，原文的含义为尸体或身骨。据佛经上说，释迦牟尼死后，弟子们将其遗体火化，结成了许多晶莹明亮、五光十色、击之不碎的珠子，称为舍利子。还有其他的身骨、牙齿、毛发等等，也称为舍利。后来又加以扩演，凡德行较高的僧人死后烧剩的骨齿遗骸，也称为舍利。

从我国的文字发展历史来看，在早期的汉字中并没有"塔"字。佛塔传入中国时，它的名称被译成各式各样，人们发挥着各自的才能，有的音译，有的意译，也有按形状译的。于是出现了萃堵波、私偷簸、偷婆、佛图、浮屠、浮图、方坟、圆冢、高显、灵庙等各种名称。以后，人们根据梵文"佛"字的音韵"布达"，造出了一个"荅"字，并加上一个"土"字旁，以表示坟冢的意思。这样，"塔"这个字既确切地表达了它固有的埋葬佛舍利的功能，又从音韵上表示了它是古印度的原有建筑，准确、恰当而又绝妙，于是"塔"的名称流行广泛。

二、塔的发展阶段

从历史文献的记载和我国现存古塔、古塔遗址的调查分析得知，古塔的发展大体上可分为三个阶段。

1. 东汉到唐朝初，为古塔发展的第一阶段。在这一阶段中，印度的萃堵波开始和我国传统建筑形式互相结合，是不断磨合的阶段。

佛教同其他宗教一样，都要借助于实物来传播教义。佛教借以传播教义的实物除了佛经、佛像之外，就是佛塔了。根据史书记载，在著名的"永平求法"之后，汉明帝于永平十一年（公元68年）在首都洛阳兴建了我国第一座佛教寺院——白马寺，其中就包括了塔这种建筑。《释书·释老志》云："自洛中构白马寺，盛饰浮图，画亦甚妙，为四方式。"

佛教的教义与中国固有的王权思想、儒家学说、宗教信仰等存在着分歧、冲突，为了生存，佛教不得不采取了调和的立场，力争以人们习惯或熟悉的思维及行为方式来扩大自己的影响。在这种情况下，来自印度的半圆形的萃堵波自然也不可能保持其原有形态，它势必要在迎合中国传统建筑风格的前提下改变其本来面目。

那么在诸多的中国传统建筑形式中，佛教的传播者为什么要把萃堵波"嫁接"到高楼建筑之中呢？从东汉开始，除了一些特殊的礼制建筑之外，自战国至西汉一直流行的高台建筑逐渐为木构高楼所替代。无论是宫廷还是地主豪强的庄园，都盛行建造木构高楼，除了供居住的楼之外，还有城门上的谯楼，市场中的市楼，仓储用的仓楼，了望用的望楼，守御用的碉楼等。正是各种各样的木构高楼，构成了东汉建筑的时代特色。此外还要看到，秦汉时期的帝王、贵族普遍热衷于求仙望气、承露接引等事，根据"仙人好楼居"的说法，至少在汉武帝之时就已经出现了高达五十丈的井擀楼（即用大木实叠而成的高楼），用于求神迎仙。所以木构高楼不仅是当时最显高贵的建筑，同时也是颇具神秘性的建筑，把萃堵波"嫁接"其上，实在是一种非常有利于佛教传播的选择。

汉代的佛塔虽然已无实例可寻，但我们尚可从河南故县出土的陶楼和甘肃武威出土的陶碉楼形态中可见其大概。这种由构架式楼阁与萃堵波结合而成的方形木塔，自东汉时期问世以来，历魏、晋、南北朝数百年而不衰，成为此一时期佛塔的经典样式。

2. 从唐朝经两宋至辽、金时期，是我国古塔发展的第二个阶段，也是我国古塔发展的高峰时期。

唐、两宋时期古塔的建筑达到了空前繁荣的程度。塔的总体数量较前代大增，建塔的材料也更为丰富了，除了木材和砖、石以外，还使用了铜、铁、琉璃等材质。阁楼式、密檐式，以及亭阁式塔正值盛年，花塔和宝箧印经塔又现异彩。这一时期，是从以木塔为主转向以砖石塔为主的最后阶段。由于材料的改变，使建筑造型与技术也相应有所变化。其中最重要的一点是塔的平面从四方形逐渐演变为六角形和八角形。

开封铁塔在建成55年后毁于雷火。1049年当时宋仁宗重修开封塔，这次重修，换了地方，由福盛院改到了上方寺。为了防火，材料由木料改成了砖和琉璃面砖，这就是今天我们见到的铁塔。

根据文献记载和实物考察得知，早期的木塔平面大多是方形，这种平面来源于楼阁的平面。隋唐以及以前的砖石塔，虽然有少量的六角形、八角形塔，甚至还有嵩岳寺塔十二边形的特例，但是就现存的唐塔的情况来看，大多还是方形塔。但入宋以后，六角形、八角形塔很快就取代了方形塔，塔之平面也就有了变化。

我国是一个多地震的国家，高层建筑特别是砖石结构高层建筑，极易在地震中受到破坏。古代工匠们从对地震受损情况的观察中，已经认识到了建筑物的锐角部分在地震中因受力集中而容易损坏。但钝角或圆角部分在地震时因受力较为均匀而不易损坏。所以处于使用和坚固两方面的考虑，自然要改变古塔的平面。 其次，为适应人们登塔远望的需要，也是古塔平面发生变化的原因。木塔虽为方形，但却便于设置平座，使人们能够走出塔身，凭栏周览。改为砖石塔后，平座就不能挑出太远，人们走出塔身便很困难，而且危险性也大大增加。改为六角形或八角形后，不仅能有效地扩大视野，而且还有利于减杀风力，其优势是十分明显的。

由于社会风习的变化，唐与宋、辽、金时期的古塔，在审美特征上也有了明显的差异。大致来说，唐时修建的塔一般不尚装饰，唐人追求的主要是简练而明确的线条，稳定而端庄的轮廓，亲切而和谐的节奏，唐塔表现出来的是唐人豪放的个性和气度。而宋人却是追求细腻纤秀，精雕细琢，柔和清丽，所以宋塔的艺术便在装饰的、表现的、外在等方面开拓新的境界，极力渲染其令人目眩的轮廓变化和颇有俗艳之嫌的形式美。至于与宋对峙的辽和金，则是在唐风宋韵的混合当中，谱写了中国古塔的黄金时代里又一辉煌篇章，宗教内在的感染力，是造塔者极力要表现的唯一主题。

3. 从元代经明代到清代，是我国古塔发展的第三个阶段。

元代以后，塔的材料和结构技术，再无更高的突破，只是在形式上有了一些新的发展。最为明显的是，随着喇嘛教的传播，瓶形的喇嘛塔进入了中国佛塔的行列。这种带有强烈异域风格的塔，长期保持了它们那庄重硕壮而又丰满的造型。

从元至清600年间，这种塔形的主要变化，是其塔刹（即“十三天”）比例的变更，从元代的尖锥形，发展成为直筒形。明代以后，仿照印度佛陀伽耶金刚宝塔形式而来的金刚宝座式塔又和喇嘛塔一起，推动中国古塔的建造出现一次回光返照般的高潮。

三、塔的种类

1. 密檐楼阁式

顾名思义，这类塔实质上还是楼阁式塔，但外观上具有密檐的结构。具体表现为第一层塔身特别高，以上各层高度缩小，檐与檐之间距离很近，呈密叠状，多设假门和假窗，仅开少数真门，无平座栏杆；内部多为空筒结构，设有木制楼梯，也有的设砖砌楼层，可以攀登。这种塔多原来归类到密檐式，张驭寰先生认为它是与楼阁式塔，密檐式塔并列的一类塔，我认为这可以算作楼阁式塔的一个特例。

这类塔在唐代及唐代之前是主流，现存的唐代密檐砖塔几乎都是这种结构的；两宋时仅在四川还有一些密檐楼阁塔的遗构，也是仿唐建筑，估计是受到中原的影响比较晚的缘故；辽代几乎没有这种塔；金代在中原地区建有多座仿唐塔，大部分都是这种塔；另外在云南也有南诏、大理时代建造的密檐楼阁式塔数座；元代以后渐渐绝迹。由于密檐楼阁式塔都是唐塔或仿唐塔，因此又可称为唐式密檐塔或汉式密檐塔，在唐代以后发展不大，因此塔身平面大部分都是正方形的；而辽代的建筑师则在唐式密檐塔的基础上发展了另一种融合契丹风格的密檐式塔（辽式密檐塔），自成一派，并成为北方佛塔的主流，将在以后介绍。

2. 仿楼阁式

还有一类实心的楼阁式塔，虽名为楼阁却不能登临，只是象征性的；内部为实心结构，但外表忠实的模仿重楼（或密檐楼阁）的结构，很多都在各层设门窗、斗拱，甚至有些还有平座、栏杆，完全就是一座缩小的楼阁式塔模型。另外，有相当数量采用石材、金属制作的中小型仿楼阁式塔，使用原材料堆砌或拼接而成，不属于建筑，将其归类于雕塑型塔，详见后文介绍。

在中原一带的僧尼墓塔中，有大量的仿楼阁式塔的实例，塔身平面多为方形，层数多为三层和五层，如少林寺塔林（河南登封），风穴寺塔林（河南汝州）等。

3. 亭阁式塔

“亭”恐怕是我国古代最重要的观赏性建筑了，所谓“亭台楼阁”，“亭”比楼阁更加受到重视。亭阁式塔也是最早出现的佛塔类型之一，可以看作单层的楼阁式塔，又可称为单层塔，外表上模仿亭子的构造，只不过顶部加了个塔刹作为佛教的标志。由于结构简单造价低廉，作为僧尼墓塔，亭阁式塔在南北朝至唐代非常流行，金代之后逐渐衰落。一般来说早先的亭阁式墓塔多作空心结构，内设塔室可供奉佛像、舍利等；中唐之后多做实心结构，以便于保护。塔身平面有方形、六角、八角和圆形四种，其中以唐代塔最为全面，四种平面的实例都有；建筑材料有木、砖、石；由于结构所限，亭阁式塔不会建得很高，最高的实例也不过 15 米左右。从外形上来看，可分为单层单檐和单层重檐两种类型：前者只有一层塔檐；后者多为两层塔檐，极少数有三层。另外还有一些亭阁式塔在第一层塔檐上部加建了一个小阁（如佛光寺祖师塔），可看作一种特例。还有一些非常小的石雕亭阁式塔，将其归入雕塑型塔的范畴。虽然亭阁式塔的数量远不及楼阁塔和密檐塔，但其中精品比例却相当高。

4. 密檐式

（实心）密檐式塔也是我国古塔的主要类型之一，它应该是从密檐楼阁式塔演化而来的。密檐塔和密檐楼阁塔的主要区别在于前者各层都做成实心（一部分在第一层设塔室），另外加大了第一层塔身高度的比例，并取消了各层密檐之间的门窗，外观上使得相邻两层塔檐之间的距离更近了。密檐式塔在辽、金时期成为佛塔和墓塔的主流。尤其是辽代的密檐式塔，自成体系，塔身表面装饰极为华丽，各面布满了佛像、菩萨、力士、飞天等造像。金代的密檐塔多为仿辽，宋代极少。明清时期亦有仿辽密檐塔多座，但无甚发展。由于辽塔为主流，后世多仿造，现存的密檐式塔多为八角形平面，一部分为六角形，方形的很少。分布主要在辽代的疆域内，重点是辽代五京，即上京（内蒙古巴林左旗），中京大定府（内蒙古宁城），东京辽阳府，西京大同府，南京幽州府（北京），其中又以辽宁地区最多；黄河以南罕见。

典型的密檐式塔的结构为：平面八角形，底部为高大的两层须弥座，束腰内有浮雕；须弥座上部为仰莲瓣，其上为仿平座栏杆，再上为塔身。第一层塔身四面设拱券门（一为真门余为假门）四面设假窗，门窗周围有诸多浮雕造像；塔身内仅设一层塔心室，塔身之上为斗拱出檐，密檐之间不设门窗。相比汉式（唐式）密檐塔，辽式密檐塔的主要区别是内部实心，第一层塔身高度比例增大，且表面布满浮雕。

5. 覆钵式塔

又称喇嘛塔，是藏传佛教的塔，主要流传于南亚的印度、尼泊尔，中国的西藏、青海、甘肃、内蒙古等地区，直接来源于印度的 堵坡。

覆钵式塔的造型与印度的 堵坡的基本相同。覆钵式塔的造型在北魏时期的云冈石窟中就又出现，早期流入中国西藏，再从西藏流传至其他地区。随着 堵坡在中国逐步演化为中国的宝塔，印度的 堵坡也在不断演化，并在元代随着喇嘛教的兴盛，再一次传入中土，并开始大量在汉民族地区出现。

覆钵式塔是一种实心的建筑，供崇拜之用。被用作舍利塔，还可做僧人的墓塔。其形体大小不一，中国现存最大的覆钵式塔是建于元代的北京妙应寺（白塔寺）白塔。除此以外还有北海公园的永安寺白塔。而香泥小塔也都是喇嘛塔的式样。

6. 花塔

花塔（华塔）是一种造型独特的佛塔，塔身的上半部分呈竹笋状，表面密布着各种精细的浮雕，多为莲花瓣、佛龛、佛像、菩萨和神兽等佛教题材，表现的是佛教华严宗的莲花藏世界。《华严经》印度龙树造，东晋时传入中国，法藏曾为武则天宣讲华严，大得宠信，正式开创了华严宗，盛唐中宗时大盛。在敦煌石窟中唐已出现根据《华严经》绘制的壁画，晚唐至宋更多。画中绘一大海，浮现一朵大莲花，花中心为毗卢舍那佛，周围有小城几十座，每一座小城代表"如微尘数"的一个小“世界”，整体就是“莲华藏世界”。可以认为，花塔的具有多重莲瓣和小塔的巨大塔顶，就是这种“世界”的立体表征，与壁画的区别只是把一座座小城改为一座座小塔。塔刹最高处的较大小塔就是毗卢舍那佛所居。花塔在唐末开始出现，盛行于宋、辽、金时期，到元代基本绝迹，仅存在了约三百多年。由于建筑和装饰工艺十分复杂，建造的很少，能保存到当代的就更加屈指可数了。根据能查到的资料，国内现存花塔（包括遗址）仅 15 座左右，全部在黄河以北地区，每一座都是名副其实的稀世珍宝。

为什么取名花塔，目前还没有定论，不少资料所都说“因为塔身看上去像一朵花 / 一个花束”，这种说法实在很牵强。与其说像个花束，倒不如说像个玉米或竹笋更为形象。也许是原名“华塔”，即华严宗的塔，传多了就变成了“花塔”。另外，花塔这种精美的艺术品为什么没能发展下去，而仅仅是昙花一现就消亡了呢，也是一个很值得探索的问题。

7. 金刚宝座式塔

金刚宝座式塔的形式起源于印度，造型象征着礼拜金刚界五方佛。佛经上说，金刚界有五部，每部有一位部主，中间的为大日如来佛，东面为阿閦（chù）佛，南面为宝生佛，西面为阿弥陀佛，北面为不空成就佛。金刚宝座代表密宗金刚部的神坛，金刚宝座塔上的五座塔就分别代表这五方佛。

最早的金刚宝座塔是印度比哈尔南部的佛陀迦耶大塔，中国建筑的金刚宝座式塔是仿造它而来，随时代和文化的发展又有了很大的改变。宝座上的塔有密檐式、楼阁式、覆钵式等多种，有的金刚宝座塔还建在佛教建筑顶上。

中国最早的金刚宝座塔造型出现在敦煌中北周石窟的壁画之上。最早的塔形实物是山西朔县崇福寺的北魏石刻中的金刚宝座塔石刻。现存最早的建筑实物是北京真觉寺金刚宝座塔。金刚宝座式塔有三种建造形式：作为单体建筑独立建造，作为佛殿顶端的部件，作为塔刹建造。

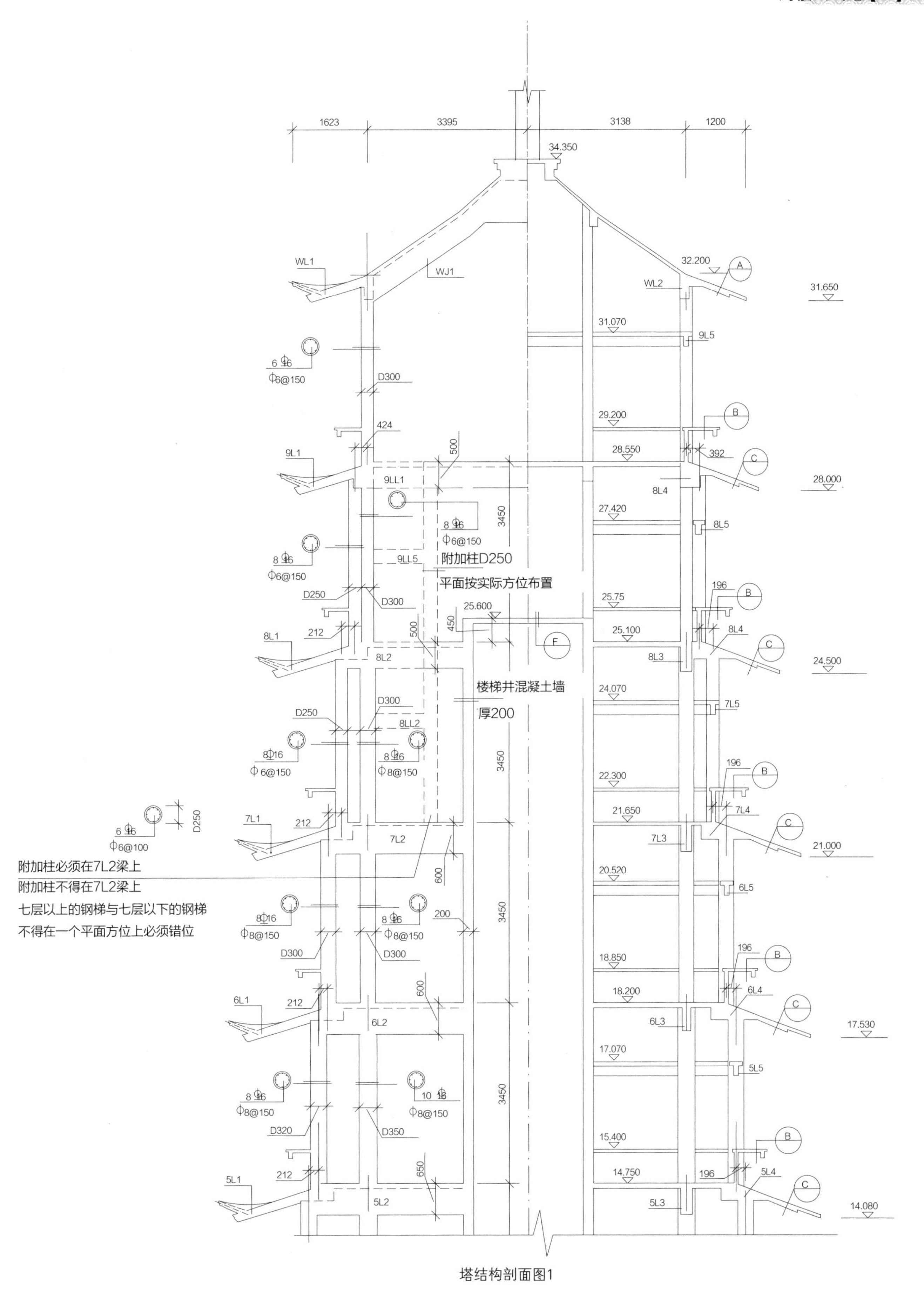

1623
3395
3138
1200
34.350
32.200
31.650
31.070
29.200
28.550
28.000
27.420
25.75
25.600
25.100
24.500
24.070
22.300
21.650
21.000
20.520
18.850
18.200
17.530
17.070
15.400
14.750
14.080
WL1
WJ1
WL2
9L5
D300
424
9L1
9LL1
392
8L4
8L5
9LL5
附加柱D250
平面按实际方位布置
D250
8L1
212
8L2
8L3
楼梯井混凝土墙
厚200
7L5
D300
8LL2
7L1
7L2
7L4
7L3
6L5
200
6L1
6L2
6L4
6L3
5L5
D320
D350
5L1
5L2
5L4
5L3
196
3450
附加柱必须在7L2梁上
附加柱不得在7L2梁上
七层以上的钢梯与七层以下的钢梯
不得在一个平面方位上必须错位

塔结构剖面图1

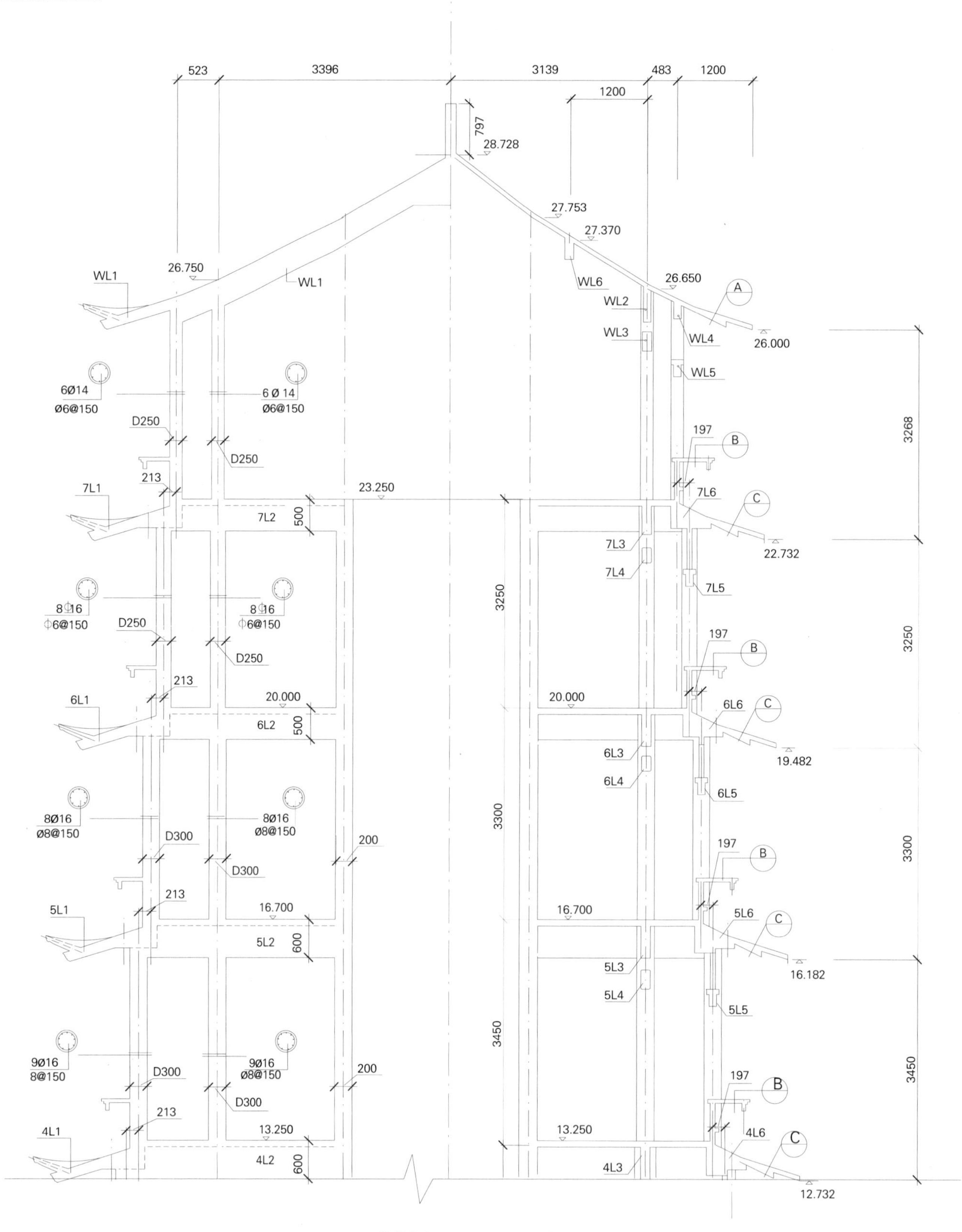

523
3396
3139
483
1200
1200
797
28.728
27.753
27.370
26.750
26.650
26.000
WL1
WL2
WL3
WL4
WL5
WL6
6Ø14
Ø6@150
D250
213
7L1
7L2
7L3
7L4
7L5
7L6
23.250
22.732
500
3268
3250
197
20.000
19.482
6L1
6L2
6L3
6L4
6L5
6L6
D300
200
16.700
16.182
5L1
5L2
5L3
5L4
5L5
5L6
600
3300
3450
13.250
12.732
4L1
4L2
4L3
4L6
9Ø16
8Ø16
Ø8@150
A
B
C

塔结构剖面图1

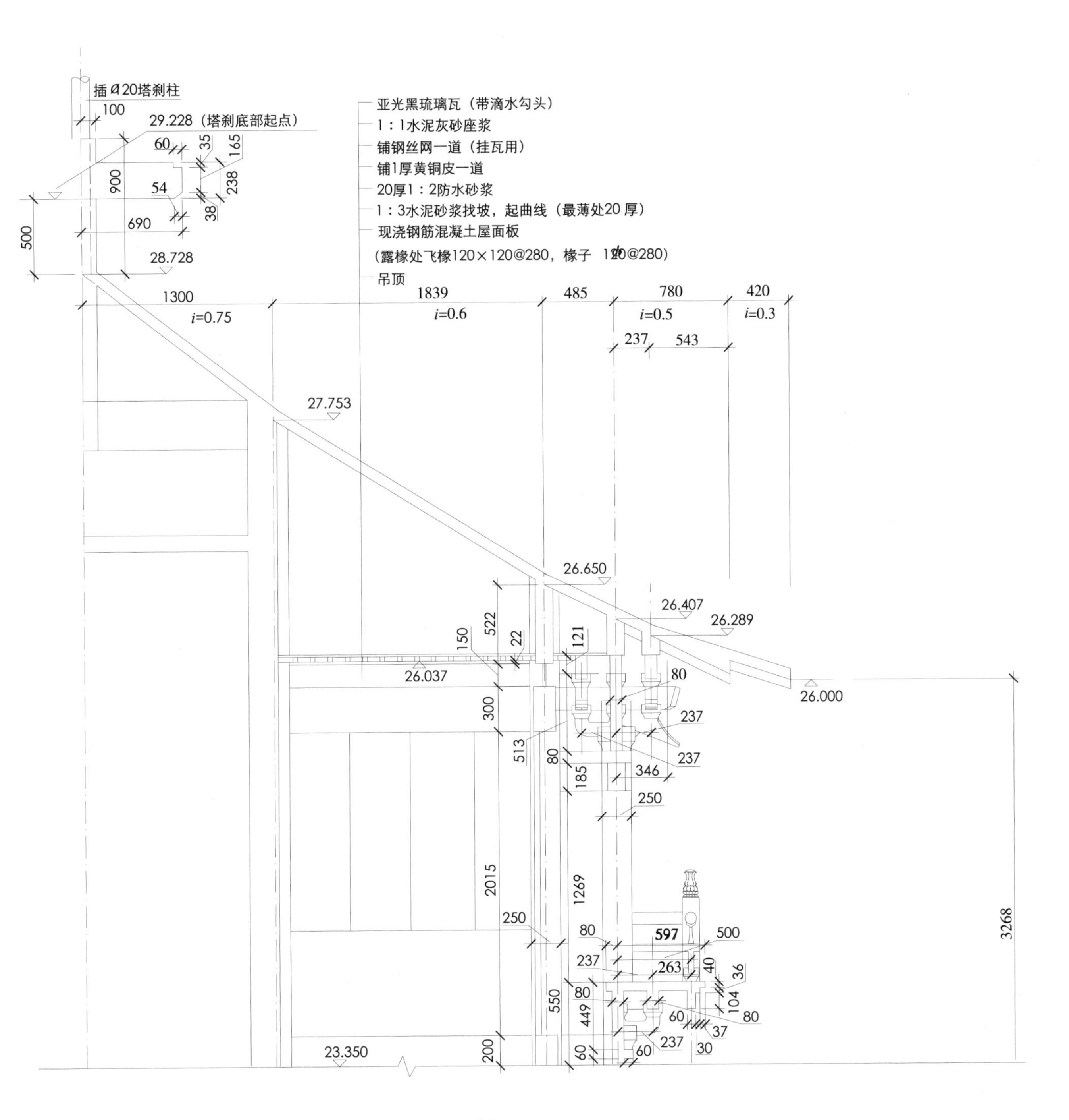

插Ø20塔刹柱
100
29.228（塔刹底部起点）
60
35
165
900
54
238
38
500
690
28.728
亚光黑琉璃瓦（带滴水勾头）
1：1水泥灰砂座浆
铺钢丝网一道（挂瓦用）
铺1厚黄铜皮一道
20厚1：2防水砂浆
1：3水泥砂浆找坡，起曲线（最薄处20 厚）
现浇钢筋混凝土屋面板
（露椽处飞椽120×120@280，椽子 120@280）
吊顶
1300
1839
485
780
420
i=0.75
i=0.6
i=0.5
i=0.3
237
543
27.753
26.650
26.407
26.289
26.037
26.000
23.350
3268

塔剖面图1

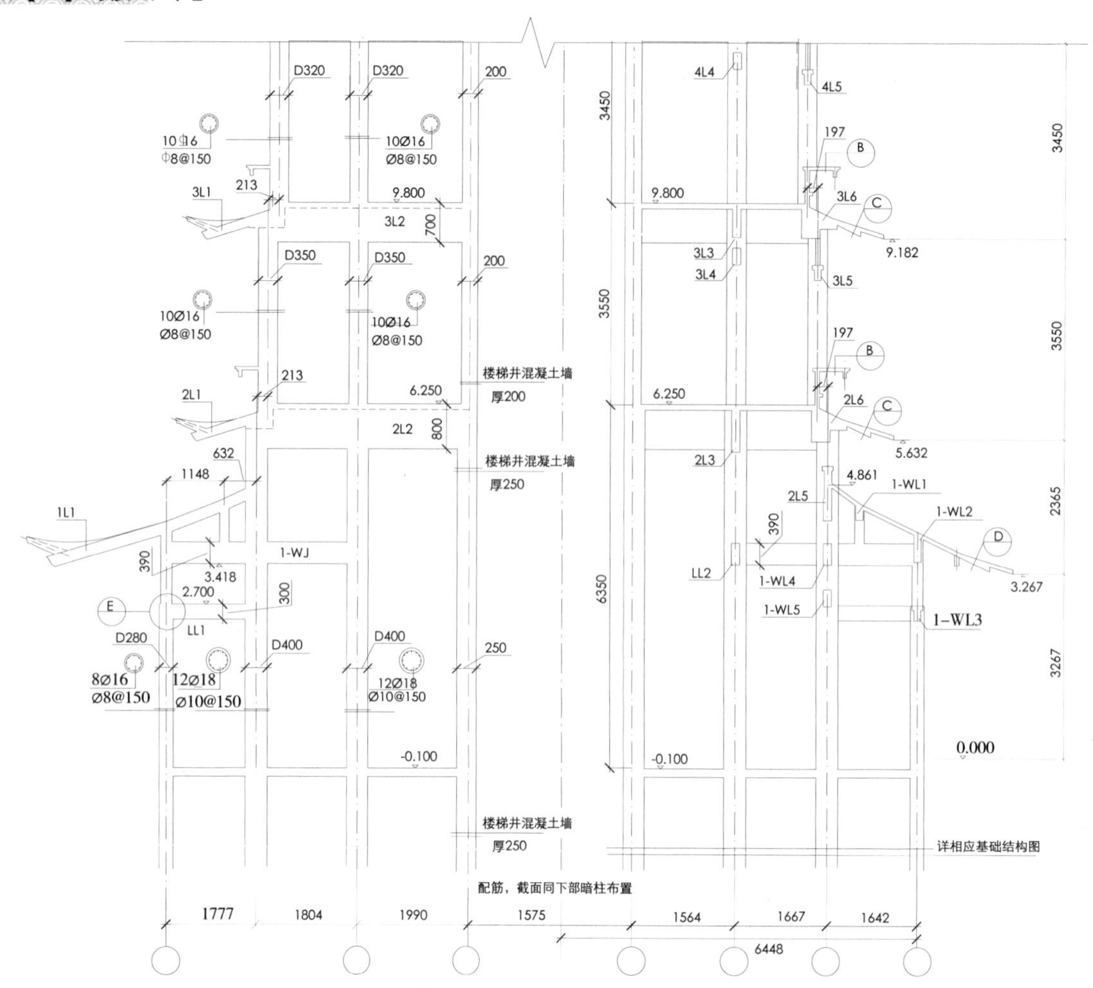

塔结构剖面图2

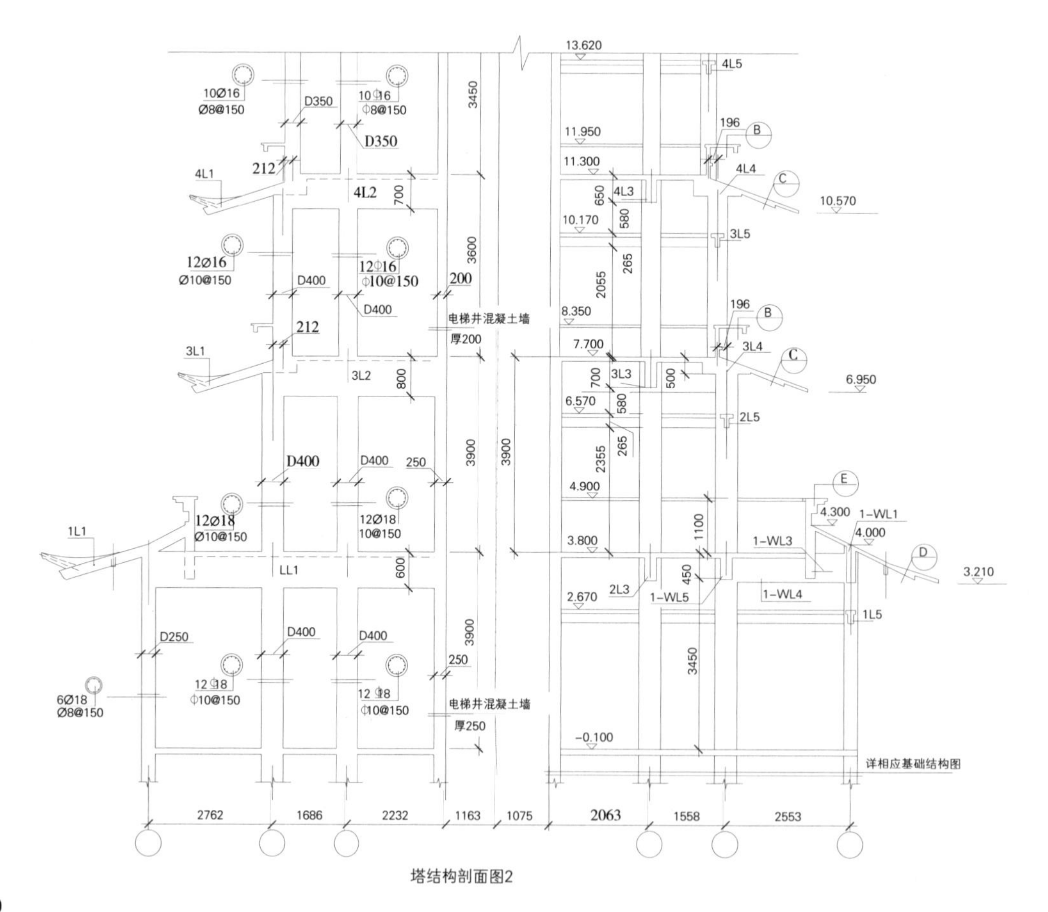

塔结构剖面图2

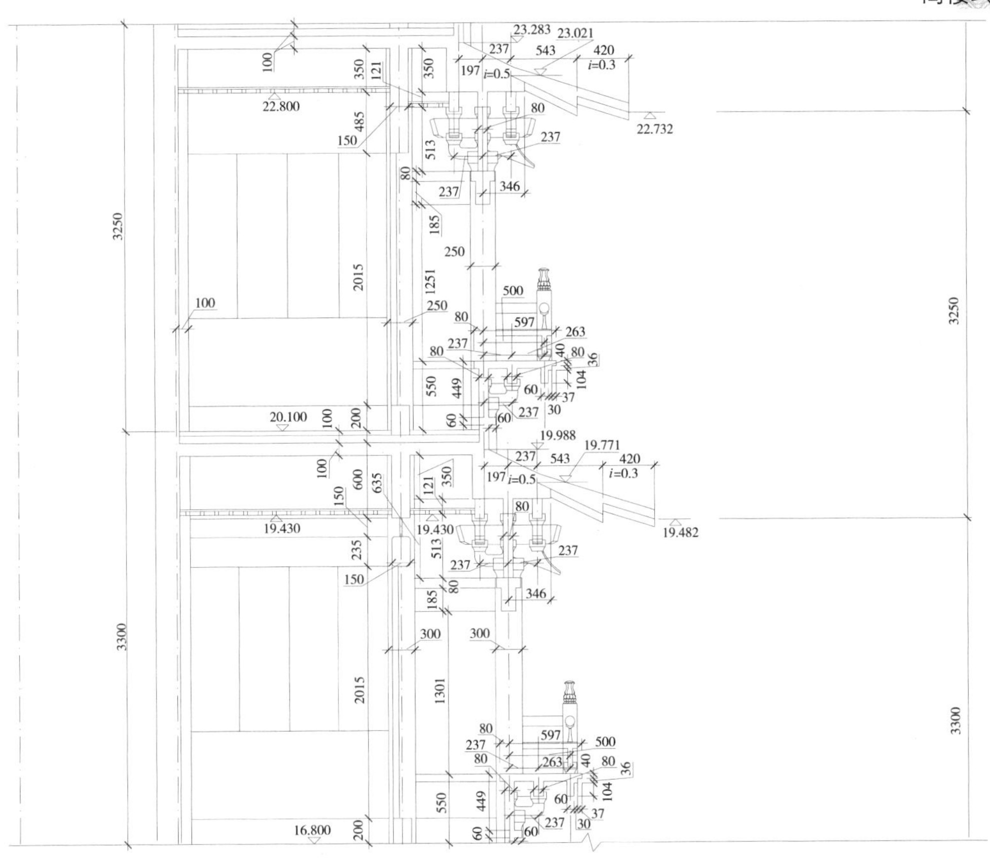

塔剖面图2

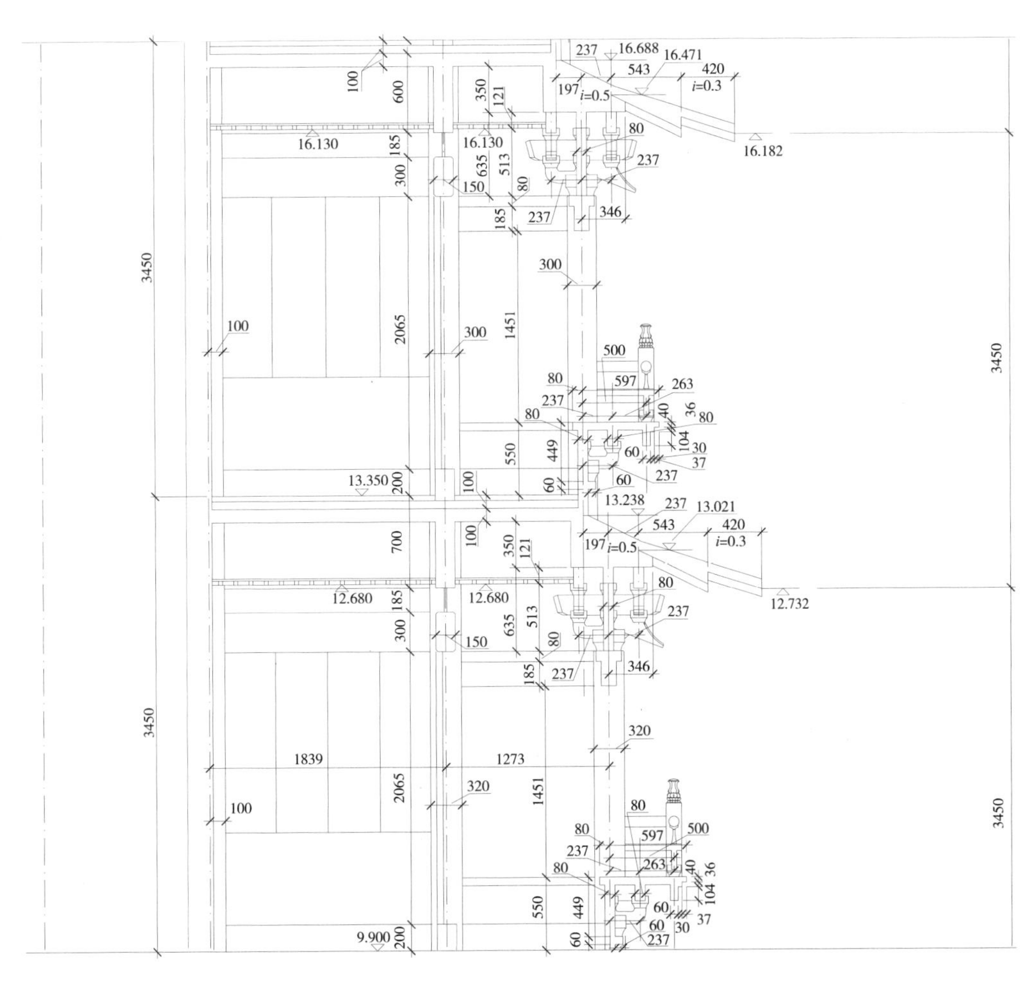

塔剖面图3

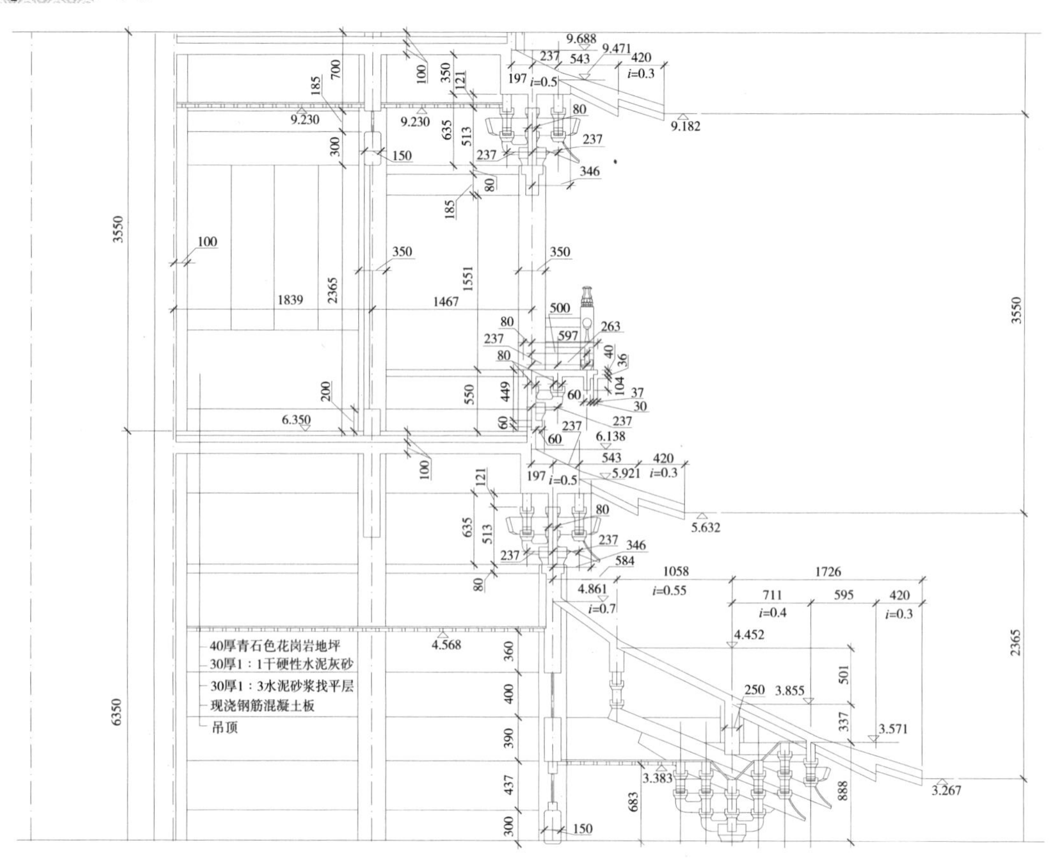

40厚青石色花岗岩地坪
30厚1：1干硬性水泥灰砂
30厚1：3水泥砂浆找平层
现浇钢筋混凝土板
吊顶

塔剖面图4

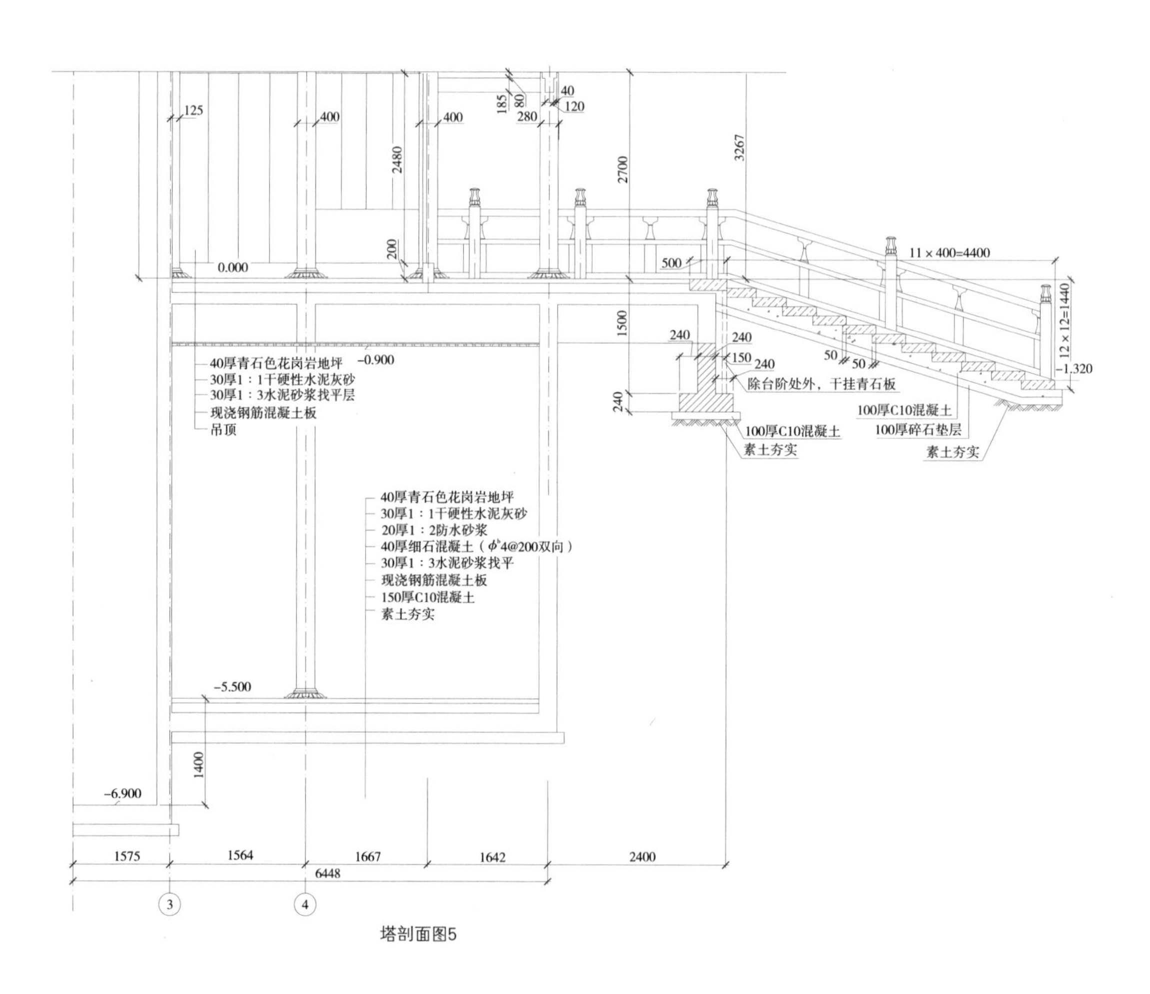

40厚青石色花岗岩地坪
30厚1：1干硬性水泥灰砂
30厚1：3水泥砂浆找平层
现浇钢筋混凝土板
吊顶
40厚青石色花岗岩地坪
30厚1：1干硬性水泥灰砂
20厚1：2防水砂浆
40厚细石混凝土（ф4@200双向）
30厚1：3水泥砂浆找平
现浇钢筋混凝土板
150厚C10混凝土
素土夯实
除台阶处外，干挂青石板
100厚C10混凝土
素土夯实
100厚C10混凝土
100厚碎石垫层
素土夯实

塔剖面图5

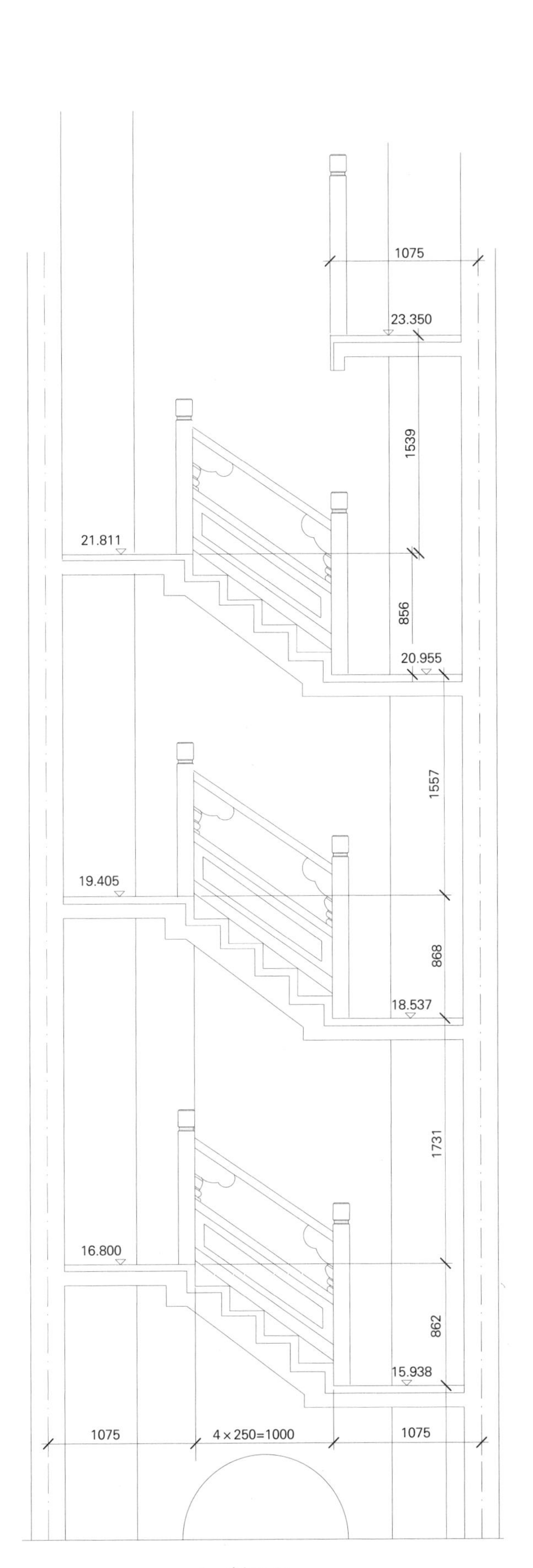

2-2剖面图1

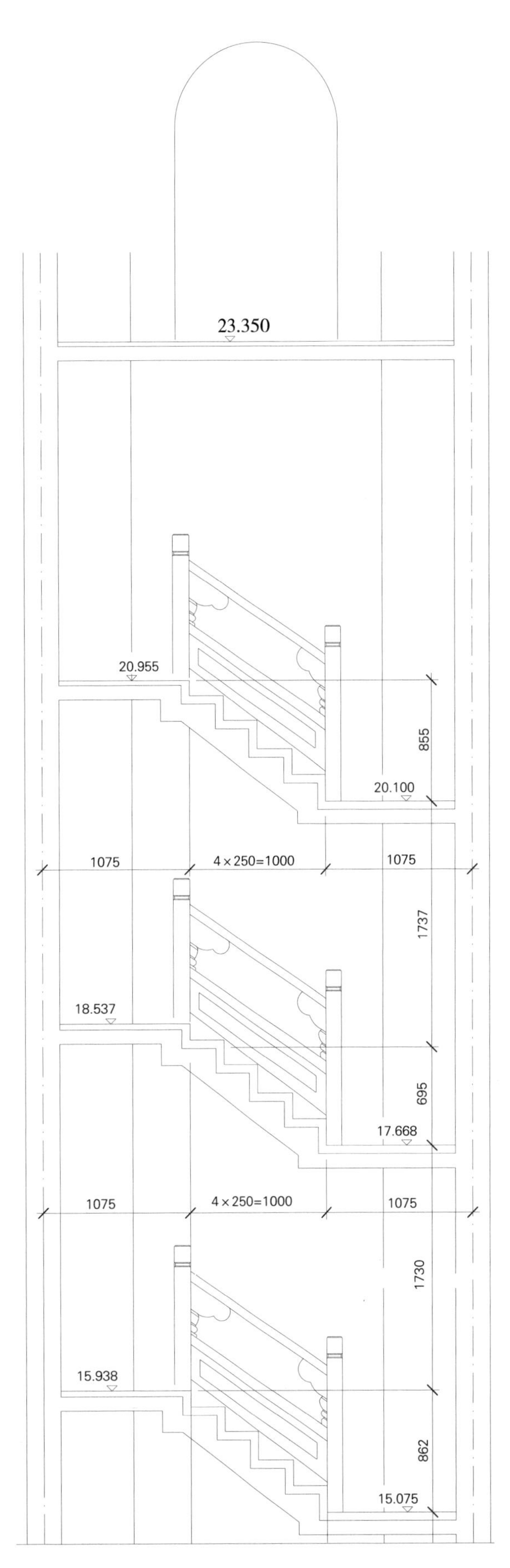

1-1剖面图1

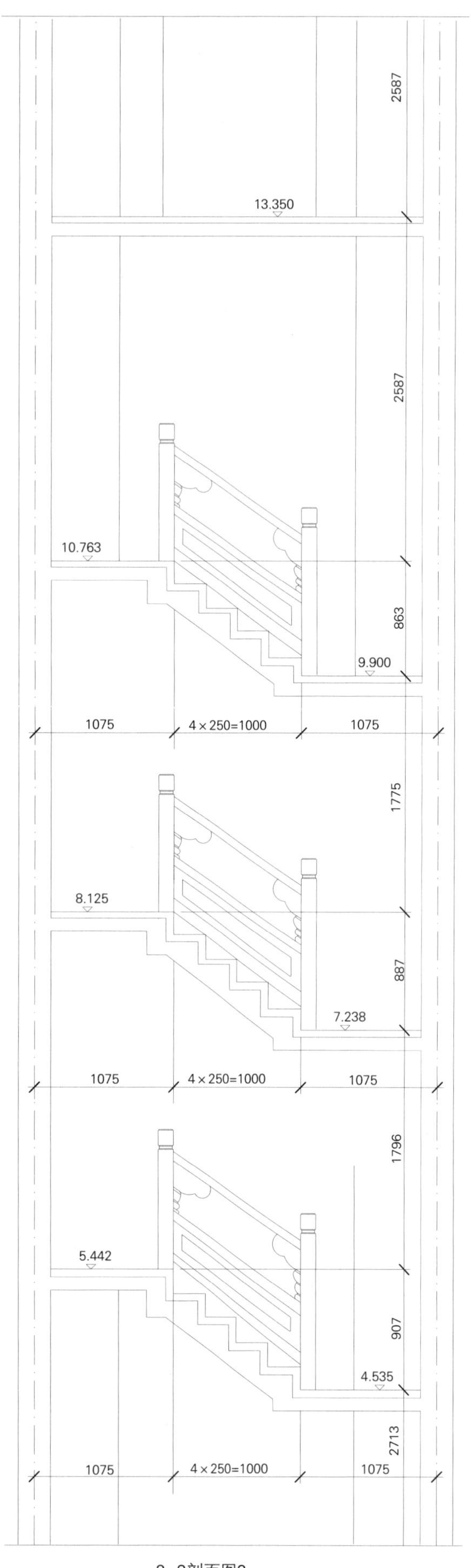

2-2剖面图2

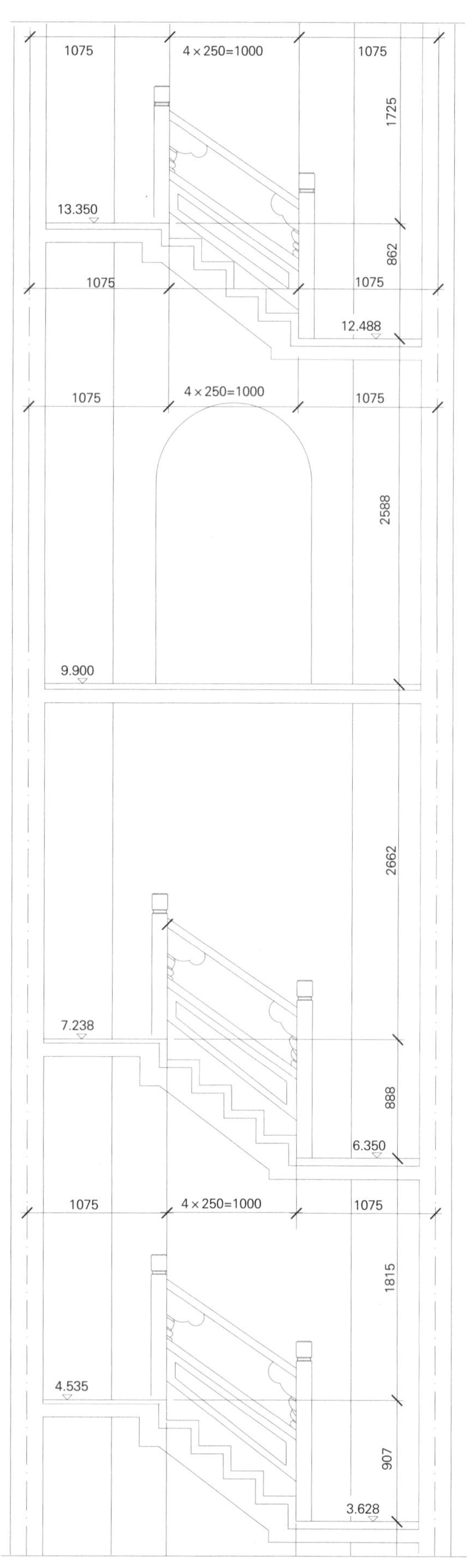

1-1剖面图2

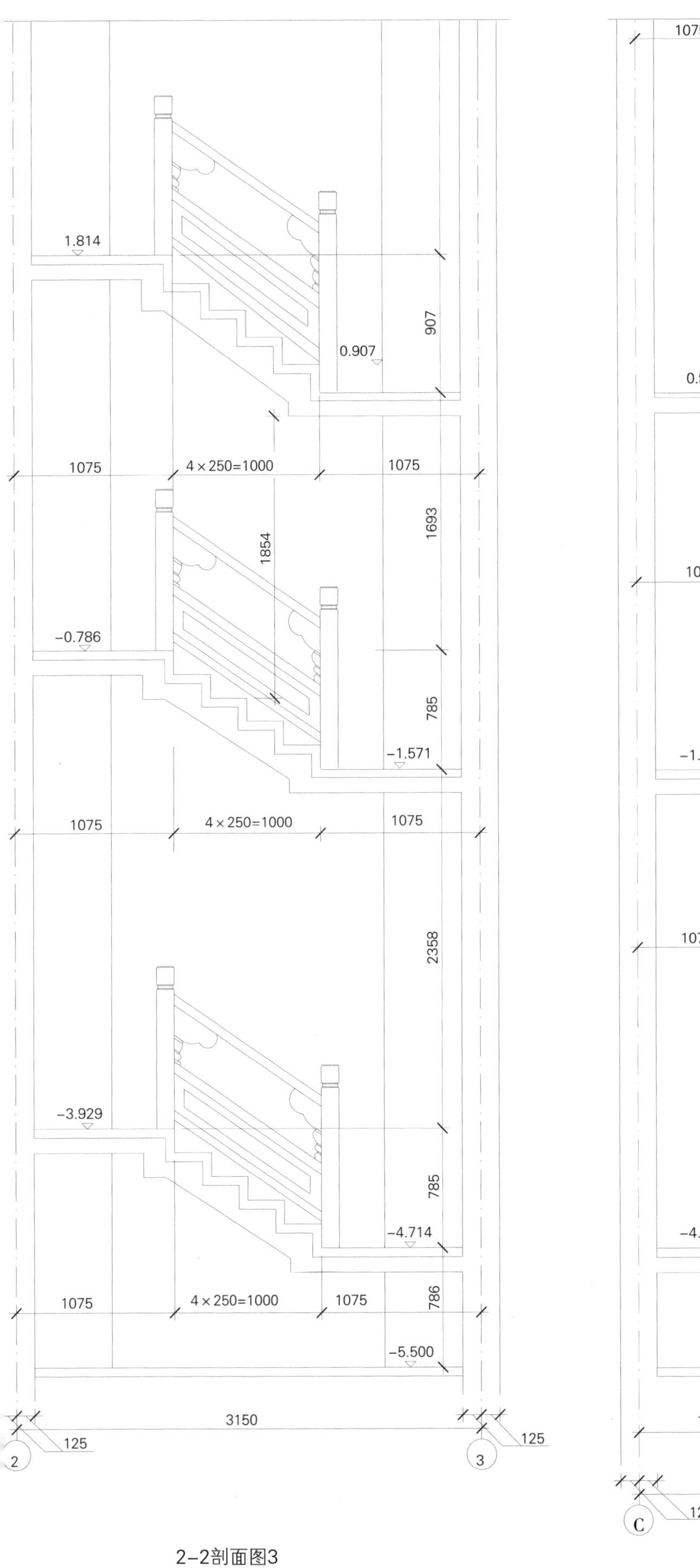

2-2剖面图3

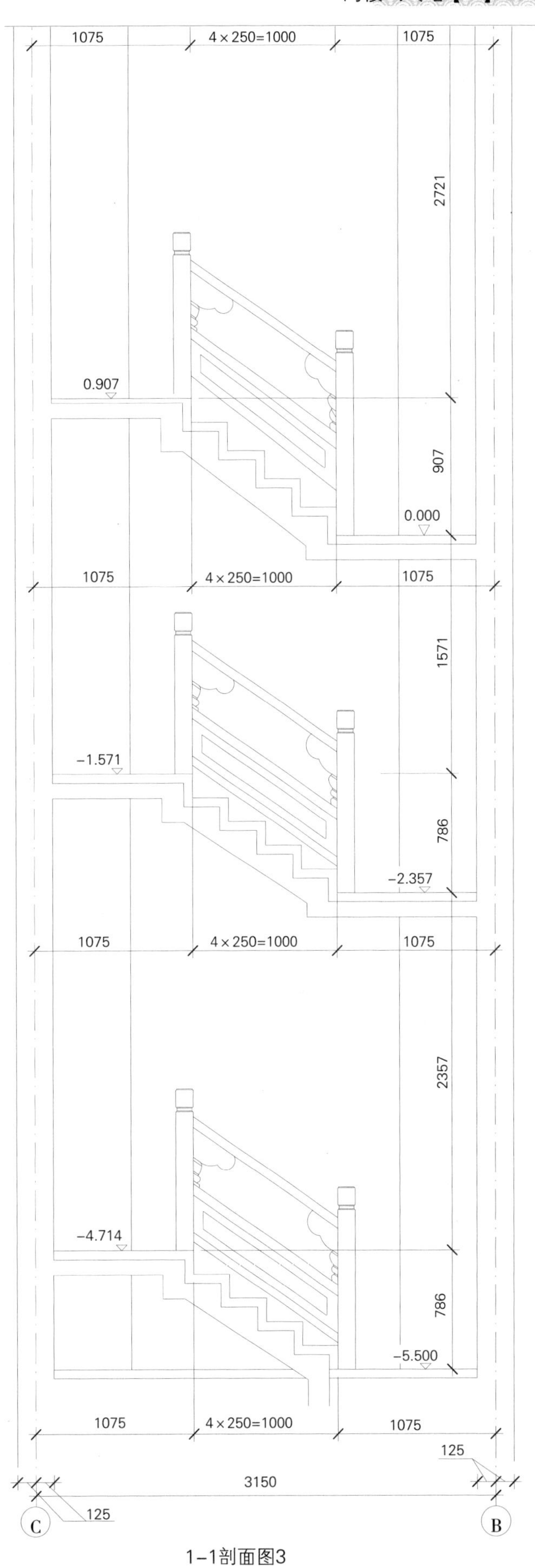

1-1剖面图3

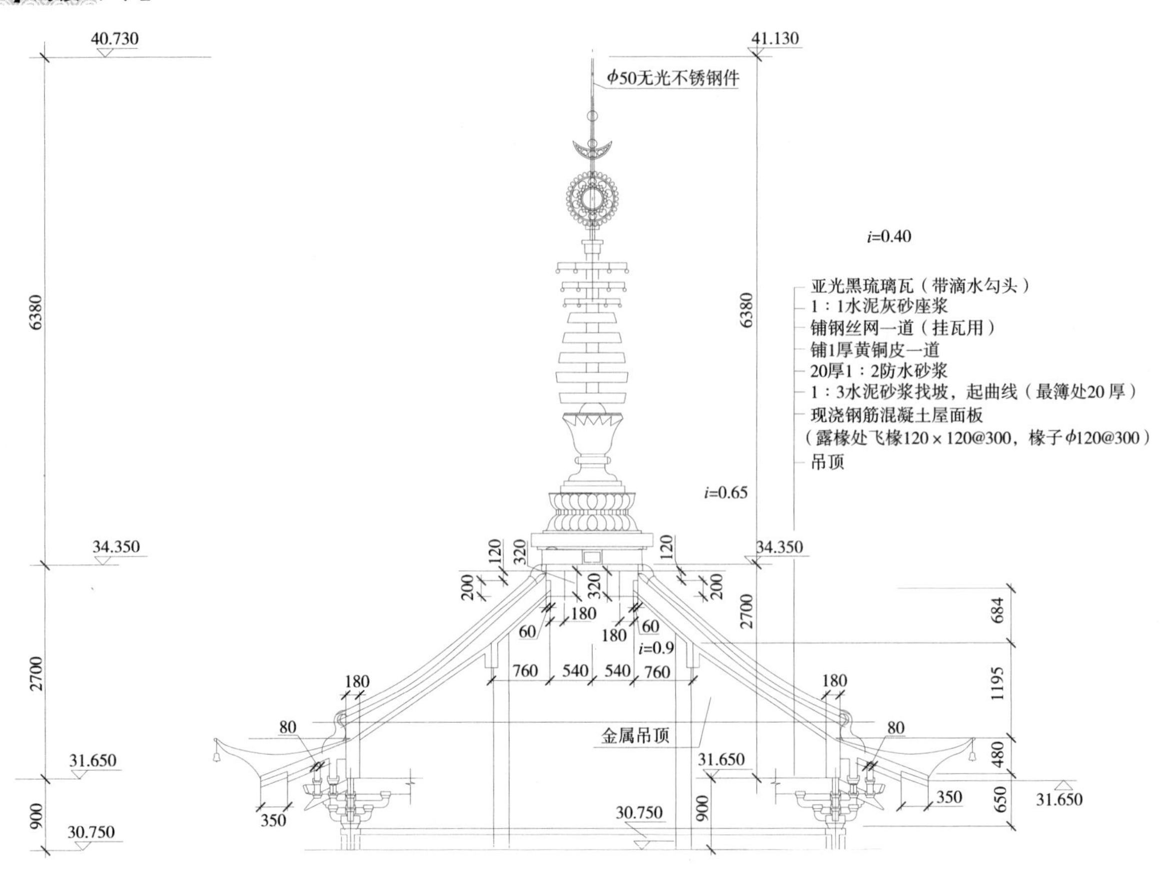

A–A塔剖面图1

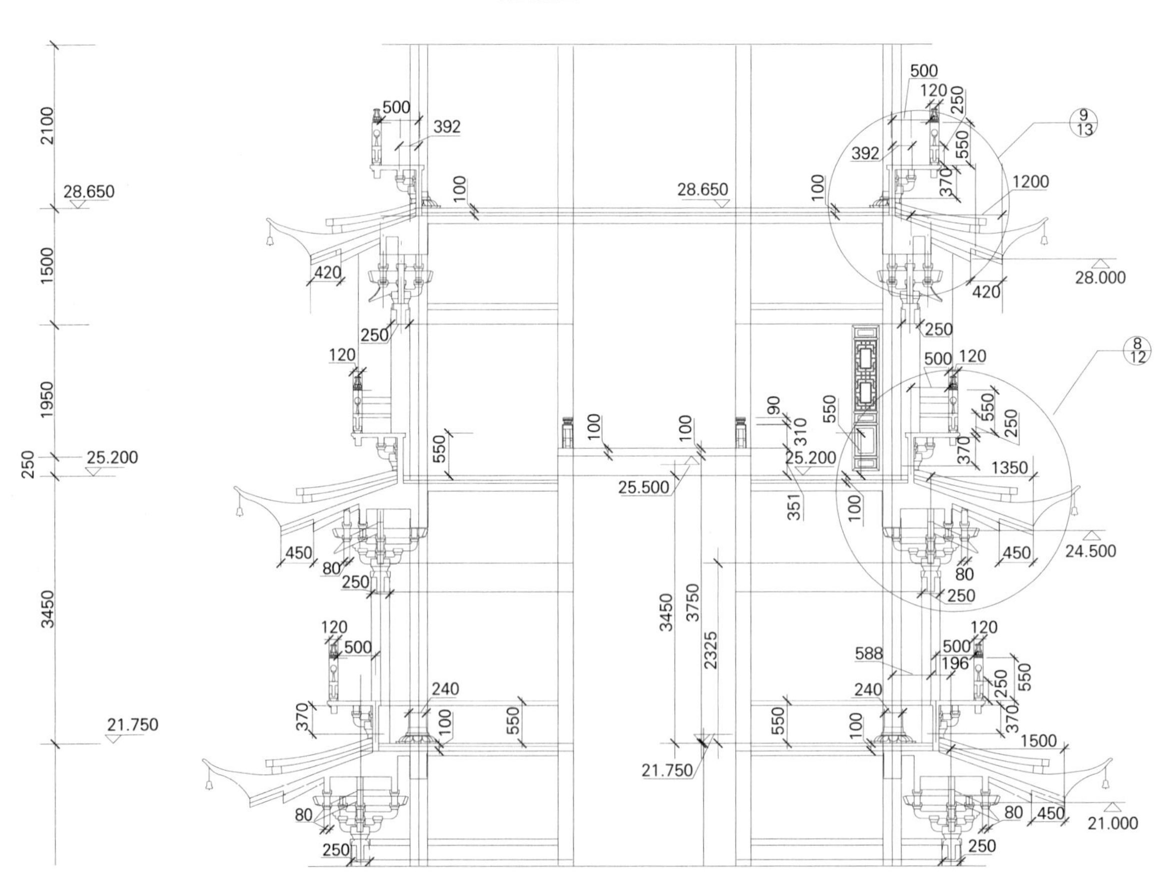

A–A塔剖面图2

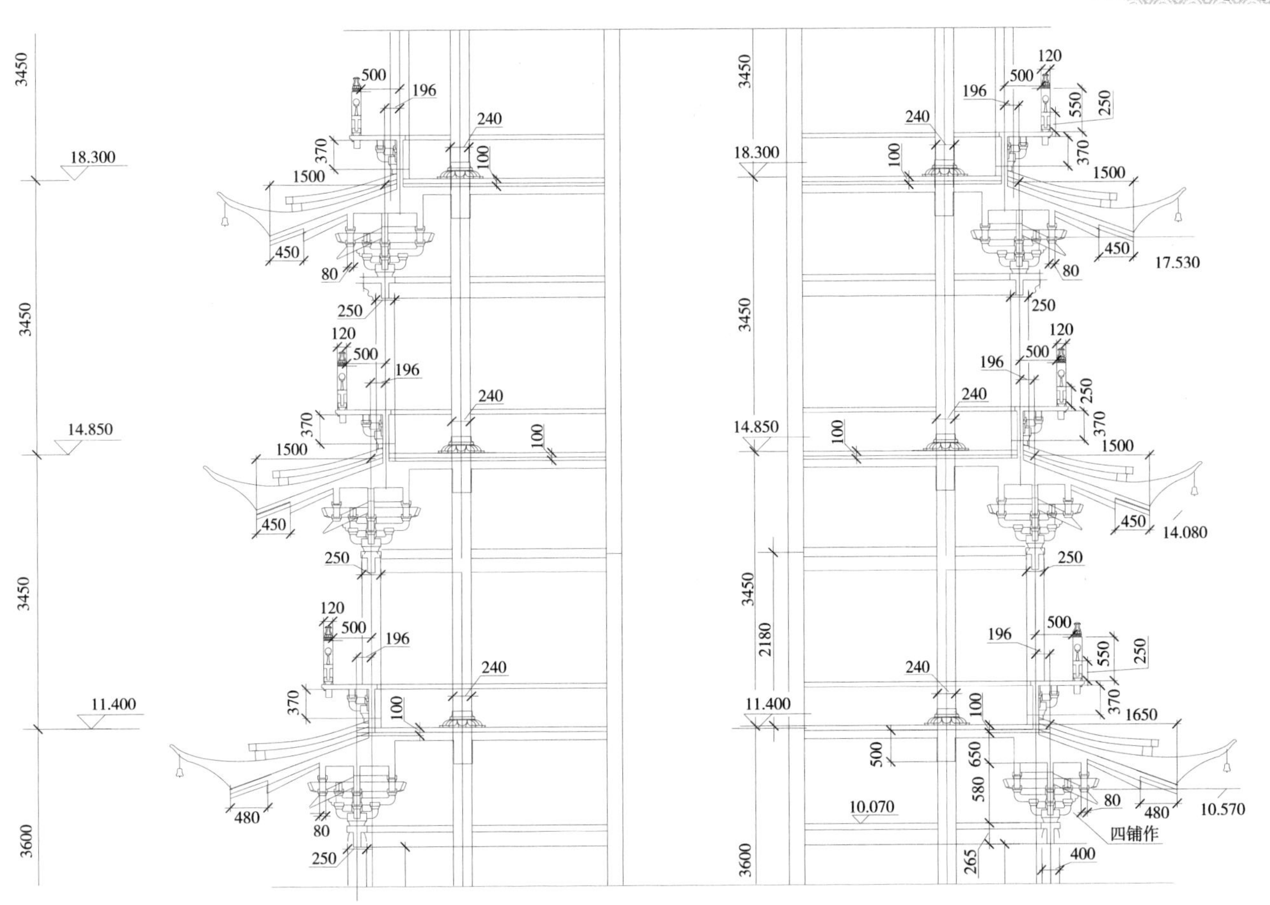

A-A塔剖面图3

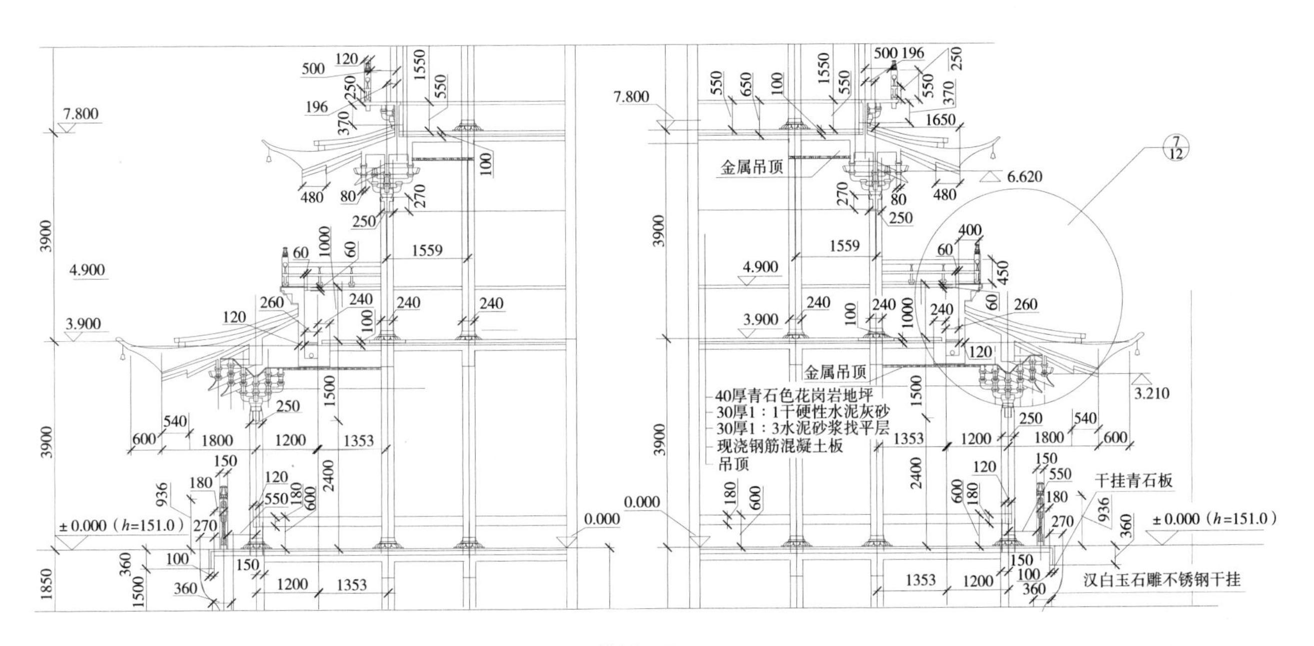

A-A塔剖面图4

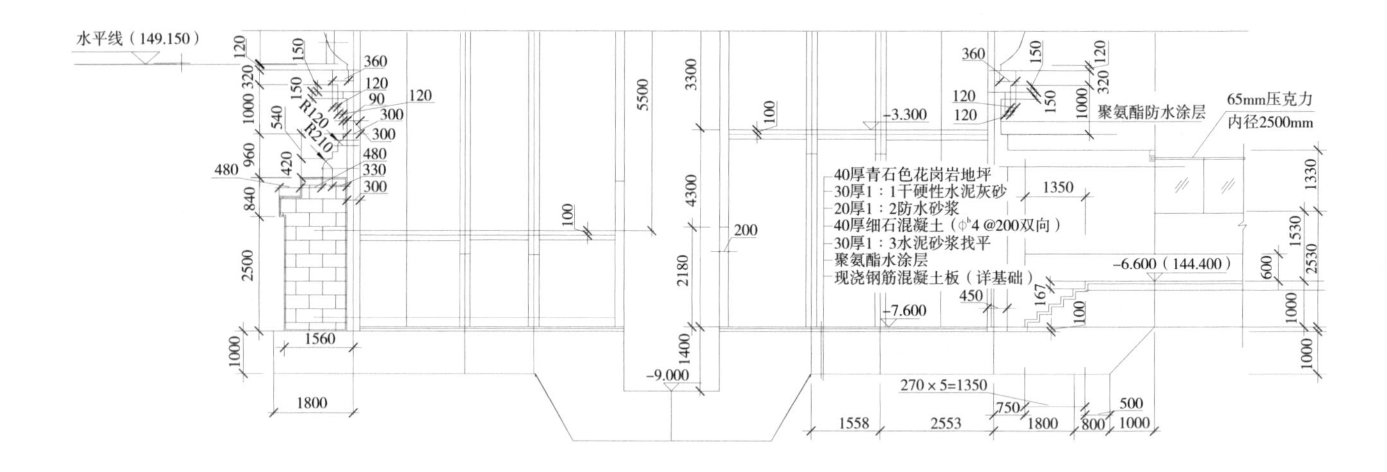

A–A塔剖面图5

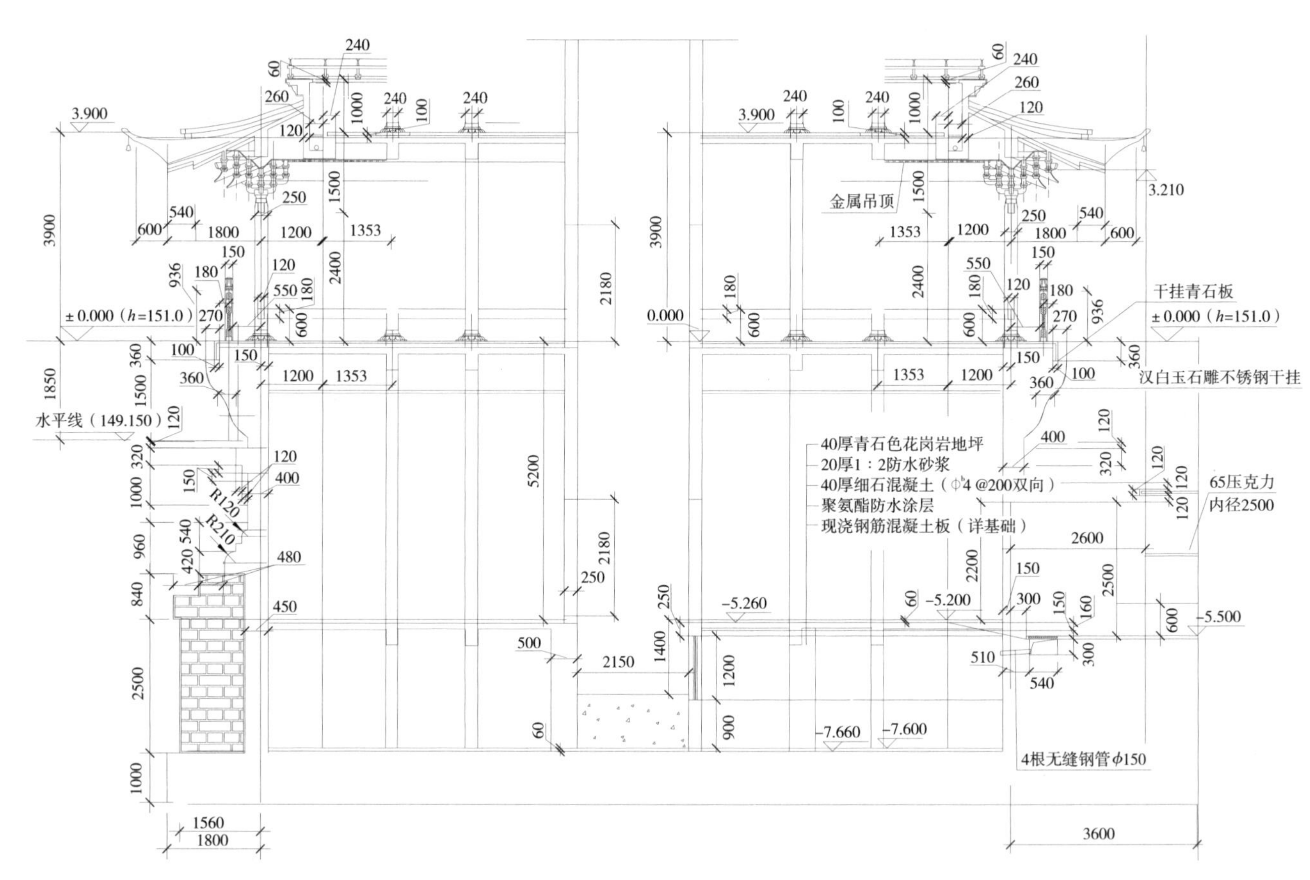

七层与九层塔接口剖面图1

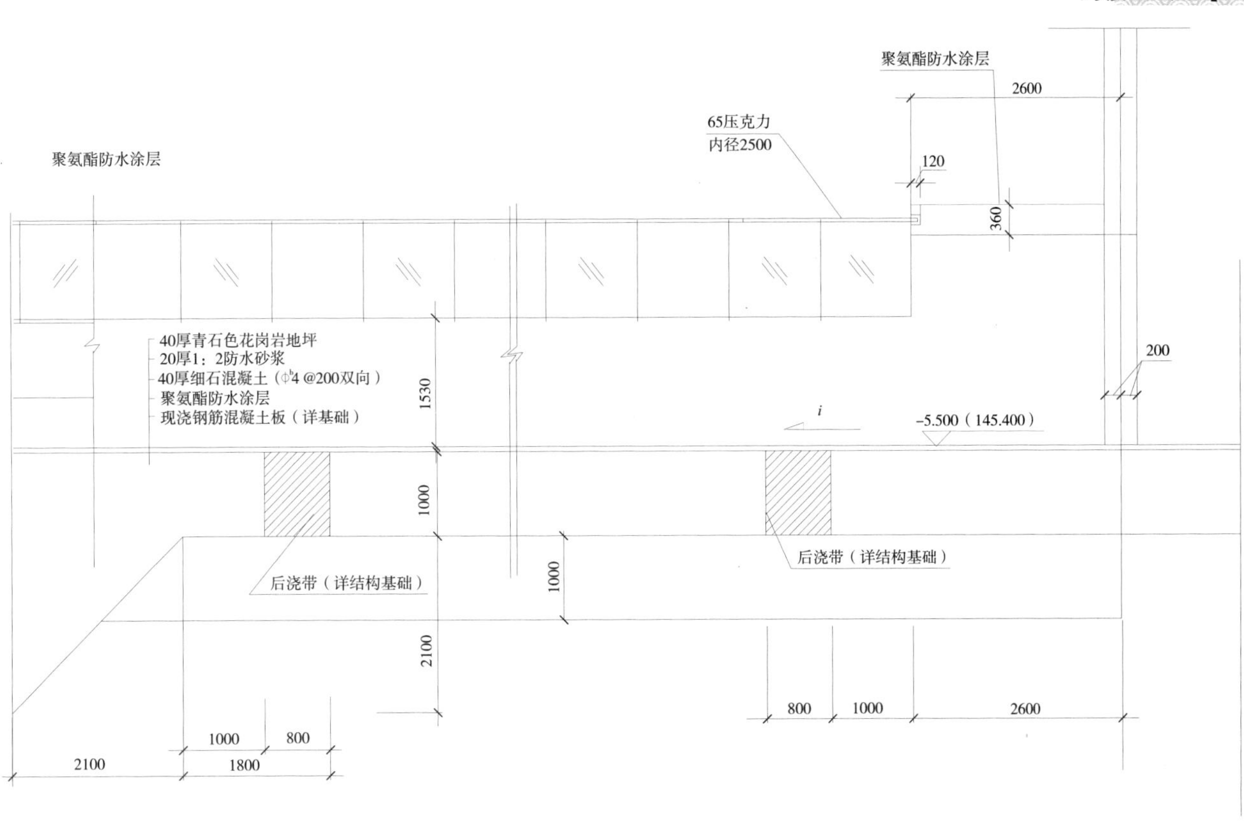

七层与九层塔接口剖面图2

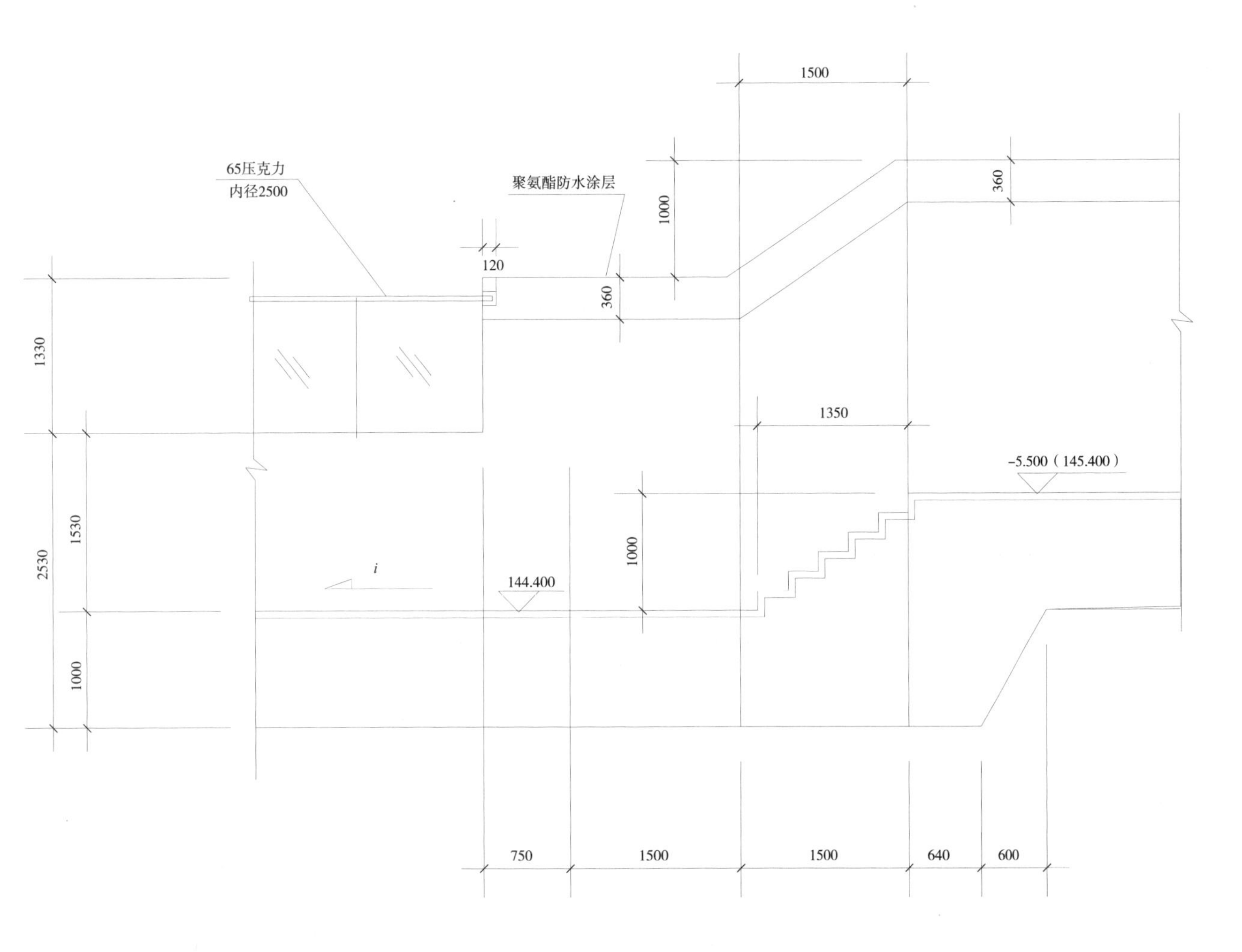

七层塔接口剖面图

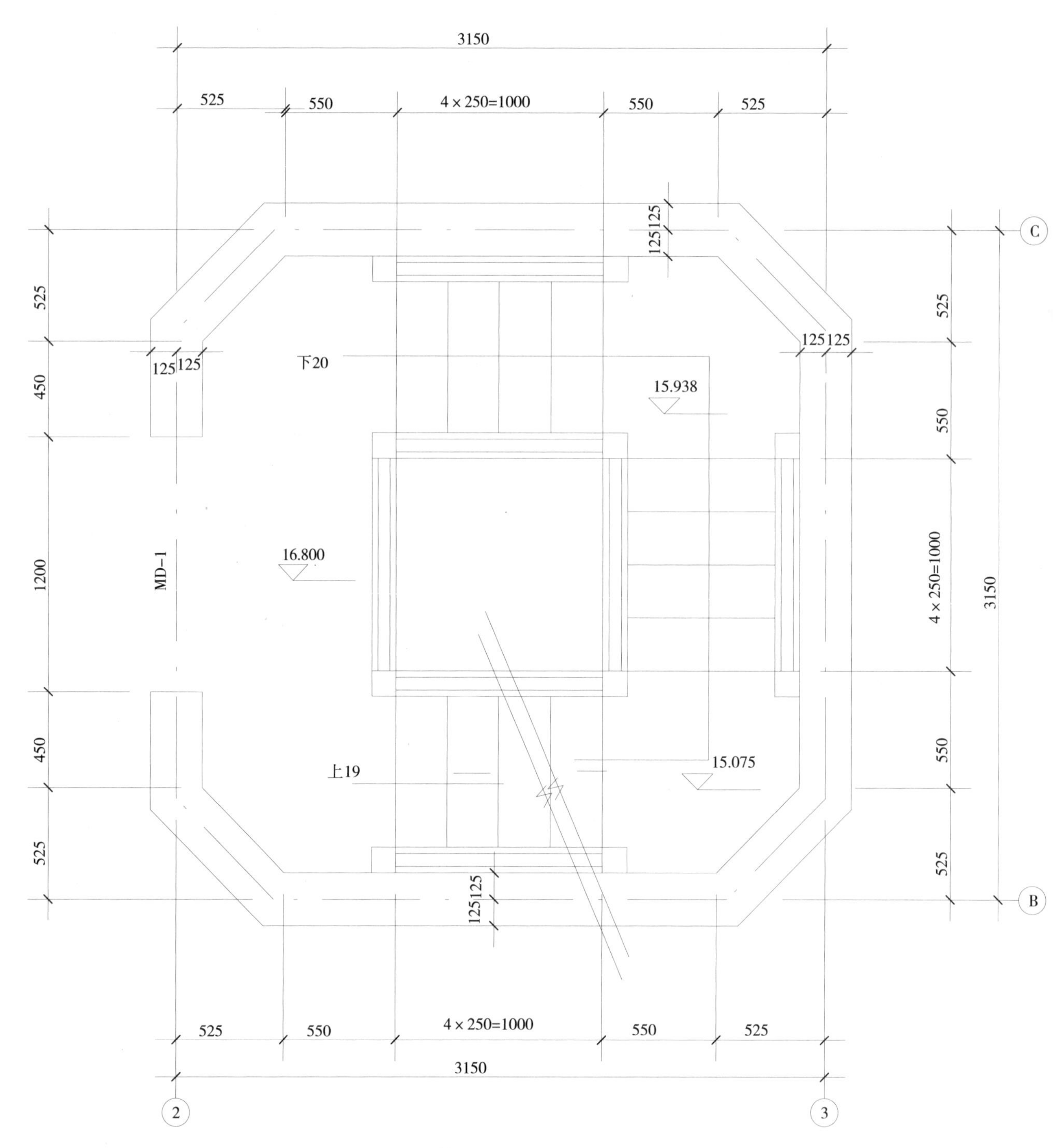
3150
525
550
4×250=1000
550
525
125
125
C
525
125
125
下20
125
125
15.938
450
550
MD-1
16.800
1200
4×250=1000
3150
450
上19
15.075
550
525
525
B
125
125
525
550
4×250=1000
550
525
3150
2
3

五层楼梯平面图（一）

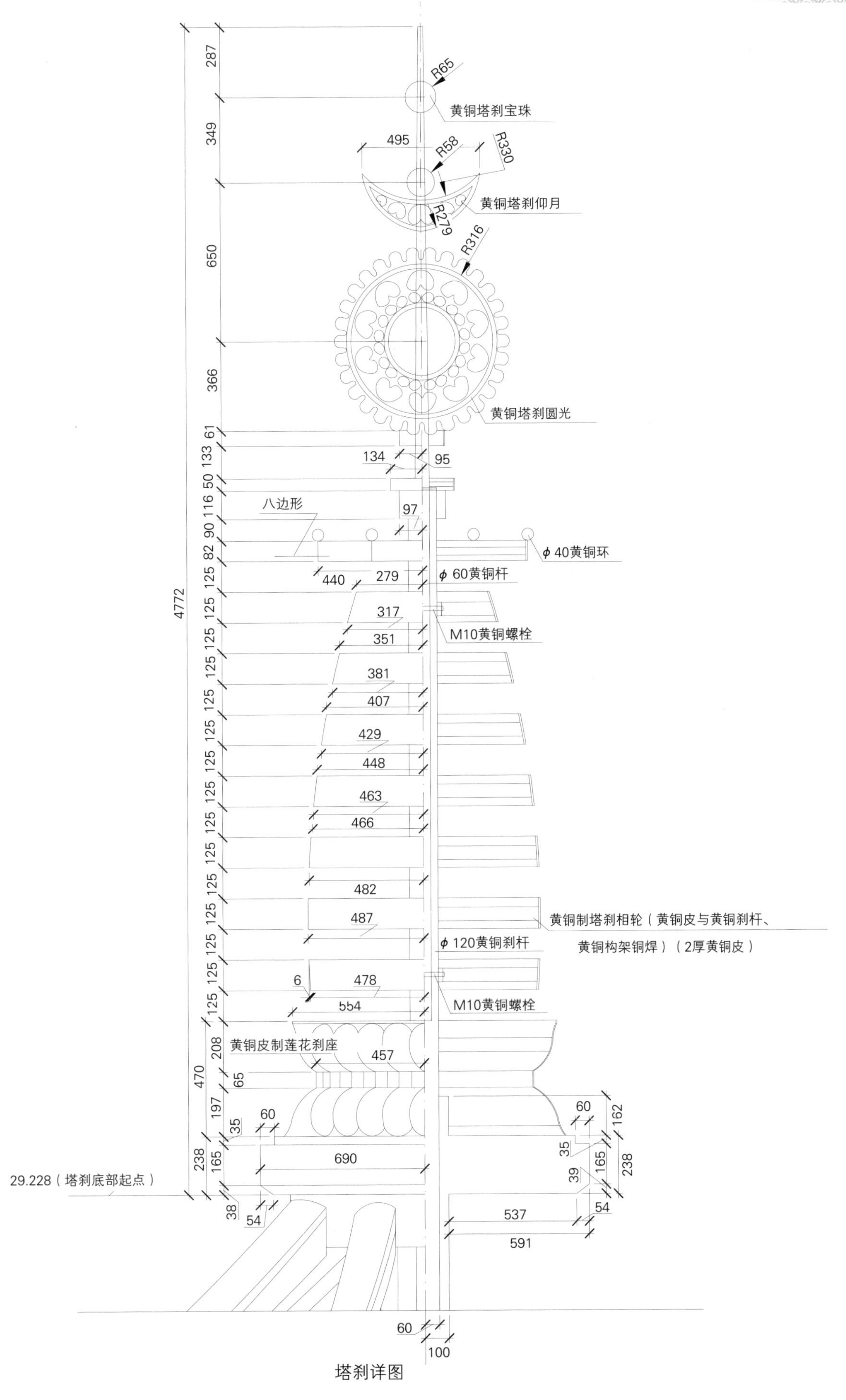

黄铜塔刹宝珠
黄铜塔刹仰月
黄铜塔刹圆光
八边形
φ40黄铜环
φ60黄铜杆
M10黄铜螺栓
黄铜制塔刹相轮（黄铜皮与黄铜刹杆、黄铜构架铜焊）（2厚黄铜皮）
φ120黄铜刹杆
M10黄铜螺栓
黄铜皮制莲花刹座
29.228（塔刹底部起点）

塔刹详图

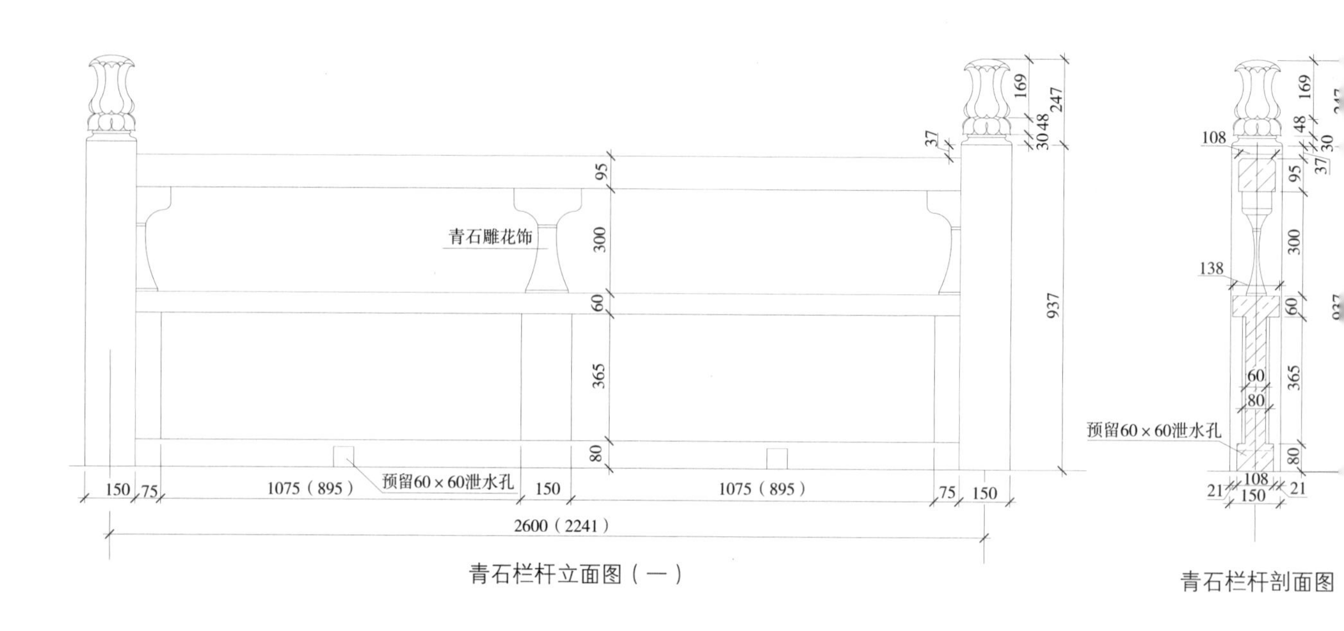

青石栏杆立面图（一）

青石栏杆剖面图

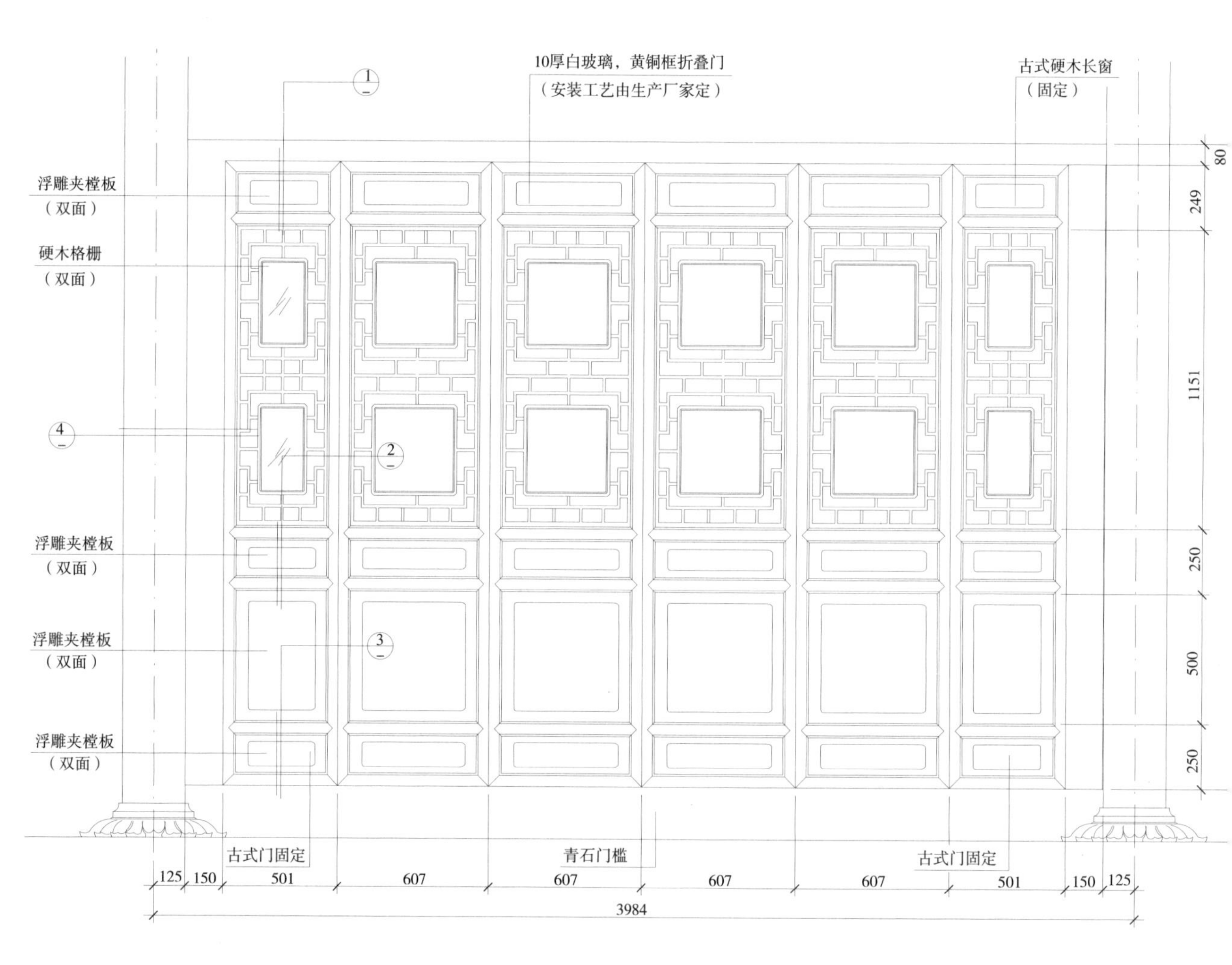

DM-1

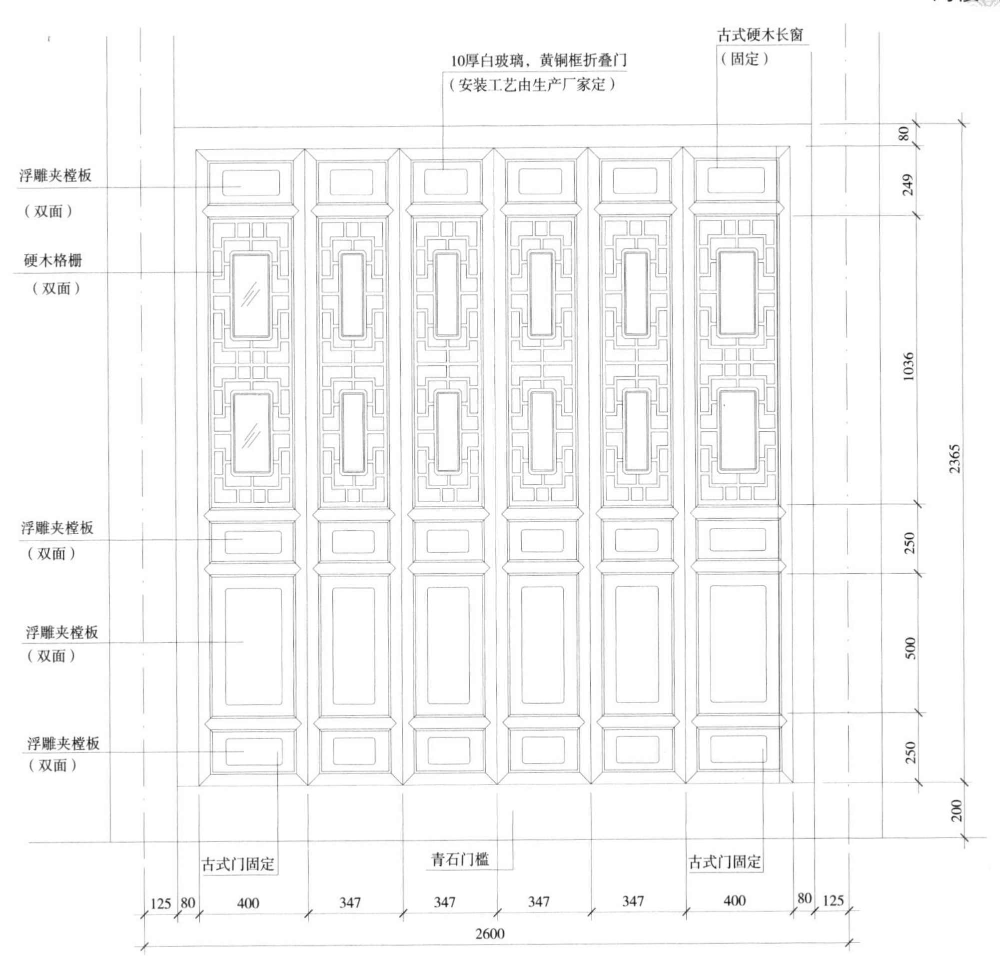

10厚白玻璃，黄铜框折叠门
（安装工艺由生产厂家定）
古式硬木长窗
（固定）
浮雕夹樘板
（双面）
硬木格栅
（双面）
浮雕夹樘板
（双面）
浮雕夹樘板
（双面）
浮雕夹樘板
（双面）
古式门固定
青石门槛
古式门固定
80
249
1036
2365
250
500
250
200
125
80
400
347
347
347
347
400
80
125
2600

DM-2

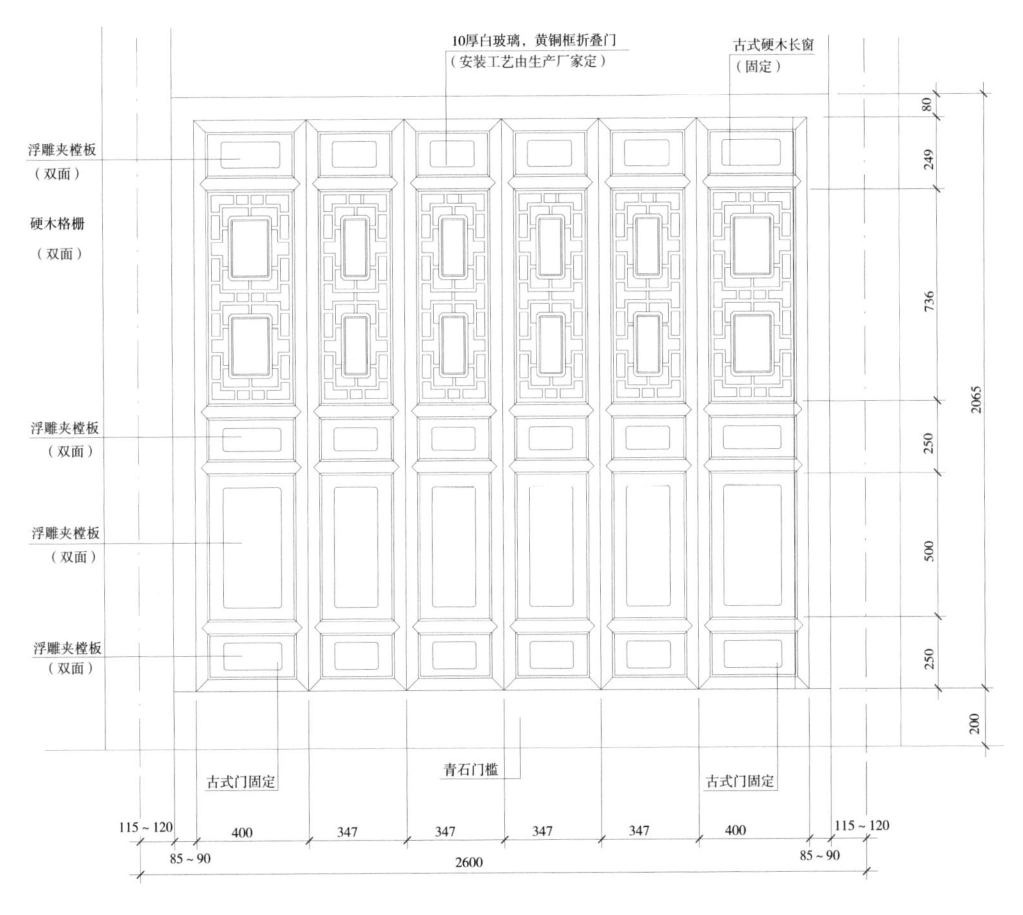

10厚白玻璃，黄铜框折叠门
（安装工艺由生产厂家定）
古式硬木长窗
（固定）
浮雕夹樘板
（双面）
硬木格栅
（双面）
浮雕夹樘板
（双面）
浮雕夹樘板
（双面）
浮雕夹樘板
（双面）
古式门固定
青石门槛
古式门固定
80
249
736
2065
250
500
250
200
115 ~ 120
400
347
347
347
347
400
115 ~ 120
85 ~ 90
2600
85 ~ 90

DM-3

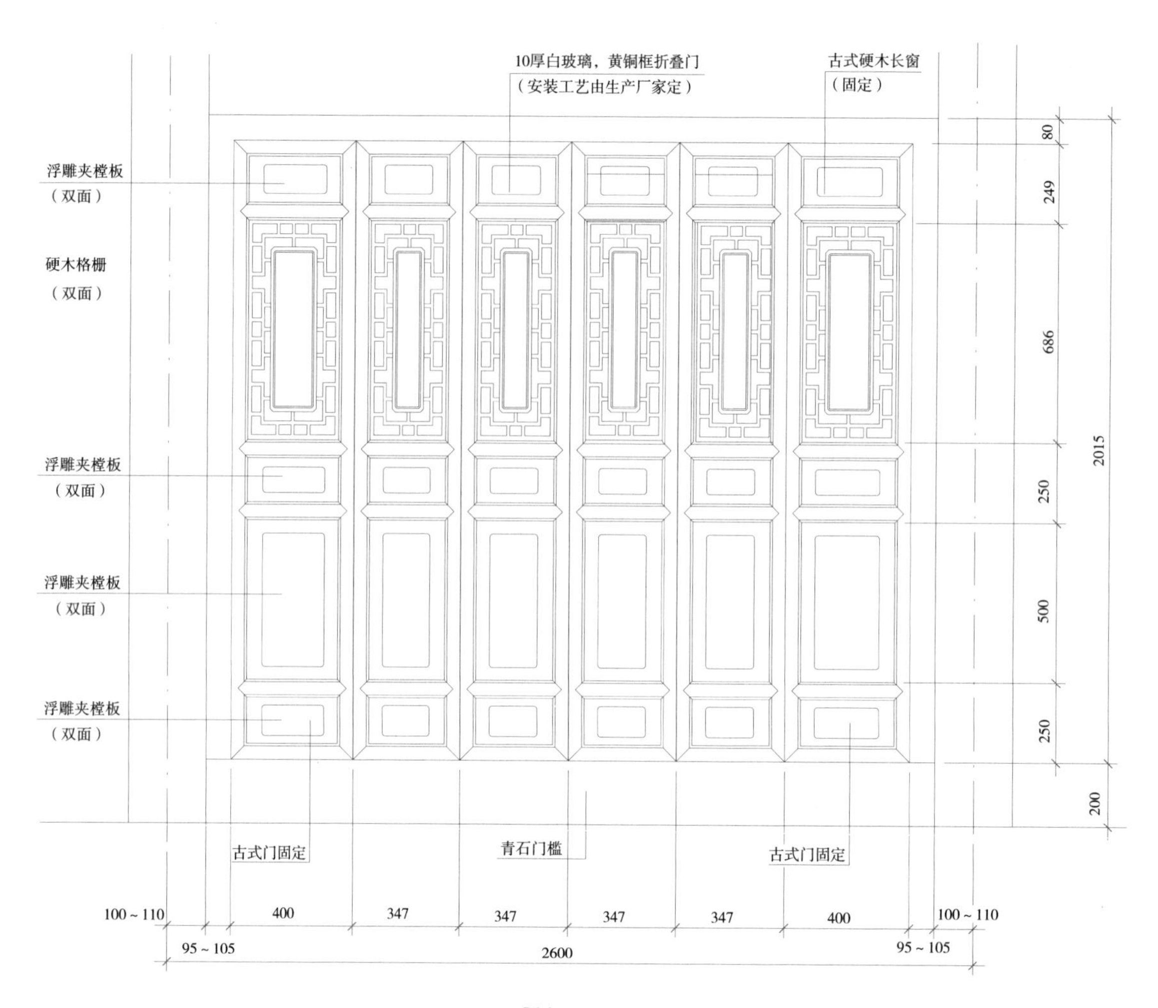
10厚白玻璃，黄铜框折叠门
（安装工艺由生产厂家定）
古式硬木长窗
（固定）
浮雕夹樘板
（双面）
硬木格栅
（双面）
浮雕夹樘板
（双面）
浮雕夹樘板
（双面）
浮雕夹樘板
（双面）
古式门固定
青石门槛
古式门固定
80
249
686
250
500
250
200
2015
100 ~ 110
95 ~ 105
400
347
347
347
347
400
100 ~ 110
95 ~ 105
2600

DM–4

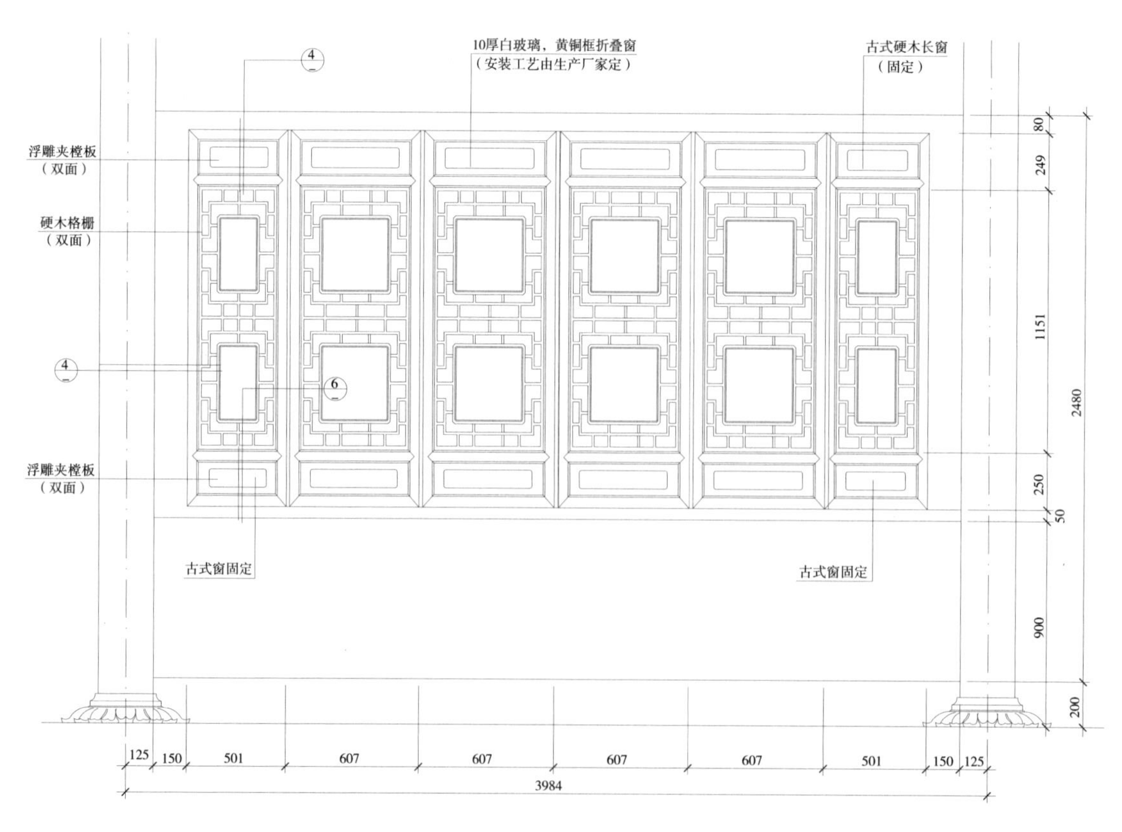
10厚白玻璃，黄铜框折叠窗
（安装工艺由生产厂家定）
古式硬木长窗
（固定）
浮雕夹樘板
（双面）
硬木格栅
（双面）
浮雕夹樘板
（双面）
古式窗固定
古式窗固定
4
4
6
80
249
1151
250
50
900
200
2480
125
150
501
607
607
607
607
501
150
125
3984

DC–1

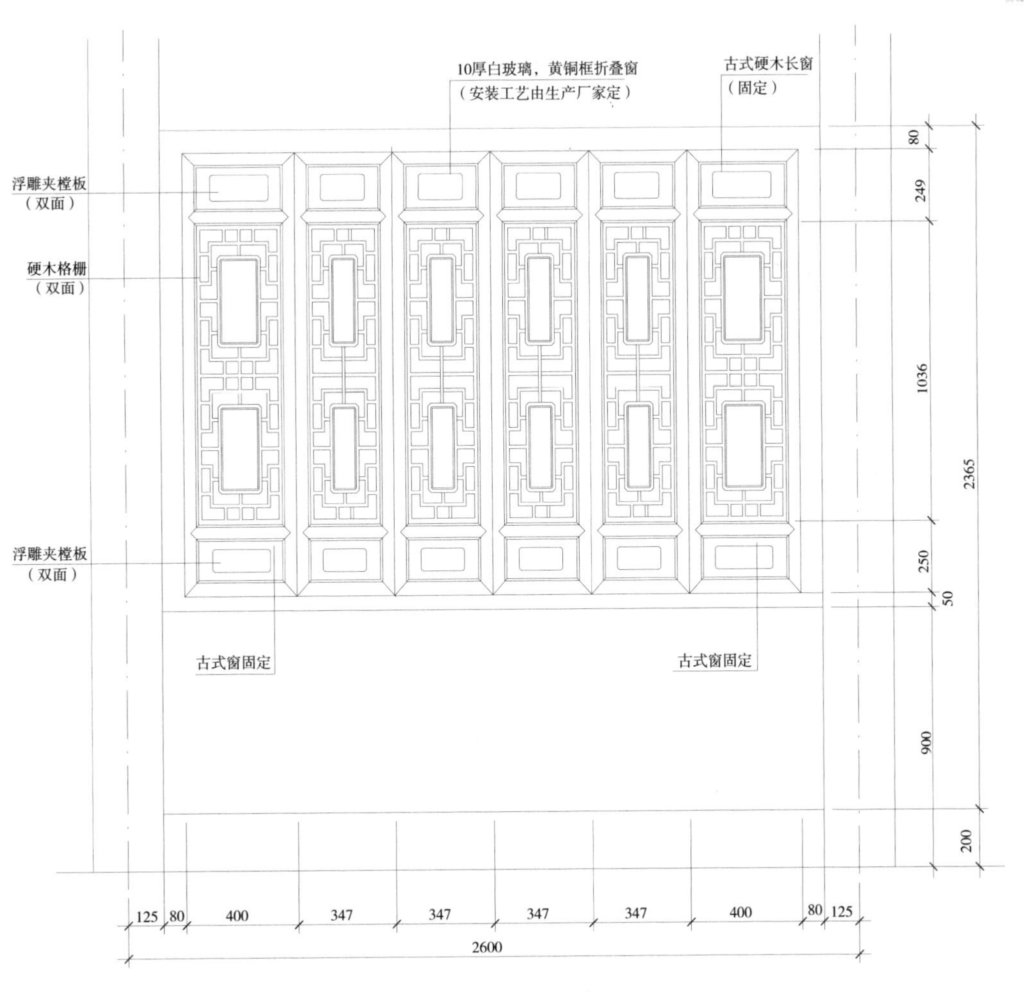
10厚白玻璃，黄铜框折叠窗
（安装工艺由生产厂家定）
古式硬木长窗
（固定）
浮雕夹樘板
（双面）
硬木格栅
（双面）
浮雕夹樘板
（双面）
古式窗固定
古式窗固定
80
249
1036
2365
250
50
900
200
125
80
400
347
347
347
347
400
80
125
2600

DC-2

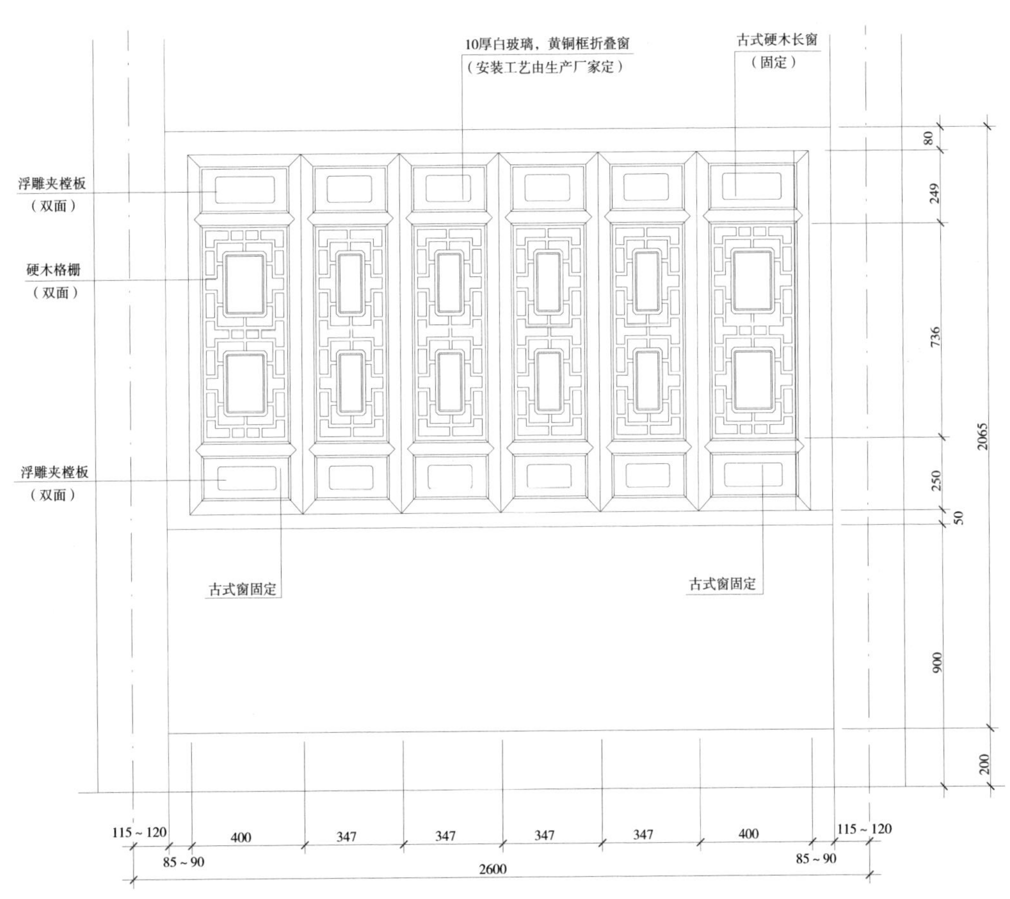
10厚白玻璃，黄铜框折叠窗
（安装工艺由生产厂家定）
古式硬木长窗
（固定）
浮雕夹樘板
（双面）
硬木格栅
（双面）
浮雕夹樘板
（双面）
古式窗固定
古式窗固定
80
249
736
2065
250
50
900
200
115 ~ 120
85 ~ 90
400
347
347
347
347
400
115 ~ 120
85 ~ 90
2600

DC-3

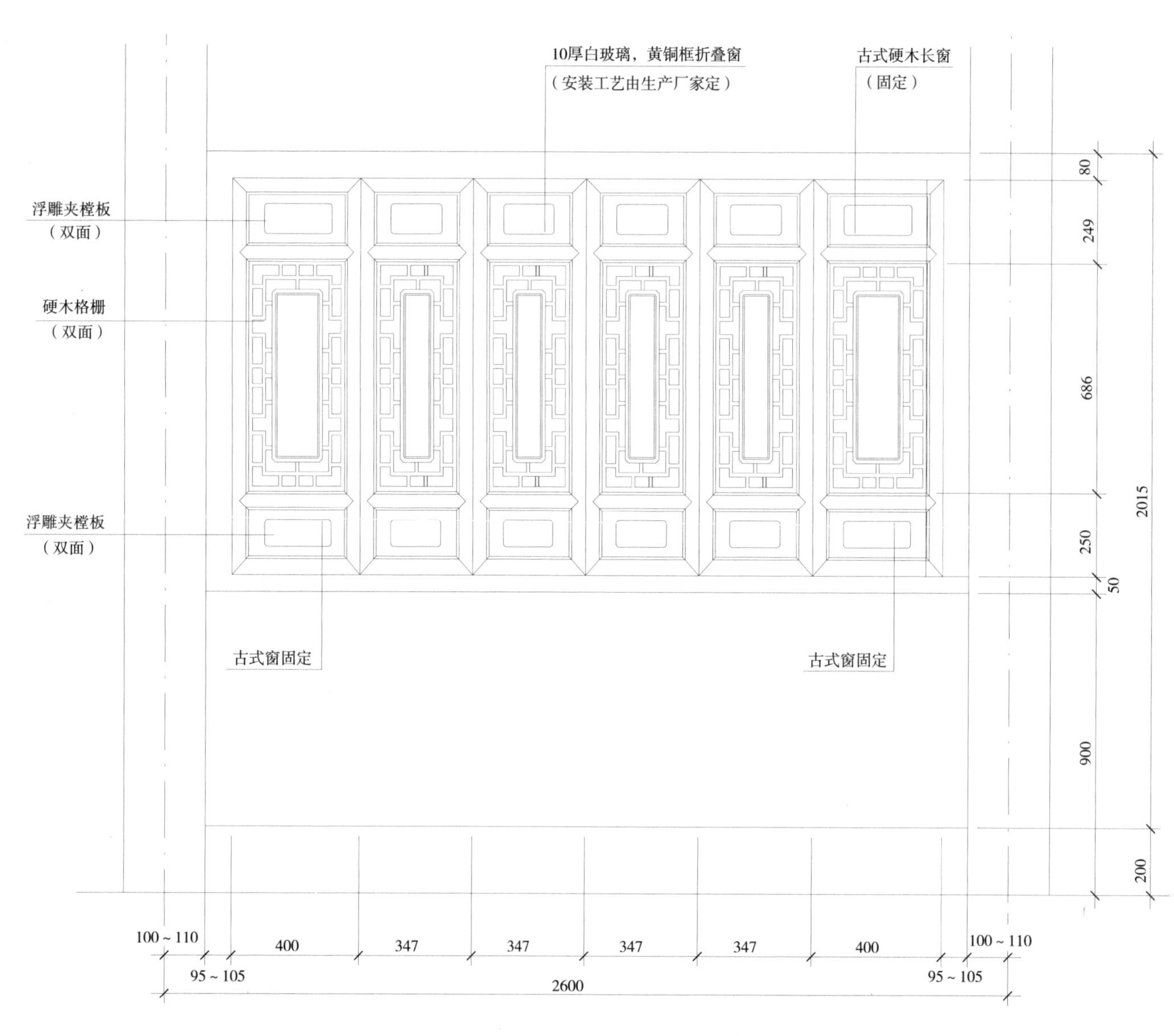
10厚白玻璃，黄铜框折叠窗
（安装工艺由生产厂家定）
古式硬木长窗
（固定）
浮雕夹樘板
（双面）
硬木格栅
（双面）
浮雕夹樘板
（双面）
古式窗固定
古式窗固定
80
249
686
2015
250
50
900
200
100 ~ 110
400
347
347
347
347
400
100 ~ 110
95 ~ 105
95 ~ 105
2600

DC-4

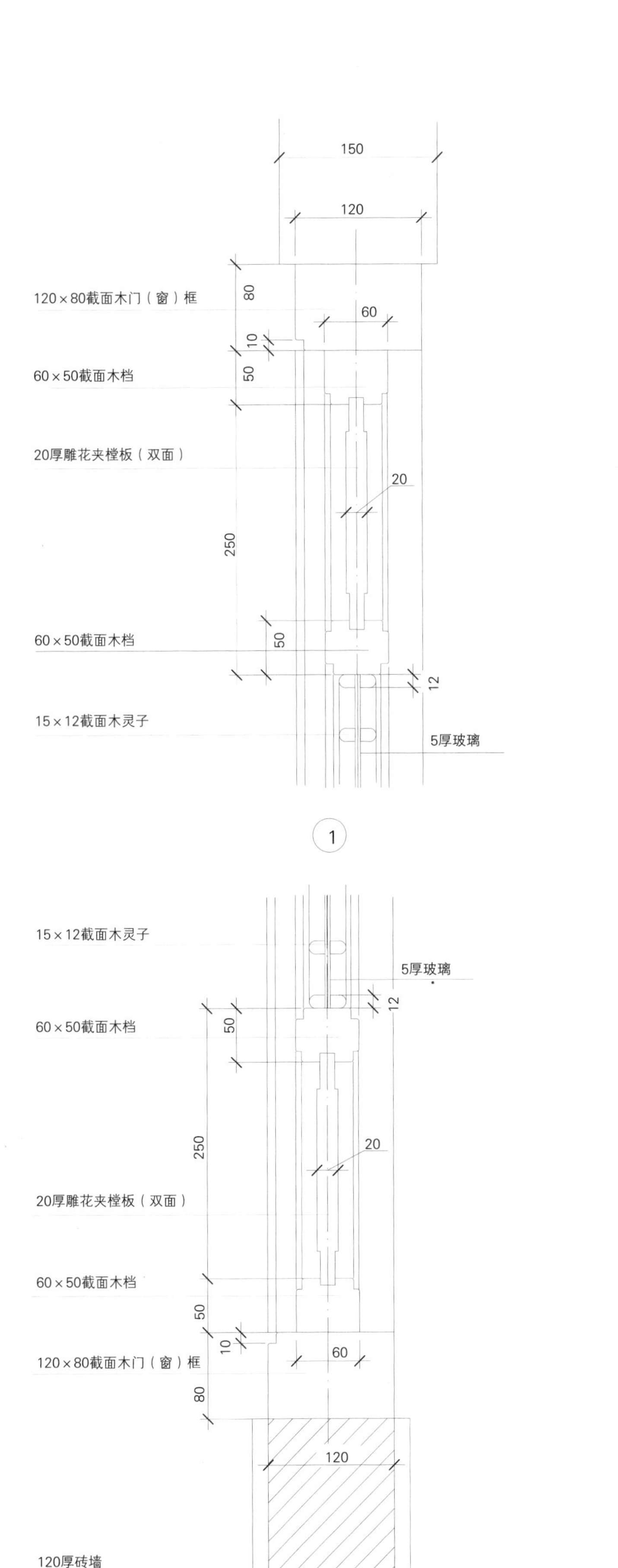
150
120
120×80截面木门（窗）框
80
60
10
60×50截面木档
50
20厚雕花夹樘板（双面）
20
250
60×50截面木档
50
12
15×12截面木灵子
5厚玻璃
1
15×12截面木灵子
5厚玻璃
12
60×50截面木档
50
250
20
20厚雕花夹樘板（双面）
60×50截面木档
50
10
120×80截面木门（窗）框
60
80
120
120厚砖墙
4

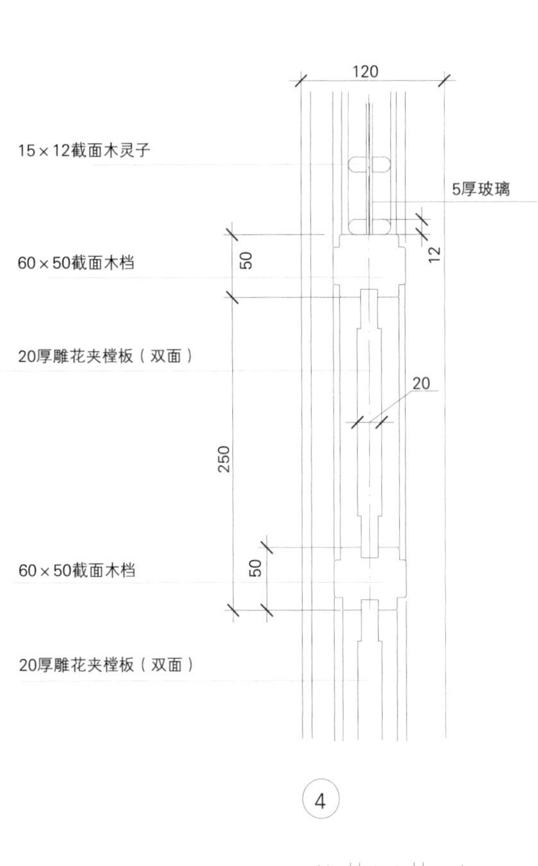
120
15×12截面木灵子
5厚玻璃
60×50截面木档
50
12
20厚雕花夹樘板（双面）
20
250
60×50截面木档
50
20厚雕花夹樘板（双面）
4

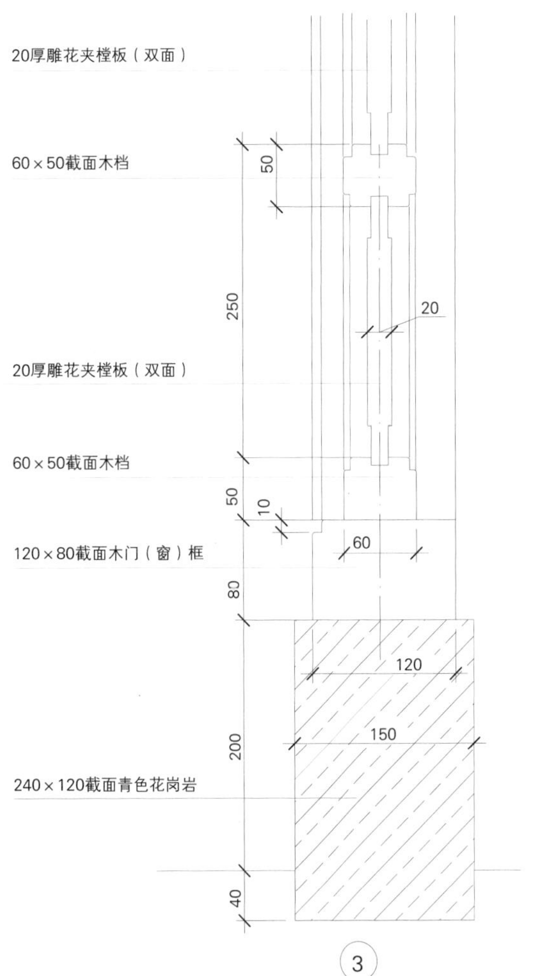
20厚雕花夹樘板（双面）
60×50截面木档
50
250
20
20厚雕花夹樘板（双面）
60×50截面木档
50
10
120×80截面木门（窗）框
60
80
120
150
200
240×120截面青色花岗岩
40
3

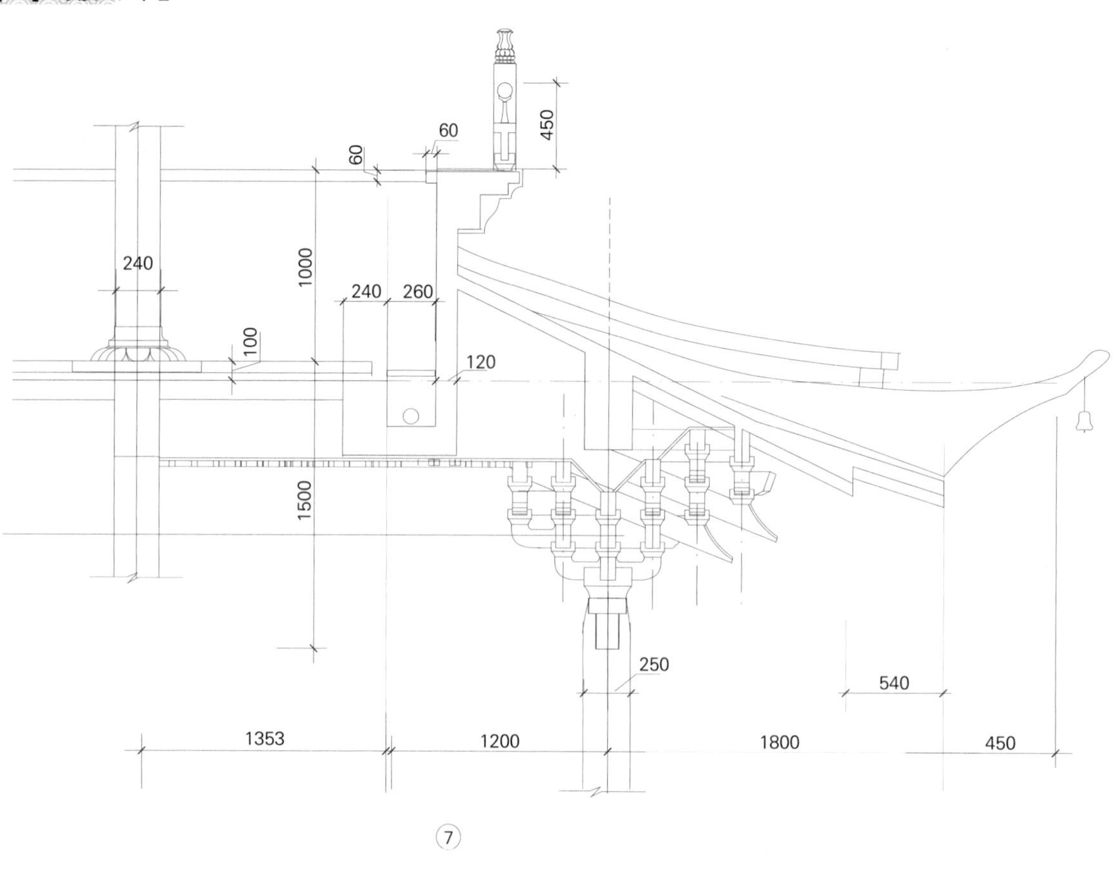

450
60
60
240
1000
240
260
100
120
1500
250
540
1353
1200
1800
450

⑦

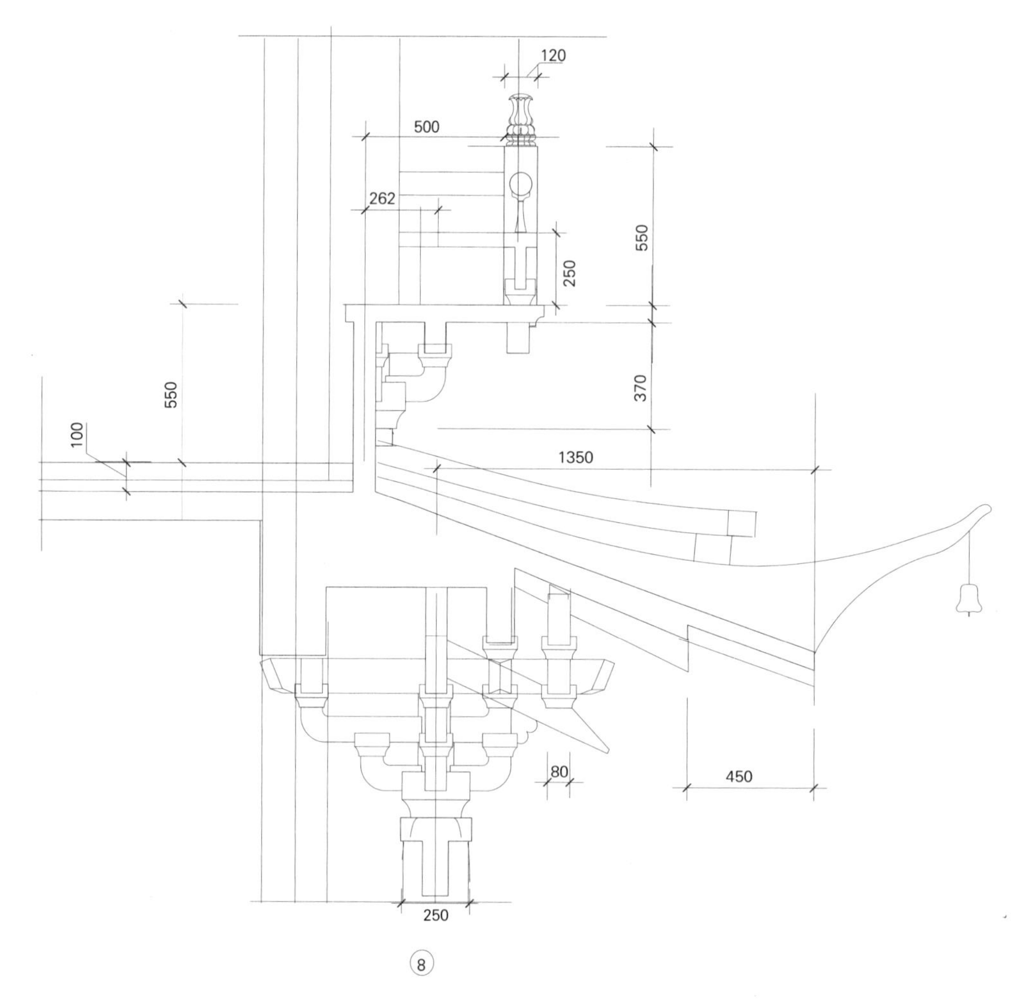

120
500
262
550
250
550
100
370
1350
80
450
250

⑧

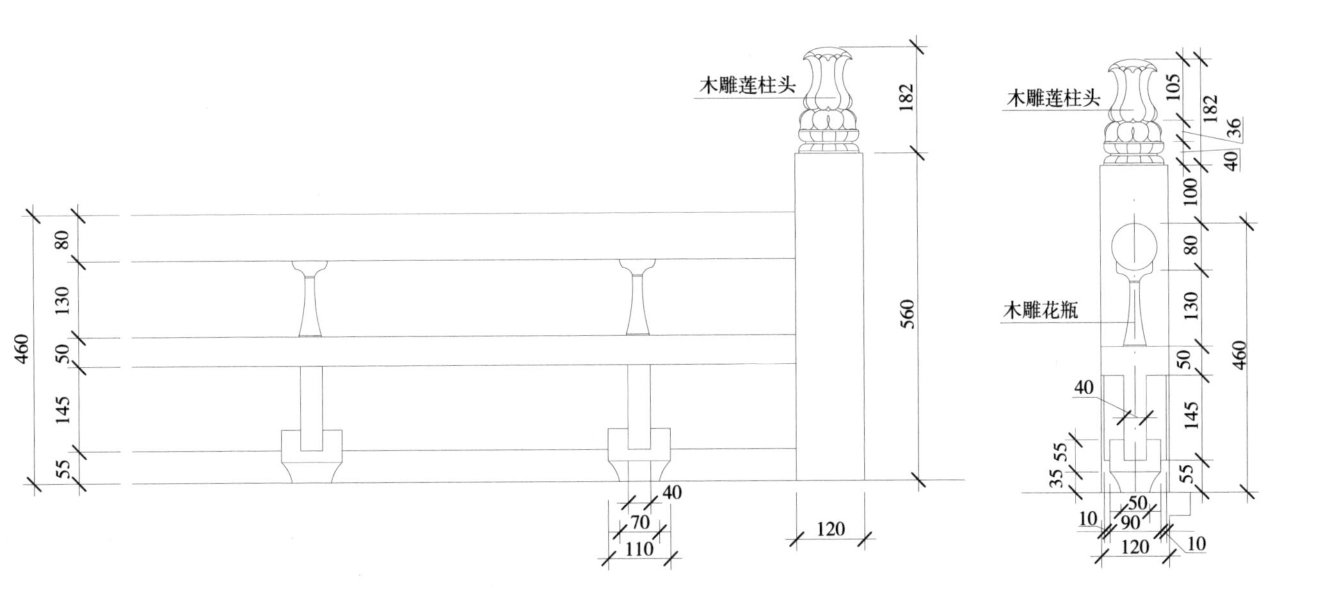

木雕莲柱头
182
560
460
80
130
50
145
55
40
70
110
120
木雕莲柱头
105
182
36
40
100
80
木雕花瓶
130
50
460
40
145
35 55
55
35
50
10
90
120
10

窗栏杆详图

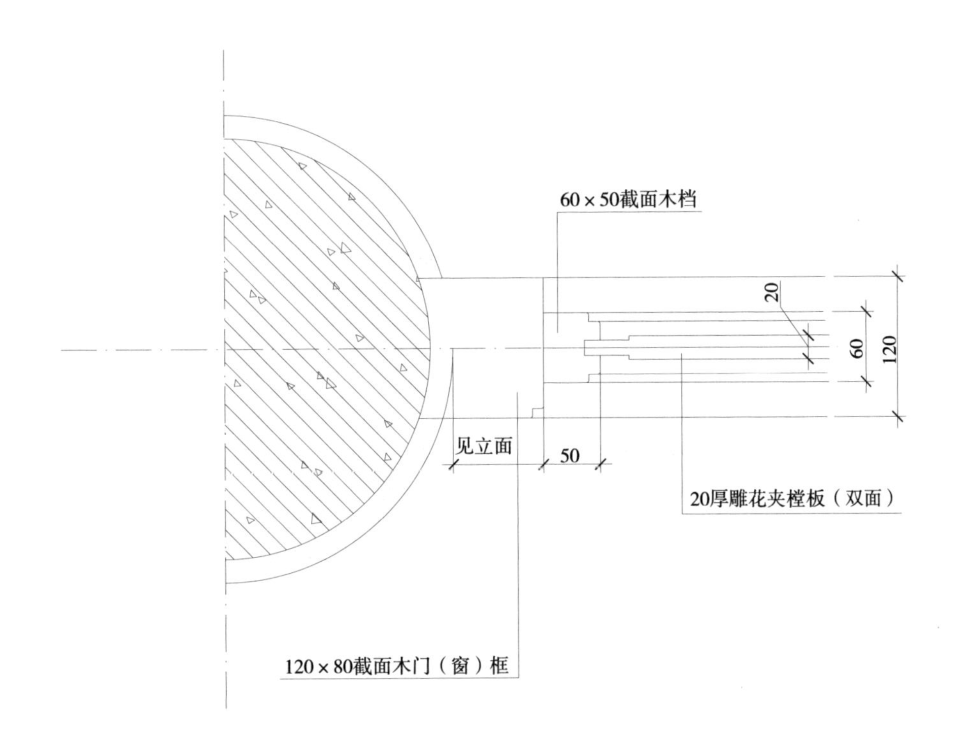

60×50截面木档
20
60
120
见立面
50
20厚雕花夹樘板（双面）
120×80截面木门（窗）框

⑥

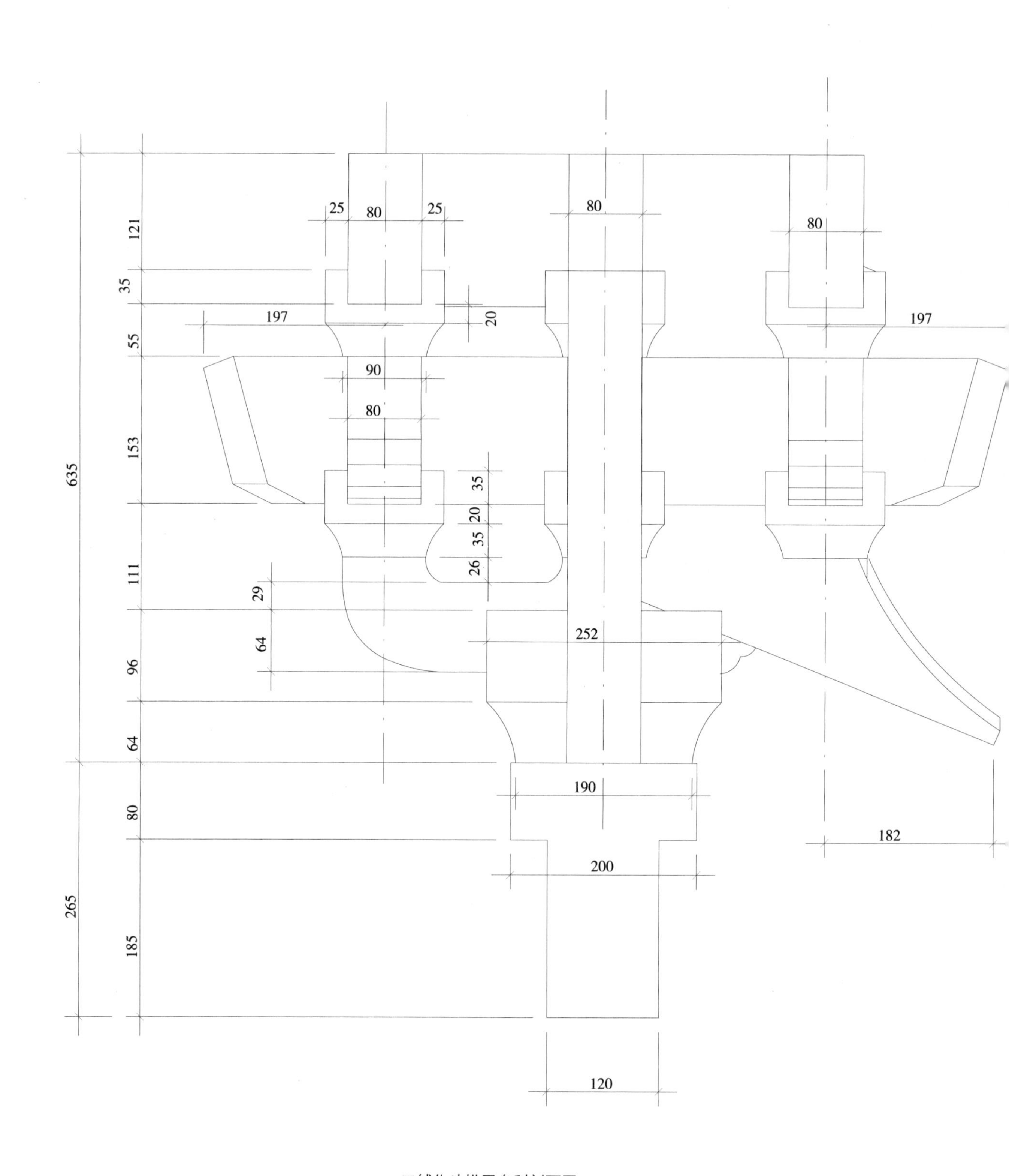

四铺作斗拱平身科剖面图

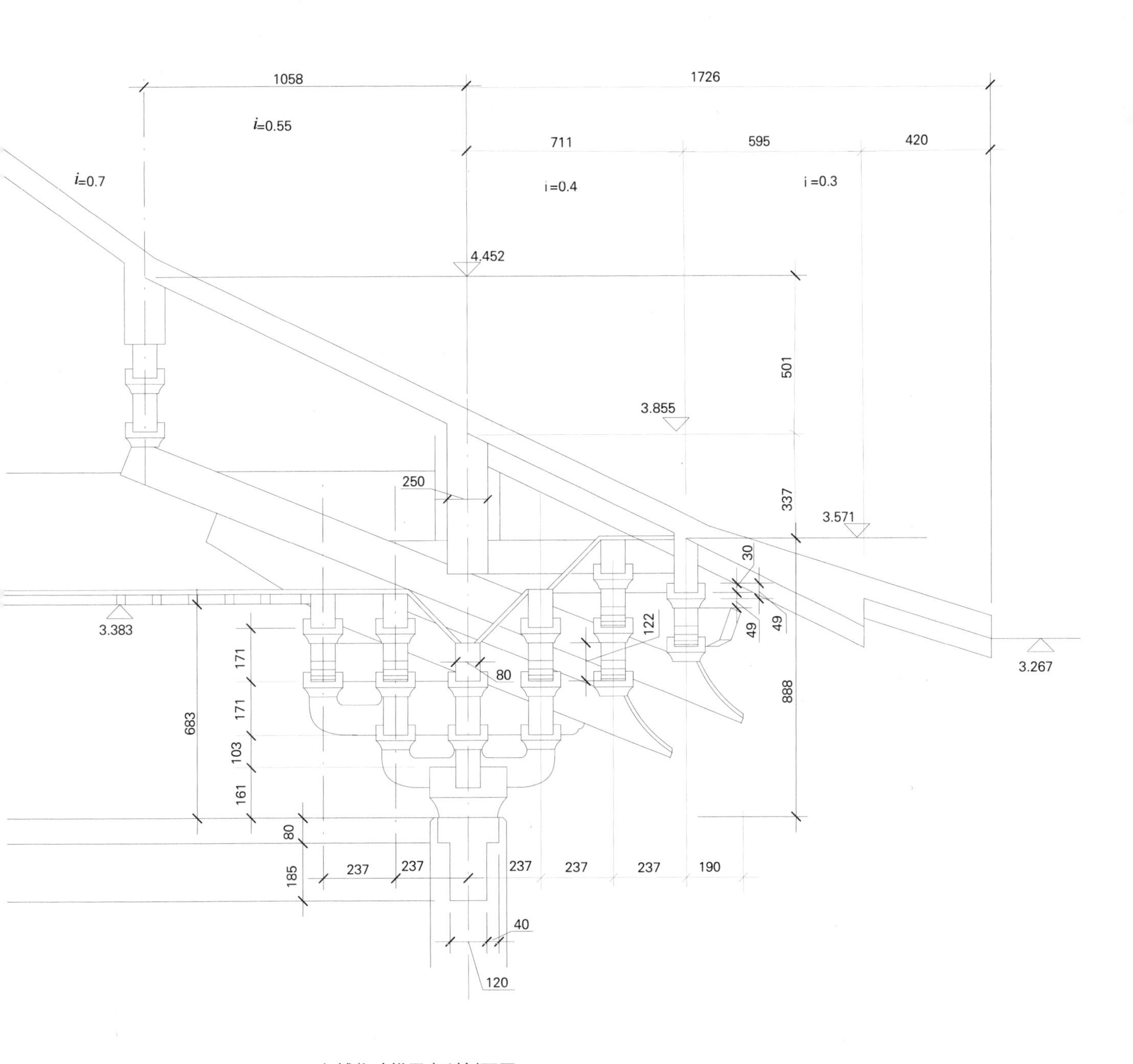

六铺作斗拱平身科剖面图

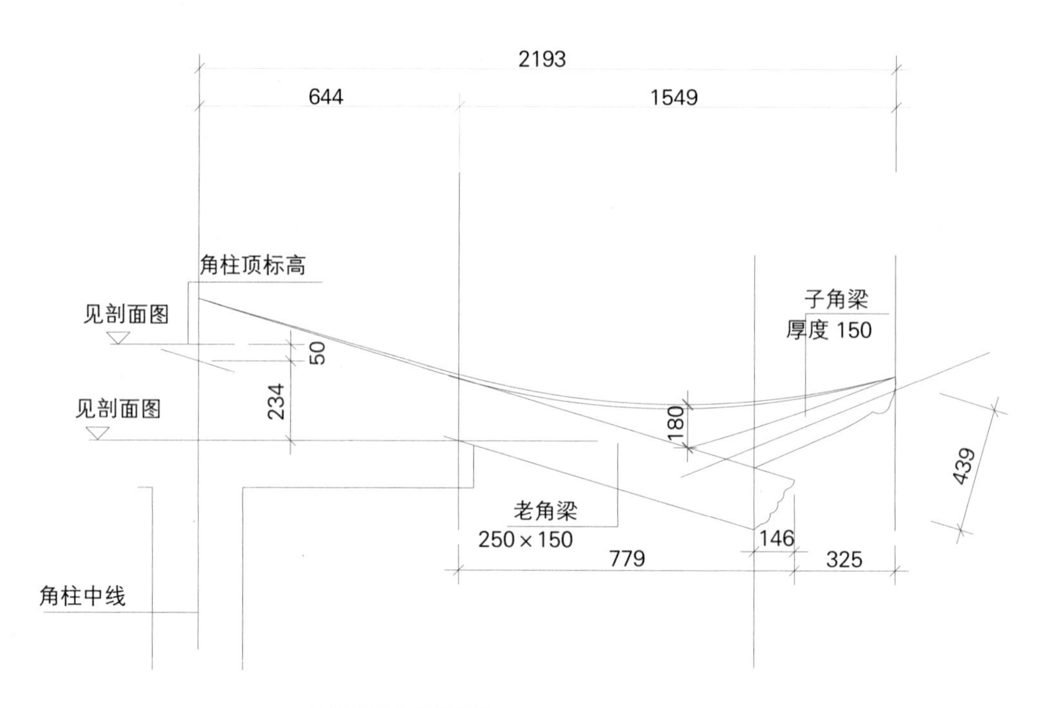

四铺作戗角剖面详图

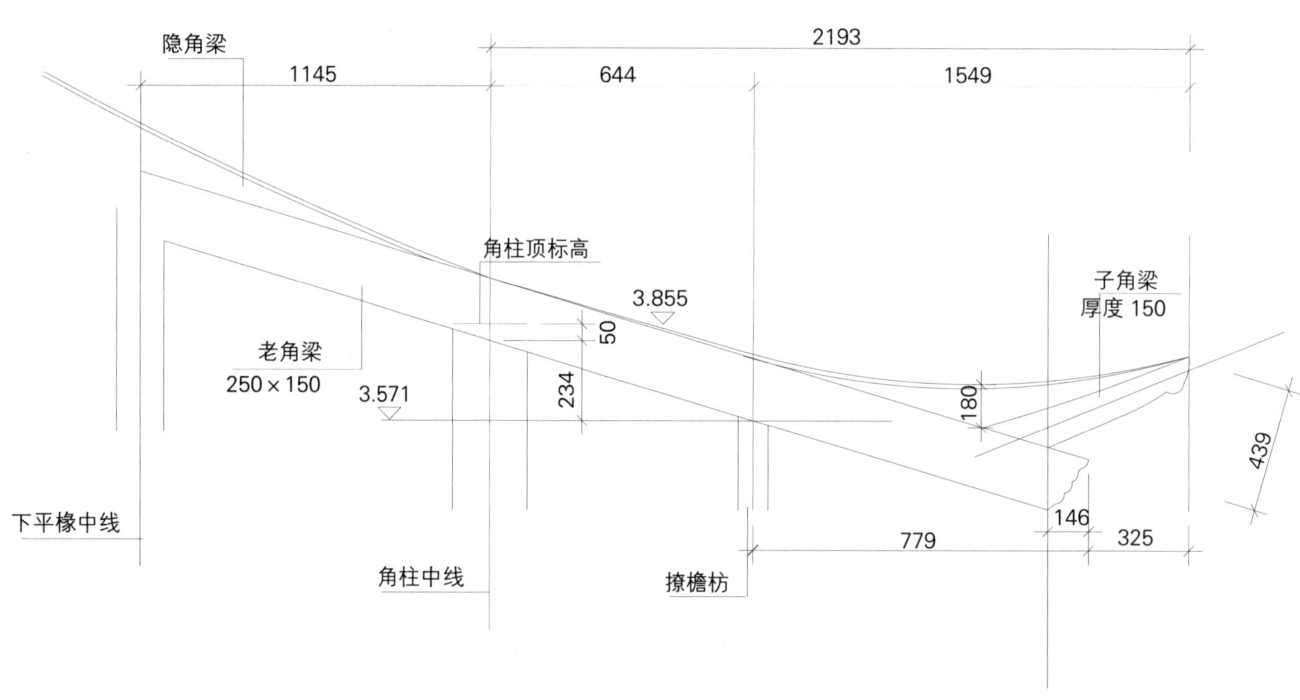

六铺作戗角剖面详图

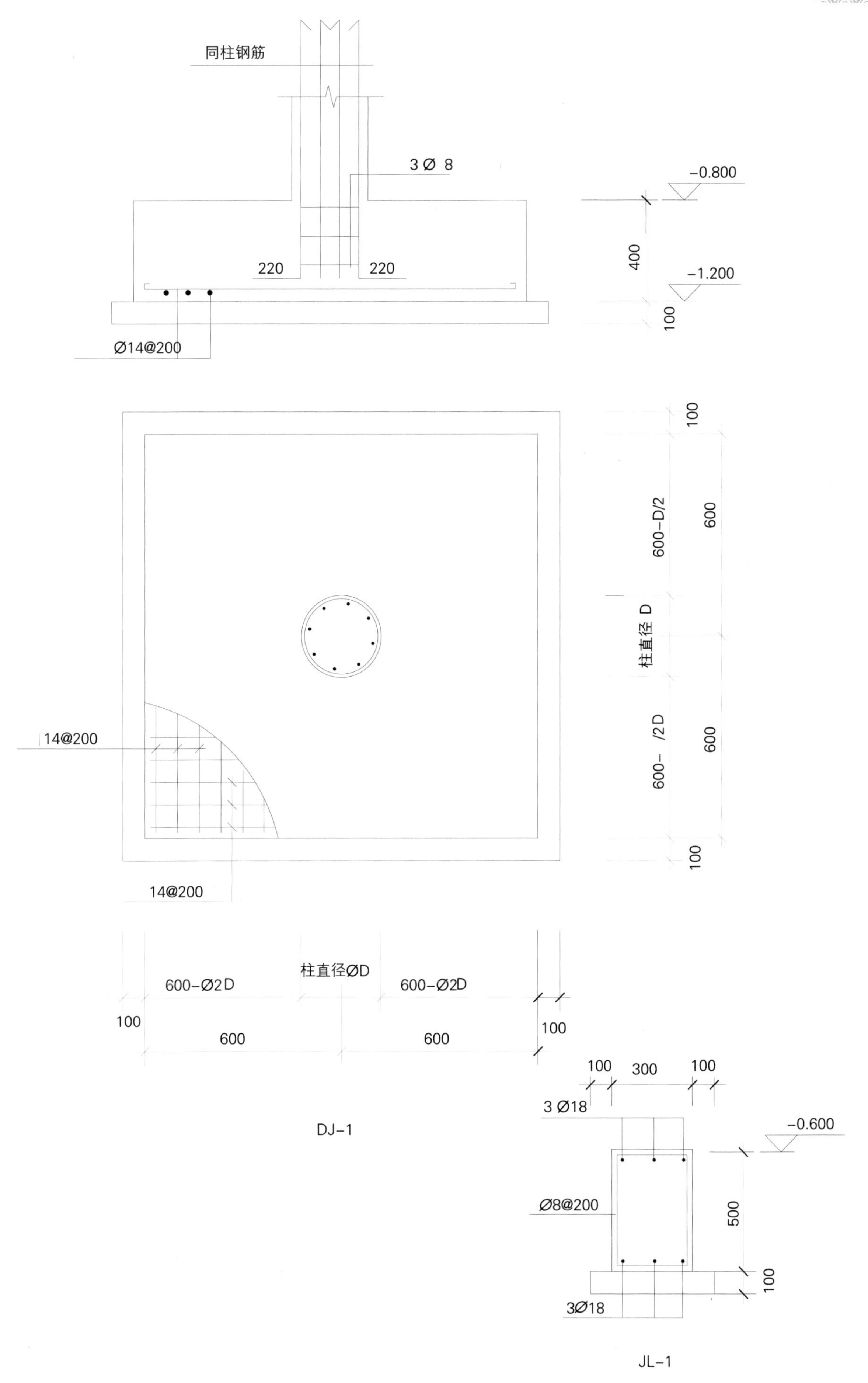

同柱钢筋
3 Ø 8
-0.800
400
220
220
-1.200
100
Ø14@200
100
600-D/2
600
柱直径 D
600-　/2D
600
100
14@200
14@200
柱直径ØD
600-Ø2D
600-Ø2D
100
600
600
100
DJ-1
100
300
100
3 Ø18
-0.600
Ø8@200
500
100
3Ø18
JL-1

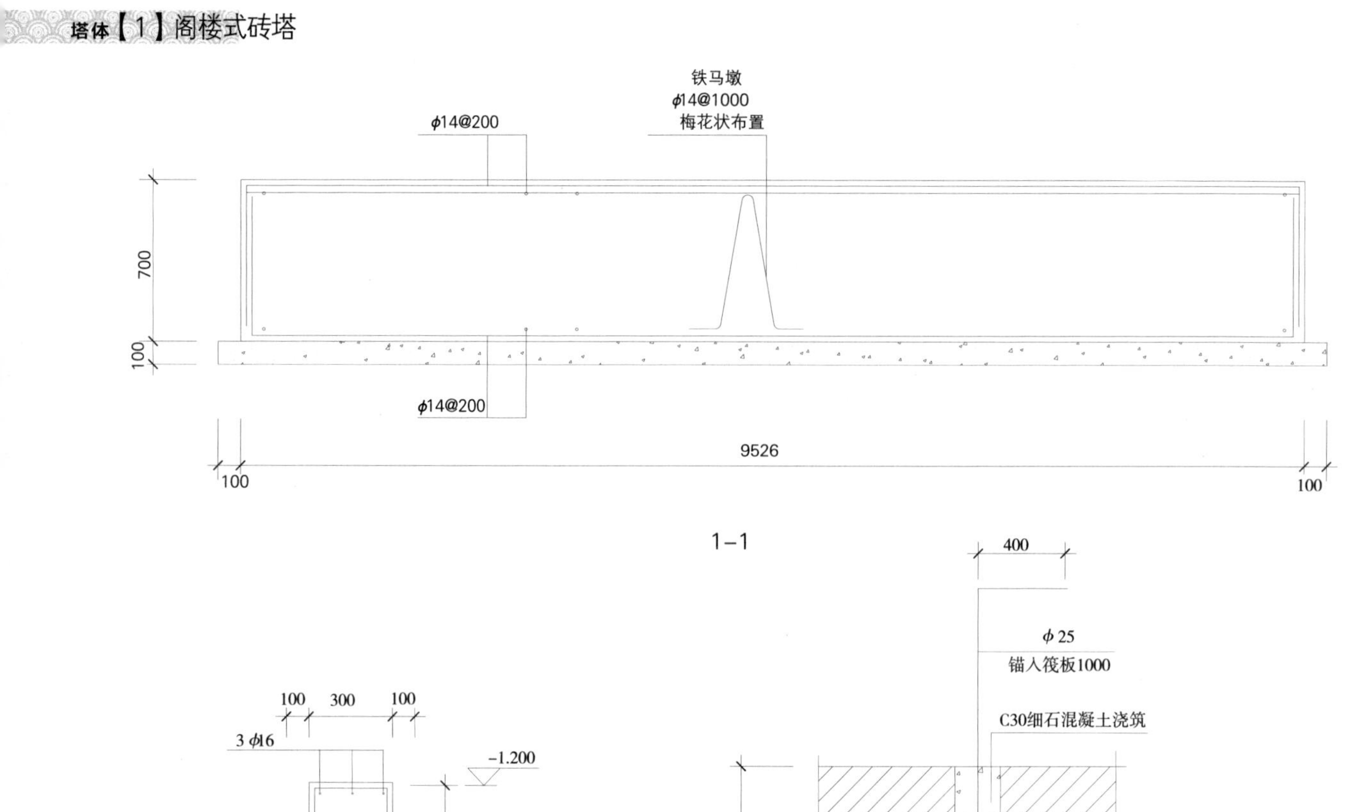

1-1

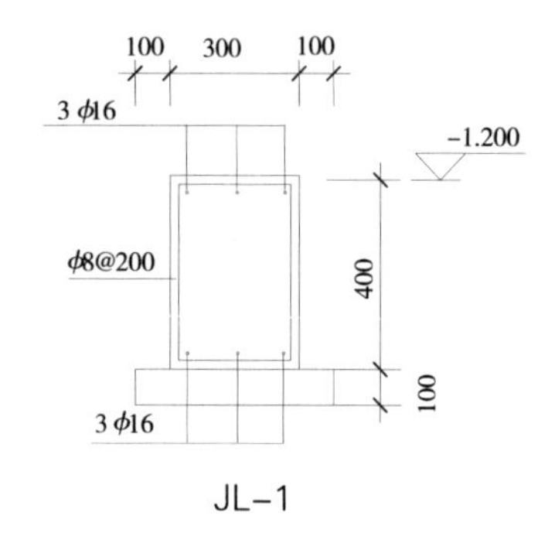

JL-1

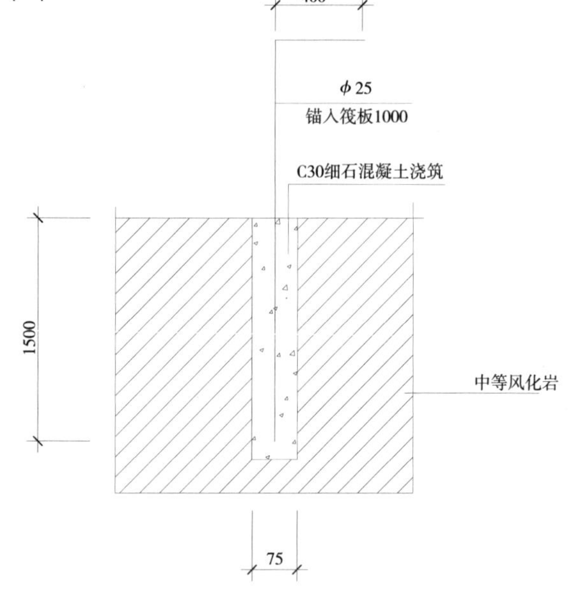

锚杆基础详图

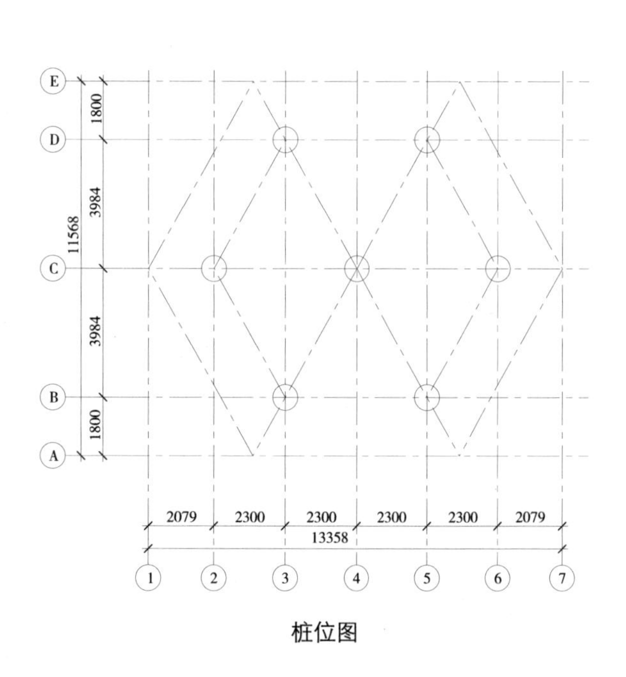

桩位图

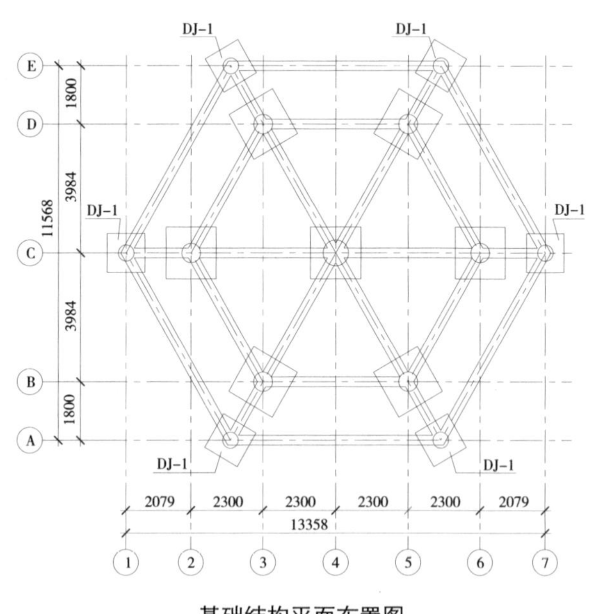

基础结构平面布置图

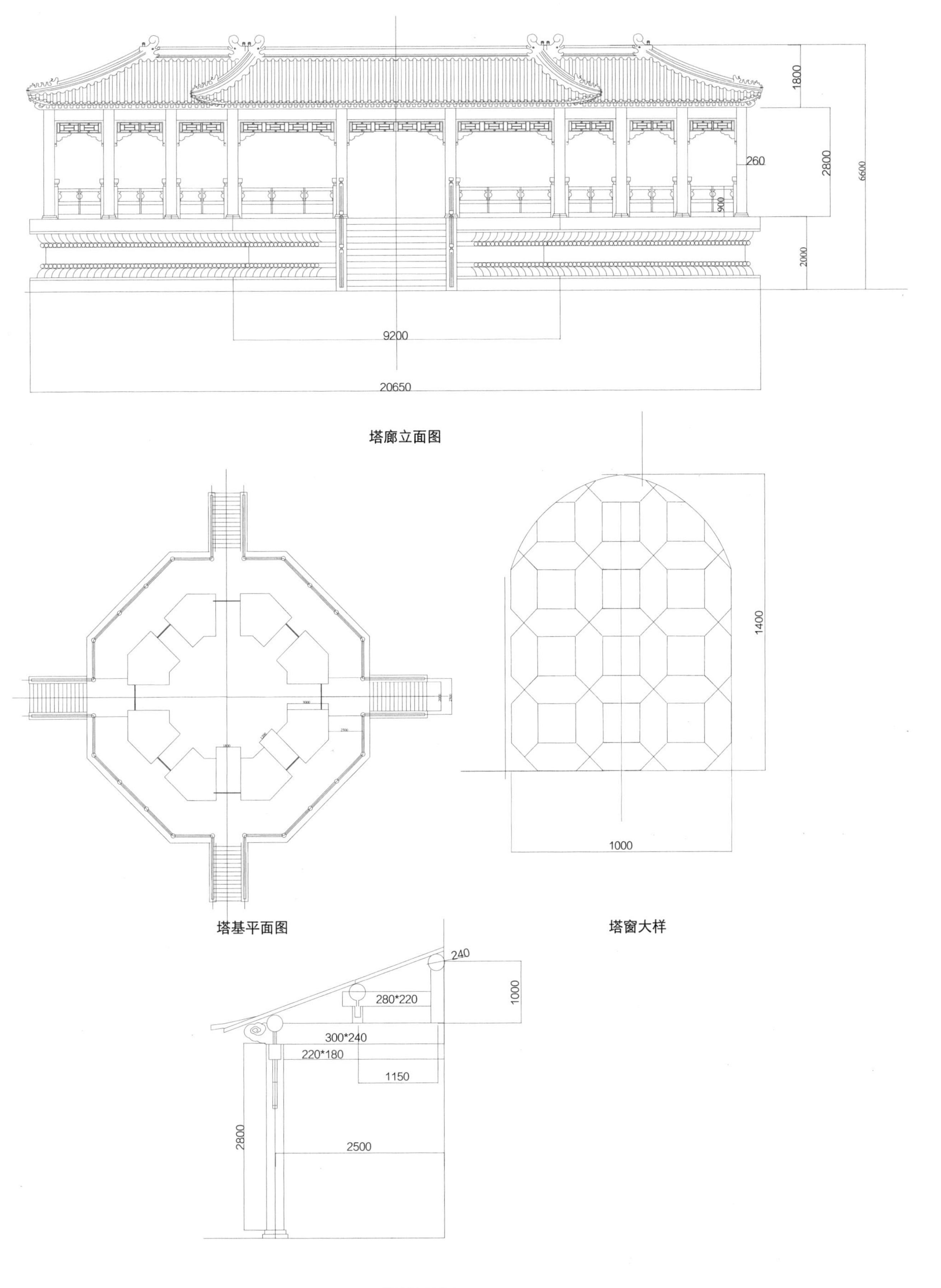

塔廊立面图

塔基平面图

塔窗大样

塔廊剖面图

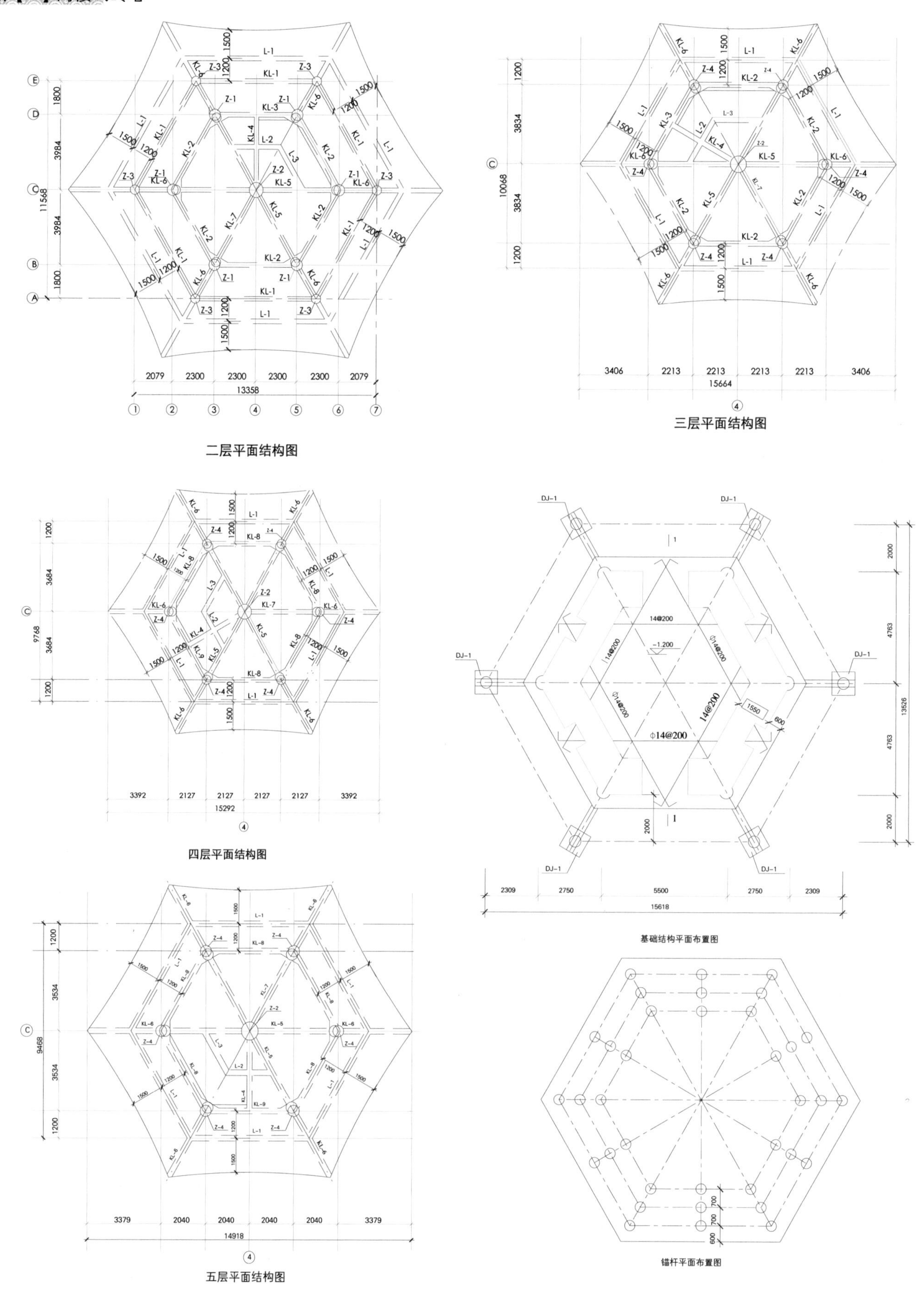

二层平面结构图

三层平面结构图

四层平面结构图

基础结构平面布置图

五层平面结构图

锚杆平面布置图

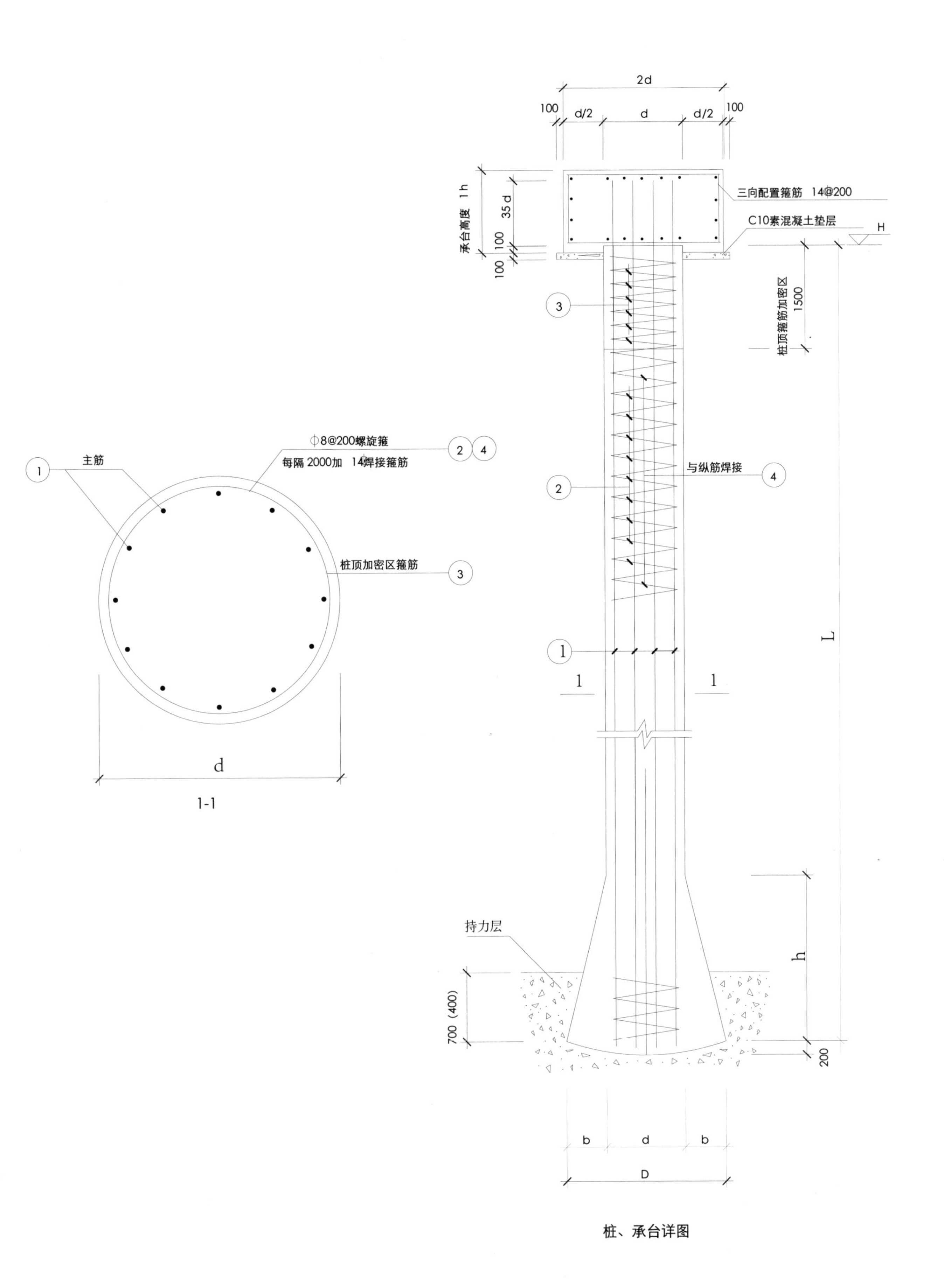

2d
100
d/2
d
d/2
100
承台高度 1h
35d
100
100
100
三向配置箍筋 14@200
C10素混凝土垫层
H
桩顶箍筋加密区
1500
3
2
与纵筋焊接
4
1
1
1
L
持力层
h
700（400）
200
b
d
b
D
主筋
1
φ8@200螺旋箍
每隔 2000加 14焊接箍筋
2
4
桩顶加密区箍筋
3
d
1-1

桩、承台详图

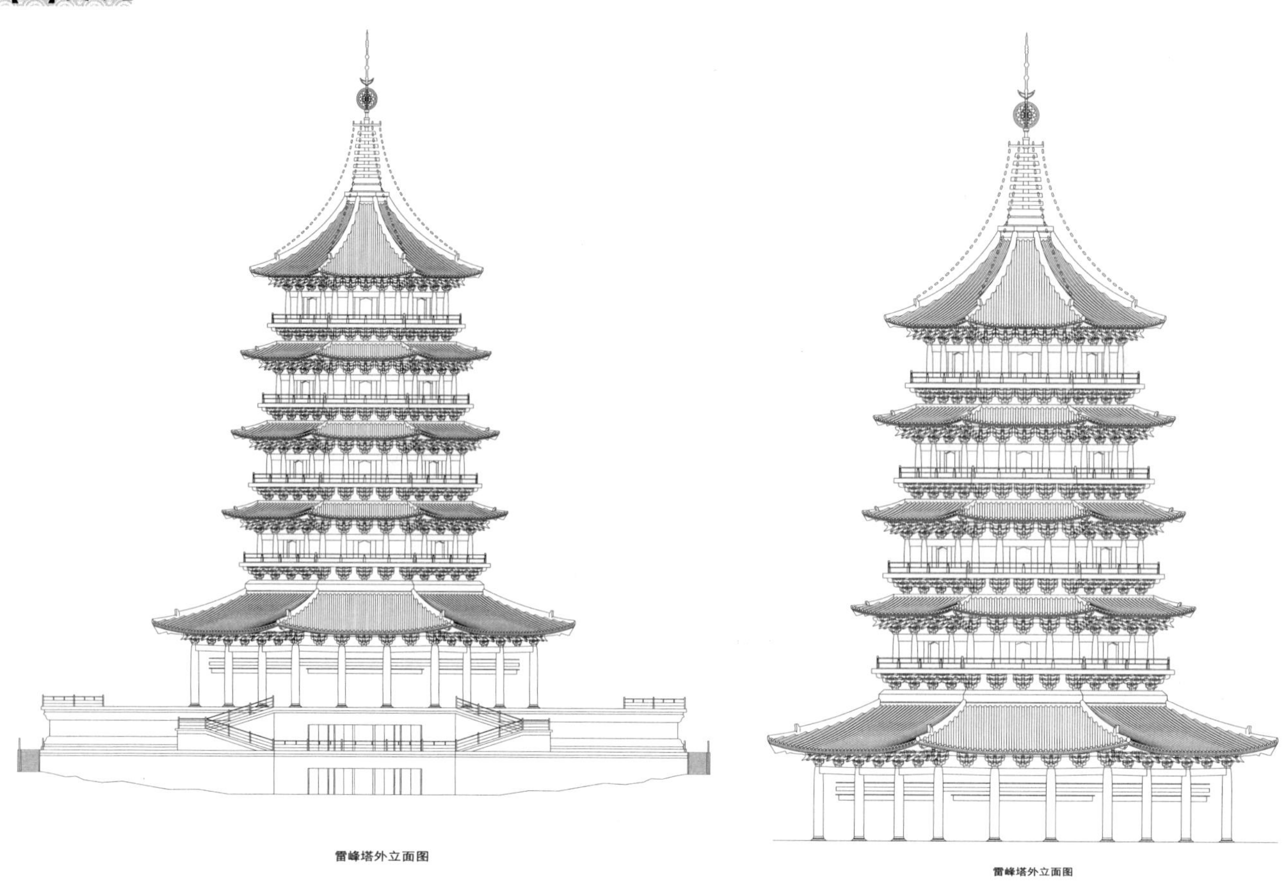

雷峰塔外立面图

雷峰塔外立面图

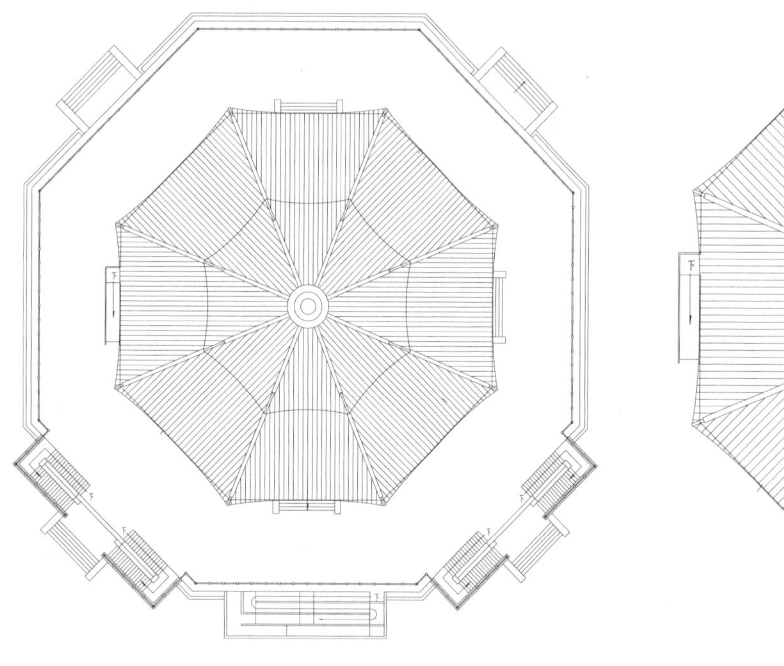

总平面图

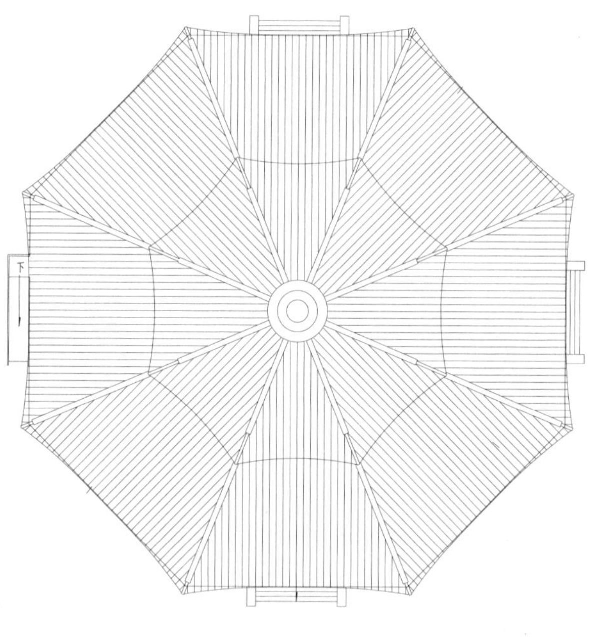

总平面图

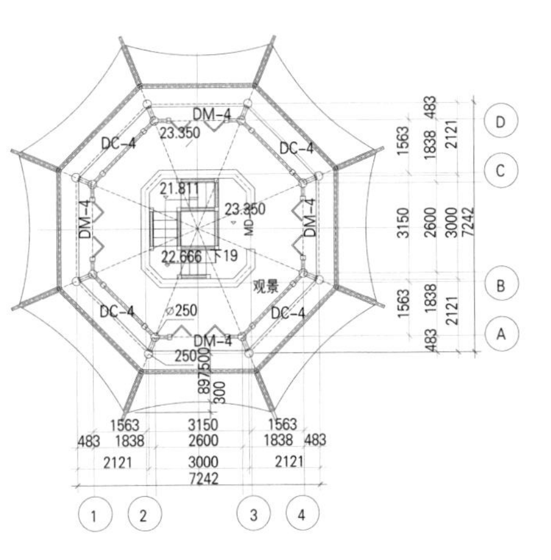

七层平面图

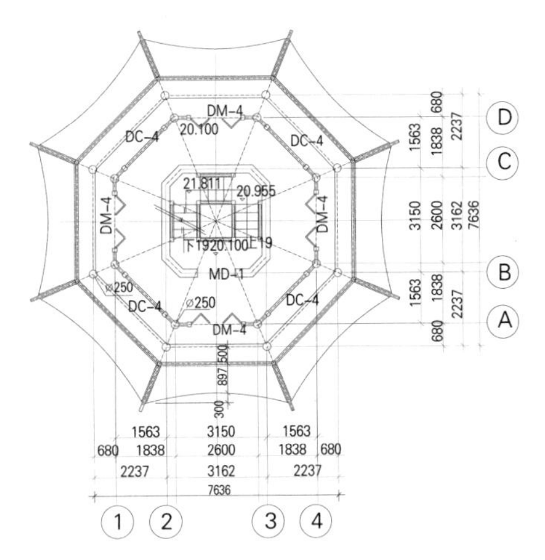

六层平面图

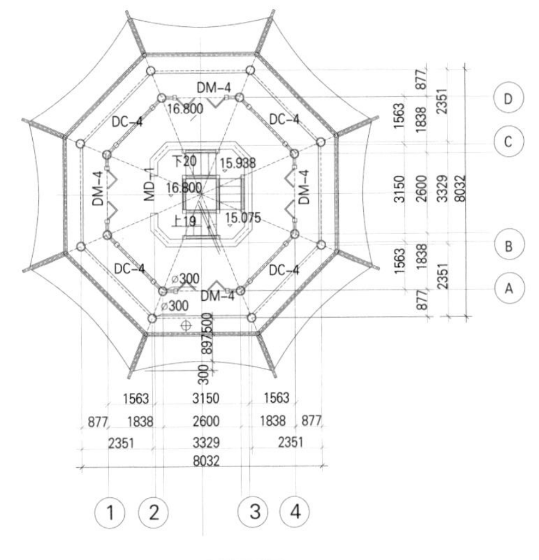

五层平面图

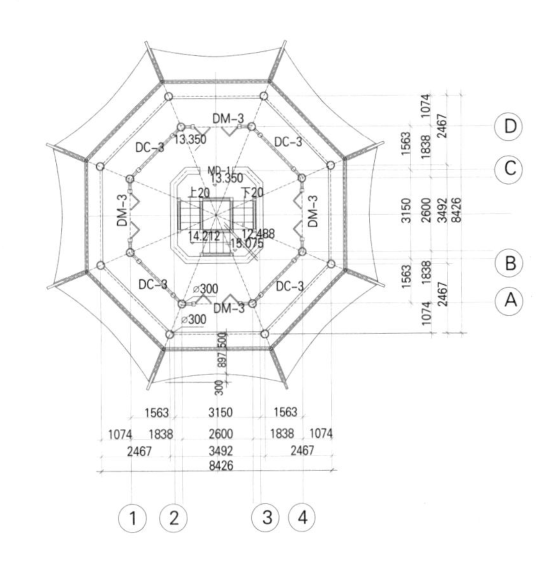

四层平面图

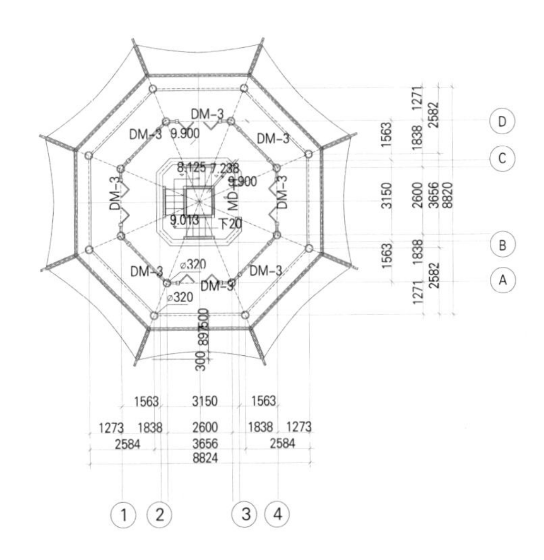

三层平面图

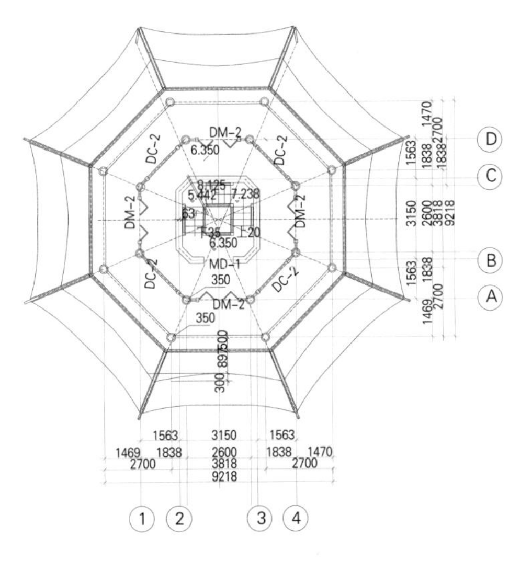

二层平面图

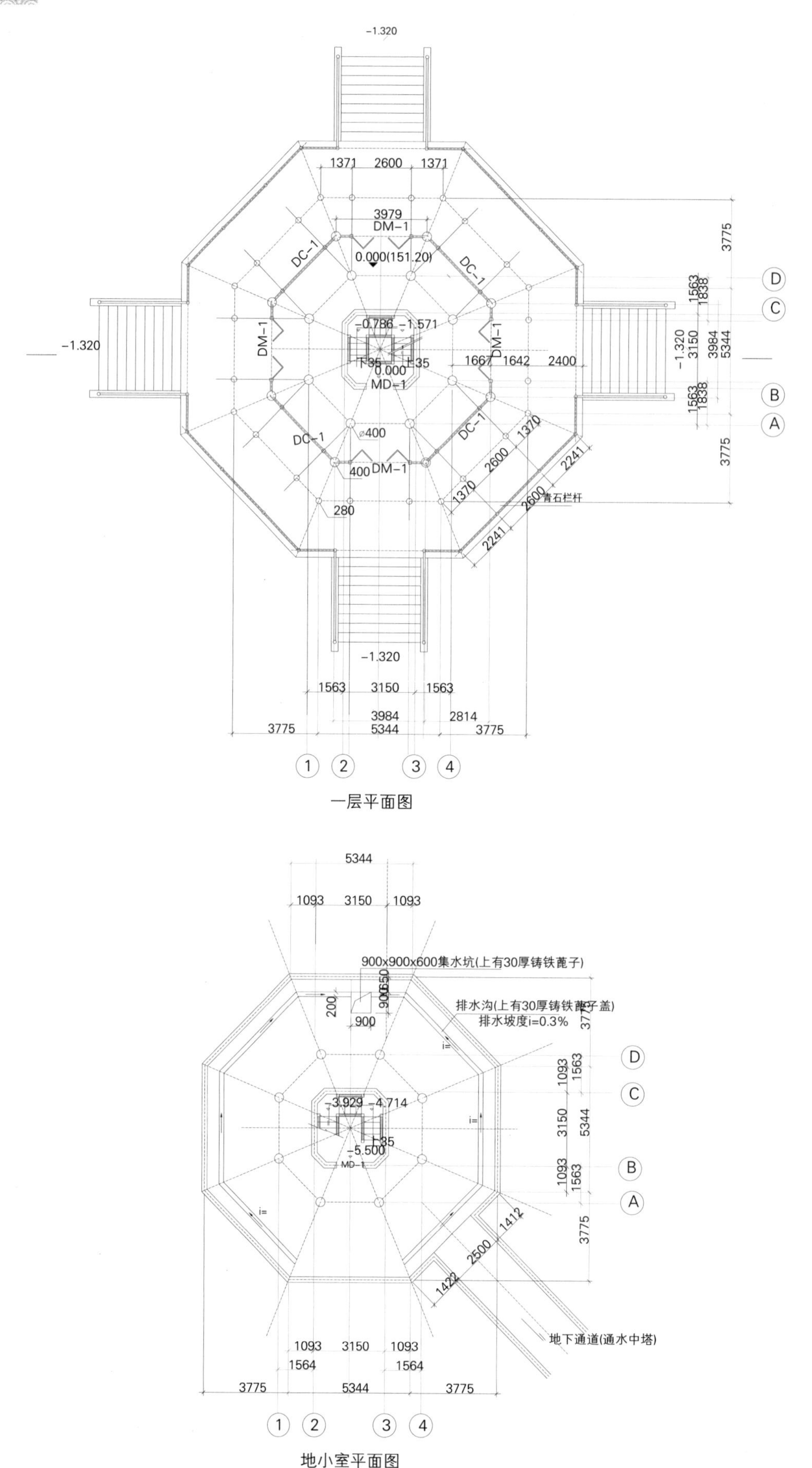

一层平面图

地小室平面图

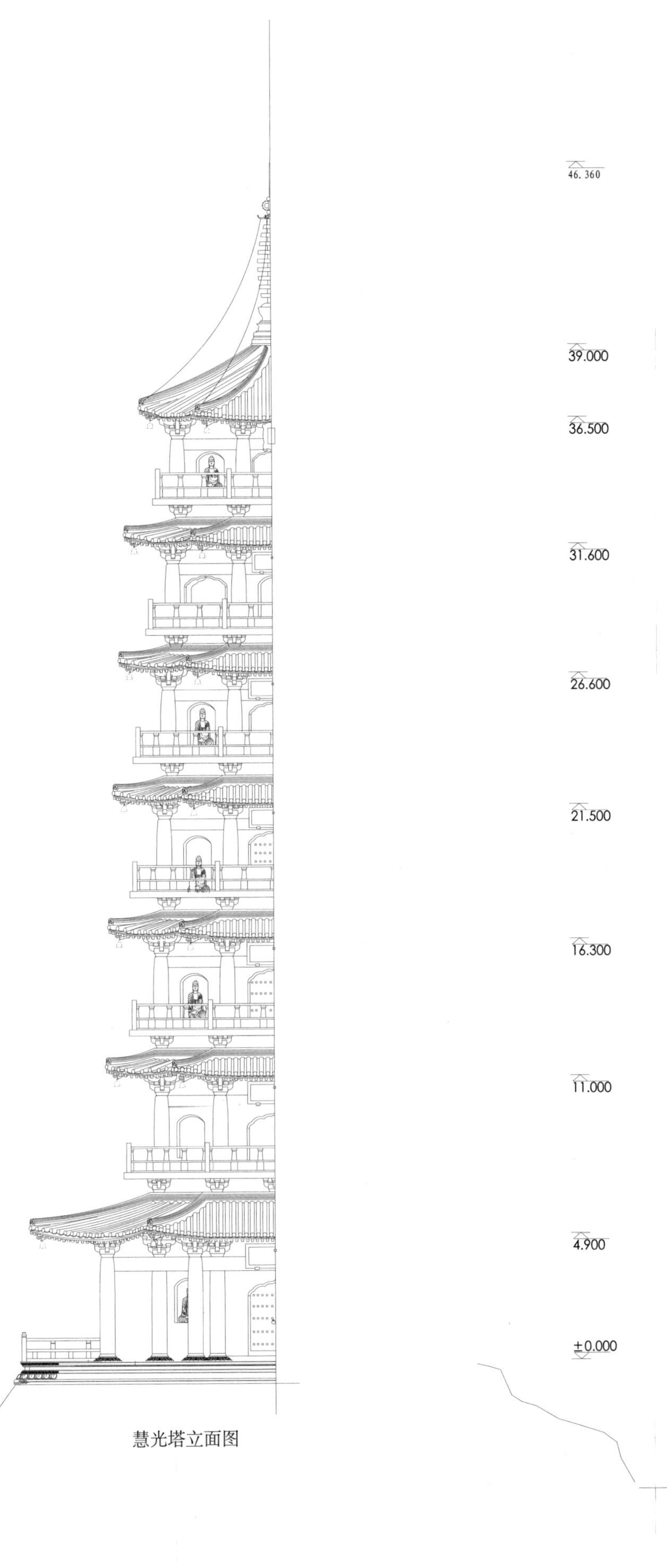

慧光塔立面图

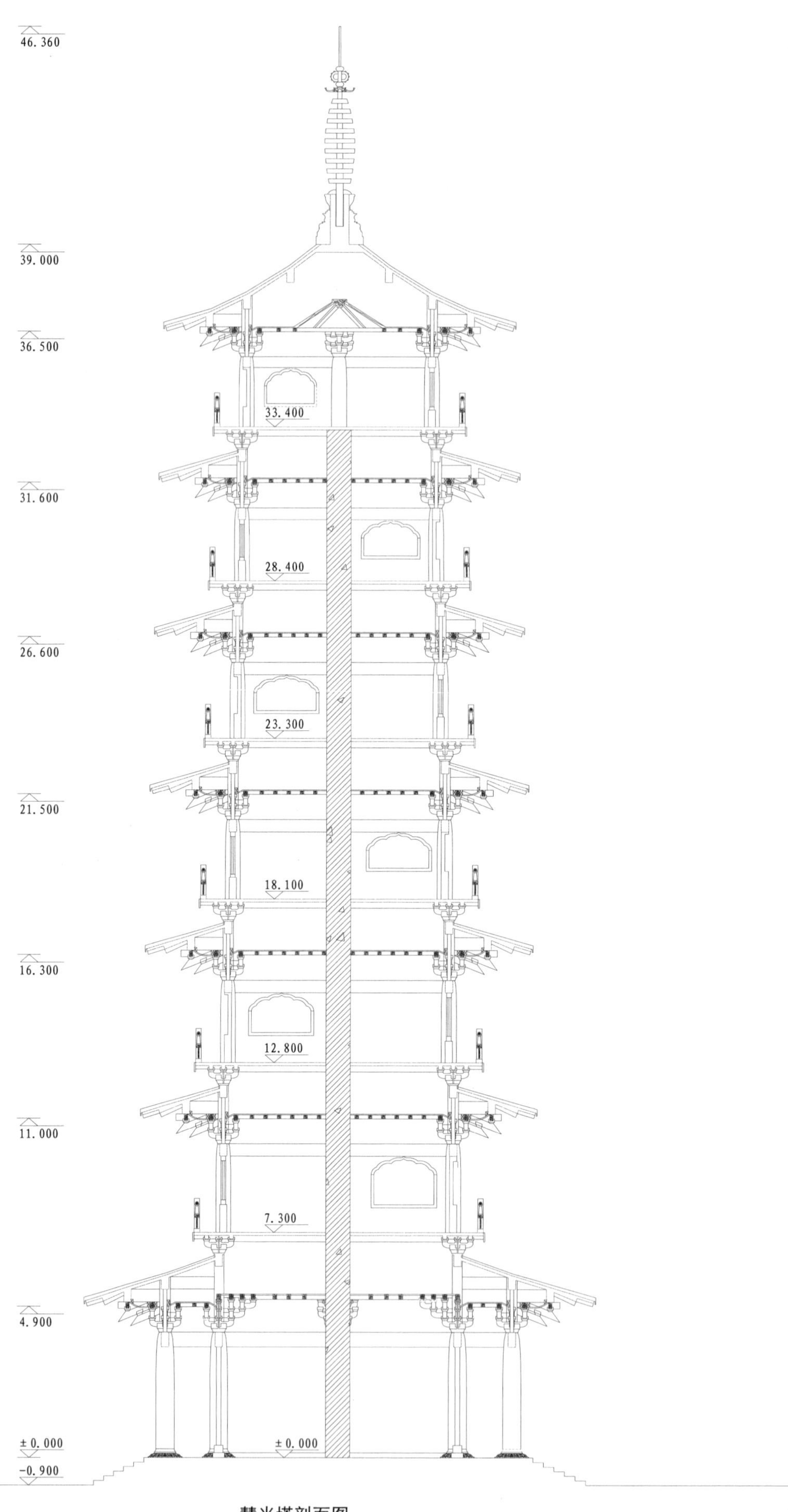
46.360
39.000
36.500
33.400
31.600
28.400
26.600
23.300
21.500
18.100
16.300
12.800
11.000
7.300
4.900
±0.000
±0.000
-0.900

慧光塔剖面图

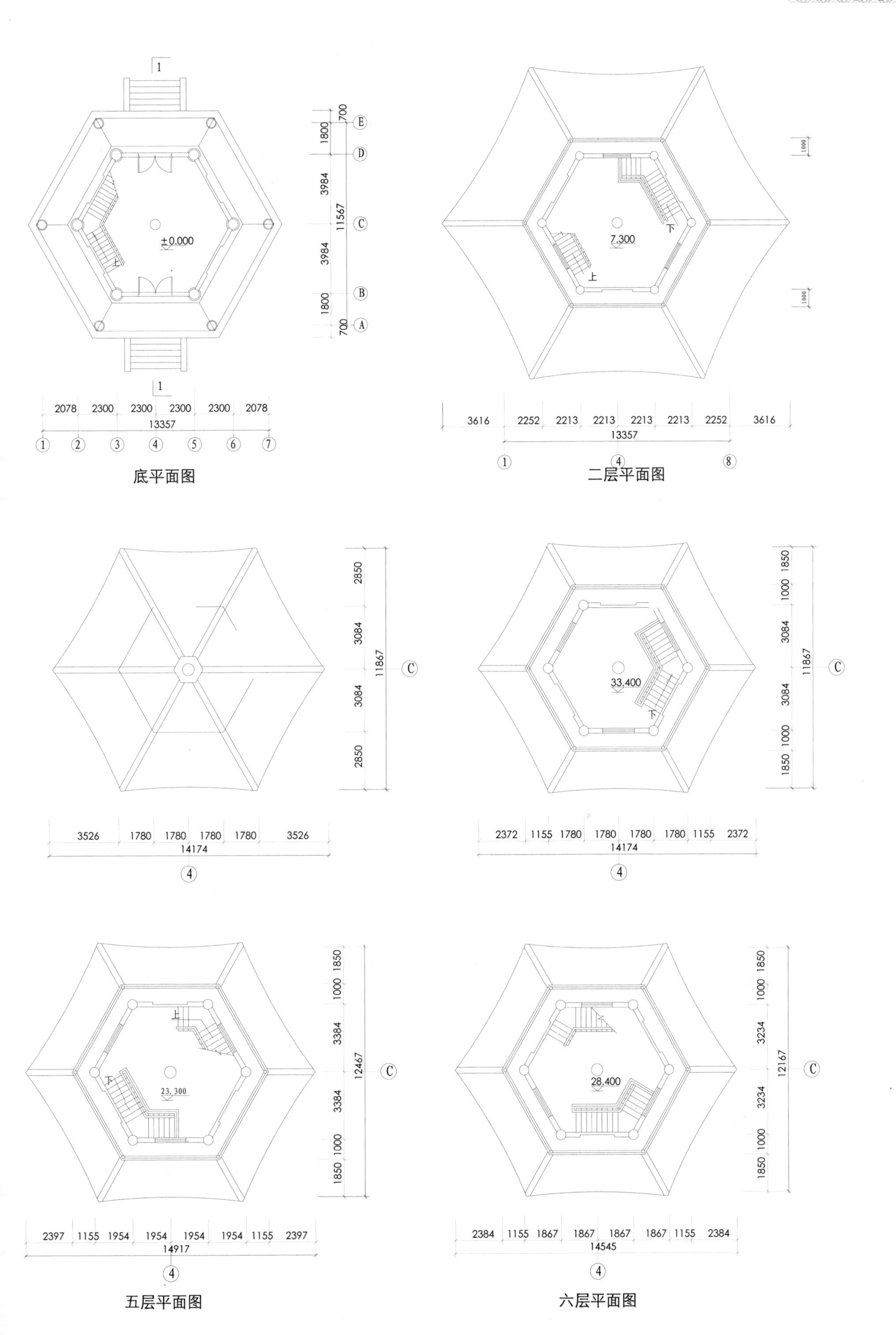

底平面图

二层平面图

五层平面图

六层平面图

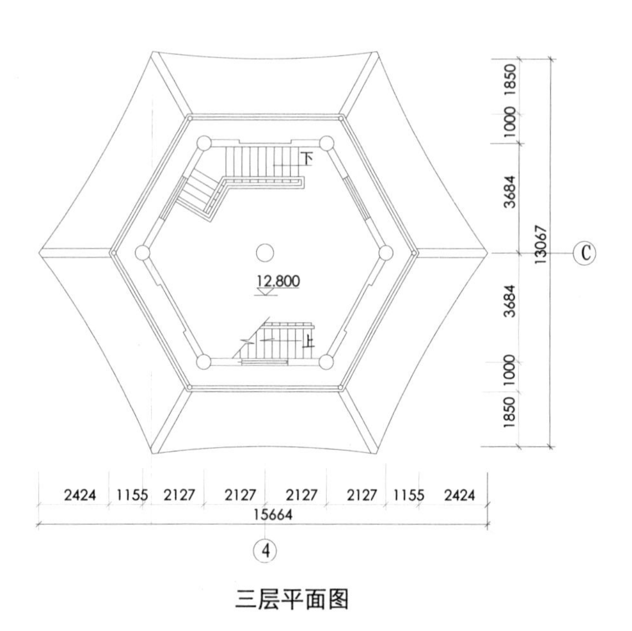

三层平面图

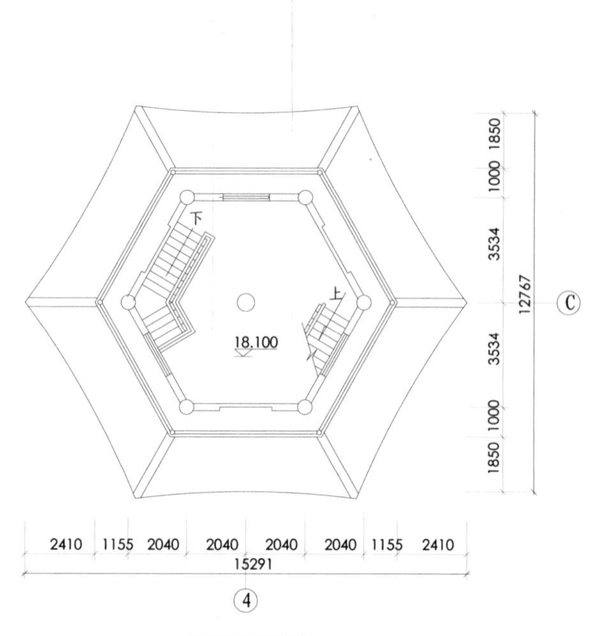

四层平面图

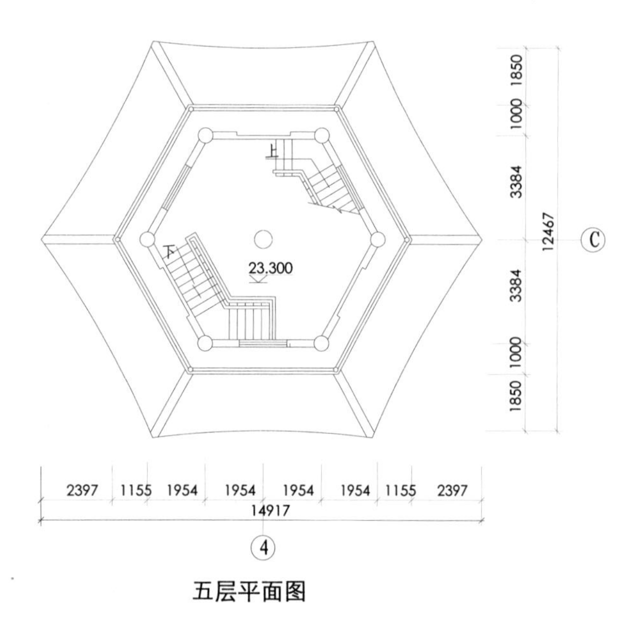

五层平面图

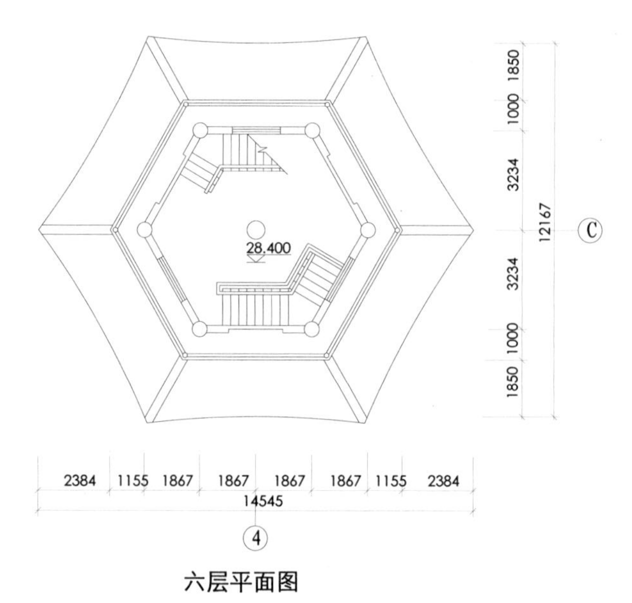

六层平面图

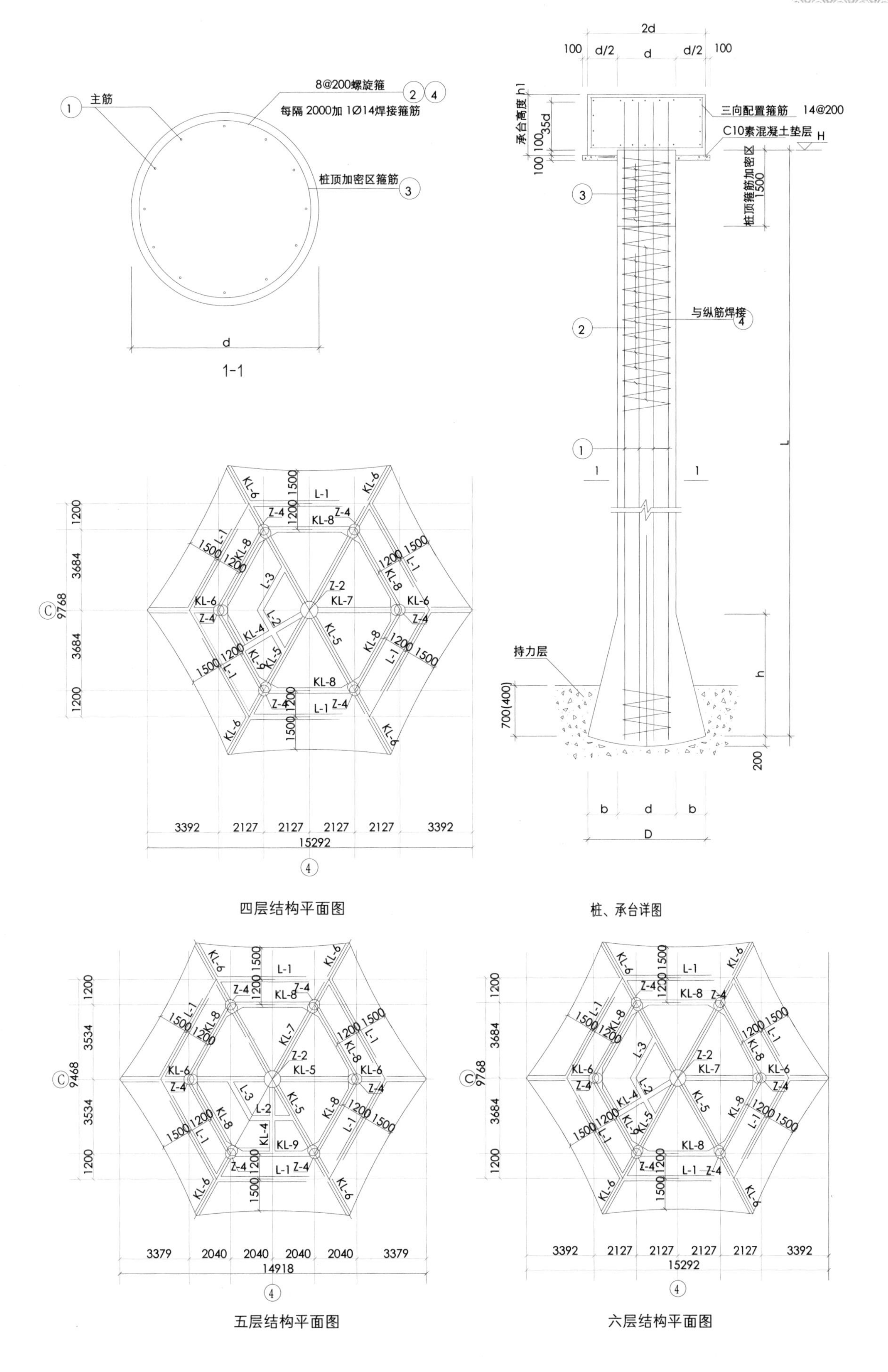

四层结构平面图

桩、承台详图

五层结构平面图

六层结构平面图

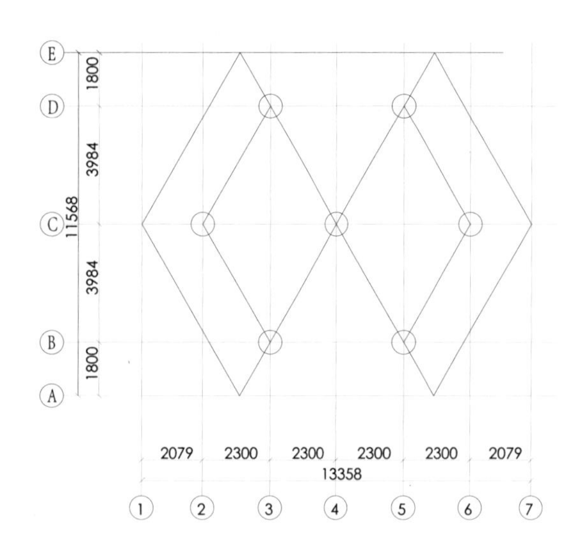

桩位图

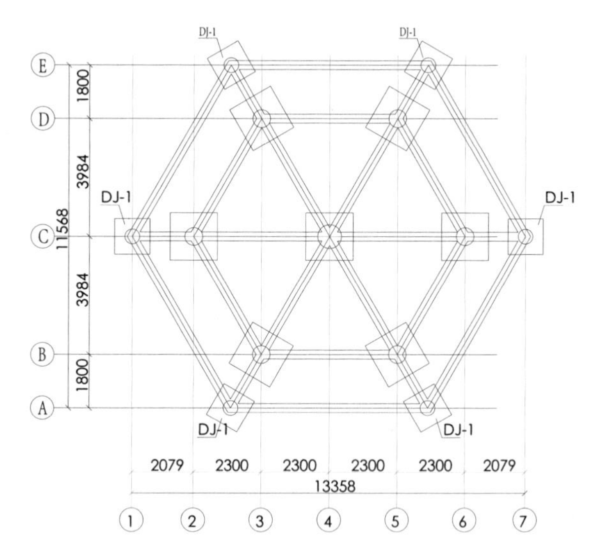

基础结构平面布置图

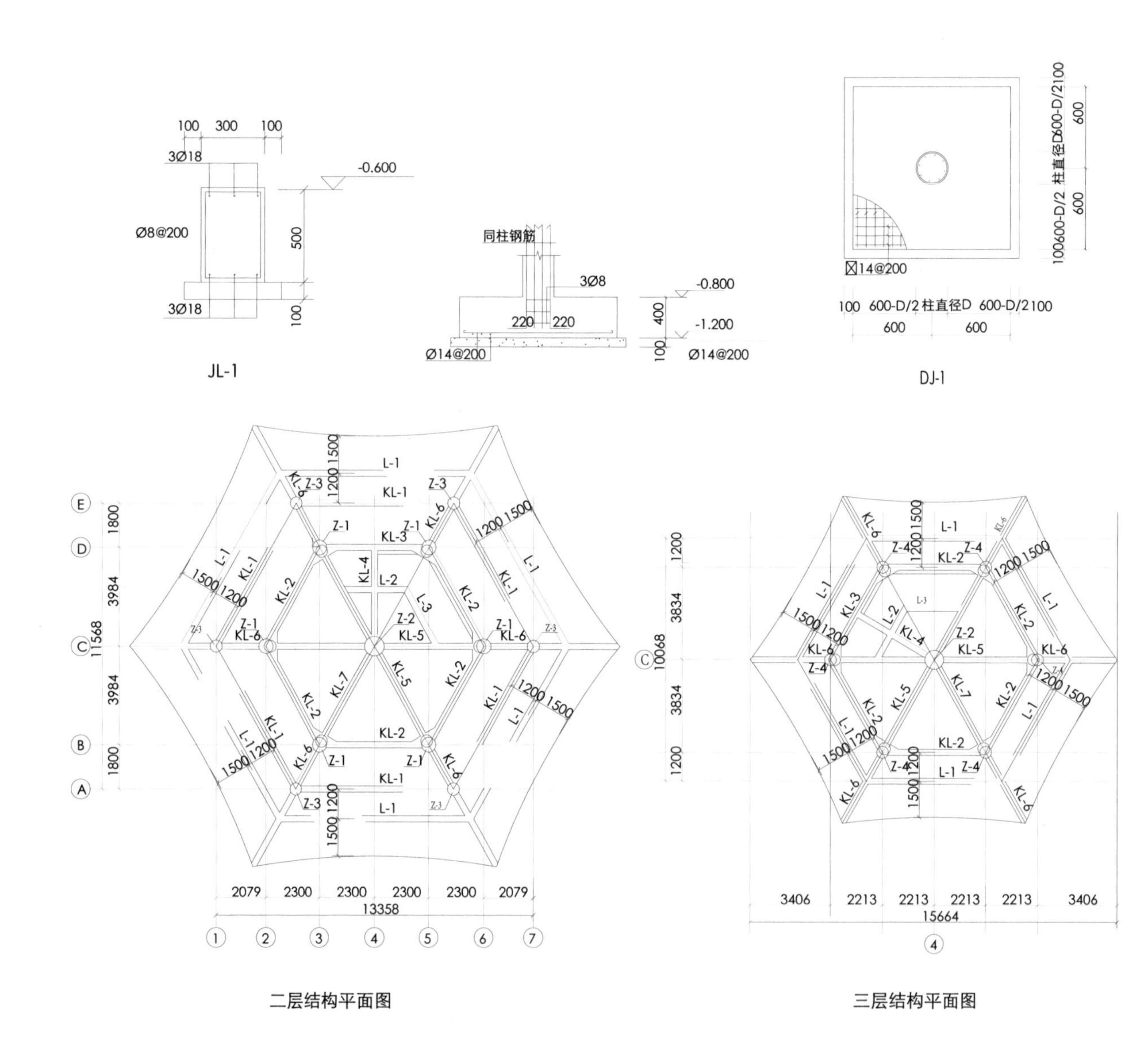

JL-1

DJ-1

二层结构平面图

三层结构平面图

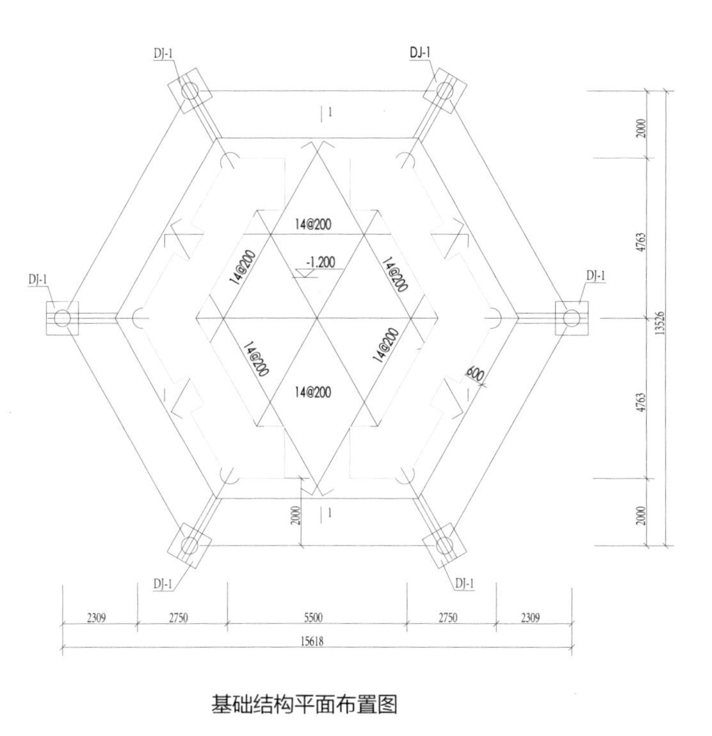

基础结构平面布置图

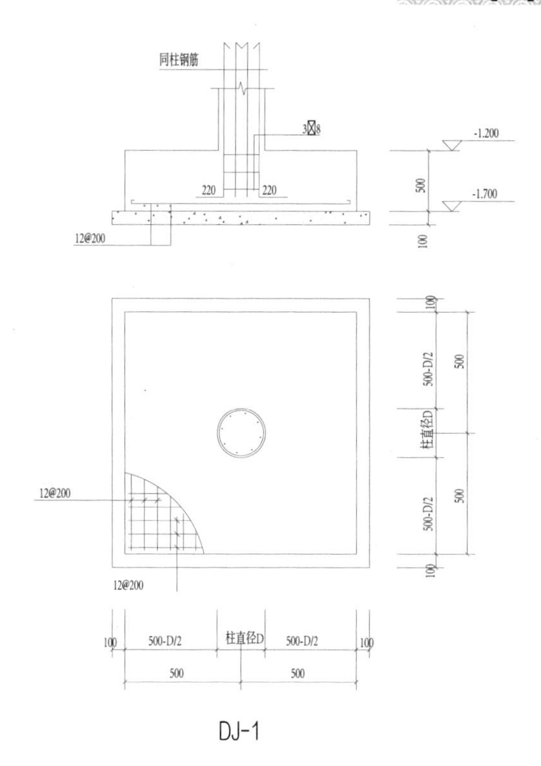

DJ-1

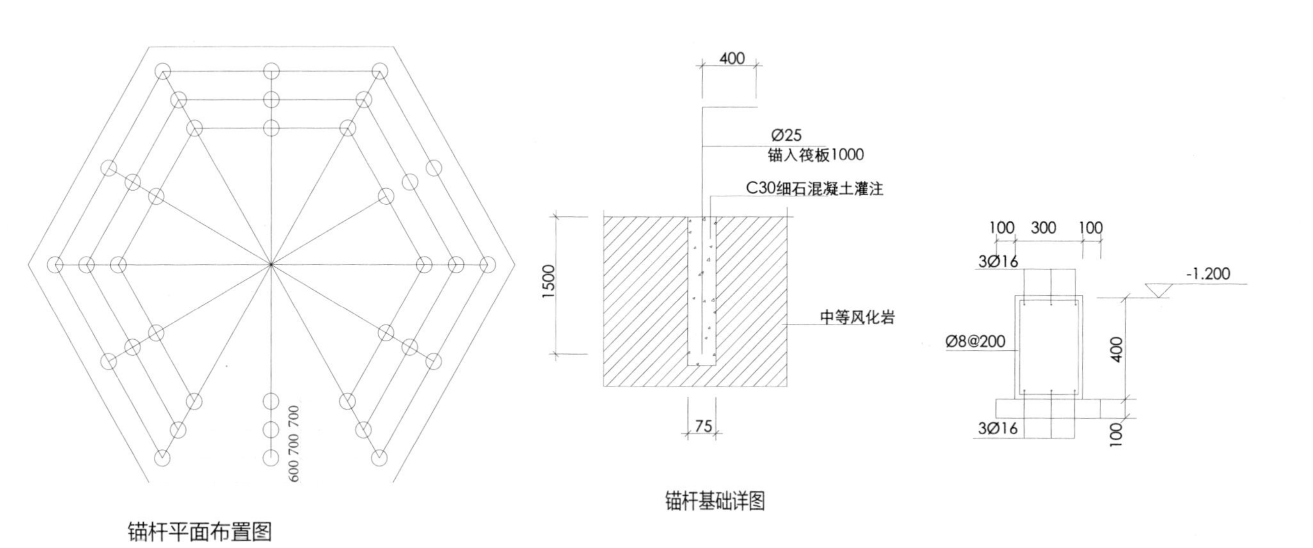

锚杆平面布置图

锚杆基础详图

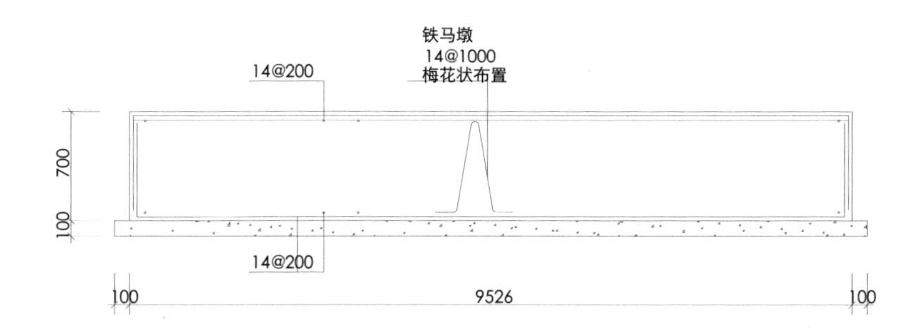

1-1

第三章 隔断

中国古代建筑构件——罩和隔断

罩中国古代建筑以木构架为其主要结构，即“梁枋式建筑”。建筑室内空间的分割主要使用三种方法：即用隔断墙（板壁）、隔扇（壁纱橱）和各种罩来分割空间。其中罩的设计与使用，在建筑中体现着很高的艺术水准，但对它的研究却是一个薄弱环节。拙作为抛砖引玉，希望有更多的成果问世。用罩分割空间出现的时间较晚。《史记·秦始皇本纪》载：“咸阳之旁二百里内，宫观二百七十，复道甬道相连，帷帐钟鼓美人充之……”可见这时的室内是用帷帐来作装饰的。直到隋唐、五代，屏风、帷帐、帘幕仍然是用于室内分割的设施，大屏风是主要的室内隔断物，并作为布置家具的背景，帷帐和帘幕也同样用于分割空间，它可以随意布置，变化灵活，另外还有着很好的装饰效果。宋代出现用装有各种棂条花纹的格子门、落地长窗为主要室内隔断物的现象。罩的形式是由挂落发展而来的，到明清时期，罩用于室内隔断已较为普遍，且形式丰富多样。罩的制作精细、装饰考究，无疑增加了室内许多艺术气氛。

古建筑空间使用罩落的方主要有两种：第一类，用在外檐装修，借以区别室内、外空间，挡风避日，弥补建筑围护结构的不足，如门罩；第二类，用于内檐装修。即张设于室内梁、枋下，划分内部空间的功能分区承担组织各种功能空间的重要作用，如：飞罩、落地罩等。《中国古代建筑辞典》对“罩”这一名词作为这样的解释罩系用硬木；孚雕、透雕而成，满布几何图案或缠交的动植物，或神话故事之类，作为室内的隔断和装饰，用于宫殿及贵族、富豪宅第。

一、中式罩落的艺术形式与功能

清代文人李渔在室内装修的专论中写道：“幽斋陈设，妙在日异月新”。因此罩落的艺术形式及种类很多，如：栏杆罩、几腿罩、飞罩、天弯罩、炕罩、落地罩等。除炕罩外，通常施设的位置是沿室内进深方向或面阔方向进行设置的，进深方向与室内露明的梁袱相对应，对梁、柱两侧的空间并没有加以阻隔，只是在视觉上做出区域的划分；在分隔的地方略加封闭，从而达到相对分隔或意向分隔的效果。罩落营造出室内既有联系又有分隔的环境气氛，体现了实用性（外层实用功能层）艺术性（中层艺术审美功能层）和文化性（内层又称观念层，体现了文化的心理部分）三性合一的复合功能特性

二、中式罩落在传统室内空间中的运用

罩落在古代室内装修中主要起分隔和美化室内空间的作用，不同类型罩落的使用通常根据房间的大小、位置、作用的有所不同。

飞罩和挂落相似，悬装于屋内部，依附于柱间或梁下，在小木作中多用于室内装饰和隔断。飞罩与挂落飞罩不同，挂落飞罩与柱相连的两端稍向下垂，略似挂落，而飞罩则两端下垂更低，使两柱门形成拱门状，但不落地。飞罩常用镂空的木格或雕花板做成，采用浮雕、透雕等手法以表现出古拙、玲珑、清静、雅洁的艺术效果，其花纹多为几何图案或缠交的动植物，或神话故事之类。

几腿罩、落地罩、落地花罩、栏杆罩、床罩均属花罩类，在功能和构造上有共通之处。一般多用在进深方向，它们是用来划分室内空间的，但又与碧纱橱的功能不同，它既有分隔作用又有沟通作用。

1. 几腿罩

几腿罩是花罩中最简单也是最基本的一种，其他罩都是由它发展而来。几腿罩由

两根横槛（上槛、中槛）和两根抱框组成，两横槛之间是横陂，分为五当或七当。空当内安装棂条花格横陂窗。中槛与抱框交角处各安花牙子一块。从立面看，这种罩很像一个八仙桌或一个茶几，两侧的抱框，恰似几腿，这也许就是几腿罩名称的由来。

2. 落地罩

如果在几腿罩两侧，贴抱框各附一扇隔扇，则变成了落地罩。“落地”系指罩的两侧有隔扇或雕刻饰件伸至地面。落地罩的落地隔扇，上端坐暗梢与中槛下皮固定，下端并非直接落地，而是落在一个须弥墩（用木头做成的类似须弥座形状的构件）上面。须弥墩与隔扇下抹头之间也有暗梢固定。隔扇与中槛交角处，各安装花牙子一件作为装饰。

落地罩根据门洞形状又可分为圆光罩、八方罩、花瓶罩、莲花罩、芭蕉罩。

3. 落地花罩

落地花罩是花罩中十分华丽的一种，其构造是沿几腿罩的中槛下面通常安装透雕花罩。花罩两段

沿抱框向下延伸直达地面，形成“冖”形三面雕饰。这块镶在大框内侧的巨型花雕，由边框、透雕大花罩和须弥墩等部分组成，。透雕的大花罩分为三块，上面横向是一整块，凭边框上的暗梢固定于中槛下皮；两侧的两块下端落在须弥墩上面；上端与横向的花雕两端相接。接缝处不仅要使纹饰雕刻顺畅自然，内里还要有榫卯暗梢互相连接固定。两侧的花罩与抱框也须有木梢固定。这种华丽无比的巨型雕饰，多取“岁寒三友”、“玉棠富贵”、“鹤鹿同春”等内容吉祥、图案优美的题材，雕镌精细，做工考究，堪称艺术佳品。

4. 栏杆罩

栏杆罩，顾名思义，是带有栏杆的花罩。栏杆罩的构成，是在几腿内侧加两根立框，将空间分成中间宽两边窄的三段；在两侧的抱框和立框之间，加装栏杆。栏杆高在三尺左右，一般采取寻杖栏形式，有寻杖扶手、净瓶及抹头、牙子、木雕花板等组成。上部均安装透雕的花罩，形成上有花罩、两边有栏杆、中间供通行的格局。

栏杆罩两侧的栏杆，是凭溜梢安装固定的，随时可以取下来，上边花罩的构造类似于室外檐枋下面的雕花楣子，由边框、花心组成，花罩的两个边框下端做成花篮状，并留有插梢眼，各凭一根带有装饰的插梢固定于大框之上，花罩的上边，也有暗梢与中槛固定。需要移动时，只要拔下插梢即可将花罩摘下。

5. 床罩（炕罩）

床罩是安装在床榻前面的花罩，床罩的形式与一般落地罩相同，多用于面宽方向沿床榻外侧安装。罩内侧挂幔帐。白天将幔帐挂起，夜间睡觉时放下。如果室内空间高，床罩上面还要加顶盖。

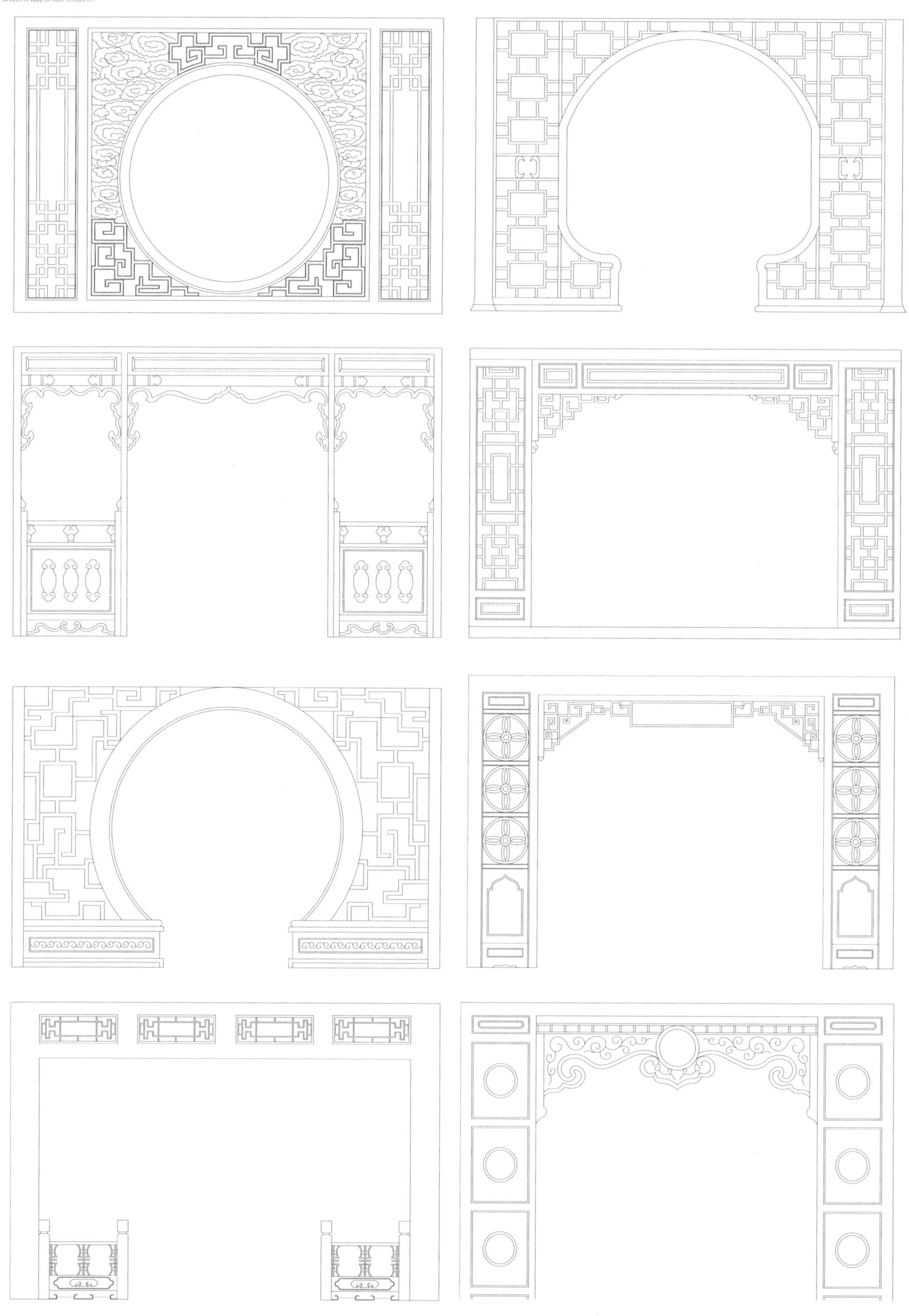

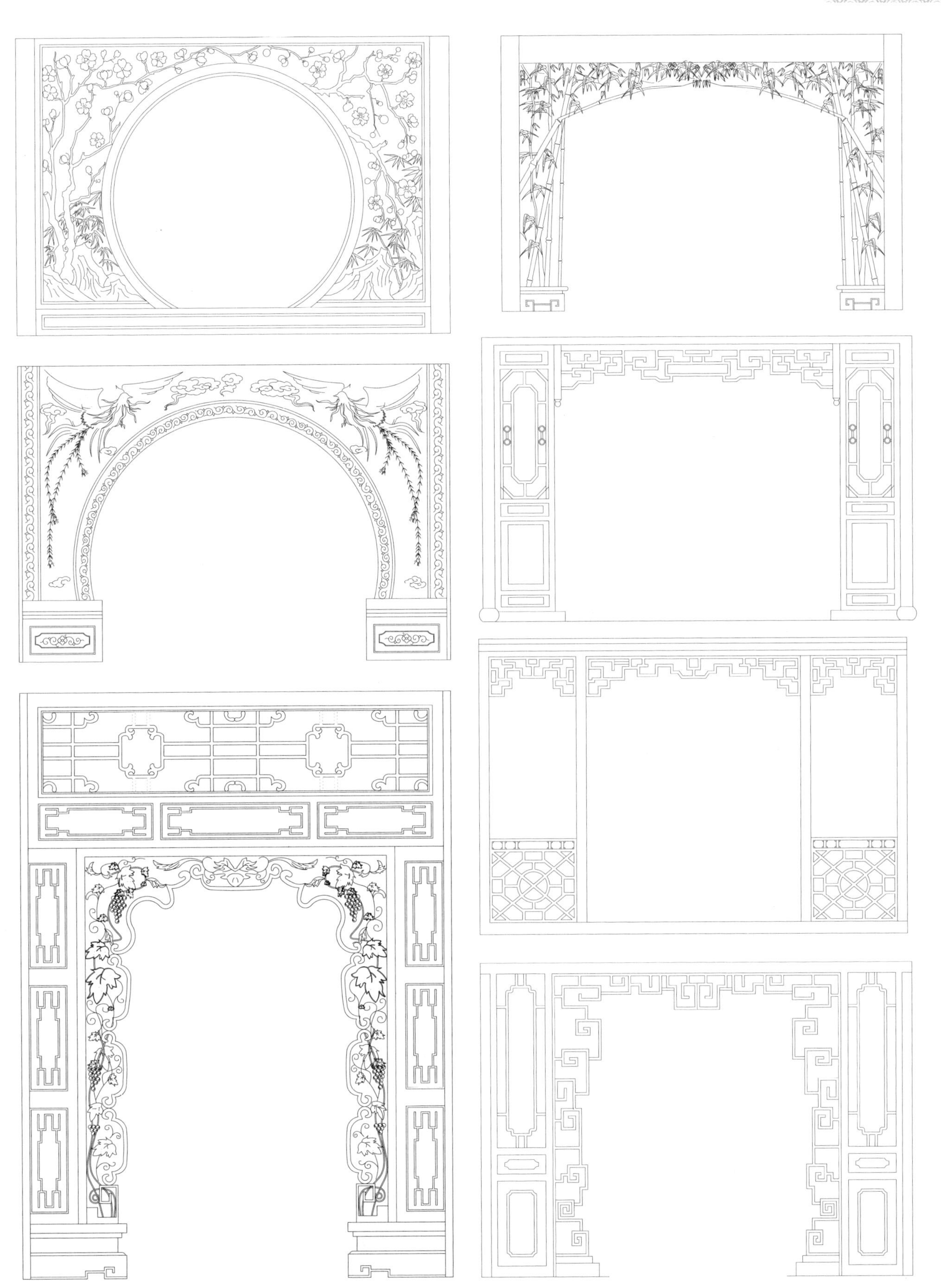

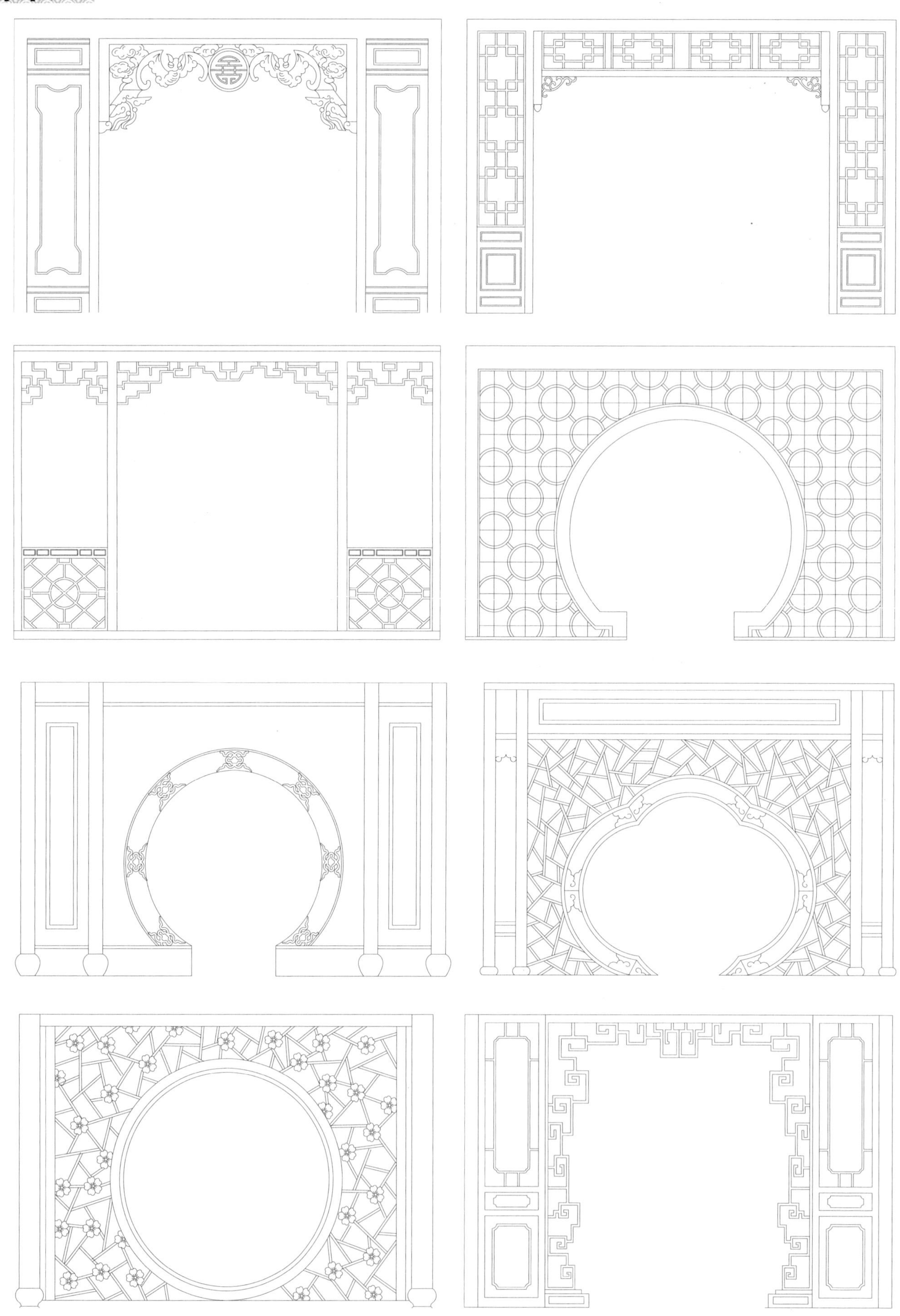

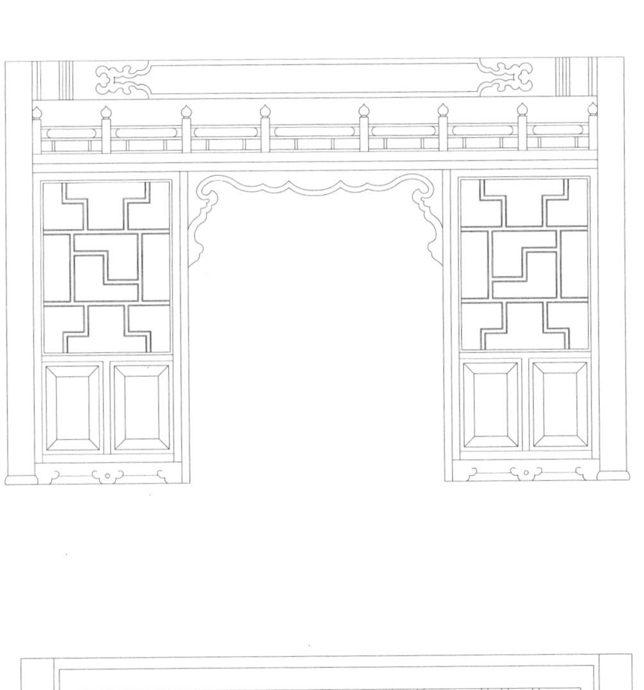

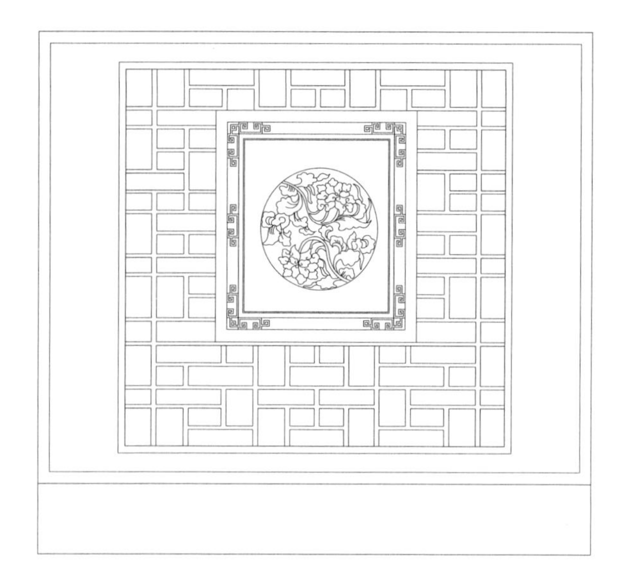

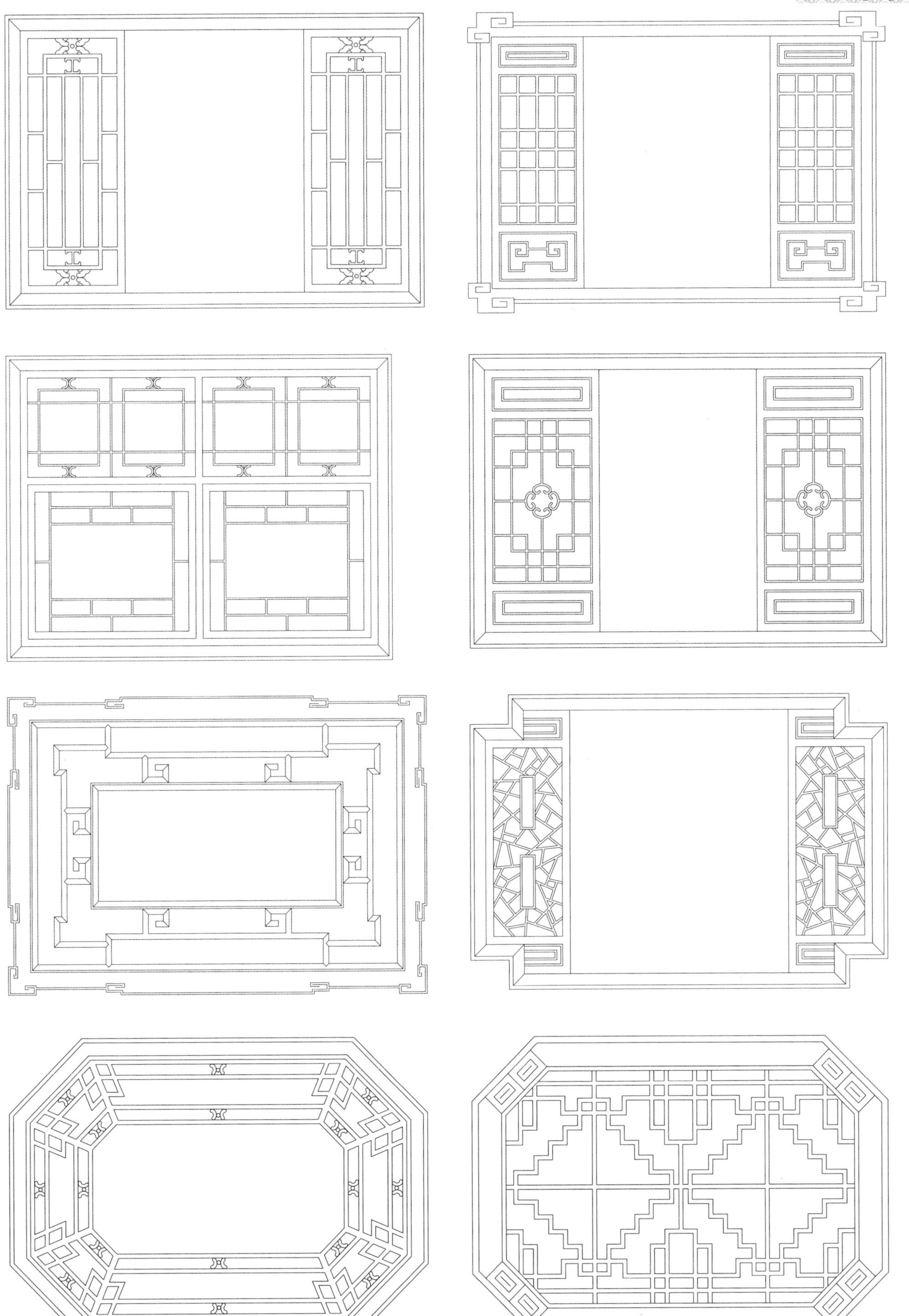

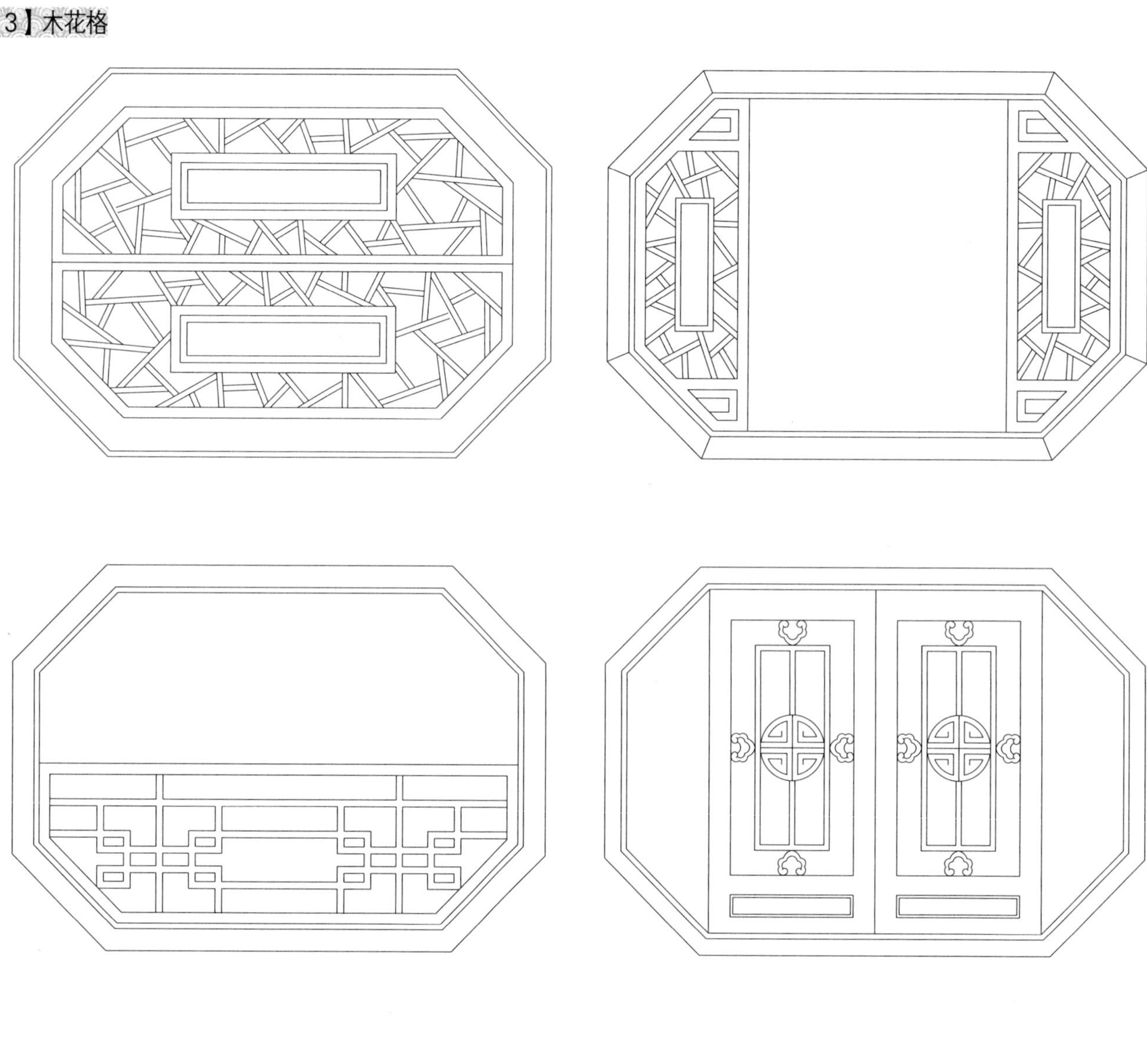

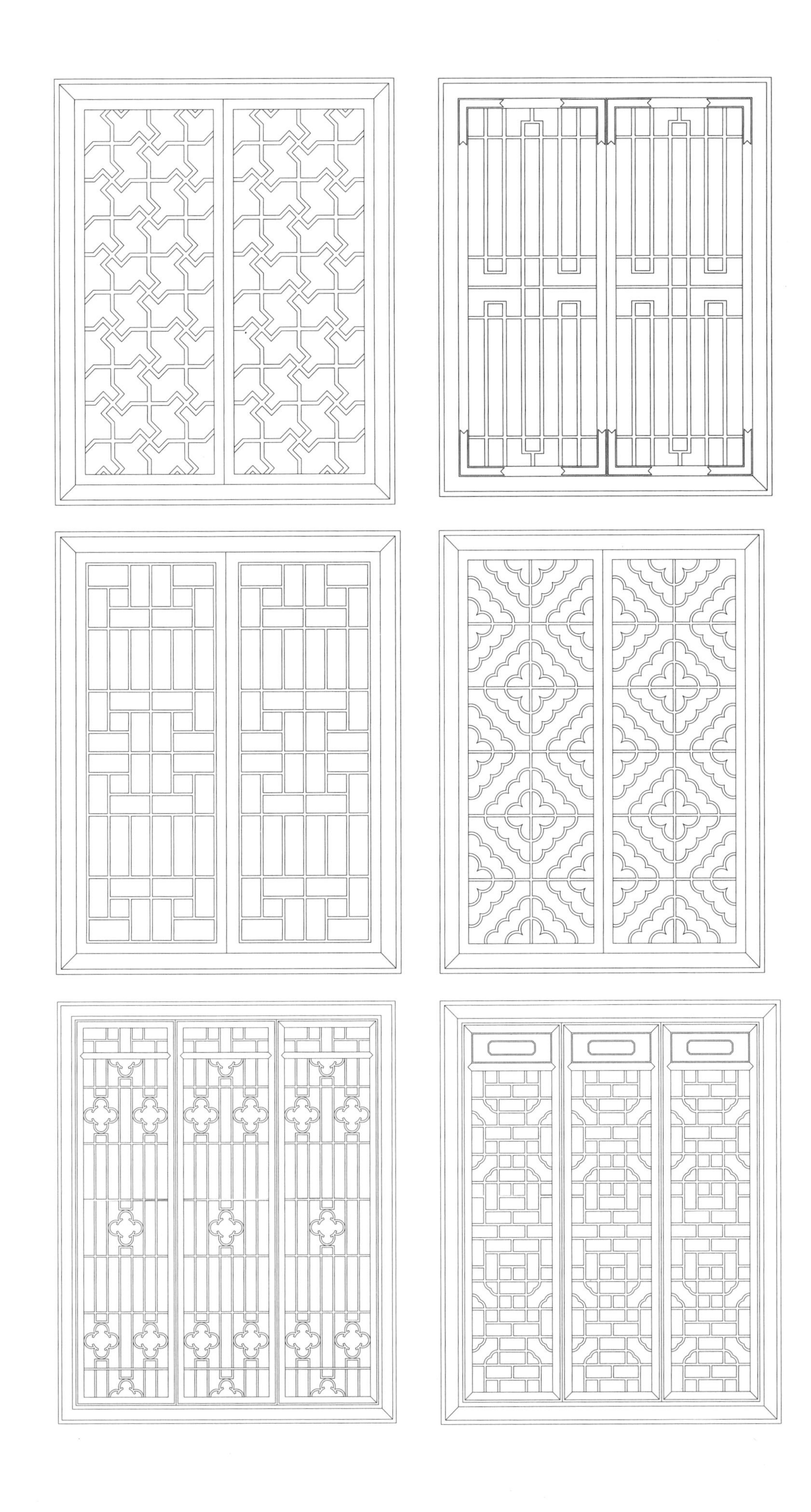

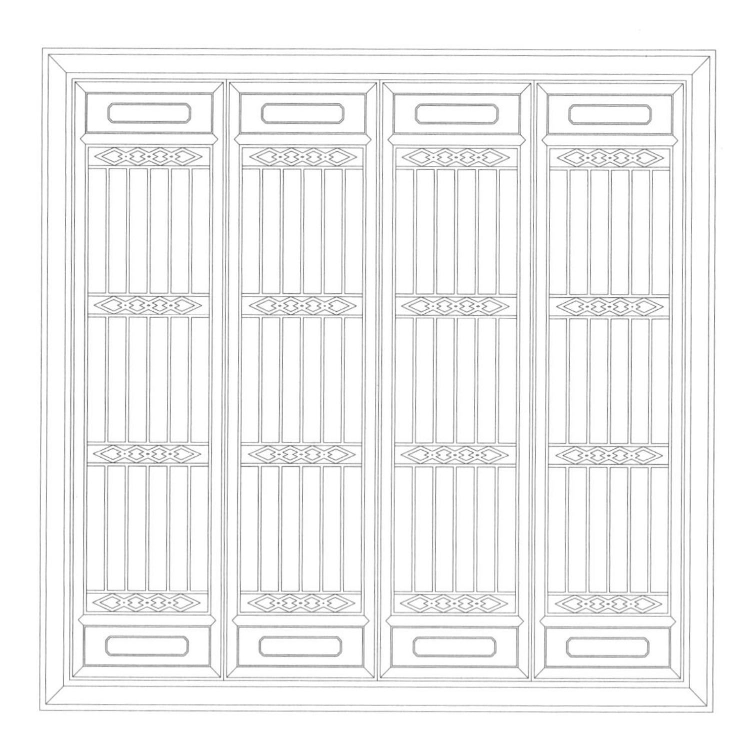

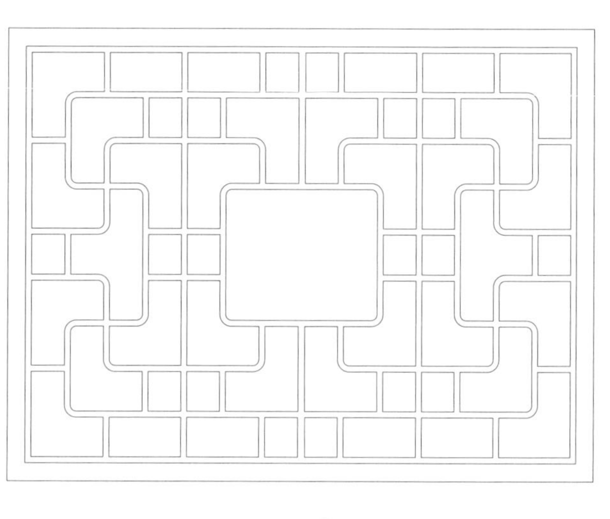

第四章 民居

中国古代建筑——民居

一、中国古代民居建筑起源

木构建筑是华夏建筑文化之源，也是中国民居建筑之源。中国民居建筑文化，受宫殿建筑思想影响，同样依循中国“风水利害”和“整体思维”的传统理念，基本上遵照着座北朝南的方向布置，以合院形式设计，以整体组织成群（乡村成山寨村落，城市成里坊街区，独门独户的“别墅性”建筑，在中国古民居建筑中可以说是少见）。

在民居建筑中，同样也体现着“君君、臣臣、父父、子子”的等级秩序文化，如以中轴线上建筑为主为高为上，两侧建筑为次为低为下等礼制规仪。

二、中国民居建筑的地域性

中国民居建筑在整体文化共性上，表现为木构架建筑，它广泛分布于各民族地区。由于中国疆域辽阔，民族众多，各地的地理气候条件和生活方式都不相同，因此，各地人居住的房屋的样式和风格也不相同。在中国古民居建筑最有特色，最有代表性的是北京四合院、陕西的窑洞、广东围龙屋、广西的“杆栏式”、云南的“一颗印”，被称为中国五大特色古民居建筑。另外全国各地还有一些非常具有民族色彩的民居建筑，下面就简单介绍一下。

图 1 老北京四合院

1. 北京四合院

北方有许多四合院民居，以北京最有代表性。 四合院是封闭式的住宅，对外只有一个街门，关起门来自成天地，具有很强的私密性，非常适合独家居住。四合院属砖木结构建筑，房架子檩（lǐn， 用于架跨在房梁上起托住椽子或屋面板作用的小梁）、柱、梁（柁）、槛、椽以及门窗、隔扇等等均为木制，木制房架子周围则以砖砌墙。分居四面的北房（正房）、南房（倒座房）和东、西厢房，四周再围以高墙形成四合。四合院中间是庭院，院落宽敞，庭院中植树栽花，备缸饲养金鱼，是四合院布局的中心，也是人们穿行、采光、通风、纳凉、休息、家务劳动的场所。

图 2 陕西窑洞

2. 陕西的窑洞

窑洞建筑形式主要包括沿崖式、天井式、地坑式。陕北高原是窑洞的故乡，那有着拱圆窗户的靠山窑和四明头窑，三五孔或七八孔，一排或几排，单列或组成四合院，随处可见。进入农家院落，你可以看到窑洞方格木窗的土院里左石磨右石碾，鸡跑猪哼，一派浓浓的乡土风情。

3. 客家围屋

东方文明的一颗明珠，是世界上独一无二的神话般的山村民居建筑，是中国古建筑的一朵奇葩。客家围屋历史悠久、风格独特、规模宏大、结构精巧。圆形土楼是客家民居的典范，堪称天下第一楼。它象地下冒出来的“蘑菇”，如同自天而降的“飞碟”。

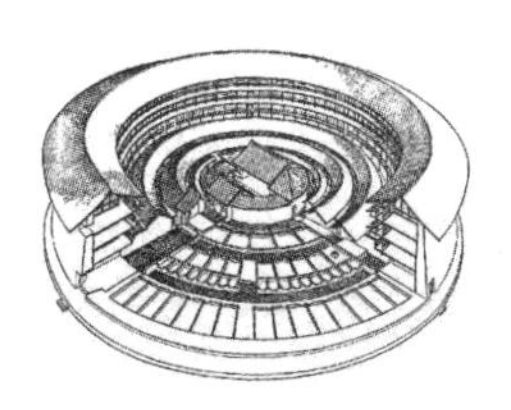

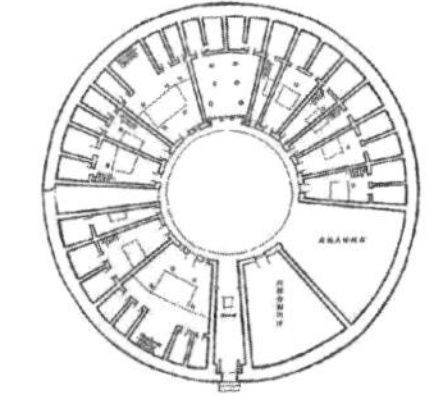

图 3 客家围屋

4. 藏族石屋和碉楼

藏族石屋和碉楼是藏、甘、青、川西一带的民宅，多取当地石材，建成石头民房，二至三层不等。碉楼一般是多角碉楼，以四角、五角或六角居多，其中不乏有十二角的碉楼。

5. 蒙古包

蒙古包建筑的典型形式文化：一是有一个发达的统一的中心。二是以人的需求为主要出发点，各地的民居形式都按各地的自然特征确定其形式，宗教成分较少。三是“包”建筑形式比较固定，千年无显著变化，形成固定的建筑文化。

6. 维式庭院

维式庭院建筑具有几个特点：一是很厚的土墙，砖（或土）拱顶，墙上的门窗用细密的花格子装饰。二是室内一般用地炕、灶台，土墙上设有拱形的壁龛，用壁毯、地毯作室内装饰，装饰内容多为葡萄之类，形象晶莹欲滴，几可乱真。三是宅旁多设晾葡萄干的凉棚，用砖砌出漏空花纹（晾葡萄须既通风又不阳光直接照射）。四是由于气候温差大，炎寒骤变，因此多设院子，用大树或凉棚来遮荫乘凉。

7. 徽州民居

徽州民居与徽州明清祠堂、牌坊称为徽派“古建三绝”。

徽派建筑体系突出表现以下几个主要特点：封闭的天井，外墙形态（马头山墙），重视水的经营（依山傍水），讲究文化艺术（徽州四绝），建筑标志物（牌坊）。

三、牛腿和中国古民居木雕

梁枋檀木、穿木、牛腿等是古民居木构架件中的主要部位，而斗拱、雀替、挂落、垂花柱、栏杆、天花、藻井等是古民居中的附属构件，它们犹如众星拱月，紧紧依附在木构件的主要部位。这些附属构件虽说在古民居中并不处处出现，但也有它独特的魅力，其上面的雕刻装饰使中国的古民居多姿多彩。

在中国古民居的木雕构件中，最为诱人的是雕刻精美的牛腿。牛腿基本形状犹如上大下小的直角三角形，但也有少数是方形。它依附在檐柱外向的上端，其上方直接或间接地承载着屋檐的重量。

牛腿的作用有三个：一是支撑挑檐的檐，由于牛腿是支撑，加大了屋顶的出檐，使屋檐下遮雨避阳的面积得到扩大，保护了立柱、墙面和门窗；二是承担屋檐的重量，使上方的重力通过牛腿传到檐柱上，保持建筑的稳定牢固；三是使支托的屋檐与檐柱之间通过牛腿的过滤达到自然和谐，无剪切感，并起到装饰美化的效果。

更值得我们注意的，是牛腿的装饰形象和装饰寓意。牛腿上的题材丰富多彩，其装饰形象显示了历代文人和雕刻艺人的聪明才智，其装饰寓意蕴含着人们的美好愿望和祝福。

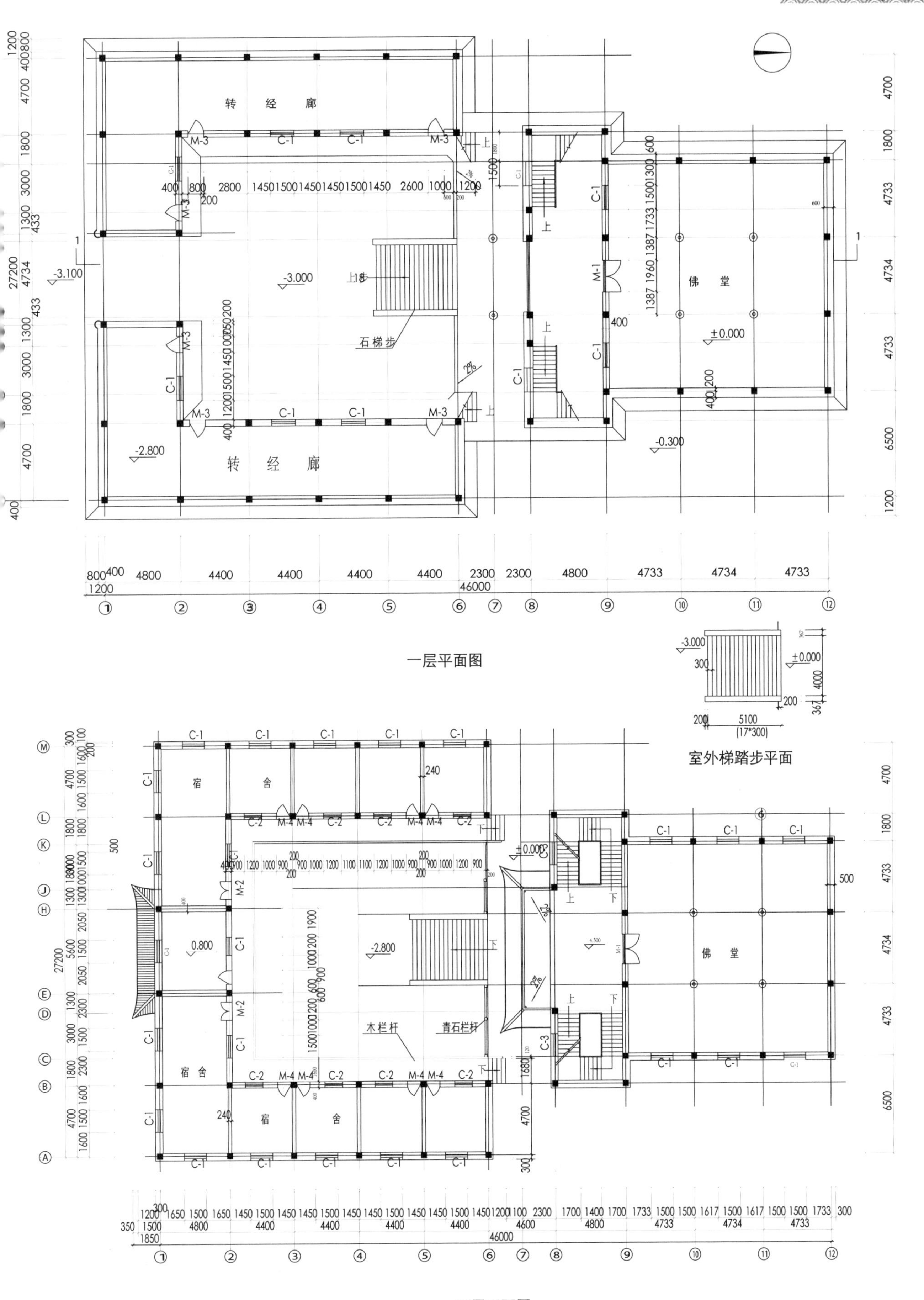

一层平面图

室外梯踏步平面

二层平面图

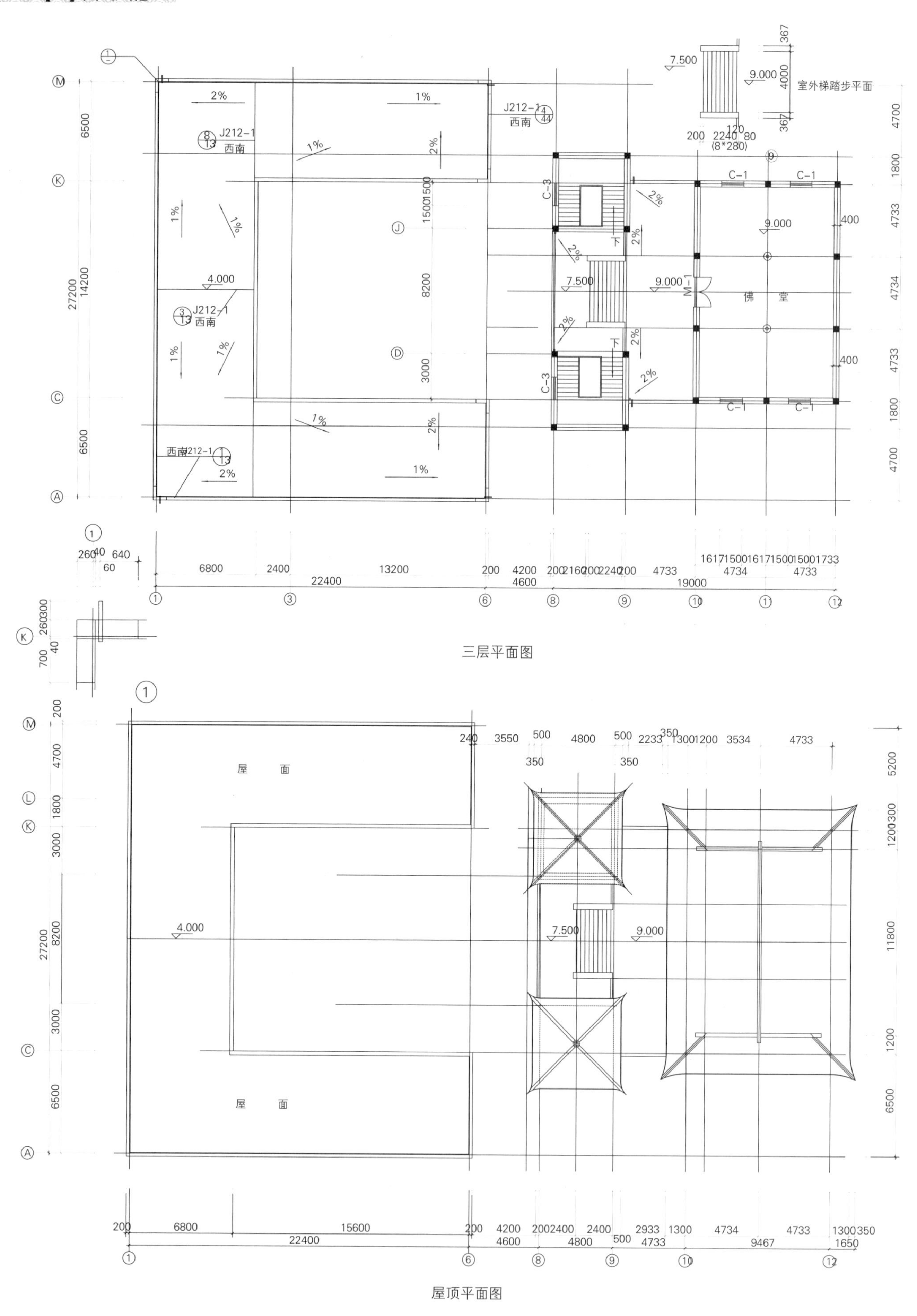

三层平面图

屋顶平面图

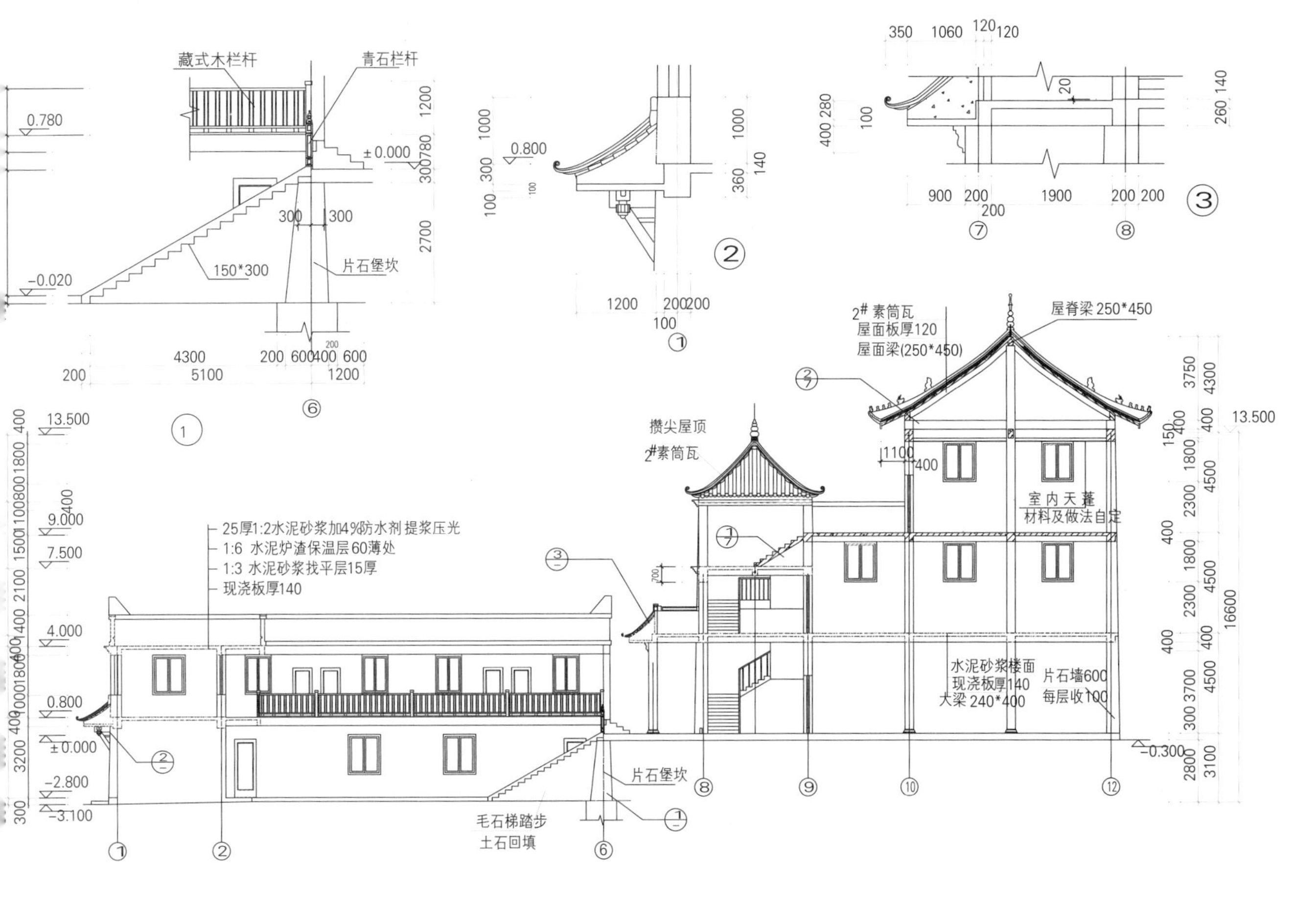
藏式木栏杆
青石栏杆
片石堡坎
150*300
屋脊梁 250*450
2# 素筒瓦
屋面板厚120
屋面梁(250*450)
攒尖屋顶
2#素筒瓦
室内天蓬
材料及做法自定
25厚1:2水泥砂浆加4%防水剂提浆压光
1:6 水泥炉渣保温层60薄处
1:3 水泥砂浆找平层15厚
现浇板厚140
水泥砂浆楼面
现浇板厚140
大梁 240*400
片石墙600
每层收100
片石堡坎
毛石梯踏步
土石回填

1~1剖面图

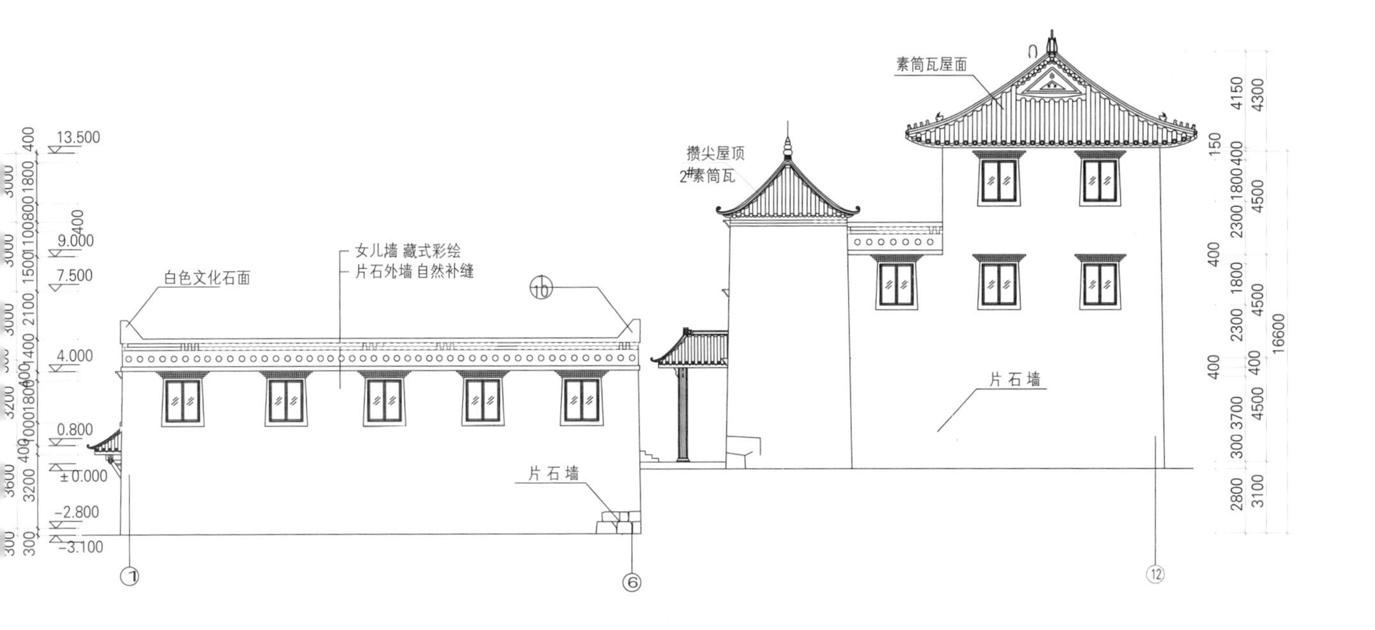
素筒瓦屋面
攒尖屋顶
2#素筒瓦
女儿墙 藏式彩绘
片石外墙 自然补缝
白色文化石面
片石墙
片石墙

①~⑫ 立面图

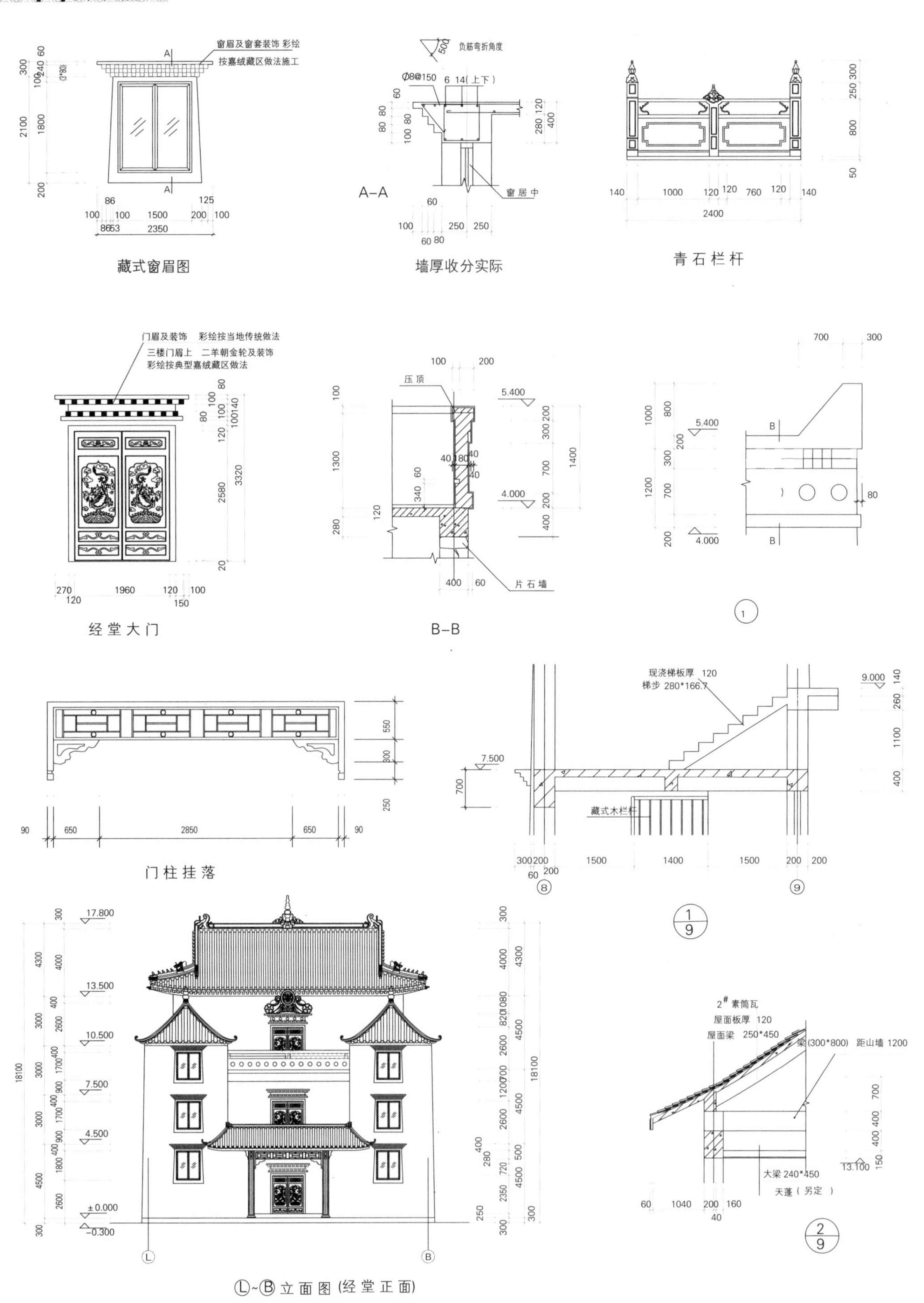

藏式窗眉图

墙厚收分实际

青石栏杆

经堂大门

B–B

门柱挂落

Ⓛ~Ⓑ立面图(经堂正面)

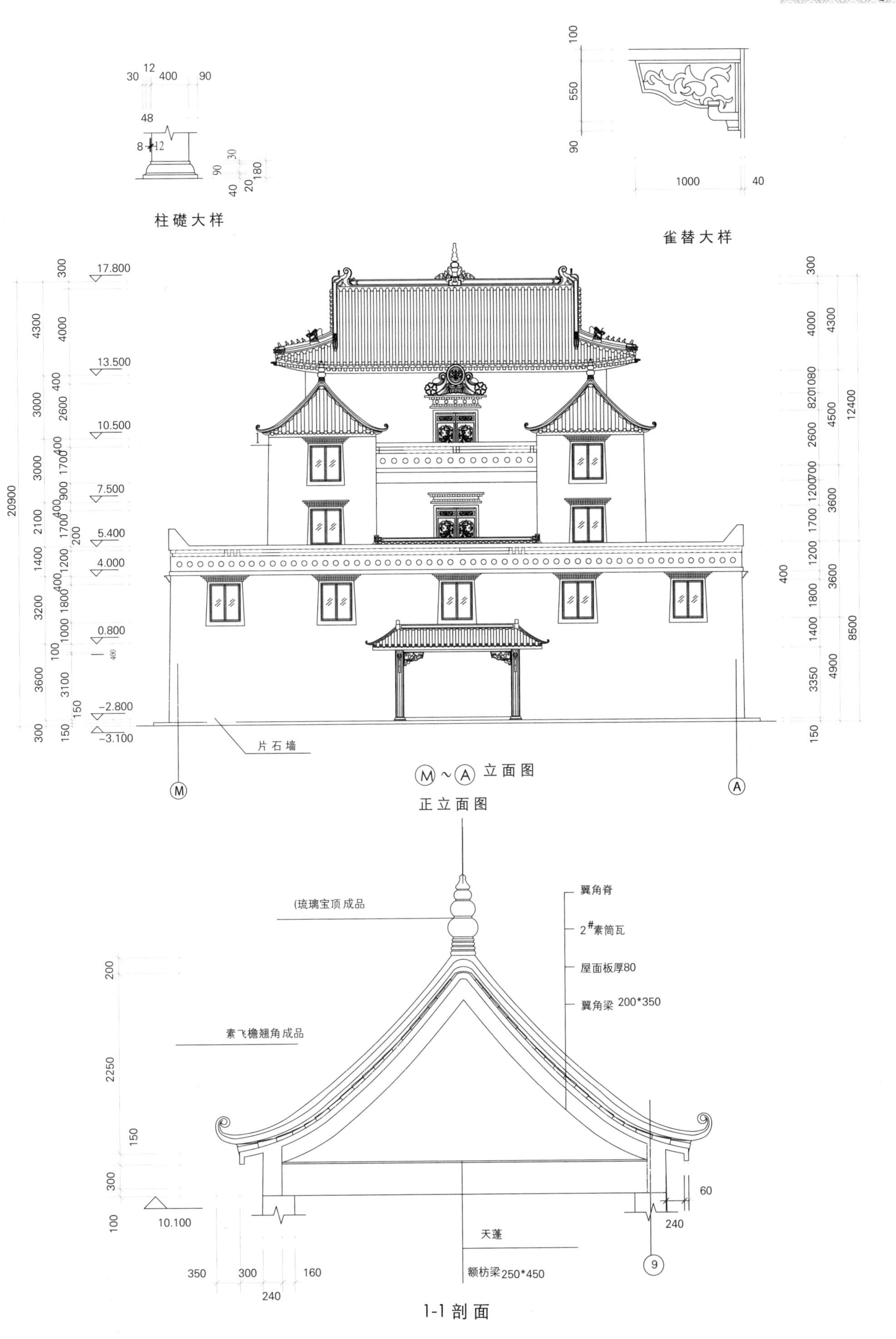
柱礎大样
雀替大样
17.800
13.500
10.500
7.500
5.400
4.000
0.800
-2.800
-3.100
片石墙
M～A 立面图
正立面图
翼角脊
(琉璃宝顶成品
2#素筒瓦
屋面板厚80
翼角梁 200*350
素飞檐翘角成品
10.100
天蓬
额枋梁250*450
1-1 剖面

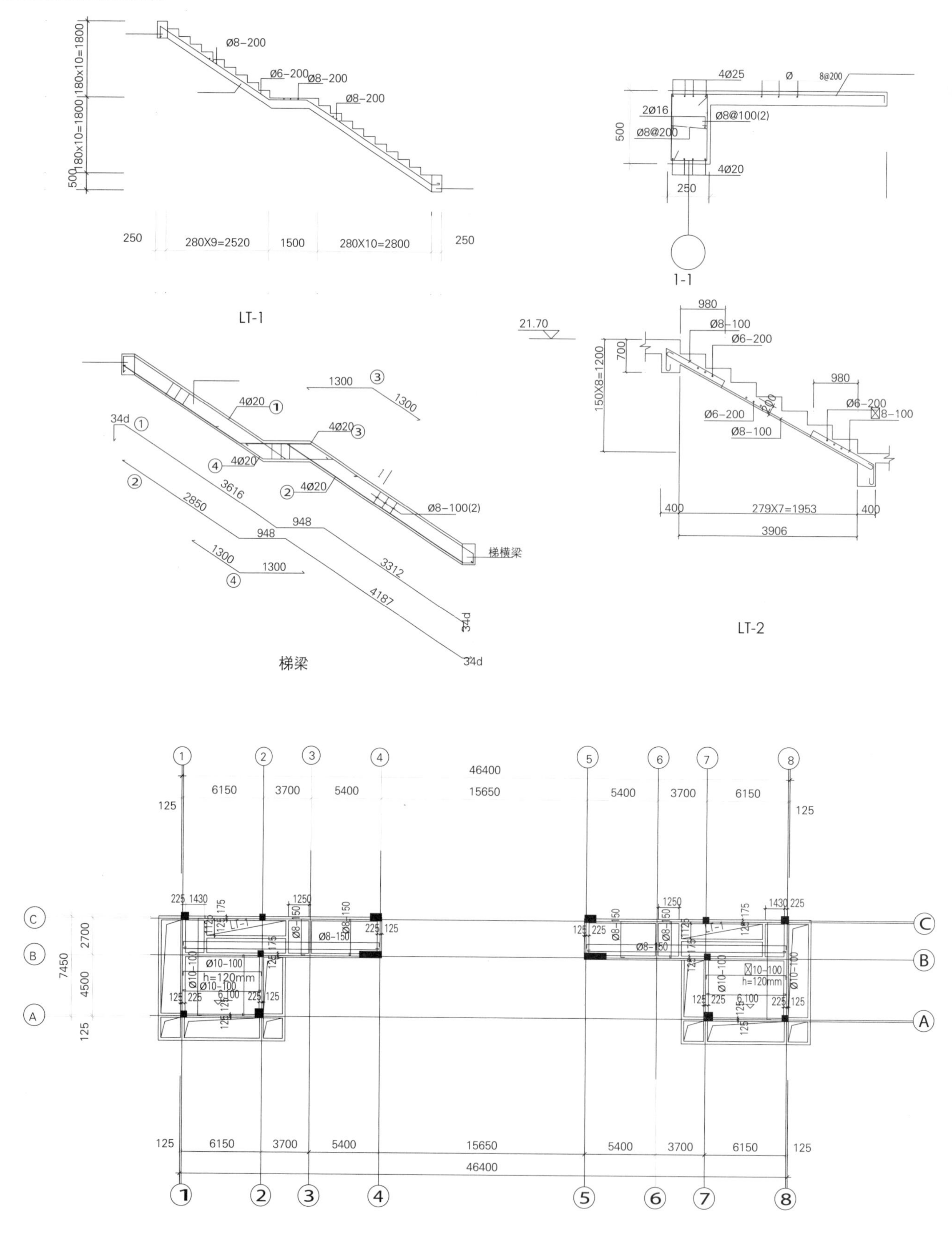

Ø8-200
Ø6-200
Ø8-200
Ø8-200
180x10=1800
180x10=1800
500
250
280X9=2520
1500
280X10=2800
250
LT-1
4Ø25
8@200
2Ø16
Ø8@100(2)
Ø8@200
500
4Ø20
250
1-1
21.70
980
Ø8-100
Ø6-200
700
150X8=1200
980
Ø6-200
Ø6-200
Ø8-100
Ø8-100
400
279X7=1953
400
3906
LT-2
1300
1300
4Ø20
34d
4Ø20
4Ø20
3616
2850
4Ø20
948
948
Ø8-100(2)
梯横梁
1300
1300
3312
4187
34d
34d
梯梁
46400
6150
3700
5400
15650
5400
3700
6150
125
7450
2700
4500
125
Ø10-100
h=120mm
6.100
Ø8-150

6.10m层板配筋图

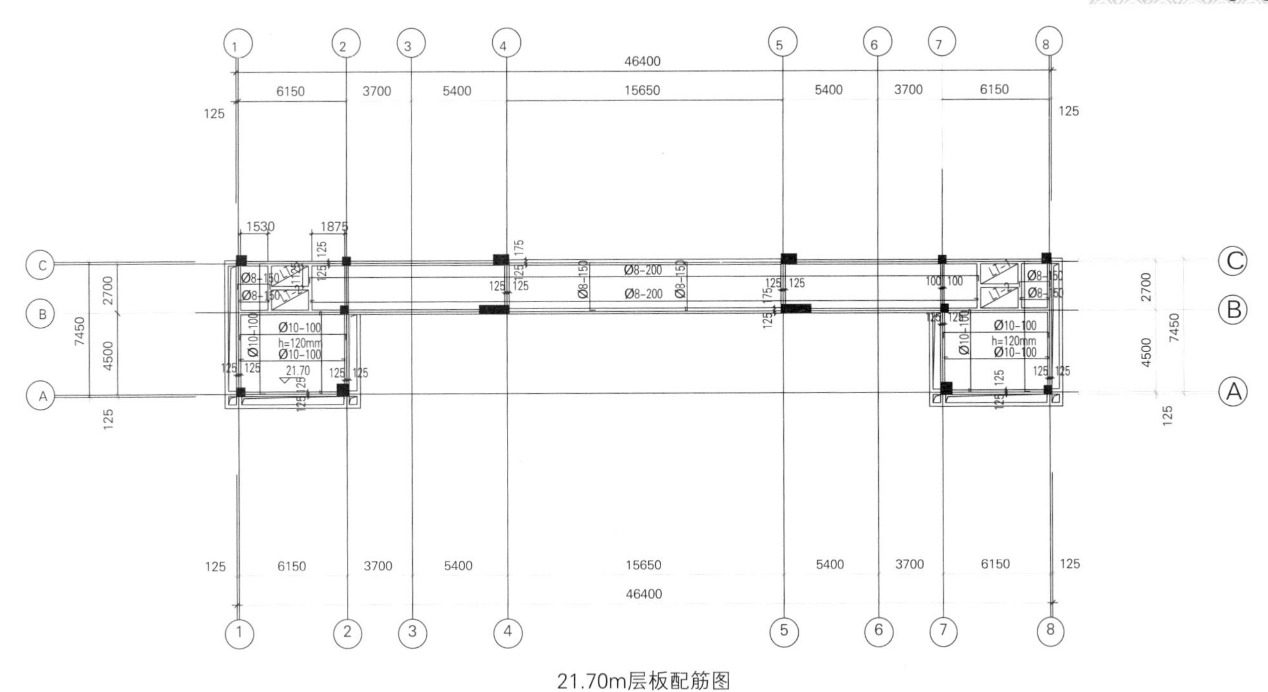

21.70m层板配筋图

正立面图

峰包石镶挂示意图

花窗大样图

花饰大样图一

花饰大样图二

墙体大样图一

墙体大样图二

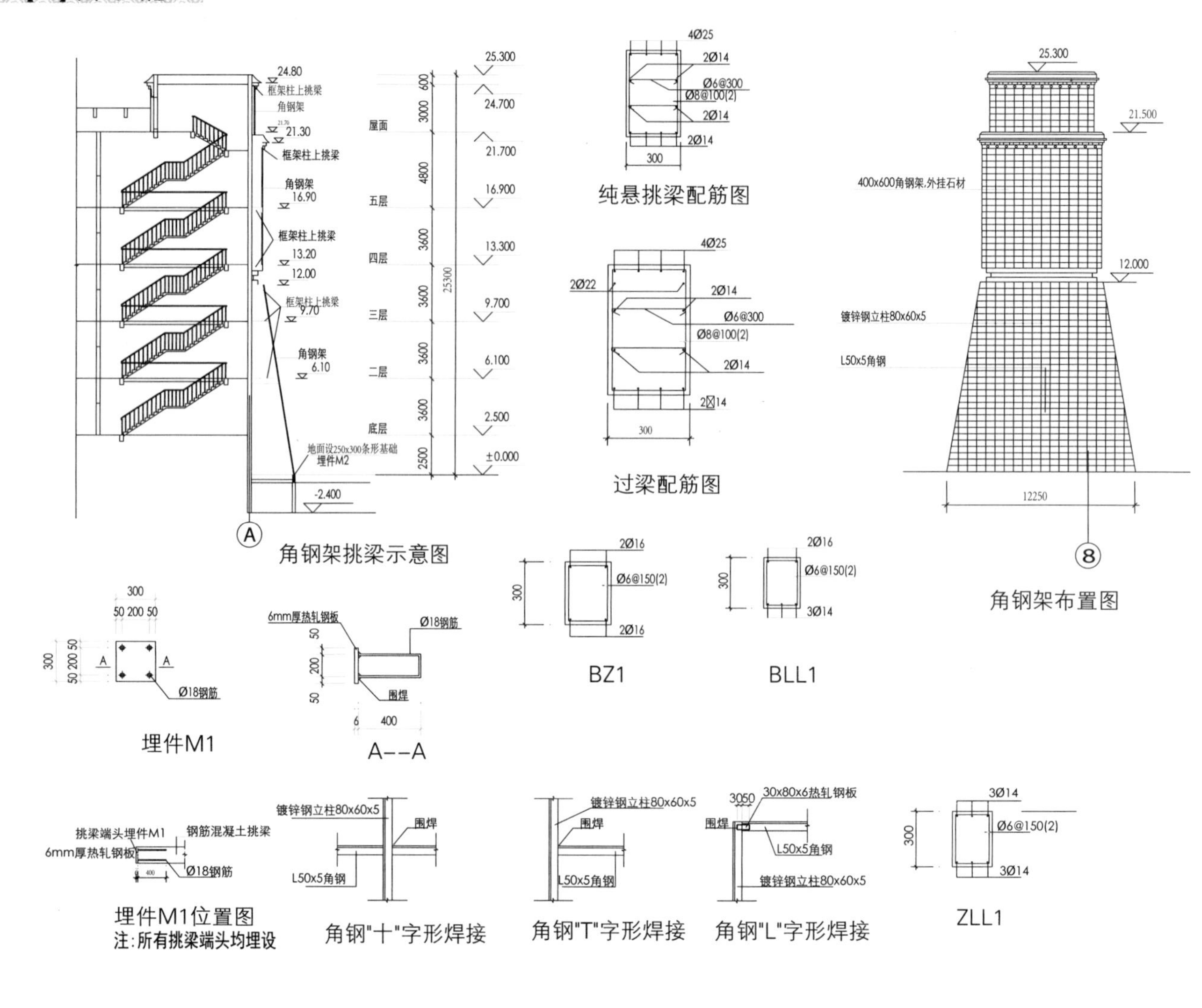
24.80
框架柱上挑梁
角钢架
21.30
框架柱上挑梁
角钢架
16.90
框架柱上挑梁
13.20
12.00
框架柱上挑梁
9.70
角钢架
6.10
地面设250x300条形基础
埋件M2
-2.400
屋面
五层
四层
三层
二层
底层
25.300
24.700
21.700
16.900
13.300
9.700
6.100
2.500
±0.000
25300
角钢架挑梁示意图
4Ø25
2Ø14
Ø6@300
Ø8@100(2)
2Ø14
2Ø14
300
纯悬挑梁配筋图
4Ø25
2Ø22
2Ø14
Ø6@300
Ø8@100(2)
2Ø14
300
过梁配筋图
25.300
21.500
400x600角钢架,外挂石材
12.000
镀锌钢立柱80x60x5
L50x5角钢
12250
角钢架布置图
2Ø16
Ø6@150(2)
2Ø16
BZ1
2Ø16
Ø6@150(2)
3Ø14
BLL1
300
50 200 50
Ø18钢筋
埋件M1
6mm厚热轧钢板
Ø18钢筋
围焊
400
A--A

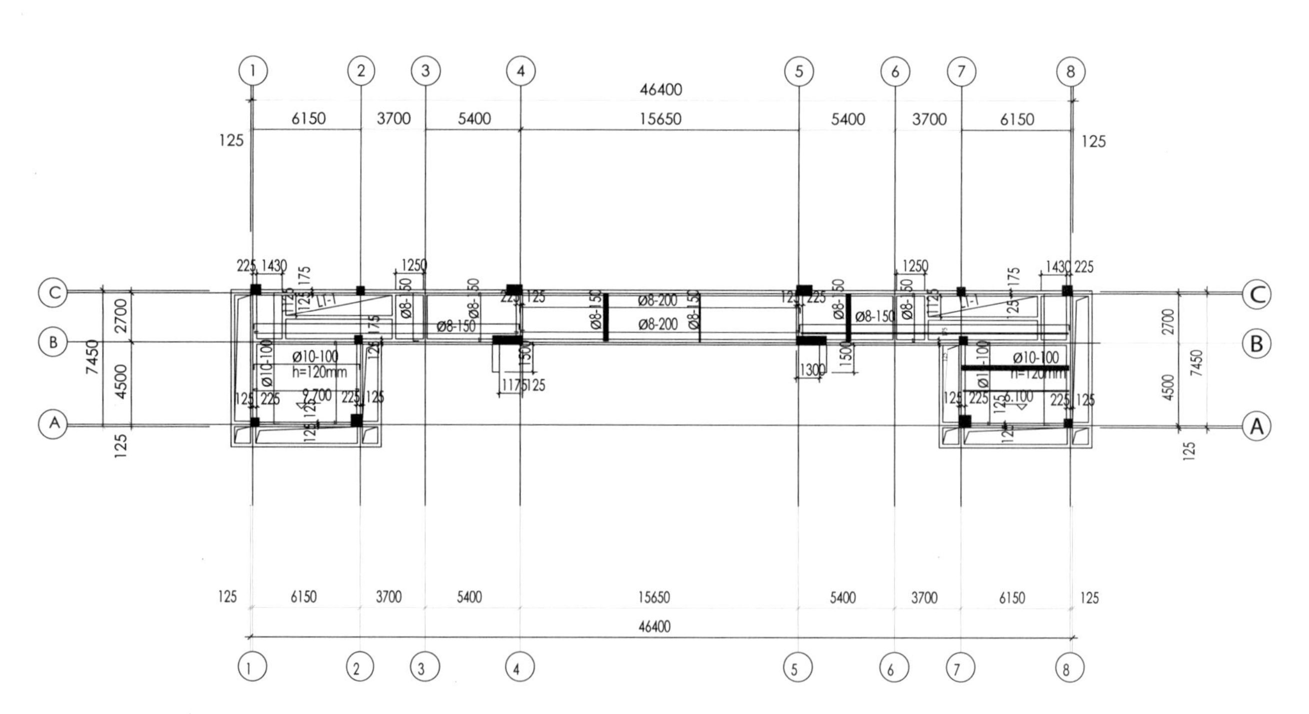
挑梁端头埋件M1
钢筋混凝土挑梁
6mm厚热轧钢板
Ø18钢筋
埋件M1位置图
注:所有挑梁端头均埋设
镀锌钢立柱80x60x5
围焊
L50x5角钢
角钢"十"字形焊接
镀锌钢立柱80x60x5
围焊
L50x5角钢
角钢"T"字形焊接
30x80x6热轧钢板
围焊
L50x5角钢
镀锌钢立柱80x60x5
角钢"L"字形焊接
3Ø14
Ø6@150(2)
3Ø14
ZLL1
46400
6150
3700
5400
15650
5400
3700
6150
125
Ø10-100
h=120mm
Ø8-150
Ø8-200
9.70m层板配筋图

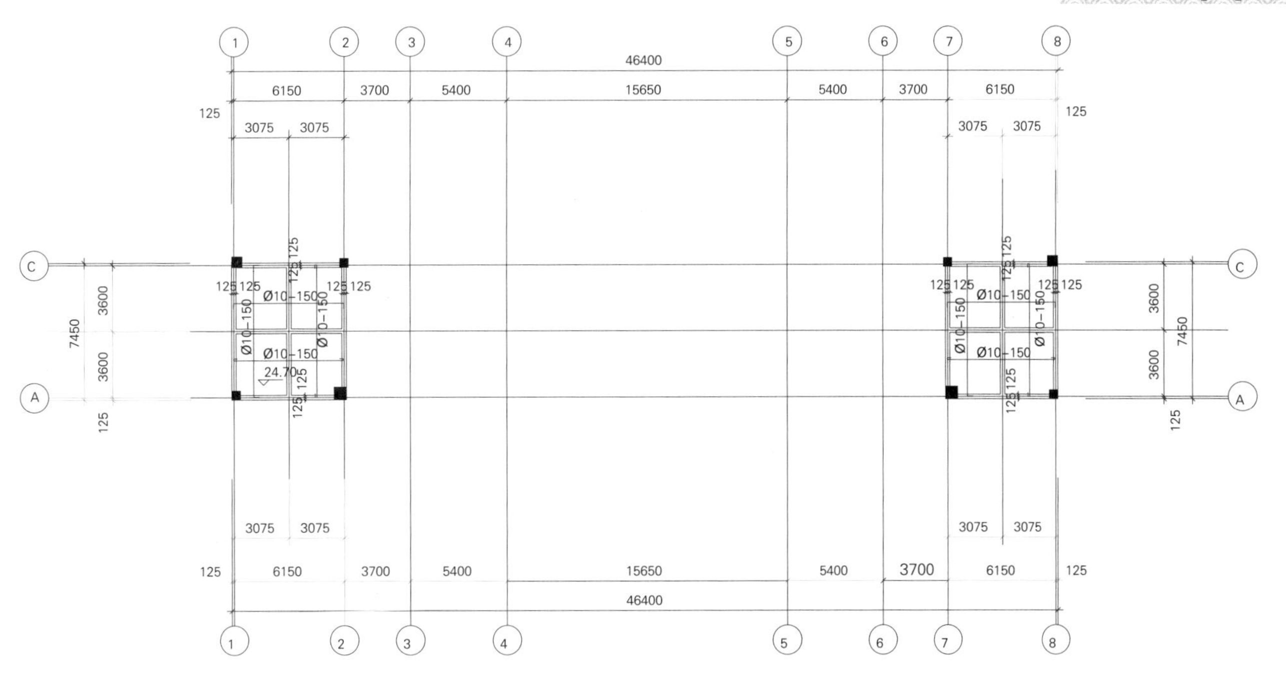

24.70m层板配筋图

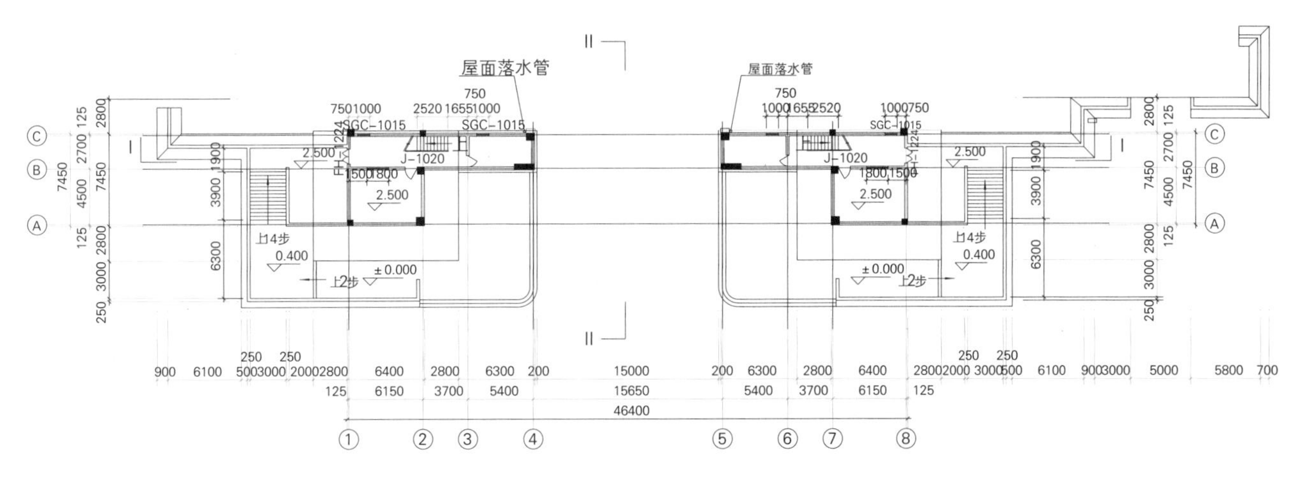

底层平面图

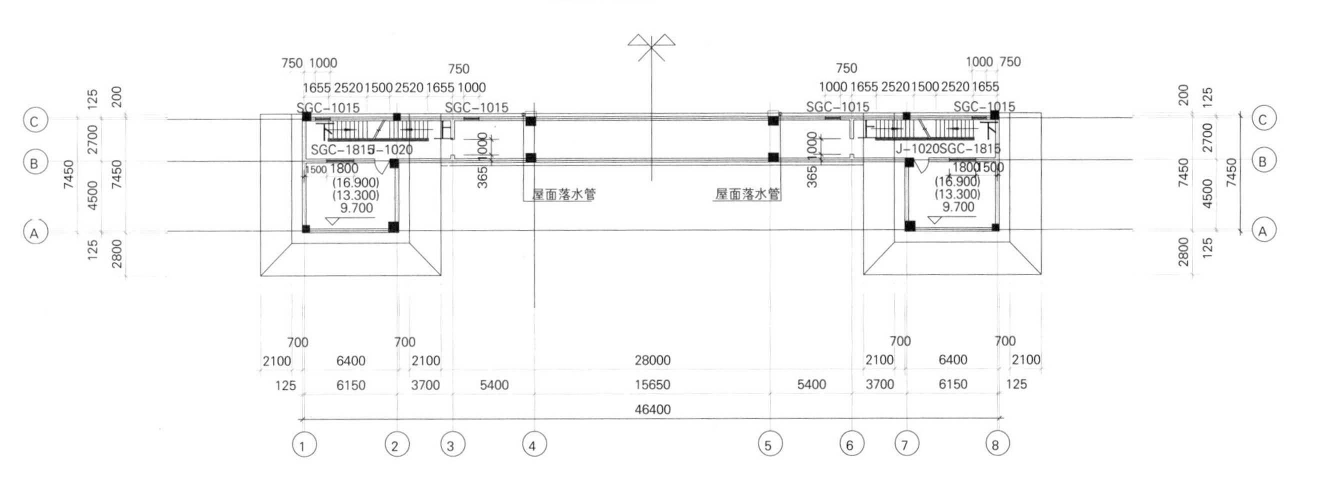

三–五层平面图

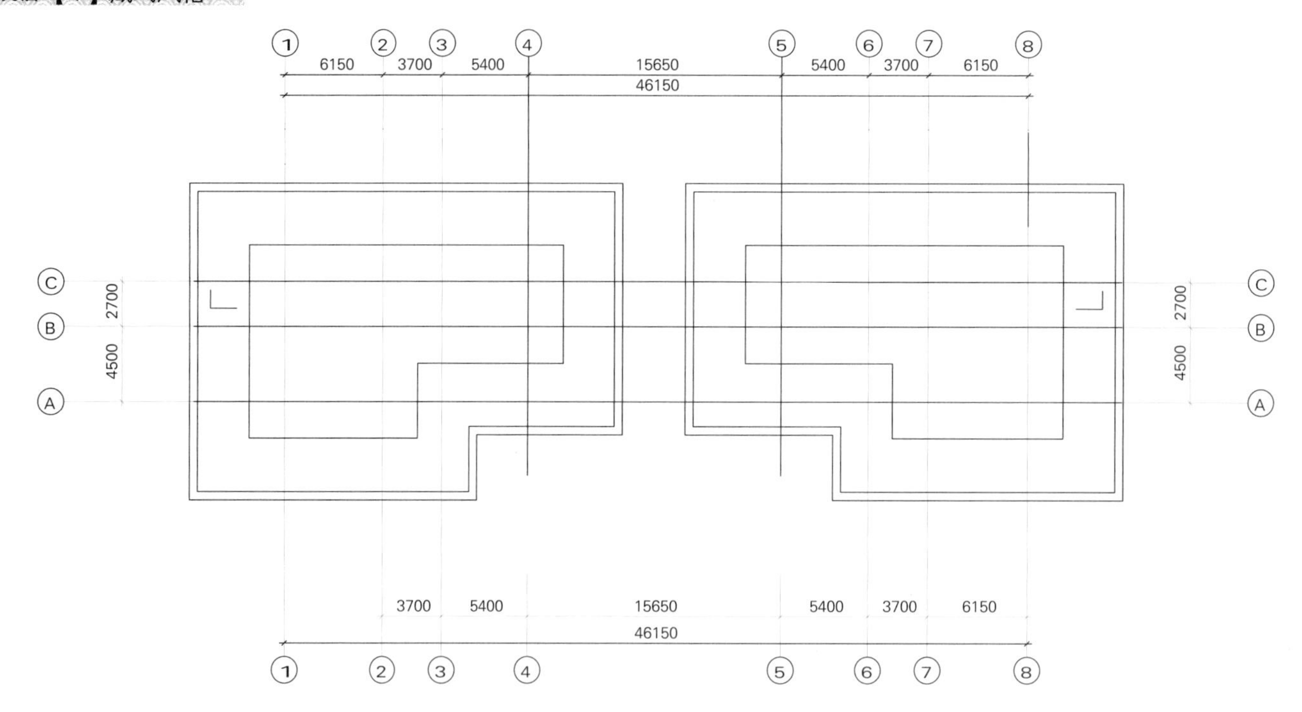

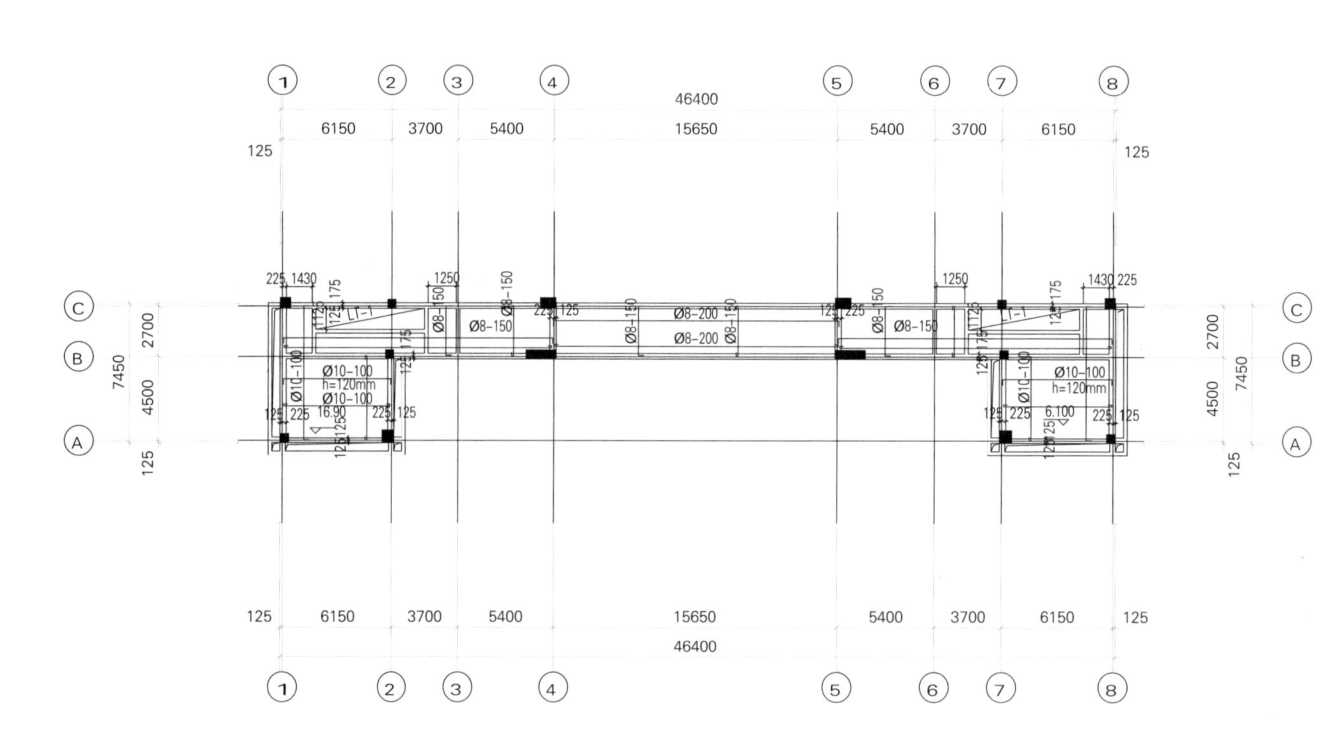

13.30-16.90m层板配筋图

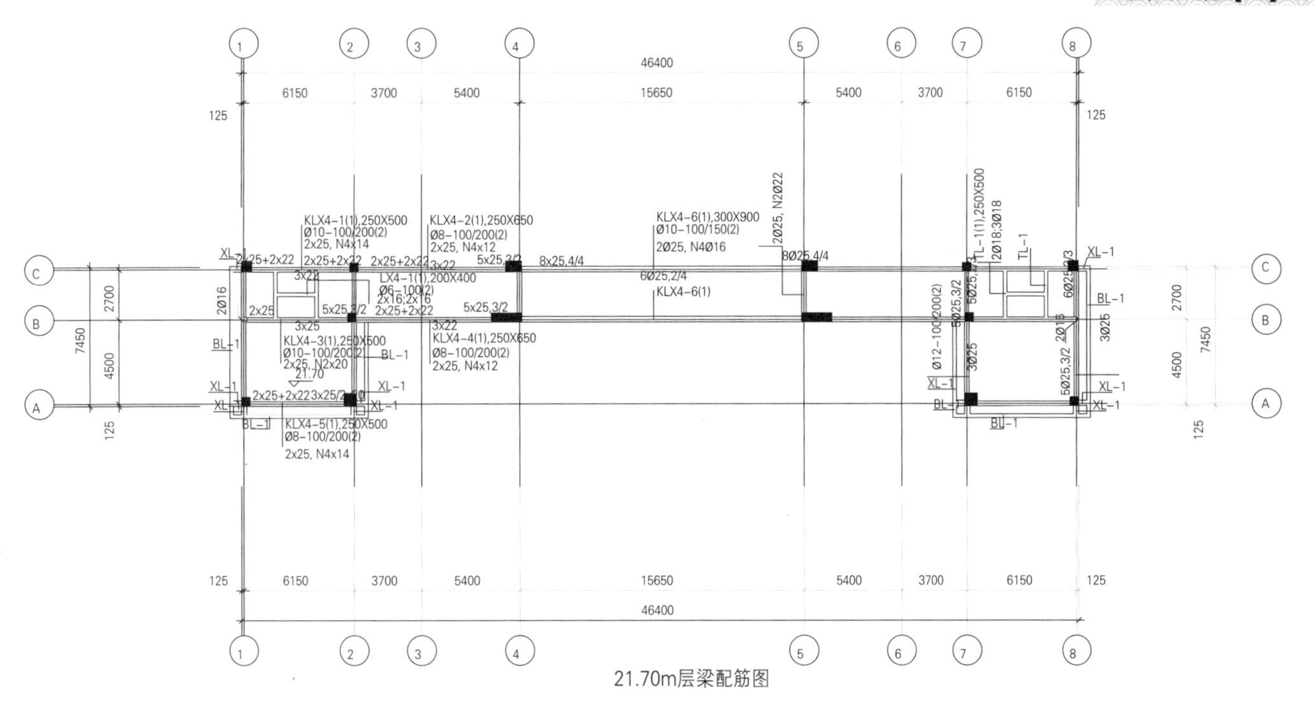

21.70m层梁配筋图

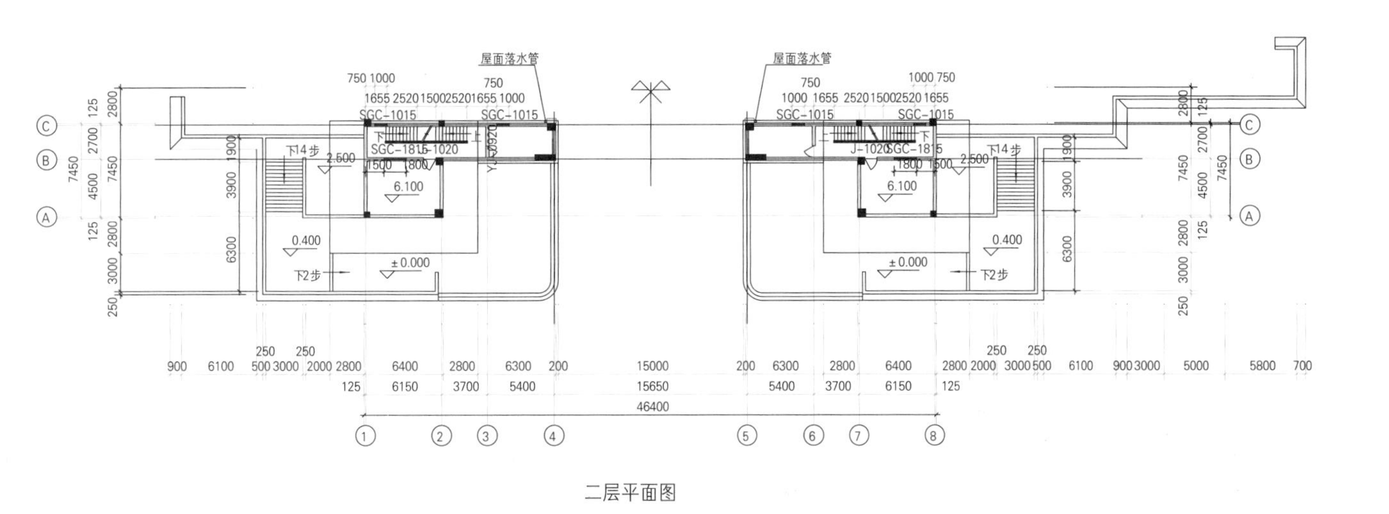

二层平面图

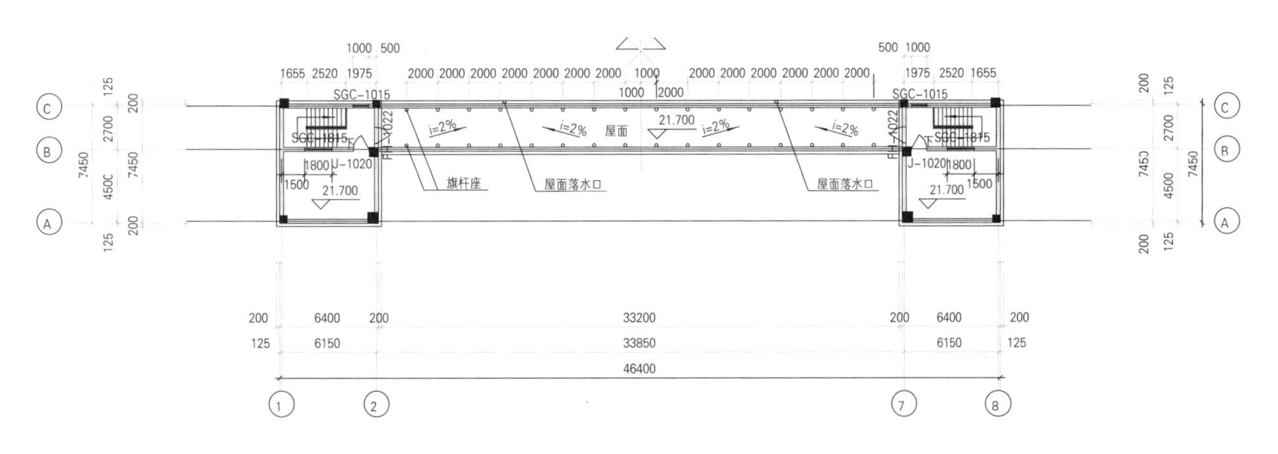

屋顶平面图

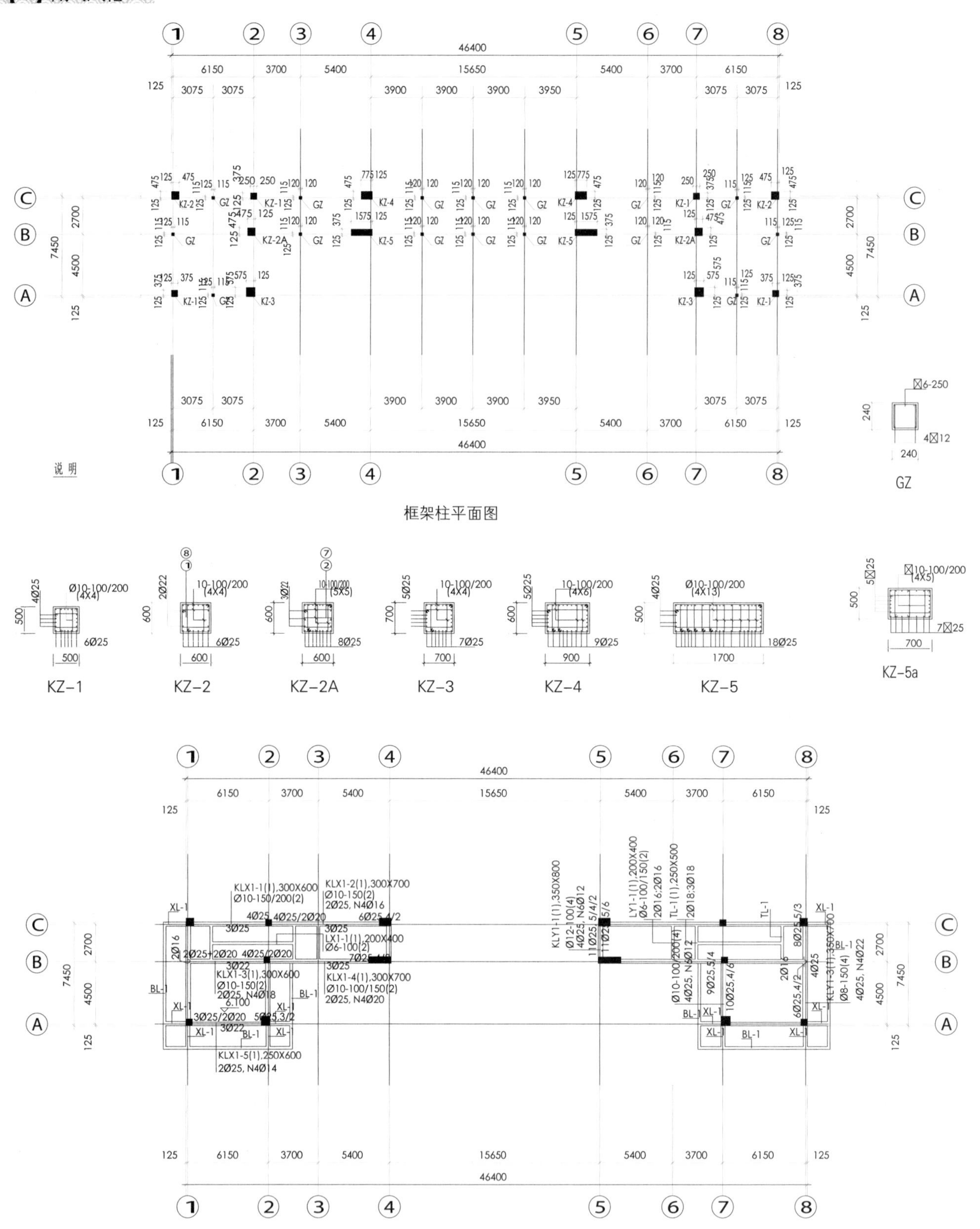
框架柱平面图
KZ-1
KZ-2
KZ-2A
KZ-3
KZ-4
KZ-5
KZ-5a
GZ
6.10m层梁配筋图

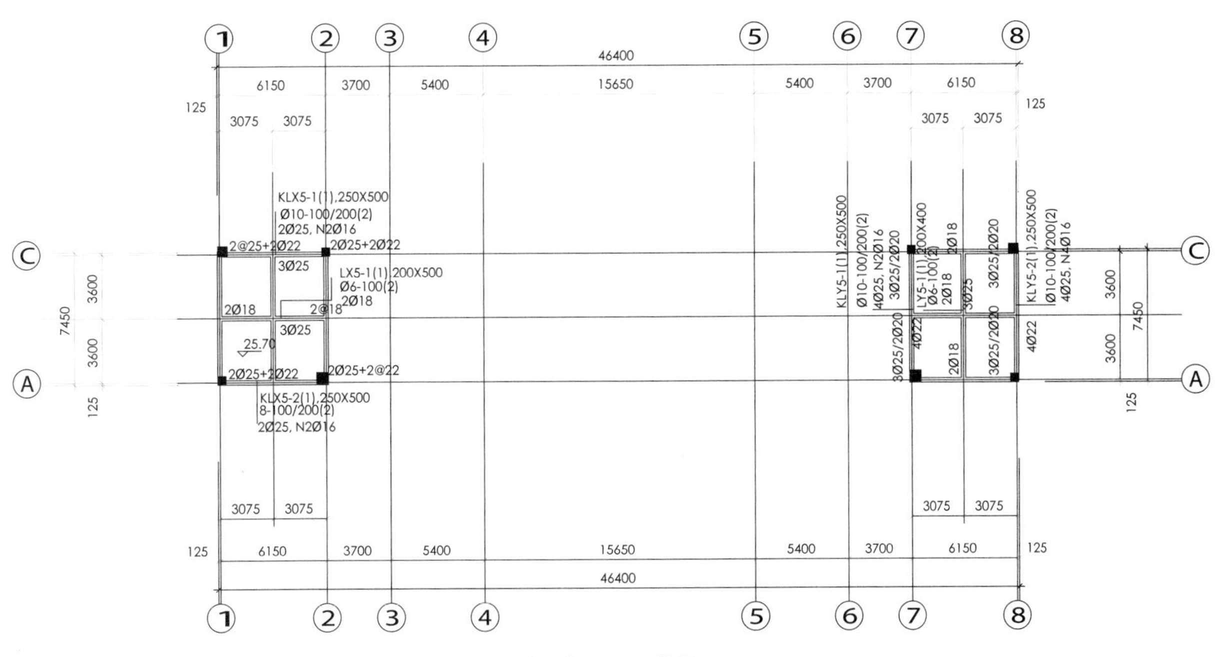

24.70m层梁配筋图

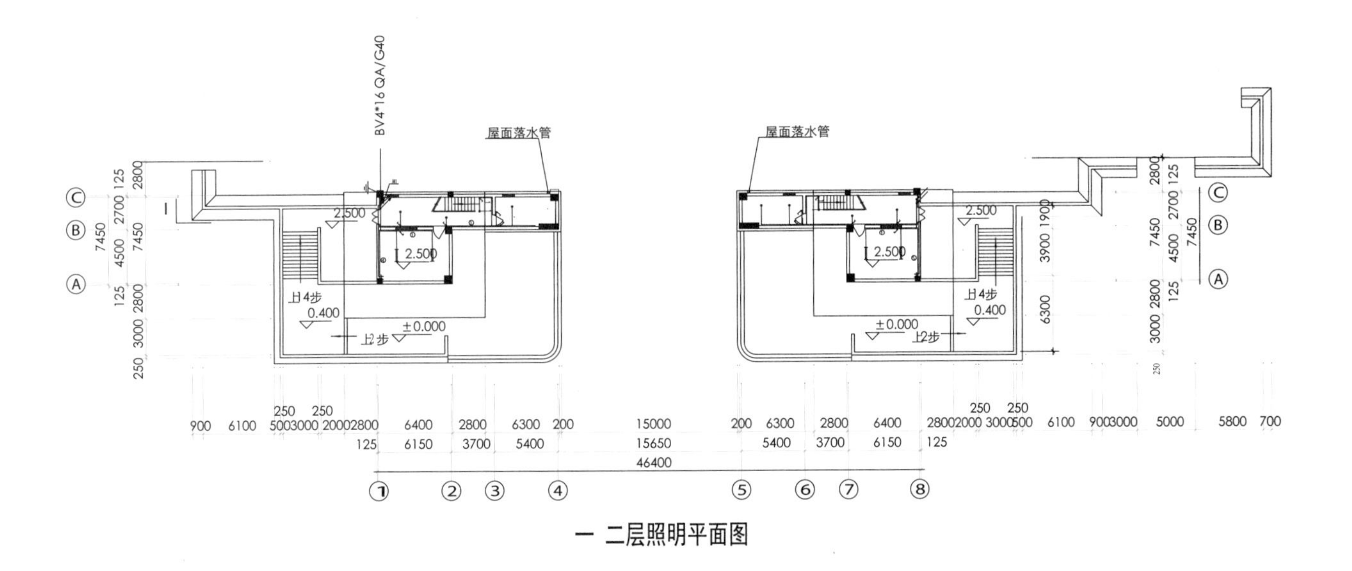

一 二层照明平面图

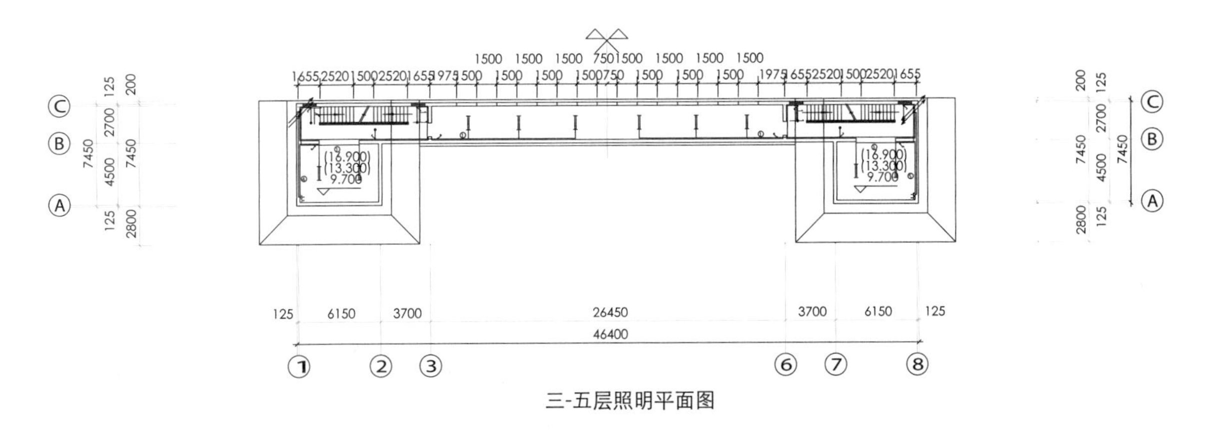

三-五层照明平面图

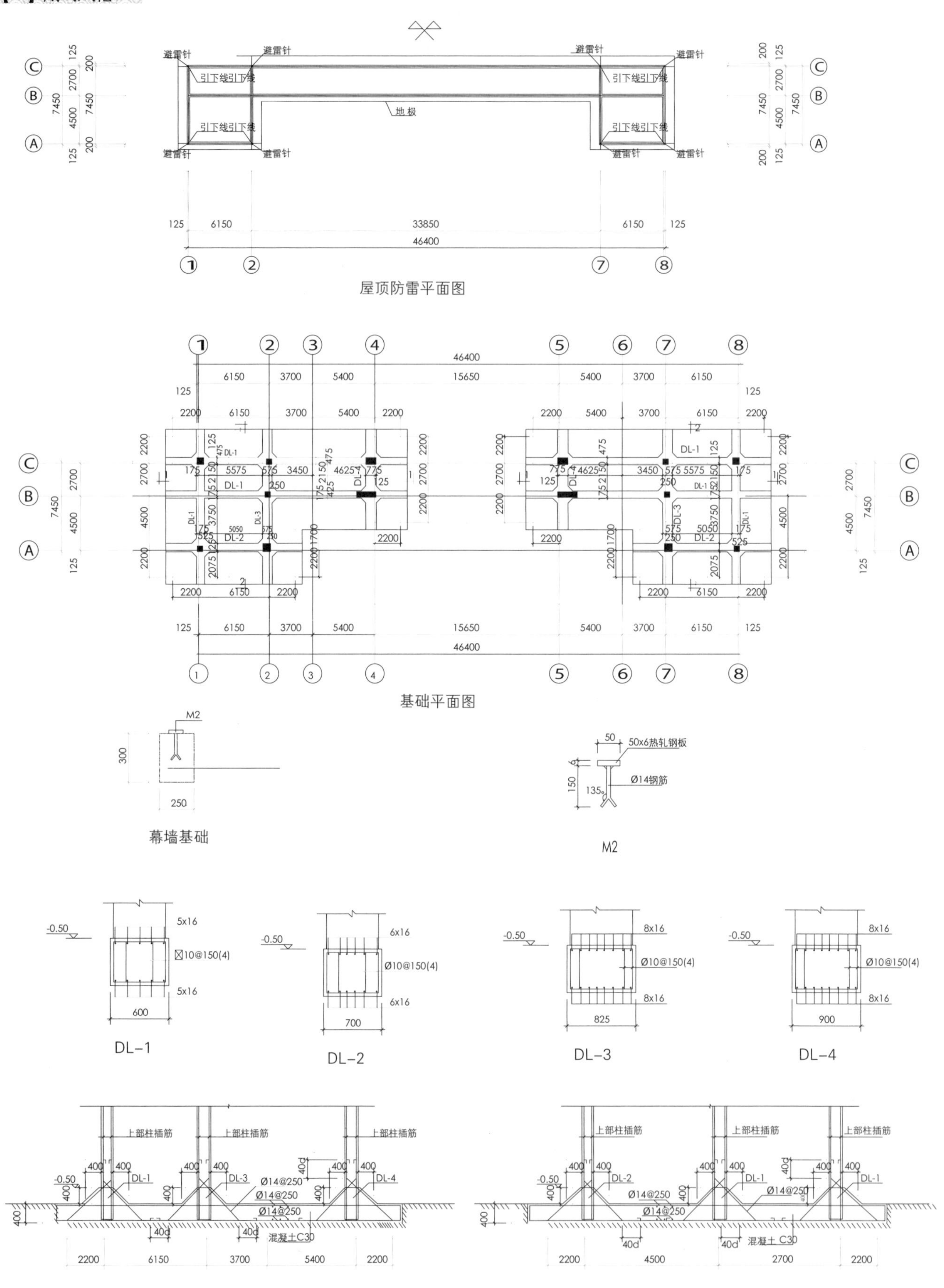

避雷针
引下线
地极
屋顶防雷平面图
基础平面图
幕墙基础
50x6热轧钢板
Ø14钢筋
M2
DL-1
DL-2
DL-3
DL-4
上部柱插筋
混凝土C30
1-1
2-2

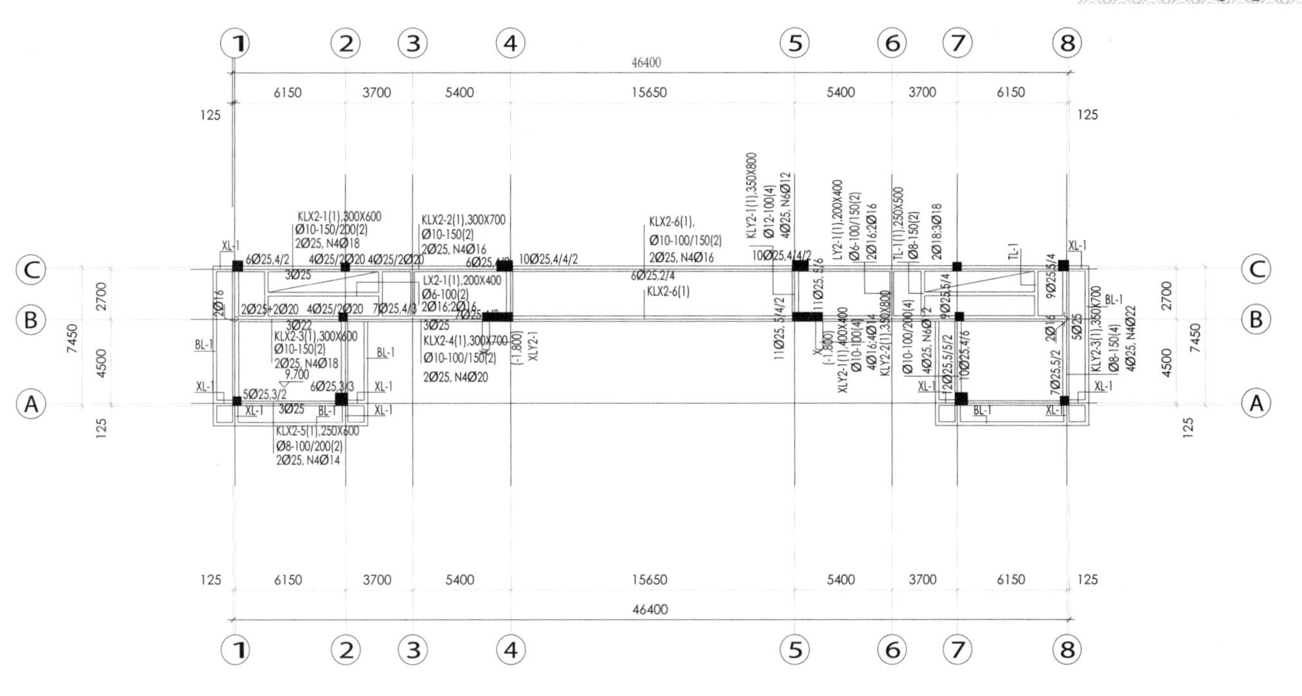

9.70m层梁配筋图

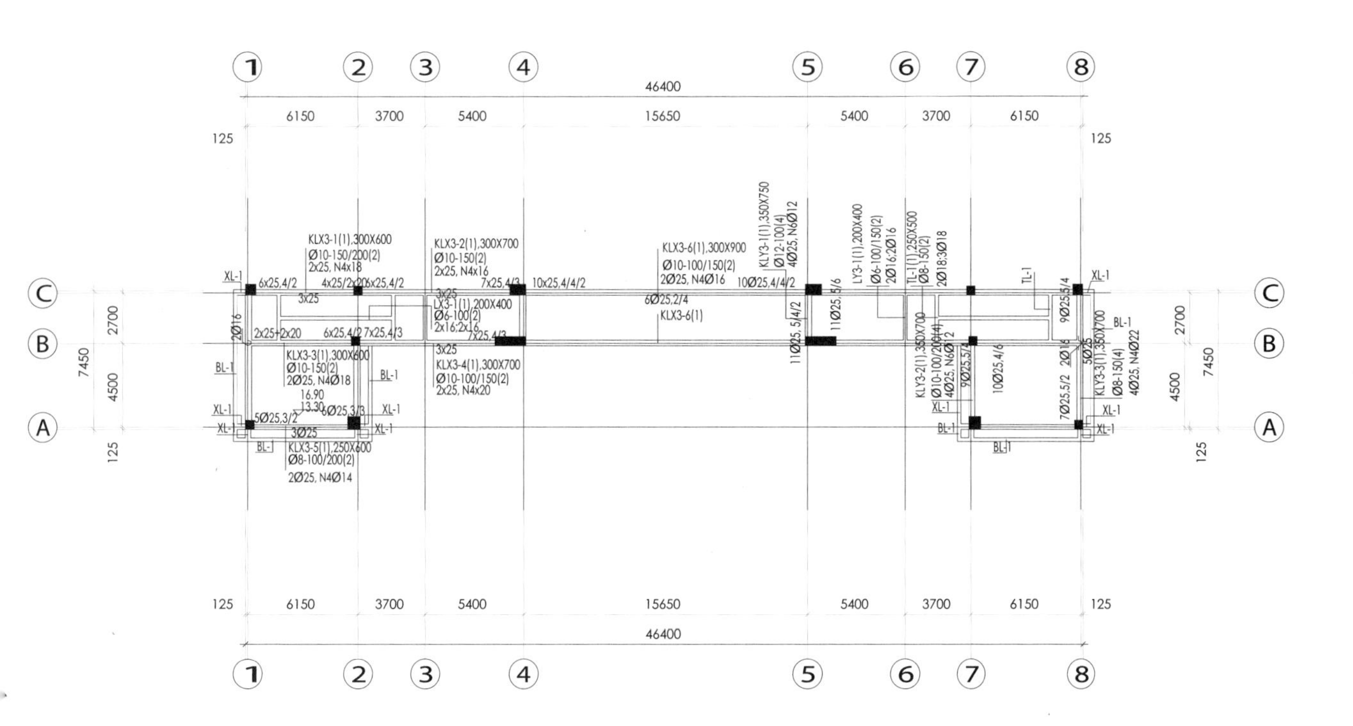

13.30-16.90m层梁配筋图

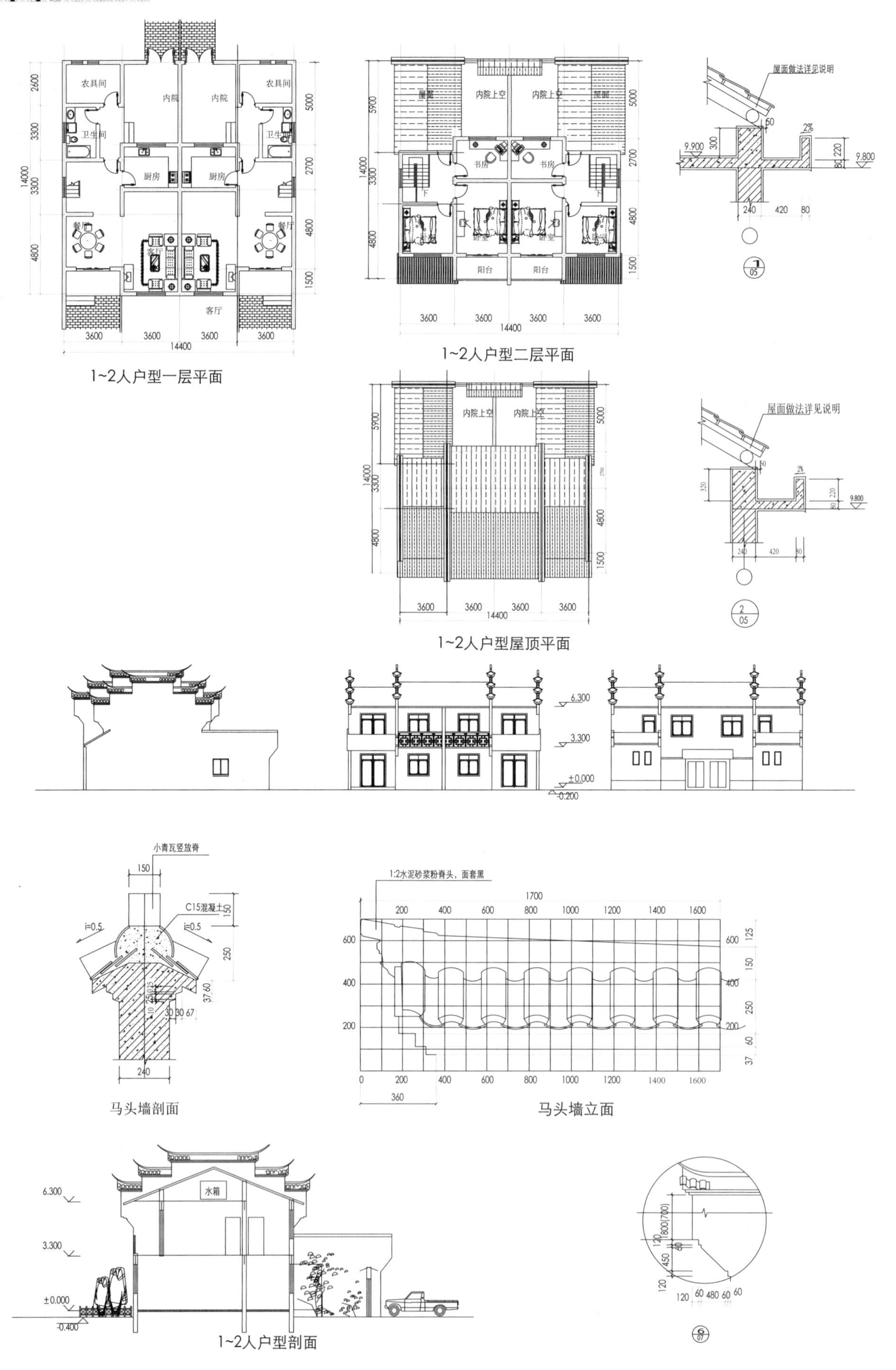

1~2人户型一层平面

1~2人户型二层平面

1~2人户型屋顶平面

马头墙剖面

马头墙立面

1~2人户型剖面

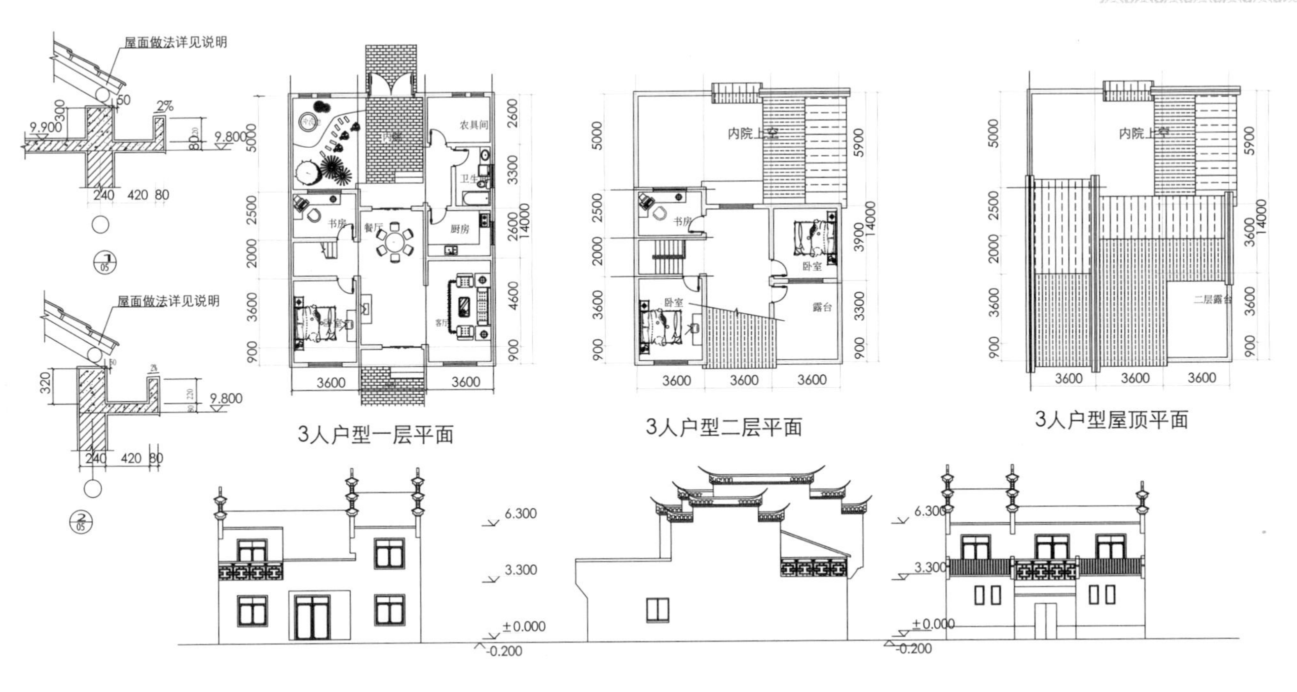

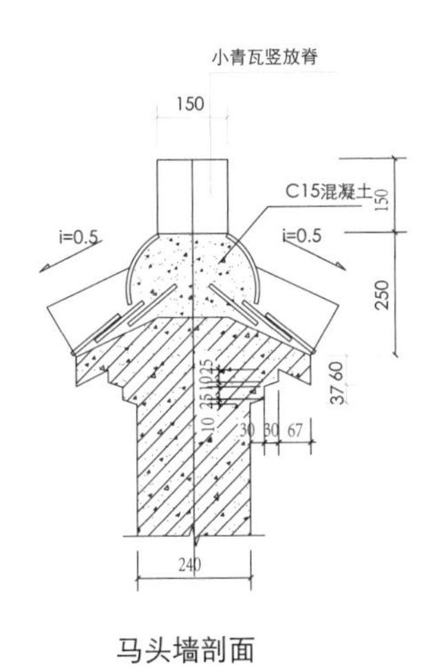

马头墙剖面

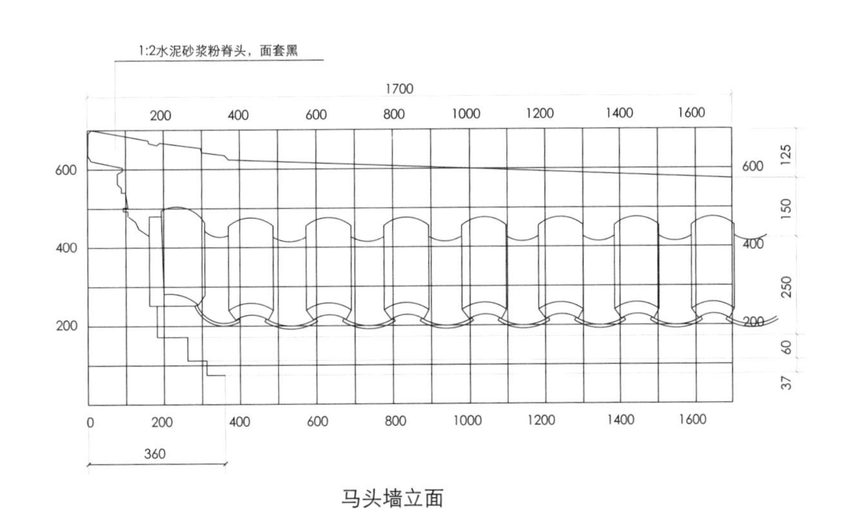

马头墙立面

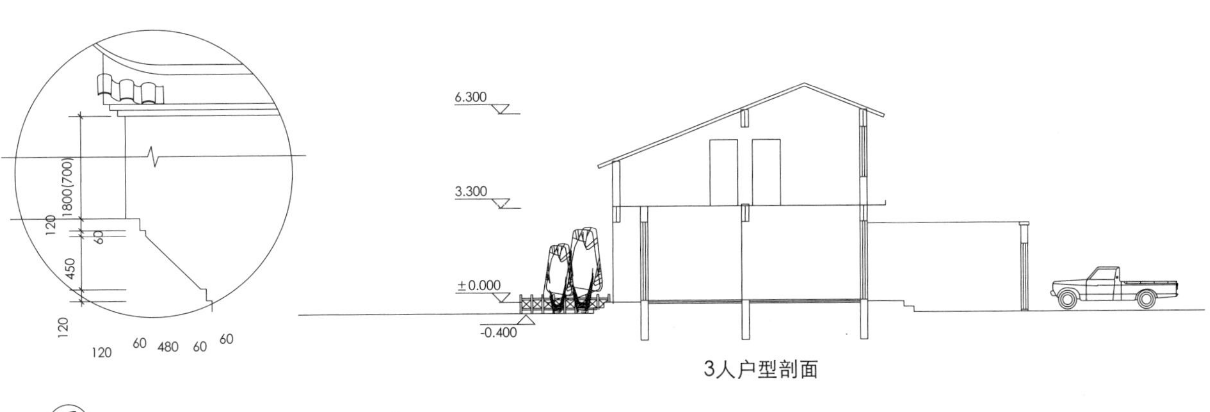

3人户型剖面

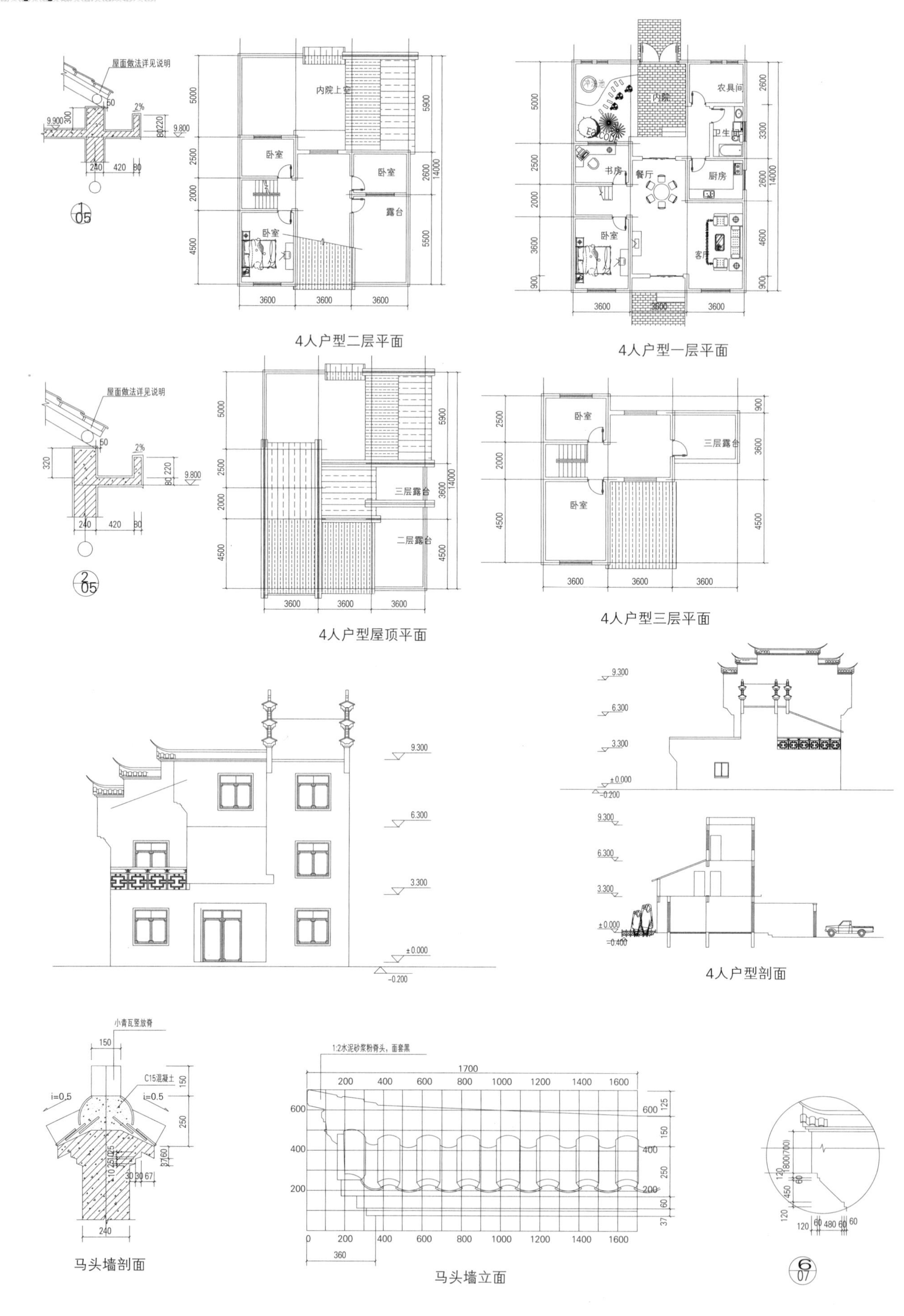

4人户型二层平面

4人户型一层平面

4人户型屋顶平面

4人户型三层平面

4人户型剖面

马头墙剖面

马头墙立面

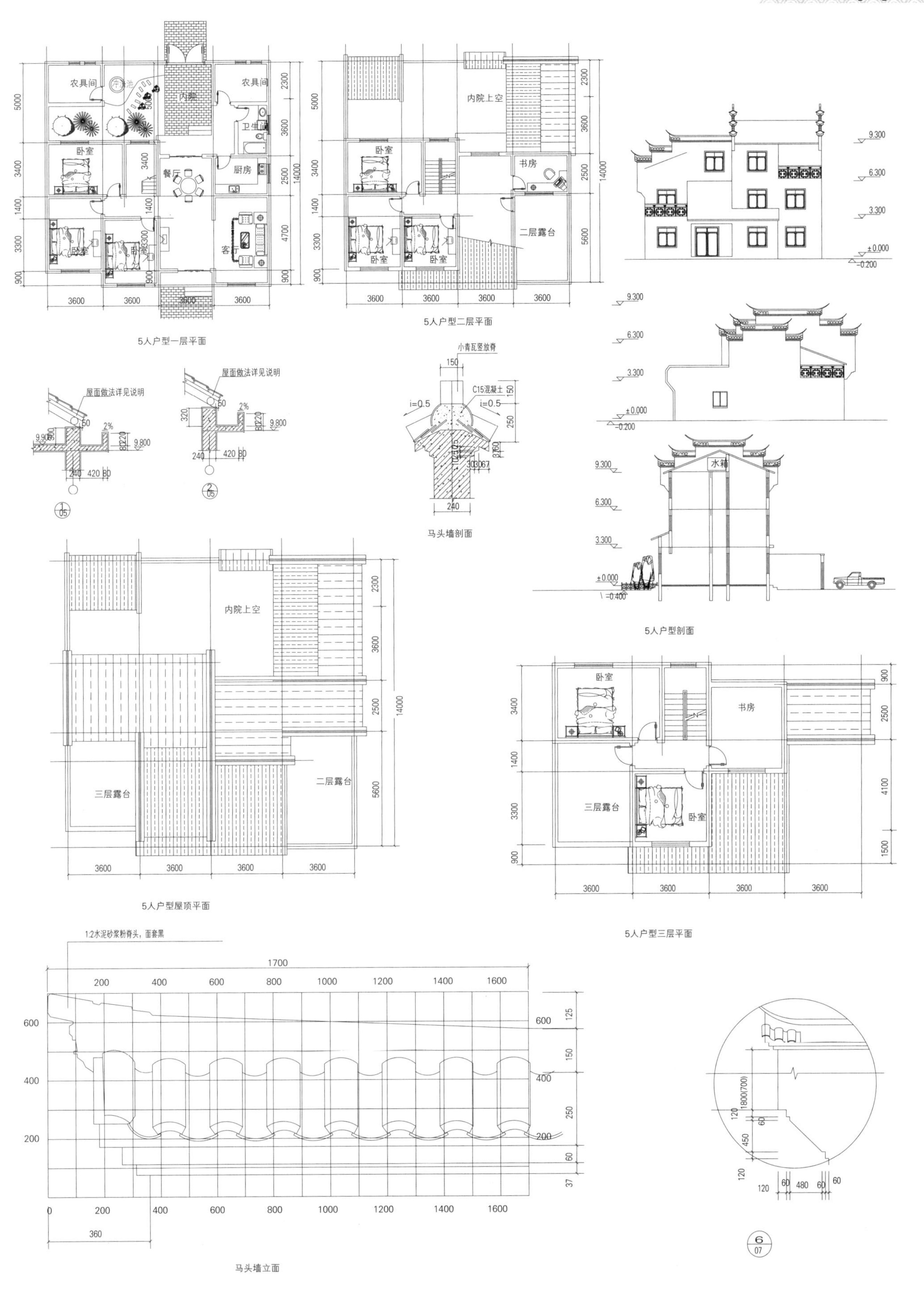
农具间
内院
卫生间
卧室
餐厅
厨房
卧室
客厅
5人户型一层平面
内院上空
书房
二层露台
5人户型二层平面
屋面做法详见说明
小青瓦竖放脊
C15混凝土
马头墙剖面
水箱
5人户型剖面
三层露台
5人户型屋顶平面
5人户型三层平面
1:2水泥砂浆粉脊头，面套黑
马头墙立面

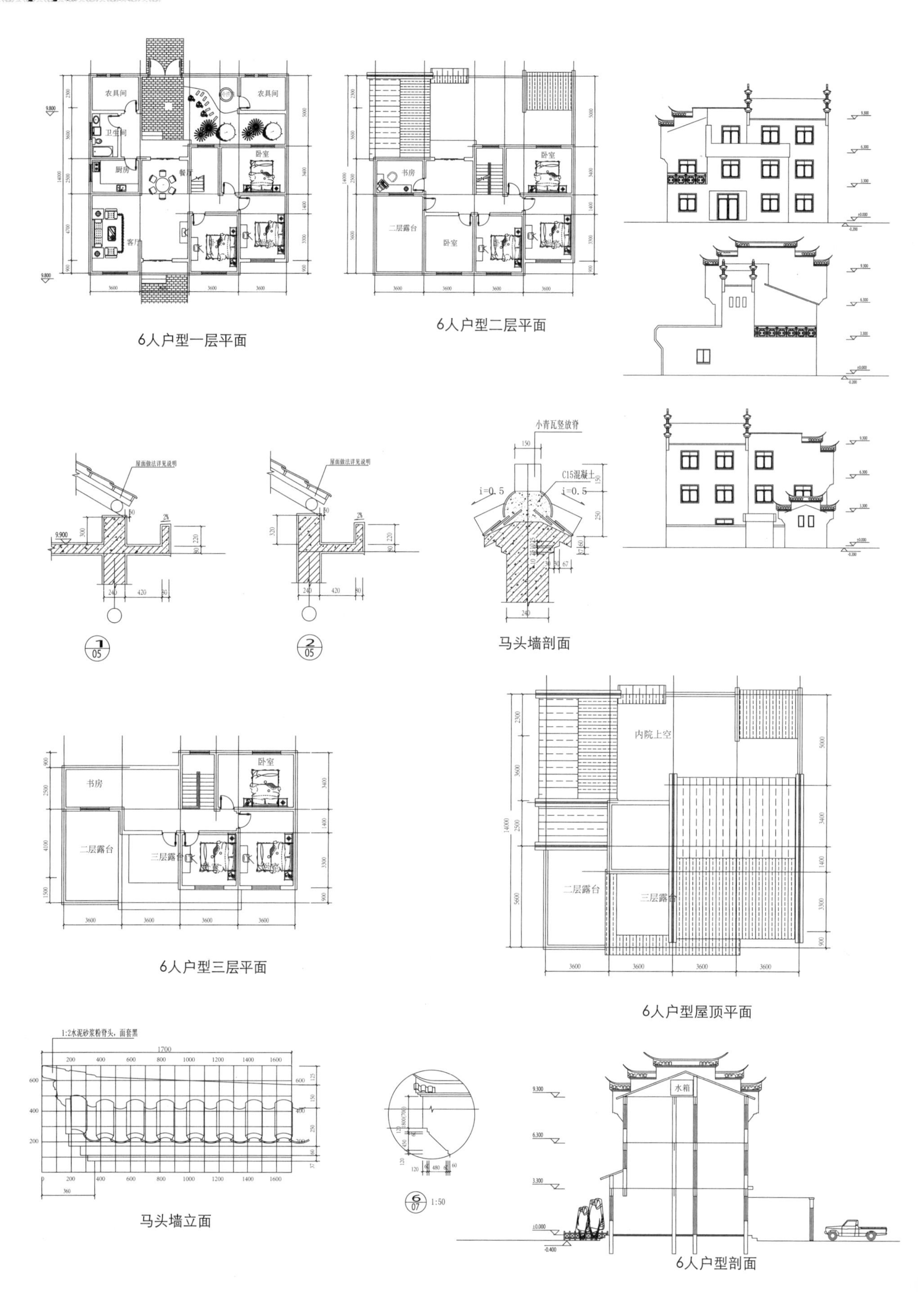

6人户型一层平面

6人户型二层平面

马头墙剖面

6人户型三层平面

6人户型屋顶平面

马头墙立面

6人户型剖面

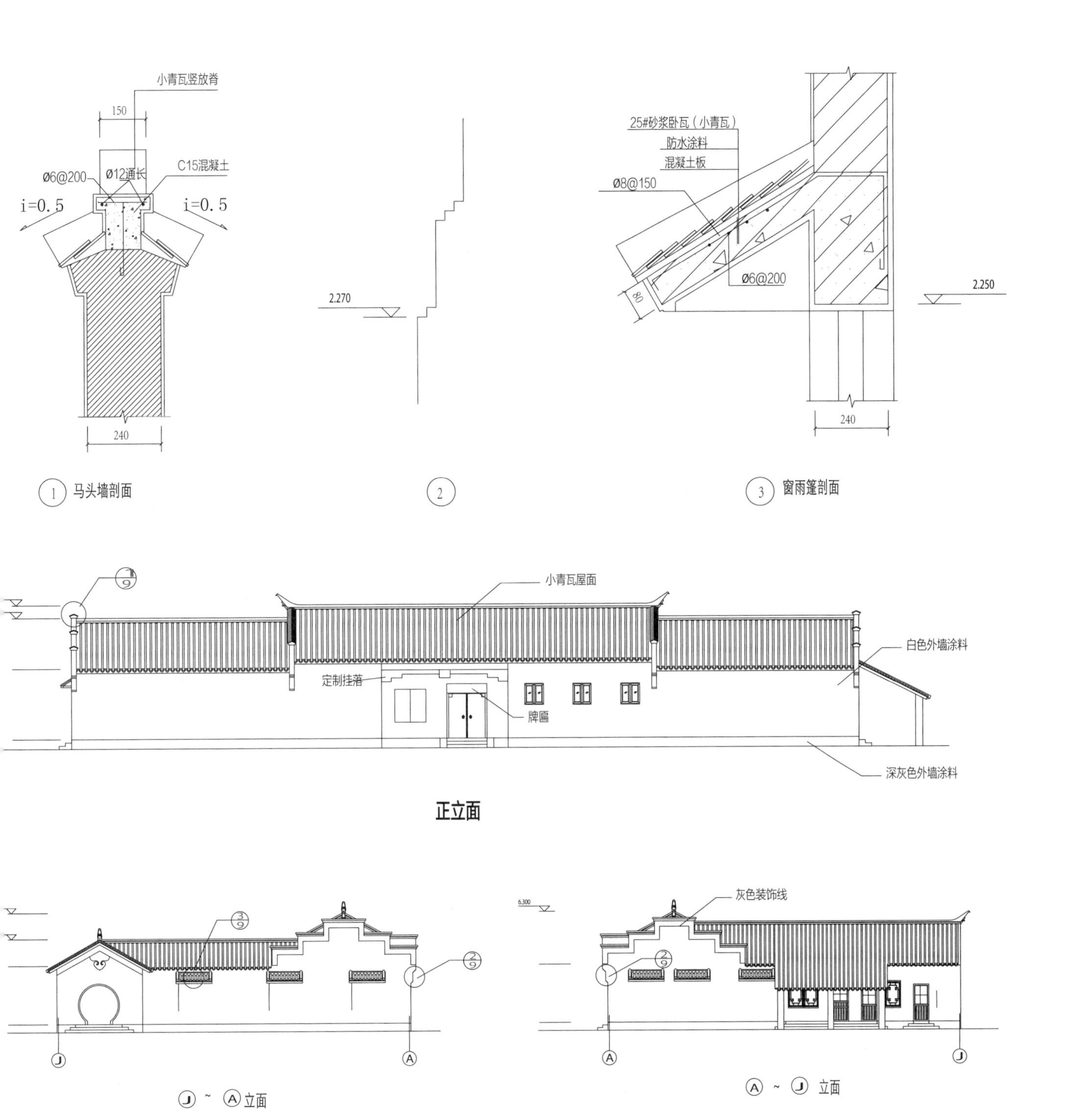

1 马头墙剖面

2

3 窗雨篷剖面

正立面

Ⓙ ~ Ⓐ立面

Ⓐ ~ Ⓙ 立面

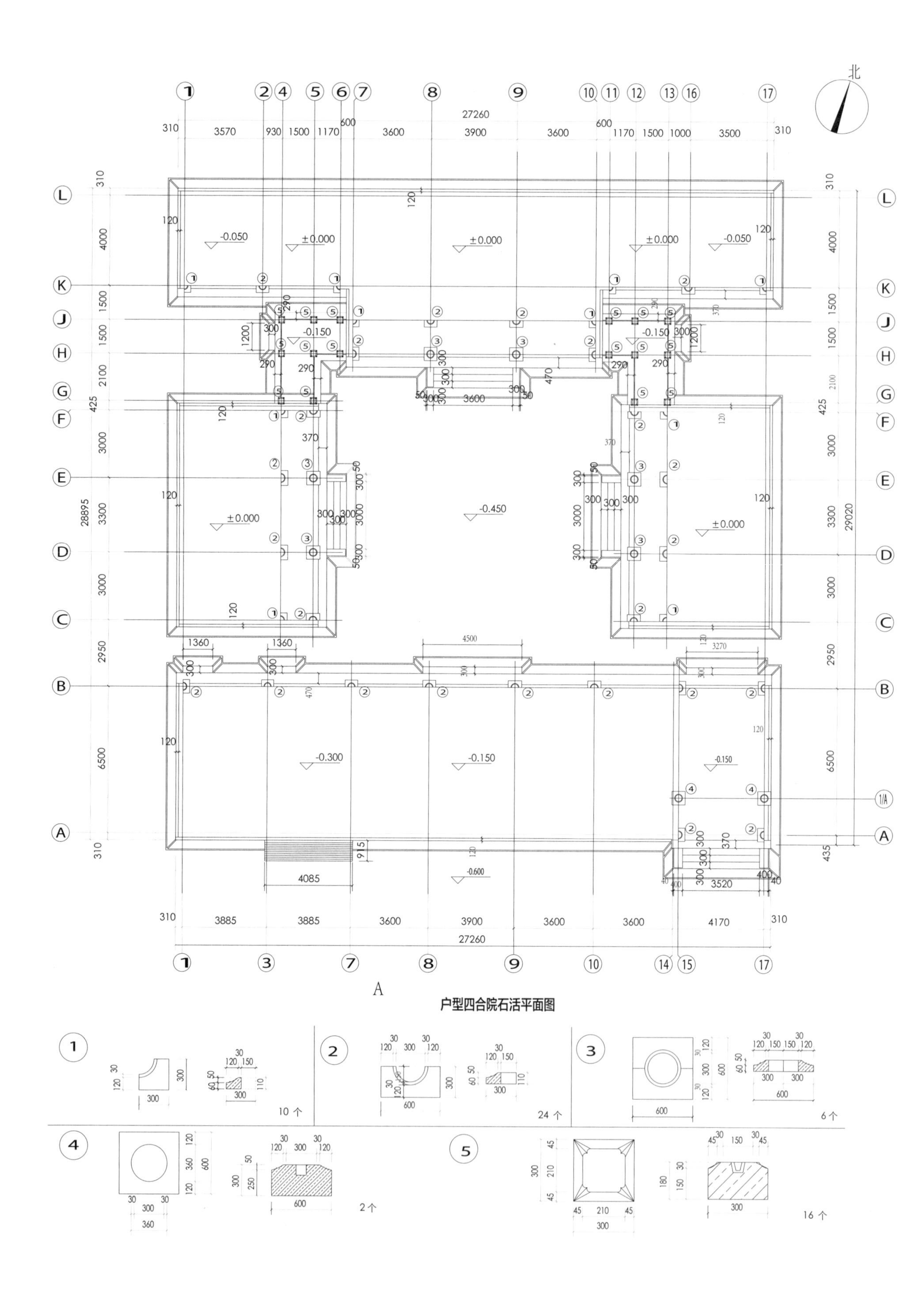
北
27260
310
3570
930
1500
1170
600
3600
3900
-0.050
±0.000
-0.150
-0.450
-0.300
-0.600
28895
29020
4085
3520
4500
3270
1360
户型四合院石活平面图
10 个
24 个
6 个
2 个
16 个

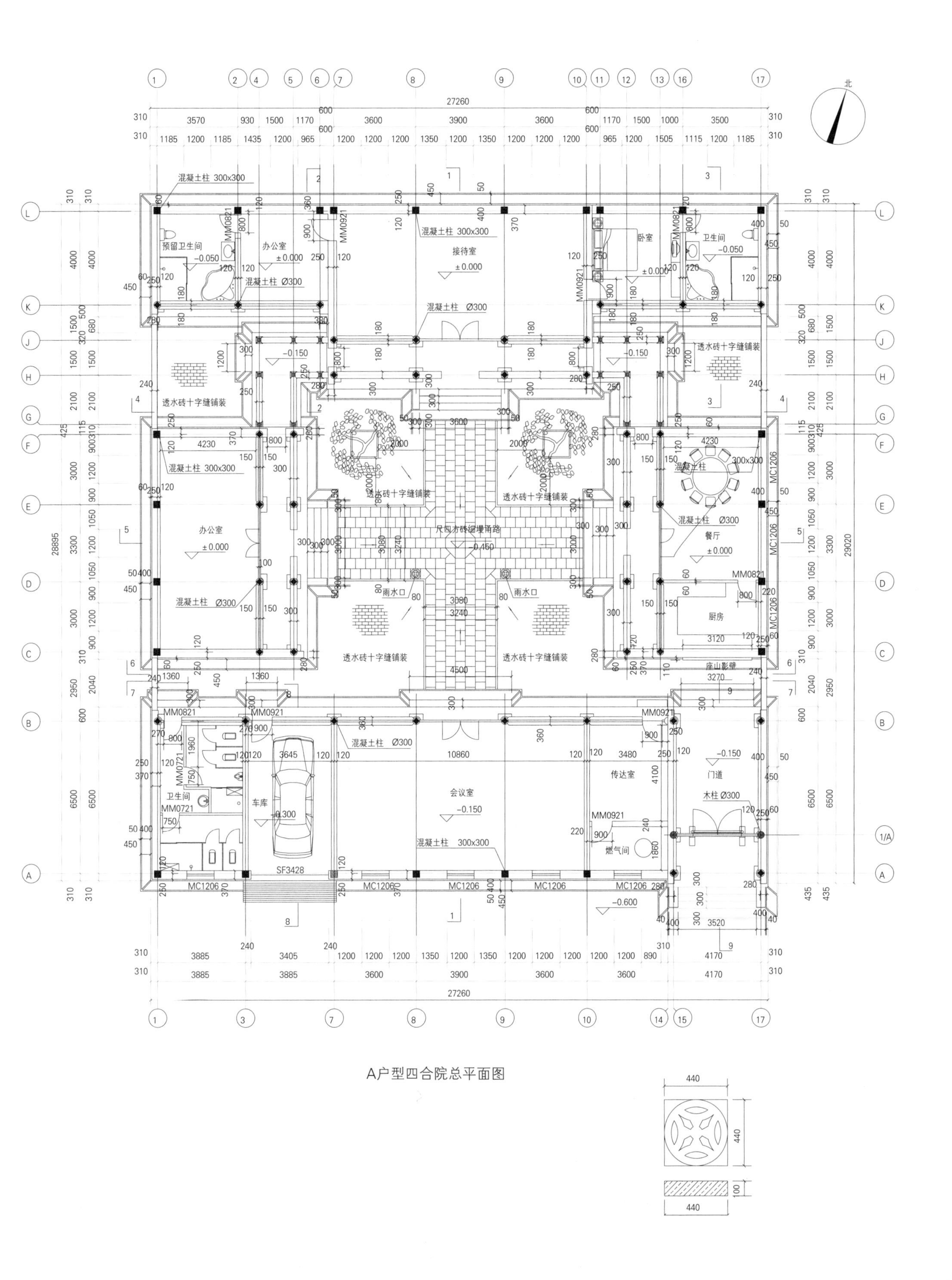
北
混凝土柱 300x300
预留卫生间
办公室
接待室
卧室
卫生间
混凝土柱 Ø300
透水砖十字缝铺装
尺四方砖细墁甬路
雨水口
餐厅
厨房
座山影壁
会议室
传达室
门道
木柱 Ø300
燃气间
车库
MM0821
MM0921
MM0721
MC1206
SF3428
27260
28895
29020

A户型四合院总平面图

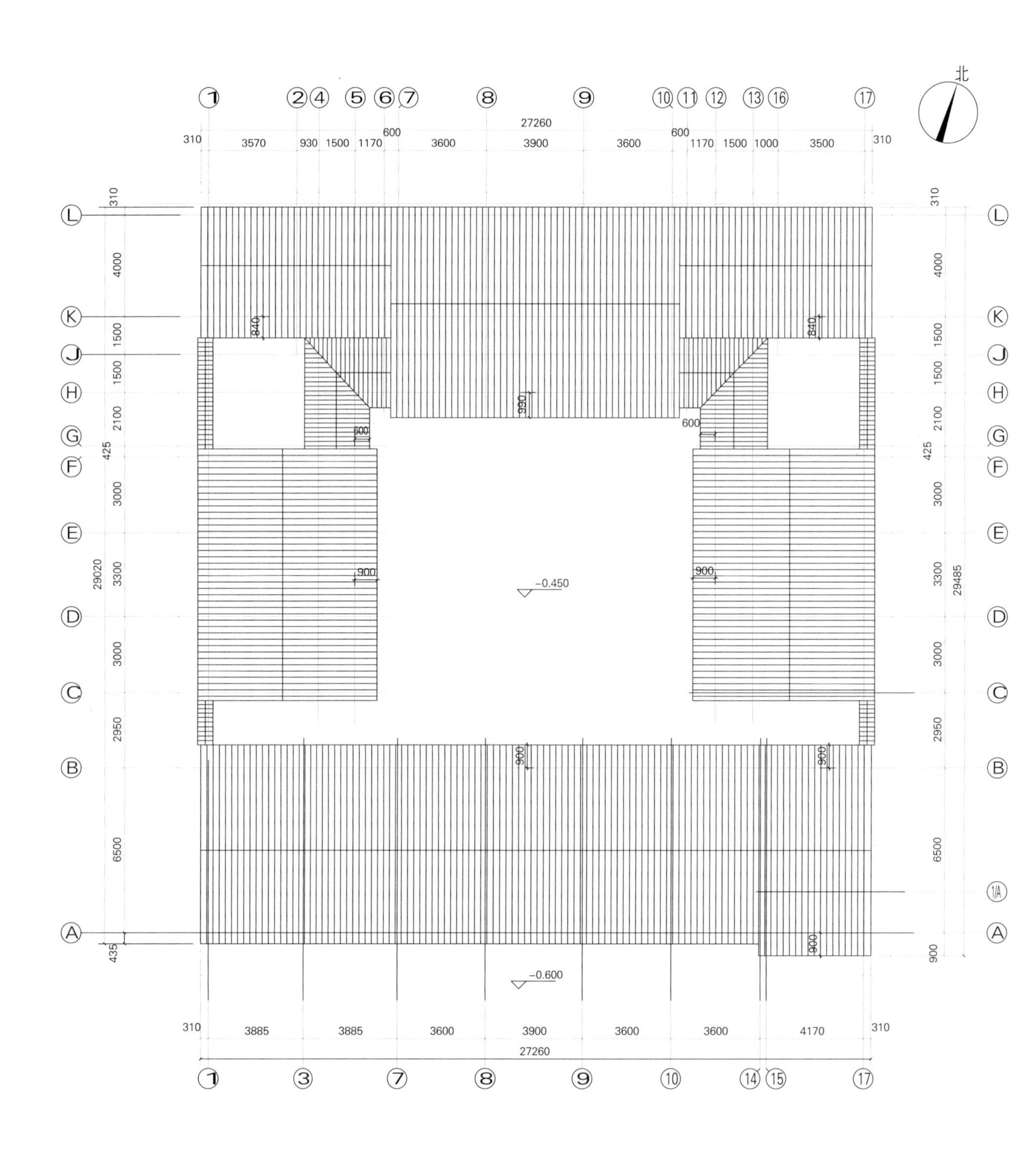

A　户型四合院屋顶平面图

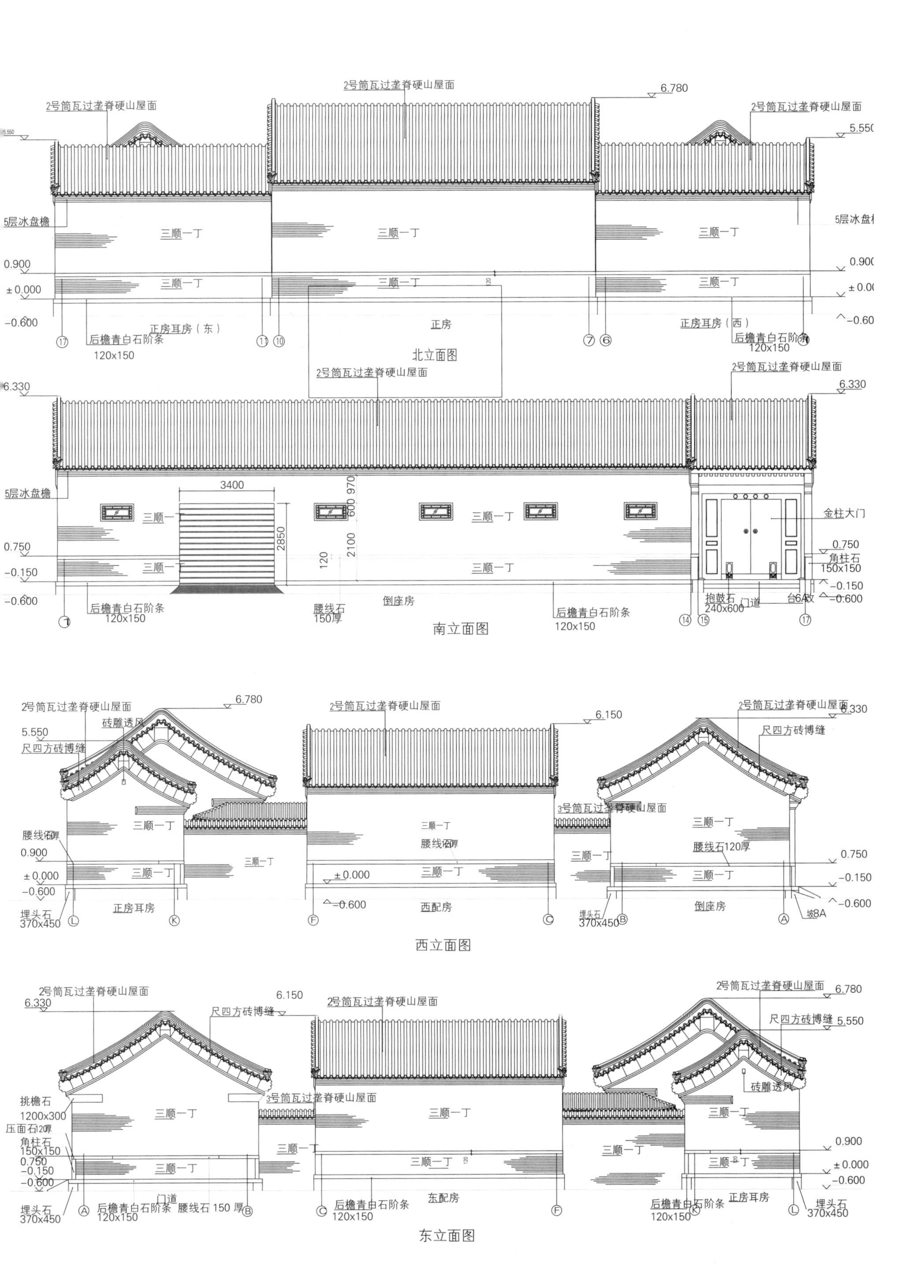
2号筒瓦过垄脊硬山屋面
6.780
5.550
5层冰盘檐
三顺一丁
0.900
±0.000
-0.600
正房耳房（东）
后檐青白石阶条
120x150
正房
北立面图
正房耳房（西）
6.330
3400
600
970
2850
2100
120
0.750
-0.150
金柱大门
角柱石
150x150
抱鼓石
240x600
门道
台阶
腰线石
150厚
倒座房
南立面图
砖雕透风
尺四方砖博缝
6.150
3号筒瓦过垄脊硬山屋面
腰线石120厚
西配房
埋头石
370x450
坡8A
西立面图
挑檐石
1200x300
压面石120厚
东配房
东立面图

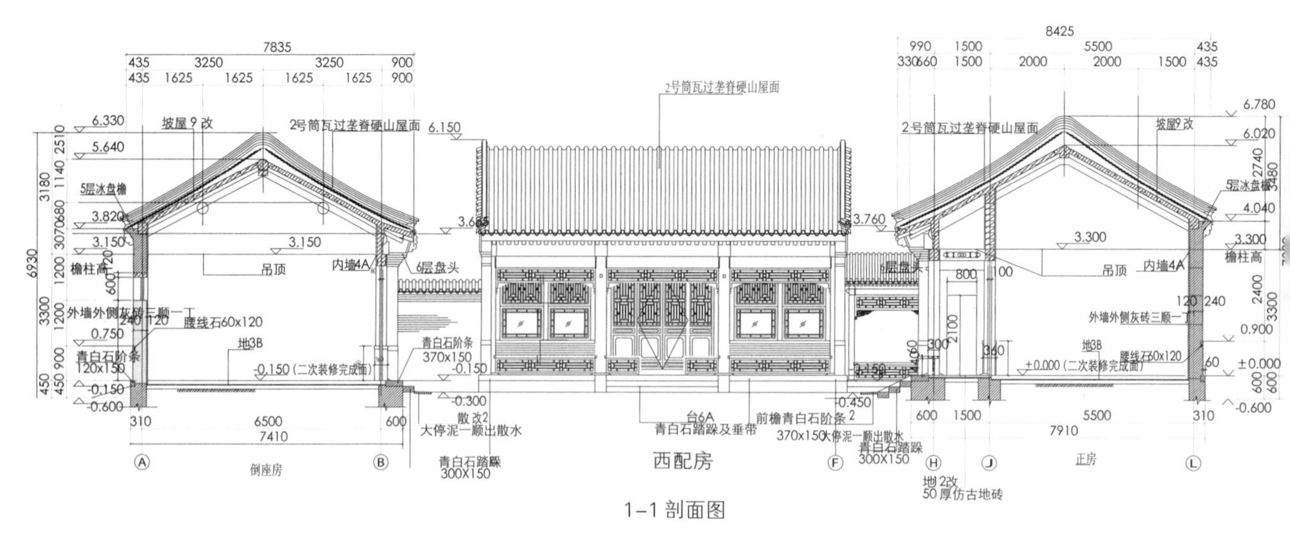

1-1 剖面图

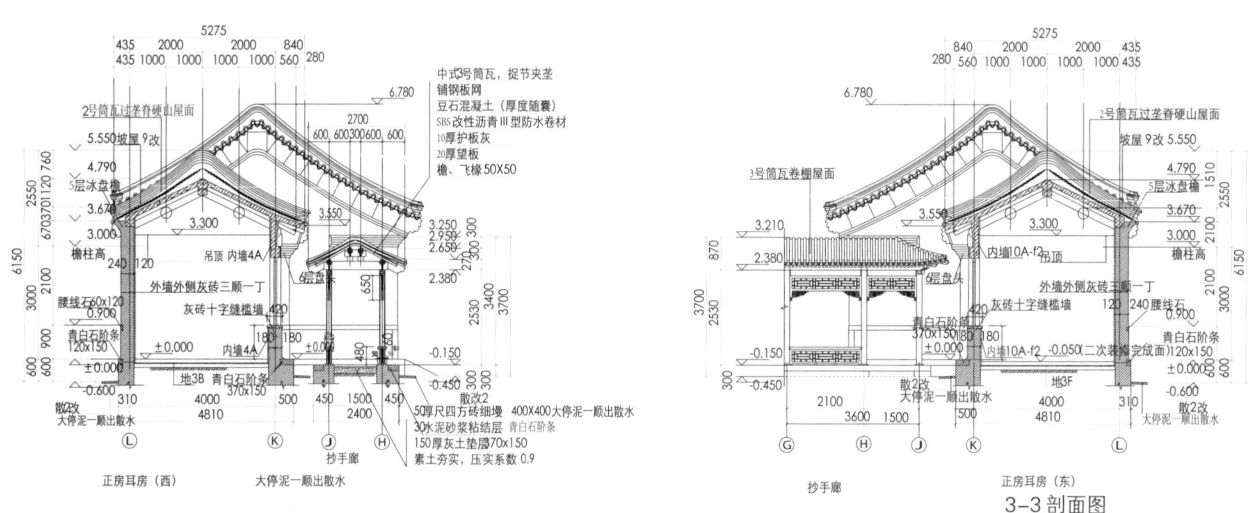

2-2剖面图

抄手廊大木构件尺寸表

3-3 剖面图

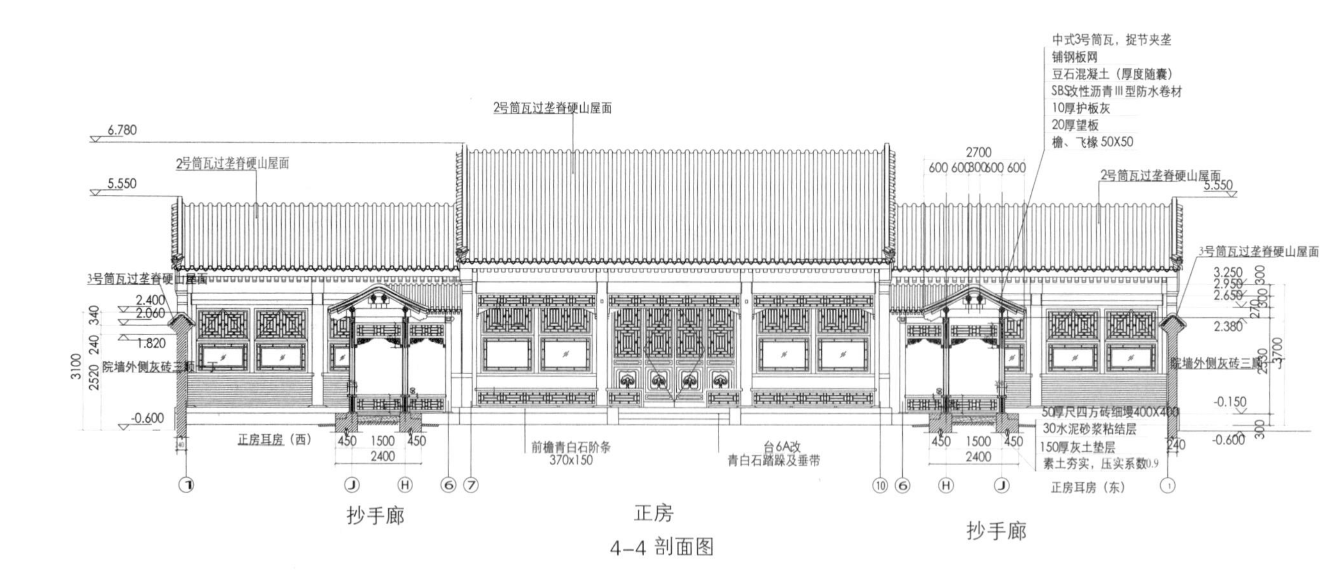

抄手廊　正房　抄手廊

4-4 剖面图

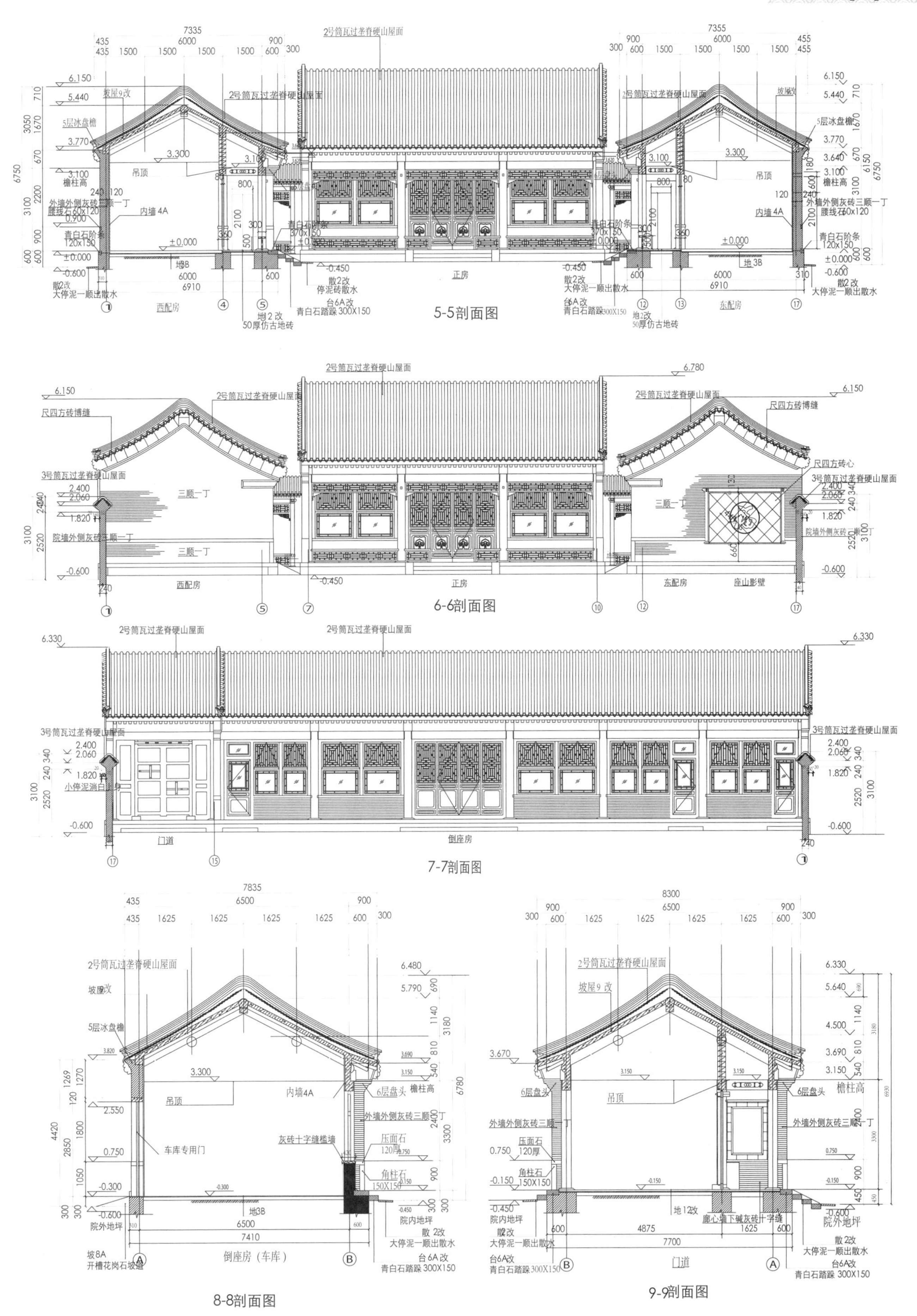

5-5剖面图

6-6剖面图

7-7剖面图

8-8剖面图

9-9剖面图

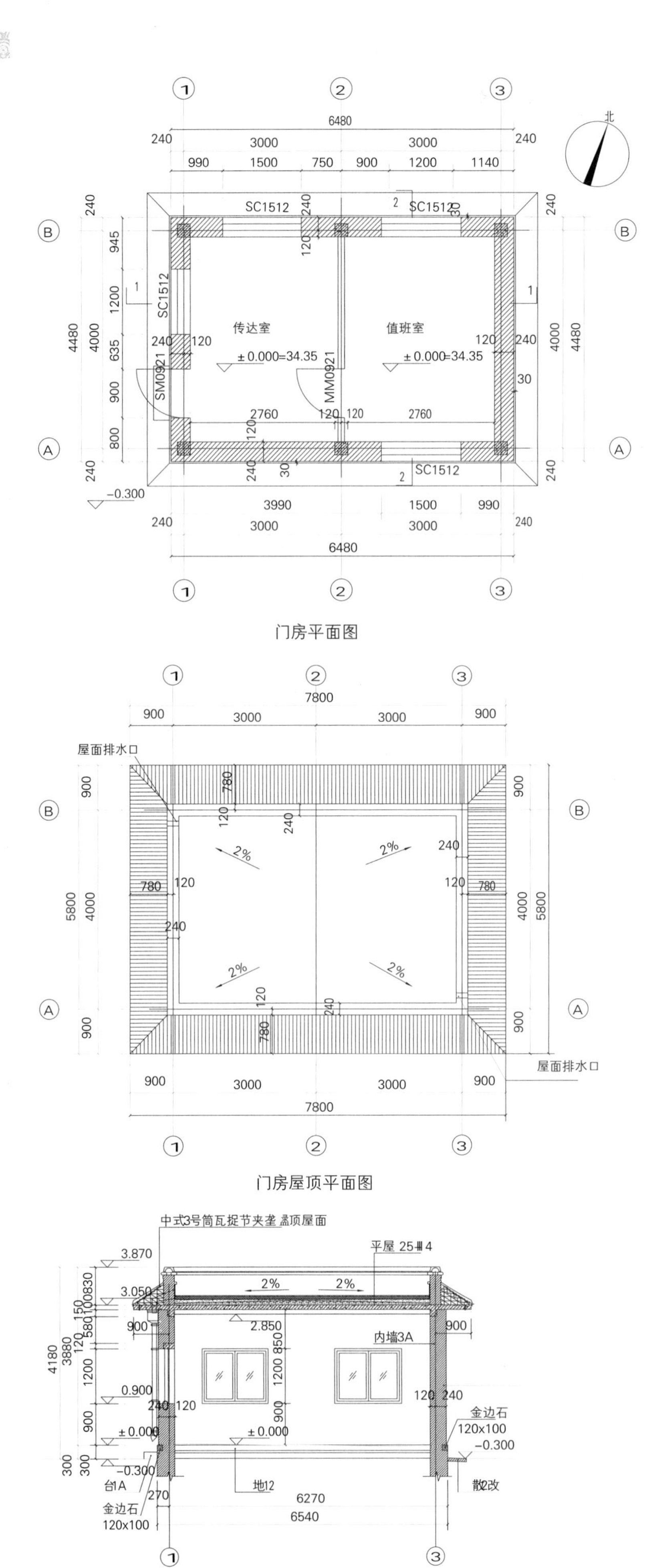

门房平面图

门房屋顶平面图

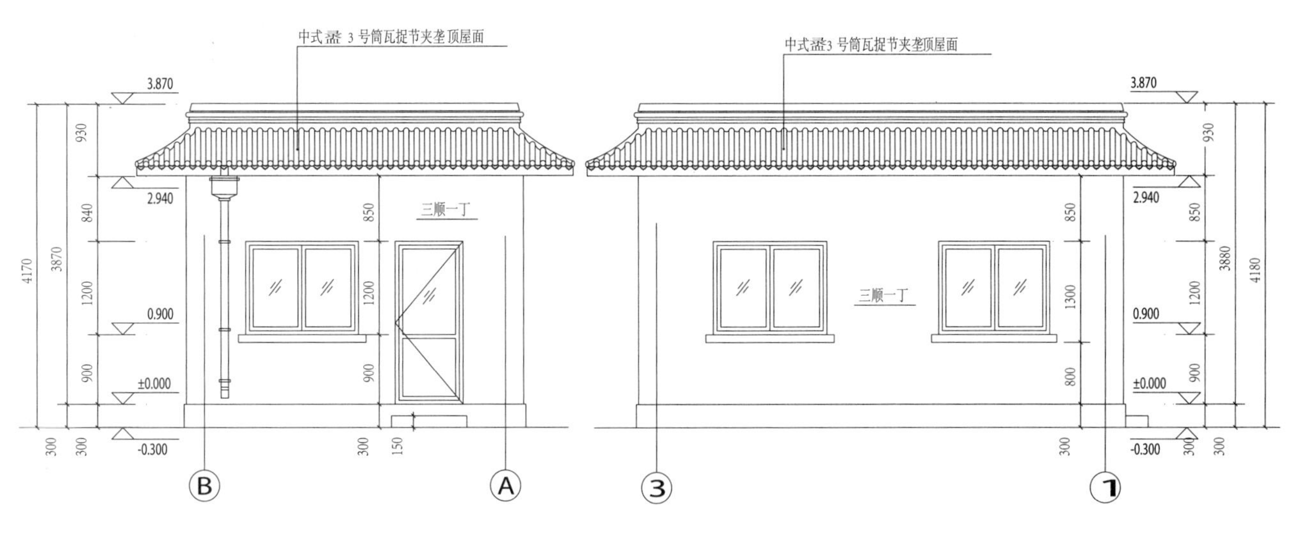

门房 Ⓑ-Ⓐ 轴立面图

门房 ③-① 轴立面图

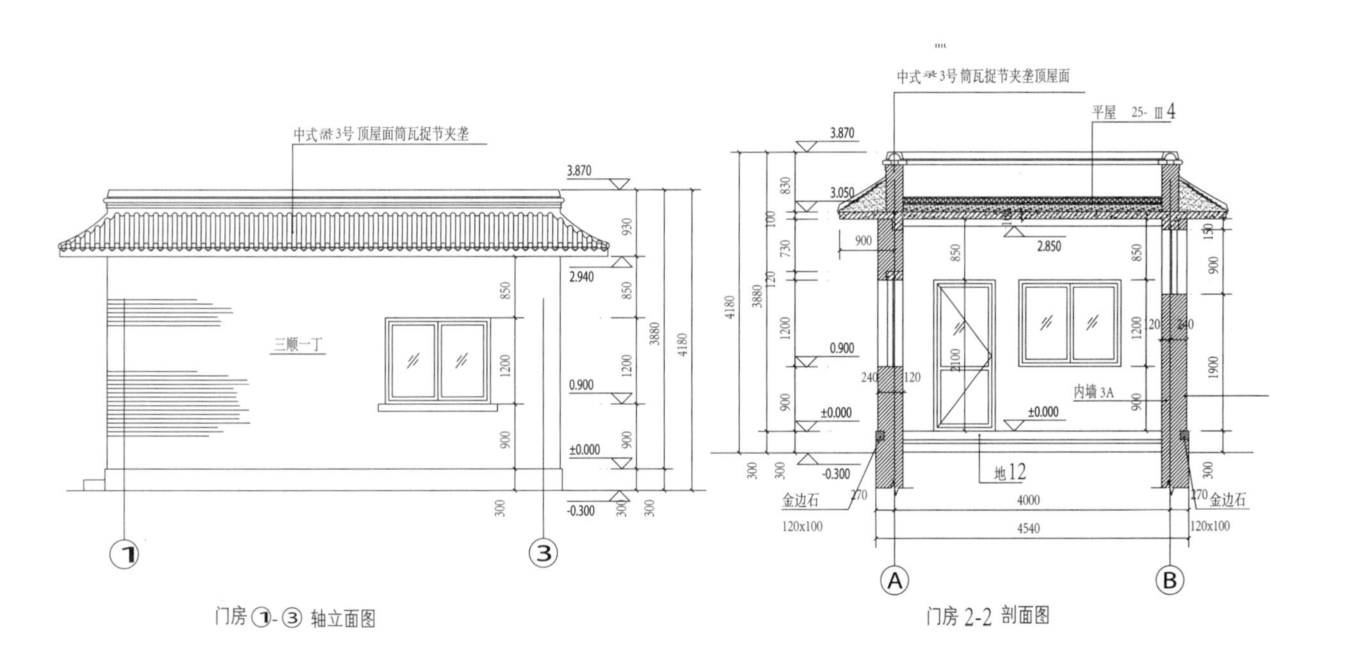

门房 ①-③ 轴立面图

门房 2-2 剖面图

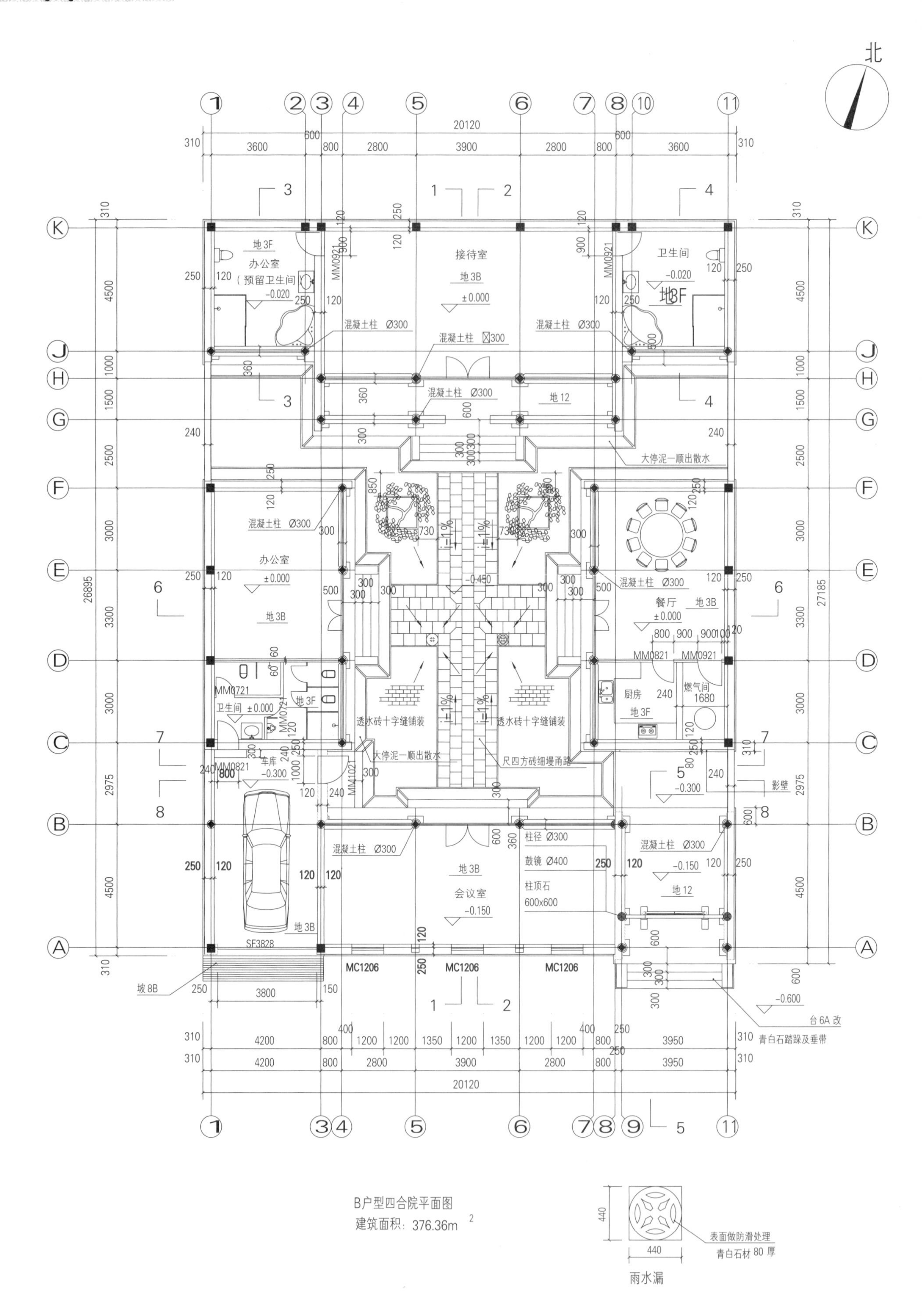

B户型四合院平面图

建筑面积：376.36m²

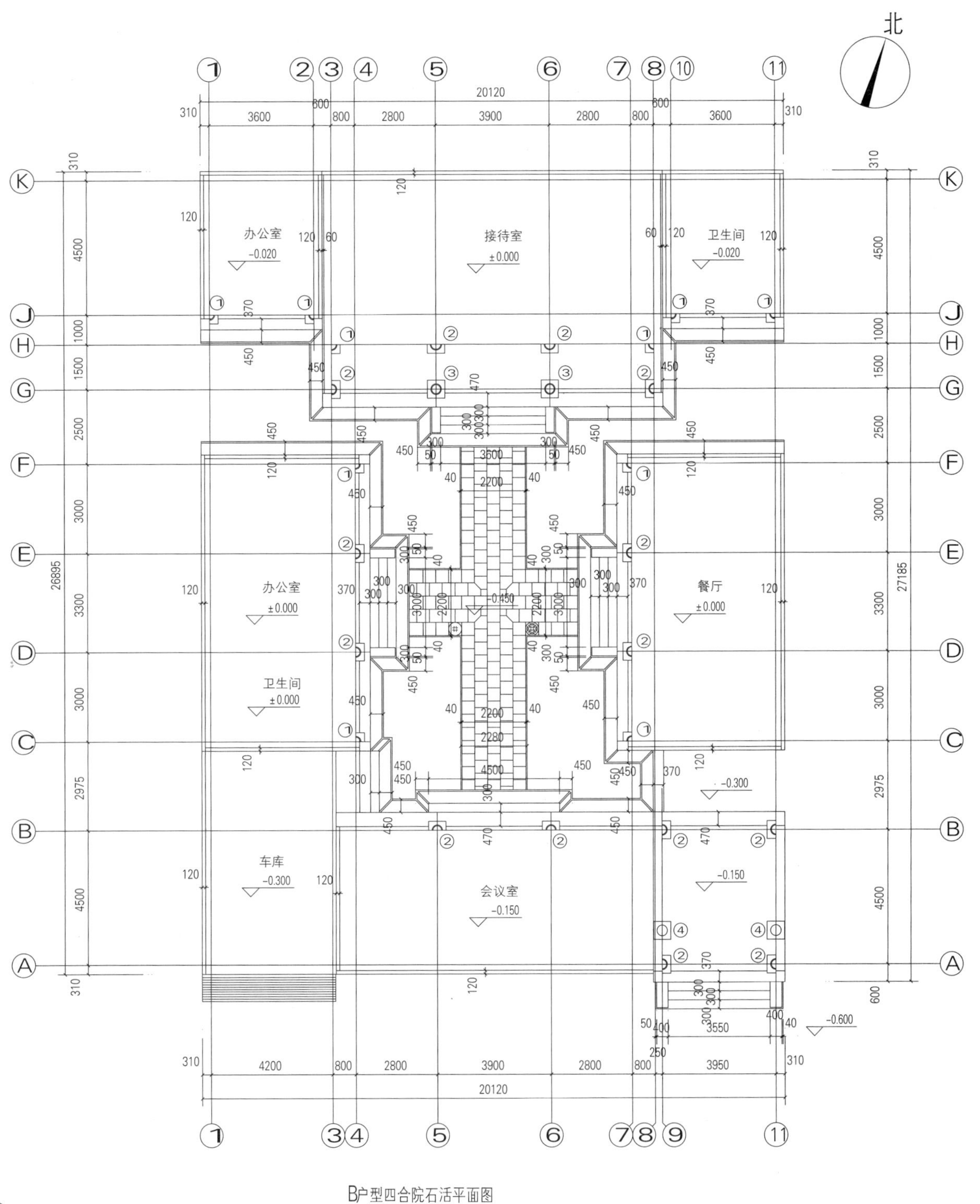

B户型四合院石活平面图

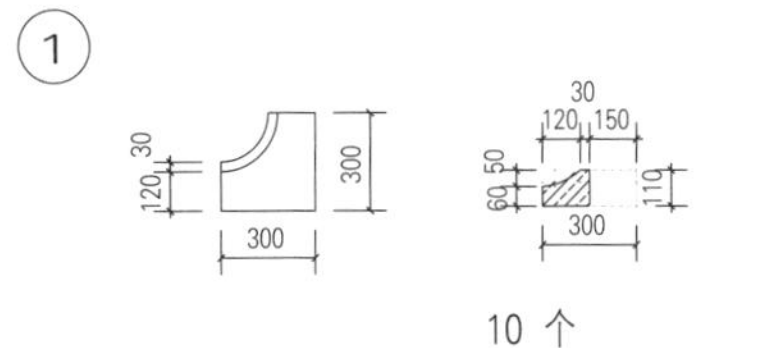

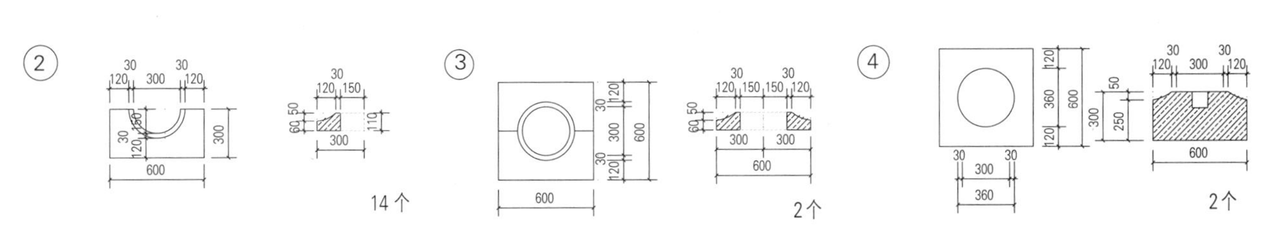

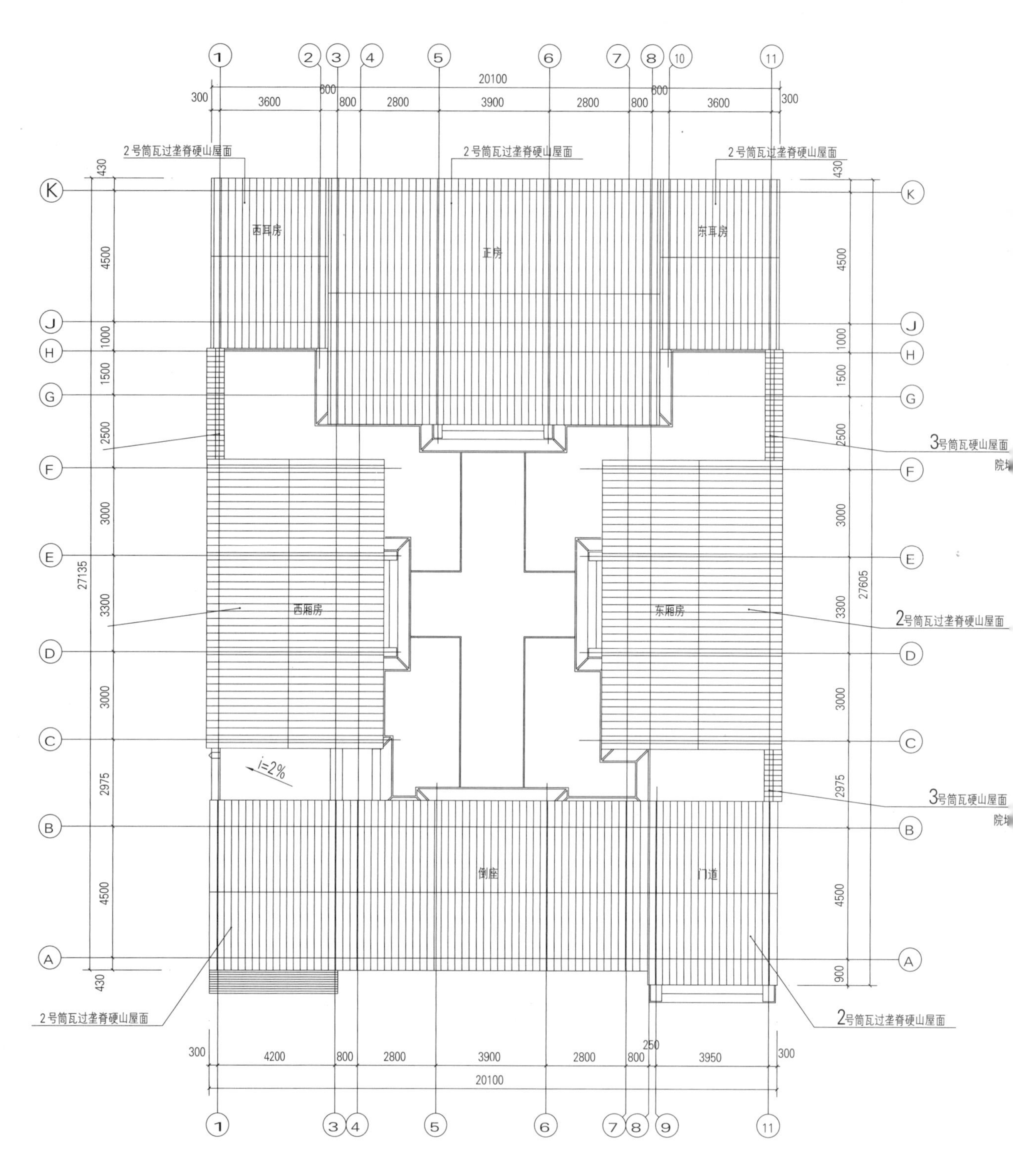

B户型四合院屋顶平面图

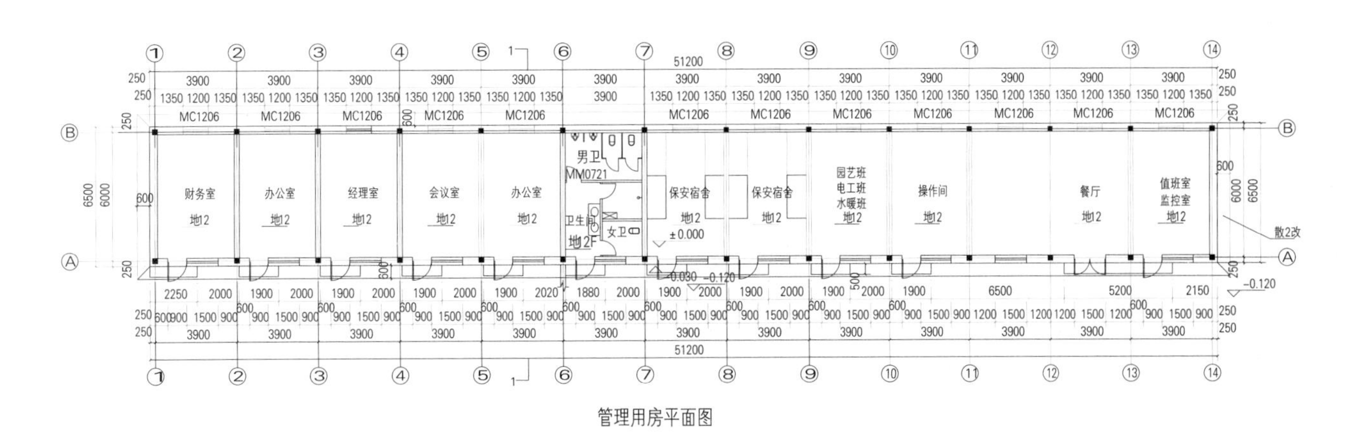

管理用房平面图

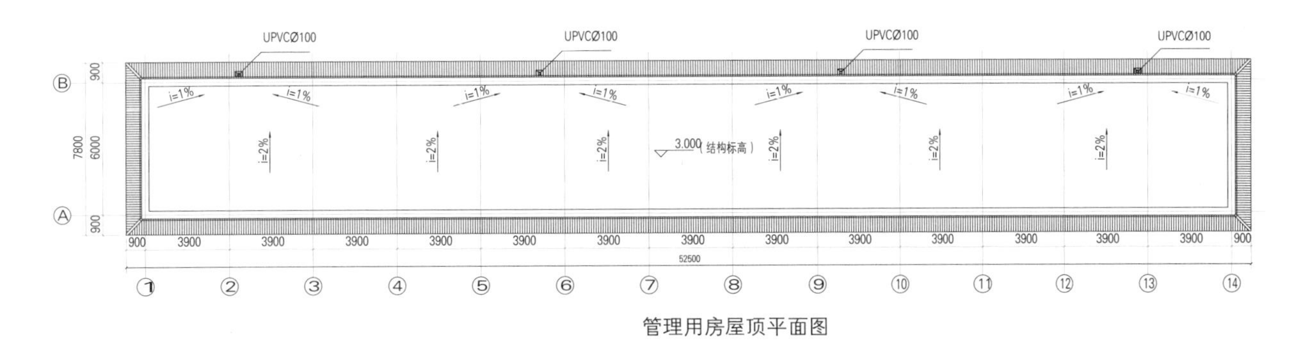

管理用房屋顶平面图

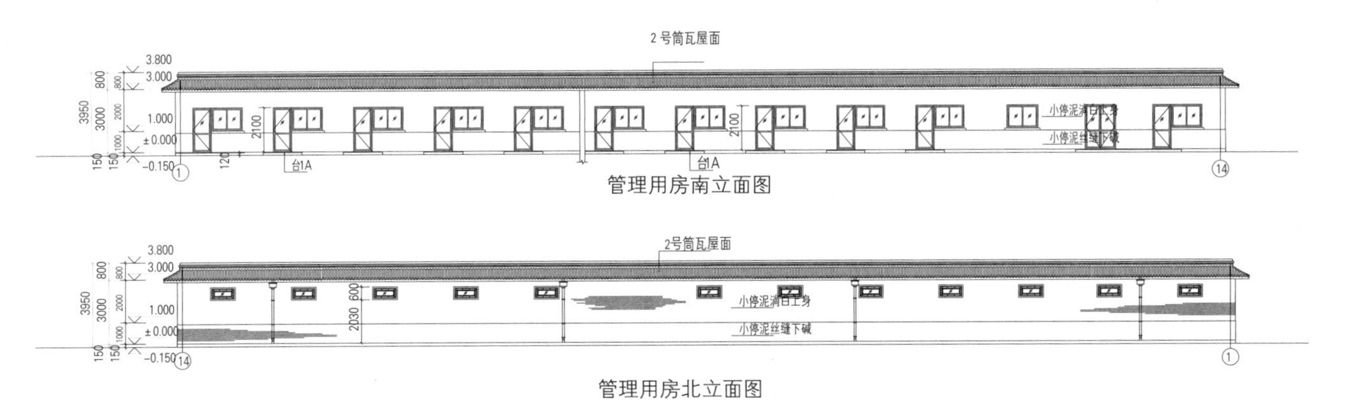

管理用房南立面图

管理用房北立面图

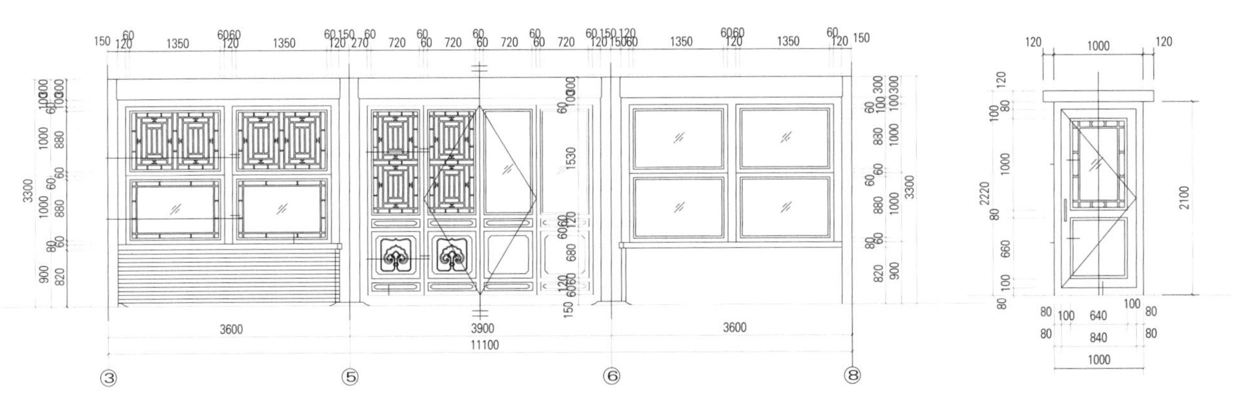

AB户型正房装修立面图

B户型MM1021立面图

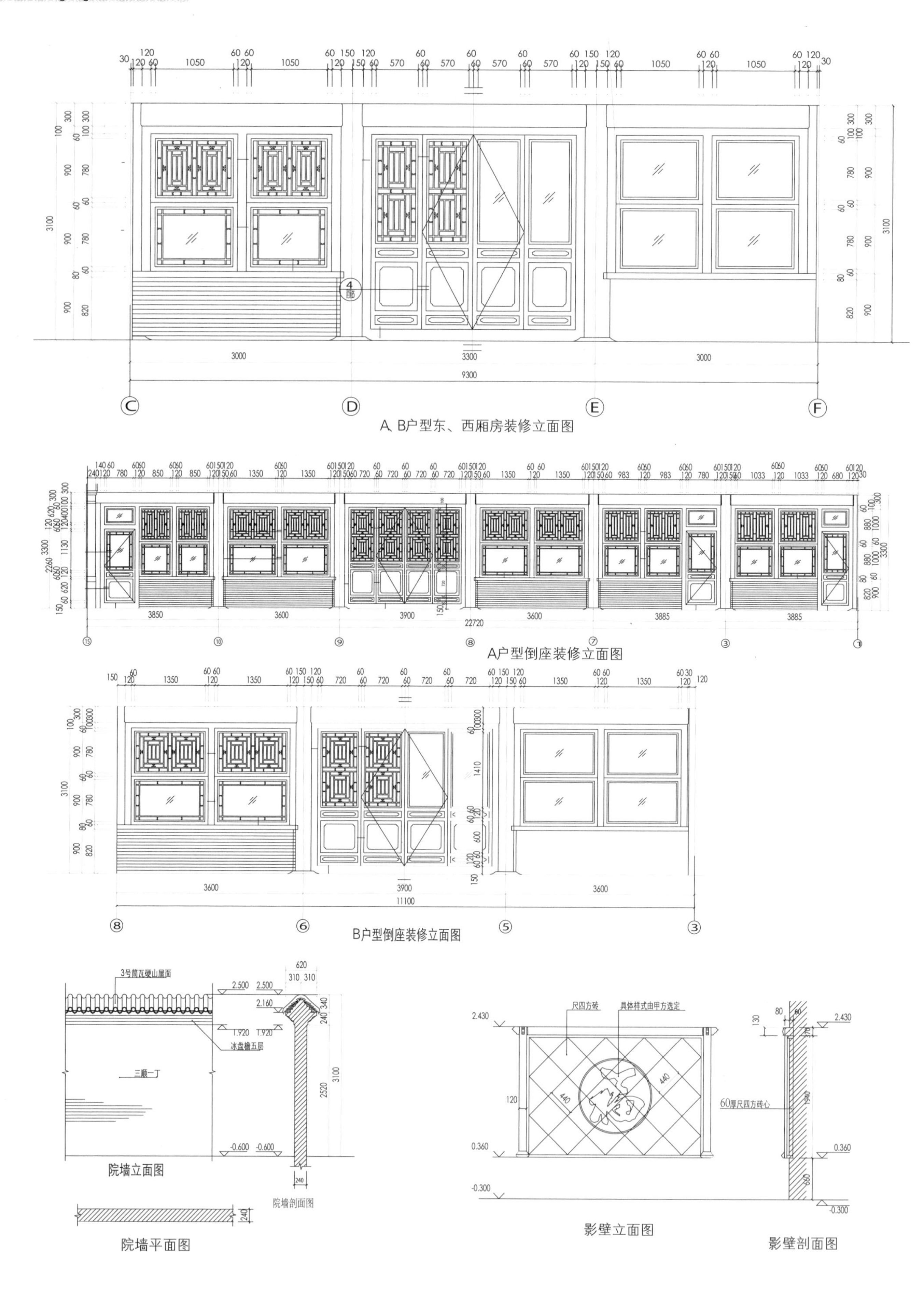

A、B户型东、西厢房装修立面图

A户型倒座装修立面图

B户型倒座装修立面图

院墙立面图

院墙剖面图

院墙平面图

影壁立面图

影壁剖面图

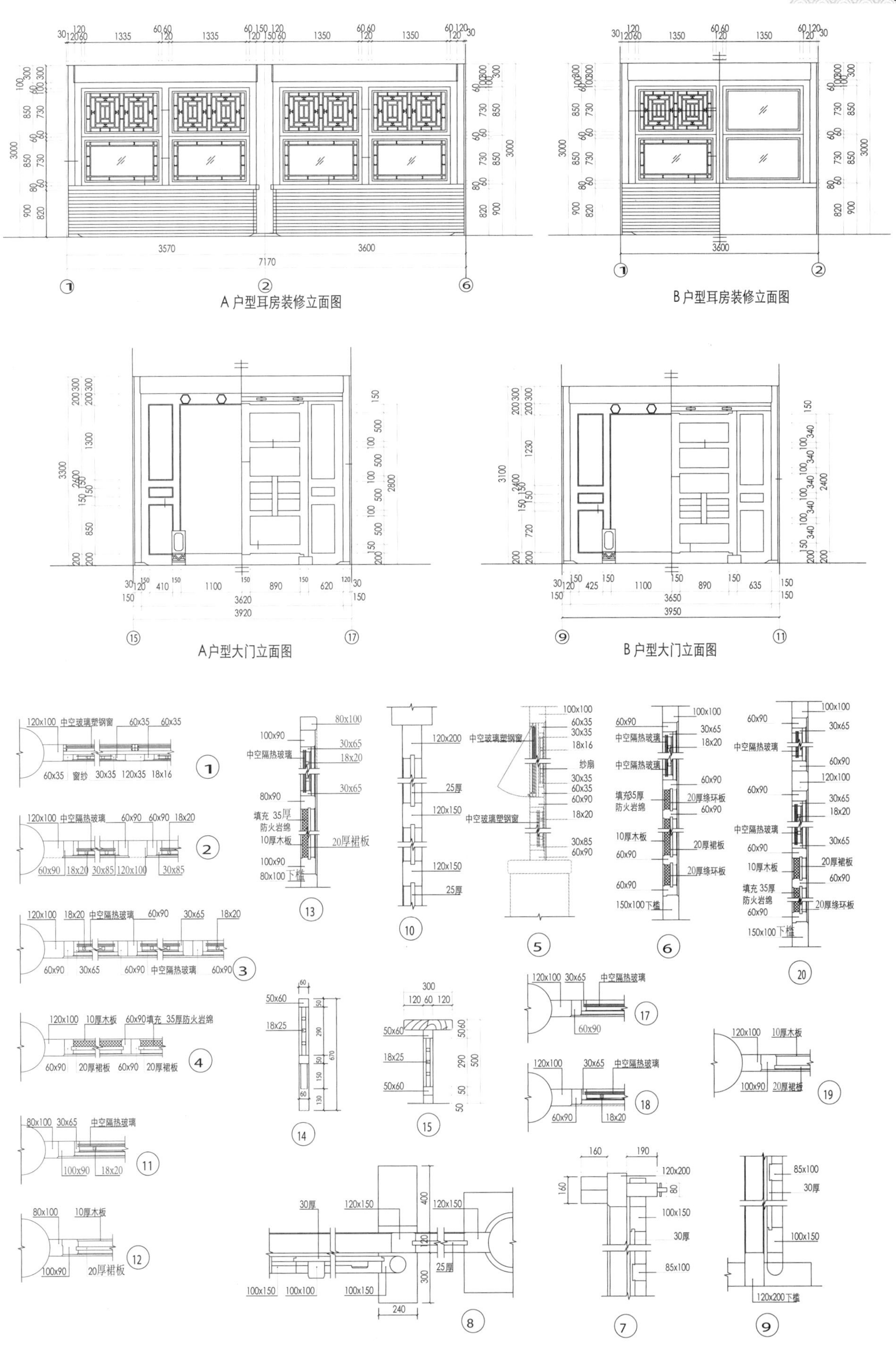
A 户型耳房装修立面图
B 户型耳房装修立面图
A户型大门立面图
B 户型大门立面图
中空玻璃塑钢窗
中空隔热玻璃
填充 35厚防火岩绵
10厚木板
20厚裙板
20厚绦环板
纱扇
窗纱
下槛

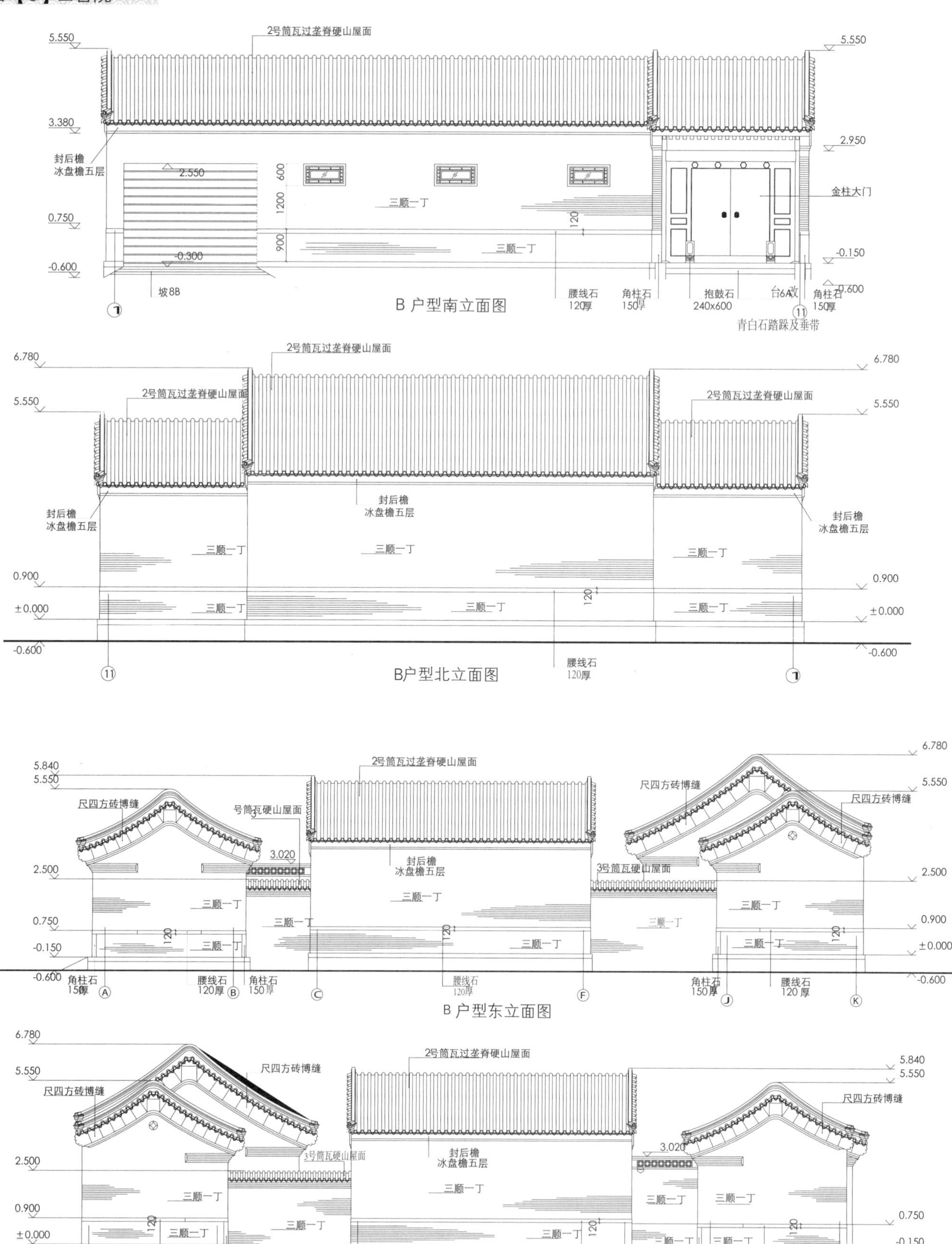

2号筒瓦过垄脊硬山屋面
5.550
3.380
封后檐
冰盘檐五层
2.550
2.950
三顺一丁
金柱大门
0.750
-0.150
-0.300
-0.600
坡8B
腰线石
120厚
角柱石
150厚
抱鼓石
240x600
青白石踏跺及垂带
B户型南立面图
6.780
0.900
±0.000
B户型北立面图
5.840
尺四方砖博缝
3号筒瓦硬山屋面
3.020
2.500
B户型东立面图
B户型西立面图

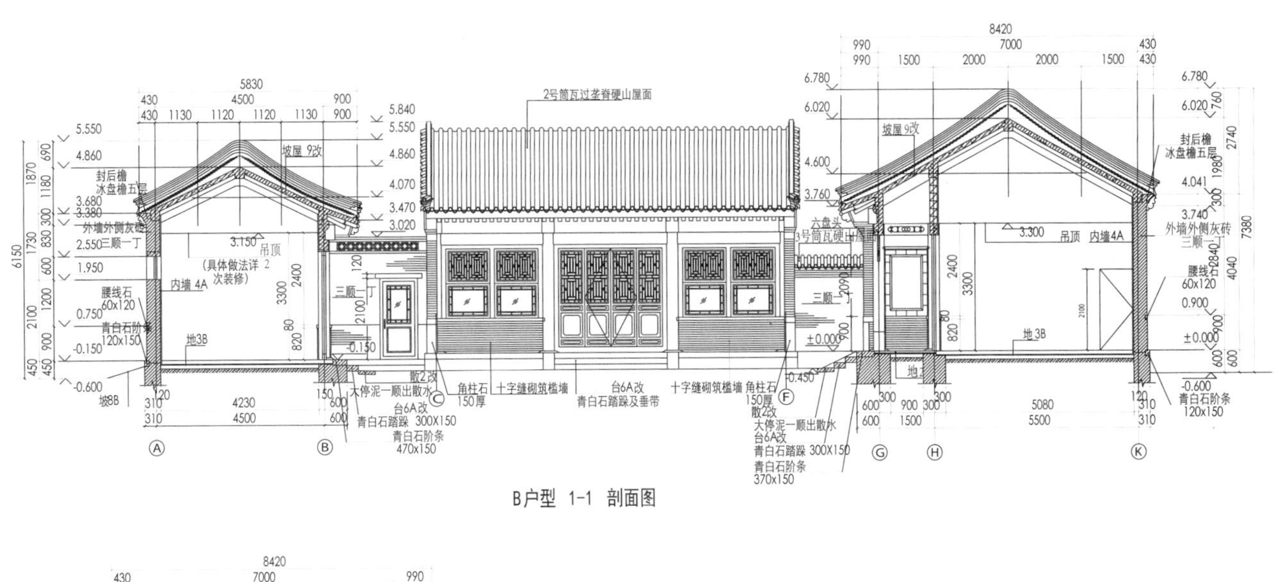

B户型 1-1 剖面图

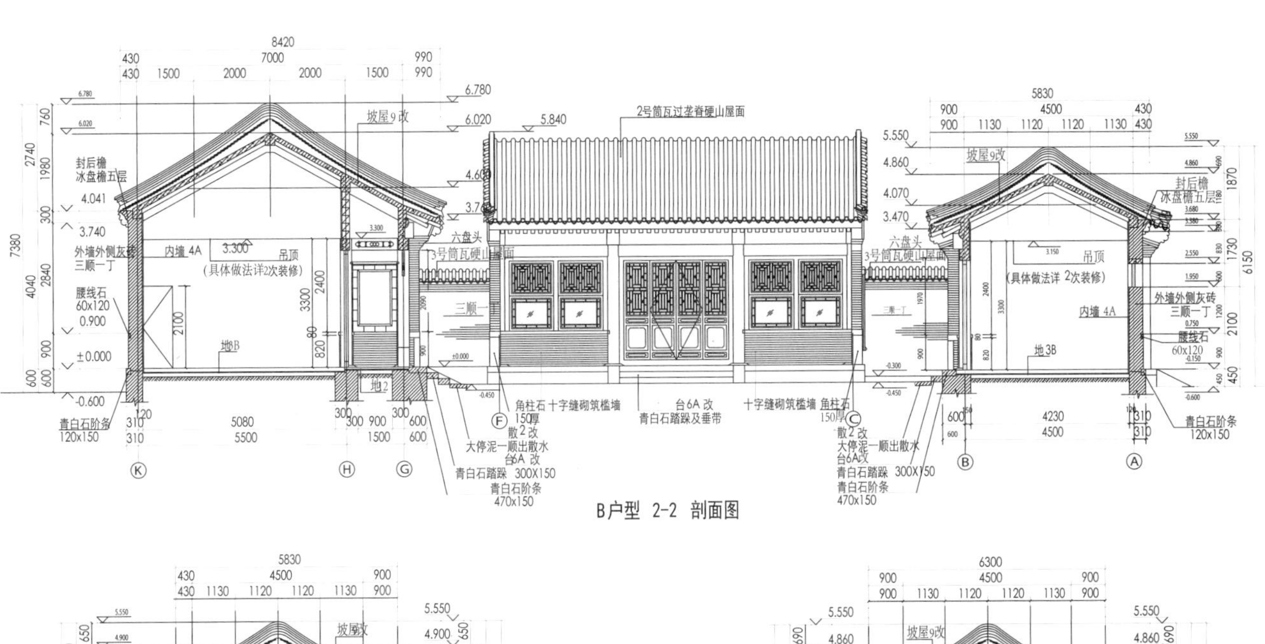

B户型 2-2 剖面图

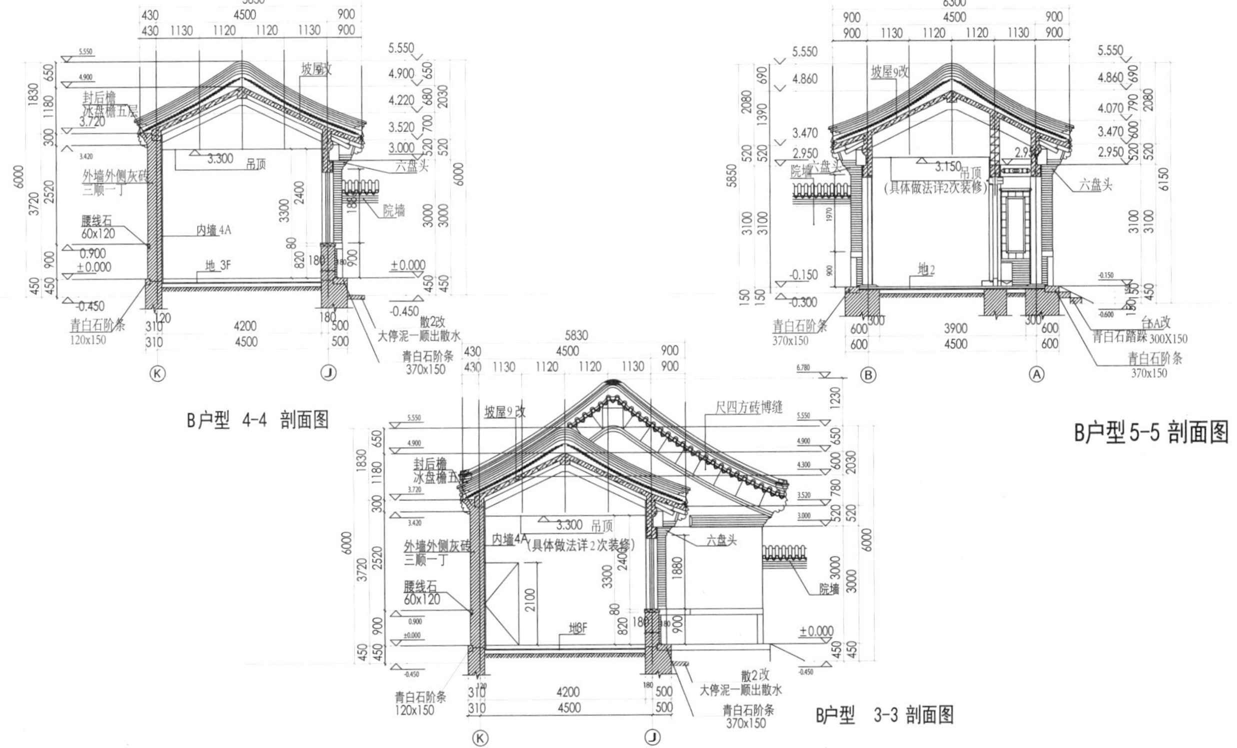

B户型 4-4 剖面图

B户型5-5 剖面图

B户型 3-3 剖面图

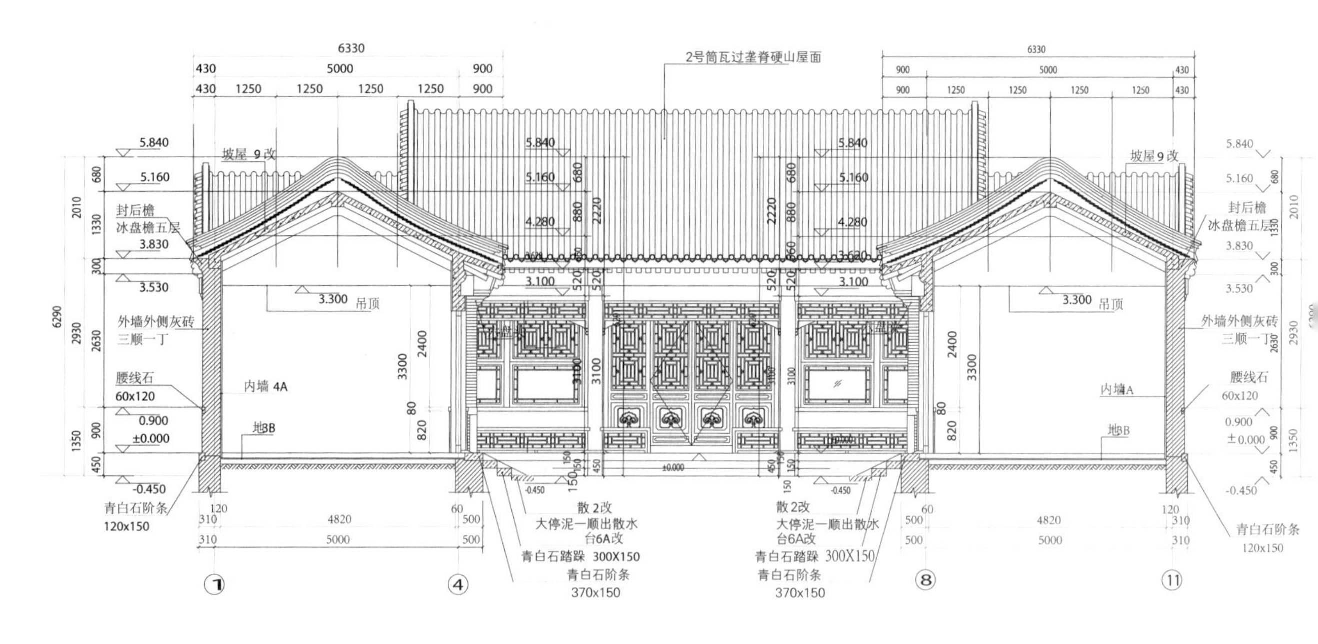

B户型6-6剖面图

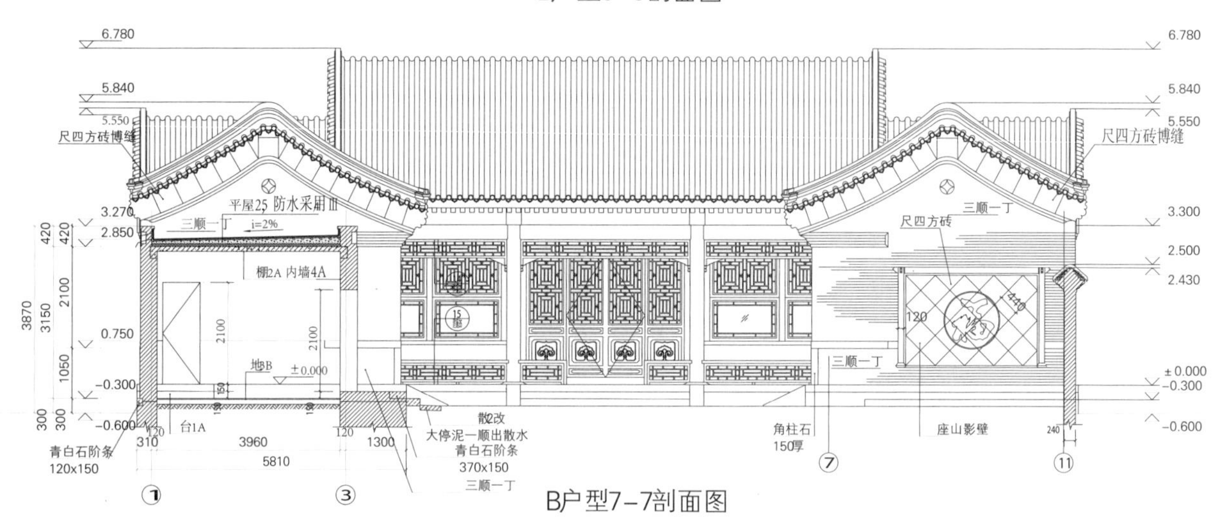

B户型7-7剖面图

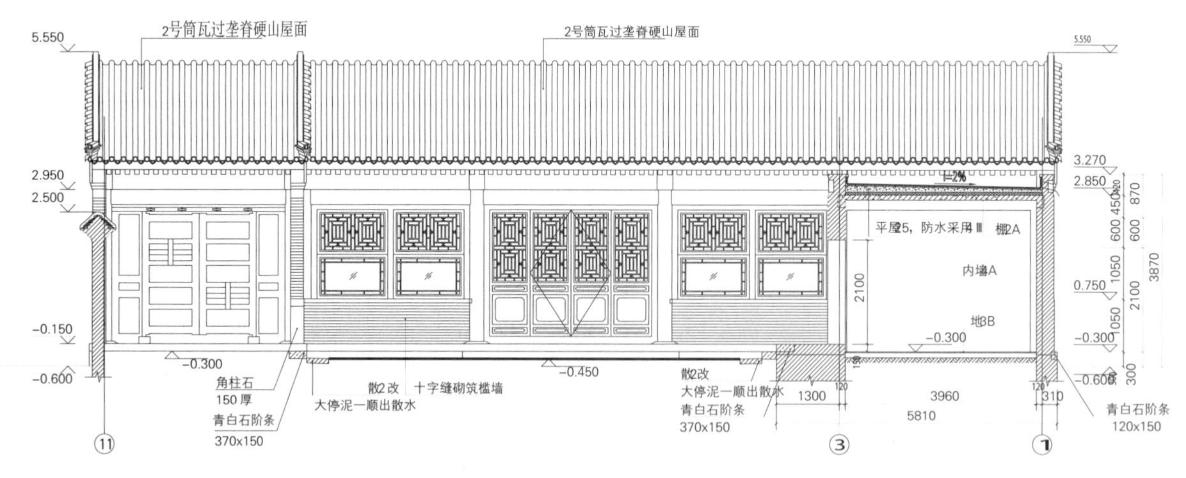

B户型8-8剖面图

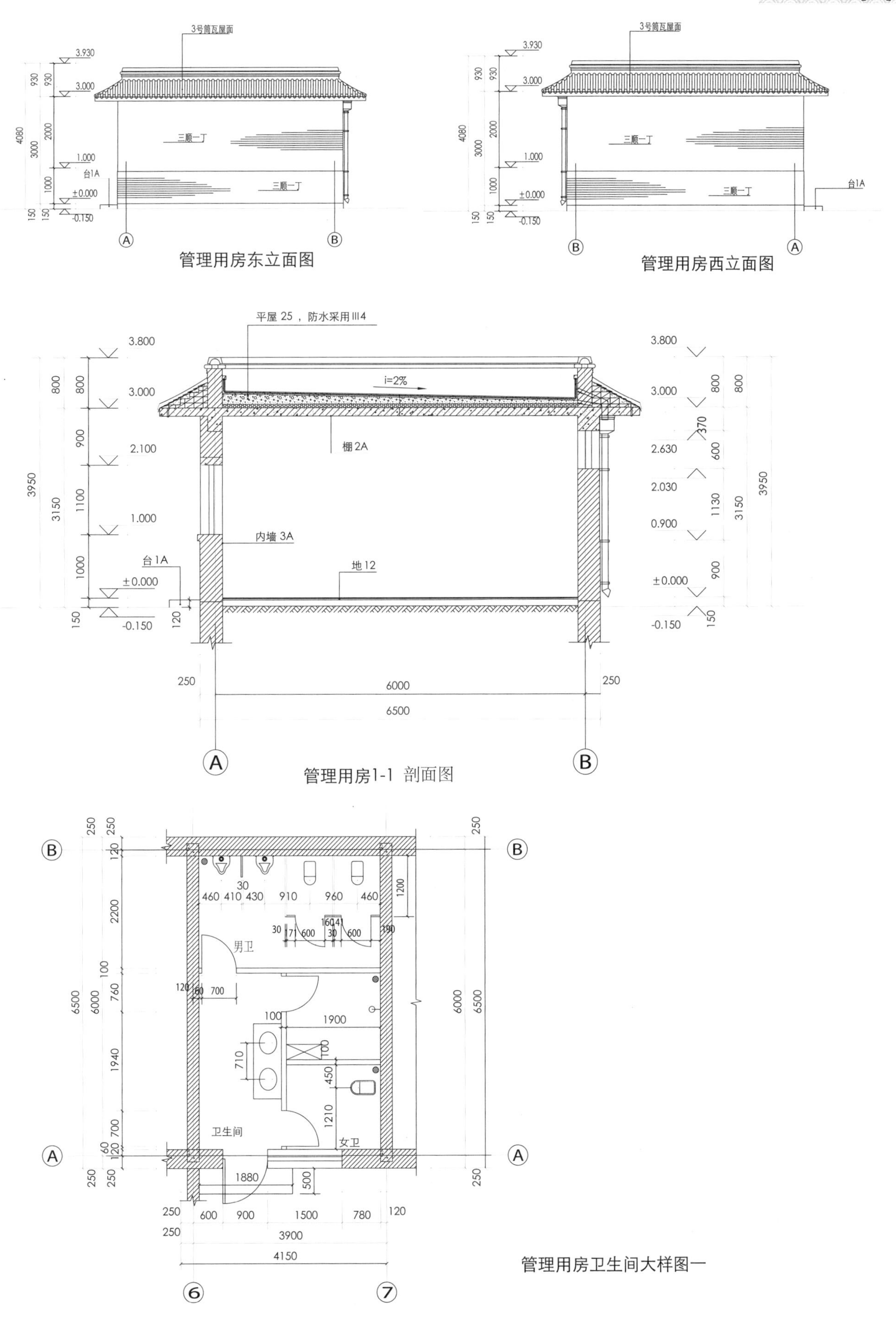

管理用房东立面图

管理用房西立面图

管理用房1-1 剖面图

管理用房卫生间大样图一

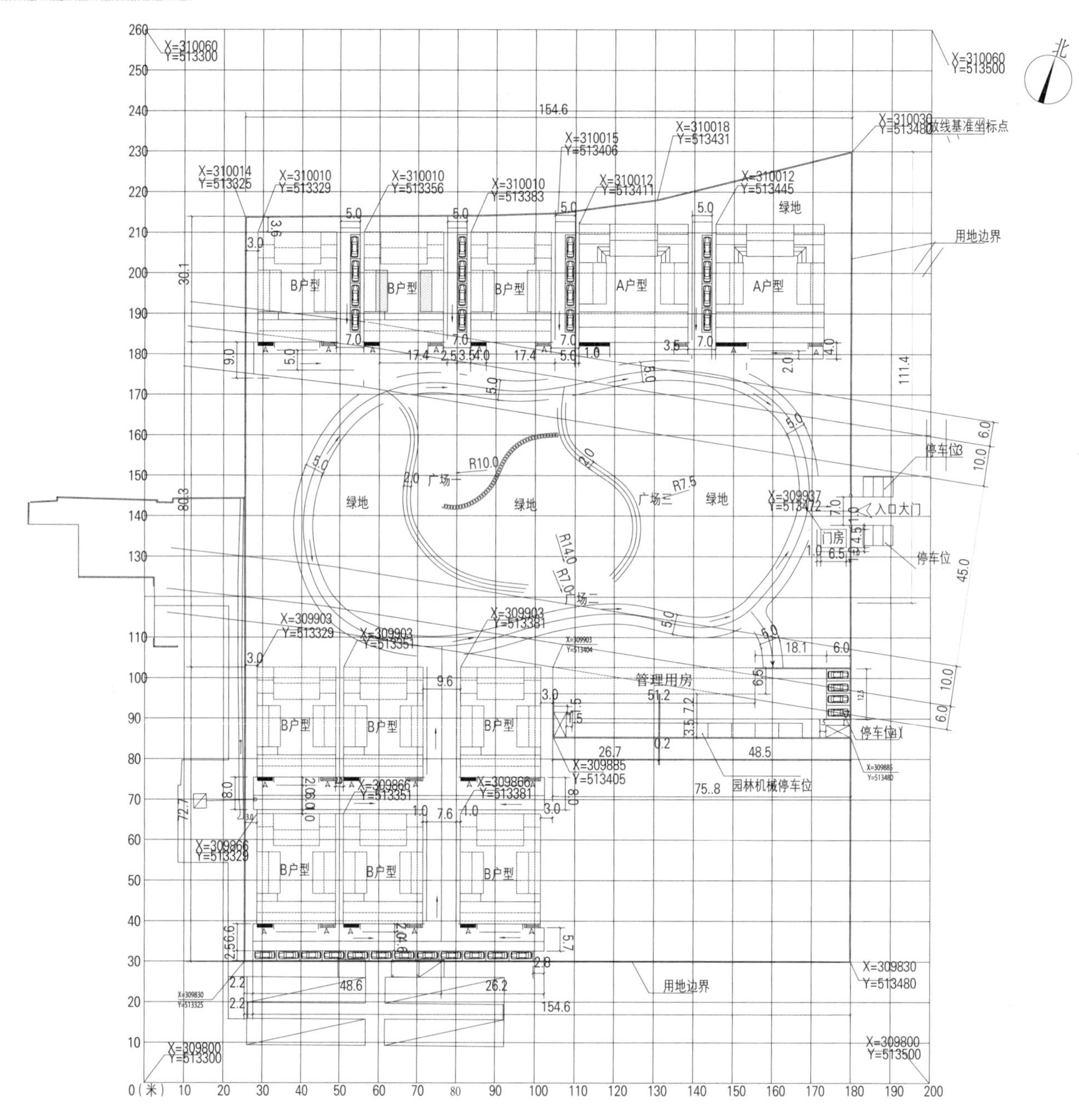

总平面及定位图

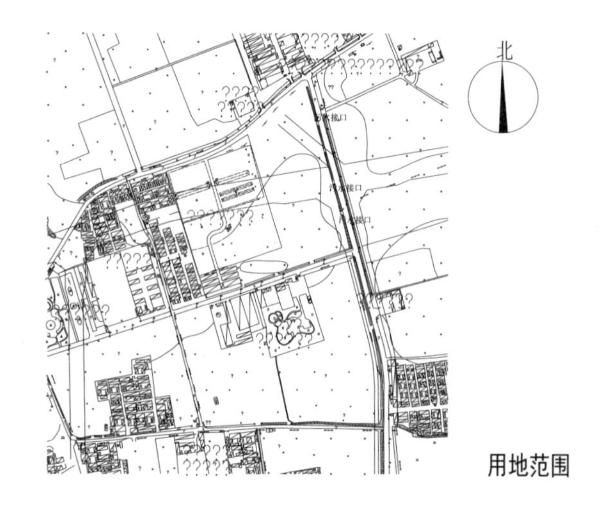

用地范围

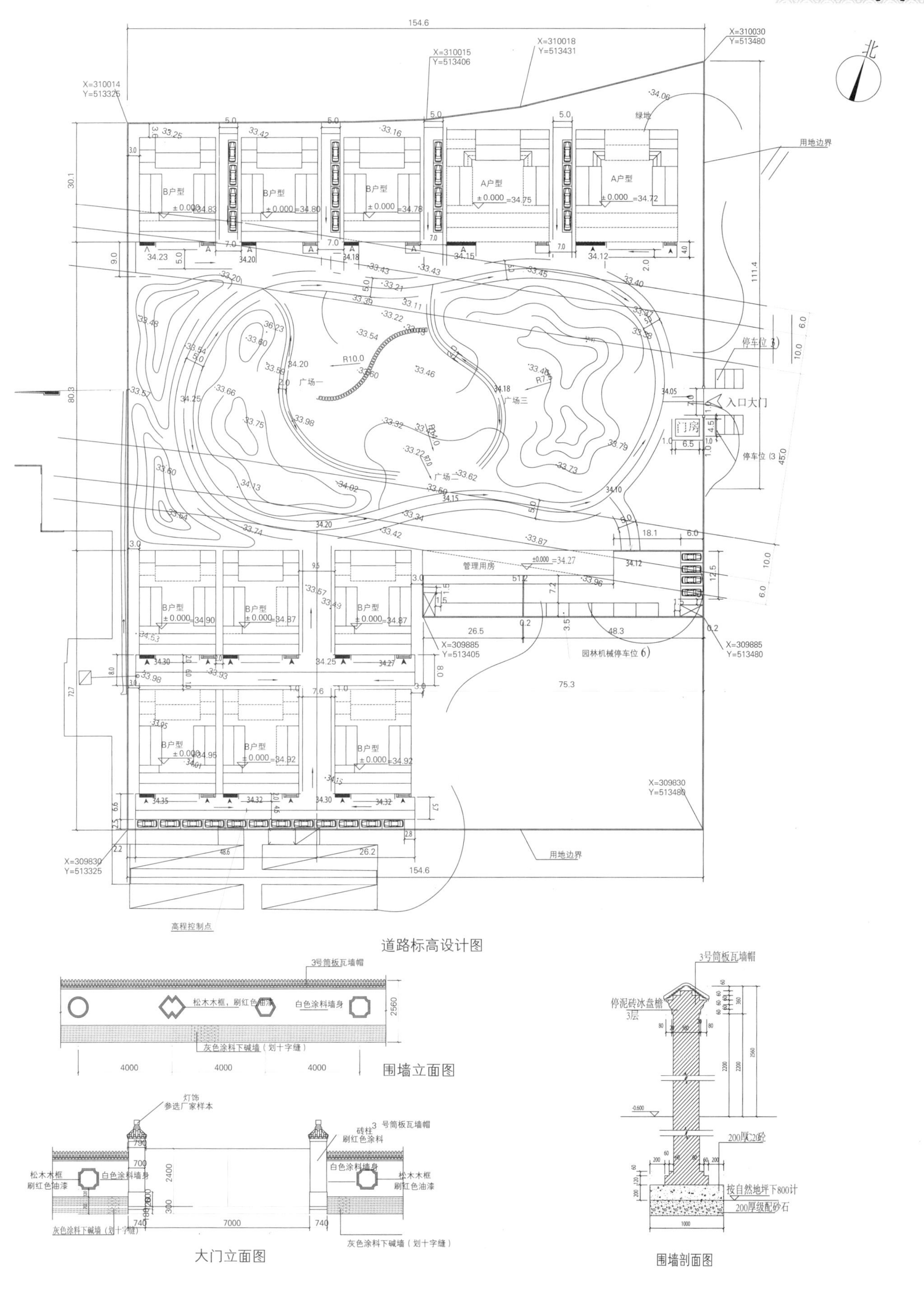

道路标高设计图

围墙立面图

大门立面图

围墙剖面图

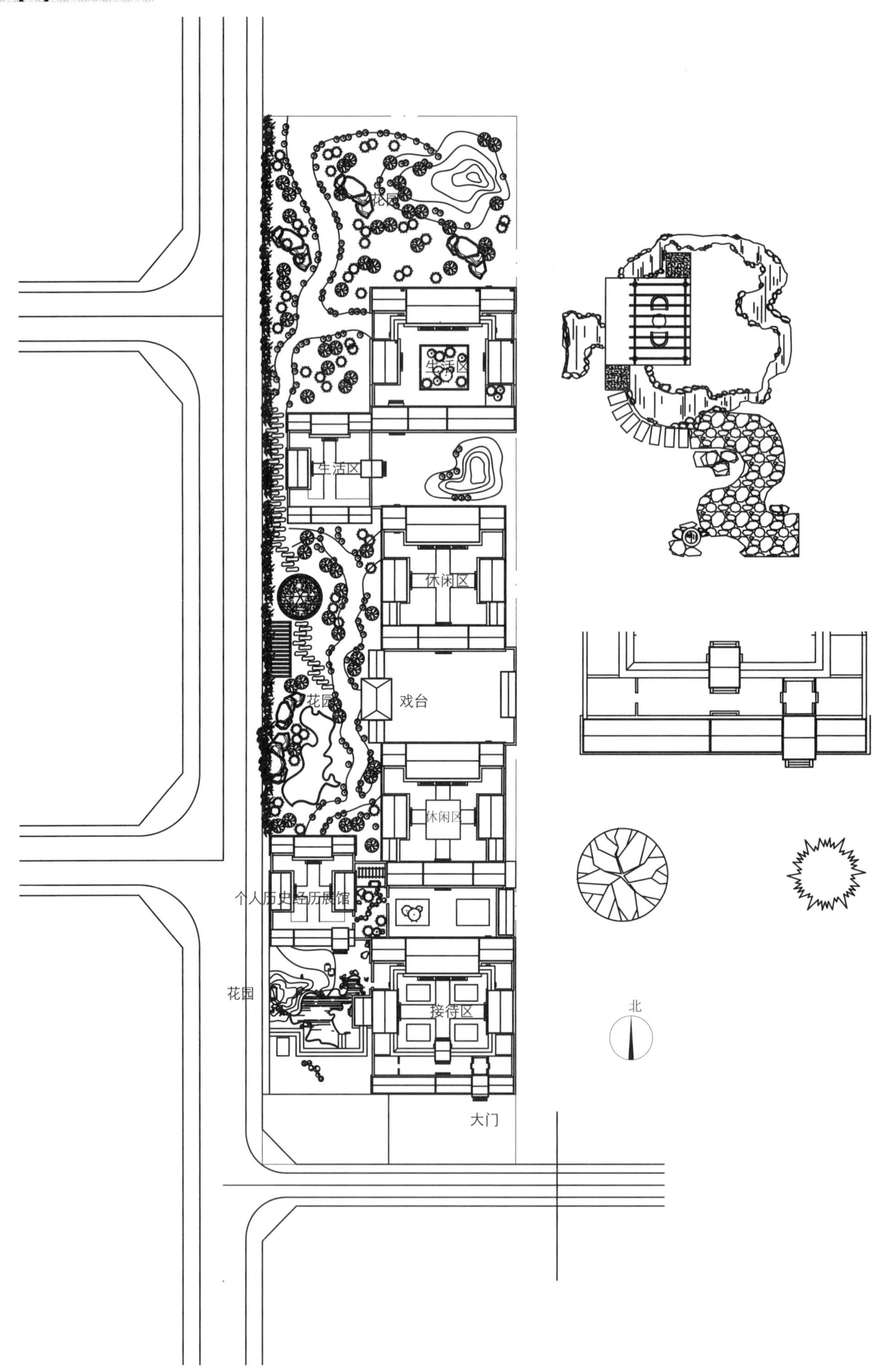
花园
生活区
生活区
休闲区
戏台
花园
休闲区
个人历史经历展馆
花园
接待区
大门
北

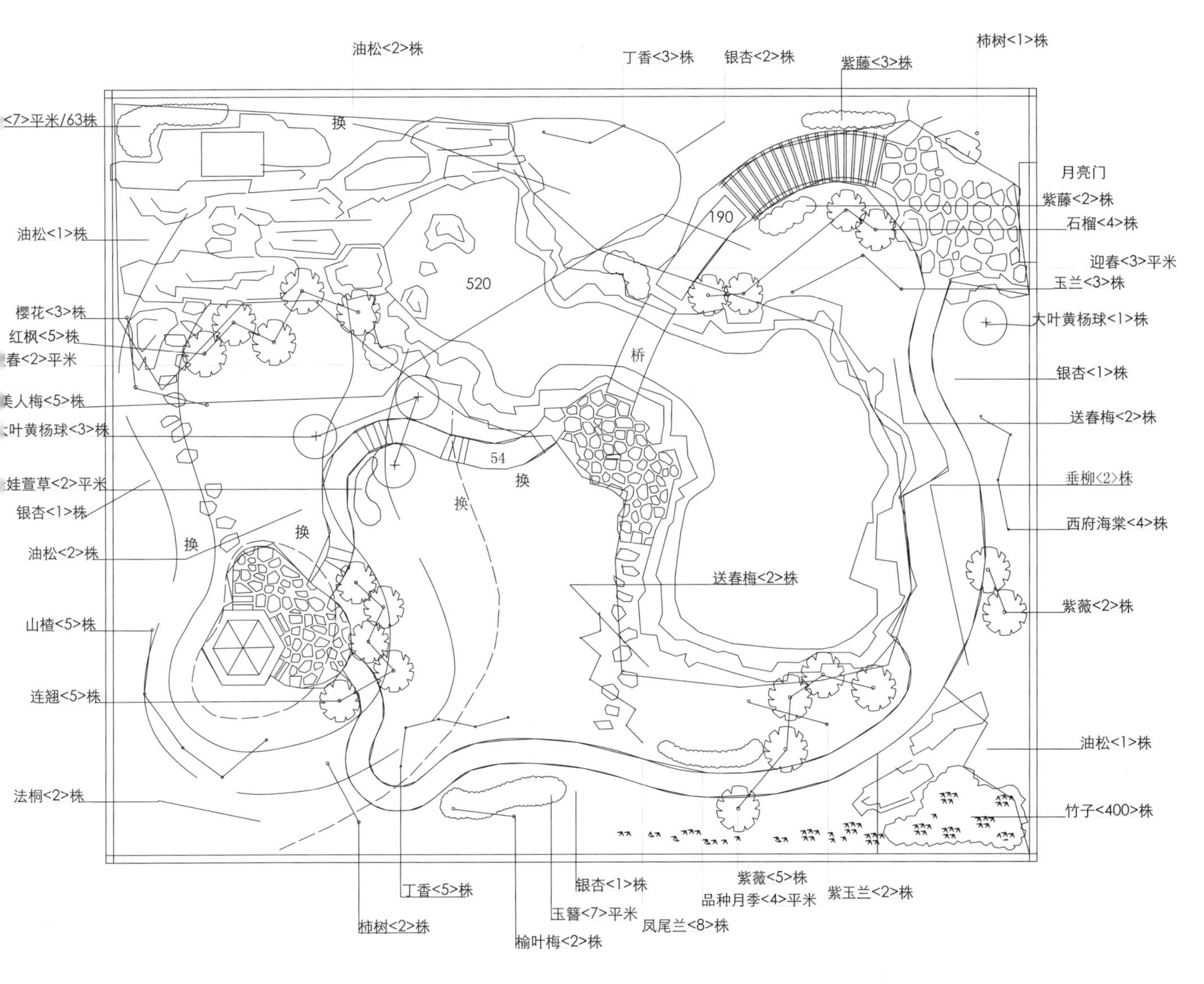
油松<2>株
丁香<3>株
银杏<2>株
紫藤<3>株
柿树<1>株
<7>平米/63株
换
190
月亮门
紫藤<2>株
石榴<4>株
油松<1>株
迎春<3>平米
520
玉兰<3>株
樱花<3>株
大叶黄杨球<1>株
红枫<5>株
春<2>平米
银杏<1>株
桥
美人梅<5>株
送春梅<2>株
叶黄杨球<3>株
54
娃萱草<2>平米
换
垂柳<2>株
换
银杏<1>株
西府海棠<4>株
换
换
油松<2>株
送春梅<2>株
山楂<5>株
紫薇<2>株
连翘<5>株
油松<1>株
法桐<2>株
竹子<400>株
银杏<1>株
紫薇<5>株
丁香<5>株
品种月季<4>平米
紫玉兰<2>株
玉簪<7>平米
凤尾兰<8>株
柿树<2>株
榆叶梅<2>株

四合院后花园种植设计

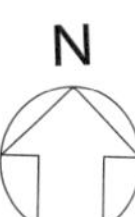
N

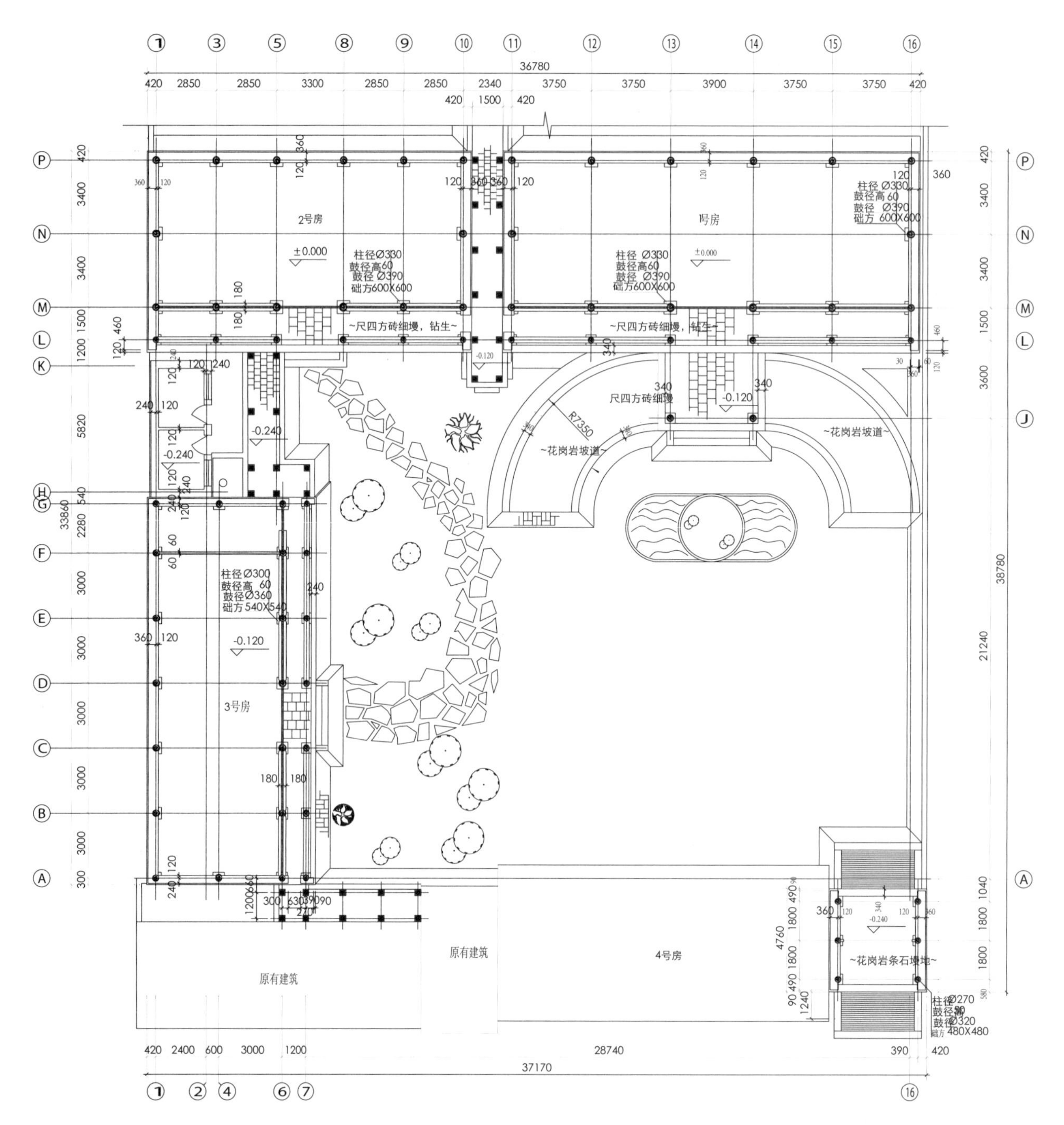

2号房
1号房
3号房
4号房
原有建筑
原有建筑
~尺四方砖细墁，钻生~
尺四方砖细墁
~花岗岩坡道~
~花岗岩条石墁地~
柱径Ø330
鼓径高60
鼓径 Ø390
础方600X600
柱径Ø300
鼓径高 60
鼓径Ø360
础方 540X540
±0.000
-0.120
-0.240
R7350
36780
37170
38780
33860

组合平面图

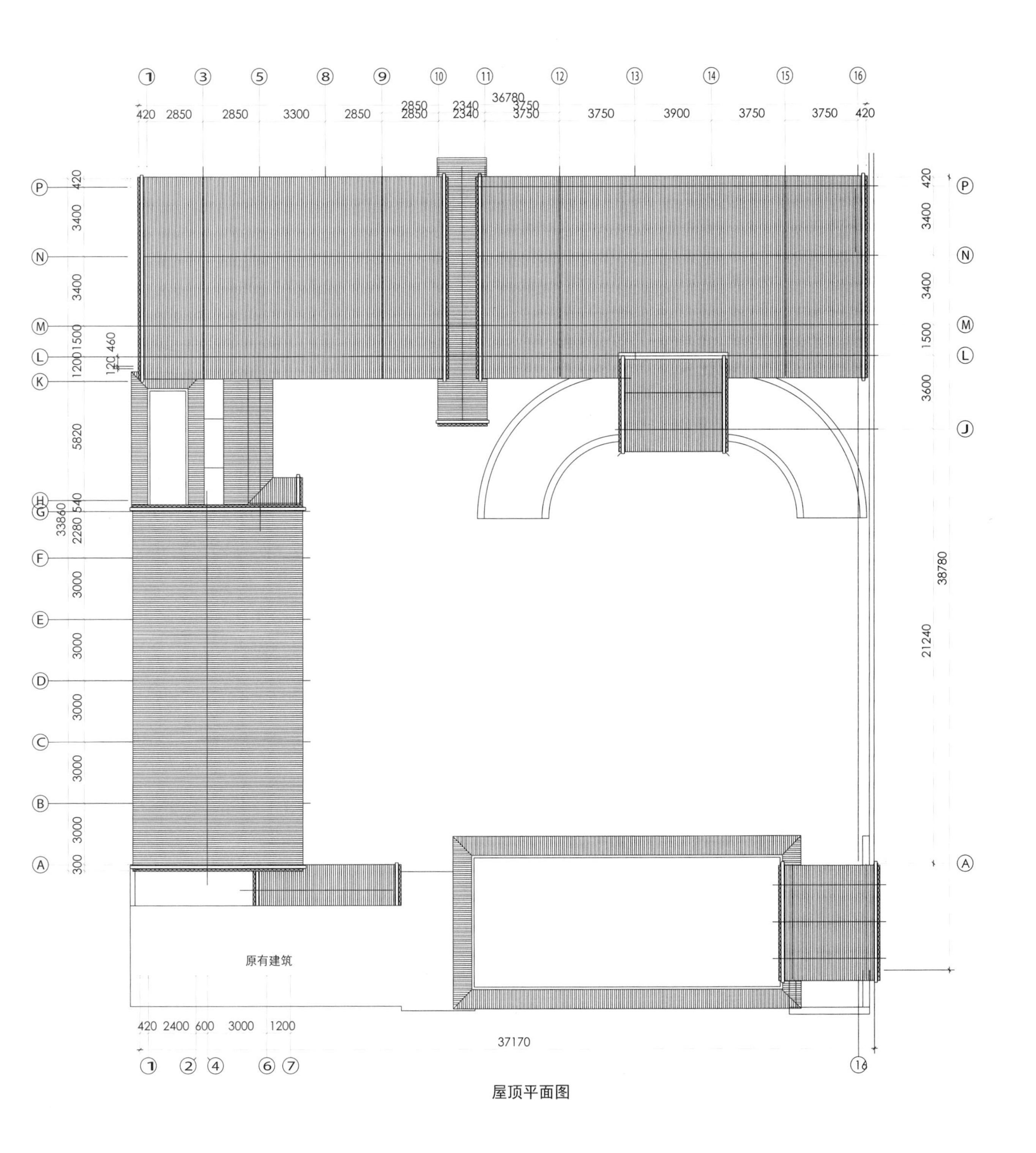
36780
420 2850 2850 3300 2850 2850 2340 3750 3750 3900 3750 3750 420
420 3400 3400 1500 1200 120 460 5820 540 2280 3000 3000 3000 3000 3000 300
33860
3400 3400 1500 3600
38780
21240
原有建筑
420 2400 600 3000 1200
37170

屋顶平面图

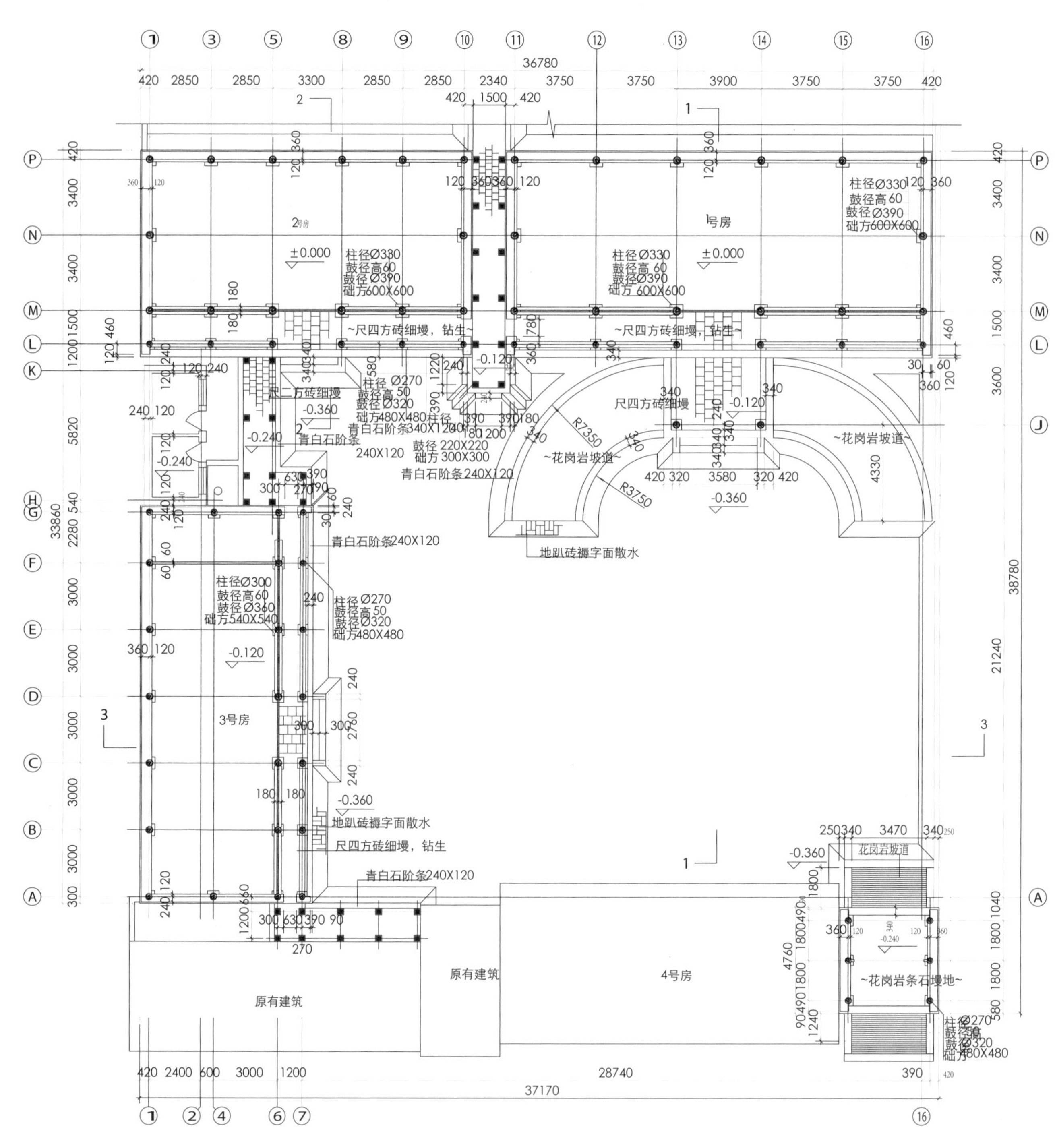

36780
2号房
1号房
3号房
4号房
原有建筑
原有建筑
±0.000
柱径Ø330
鼓径高60
鼓径Ø390
础方600X600
~尺四方砖细墁，钻生~
尺二方砖细墁
青白石阶条
青白石阶条240X120
~花岗岩坡道~
尺四方砖细墁
地趴砖褥字面散水
柱径Ø300
鼓径高60
鼓径Ø360
础方540X540
柱径Ø270
鼓径高50
鼓径Ø320
础方480X480
花岗岩坡道
~花岗岩条石墁地~
R7350
R3750
37170
38780
33860

组合平面图

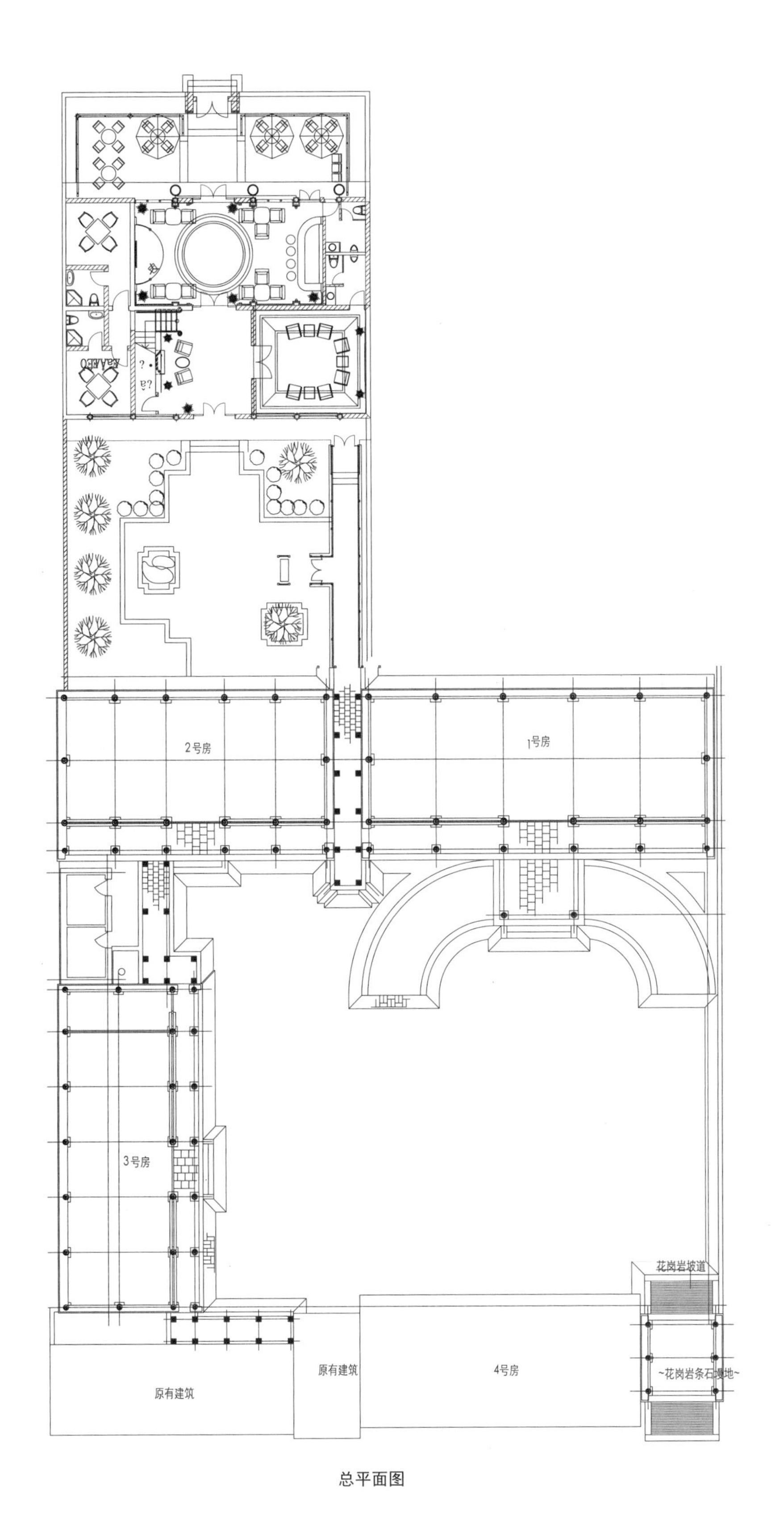

总平面图

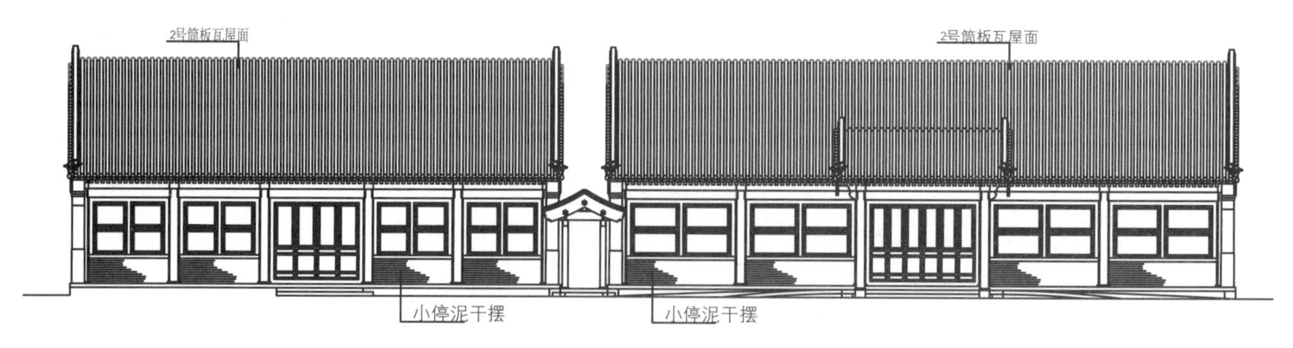

1、2号房南立面图

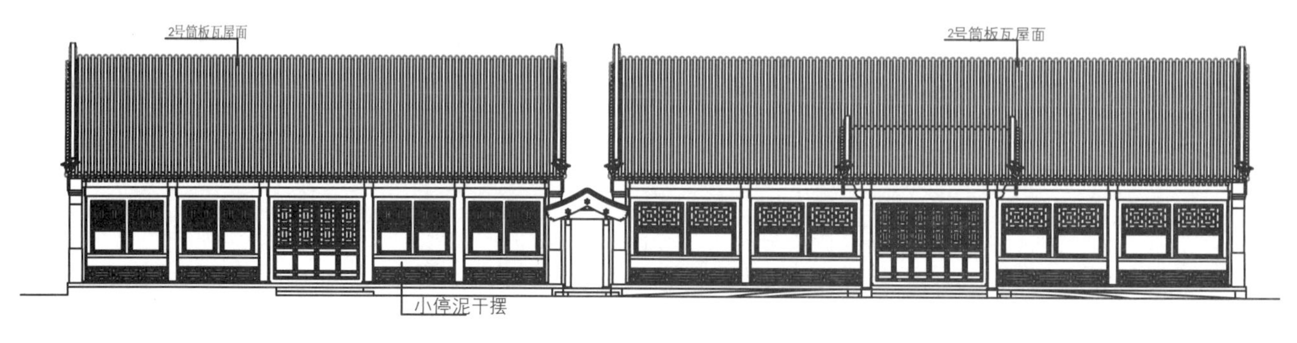

1、2号房南立面图

小停泥干摆

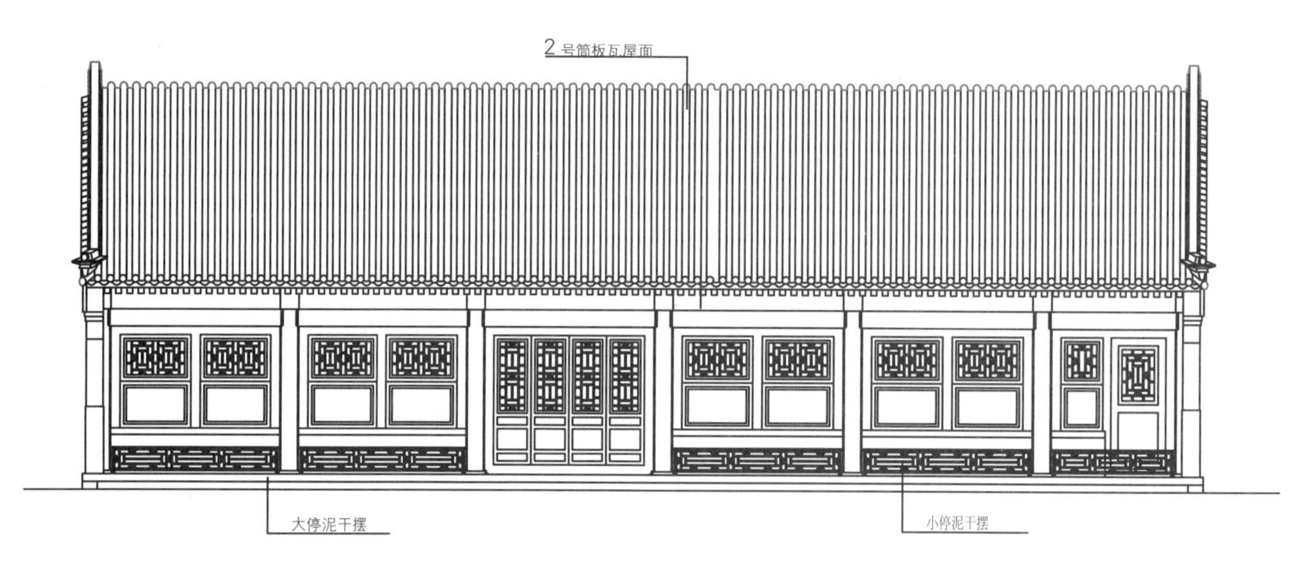

3号房东立面图

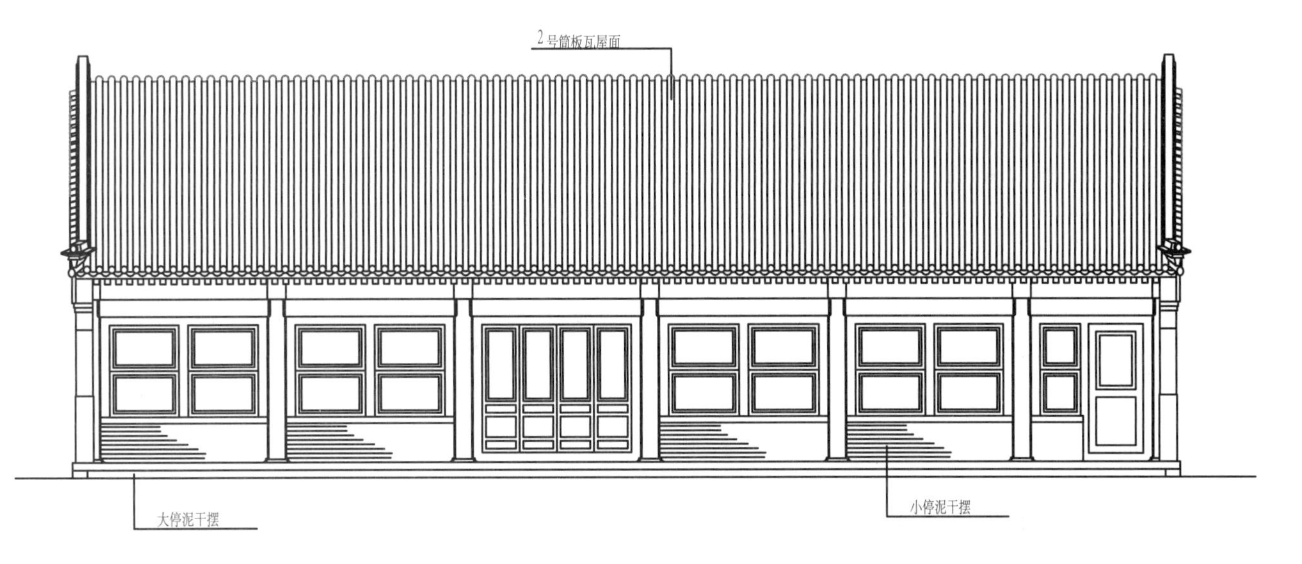

3号房东立面图

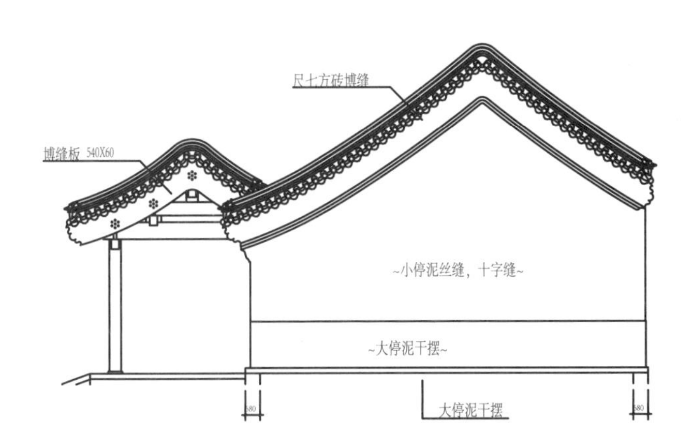

1号房东立面图

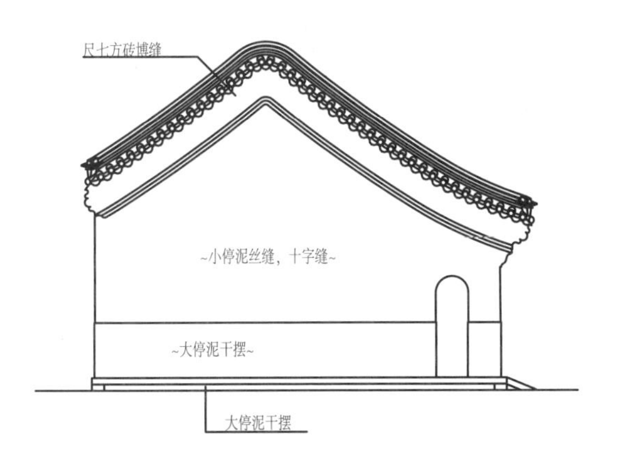

3号房南立面图

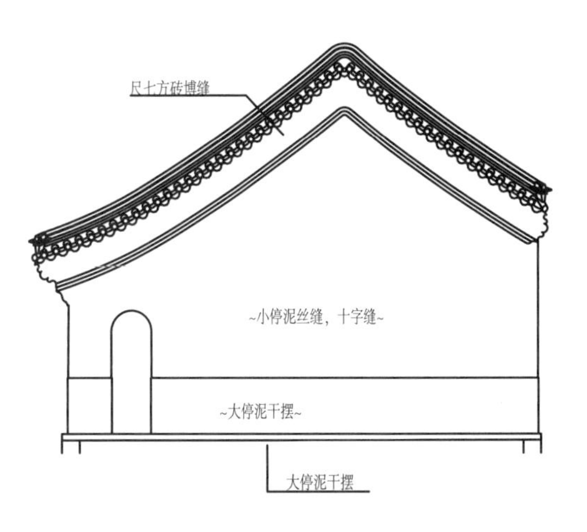

2号房东立面图

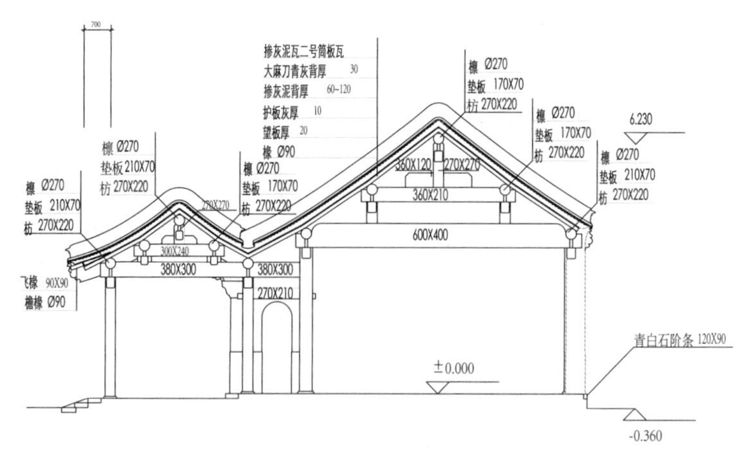

1号房明间剖面图

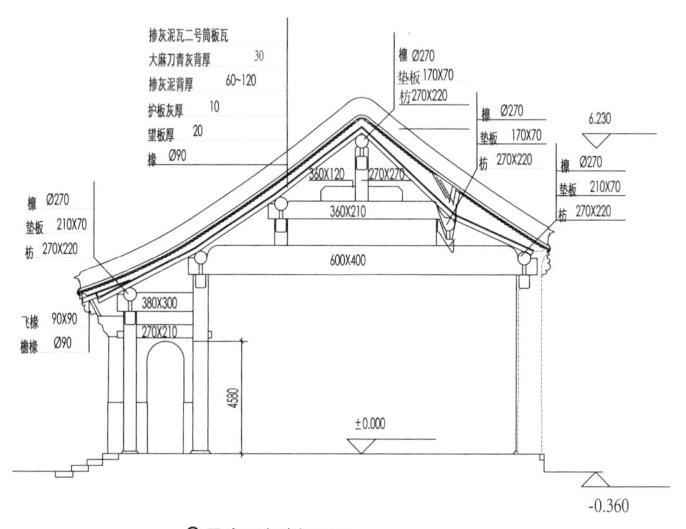

2号房明间剖面图

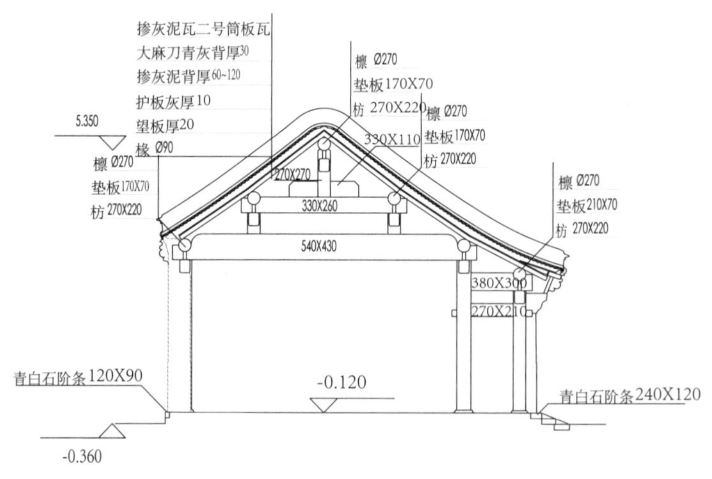

3号房明间剖面图

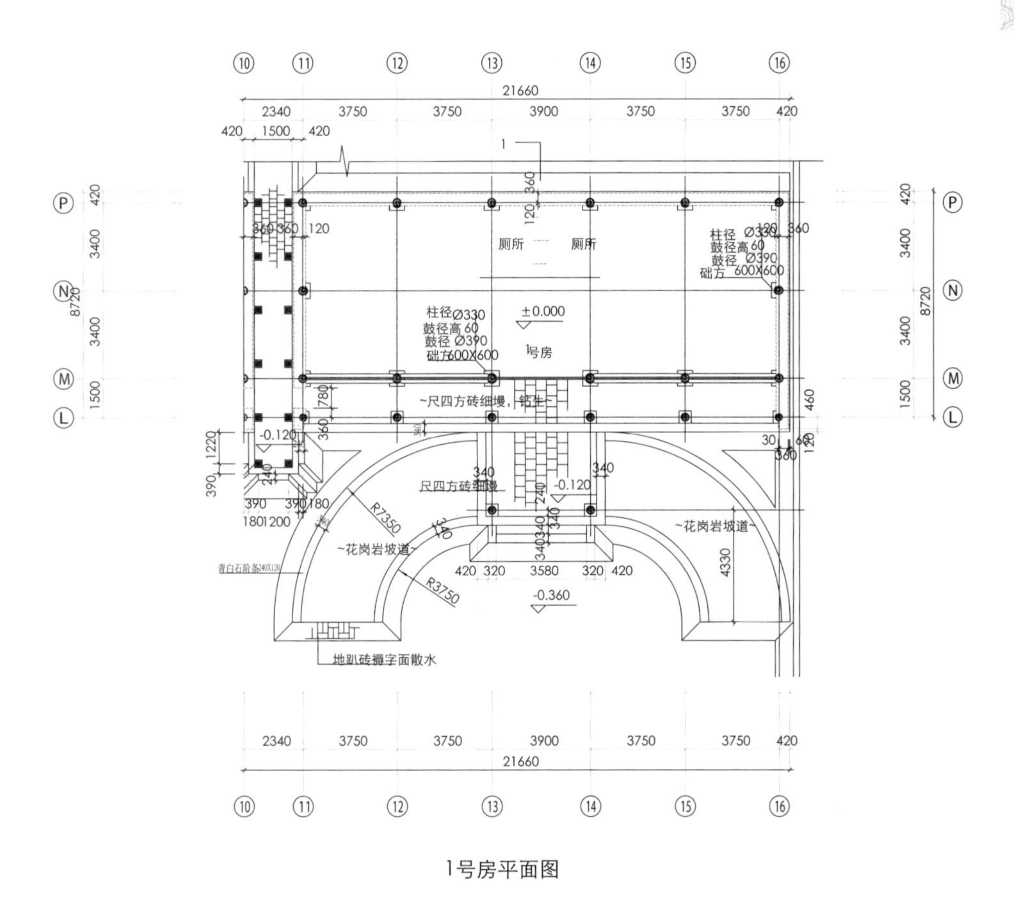

1号房平面图

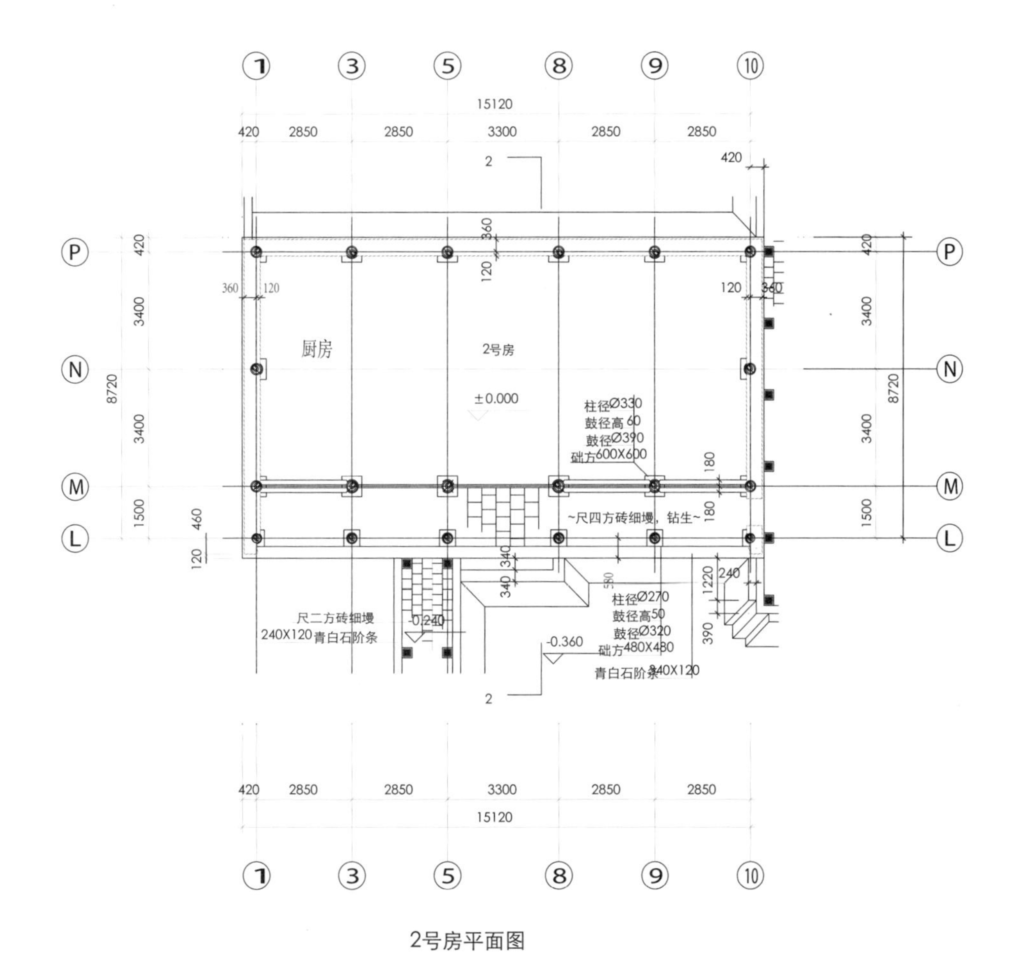

2号房平面图

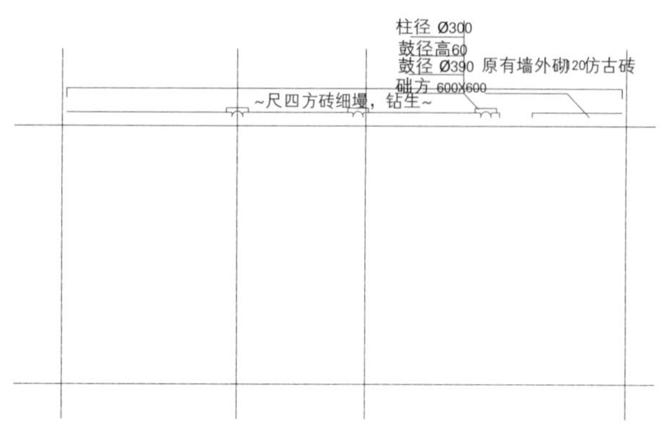

4号房改造平面图

4号房改造屋顶平面图

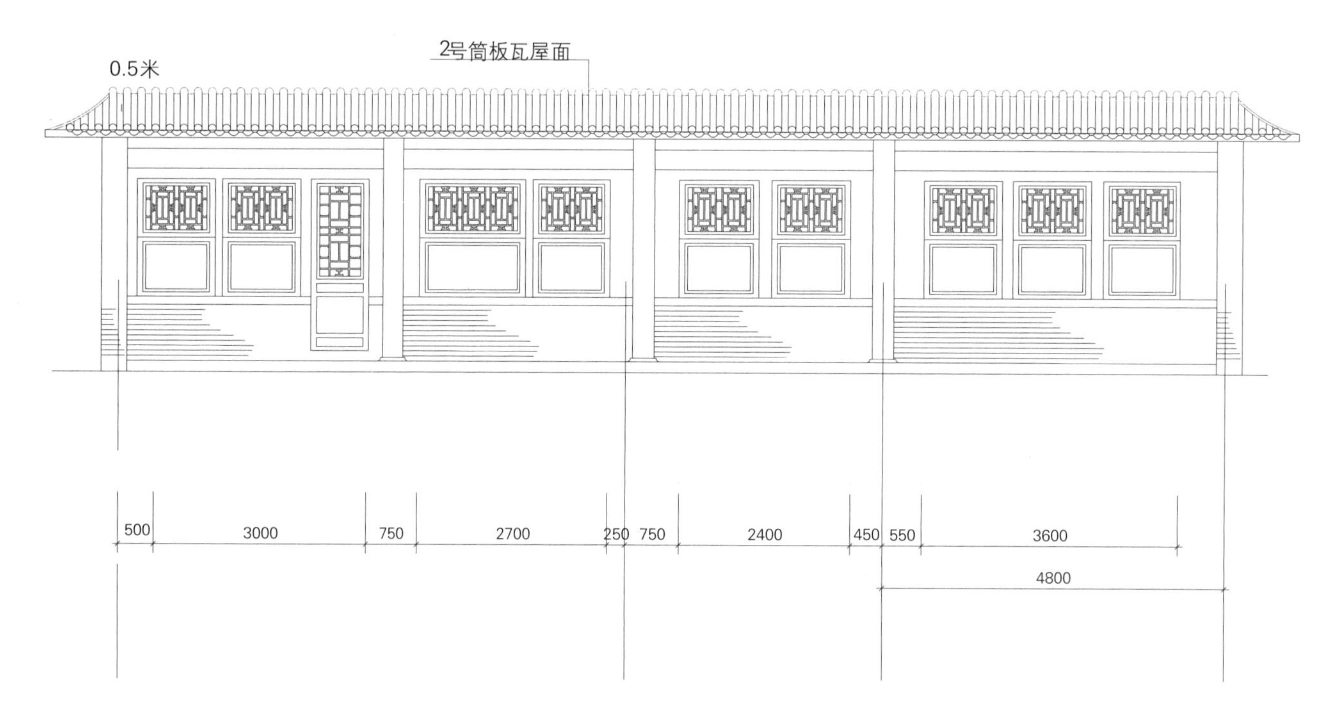

4号房改造屋顶北立面图

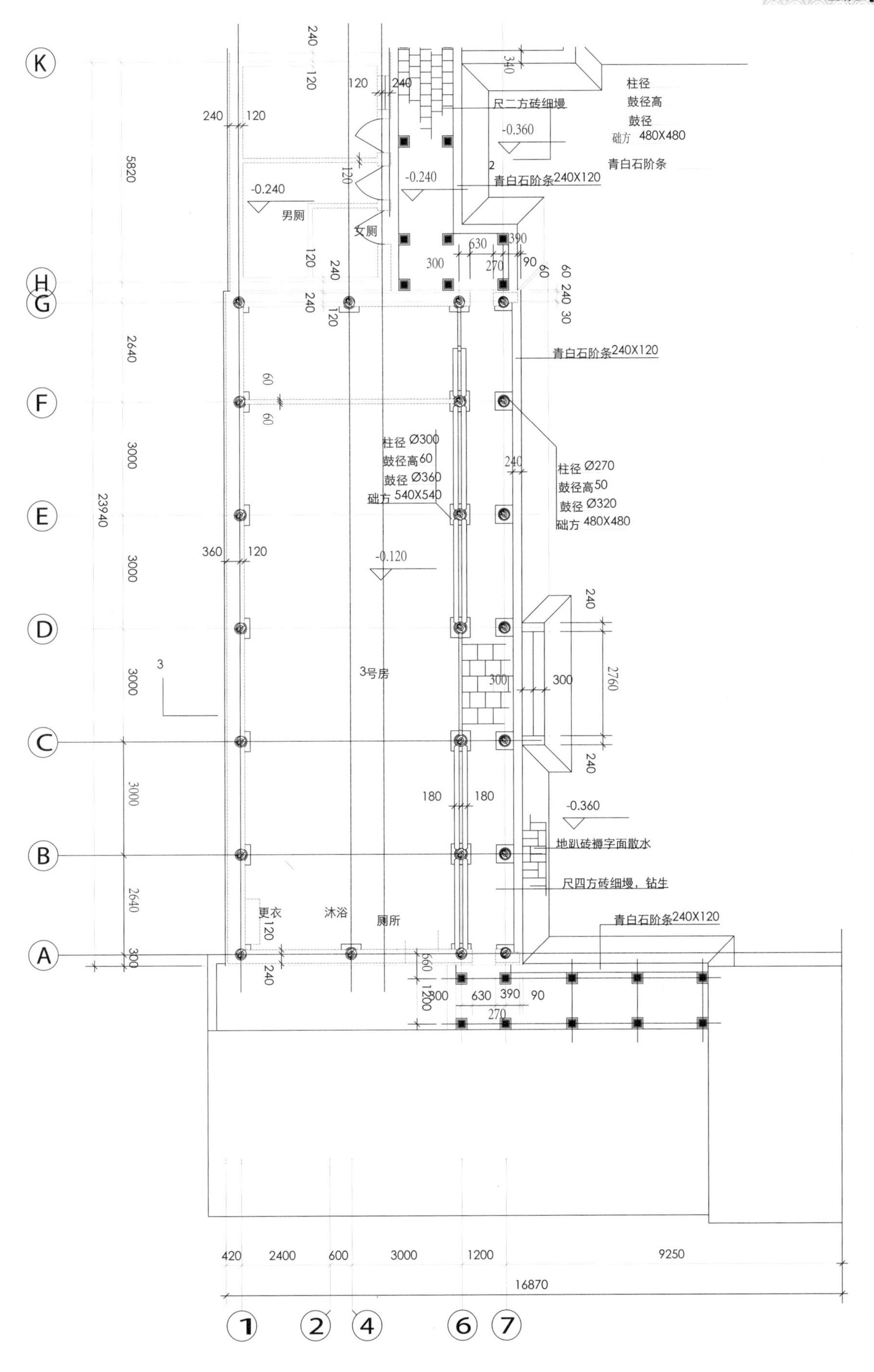

尺二方砖细墁
柱径
鼓径高
鼓径
础方 480X480
青白石阶条
-0.360
青白石阶条240X120
-0.240
男厕
女厕
青白石阶条240X120
柱径 Ø300
鼓径高60
鼓径 Ø360
础方 540X540
柱径 Ø270
鼓径高50
鼓径 Ø320
础方 480X480
-0.120
3号房
地趴砖褥字面散水
尺四方砖细墁，钻生
青白石阶条240X120
更衣
沐浴
厕所
16870

3号房平面图

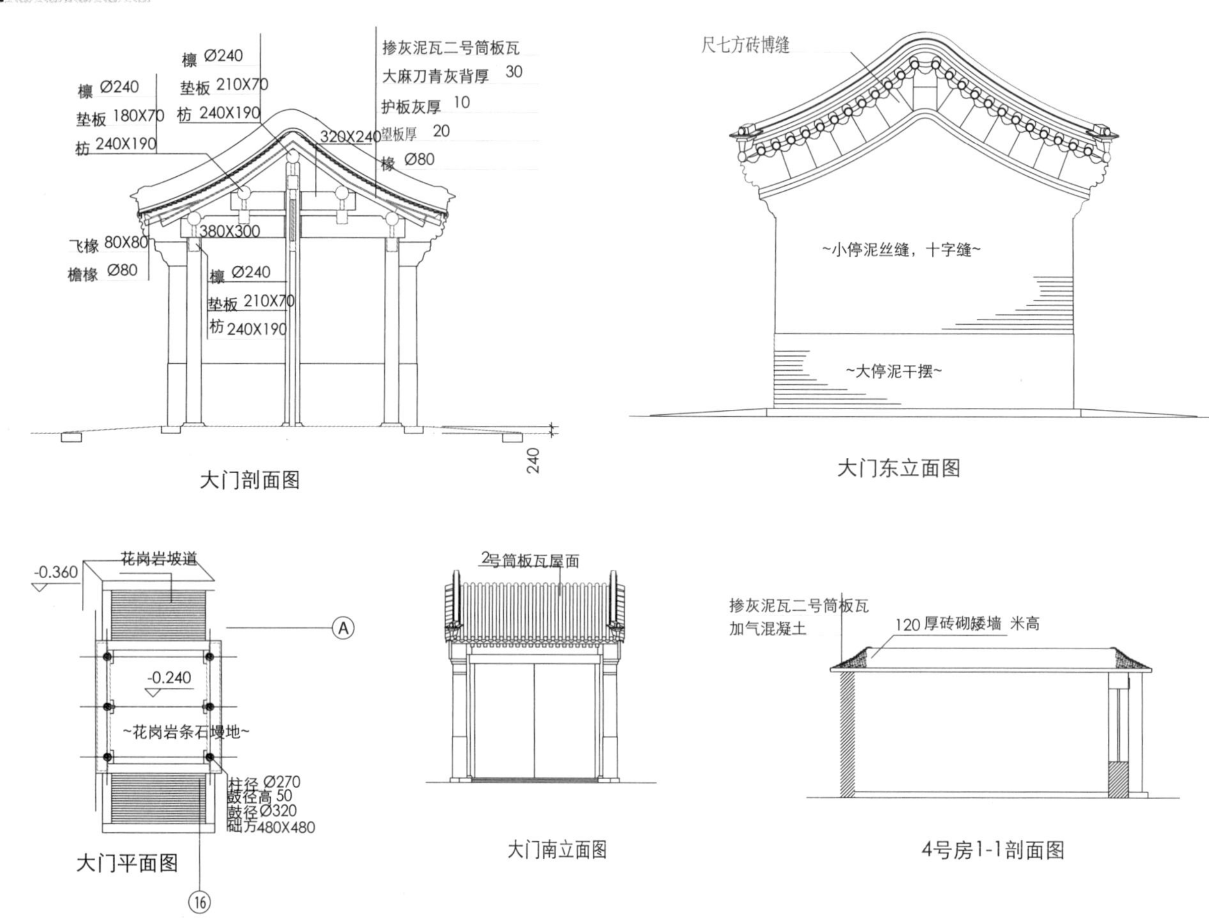

大门剖面图

大门东立面图

大门平面图

大门南立面图

4号房1-1剖面图

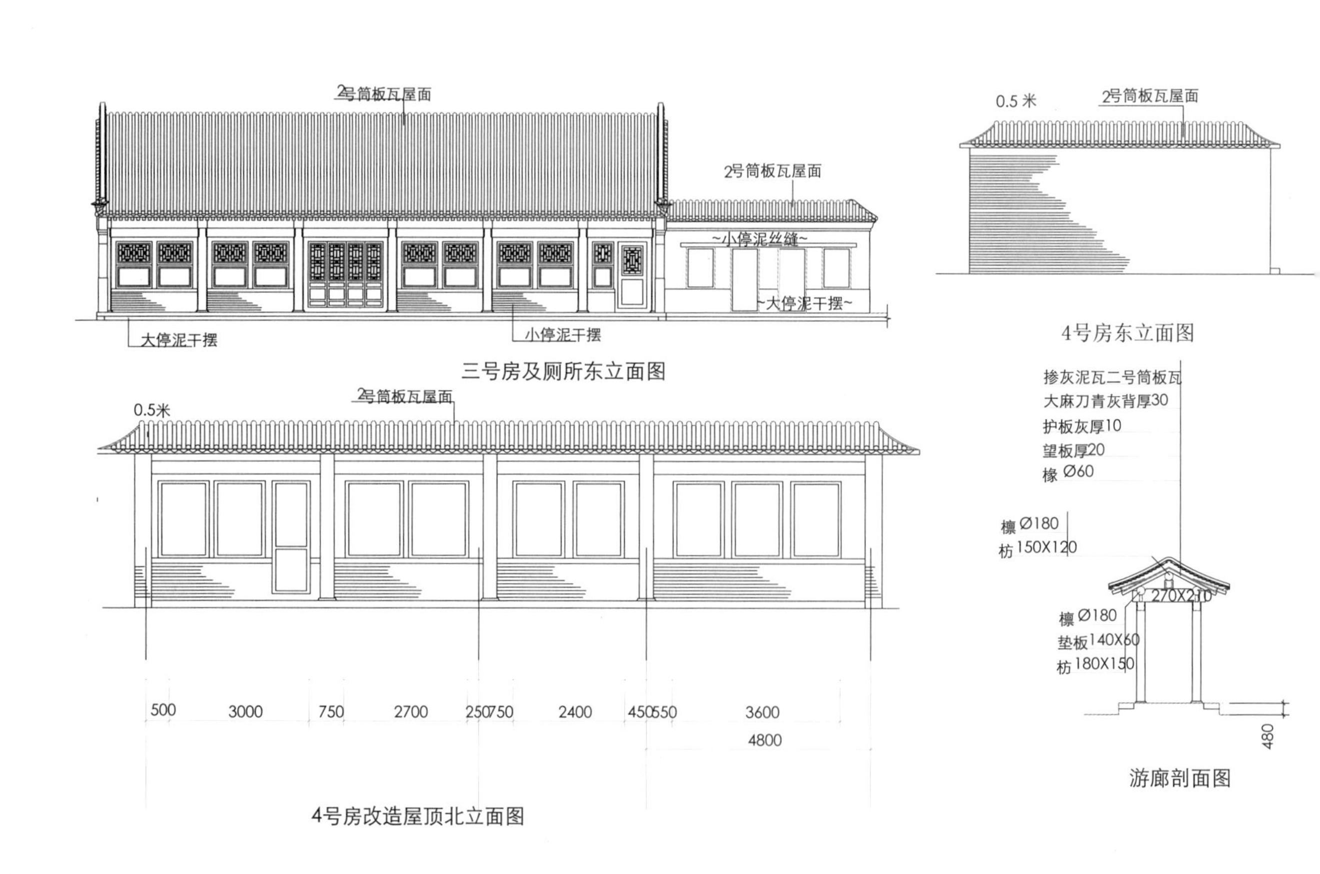

三号房及厕所东立面图

4号房东立面图

4号房改造屋顶北立面图

游廊剖面图

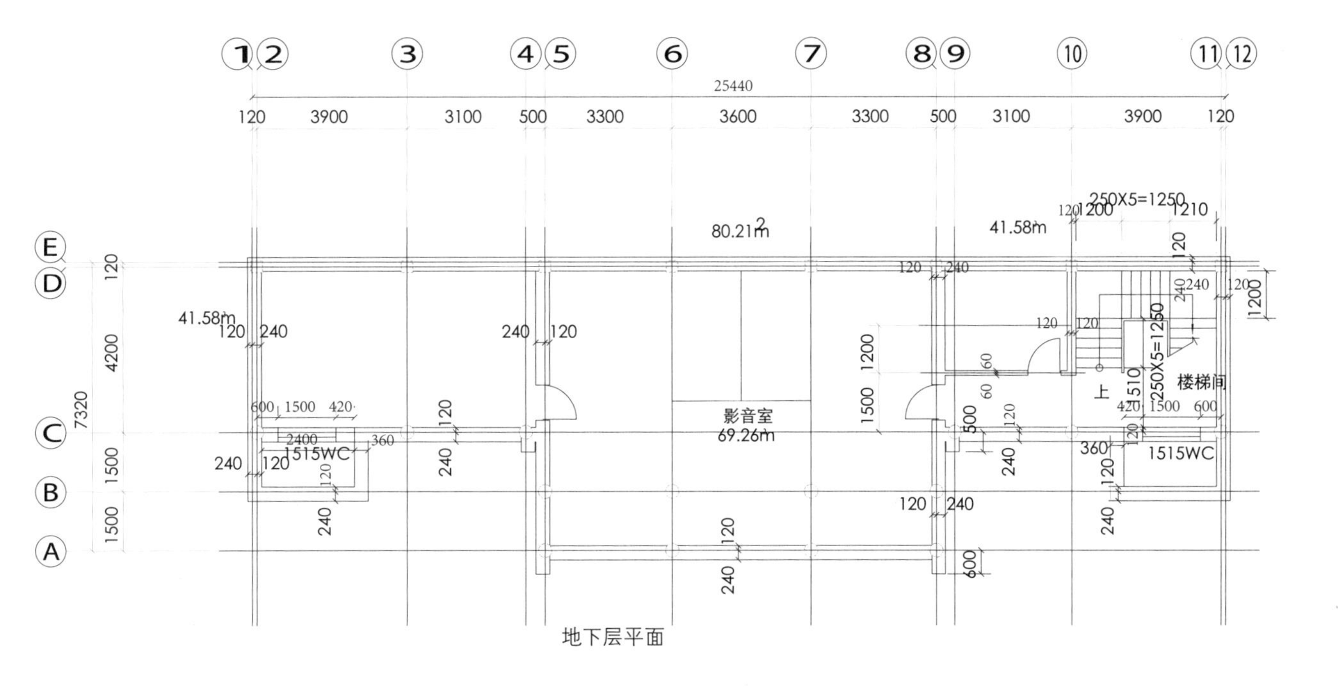
影音室
69.26m
80.21m
41.58m
楼梯间
1515WC
上

地下层平面

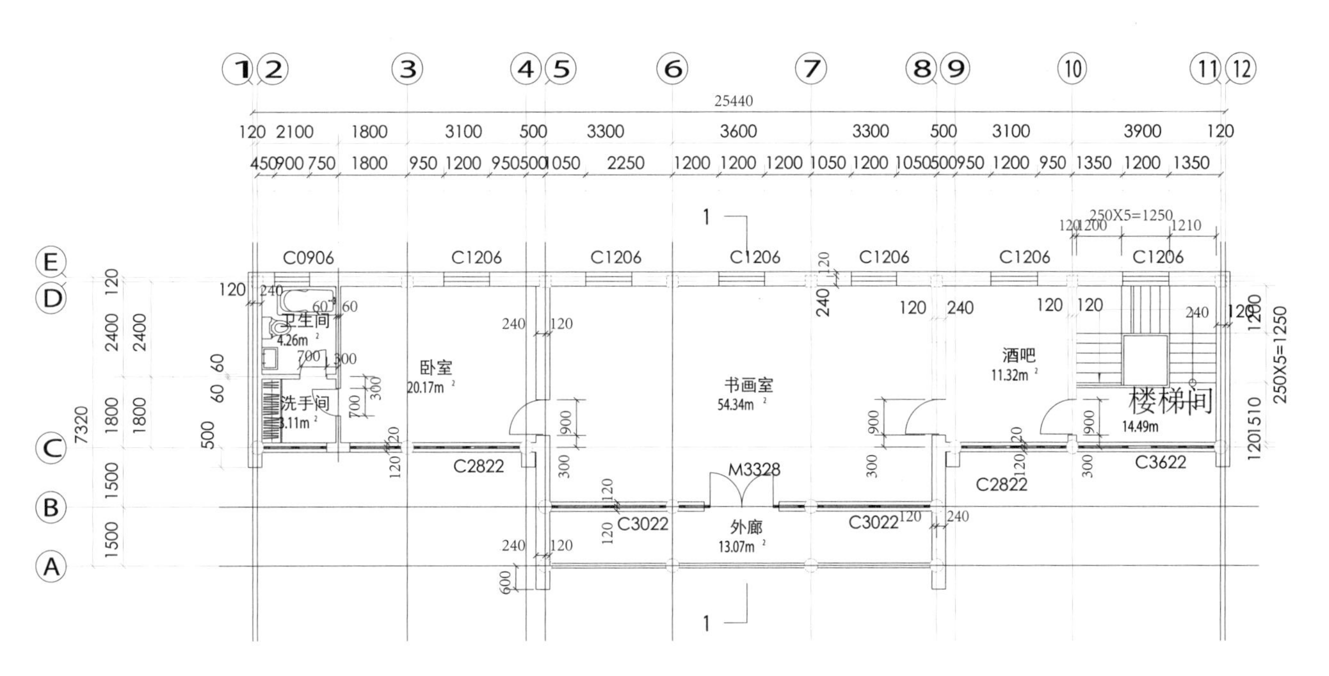
卫生间
4.26m
洗手间
3.11m
卧室
20.17m
书画室
54.34m
酒吧
11.32m
楼梯间
14.49m
外廊
13.07m
C0906
C1206
C2822
C3022
C3622
M3328

二层平面

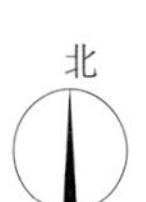
北

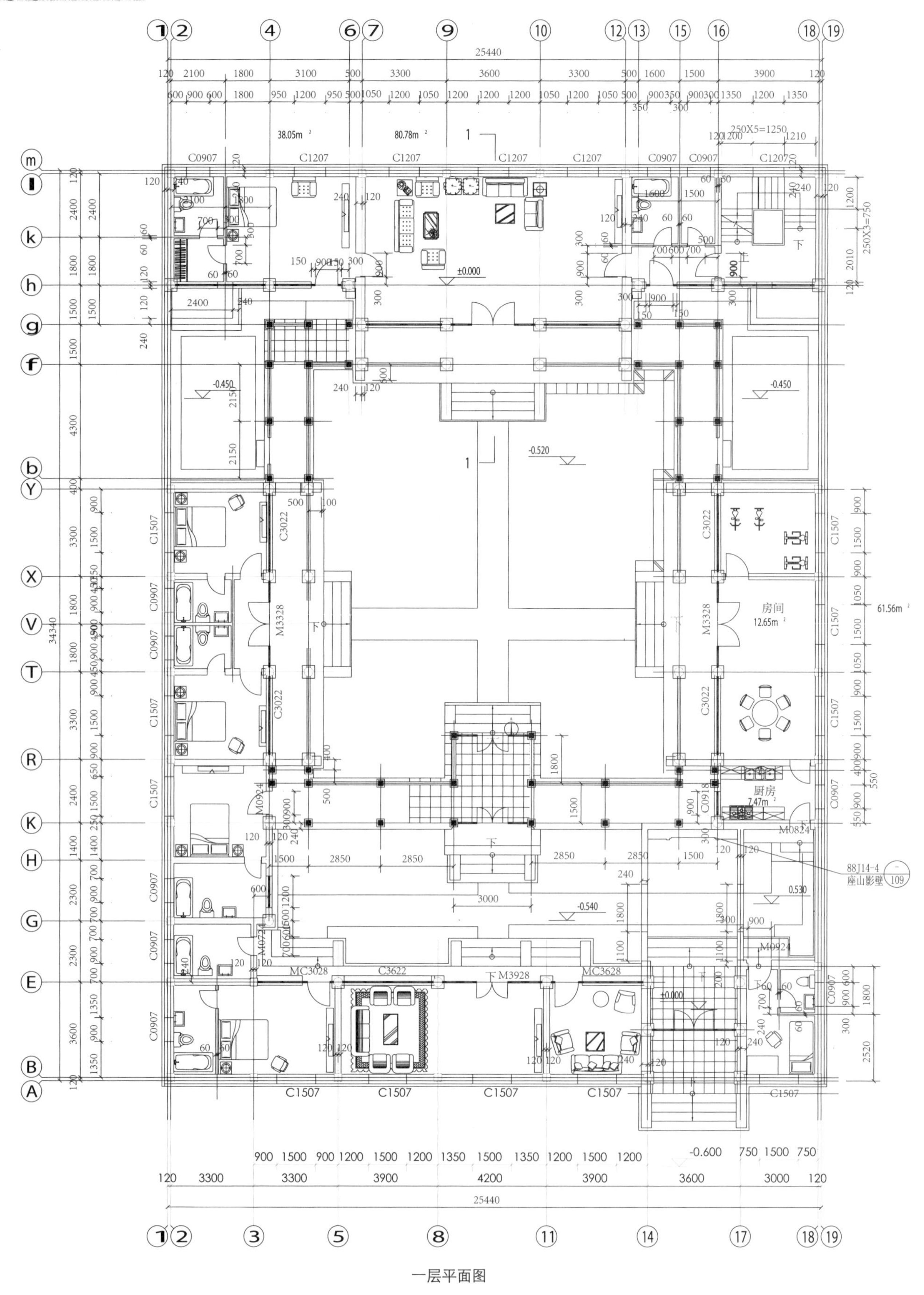

一层平面图

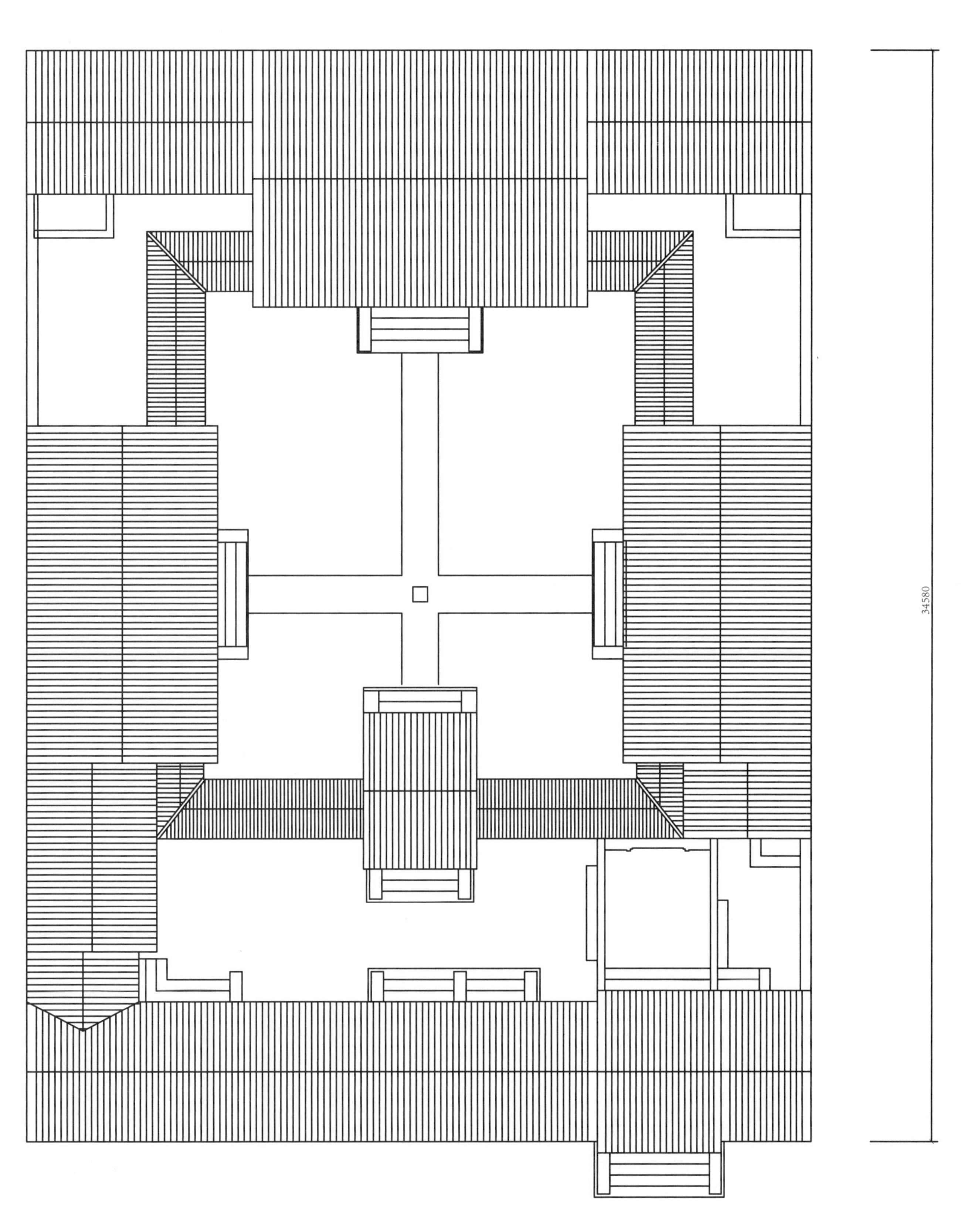

屋顶平面

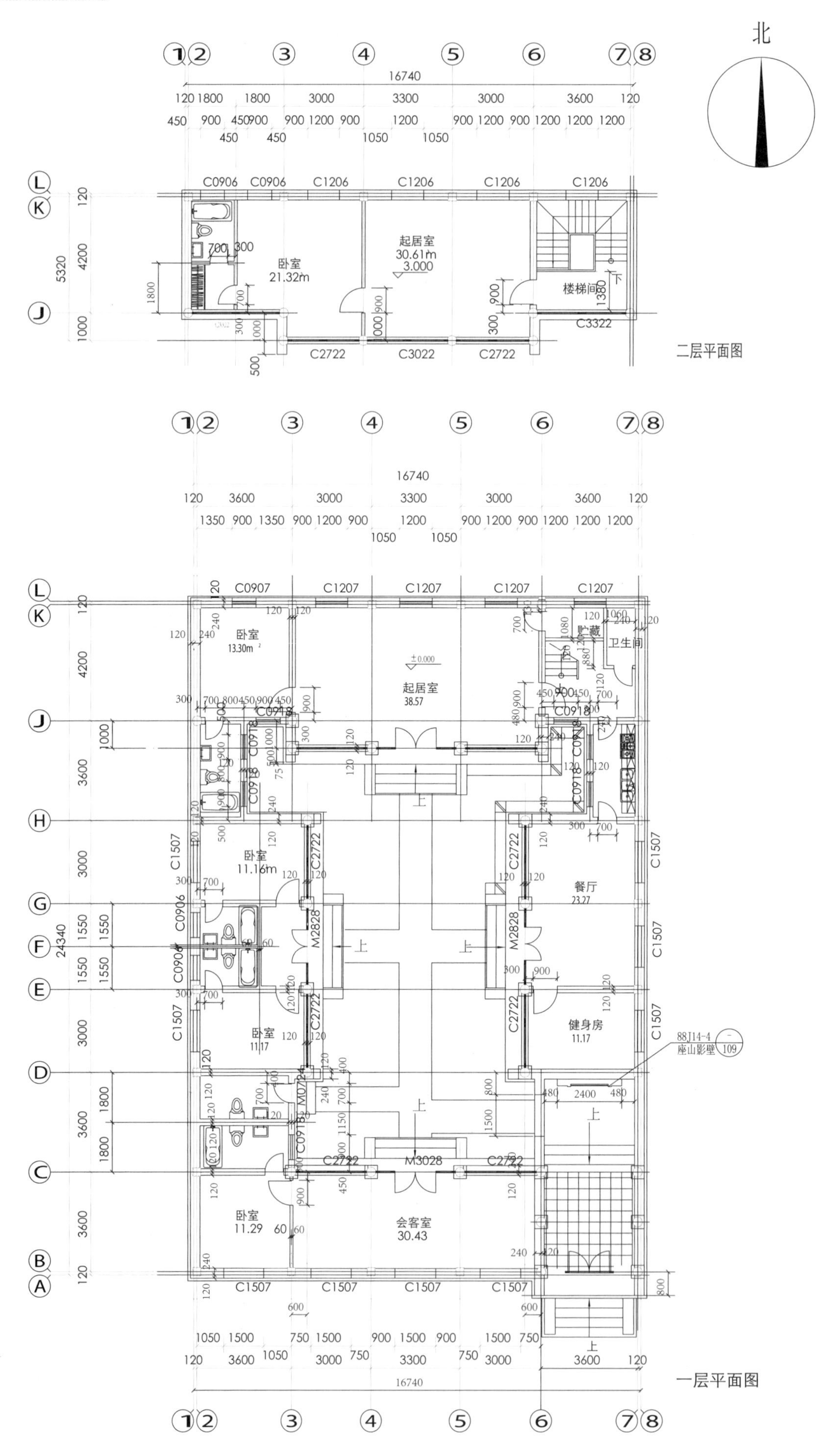
北
卧室
21.32m
起居室
30.61m
3.000
楼梯间
卧室
13.30m
起居室
38.57
贮藏
卫生间
卧室
11.16m
餐厅
23.27
卧室
11.17
健身房
11.17
88J14-4
座山影壁
109
卧室
11.29
会客室
30.43

二层平面图

一层平面图

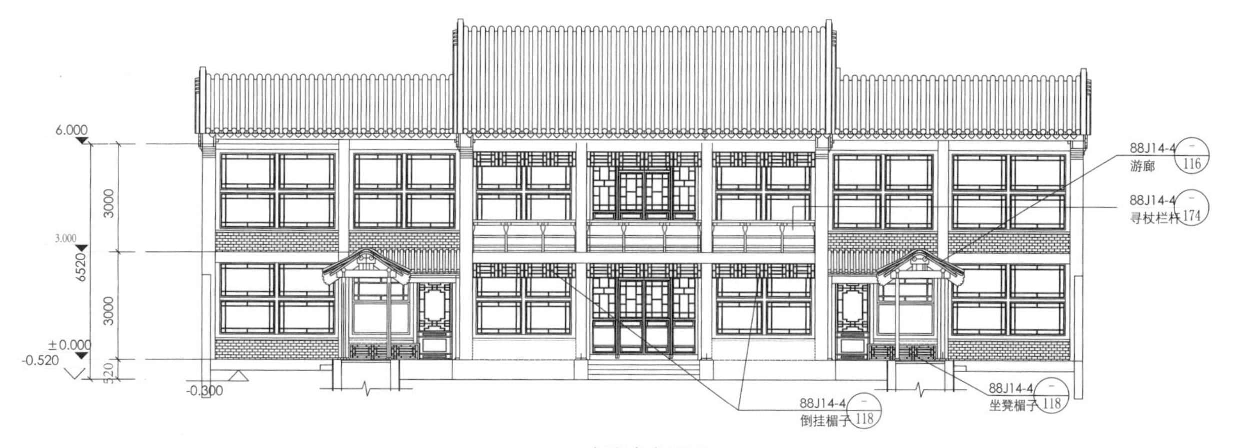

内院南立面图

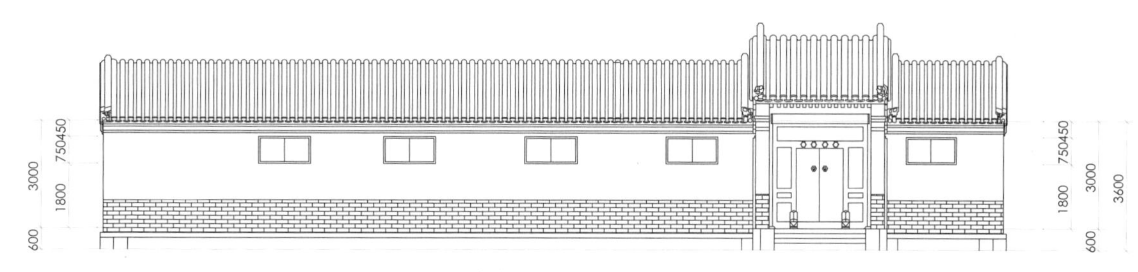

沿街南立面图

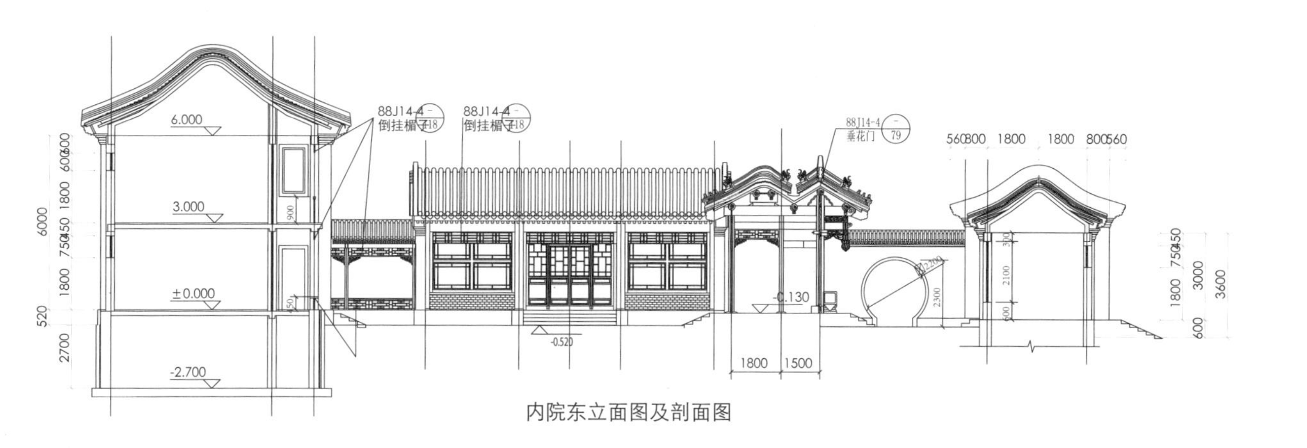

内院东立面图及剖面图

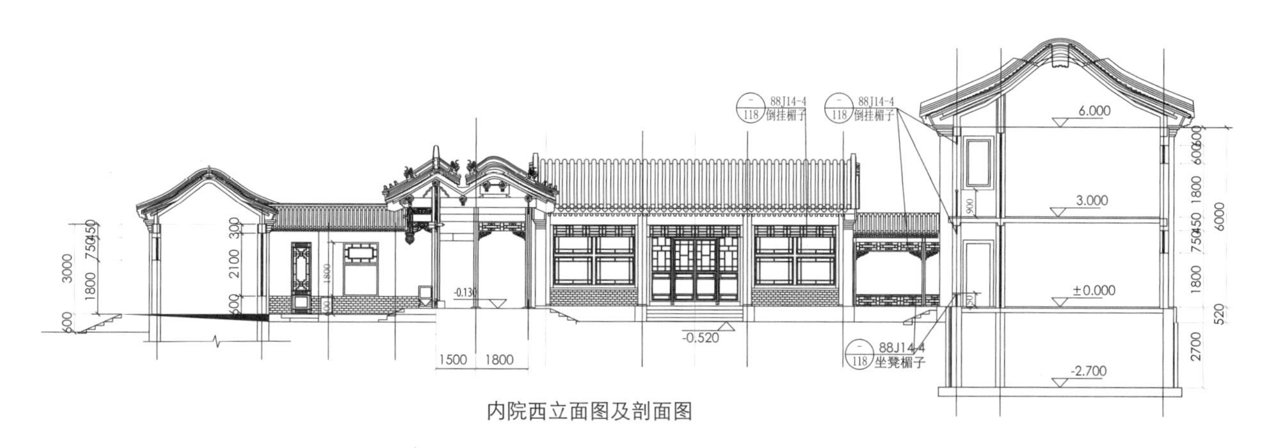

内院西立面图及剖面图

内院南立面图

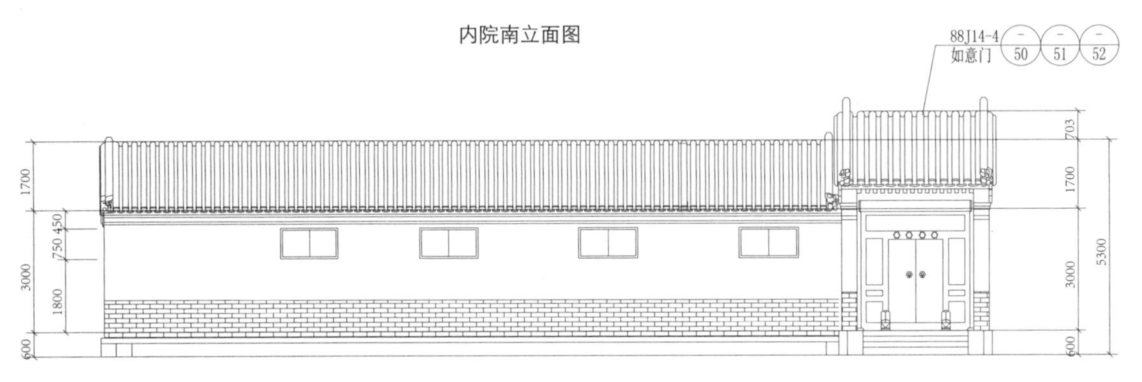

沿街南立面图

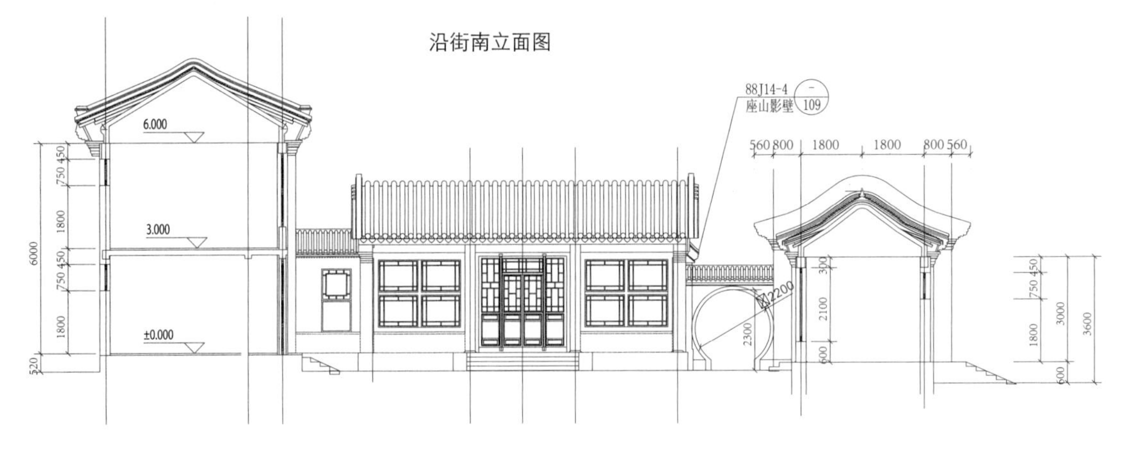

内院东立面图及剖面图

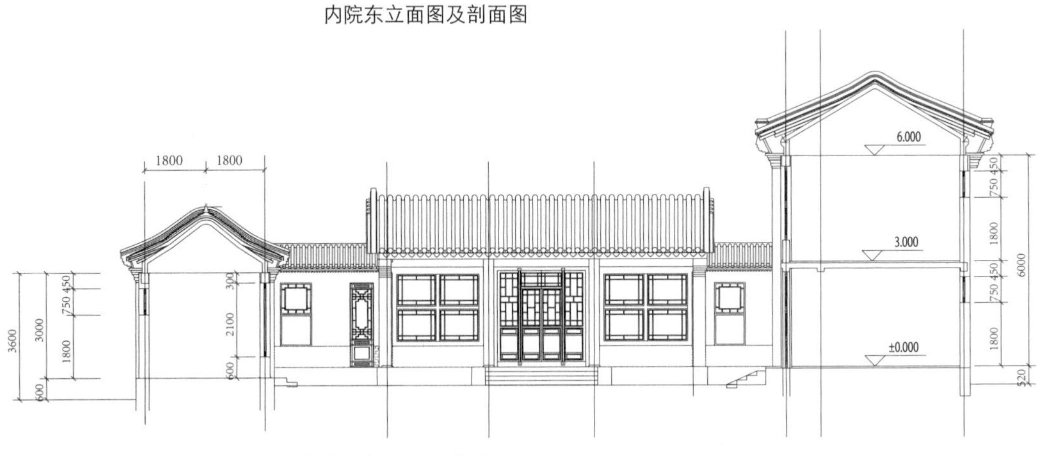

内院西立面图及剖面图

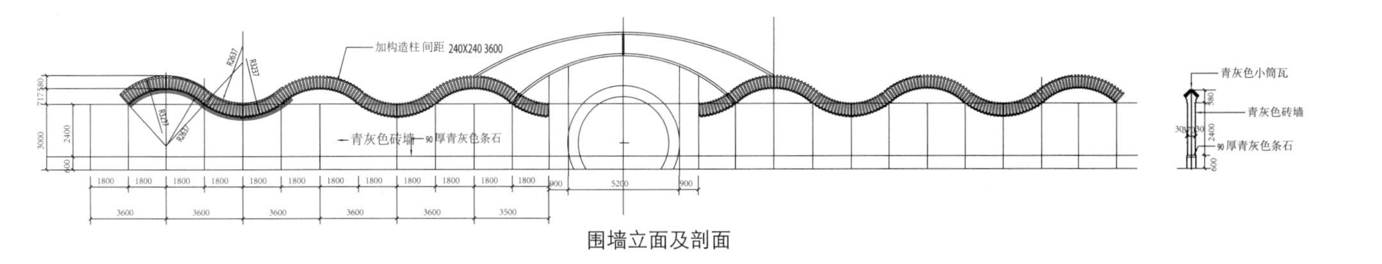

围墙立面及剖面

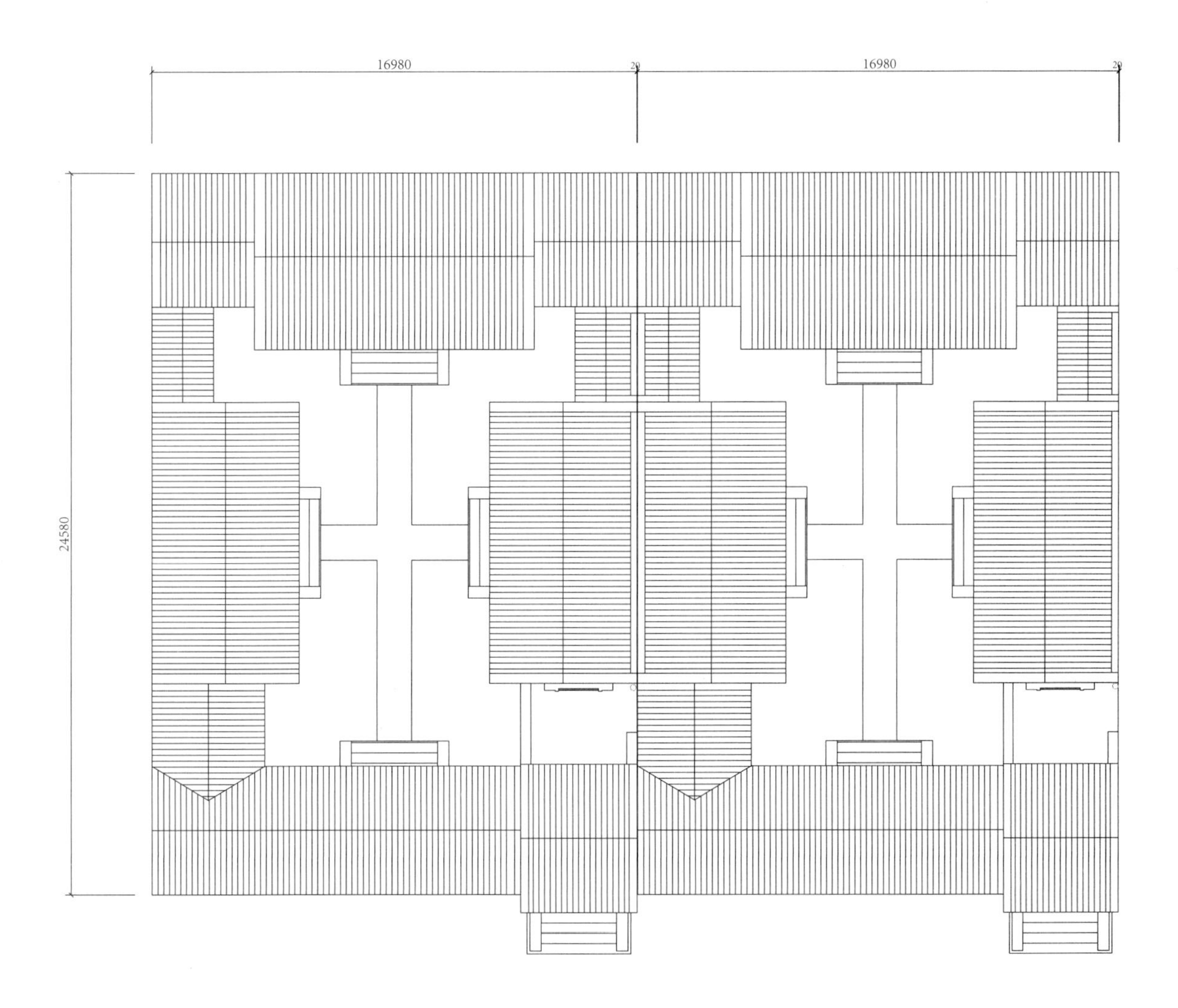

屋顶平面

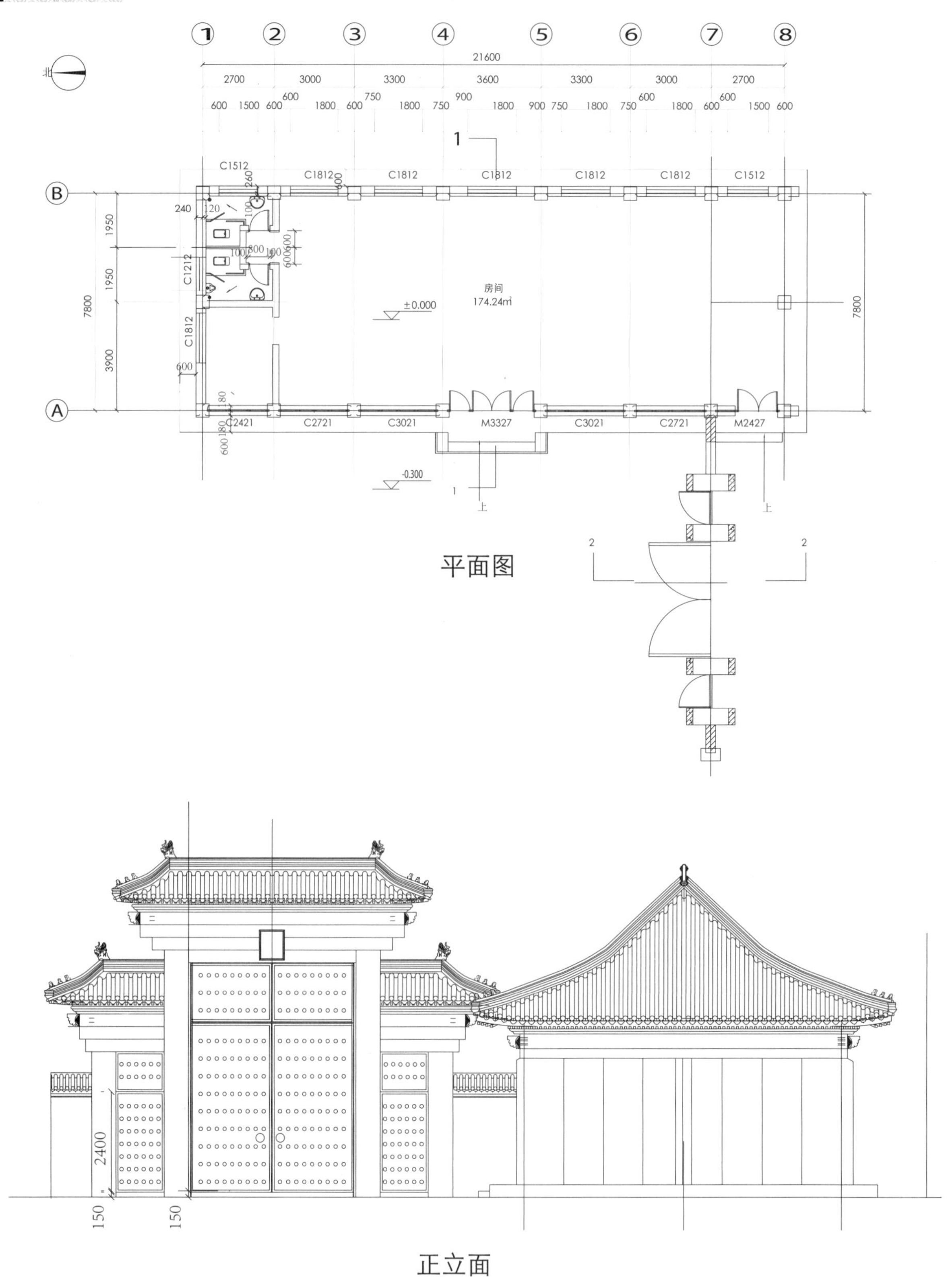

①
②
③
④
⑤
⑥
⑦
⑧
北
21600
2700
3000
3300
3600
3300
3000
2700
C1512
C1812
房间
174.24㎡
±0.000
-0.300
C1212
M3327
M2427
C2421
C2721
C3021
7800
1950
3900
2400
150

平面图

正立面

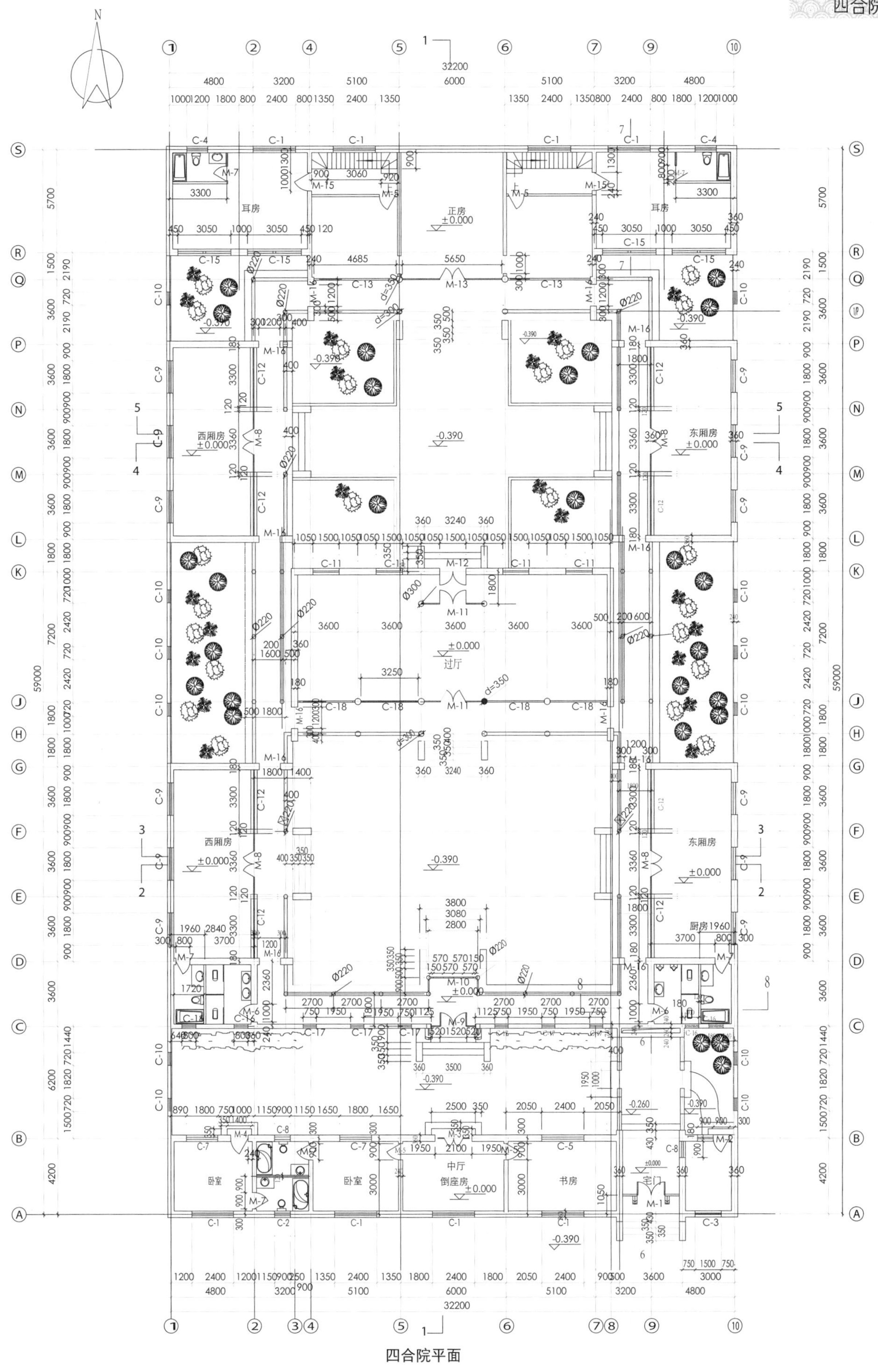

四合院平面

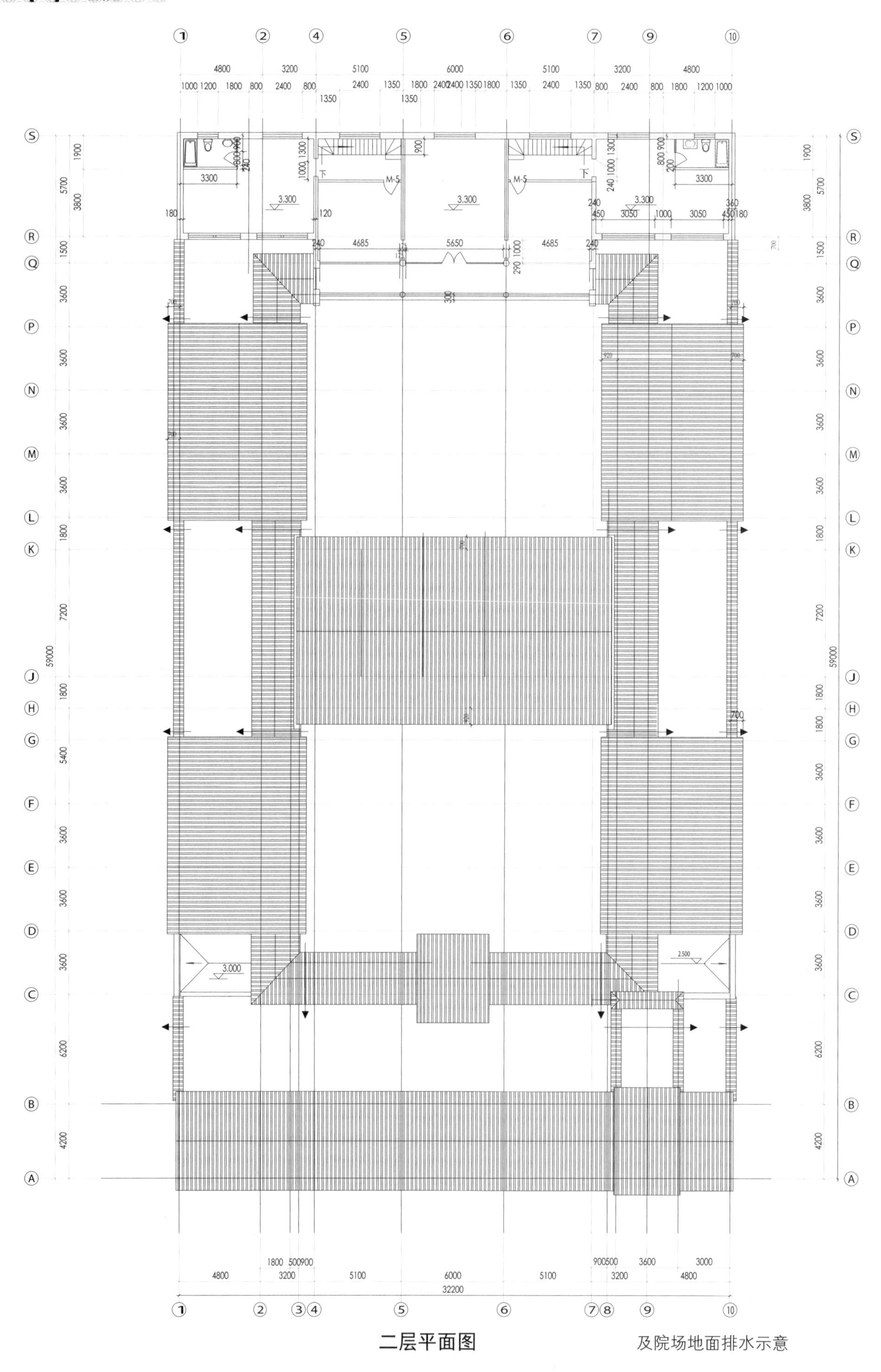

二层平面图　　及院场地面排水示意

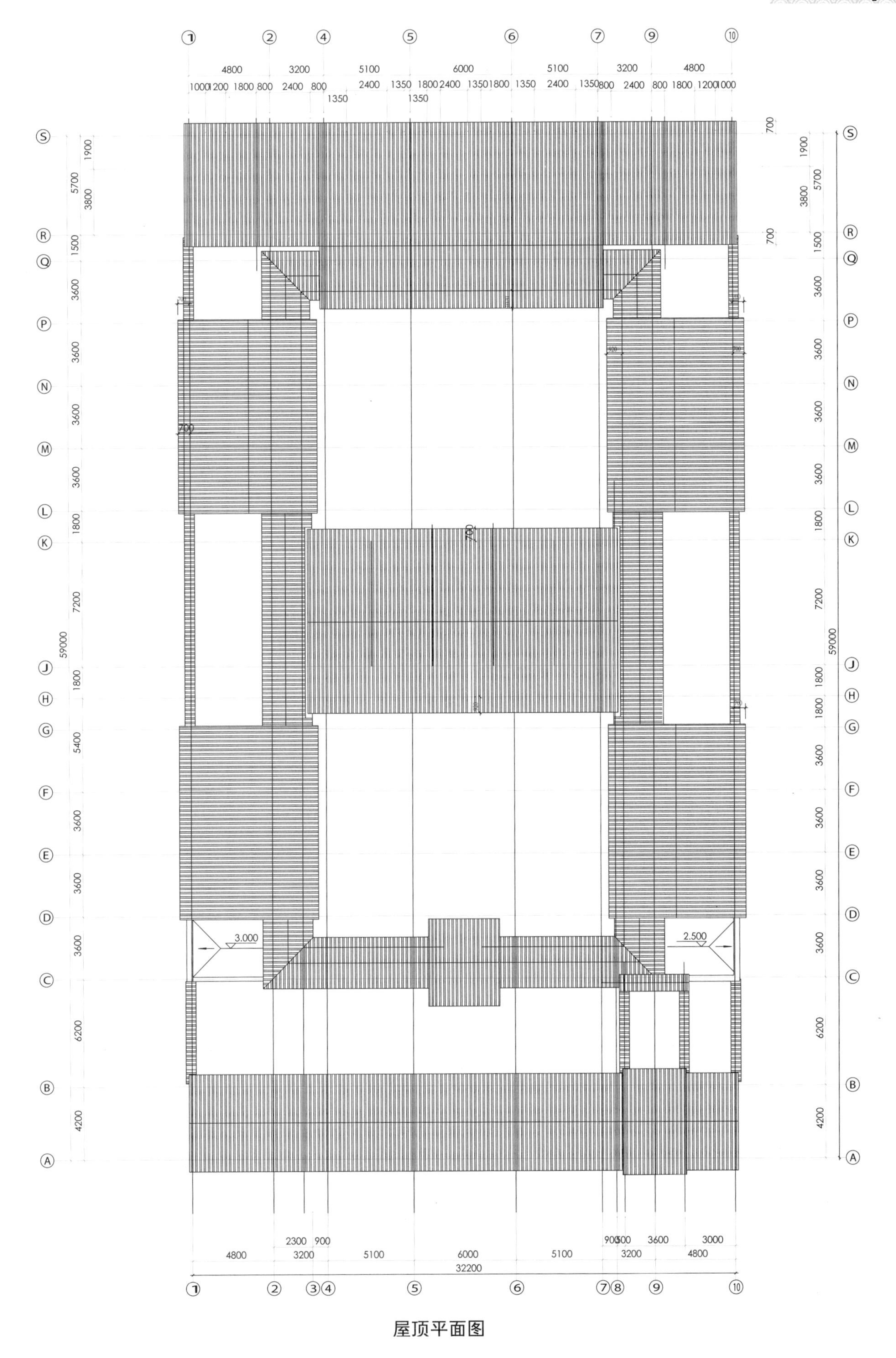

屋顶平面图

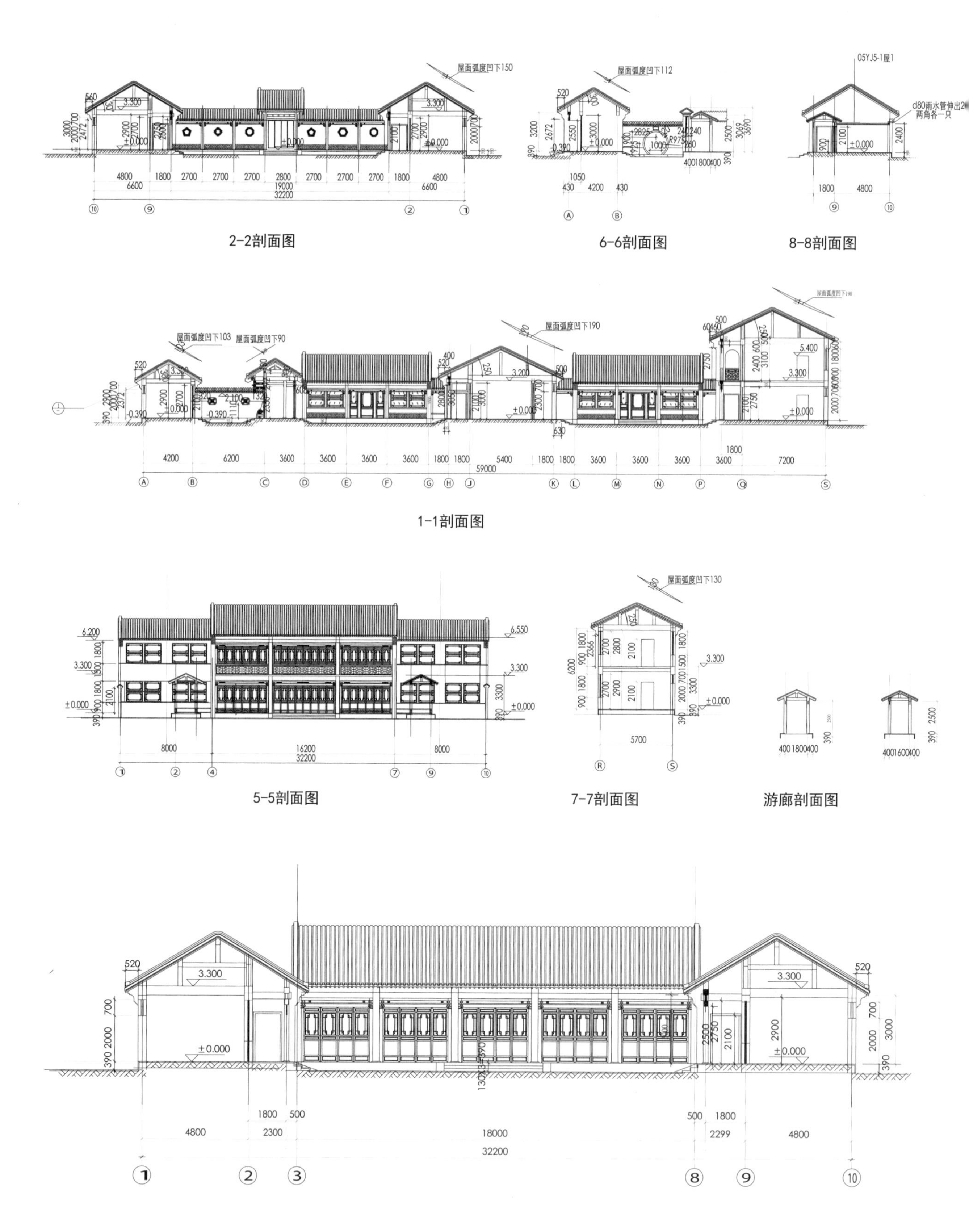

2-2剖面图　6-6剖面图　8-8剖面图

1-1剖面图

5-5剖面图　7-7剖面图　游廊剖面图

3-3剖面图

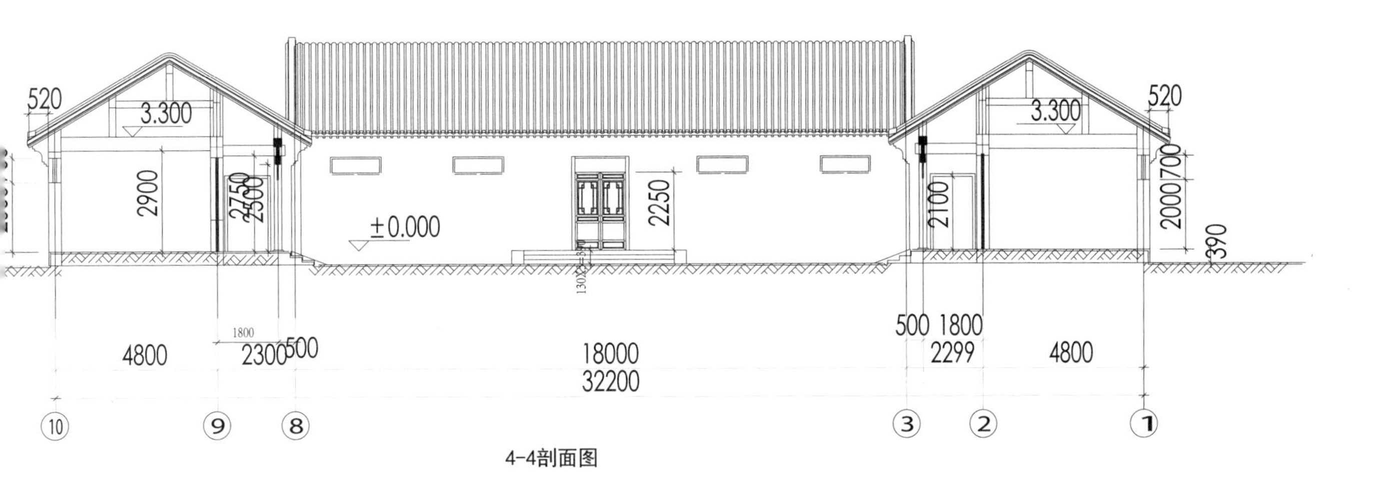

4-4剖面图

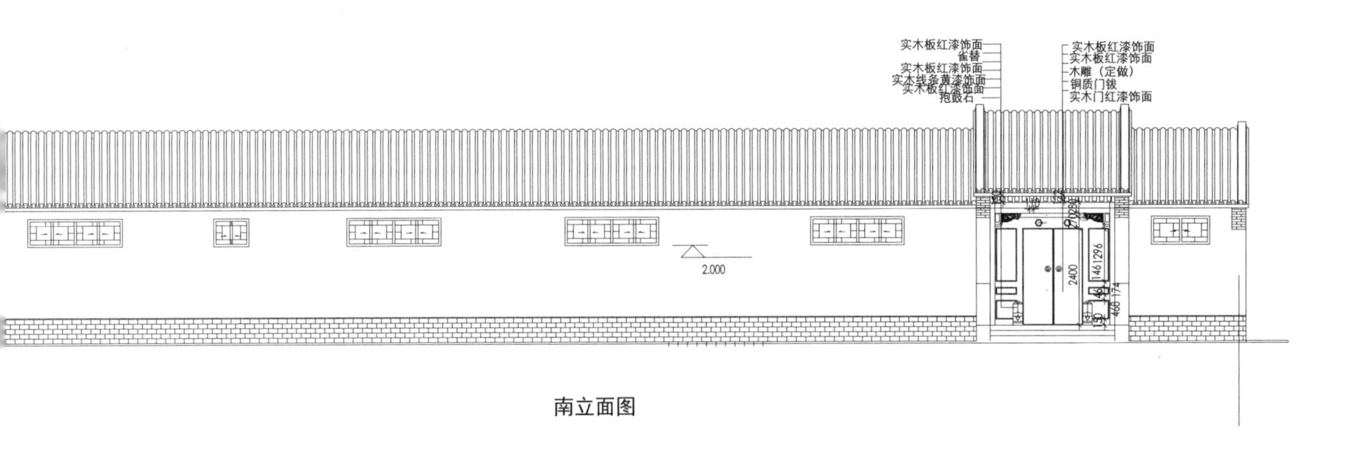

南立面图

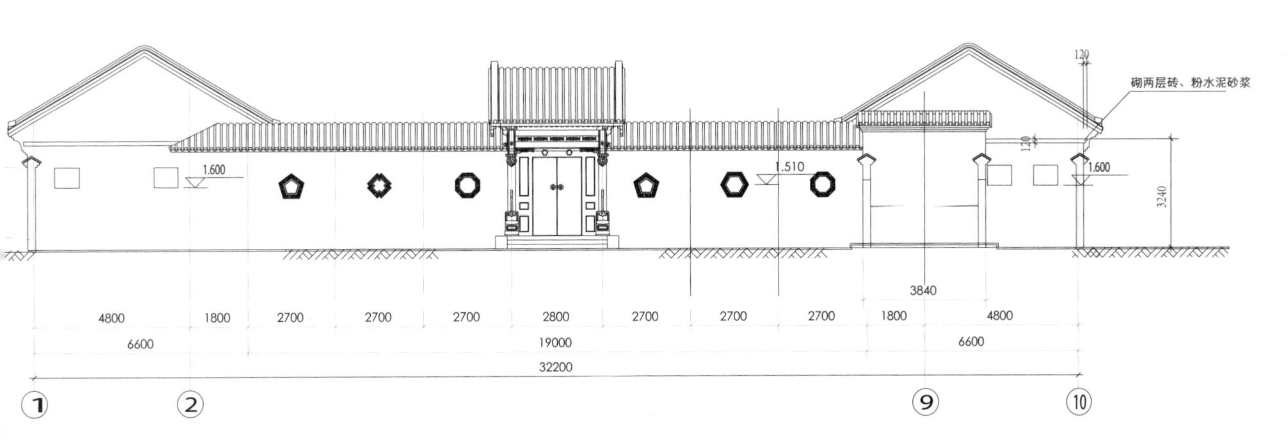

2a-2a剖面图

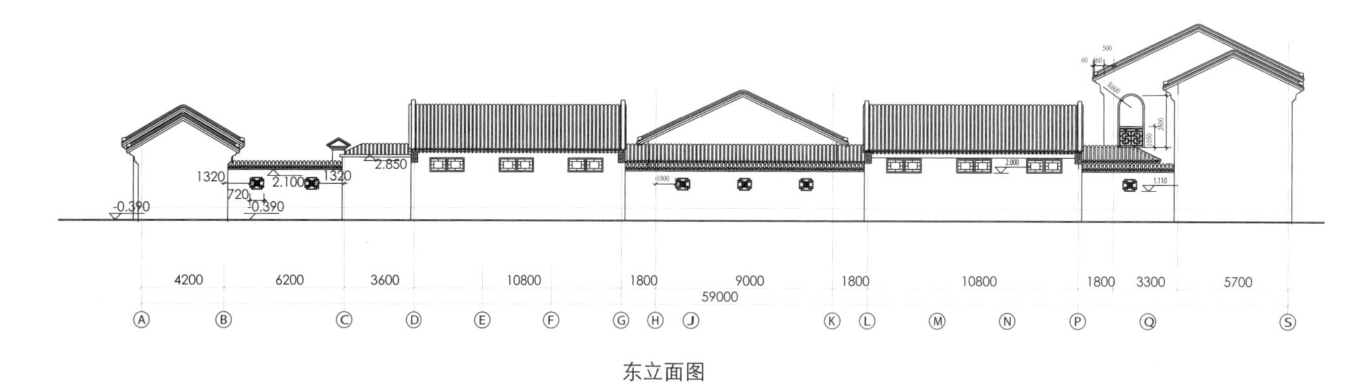

东立面图

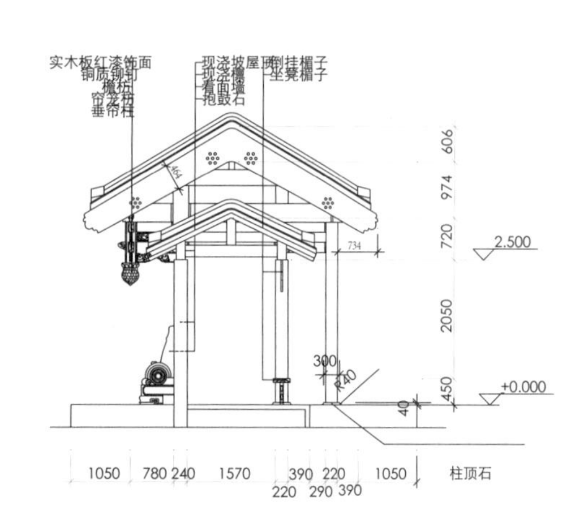

垂花门平面图

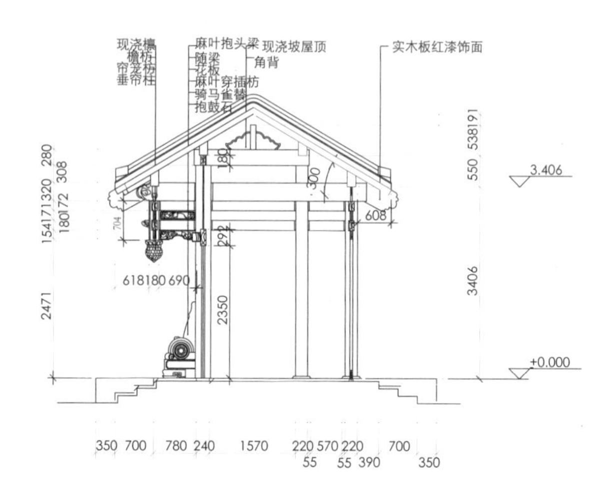

垂花门A-A剖面图

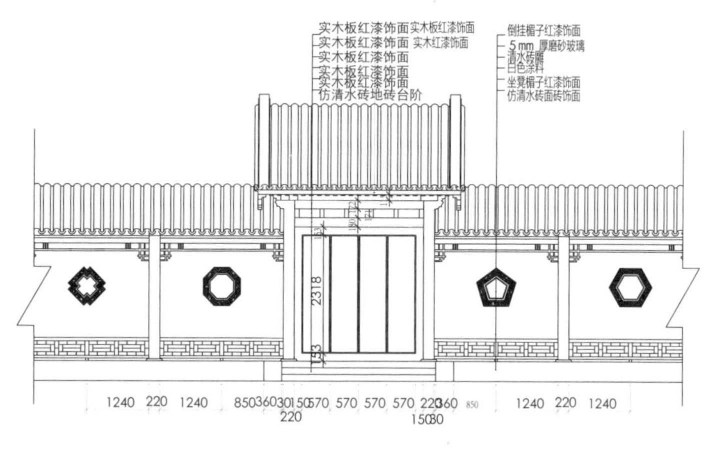

抄手游廊B-B剖面图

垂花门北立面图

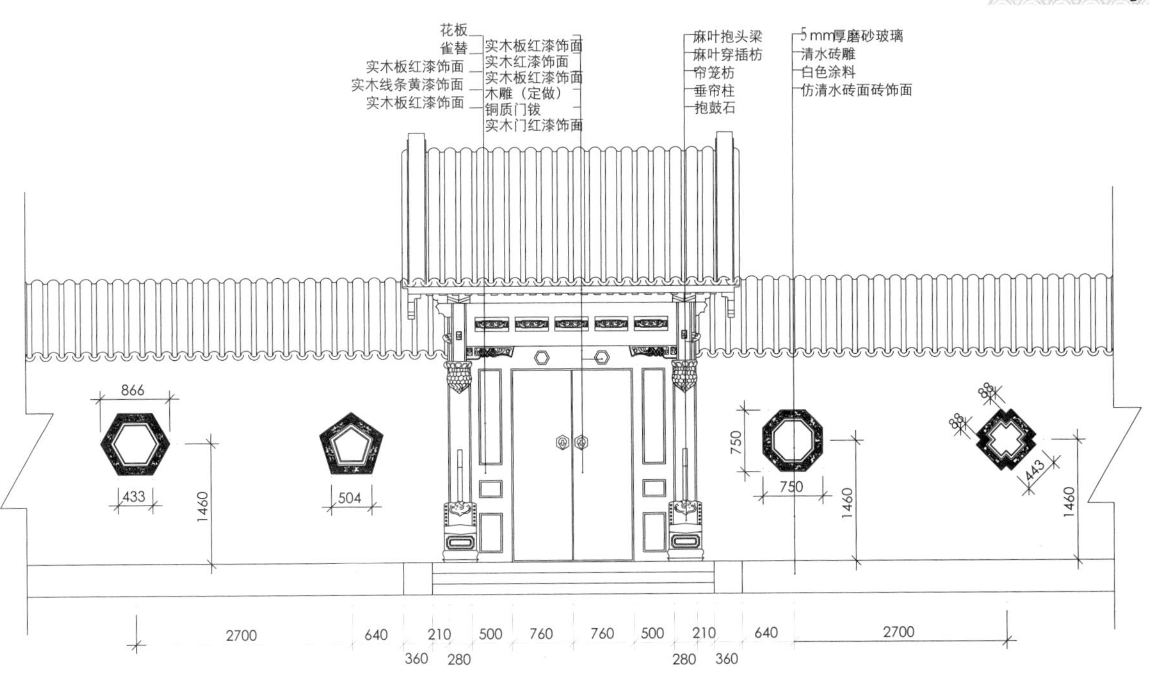

垂花门南立面图

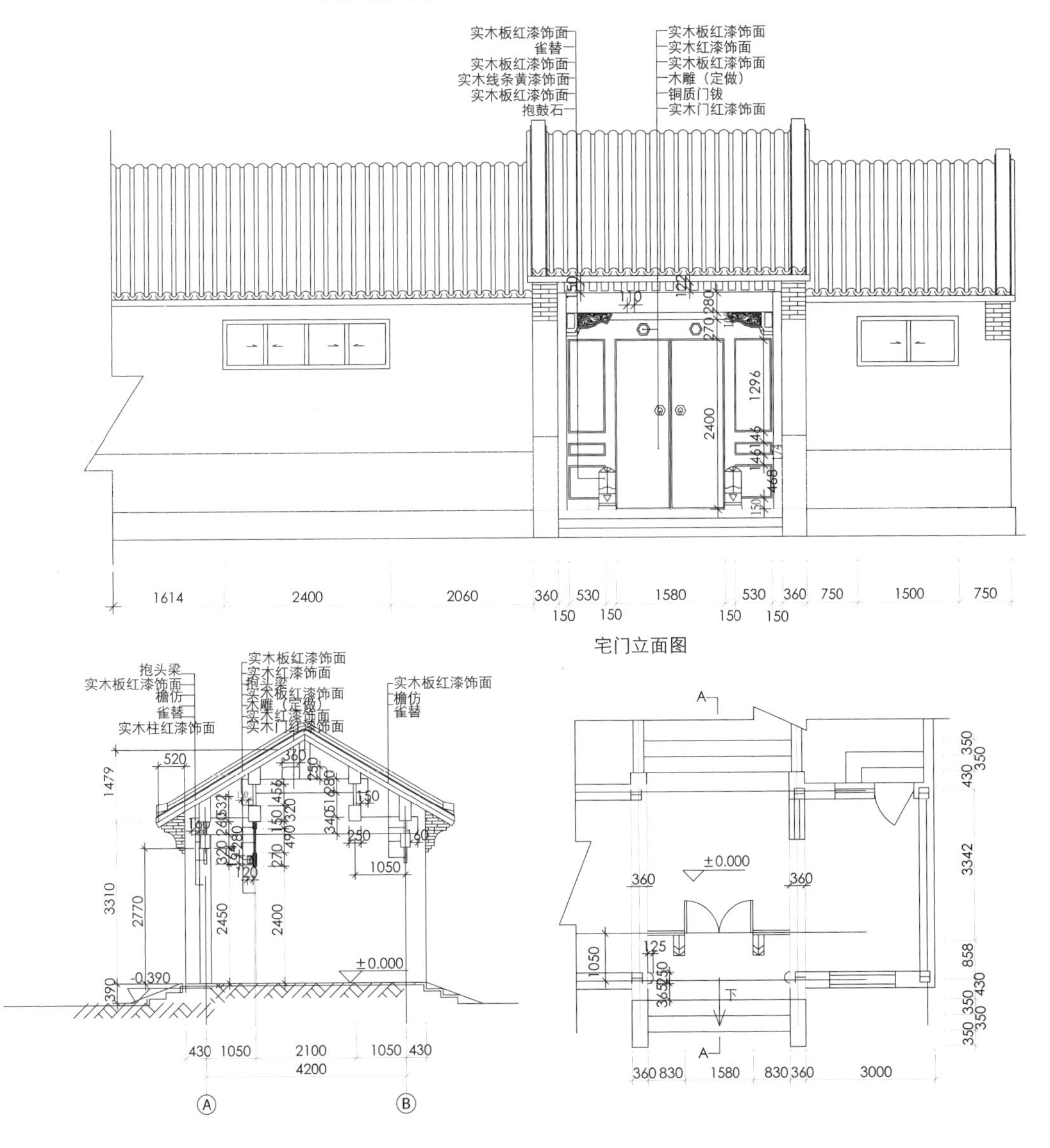

宅门立面图

宅门A-A剖面图

宅门平面图

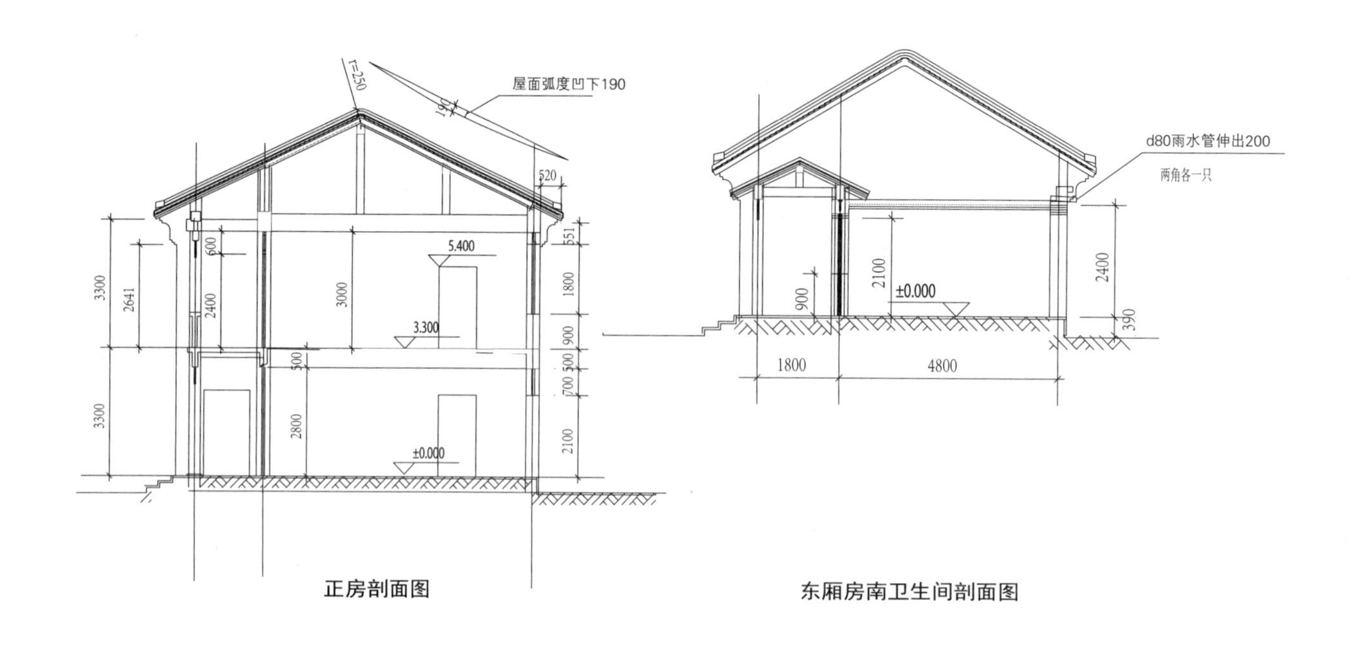

正房剖面图

东厢房南卫生间剖面图

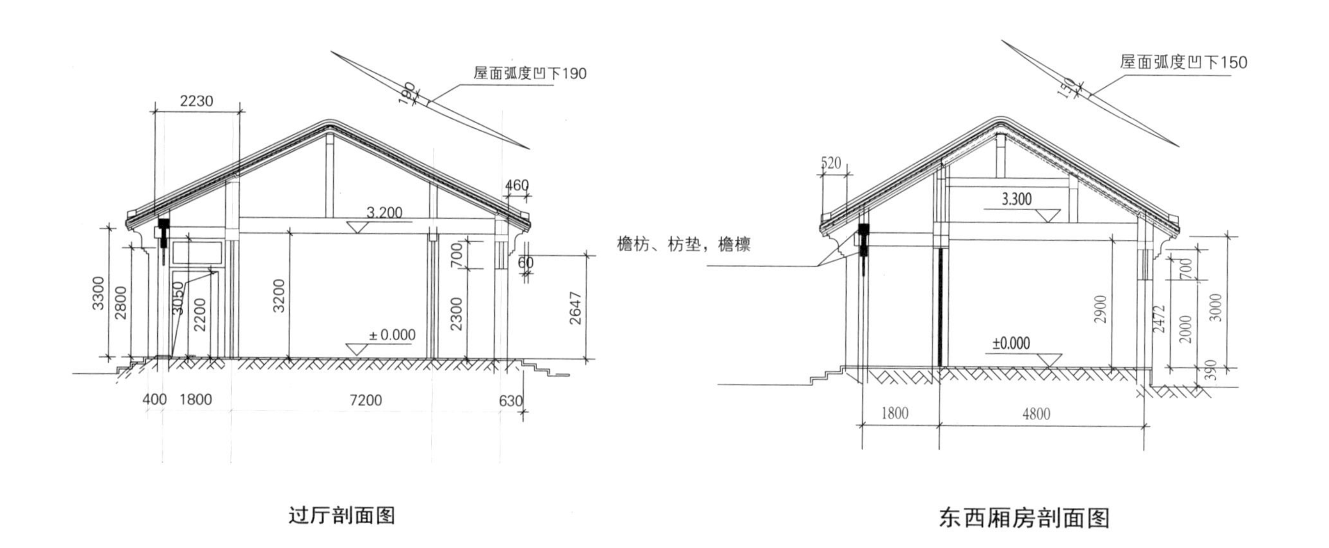

过厅剖面图

东西厢房剖面图

草厂7条33号院

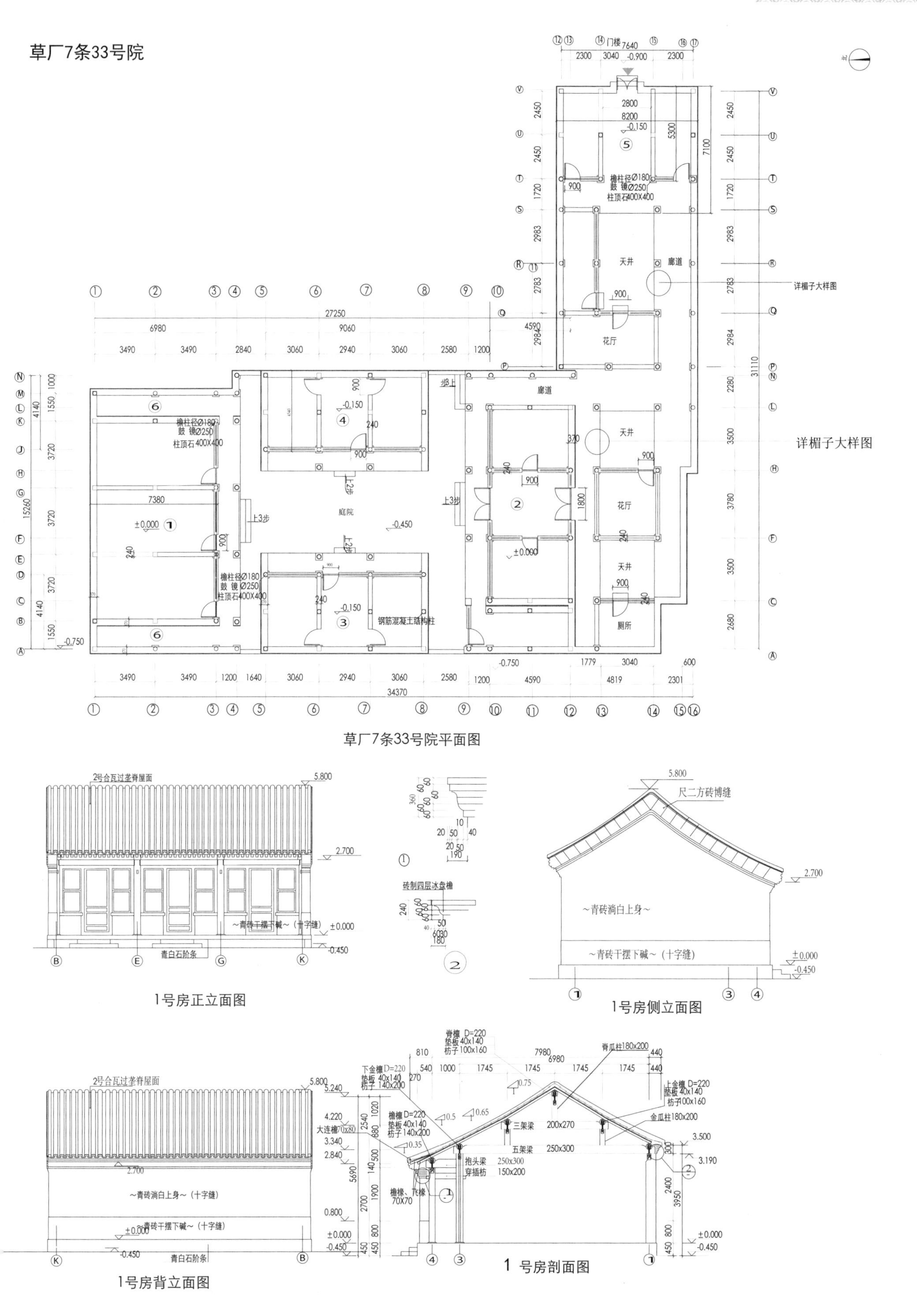

草厂7条33号院平面图
1号房正立面图
1号房侧立面图
1号房背立面图
1 号房剖面图
庭院
天井
廊道
花厅
厕所
详榍子大样图
钢筋混凝土结构柱
檐柱径Ø180
鼓 镜Ø250
柱顶石400X400
2号合瓦过垄脊屋面
尺二方砖博缝
~青砖淌白上身~
~青砖干摆下碱~（十字缝）
青白石阶条
砖制四层冰盘檐

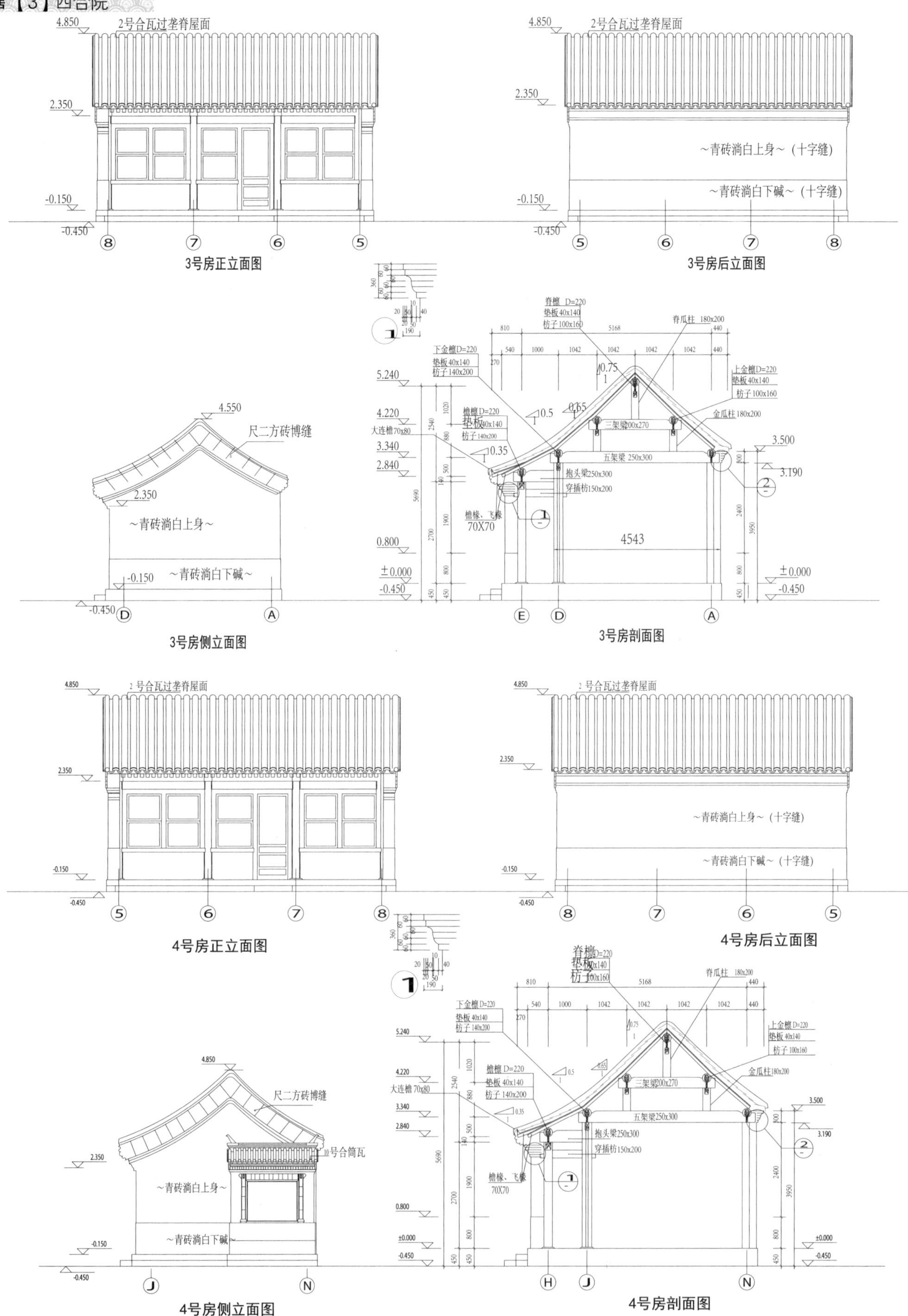

3号房正立面图

3号房后立面图

3号房侧立面图

3号房剖面图

4号房正立面图

4号房后立面图

4号房侧立面图

4号房剖面图

设计单位

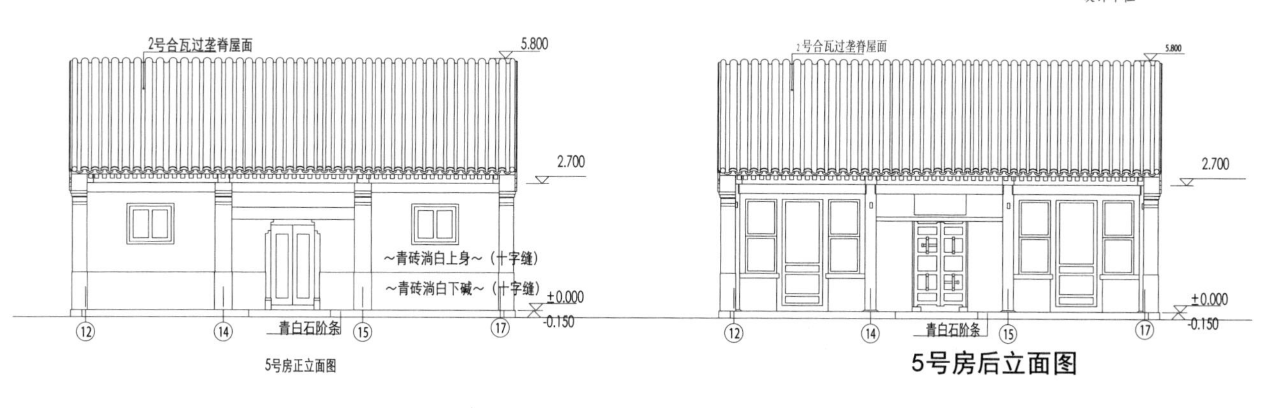

5号房正立面图

5号房后立面图

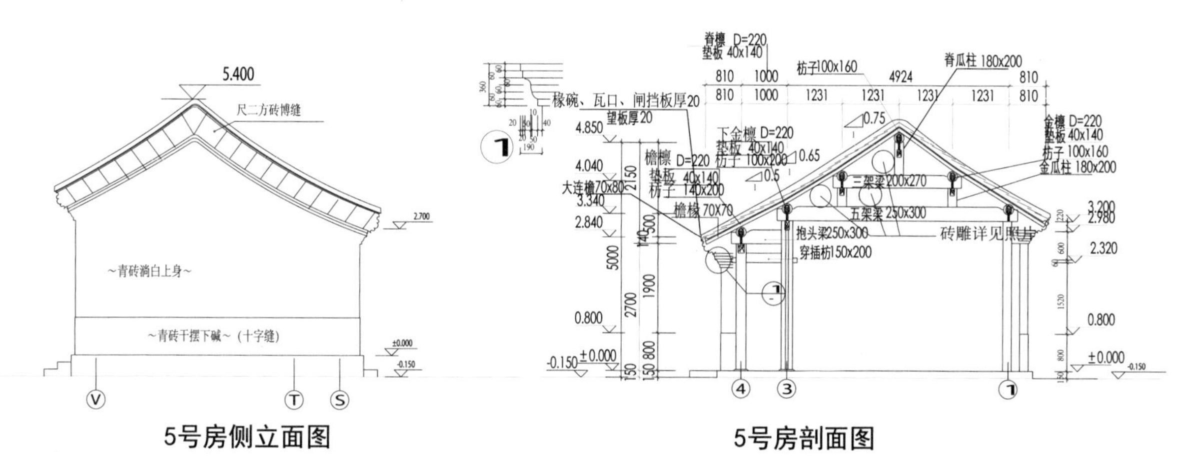

5号房侧立面图

5号房剖面图

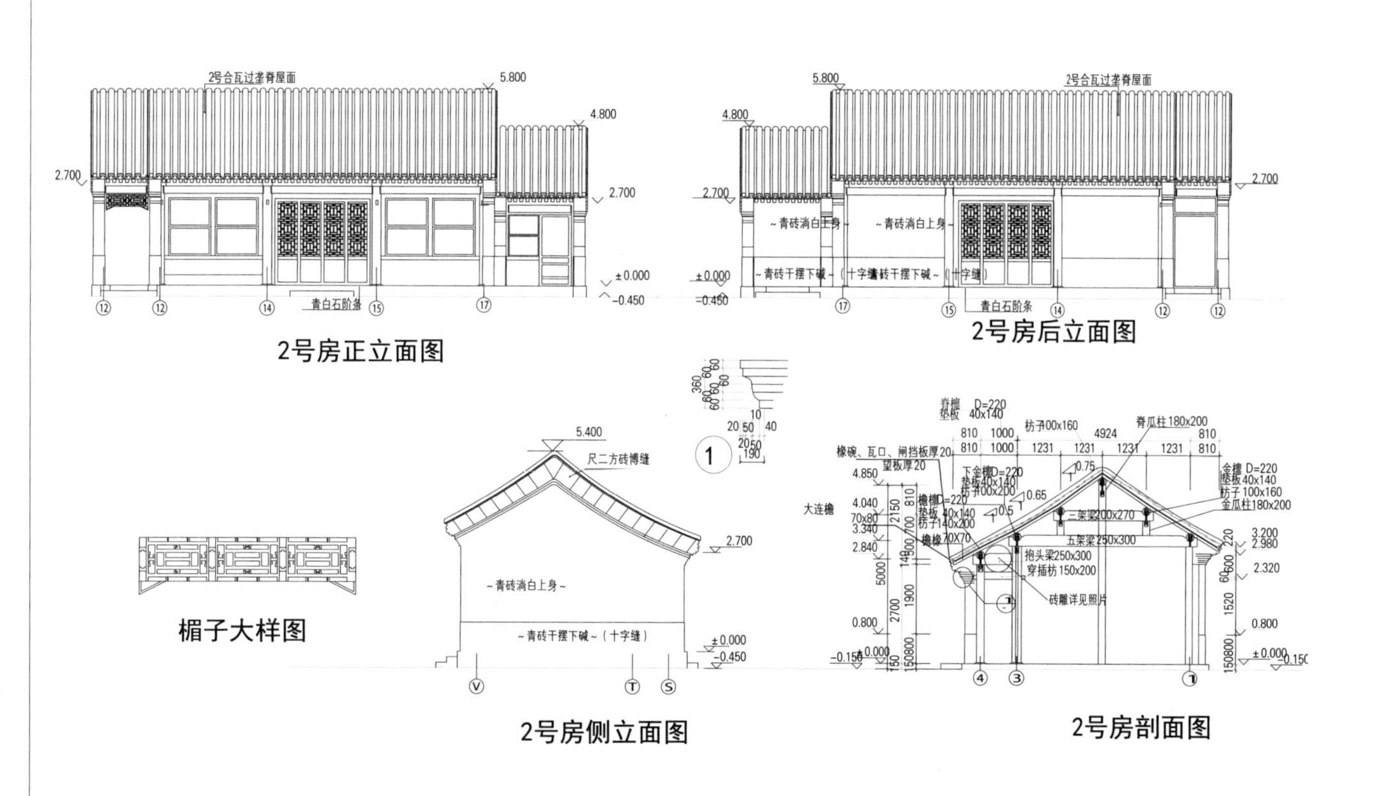

2号房正立面图

2号房后立面图

楣子大样图

2号房侧立面图

2号房剖面图

草场7号35号院图纸

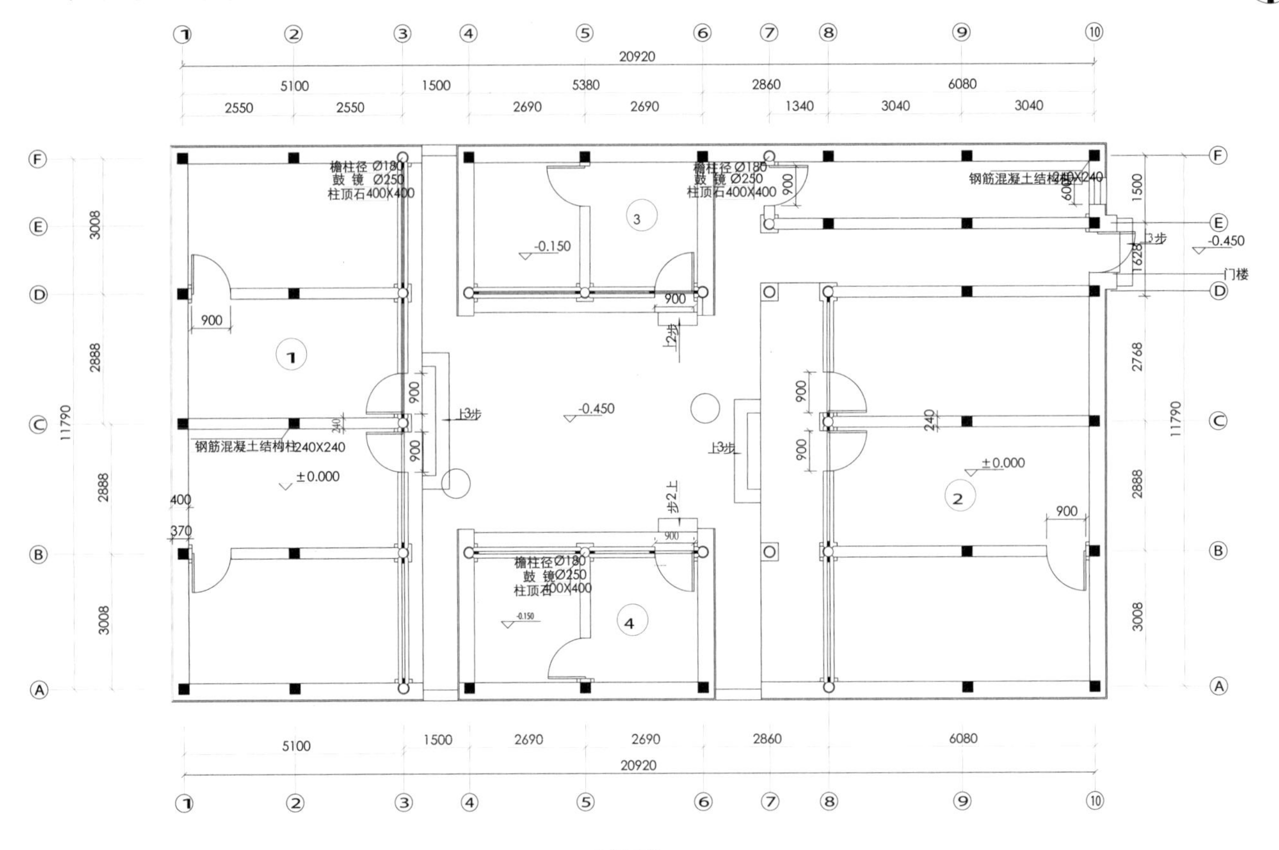

平面图

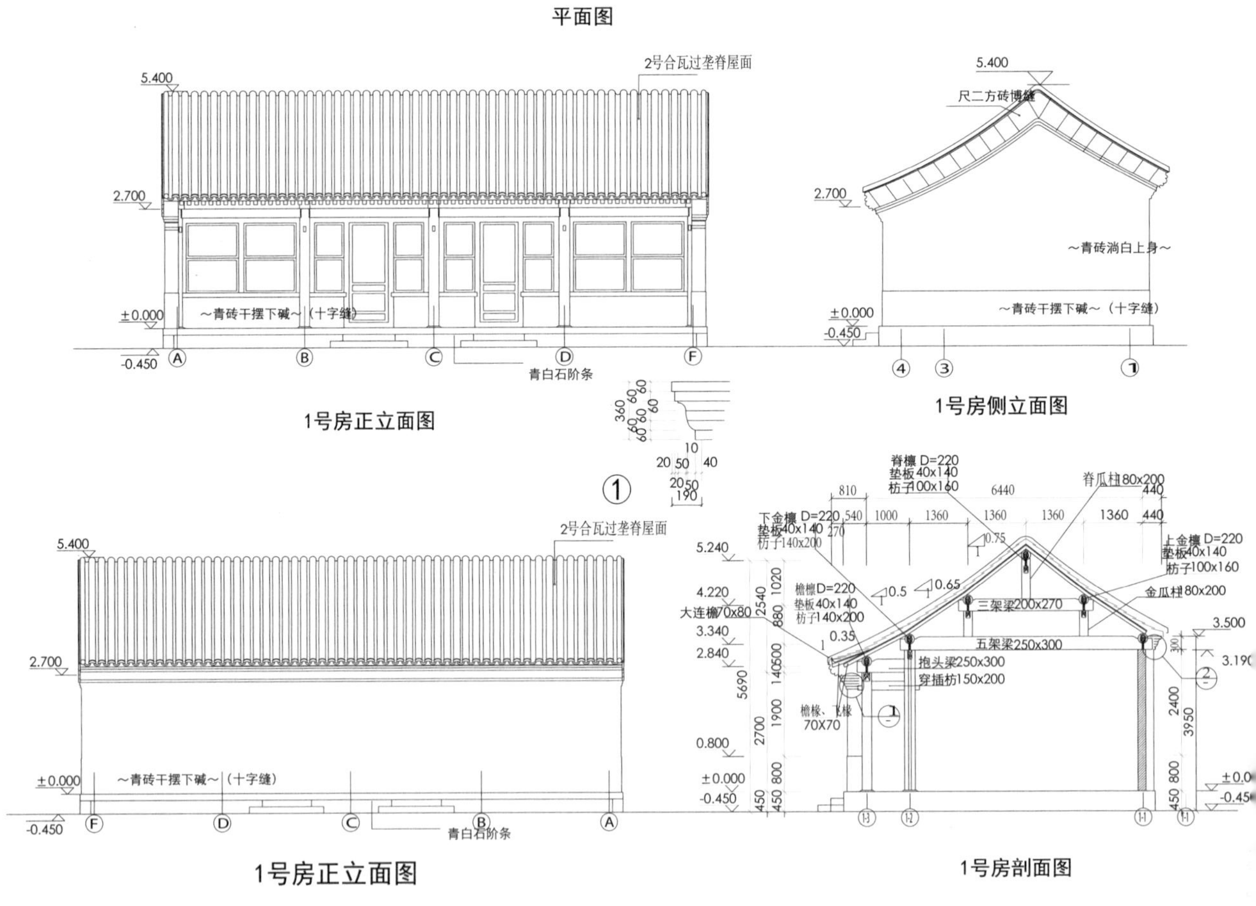

1号房正立面图

1号房侧立面图

1号房正立面图

1号房剖面图

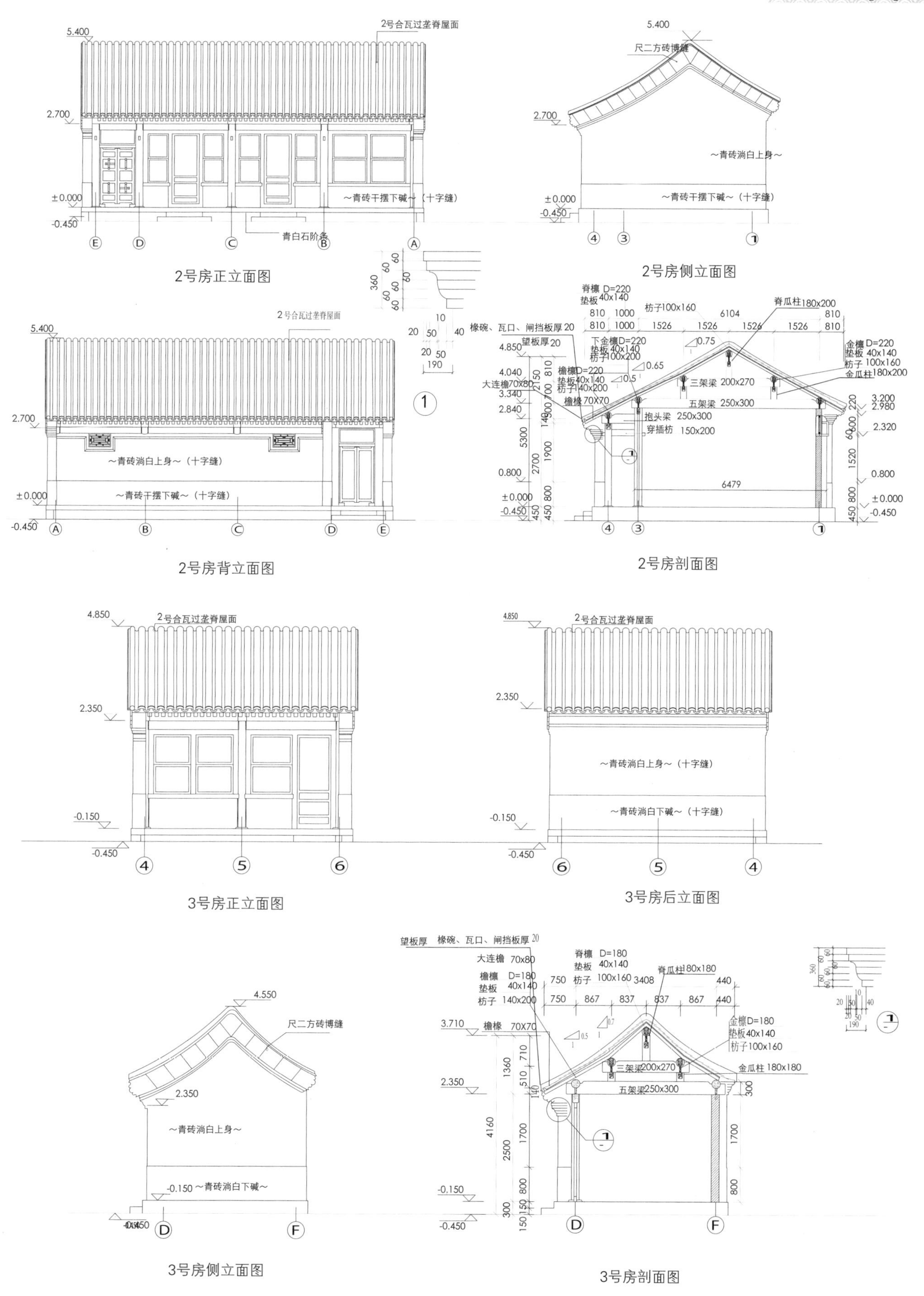

2号房正立面图

2号房侧立面图

2号房背立面图

2号房剖面图

3号房正立面图

3号房后立面图

3号房侧立面图

3号房剖面图

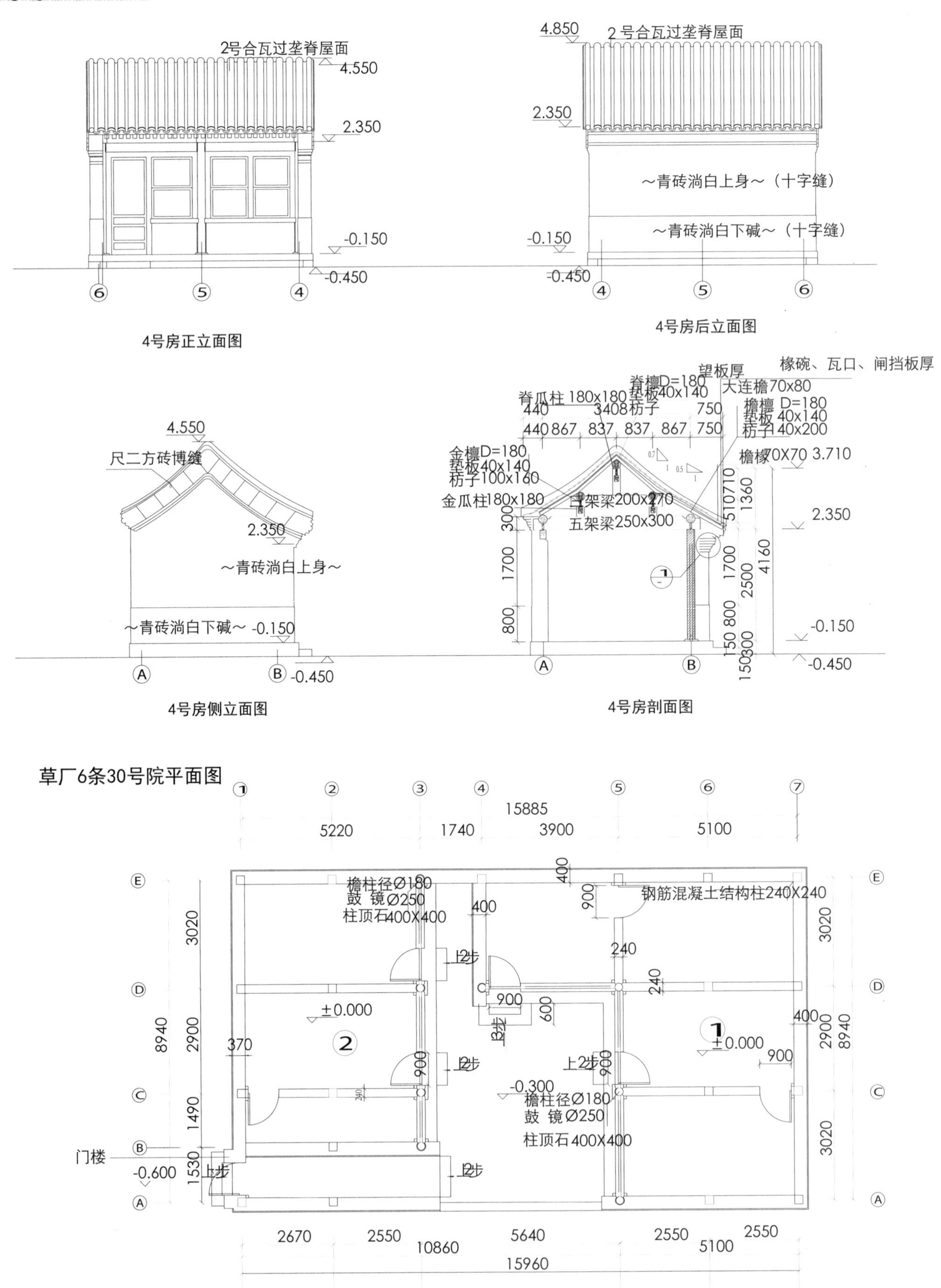

4号房正立面图

4号房后立面图

4号房侧立面图

4号房剖面图

草厂6条30号院平面图

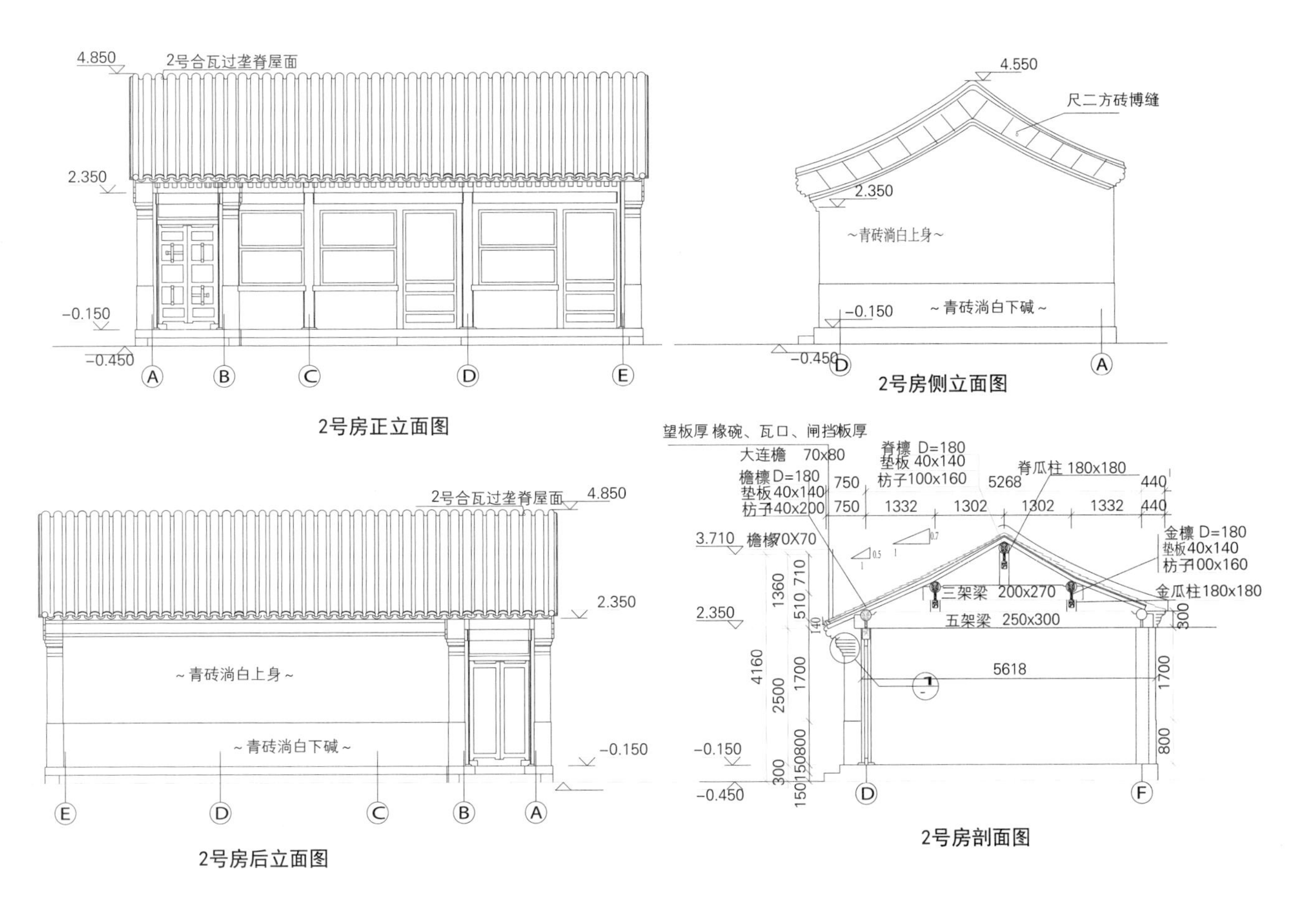

2号房正立面图

2号房侧立面图

2号房后立面图

2号房剖面图

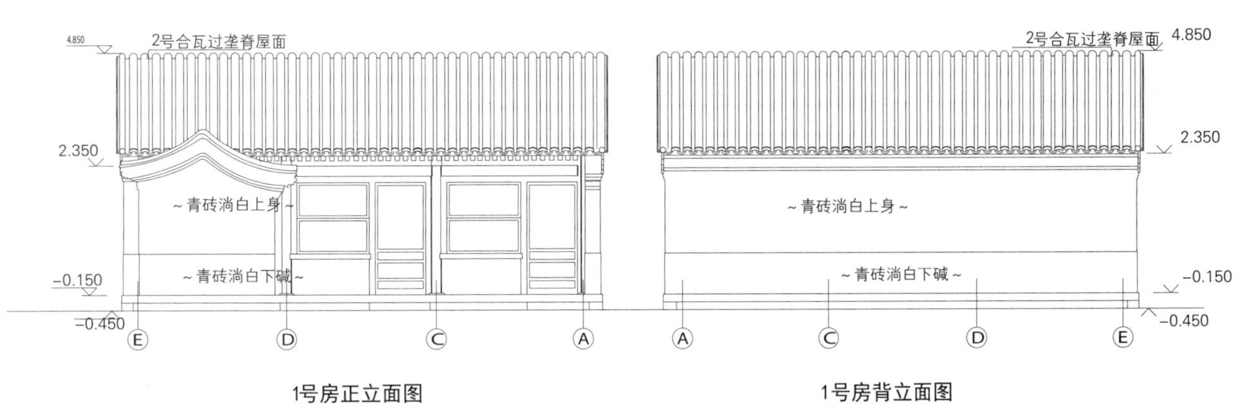

1号房正立面图

1号房背立面图

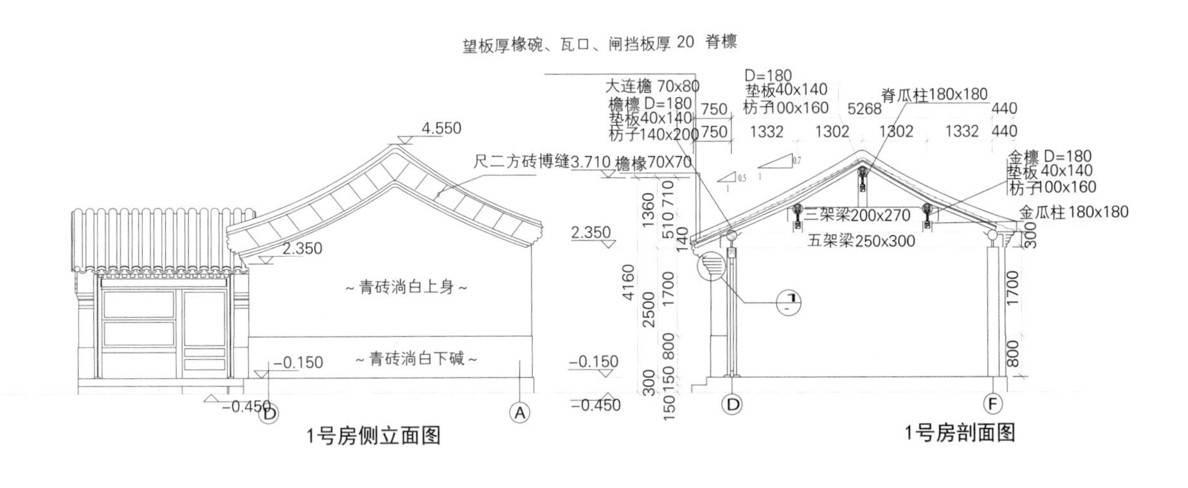

1号房侧立面图

1号房剖面图

草厂10条11号院立面图

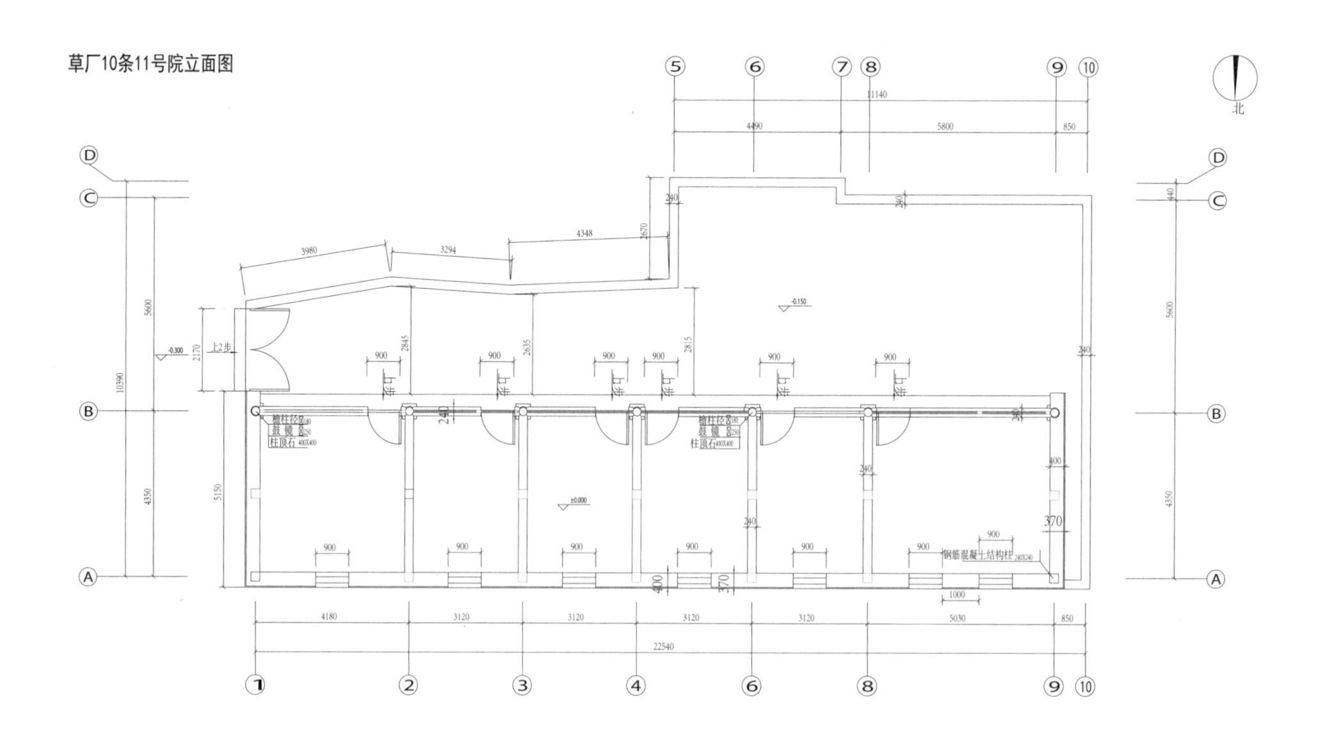

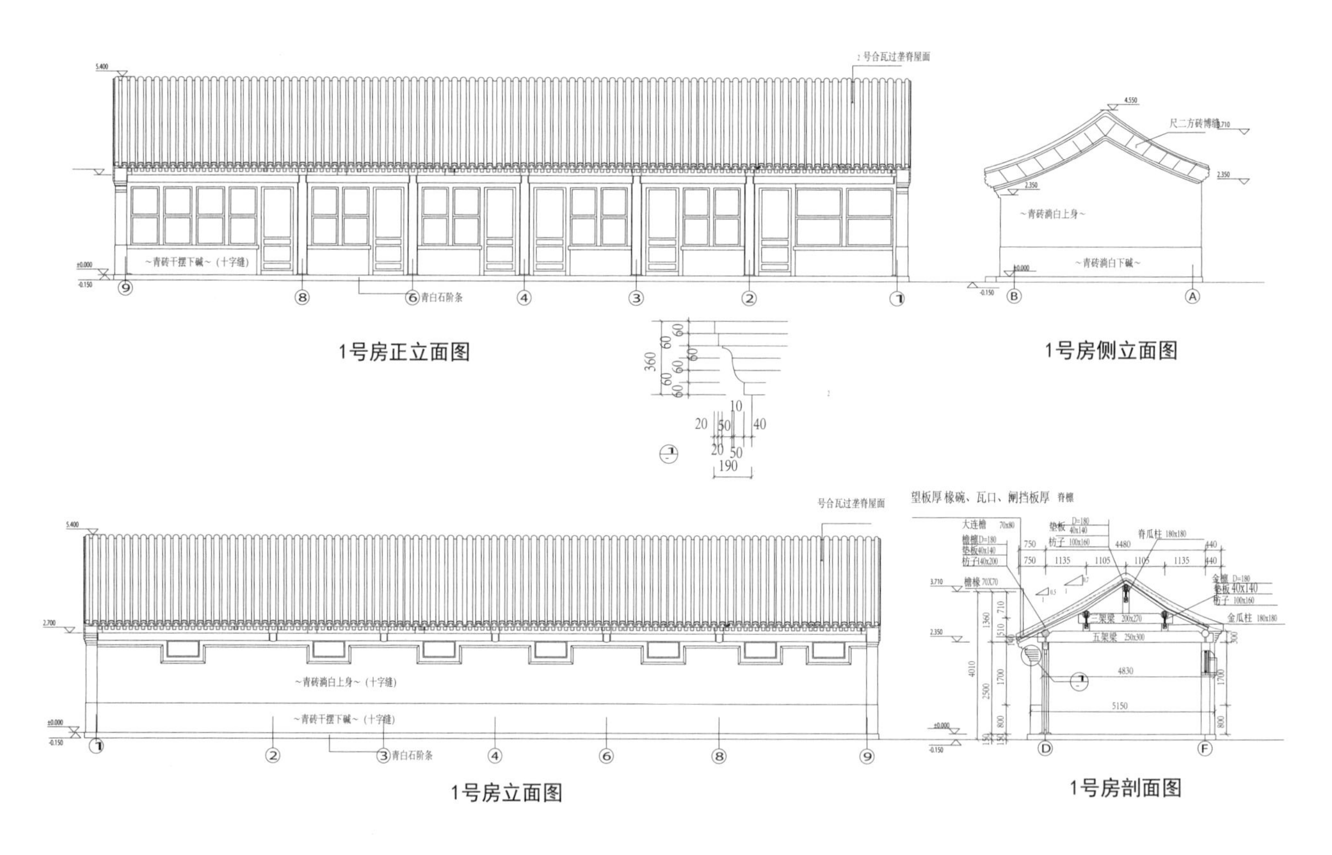

1号房正立面图

1号房侧立面图

1号房立面图

1号房剖面图

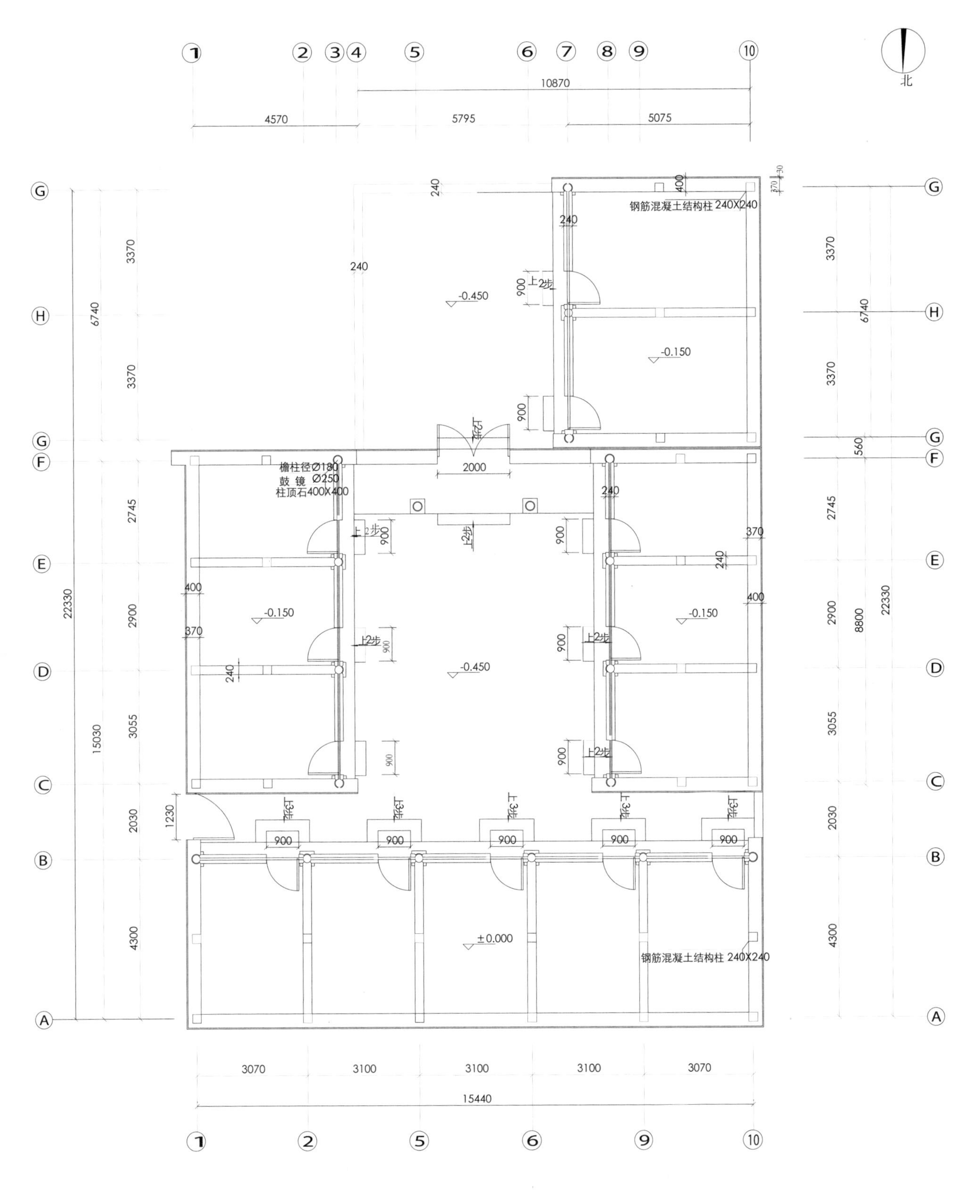

草厂7条11号院平面图

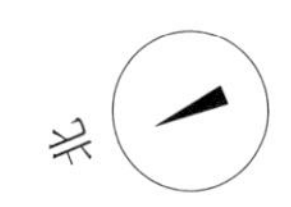

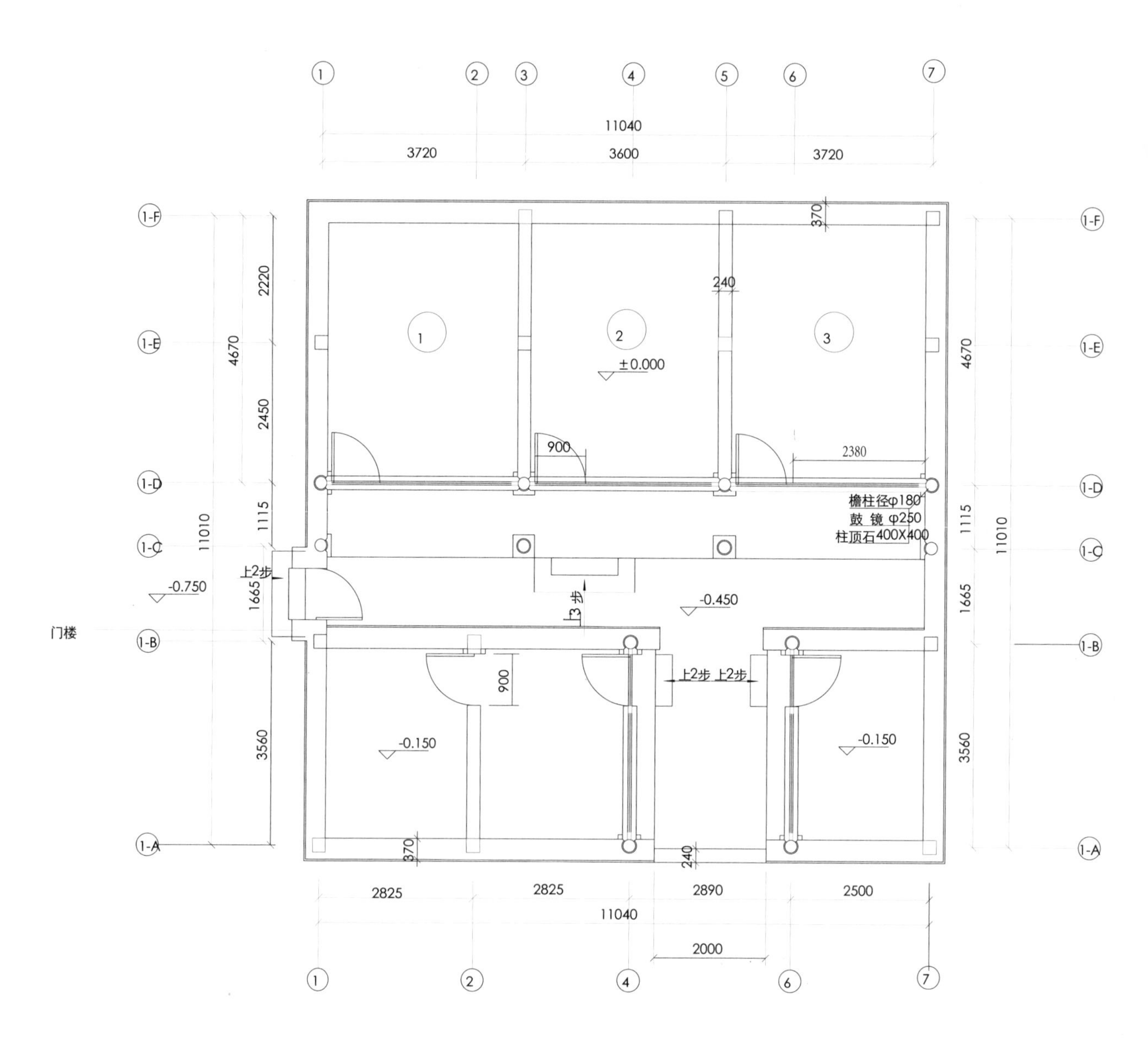

草厂6条26号院平面图

草厂6条30号院立面图

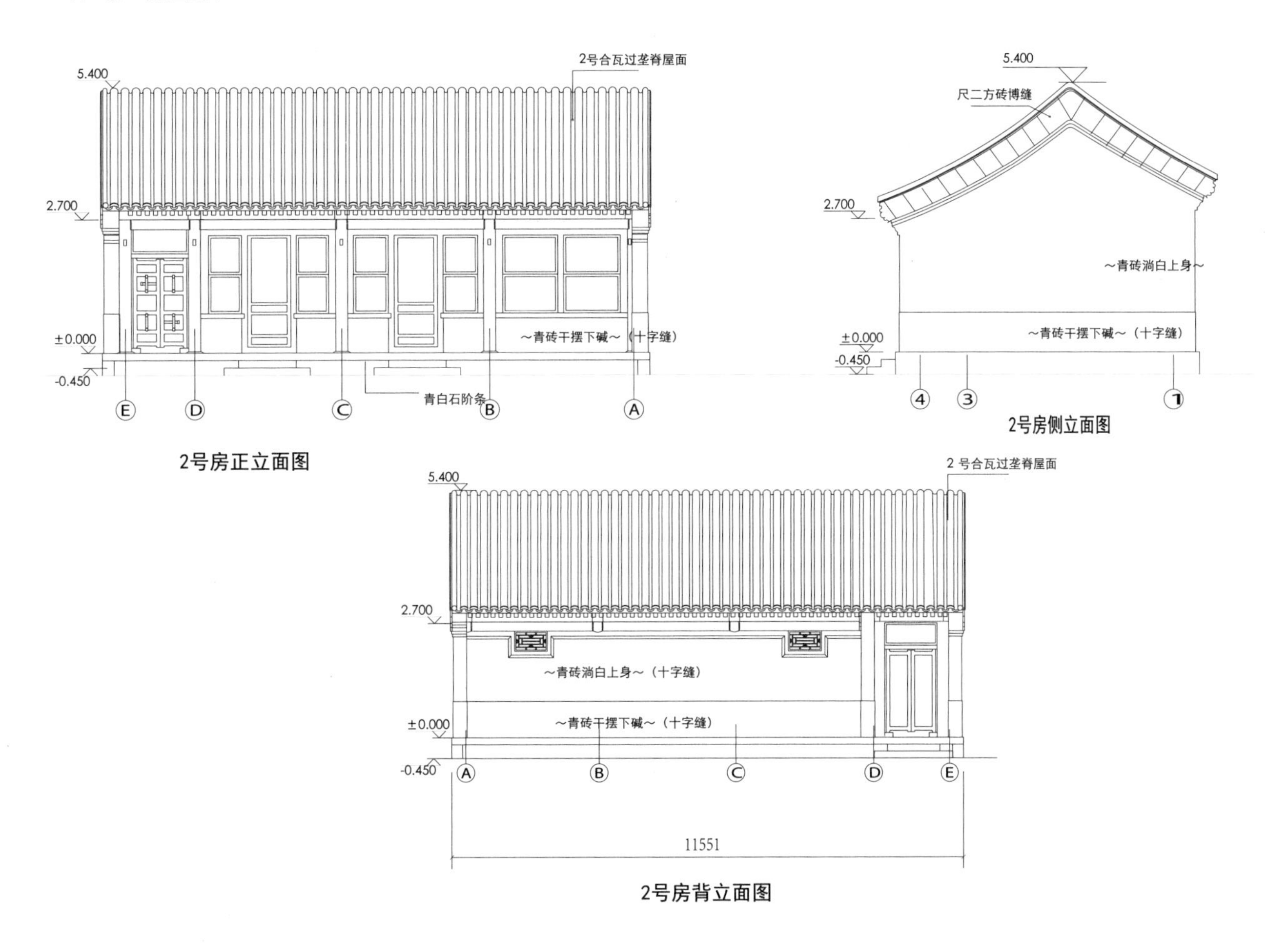

2号房正立面图

2号房侧立面图

2号房背立面图

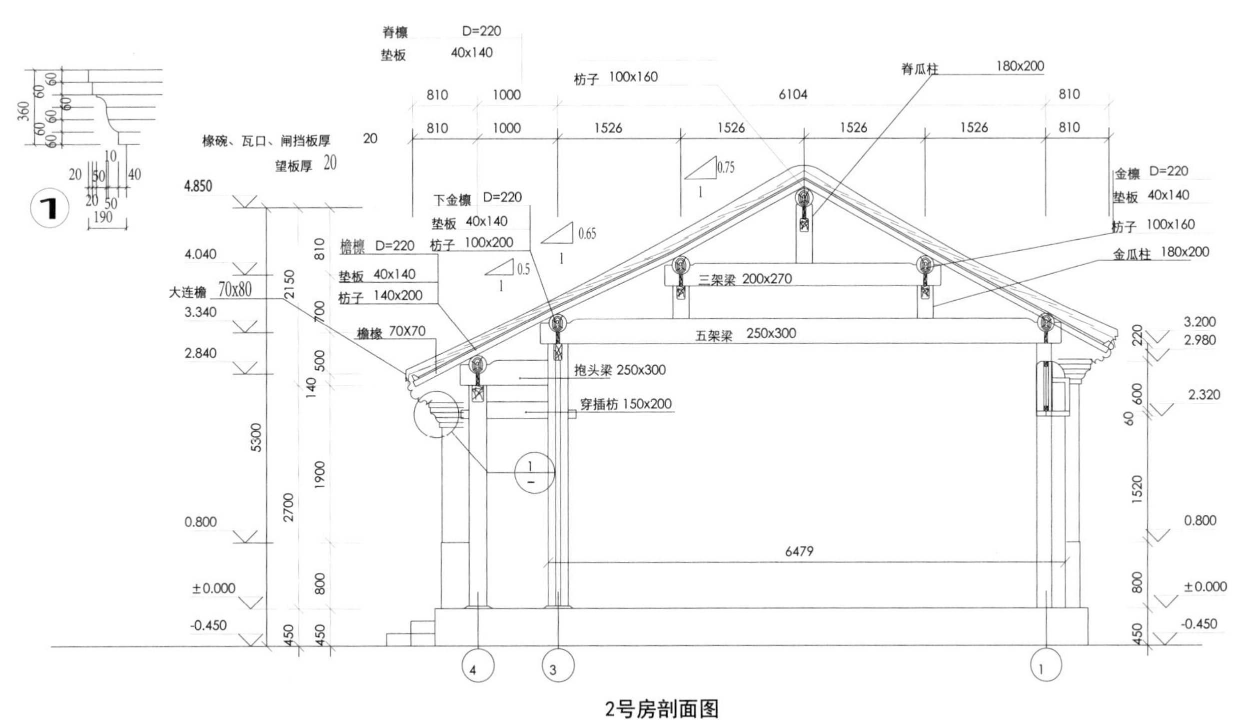

2号房剖面图

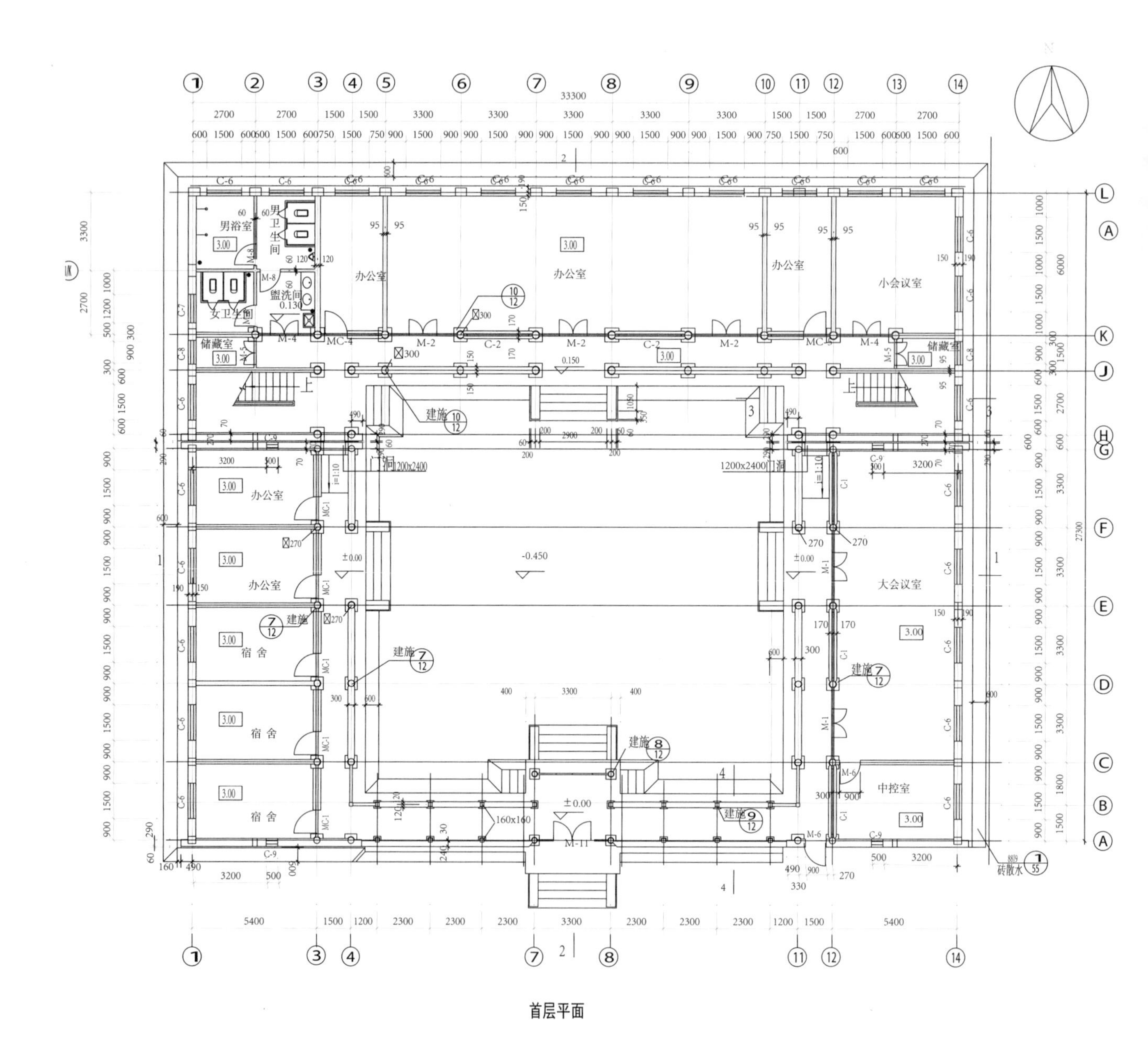

首层平面

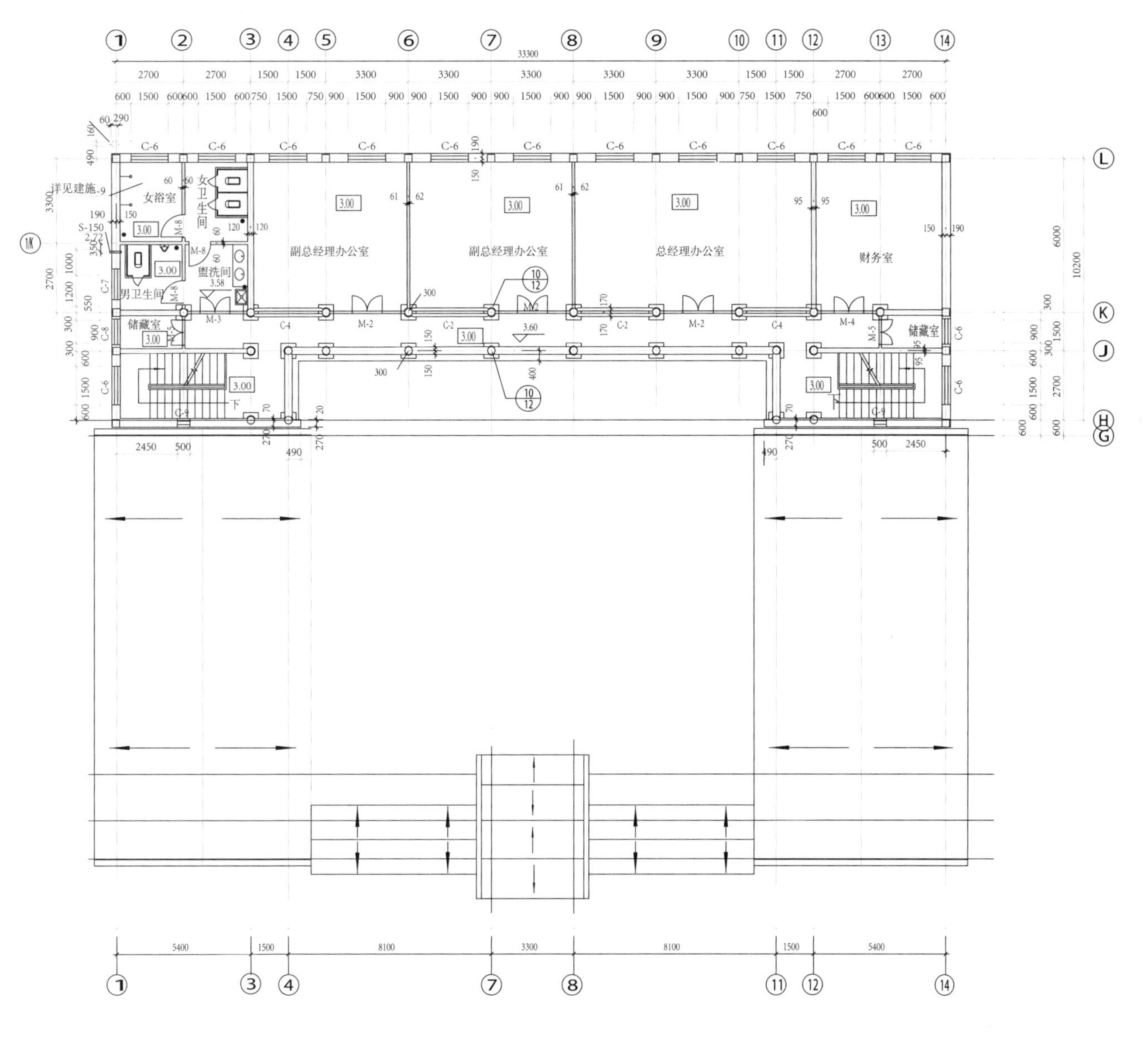

二层平面

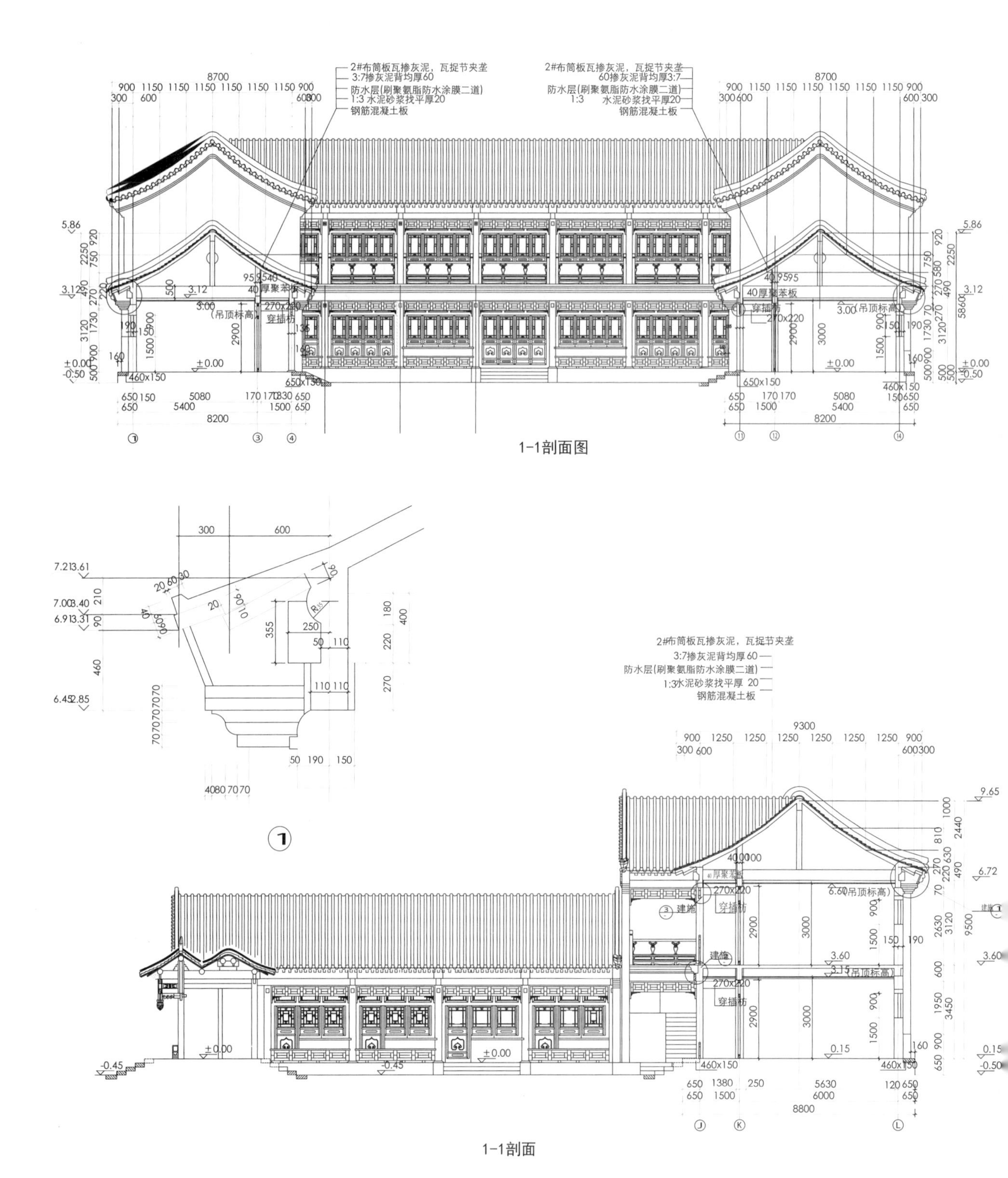
2#布筒板瓦掺灰泥，瓦捉节夹垄
3:7掺灰泥背均厚60
防水层(刷聚氨脂防水涂膜二道)
1:3 水泥砂浆找平厚20
钢筋混凝土板
40厚聚苯板
270x220
穿插枋
(吊顶标高)
1-1剖面图
建施
1-1剖面

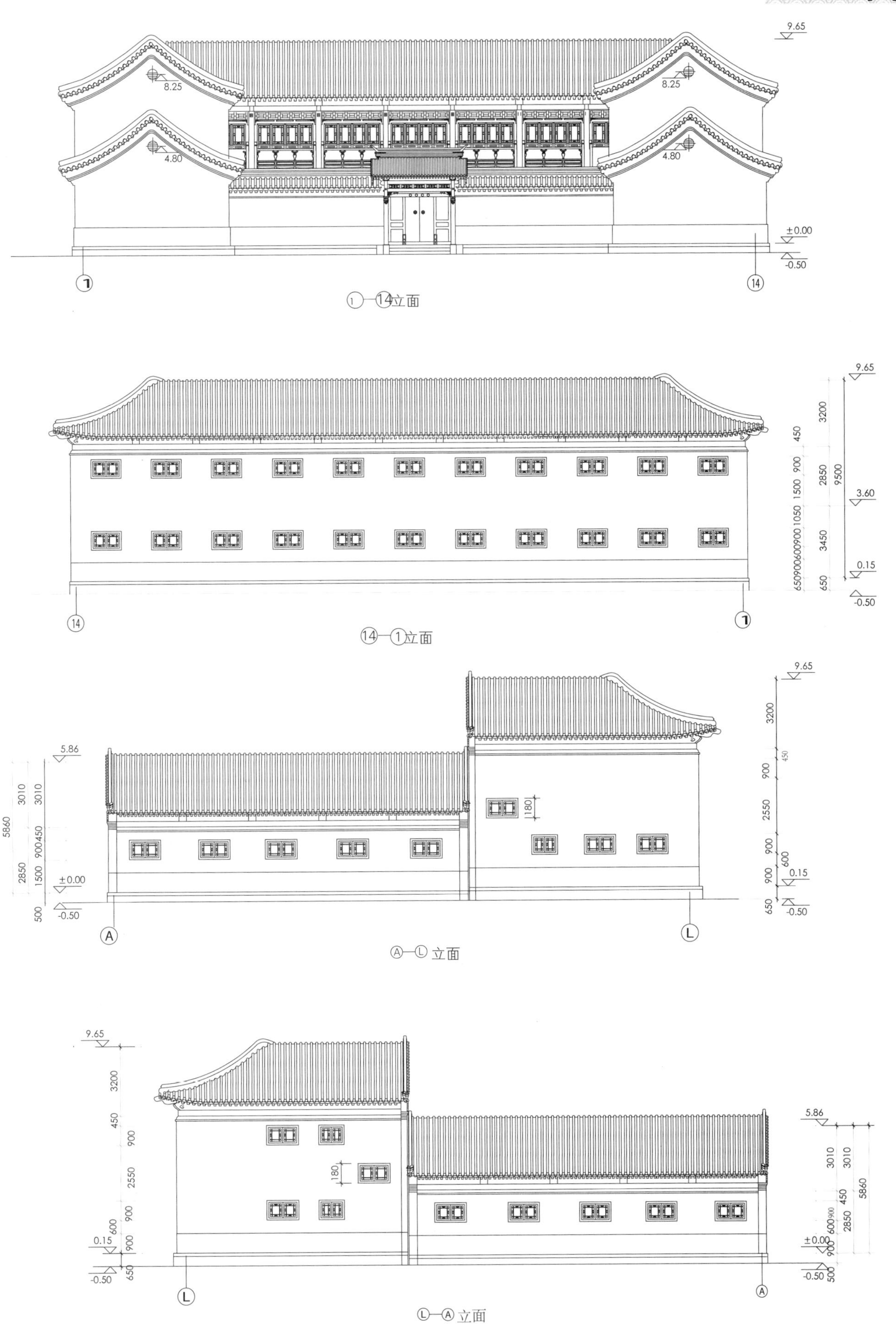

①—⑭立面

⑭—①立面

Ⓐ—Ⓛ 立面

Ⓛ—Ⓐ 立面

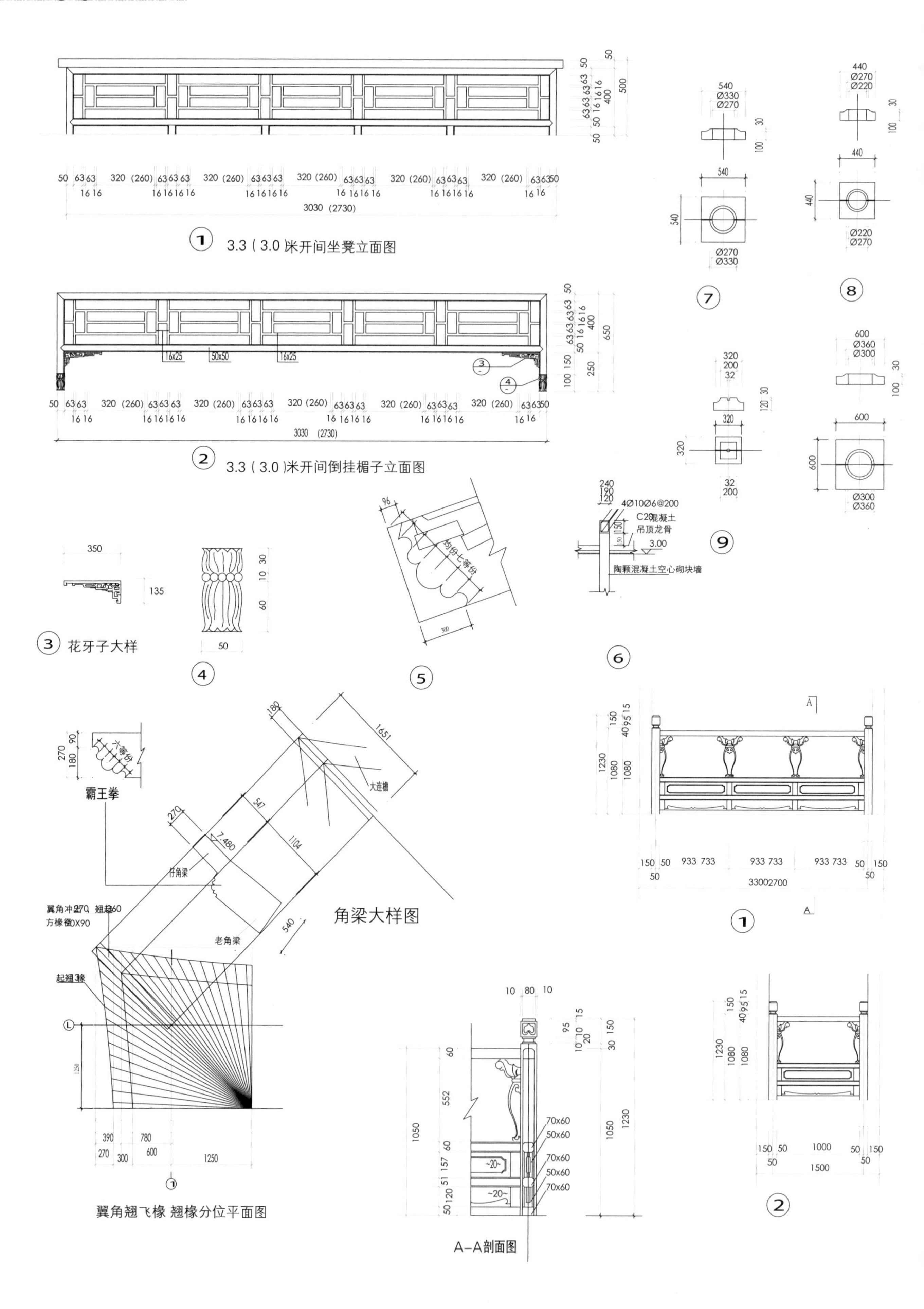

3.3（3.0）米开间坐凳立面图
3.3（3.0）米开间倒挂楣子立面图
花牙子大样
霸王拳
角梁大样图
仔角梁
老角梁
大连檐
翼角翘飞椽 翘椽分位平面图
A–A剖面图
陶颗混凝土空心砌块墙
吊顶龙骨

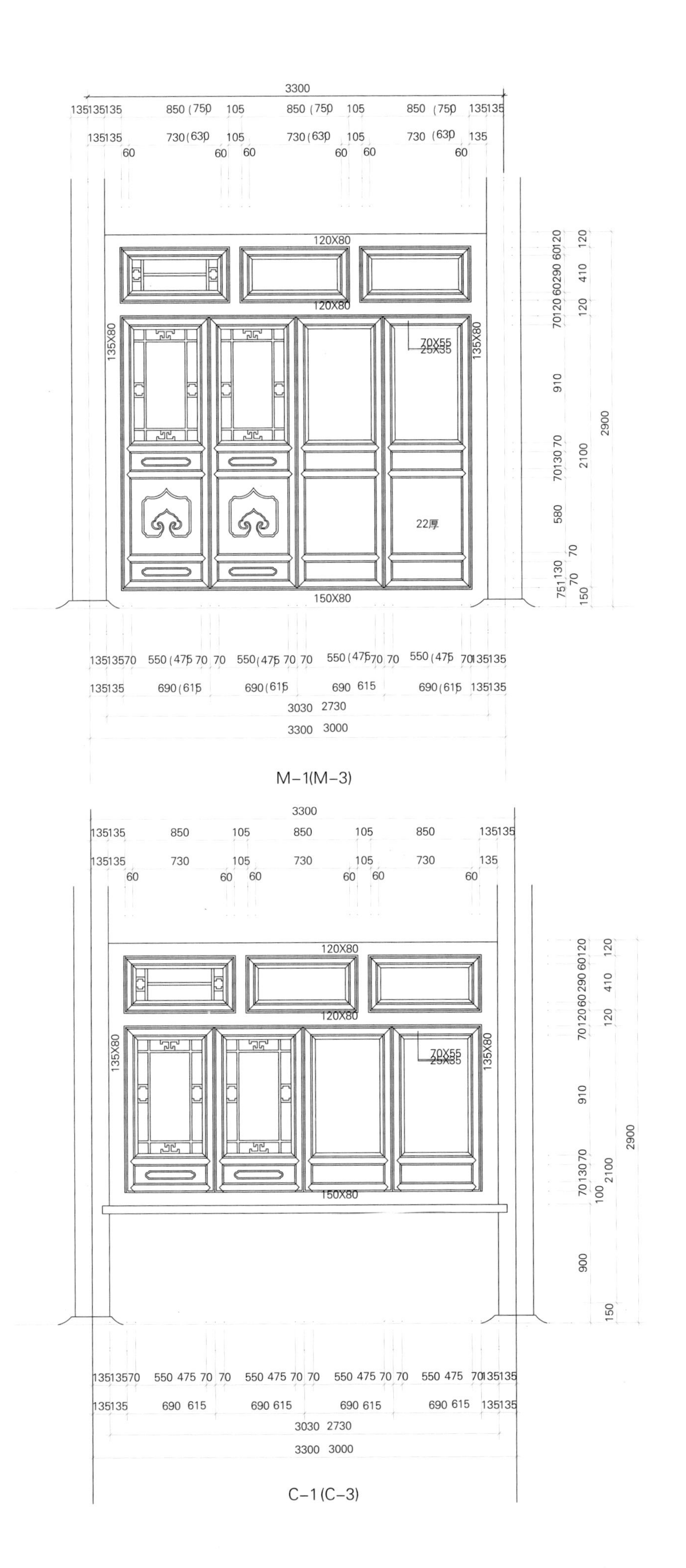
3300
135135135
850 (750
105
730 (630
60
120X80
135X80
70X55
25X35
22厚
150X80
910
2100
2900
580
410
120
550 (475
690 (615
3030 2730
3300 3000
850
730
550 475
690 615
900
150
100

M-1(M-3)

C-1 (C-3)

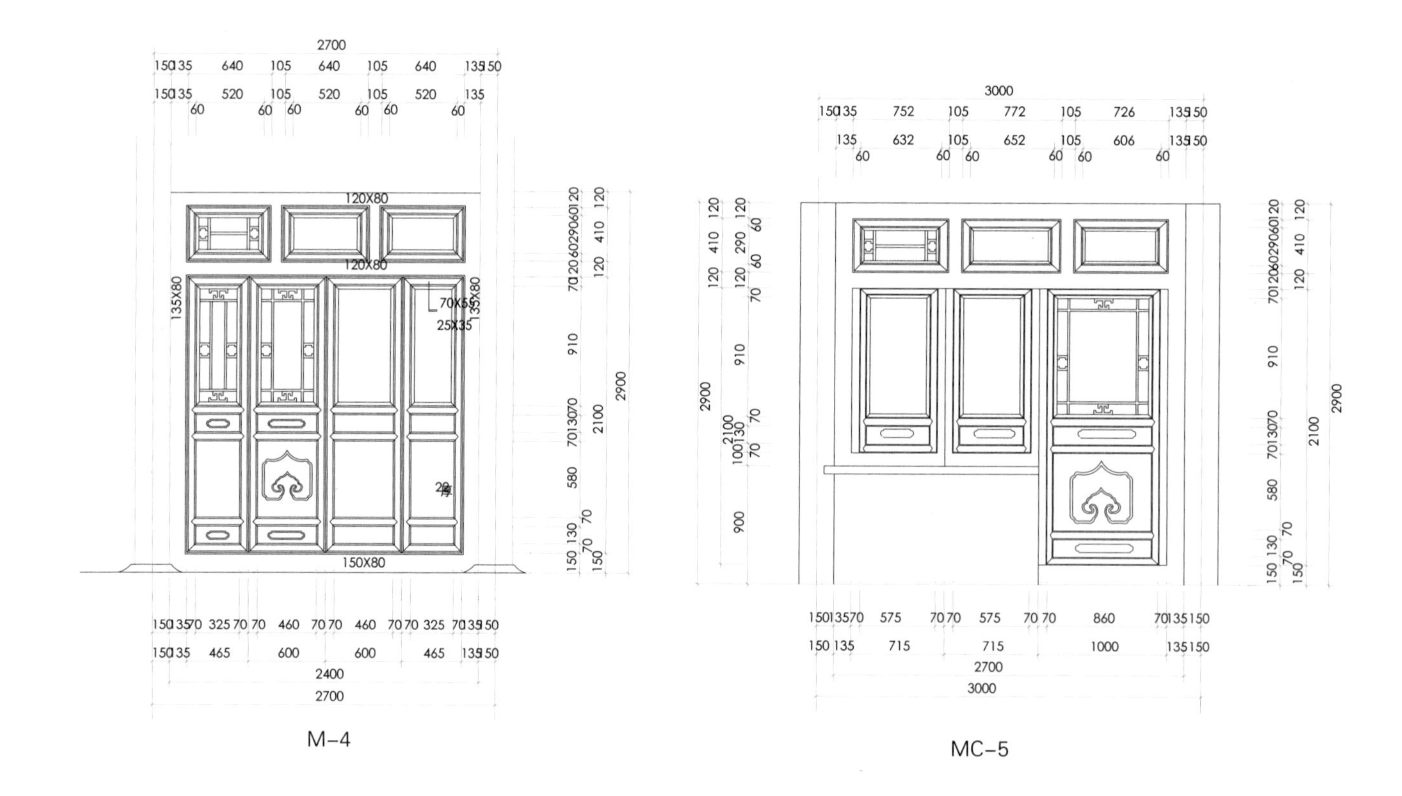

M-4

MC-5

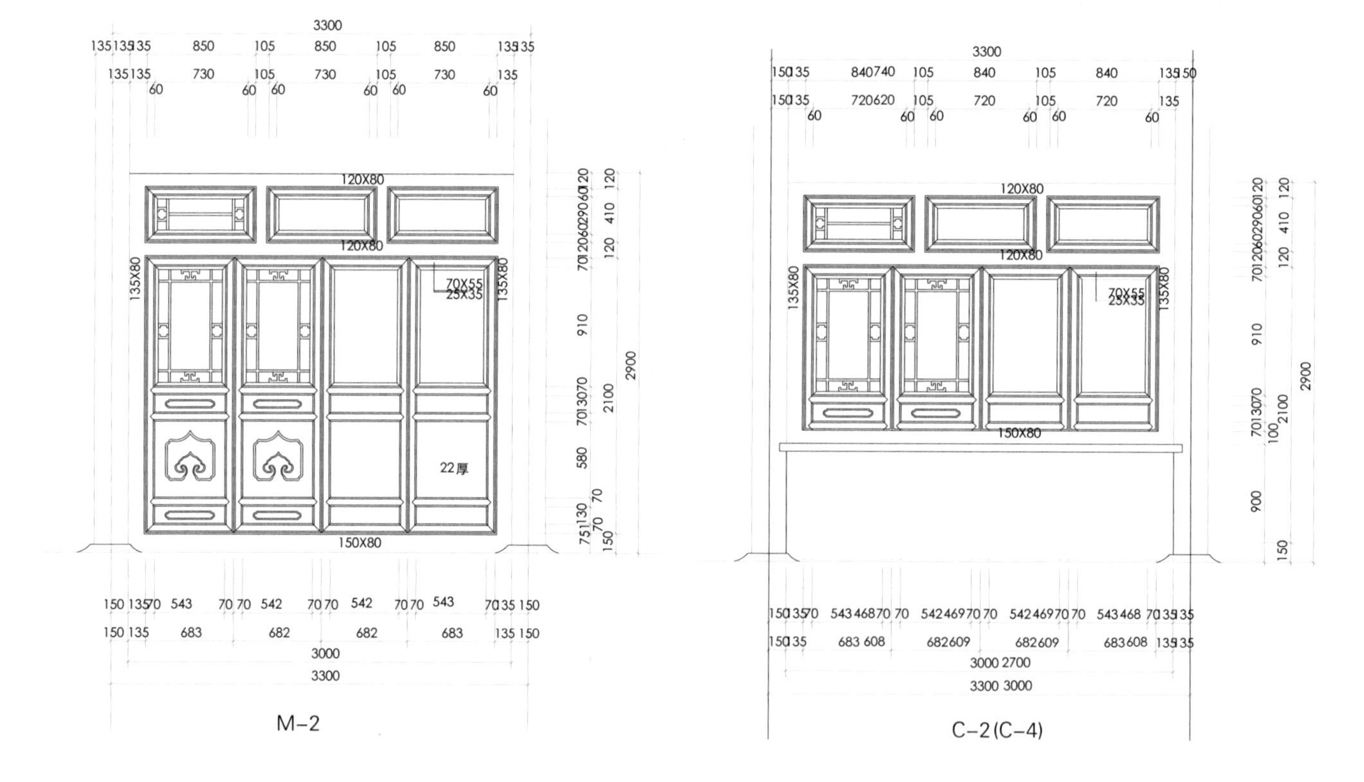

M-2

C-2(C-4)

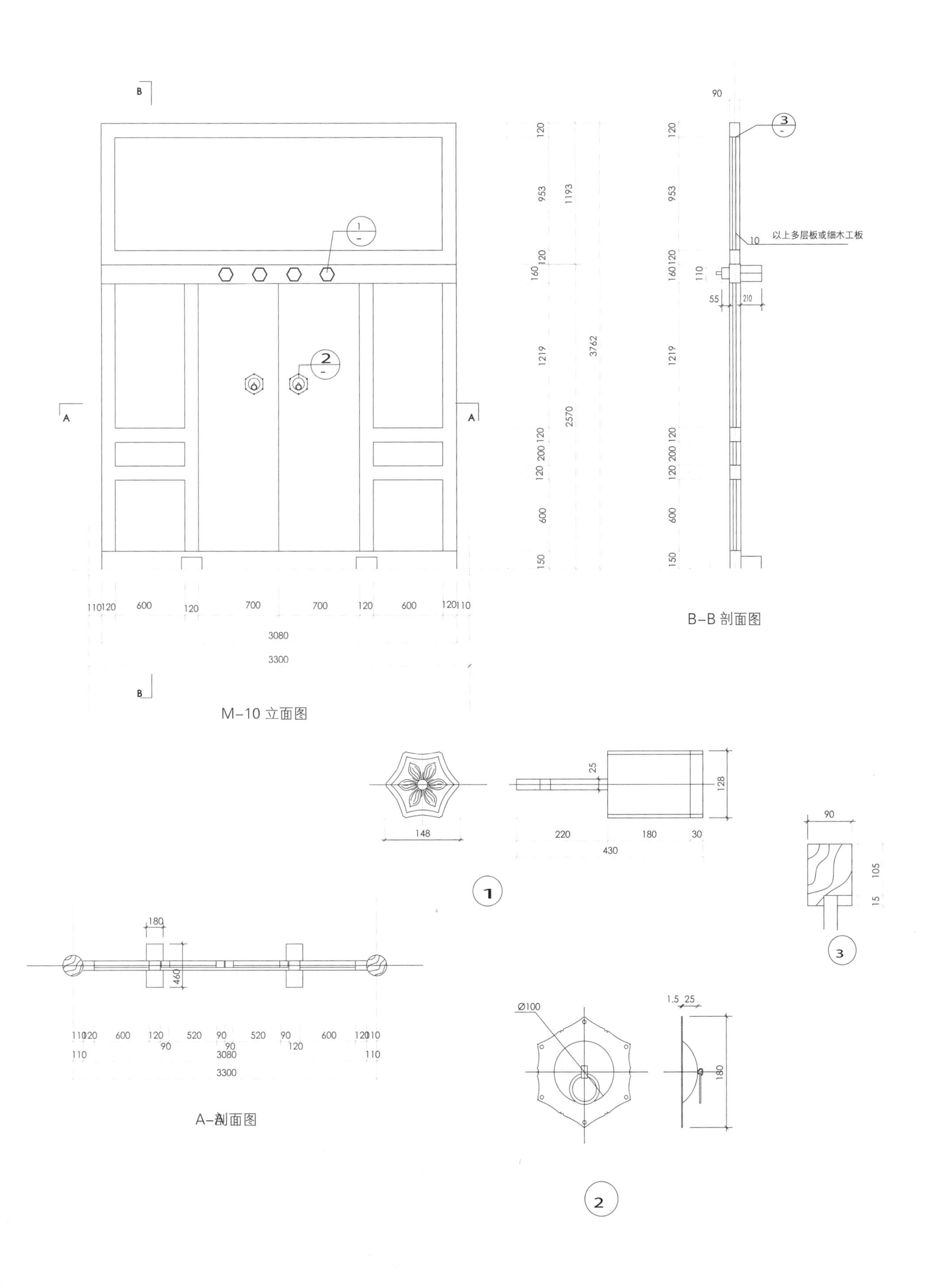

B
A
1
2
3
90
120
953
1193
120
160
110
55
210
1219
3762
2570
200
600
150
以上多层板或细木工板
10
110
600
700
3080
3300
M–10 立面图
B–B 剖面图
148
25
128
220
180
30
430
105
15
180
460
520
A–A剖面图
Ø100
1.5

卧室 堂屋 卧室

卧室 卧室

内庭 厨房

厨房

卧室 堂屋 卧室

卧室 卧室

回族住房设计方案平面图

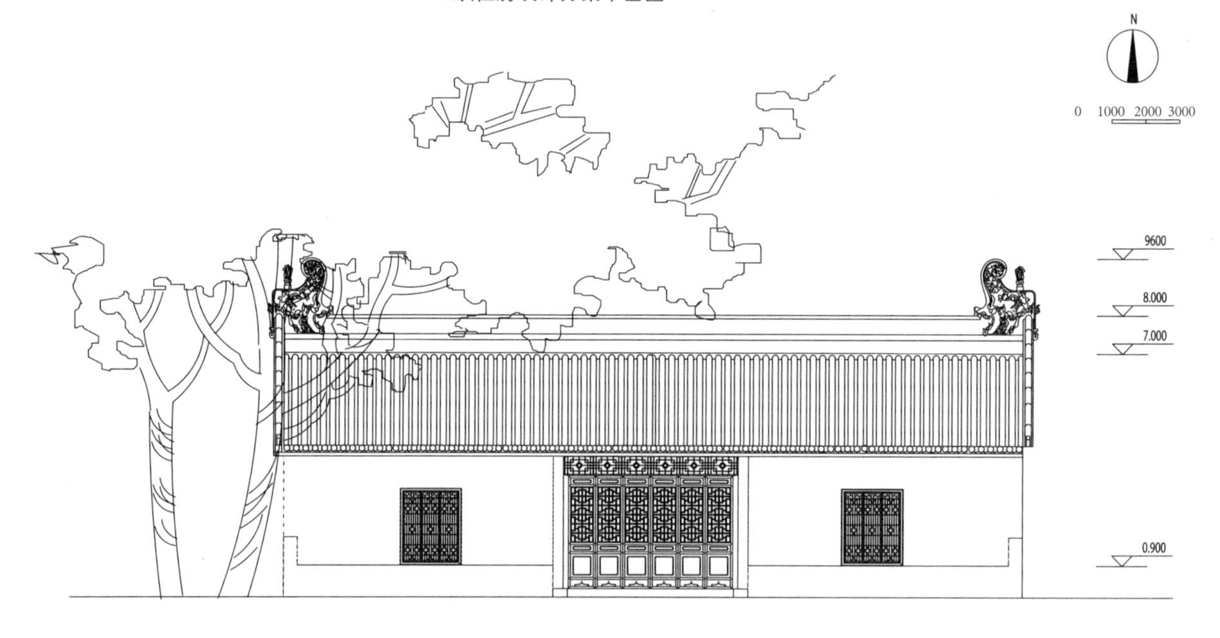

回族住房设计方案正立面图

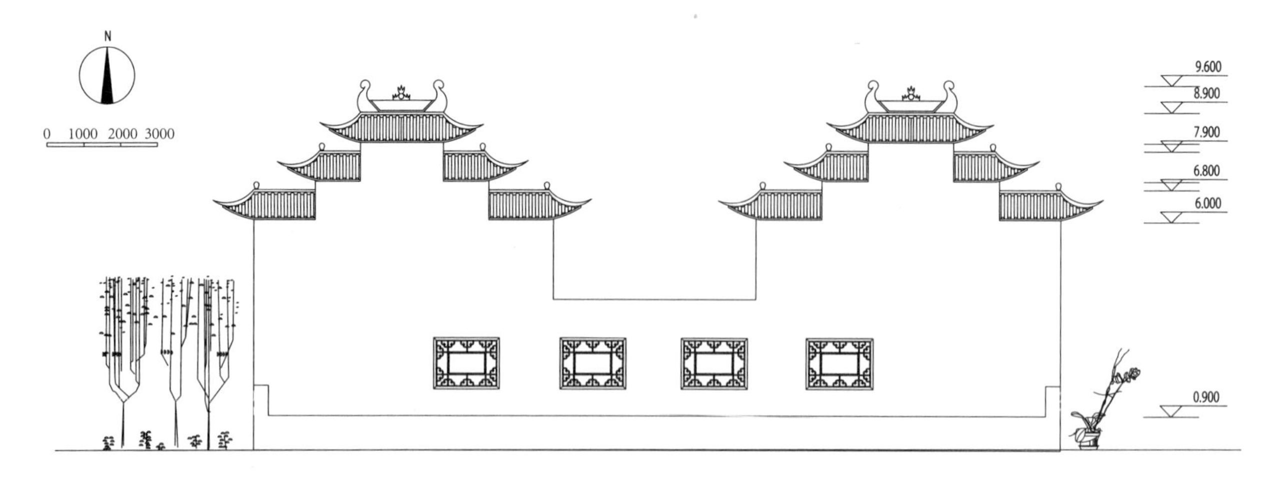

回族住房设计方案侧立面图

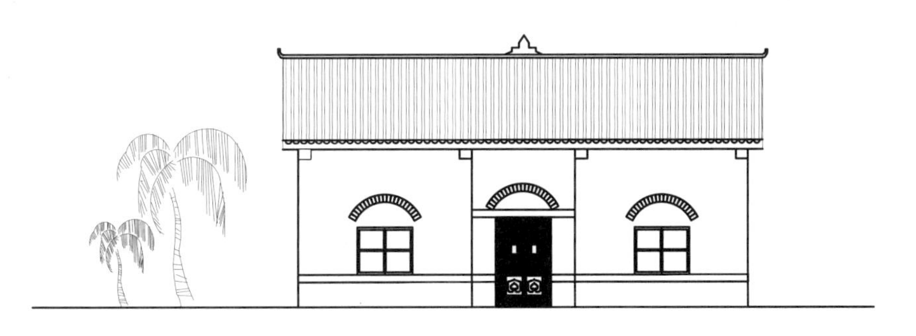

正立面

侧立面

楼梯间

卧室 堂屋 卧室

一层平面图

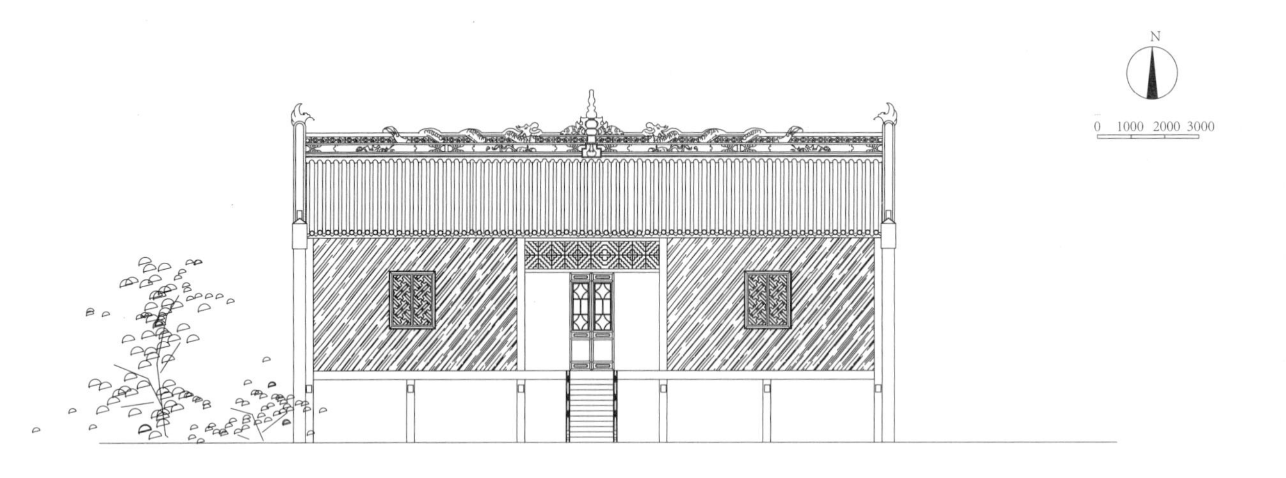

毛南族住房设计方案正立面图

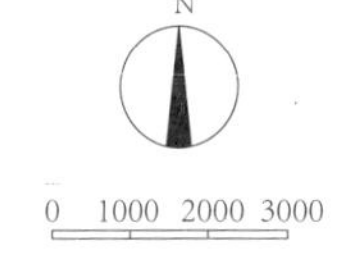

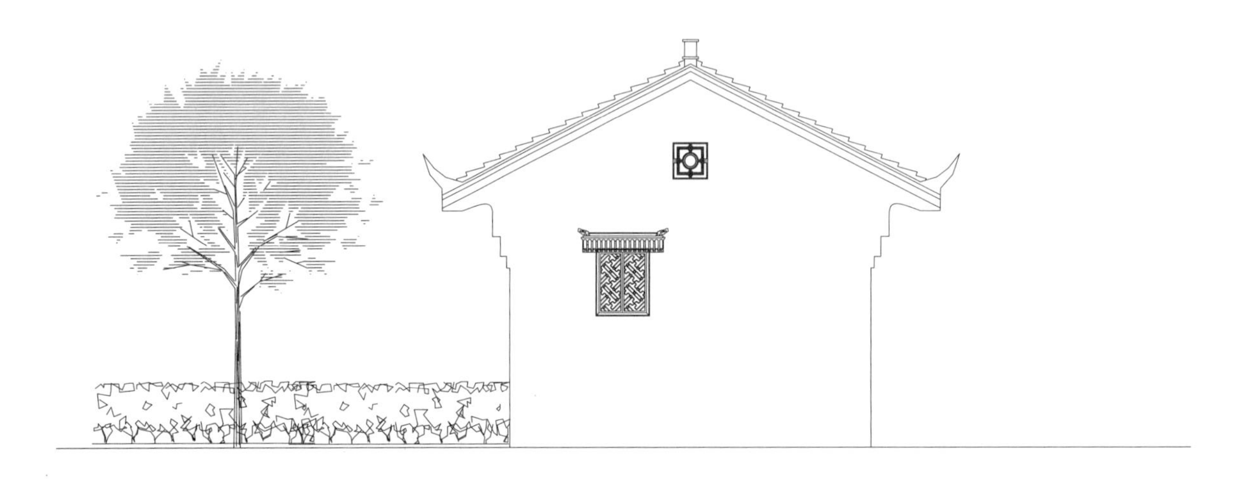

毛南族住房设计方案侧力面图

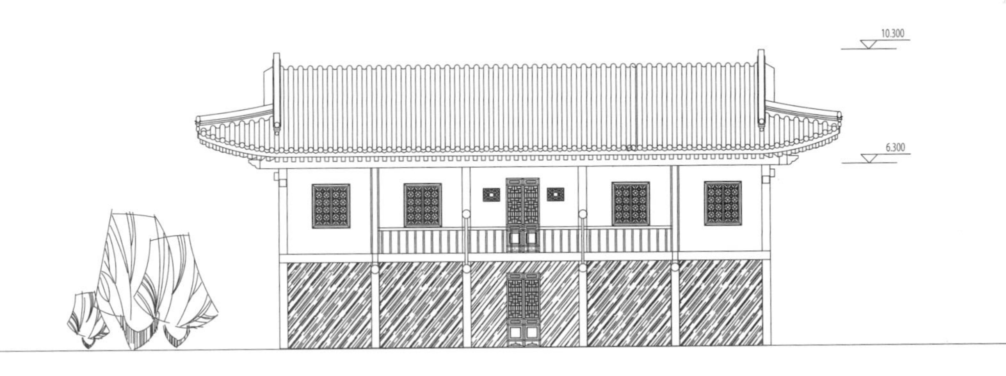

水族住房设计正立面图

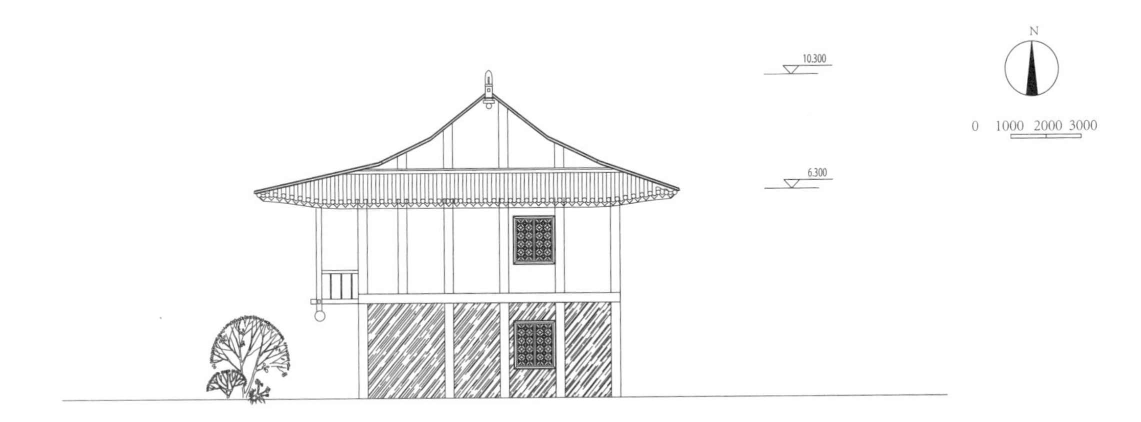

水族住房设计侧立面图

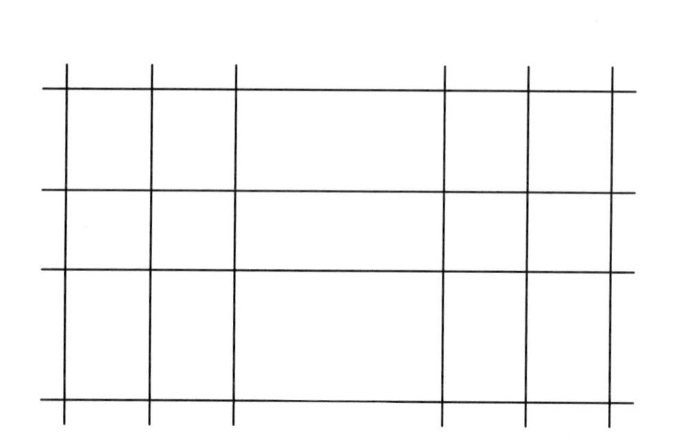

么佬族住房设计一层平面图

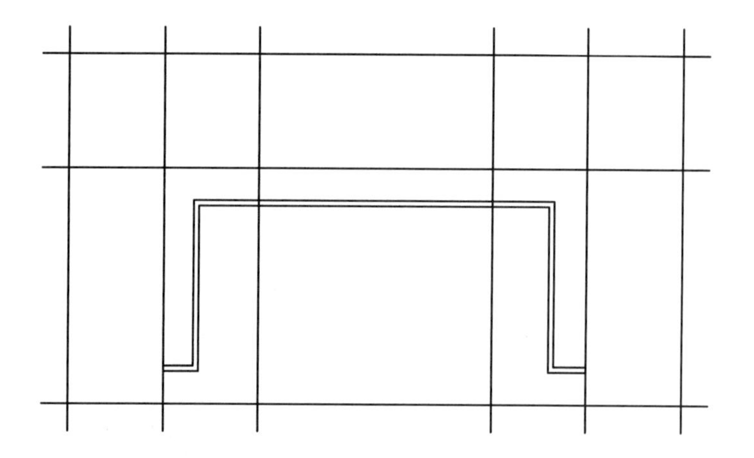

么佬族住房设计二层平面图

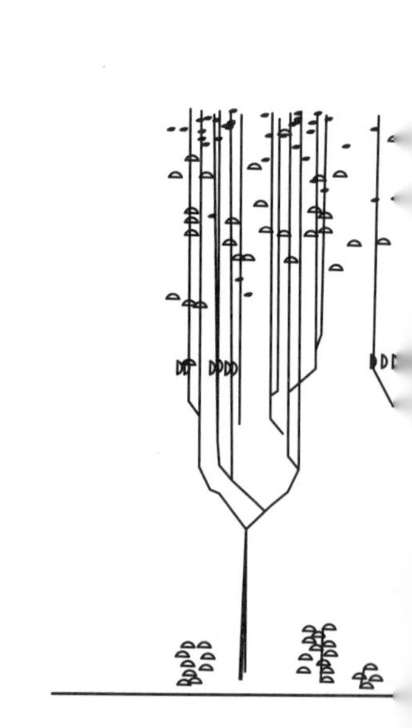

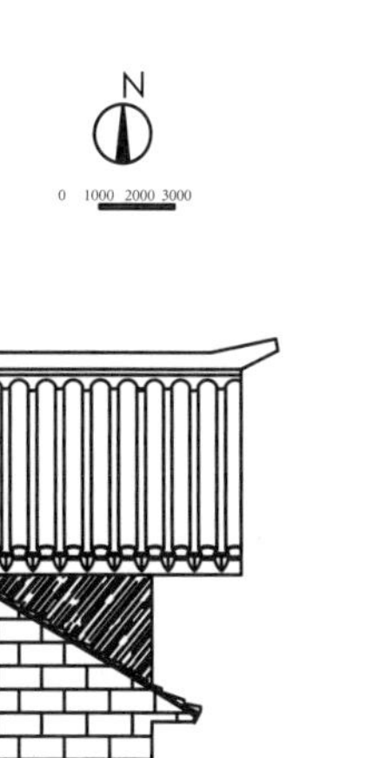

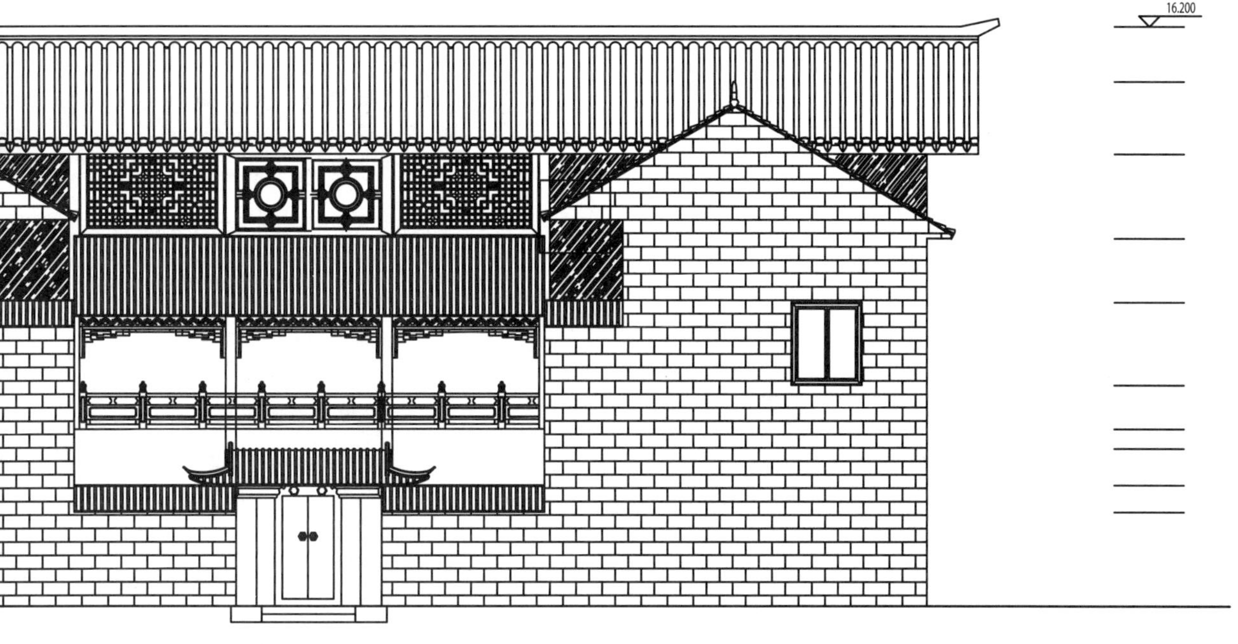

么佬族住房设计正立面图

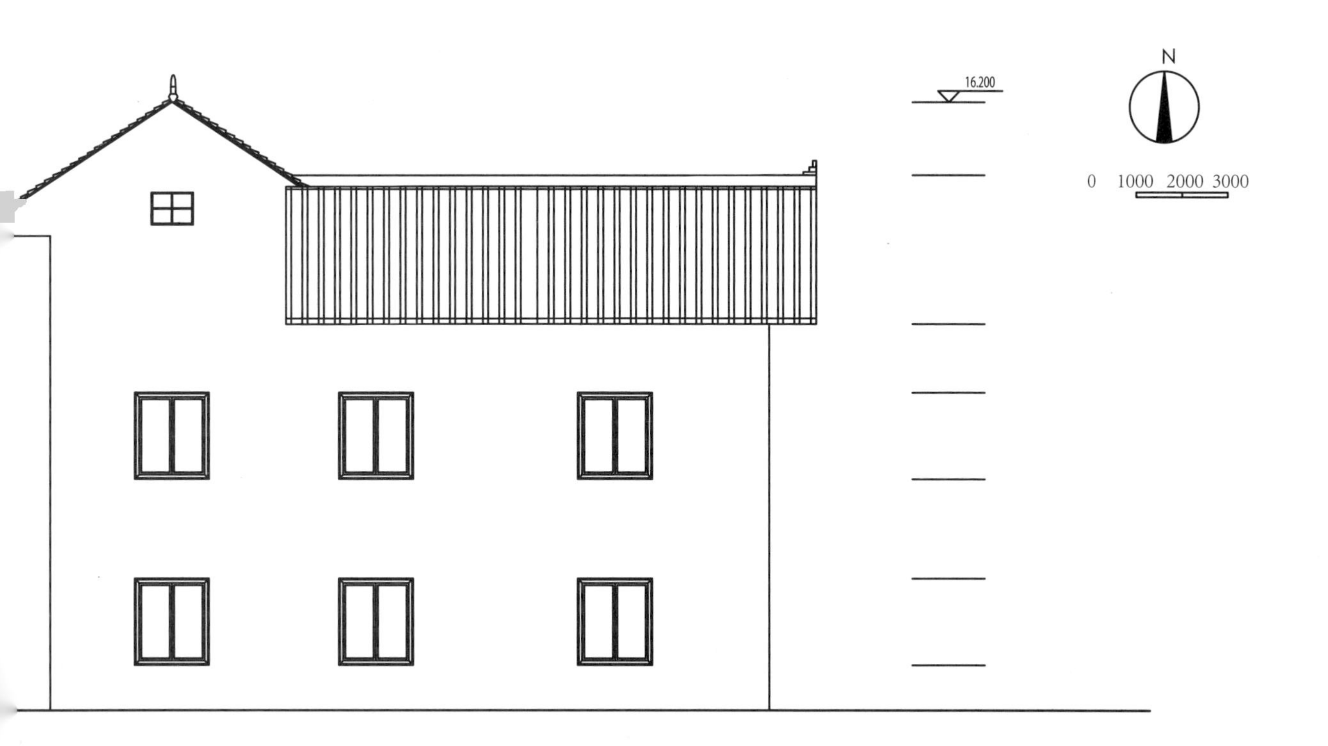

么佬族住房设计侧立面图

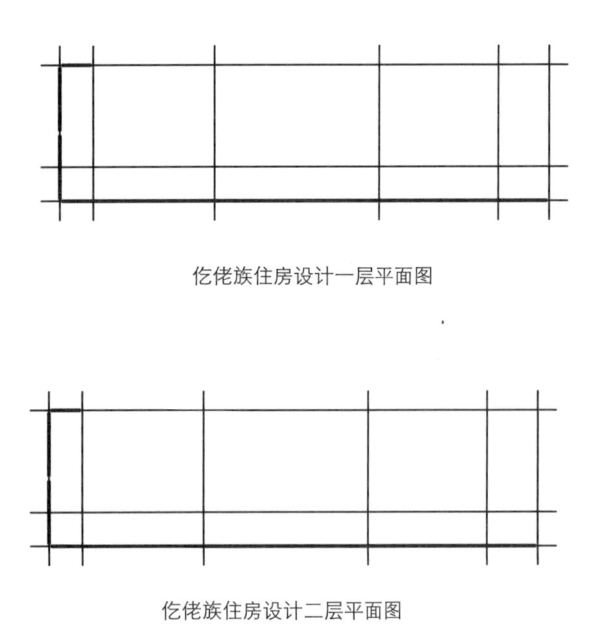

仡佬族住房设计一层平面图

仡佬族住房设计二层平面图

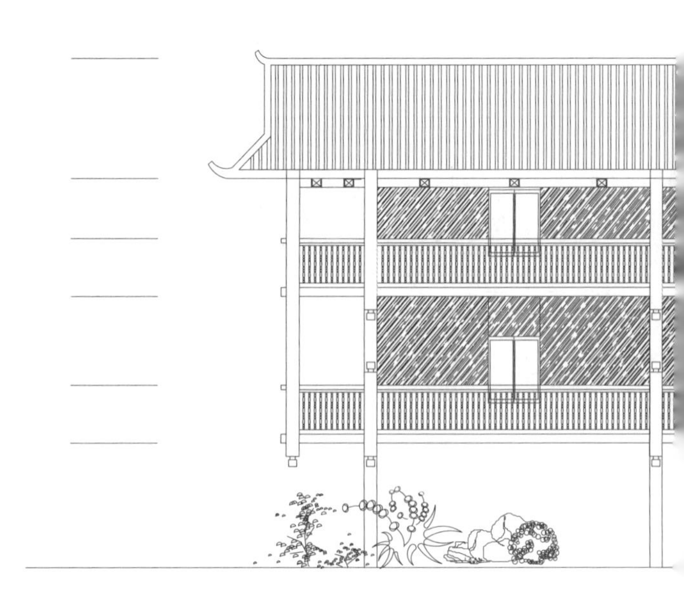

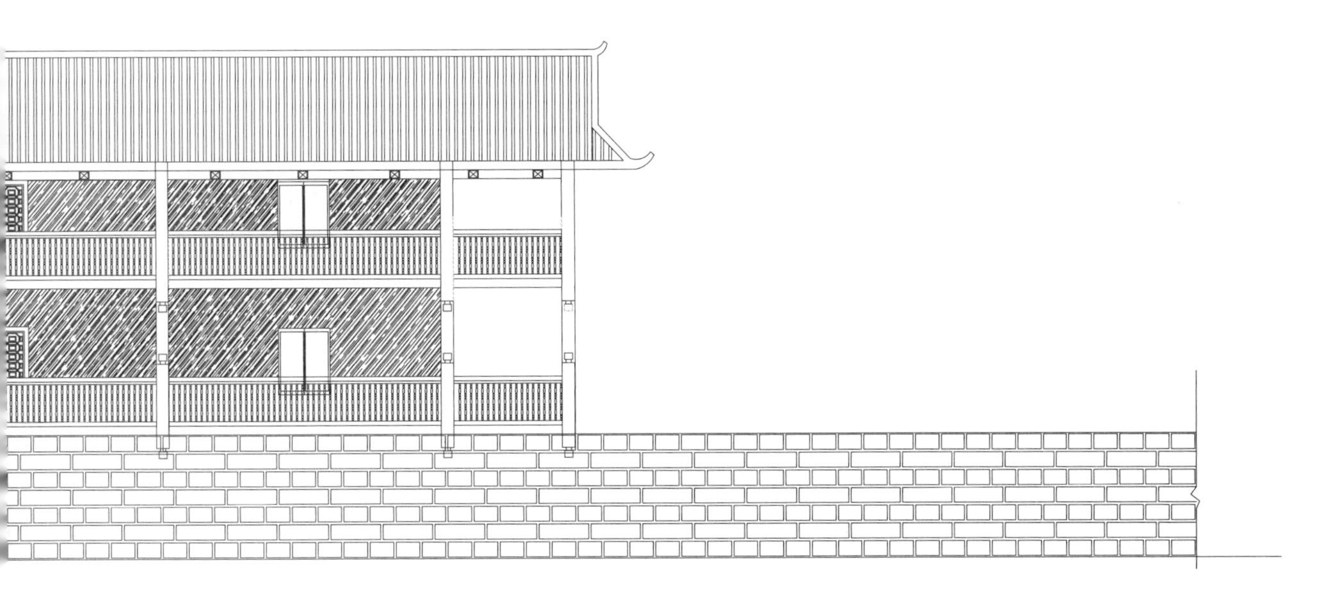

仡佬族住房设计正立面图

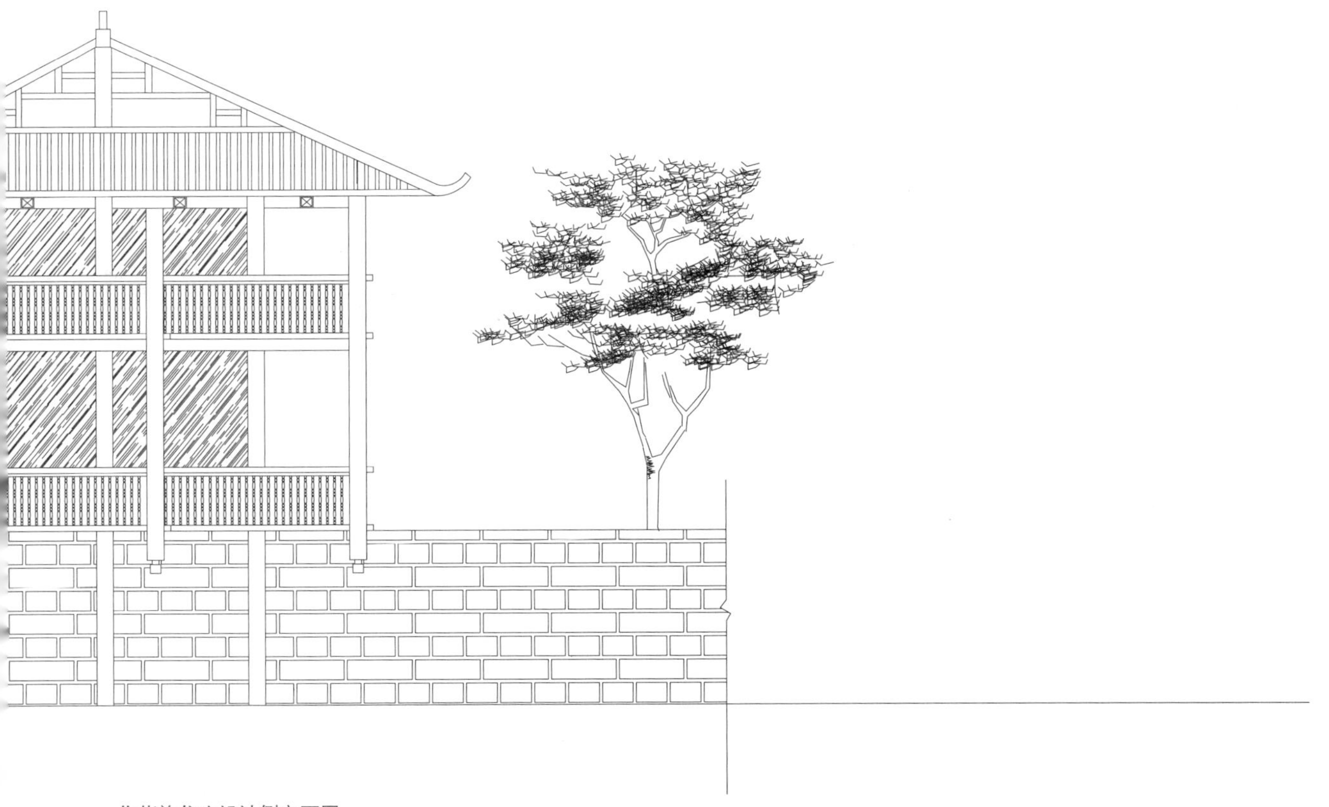

仡佬族住房设计侧立面图

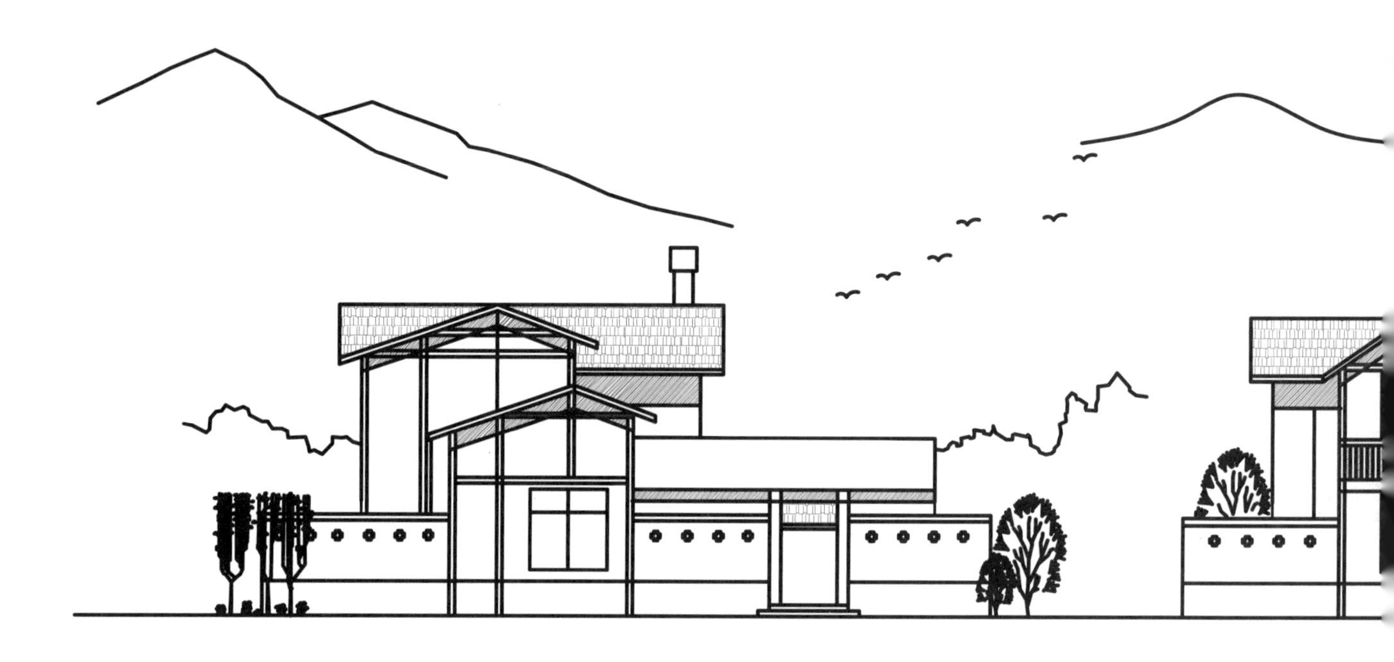

村民住宅设计方案

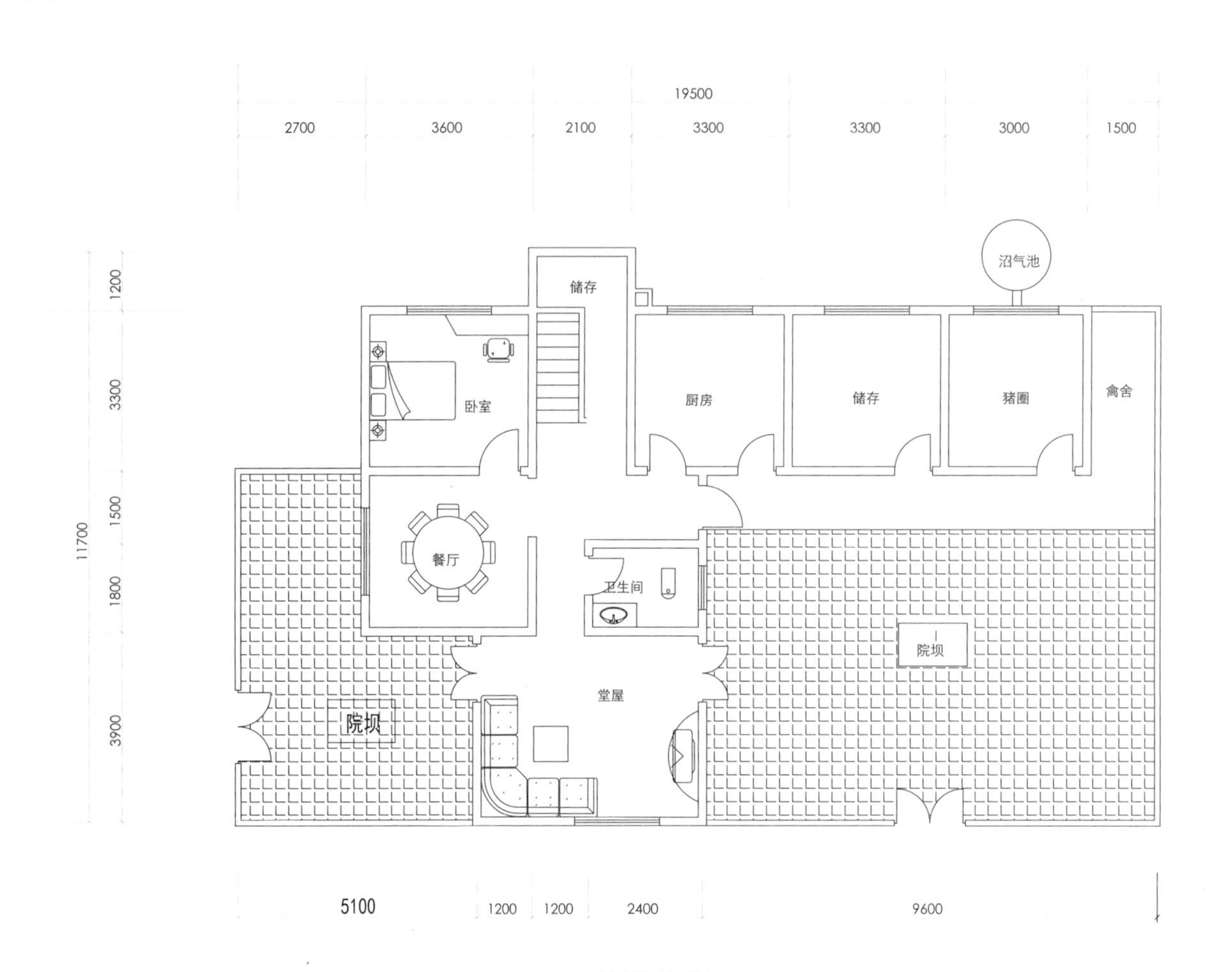
19500
2700
3600
2100
3300
3300
3000
1500
沼气池
储存
卧室
厨房
储存
猪圈
禽舍
餐厅
卫生间
院坝
堂屋
院坝
11700
1200
3300
1500
1800
3900
5100
1200
1200
2400
9600

底层平面图

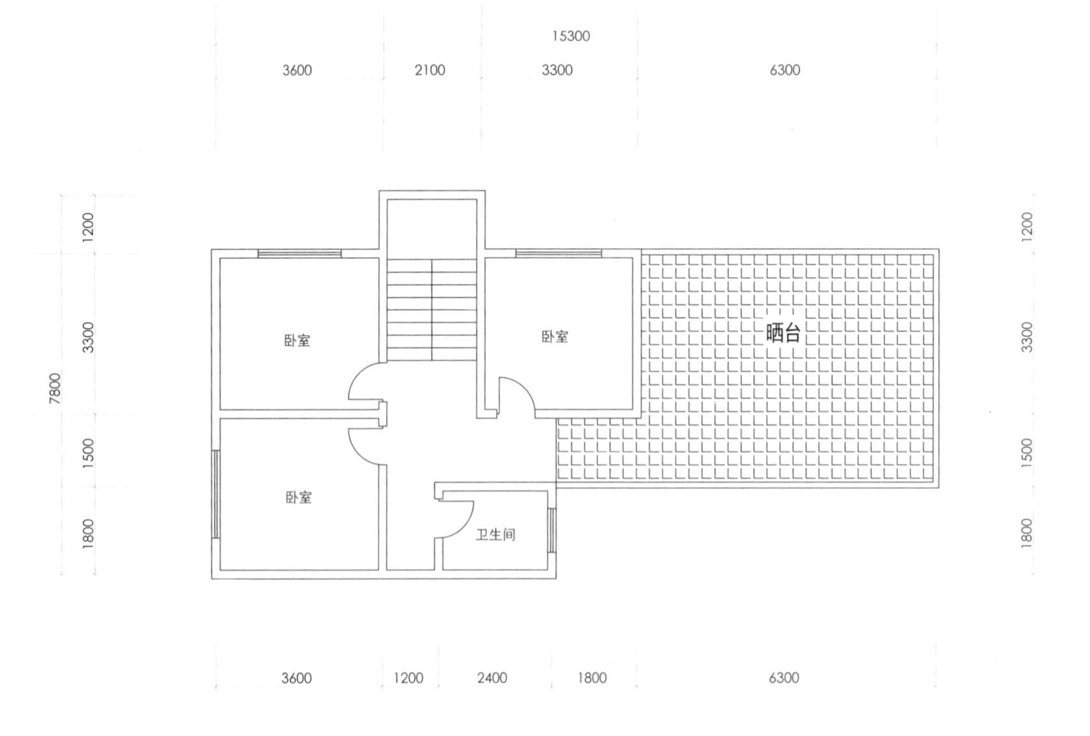
15300
3600
2100
3300
6300
卧室
卧室
晒台
卧室
卫生间
7800
1200
3300
1500
1800
3600
1200
2400
1800
6300

二层平面图

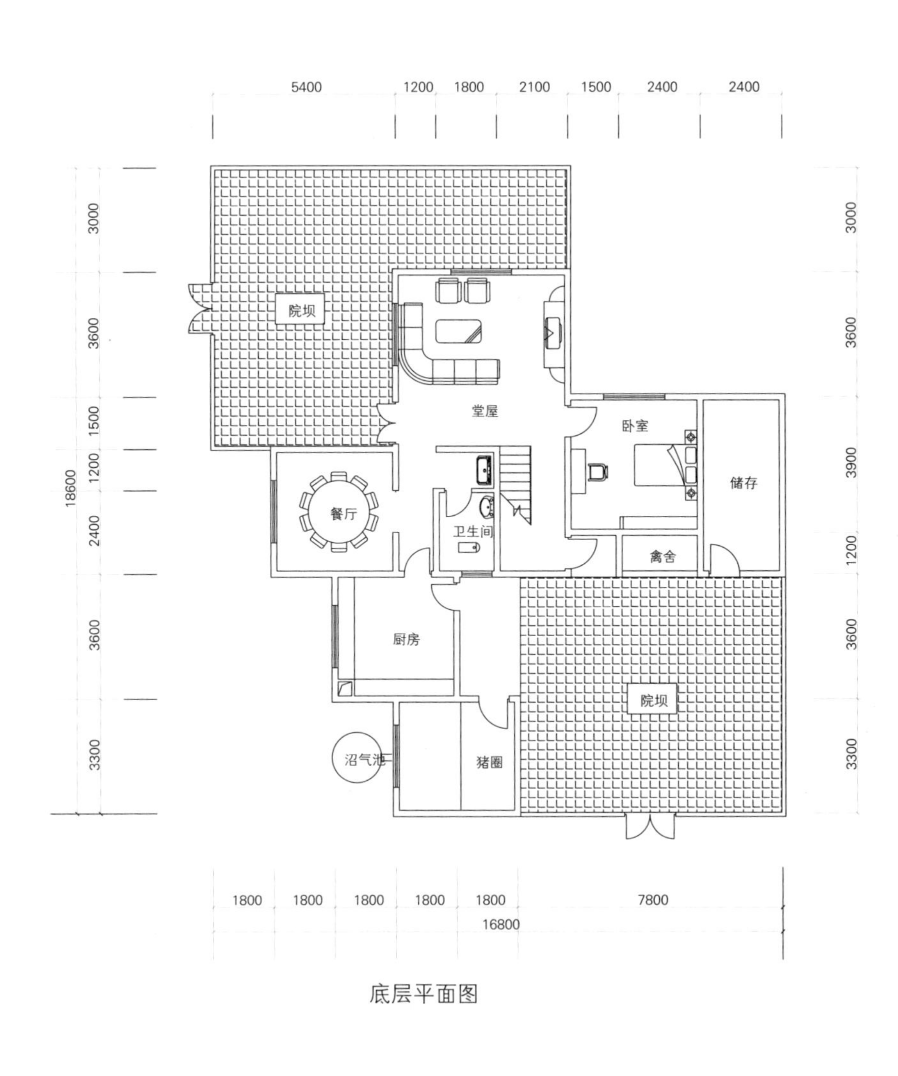

底层平面图

方案二

底层面积120m²

二层面积90m²

总面积210m²

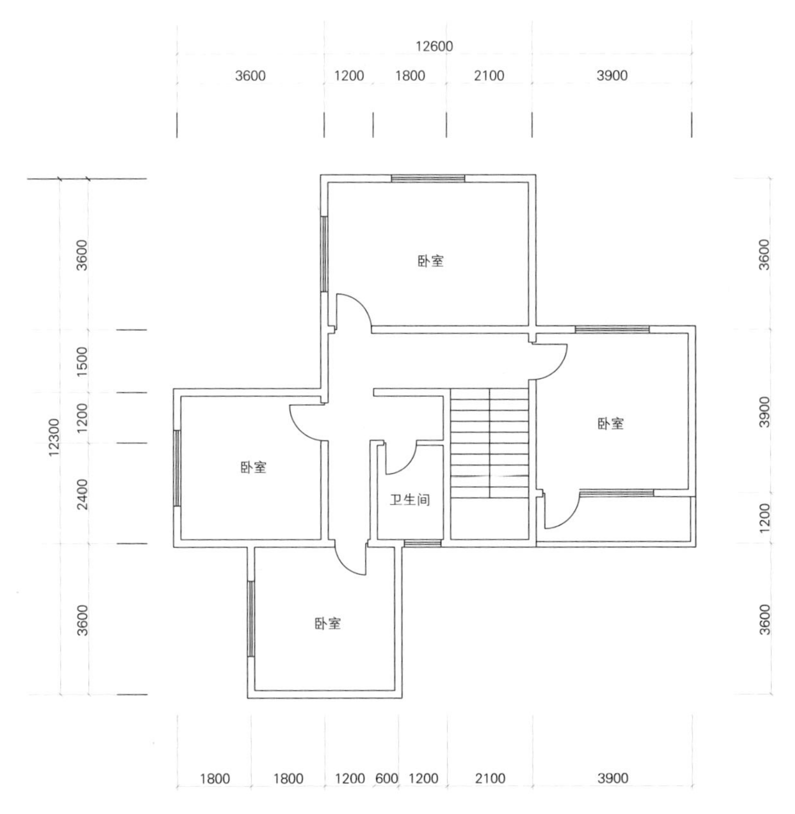

二层平面图

方案二

底层面积 120M²

二层面积　90M²

总面积　210M²

方案二立面图

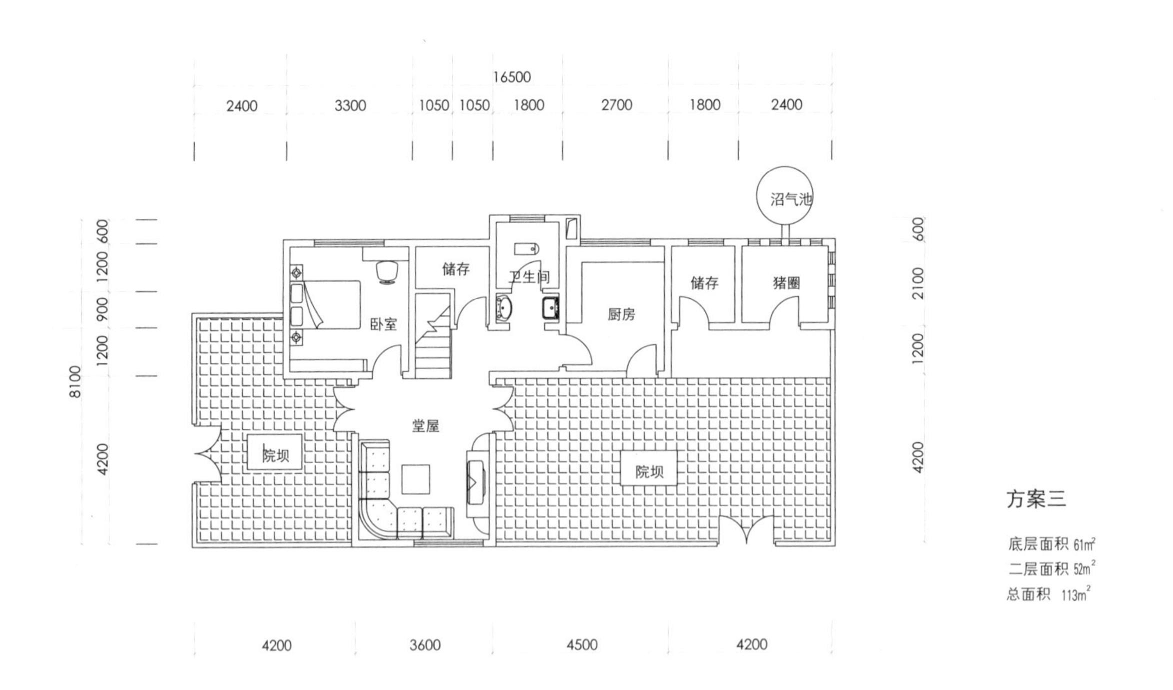

方案三

底层面积 61m²
二层面积 52m²
总面积 113m²

底层平面图

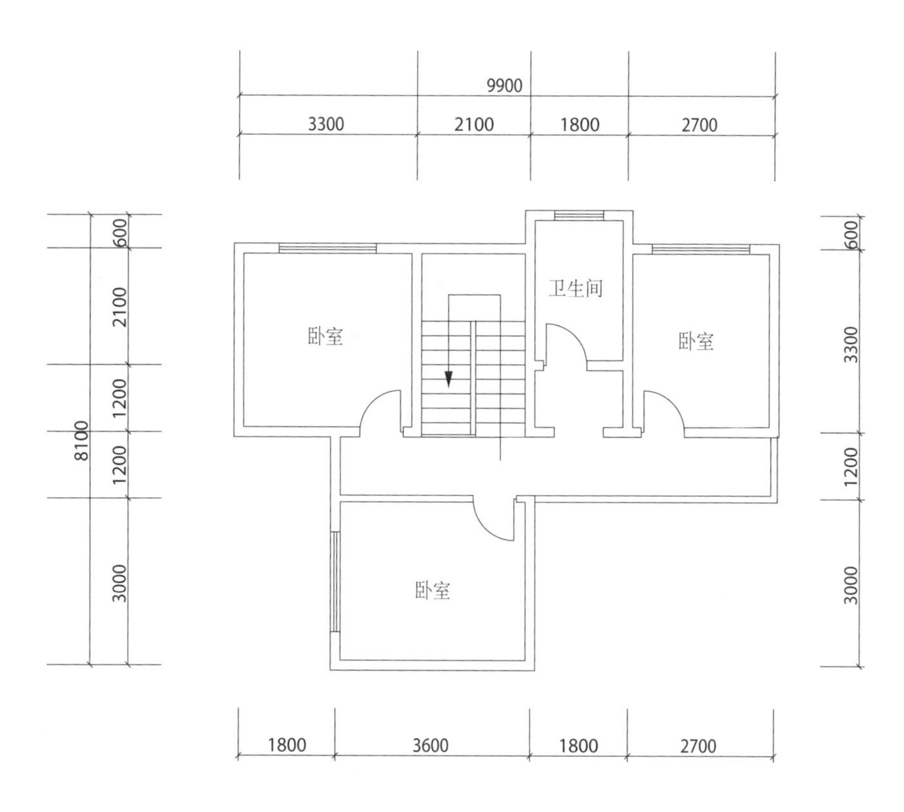

方案三

底层面积 61M²

二层面积 52M²

总面积 113M²

二层平面图

方案三立面图

1500 4200 8400

9000

2050

2400

1500

平面图

正立面图

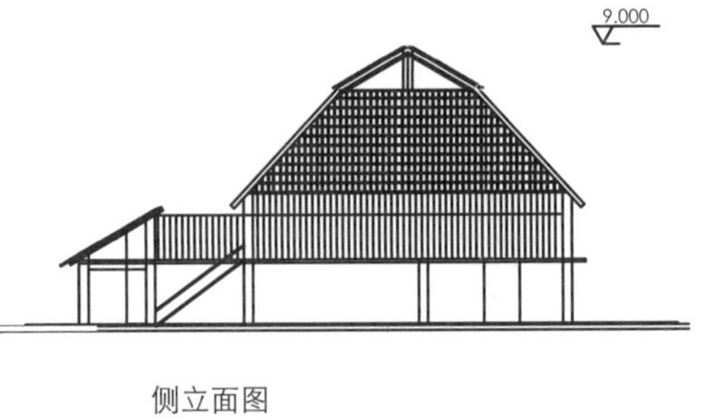

侧立面图

云南傣族竹楼1

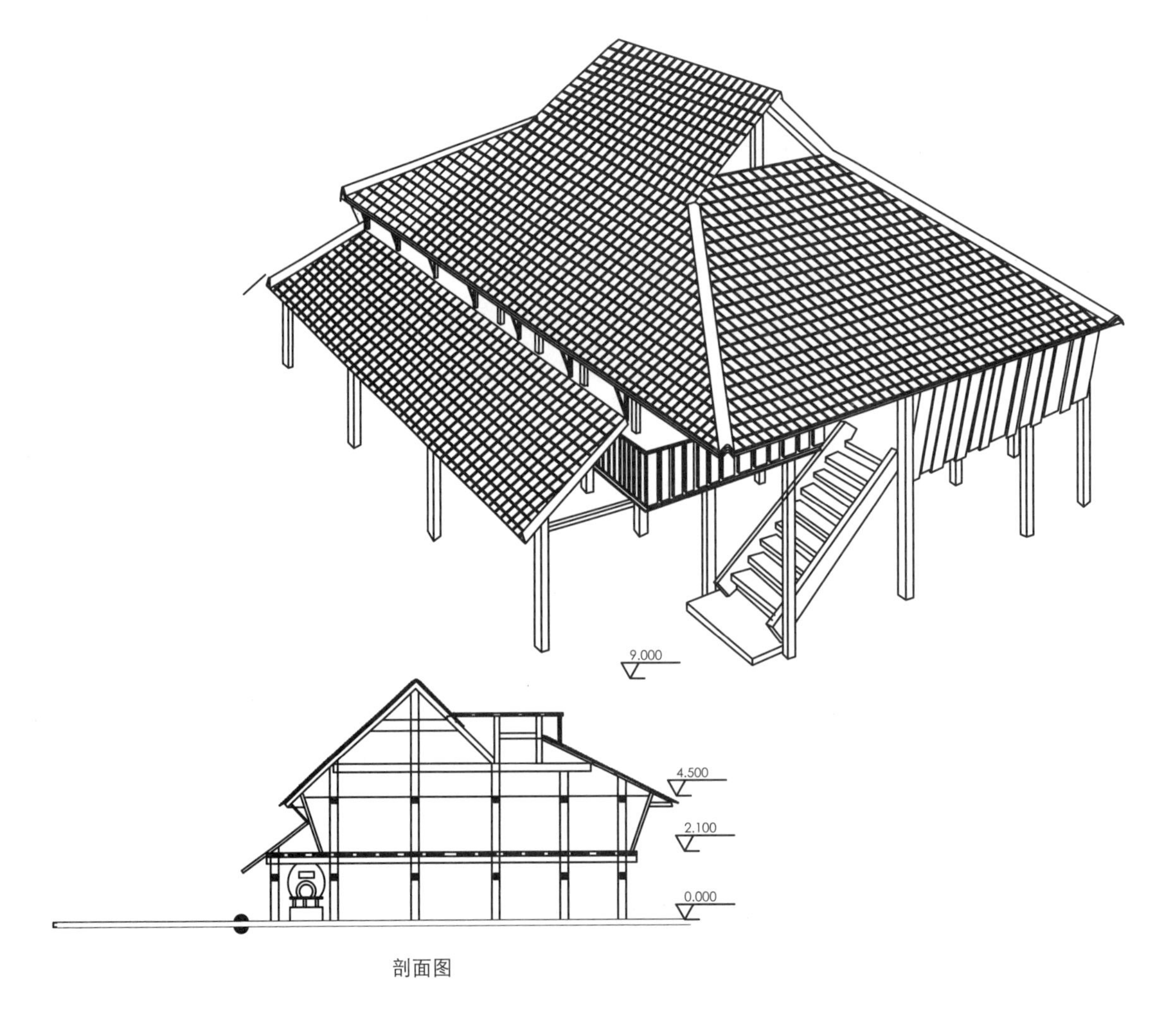

剖面图

云南傣族竹楼2

民居测绘
束河传统

二门立面图I

大门立面图II

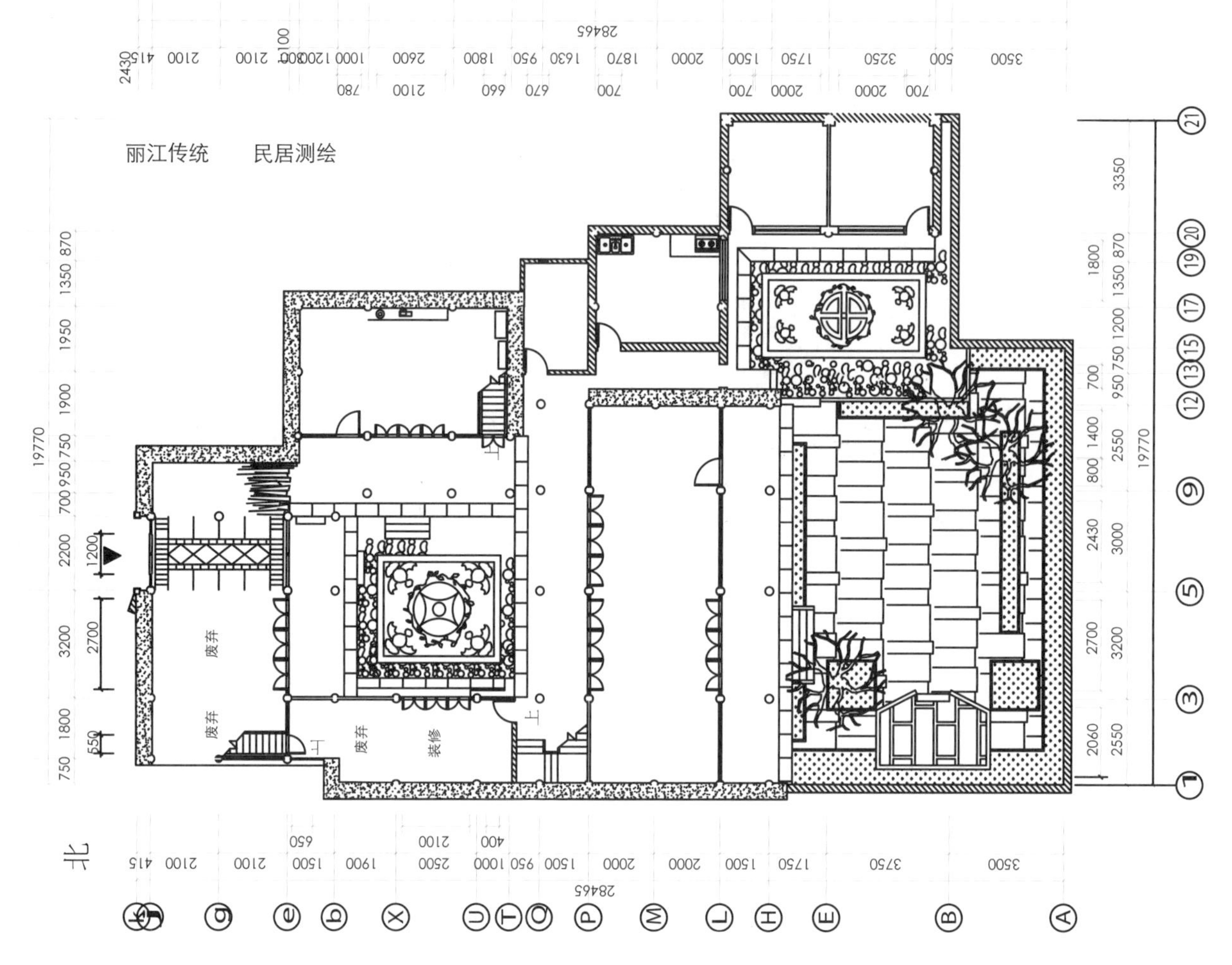

一层平面图

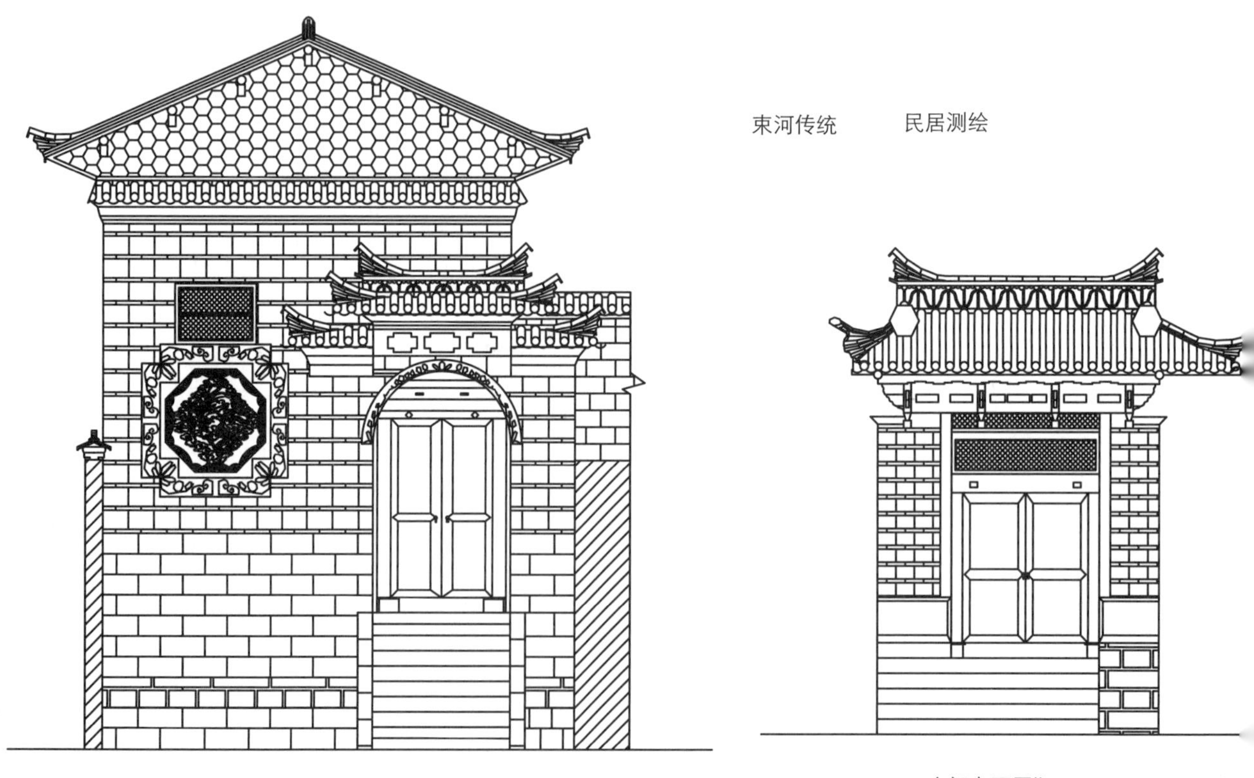

二门立面图I

大门立面图II

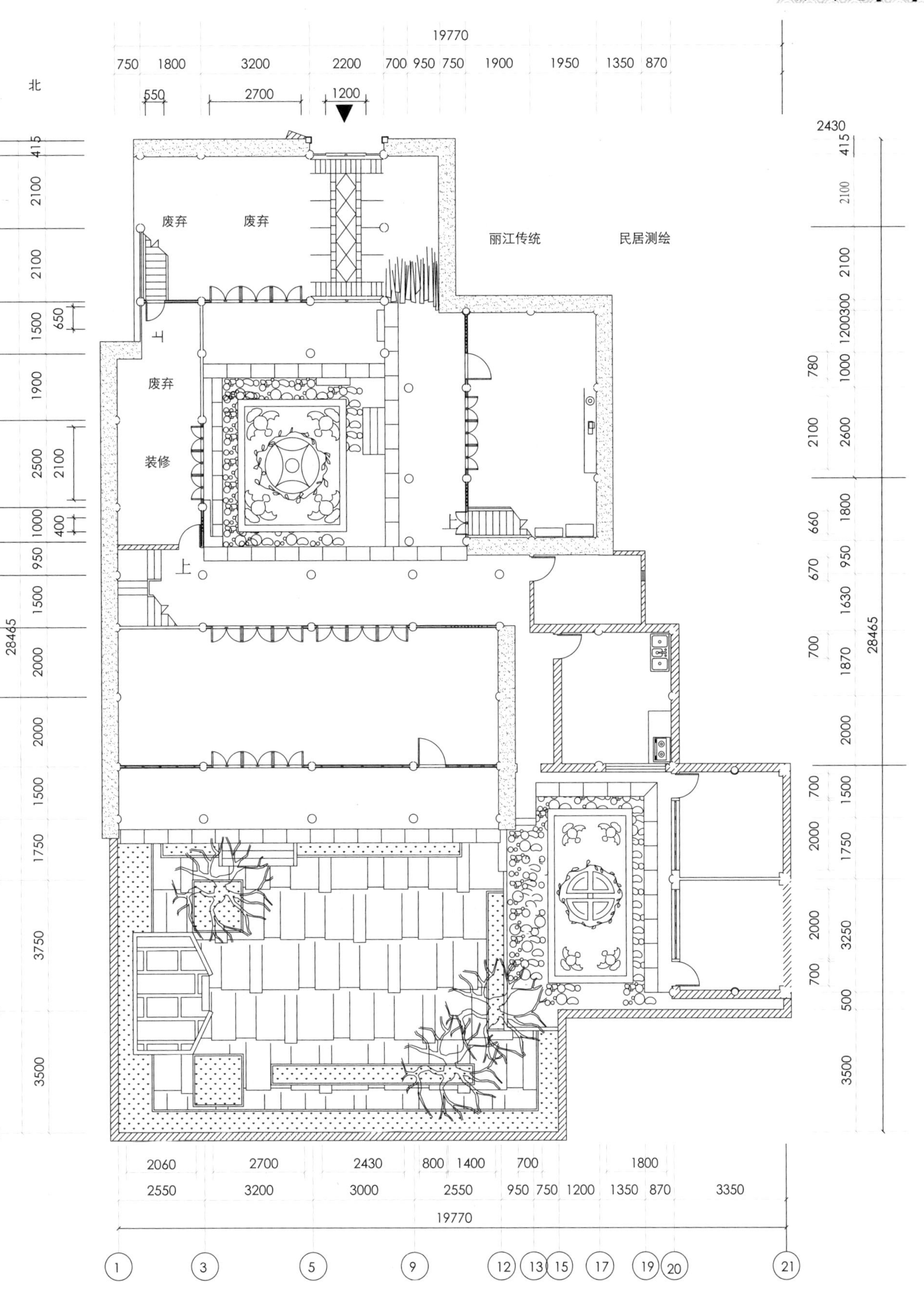
19770
750 1800 3200 2200 700 950 750 1900 1950 1350 870
550 2700 1200
北
废弃
废弃
丽江传统
民居测绘
废弃
装修
上
上
2060 2700 2430 800 1400 700 1800
2550 3200 3000 2550 950 750 1200 1350 870 3350
19770
28465
28465

一层平面图

東河传统民居测绘

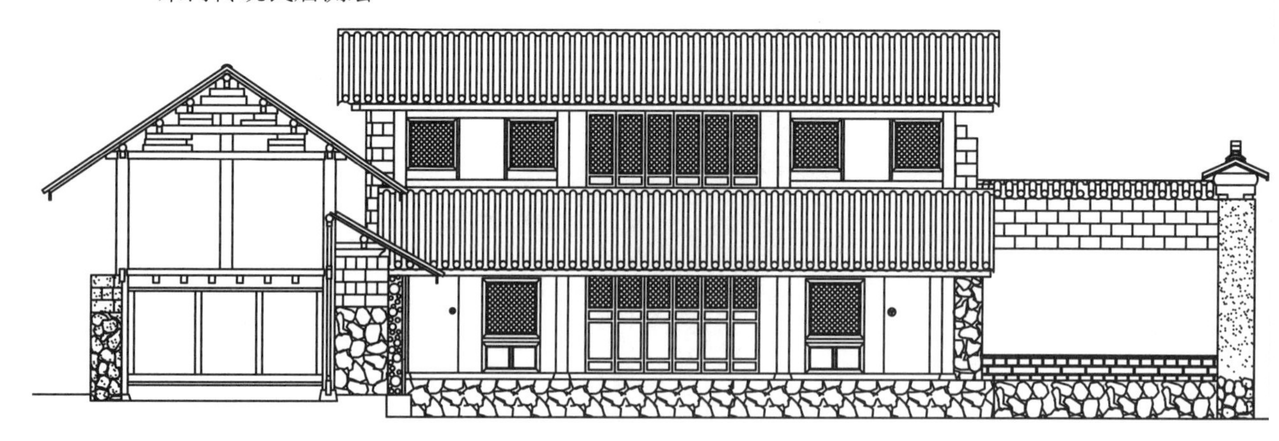

I-I剖立面图

丽江传统 民居测绘

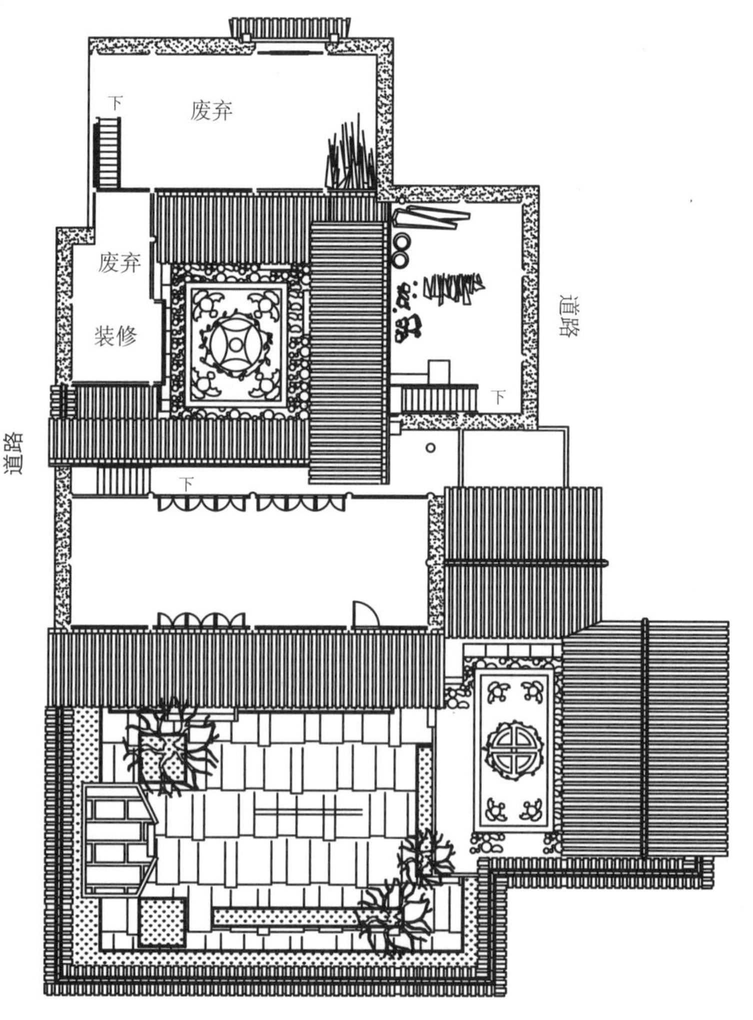

二层平面

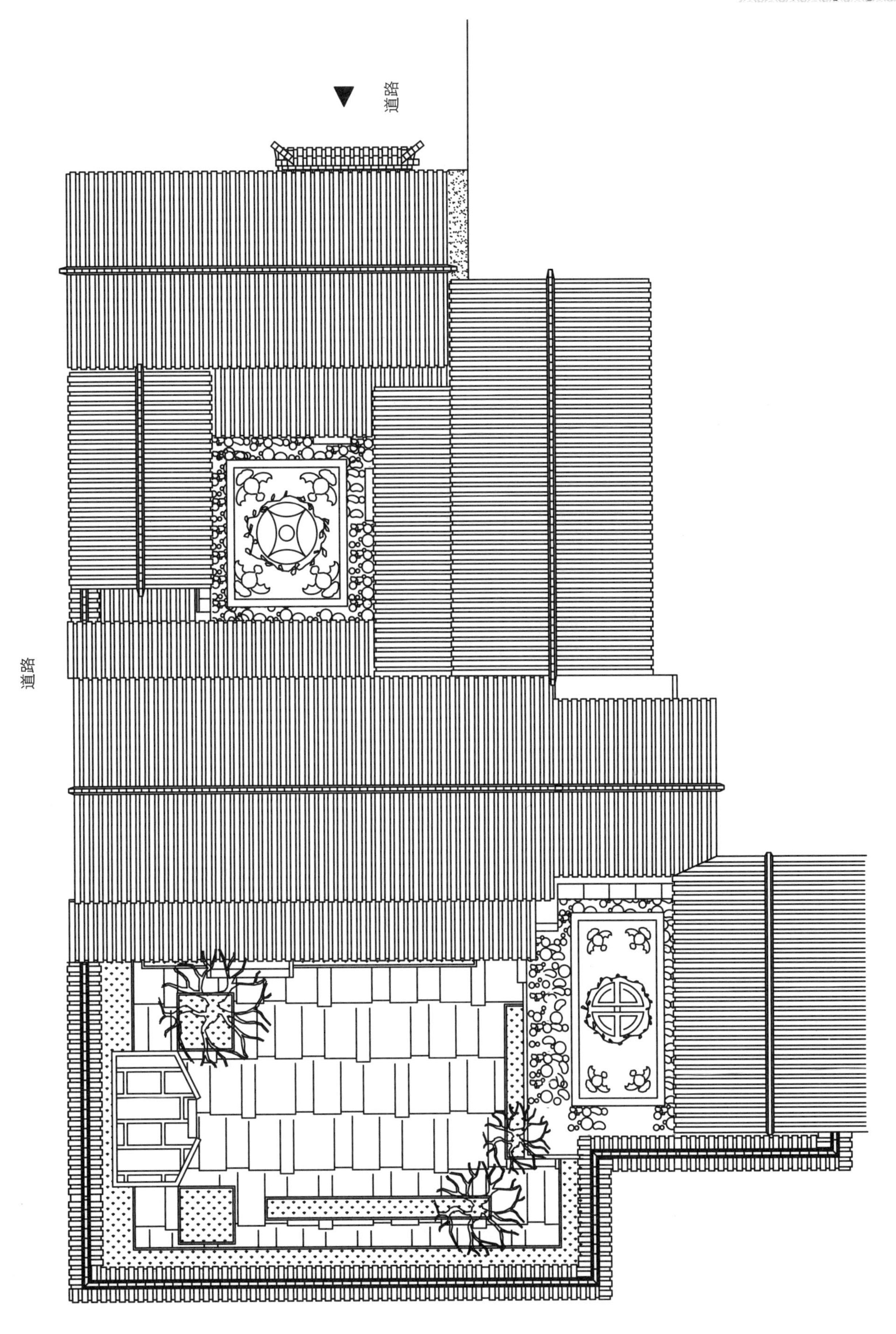

屋顶平面图

中国古建筑名词表

三角尖顶	两弧间形成的突起，特别指石造的哥德式窗花。
大乘佛教	相对于小乘佛教，得道度化层面较宽广的佛教。
女儿墙	矮墙，通常用于防御。
小乘佛教	在得道度化层面较狭隘的佛教。与大乘佛教相对。
山墙	斜屋顶的倾斜平面端构成的垂直三角部分。
升	小方块，多为木造，用在栱上来支撑梁。
反回文	波浪状装饰线条，上凸下凹。
天花	天花板或穹窿顶的装饰，为凹下的方格或多边形木片构成。
支柱	木制构件，通常用于支撑椽。
支架	突出的建筑构件，用于支撑。
支提	佛龛或是其他圣地、圣物。
支提窟	一种佛教佛龛，从会议厅演变而来。
斗	通常为木造方块，于柱子顶端，支撑上部构件。
斗栱	柱子顶端的斗与栱合称，支撑主梁。
火焰纹	由两个反回文线条顶端相接所构成的形状。
半圆壁龛	半圆或穹窿状空间，特别指位于庙宇一端的部分。
古典柱式结构	建筑部分正面直接位于柱头上，通常由支撑的阑额、装饰的壁缘以及突出的檐口构成。
台基	建筑下突出的平台。
平坐	廊台出于建筑主空间（通常为内部）的上层构造。
光塔	清真寺中的塔楼，用于呼唤回教徒做礼拜。
列柱	一整排间隔规律的柱子。
多柱式建筑	由多根间隔约略均等的柱子支撑屋顶的厅堂。
寺	佛教庙宇。
尖顶饰	山墙或是屋顶顶端的饰物。
曲面屋顶	由尾端弯曲的平面接合成的斜截头屋顶。
考工记	中国古代城市规划著述。
佛塔	楼阁形的塔，各层大小由下而上递减，每层都有装饰精美的屋檐。
材	依斗的宽度而定的测量单位。
赤陶土	一种用于塑像的建筑或装饰用陶土。
里	长度单位，一里约 500 米。
昂	斜出的梁桁。
枋	水平构件，位于如窗户或走道之上，或是连接两柱或两框架的构件。
泥笆墙	以竹或木条编墙，然后涂以草泥。
门厅	房屋入门前的院落；通往建筑的门廊；大堂邻接的空间。
亭	构造简单的建筑，通常形似帐篷，位于园林中。
城墙	土造防御工事，通常见于碉堡及要塞四周，多半附有石造女儿墙。
屋脊	斜面屋顶两面相接所形成的角度。
屋檐	屋顶的一部分，突出于外墙之外。
拱廊	一连串由柱子支撑的拱形结构，有时成对，上有遮盖，形成走道。
柱	梁柱结构中的垂直构件。
柱子	建筑垂直构件，通常横切面为圆形，功能为结构支撑或装饰，或兼而有之，包括柱础、柱身和柱头。
柱身	柱子圆柱状，从柱础到柱头间的部分。
柱廊	建筑有列柱的门廊。
柱头	柱子顶端部分，支撑古典柱式结构比柱身宽，通常会刻意加以修饰或装饰。
相轮	伞状穹顶或亭，有时作为佛塔顶端的塔刹。
祇	天意，自然的精灵。
浮雕	有凹凸的雕刻，依凿除部分多寡，分深刻与浅刻。
粉饰灰泥	灰泥的一种，专用于施加装饰处。

脊饰	装饰用的尖顶饰，通常位于墩、三角墙顶端或侧面。
轩	消暑的小屋，或是作为书房用的凉亭。
问廊	半圆形或多边形的拱廊或走道。
马赛克	以小片彩色瓦片或玻璃镶嵌成的装饰。
栱	雕刻成的突出横梁，通常为木质，位于斗之上，支撑主梁。
密教	与神秘仪式有关的佛教宗派。
密道	地下通道，通常位于柱廊下方。
斜截头屋顶	由两个倾斜平面构成的屋顶。接合部分为屋脊或是建筑最高的线条。
凉亭	位于观景点的开放式建筑，位于园林或是屋顶上。
清真寺	回教寺院，为回教意识型态的具体呈现。
喇嘛	藏传佛教的宗师或僧侣。
喇嘛寺	藏传佛教寺院的俗称。
喇嘛塔	藏传佛教墓塔，通常为瓶状。
棋盘花纹	以小块个体镶嵌成的棋盘状表面，如马赛克。
菩萨	佛的前身，有悲悯之心的灵体。
开间	量度中国建筑内部空间的标准单位。
园	花园或庭院。
冢	古代埋葬用的土丘。
暗层	夹层，通常位于一楼与二楼之间。
殿	高大的厅堂，用于举行庆典或宗教仪式。
碑	直立石造标记，以墓碑最常见，呈柱状或板状，上有雕饰或题字。
经	佛教神圣文字。
道	自然隐藏的力量。
椽	屋顶的木件，通常由屋檐边缘斜铺而下，支撑表层屋顶。
榭	凉亭或轩。
墩	长方形的基础；柱子或墙基部的支撑。
德	儒家的理想品行。
椁	石造外棺，通常装饰精美。
梁	如梁柱结构中的水平构件。
梁柱结构	依靠直线条的柱与梁支撑的结构。
闾里	城镇中有围墙的住宅区。
壁缘	古典柱式建筑的中间构件，位于阑额之上，檐口之下副阶　宋称，殿阁等个体建筑周围环绕的廊子（形成重檐屋顶），称为副阶。
间	四柱之间的空间或两榀梁架之间的空间（一般指第二种），若两排柱子很近则其中间部分称之为出廊（周围廊，前后廊，前出廊，不出廊四种）。
卷杀	对木构件曲线轮廓的一种加工方法。
伏脊木	被脊固定于脊桁上，截面为六角形，在伏脊木两侧朝下的斜面上开椽窝以插脑椽。 伏脊木仅在明清才出现的（唐宋时期没有），且仅用于大式建筑中。
合角吻	重檐建筑的下檐槫（tuan）脊或屋顶转角处的装饰兽。
螭首	①传说中的怪兽，用于建筑屋顶的装饰，是套兽采用的主要形式。 ②古代彝器，碑额，庭柱，殿阶上及印章上的螭龙头像。
经幢	①刻有佛的名字或经咒的石柱子，柱身多为六角形或圆形（现代汉语词典）；②在八角形的石柱上刻经文（陀罗尼经），用以宣扬佛法的纪念性建筑物。始见于唐，到宋辽时颇有发展，以后又少见。一般由基座，幢身，幢顶三部分组成。
覆盆	柱础的露明部分加工成外凸的束线线脚，如盆覆盖。
垂带踏跺	高等级建筑的台阶做法，其正面轴线上称正阶踏跺，两旁称垂手踏跺，侧面称抄手踏跺。
角柱石	立在台基角部，其间砌陡板石与角柱齐平，上盖阶条石，下部为土衬石。

柱顶石	下衬磉墩，上附柱础，长为两倍的柱径，厚为柱径。
垂带石	在垂带踏跺两旁，其中线与明间檐柱中线重合，尺寸同阶条石，清代不砌象眼。
象眼石	清代用三角石砌成的垂带石侧面。
砚窝石	埋在台阶底下，用以抵抗台阶推力。
须弥座	高级建筑的台基。源于佛座，由多层砖石构件叠埋而成，一般多用于宫殿，庙宇等重要建筑物上。
抱鼓石	用于石栏结束处，阻住栏杆不使它掉下来。另为优美形象，作为栏杆尽端处理。
步架	檩与檩之间的距离称为步架，一般情况下一步架为 22 斗口。
檐	不过步指从挑檐檩到檐端的距离小于一步架（22 斗口）。
举折法	宋代建筑屋顶构架的做法，求得的屋面由若干折线构成。
举架法	清代大屋顶的构架做法，其举高通过步架求得。殿。有单檐，重檐两种，单檐又称五脊殿。
歇山	中国古代建筑中等级仅次于庑殿的屋顶样式，形式上看是两坡顶加周围廊的结果。宋称九脊殿，有单檐，重檐，卷棚等形式。
如意踏步	是不用垂带石，只用踏跺的做法，形式比较自由。
叉柱造	将上层檐柱底部十字开口，插在平座柱上的斗拱内，而平座柱又插在下檐柱斗拱上，但向内退半柱径。
缠柱造	它是在下层柱端增加一根斜梁，将上层柱立于此梁上。在结构上和外观上都比较妥善。但需增加梁，角部每面还要增加一组斗拱——附斛（音胡 hu)。
圭角	清式须弥座的最下层部分，整个高度分 51 份，圭角高度为 51 份。
墀（chi）头	山墙的侧面（即建筑的正立面方向）在连檐与拔檐砖之间嵌放一块雕刻花纹或人物的戗脊砖。称为墀头。
霸王拳	额枋在角柱处出头的一种艺术处理式样。清代老角梁头也作成霸王拳式样。
雀台	飞檐椽头钉连檐及瓦口，钉时连檐需距椽头半斗口，称为雀台。
槅扇	用以隔断，带槅扇门的可做建筑的外门，槅扇由边梃和抹头组成，大致划分为花心（槅心）和裙版两部。
花心	是透光通气的部分 5 5，戗脊：歇山顶上连接两坡厦宇的脊称戗脊。
九脊顶	歇山顶的宋唐说法，是两坡顶加周围廊的结果，它由正脊，四条垂脊，四条戗脊组成，故称九脊殿。
双杪双下昂	双杪即出两个华拱，双下昂即设两个下昂（元代以后柱头铺作不用真昂，至清代，带下昂的平身科又转化为溜金斗拱的做法，原来斜昂的结构作用丧失殆尽）。
6 0，平水：	是指未进行建筑施工之前，先决定一个高度标准，然后根据这个高度标准决定所有建筑物的标高。这样一个高度标准就是古建施工中的"平水"。平水不但决定整个建筑群的高度，也决定着台基的实际高度。
6 1，斗拱：	中国古建筑中用以连结柱，梁，桁，枋的一种独特构件。斗拱是我国木构架建筑特有的结构构件，由方形的斗升和矩形的拱以及斜的昂组成。在结构上挑出承重，并将屋面的大面积荷载传到柱上。
斗拱的作用：	①增加承托的作用。②增加挤压面（原始作用）。③撑跳檐檩。以上两点是斗拱的最基本的功能。④防雨，早期用夯土墙，怕雨水，但挑檐长度有限，只好再置一檩，以增其长。⑤抗震，纯靠榫（音损 sun）卯结构，在外力不大时是刚性的，外力大时是可活动的，抵消了地震所产生的能量。⑥装饰作用。⑦等级标志，明清结构作用已渐消失，成了纯粹的装饰，等级的标志。⑧模数作用。斗拱一般使用在高级的官式建筑上，大体分为外檐斗拱和内檐两类。从具体部位分为柱头斗拱，柱间斗拱，转角斗拱。
6 2，罩：	用于室内，用硬木浮雕或透雕成图案，在室内起隔断作用和装饰作用。
6 3，一整两破：	旋子彩画中藻头部分的图案的一种形式。具体表现为一个整圆和两个半圆，以抽象的牡丹花——旋子为母题。是旋子彩画的基本形式，藻头由短至长形式为①勾丝绕（3 份）②喜相逢（4 份）③一整两破（6 份）④一整两破加一路（7 份）⑤一整两破加金道冠（7。5 份）⑥一整两破加二路（8 份）⑦一整两破加勾丝绕（9 份）⑧一整两破加喜相逢（1 0 份）
6 4，楣子：	苏式彩画中，擦檐枋下部的透构件。花牙子：位于楣子下部，代替雀替的透空构件。
6 5，礓嚓（应为足字旁）：	在斜道上用砖石露挂侧砌，可以防滑，用于室外，6 6，雀替：位于梁枋下与柱相交处连接体之间的短木，减少梁枋净跨。作用：增加挤压面，减小净距，艺术上的过渡。
6 7，栌斗：	斗拱的最下层，重量集中处最大的拱。
华拱：	宋式的一种拱的名称，垂直于立面，向内外挑出的拱。
下昂：	斗拱中斜置的构件，起杠杆作用。华拱以下，向外斜下方伸出者，出栌斗左右的第一层横拱。
泥道拱：	栌斗口内与华拱相交者，最下方的横拱（宋称）。最外跳在挑檐檩下，最内跳的单层横拱。
令拱：	每一跳的跳头，单层横拱。

双层斗拱：　分别叫瓜子拱（下方短粗），慢拱（上方细长）。（宋）

交互斗：　为于横拱与华拱相交处，承托横拱和华拱传来的双向合力的拱。

齐心斗：　在华拱或横拱正中承托上一层拱正中的斗。在令拱上方中心，承托枋传来的力的斗。一般有两个。

耍头：　最上一层拱或昂之上，与令拱相交而向外伸出如蚂蚱头状者。

柱头枋：　在各跳横拱上均施横枋，在柱心中心上的枋。（正心枋——清）

撩檐枋：　在令拱上的枋，最外部。（宋）（挑檐枋）

平綦枋：　最内部令拱上的枋。（井口枋——清）

罗汉枋：　在内外跳慢拱上者。（拽枋——清）宋用来表示斗拱出跳。

铺作：　斗拱的出跳，1跳＝4铺作。

计心造：　在一跳上置横拱的做法。

偷心造：　在一跳上不置横拱的做法。

插拱：　全部都是偷心造的做法。

68，清斗拱称谓，坐斗：最大的又称大斗，位于一组斗拱最下的构件。

十八斗：　除了大斗以外的斗都是十八斗。

槽升子：　正心拱（正心瓜拱及正心万拱）两端的升，这种升的外侧有槽以固定拱垫板。早期两朵斗拱之间用泥土来封护，明清采用木板——拱垫板来封，所以早期没有槽升子，封护是为了防止鸟，虫飞入建筑内。

三才升：　除了槽升子，其他的升都是三才升。另，对宋来说，除了齐心斗（一朵仅一枚）其余的"升"都是散斗。

69，单槽／双槽／分心槽：以内柱将平面划分为大小不等的两区／三区。用中柱一列将平面等分。

70，斗口：　坐斗正面的槽口叫斗口，在清代作为衡量建筑尺度的标准，即清代模数制。

71，穿斗式构架：①又称立帖式。②这是用柱距较密，柱径较细的落地柱与短柱直接承檩，柱间不施梁而用若干穿枋联系，并以挑枋承托出檐。③这种结构在我国南方使用普遍，优点是用料较小，山面抗风性能好；缺点是室内柱密而空间不开阔。④因此，它有时和叠梁式构架混合使用。适用不同地势，基本构件，柱檩穿挑。

72，抬梁式构架：①（叠梁式）是一种梁架结构体系，水平构件为梁，垂直的为柱，梁是受弯构件，靠自重稳定建筑。②就是在屋基上立柱，柱上支梁，梁上放短柱，其上在置梁。梁的两端并承檩；如是层叠而上，在最上的梁中央放脊瓜柱的承脊檩。③这种结构在我国应用很广，多用于官式和北方民间建筑，特别北方更是如此。优点是室内少柱或无柱，可获得较大的空间；缺点是柱梁等用材较大，消耗木材较多。④重要建筑则用斗拱承载出挑。主要构件，梁，柱，檩，枋。

73，井干式：　将木材层层相叠，既是围护结构，又是承重结构。

74，干阑式：　西双版纳的傣族村寨为了避免贴地潮湿，使楼面通风，防避虫兽侵害，防洪排涝，随形就势等原因。形成了一种上下两层的建筑，上层住人，下层喂养牲畜。

75，云南一颗印：云南高原地区，四季如春，无严寒，多风。故住房墙厚重。最常见的形式是毗连式三间四耳，即子房三间，耳房东西各两间。子房常为楼房（由于山区，地方小，潮湿），为节省用地，改善房间的气候，促成阴凉，采用了小天井。一颗印住宅高墙型小窗是为了挡风沙和防火，住宅地盘方整，外观方整，当地称"一颗印"。

76，圜丘：　位于北京天坛的轴线上，祈年殿往南。坛三层，上层径26米余，底层径55米。天为阳性，故此一切尺寸，石　料件数均须阳数。圜丘四周绕以圆形平面和方形平面的壝（音陪 pei）墙各一重，高度甚低，不过一米余；壝墙　内空阔不植树，壝墙外森林茂密，用以扩大形象来表现崇天。

77，祈年殿：　它的形制，原是天地合祀时的大祀殿；平面正圆形，上为三重檐圆形攒尖顶，外檐柱12根，内檐柱12根，象征十二时辰和二十四节气，同时井口柱4根，象征四季，与内外檐柱和起象征二十八星宿。祈年殿立于三层汉白玉须弥座台基上（底层径约90米），柱枋隔扇为朱红色，上为三重青（蓝）色琉璃瓦檐，顶尖以鎏金宝顶结束，檐下彩绘金碧辉煌；整个建筑色调纯净，造型典雅。祈年殿用台基提高，用矮墙来扩大形象，表现崇天的境界。

７８，应县木塔（佛宫寺释伽塔）：

位于山西应县，又称应州塔，建于辽清宁二年（公元１０５６年），它位于寺南北中轴线上的山门与大殿之间，塔建在方形及八角形的二层砖台基上，塔身也是八角形，底径３０米，高九层６７。３１米（外观5层，暗层四层）。塔身的收分合理，暗层用来结构处理以加固塔身，使其在经过数次地震，仍安然无恙。是世界现存木塔中最高的，也是我国仅存两个木塔之一，是现存最早的木塔。

７９，装修：①宋代称小木作指装修，装修为外檐装修和内檐装修两类。②外檐装修指内部空间和外部空间的分隔物，门，窗栏杆等。③内檐装修指内部空间和内部空间的隔断，如罩，博古架，天花板等。④装修多元功能：a。 流通与防护的双向功能 b。组织室内空间的基本手段 c。性格的渲染要素。装修的特点是作承重构件，有很强的装饰性。但不同于装饰。

８０，太和殿：明代原为重檐庑殿九间殿，清代改为十一间。它和明长陵祾恩殿并列为我国现存最大的木构建筑。太和殿体量宏伟，造型庄重，具备故宫主殿应有的崇高庄严的形象。太和殿一切构件规格均属最高级。太和殿用于最高级隆重的仪式：皇帝登基，皇帝生日，冬至朝会，大年初一，颁诏等。不仅殿前有宽阔的月台，而且还有面积达三万多平方米的广场，可容万人的聚集和陈列各色仪仗陈设。皇宫一律用黄琉璃瓦，是明代开始的规矩，使总体效果更加突出。

８１，佛光寺大殿：①位于山西五台山，大殿建于唐（公元８５７年）。②面阔七开间（等开间），进深八架椽（四间），单檐四阿殿，屋面坡度较平缓，举方约１／４。７７。③正脊和檐口都有升起曲线，有侧脚，采用了叉手和托脚，屋面筒瓦虽然是后代铺作，但鸱（音吃 chi）尾式样及叠瓦脊仍尊旧制，无仙人走兽。④柱高与开间的比例略呈方形，斗拱高度约为柱高的１／２。⑤粗壮的柱身肥。

官式等级

1 殿顶　　宫殿、房舍的顶部，是整座建筑物暴露最多、最为醒目的地方，也是等级观念最强之处。清朝把《工程做法则例》中规定的 27 种房屋规格，纳入《大清会典》，作为法律等级制度固定下来。本节择有典型意义的几种殿顶介绍于后：

重檐庑殿顶　　这种顶式是清代所有殿顶中最高等级。庑殿顶又叫四阿顶，是＂四出水＂的五脊四坡式，又叫五脊殿。这种殿顶构成的殿宇平面呈矩形，面宽大于进深，前后两坡相交处是正脊，左右两坡有四条垂脊，分别交于正脊的一端。重檐庑殿顶，是在庑殿顶之下，又有短檐，四角各有一条短垂脊，共九脊。现存的古建筑物中，如太和殿、长陵譄恩殿即此种殿顶。

重檐歇山顶　　歇山顶亦叫九脊殿。除正脊、垂脊外，还有四条戗脊。正脊的前后两坡是整坡，左右两坡是半坡。重檐歇山顶的第二檐与庑殿顶的第二檐基本相同。整座建筑物造型富丽堂皇。在等级上仅次于重檐庑殿顶。目前的古建筑中如天安门、太和门、保和殿、乾清宫等均为此种形式。

单檐庑殿顶　　其外形即重檐庑殿顶的上半部，是标准的五脊殿，四阿顶。故宫中配庑的主殿，如体仁阁，弘义阁等均是。

单檐歇山顶　　其外形一如重檐歇山顶的上半部。配殿的大部分是这种顶式，如故宫中的东、西六宫的殿宇等。

悬山顶　　悬山顶是两坡出水的殿顶，五脊二坡。两侧的山墙凹进殿顶，使顶上的檩端伸出墙外，钉以搏风板。此种殿顶，用处不少，如神橱、神库中的房屋等。

硬山顶　　硬山顶亦是五脊二坡的殿顶，与悬山顶不同之处在于，两侧山墙从下到上把檩头全部封住，宫墙中两庑殿房以此顶为多。

攒尖顶　　攒尖顶有多种形式，且易辨认。无论什么形式，顶部都有一个集中点，即宝顶。攒尖顶有四角、六角和圆形之分。角式攒尖顶有与其角数相同的垂脊，圆攒尖顶则由竹节瓦逐渐收小，故无垂脊。故宫中和殿、天坛祈年殿属攒尖顶。

顶　　　　顶亦分多角，但垂脊上端有横脊，横脊的数目与角数相同。各条横脊首尾相连，故亦称圈脊，如故宫御花园及太庙中的井亭即是六角顶。

卷棚顶　　卷棚顶的最明显的标志是没有外露的主脊，两坡出水的瓦陇一脉相通。左右两山墙可有悬山和硬山的不同。此种建筑，园林中居多。宫殿建筑群中，太监、佣人等居住的边房，多为此顶。官式殿顶，　多以上述形式为基础，然后派生或融合出其他形式。

2 吻兽　　殿宇屋顶的吻兽，是一种装饰性建筑构件，在封建社会中，构件的造型与安装位置，都被蒙上迷信色彩。《唐会要》中记载，汉代的柏梁殿上已有"鱼虬尾似鸥"一类的东西，其作用有"避火"之意。
晋代之后的记载中，出现"鸥尾"一词。中唐之后，"尾"字变成"吻"字，故又称为鸥吻，官式建筑殿宇屋顶上的正脊和垂脊上，各有不同形状和名称的吻兽，以其形状之大小和数目之多少，代表殿宇等级之高低。

①大吻（正脊吻）　大吻，即殿宇顶上正脊两端的吻兽，一般是龙头形，张大口衔住脊端，故又称吞脊兽。目前我国最大的吞脊兽，在故宫太和殿的殿顶上。太和殿的大吻，由 13 块琉璃件构成，总高 34 米，重 43 吨，是我国明清时代宫殿正脊吻的典型作品。

②垂脊吻　　殿宇顶上除正脊外，还有垂脊。垂脊上的吻兽名称较多，除叫垂脊吻外，还叫屋脊走兽，檐角走兽，仙人走兽等。檐角最前面的一个叫"骑凤仙人"，也叫"仙人骑鸡"。它的作用是固定垂脊下端第一块瓦件。在未形成"仙人骑鸡"这一造型之前，是用一个大长钉来固定的。
从"仙人骑鸡"向后上方排列着若干小兽，均称垂脊兽，随着殿宇等级的不同而数目不一。最高等级的殿宇，如太和殿，垂脊兽的数目最多，有 11 个。殿宇降级，垂脊兽的数目也随之减少。如乾清宫 9 个，坤宁宫 7 个，东西六宫的殿顶上大部是 5 个。每个垂脊兽都有自己的名称和含意。它们从前面向后上方依次排列的顺序是：
龙：古代传说中的一种神奇动物，有鳞有须有爪，能兴云作雨，在封建社会被看作是皇帝的象征。
凤：古代传说中的鸟王，雄的叫凤，雌的叫凰，通称凤。是封建时代吉瑞的象征，亦是皇后的代称。
狮：古代人们认为它是兽中之王，是威武的象征。
天马：意为神马。汉朝时，对来自西域良马的统称。
海马：亦叫落龙子，海龙科动物，可入中药。天马和海马象征着皇家的威德可通天入海。
狻猊：古代传说中能食虎豹的猛兽，亦是威武百兽率从之意。
押鱼：海中异兽，亦可兴云作雨。
獬豸：传说中能辨别是非曲直的一种独角猛兽。是皇帝"正大光明"、"清平公正"的象征。
斗牛：亦叫蚪牛，是古代传说中的一种龙，即虬、螭之类。虬有独角，螭无角。
行什：一种带翅膀猴面孔的人像，是压尾兽。
垂脊兽的递减从后面的"行什"开始

3 彩绘　　彩绘是我国古典建筑不可缺少的一个组成部分。它同样具有悠久的历史，形成了一种特有的建筑装饰艺术。
檩枋部位名称
枋心：　　檩枋中心，可随檩枋本身的长短而增减，但其长度以不影响谐调感为宜。
找头：　　是指檩端至枋心的中间部位，由找头本身、皮条线、盒子、箍头等部分组成。如檩枋较长，找头部分可延长，皮条线沿边用双线，加箍头、盒子等。
箍头：　　是檩枋尽端处的彩绘线。盒子：是找头部分的一段小空间。
皮条线：　是五大线之一，亦是组成找头的一个部分。

种类和等级

①和玺彩绘　和玺彩绘是彩绘等级中的最高级，用于宫殿、坛庙等大建筑物的主殿。梁枋上的各个部位是用″　"线条分开。主要线条全部沥粉贴金。金线一侧衬白粉或加晕。用青、绿、红三种底色衬托金色，看起来非常华贵。

和玺彩绘分为数级，重点有：

金龙和玺：整组图案用各种姿态的龙为主要内容。枋心是二龙戏珠，找头中青地画升龙（龙头向上），绿地画降龙（头向下）。盒子中 画坐龙。如果找头较长，可画双龙。除龙之外，再衬以云气、火焰等图案，具有强烈的神威气氛。

龙凤和玺：其级别低于金龙和玺，枋心、找头、盒子等主要部位由龙凤二种图案组成。一般是青地画龙，绿地画凤。图案中亦有双龙或双凤。龙凤和玺中有"龙凤呈祥"、"双凤昭富"等名称。

龙草和玺：其级别低于龙凤和玺，主要由龙和大草构图组成。绿地画龙，红地画草。大草图案配以"法轮"，又称"法轮吉祥草"，简称"轱辘草"。

②旋子彩绘　在等级上次于和玺彩绘，在构图上有明显区别，但也可以根据不同要求做得很华贵或很素雅。这种彩绘用途广，一般官衙、庙宇、牌楼和园林中都采用。

旋花：是构成旋子彩绘的主要图案，在找头内用旋涡状的几何图形构成一组圆形的花纹图案。

旋眼：旋花的中心。

旋瓣：旋子花圈由三层组成，最外一层为一路瓣，依次是二路和三路瓣，一般找头内，由一个整圆的旋子图案和二个半圆旋子组成一个单元图案，俗称："一整两破"。

头部位经常出现的图案：

找头部位大于"一整两破"的面积时采用"一整两破加金道冠"和"一整两破加两道"等形式。找头部位小于"一整两破"单元图案时，采用"喜相逢"即整旋花与半旋花，公用一路瓣。"勾丝咬"，即只用一路瓣组成图案。"四分之一旋子"，即只用两个半旋花的一半。旋子彩绘中的等级：

金琢墨石碾玉：这种是旋子彩绘中的最高级，各大线及各路瓣都沥粉贴金，相当华贵。

烟琢墨石碾玉：是次一级旋子彩绘，图案中"五大线"贴金，各路瓣用墨线。

旋子彩绘中的等级，基本上以用金量的多少为依据。其等级依次为金线大点金，墨线大点金，金线小点金，墨线小点金，雅伍墨，雄黄玉等。

③苏式彩绘　苏式彩绘是另一种风格的彩绘，多用于园林和住宅。最近修饰复古的琉璃厂街道的铺面，多用这种彩绘。苏式彩绘除了有生动活泼的图案外，"包袱"内还有人物、故事、山水等。颐和园中的长廊，可以说是苏式彩绘的展览画廊。

典型的苏式彩绘是将檩枋联在一起，画成半圆形的"包袱"，内层"烟云"，外层"托子"。

金琢墨苏画：这是苏式彩绘中最华丽的一种，用金量大，包袱内的画面很精致。

金线苏画：这是一种常用的苏式彩绘，主要线条用贴金法。其他还有海漫苏画等。这些苏画内均无大型包袱，花型、图案等也较简单。

④其他　古典建筑的形式多种多样，部位很多，凡外露部位的木结构，大都有彩绘装饰。于是形成了不同形式和风格的彩绘，如斗拱、天花、角梁、金瓶、椽头等。